2021년 최신판

전기(산업)기사 / 전기공사(산업)기사 / 전기철도(산업)기사
전기직 공사·공단·공무원 대비

전력공학

기본서+최근 5년간 기출문제

테스트나라 검정연구회 편저

이노 books

전기(산업)기사/전기공사(산업)기사/전기철도(산업)기사
전기직 공사·공단·공무원 대비
2021 전력공학 기본서+최근 5년간 기출문제

초판 1쇄 발행 | 2021년 2월 20일
편저자 | 테스트나라 검정연구회 편저
발행인 | 송주환

발행처 | 이노Books
출판등록 | 301-2011-082
주소 | 서울시 중구 퇴계로 180-15(필동1가 21-9번지 뉴동화빌딩 119호)
전화 | (02) 2269-5815
팩스 | (02) 2269-5816
홈페이지 | www.innobooks.co.kr

ISBN 978-89-97897-95-7 [13560]
정가 15,000원

목차

전력공학 핵심요약

핵심 01 가공 송전 선로

1. 송전용 전선

(1) 전선수에 따른 종류

① 단선
- 단면이 원형인 1조를 도체로 한 것
- 단선은 지름(mm)으로 표시한다.

② 연선
- 단선을 수조~수십조로 꼰 것
- 연선은 단면적(mm^2)으로 표시한다.

(2) 전선의 재료에 따른 종류

① 연동선(옥내용)
② 경동선(옥외용)
③ 강심 알루미늄 연선(ACSR)

(3) 전선의 구비 조건
- 도전율이 좋을 것(저항률은 작아야 한다)
- 기계적 강도가 클 것
- 내구성이 있을 것
- 중량이 가벼울 것(비중, 밀도가 작을 것)
- 가선 작업이 용이할 것
- 가요성(유연성)이 클 것
- 허용 전류가 클 것

(4) 전선의 굵기 선정

허용 전류, 전압 강하, 기계적 강도

2. 송전용 지지물

(1) 철탑의 형태에 따른 지지물의 종류
- 사각 철탑
- 방형 철탑
- 문형 철탑
- 우두형 철탑

(2) 철탑의 용도에 따른 지지물의 종류

① 보강형
② 직선형 : 특고압 3[°] 이하 (A형)
③ 각도형 : B형, C형
④ 인류형 : 전선로 말단 (D형)
⑤ 내장형 : 경간의 차가 큰 곳 (E형), 10기마다 1기 설치

3. 애자

(1) 구비조건
- 절연내력이 커야
- 절연저항이 커야
- 기계적 강도가 커야
- 충전용량이 작아야

(2) 애자의 종류

① 핀애자, 현수애자, 장간애자, 내무애자
② 사용 전압 별 현수 애자 개수 (250[mm] 표준)

2.2[kV]	66[kV]	154[kV]	345[kV]
2개	4개	10개	20개

(3) 현수 애자의 섬락 전압 (250[mm] 현수 애자 1개 기준)

① 주수 섬락 전압 : 50[kV]

② 건조 섬락 전압 : 80[kV]

③ 충격 섬락 전압 : 125[kV]

④ 유중 섬락 전압 : 140[kV] 이상

(4) 애자련의 전압 분담과 련능률(련효율) η

① 현수 애자 1련의 전압 분담

㉮ 전압 분담이 가장 큰 애자 : 전선에 가장 가까운 애자

㉯ 전압 분담이 가장 적은 애자 : 전선에서 8번째 애자

② 애자 보호 대책

·초호각(소호각)

·애자련의 전압 분포 개선

③ 애자련의 효율 $\eta = \dfrac{V_n}{n V_1} \times 100$

여기서, V_n : 애자련의 섬락 전압[kV]

V_1 : 애자 1개의 섬락 전압[kV]

n : 애자 1련의 개수

④ 애자섬락전압 : 주수섬락 50, 건조섬락 80, 충격전압 시험 125, 유중파괴 시험 140[kV]

(5) 전선 도약에 의한 단락 방지

오프셋(off-set)

(6) 전선의 진동 방지

댐퍼, 아머로드

4. 송전 선로의 설치

(1) 전선의 이도

전선이 전선의 지지점을 연결하는 수평선으로부터 밑으로 내려가(처져) 있는 길이

① 전선의 이도 $D = \dfrac{WS^2}{8T} [m]$

여기서, W : 전선의 중량[kg/m]

T : 전선의 수평 장력[kg]

S : 경간[m]

② 전선의 실제 길이 $L = S + \dfrac{8D^2}{3S} [m]$

③ 전선의 평균 높이 $h = H - \dfrac{2}{3} D[m]$

여기서, H : 지지점의 높이

④ 지지점의 전선 장력 $T_p = T + WD[kg]$

(2) 전선의 도약에 의한 상간 단락 방지

① 전선의 주위에 빙설이 부착하였다가 탈락하는 반동으로 전선이 튀어 올라가 상부의 전선과 혼촉(단락)이 일어나는 것

② 방지책으로 1회선 철탑의 사용 및 전선의 오프셋(Off Set)이 있다.

5. 지중 전선로

(1) 지중 전선로가 필요한 곳

·높은 공급 신뢰도를 요구하는 장소

·도시의 미관을 중요시하는 장소

·전력 수용 밀도가 현저히 높은 지역에 공급하는 장소

(2) 지중 전선로의 장·단점

·뇌해, 풍수 등 자연재해에 강하다.

·전선로의 경과지 확보가 용이하다.

·다회선 설치가 가능하다.

·보안상 유리하다.

·미관상 유리하다.

·고장 시 고장 확인과 고장 복구가 곤란함

·송전 용량이 감소함

(3) 지중 전선로의 케이블에서 발생하는 손실

① 도체손(저항손) $P_c = I^2 R [W]$

② 유전체 손실 $P_d = 2\pi f C \left(\dfrac{V}{\sqrt{3}} \right)^2 \tan\delta [W/km]$

여기서, C : 작용 정전용량 $[\mu F / km]$, δ : 유전 손실각

$\qquad V$: 선간 전압

③ 연피손(시스손)

선로정수와 코로나

1. 선로정수

(1) 선로정수의 의미

· 전선에 전류가 흐르면 전류의 흐름을 방해하는 요소

· 선로정수로는 R(저항), L(인덕턴스), C(정전용량), g(누설콘덕턴스)가 있다.

· 선로정수는 전선의 종류, 굵기, 배치에 따라 정해진다.

· 송전전압, 주파수, 전류, 역률 및 기상 등에는 영향을 받지 않는다.

· R, L는 단거리 송전 선로

· R, L, C는 중거리 송전 선로

· R, L, C, g는 장거리 송전 선로에서 필요하다.

※ 리액턴스는 주파수에 관계되므로 선로정수가 아니다.

(2) 인덕턴스 L

① 작용인덕턴스(단도체)

$$L = 0.05 + 0.4605 \log_{10} \frac{D}{r}[mH/km]$$

② 3상3선식 인덕턴스

$$L = 0.05 + 0.4605 \log_{10} \frac{D}{r}[mH/km]$$

③ 작용인덕턴스(다도체)

$$L_n = \frac{0.05}{n} + 0.4605 \log_{10} \frac{D}{\sqrt[n]{rs^{n-1}}}[mH/km]$$

단, 등가 반지름 $r_e = \sqrt[n]{rs^{n-1}}$

여기서, n : 복도체수, r : 전선 반지름

$\qquad s$: 소도체간 거리

(3) 등가선간거리

$$D_e = \sqrt[\text{총 거리의 수}]{\text{각 거리간의 곱}} = \sqrt[3]{D_{ab} \cdot D_{bc} \cdot D_{ca}}$$

세제곱근은 전선 간 이격거리가 3개임을 의미한다.

(4) 정전용량

① 작용정전용량 $C = \dfrac{0.02413}{\log_{10} \dfrac{D}{\sqrt{rs^{n-1}}}}[\mu F / km]$

여기서, D : 전선 간의 이격 거리[m]

$\qquad r$: 전선의 반지름[m]

$\qquad n$: 다도체를 구성하는 소도체의 개수

② 대지정전용량

㉮ 단상 : $C = \dfrac{0.02413}{\log \dfrac{(2h)^2}{rD}}$

㉯ 3상 : $C = \dfrac{0.02413}{\log \dfrac{(2h)^3}{rD}}$

③ 부분 정전용량

㉮ 단상 : $C = C_s + 2C_m$

㉯ 3상 : $C = C_s + 3C_m$

2. 복도체 방식

(1) 복도체란?

도체가 1가닥인 것은 2가닥으로 나누어 도체의 등가 반지름을 키우겠다는 것

· L(인덕턴스)값은 감소

· C(정전용량) 값은 증가

· 리액턴스 감소($X = 2\pi f L$)로 송전 용량 증가

· 안정도 증가

· 코로나 발생 억제

※ 스페이서 : 복수도체를 다발로 사용하는 다도체의 경우 전선 상호간의 접근, 충돌의 방지책

(2) 전압 별 사용 도체 형식

① 154[kV]용 : 복도체

② 345[kV]용 : 4도체

(3) 복도체의 장·단점

장점	단점
·코로나 임계전압 상승 ·선로의 인덕턴스 감소 ·선로의 정전용량 증가 ·허용 전류가 증가 ·선로의 송전용량 20[%] 정도 증가	·수전단의 전압 상승 ·전선의 진동, 동요가 발생 ·코로나 임계전압이 낮아져 코로나 발생용이 ·꼬임 현상, 소도체 충돌 현상이 생긴다. ※대책 : 스페이서의 설치단락 시 대전류 등이 흐를 때 정전흡인력이 발생한다.

(4) 복도체의 등가 반지름 구하는 식

$$R_e = \sqrt{r \times S^{n-1}}\,[m]$$

여기서, n : 소도체의 개수

3. 충전전류 및 충전용량

(1) 전선로 1선당 충전 전류

전선의 충전전류 $I_c = \omega C l E = 2\pi f C l \times \dfrac{V}{\sqrt{3}}\,[A]$

$$= 2\pi f (C_s + 3C_m) l \dfrac{V}{\sqrt{3}}\,[A]$$

여기서, E : 상전압[V], V : 선간전압[V]

※선로의 충전전류 계산 시 전압은 변압기 결선과 관계없이 상전압($\dfrac{V}{\sqrt{3}}$)을 적용하여야 한다.

(2) 3상 송전선로에 충전되는 충전용량(Q_c)

① $Q_\triangle = 3\omega C E^2 = 3 \times \omega C \left(\dfrac{V}{\sqrt{3}}\right)^2 = \omega C V^2 [VA]$

$Q_\triangle = 3\omega(C_s + 3C_m) E^2 = \omega(C_s + 3C_m) V^2 [VA]$

② $Q_Y = \omega C V^2 = 2\pi f C V^2 [VA]$

여기서, C : 전선 1선당 정전용량[F]

V : 선간전압[V], E : 대지전압[V]

l : 선로의 길이[m], f : 주파수[Hz]

4. 코로나

(1) 코로나의 정의

이상 전압이 내습 전선로 주위의 공기의 절연 또는 자장이 국부적으로 파괴되면서 빛과 잡음을 내는 현상

(2) 파열극한전위경도

① DC 30[kV/㎝]

② AC $\dfrac{30}{\sqrt{2}} = 21.2$[kV/cm]

(3) 코로나 임계전압

$$E_0 = 24.3 m_0 m_1 \delta d \log_{10} \dfrac{D}{r}\,[kV]$$

여기서, E_0 : 코로나 임계전압[kV]

m_0 : 전선의 표면계수

m_1 : 기후에 관한 계수

(맑은 날 : 1.0, 비오는 날 : 0.8)

δ : 상대 공기밀도

(t [℃]에서 기압을 b[mmHg]라면

$\delta = \dfrac{0.386b}{273 + t}$)

d : 전선의 지름[cm], D : 선간거리[cm]

(4) 코로나 영향

·유도장해

·전력손실 $P \propto (E - E_0)^2$

·코로나 잡음, 유도장해

·전선의 부식 (원인 : 오존(O_3))

(5) 코로나 방지 대책

·코로나 임계전압을 크게

·전선의 지름을 크게

·복도체(다도체)를 사용

・전선이 표면을 매끄럽게 유지

・가선 금구를 매끄럽게 개량

핵심 03 송전특성 및 전력원선도

1. 송전선로

(1) 송전선로의 구분

구분	거리	선로정수	회로
단거리	10[km] 이내	R, L만 필요	집중정수회로로 취급
중거리	40~60[km]	R, L, C만 필요	T회로, π회로로 취급
장거리	100[km] 이상	R, L, C, g 필요	분포정수회로로 취급

(2) 단거리 송전선로 (50[km] 이하 집중정수회로)

전압강하(e) (3상3선식)	$e = V_s - V_r = \sqrt{3}\,I(R\cos\theta + X\sin\theta)$ $= \dfrac{P}{V_r}(R + X\tan\theta) \rightarrow \left(e \propto \dfrac{1}{V_r}\right)$
전압강하율(ϵ)	$\epsilon = \dfrac{e}{V_r} \times 100 = \dfrac{V_s - V_r}{V_r} \times 100$ $= \dfrac{\sqrt{3}\,I}{V_r}(R\cos\theta_r + X\sin\theta_r) \times 100$ 여기서, $\cos\theta$: 역률, $\sin\theta$: 무효율 ※ 단상 $\epsilon = \dfrac{I(R\cos\theta_r + X\sin\theta_r)}{V_r} \times 100[\%]$
전압변동률(δ)	$\delta = \dfrac{V_{r0} - V_r}{V_r} \times 100[\%]$ 여기서, V_{ro} : 무부하시의 수전단 전압 V_r : 정격부하시의 수전단 전압
전력손실(P_l)	$P_l = 3I^2 R[W] \rightarrow (I = \dfrac{P \times 10^3}{\sqrt{3}\,V\cos\theta})$ $= \dfrac{P^2 R}{V^2\cos^2\theta} \times 10^3[kW] \rightarrow (P_l \propto \dfrac{1}{V^2})$ ※전력손실은 전압의 제곱에 반비례한다.

전력손실률(K)	$K = \dfrac{P_l}{P} \times 100 = \dfrac{3I^2 R}{P} \times 100$ $= \dfrac{3R}{P}\left(\dfrac{P}{\sqrt{3}\,V\cos\theta}\right)^2 \times 100$ $= \dfrac{RP}{V^2\cos^2\theta} \times 100[\%]$ 여기서, R : 1선의 저항, P_l : 전력손실 P : 전력 $K \propto \dfrac{1}{V^2},\ P \propto V^2,\ A \propto \dfrac{1}{V^2}$

(3) 중거리 송전선로 (50~100[km])

① T형 회로 : 선로 양단에 $\dfrac{Z}{2}$씩, 선로 중앙에 Y로 집중한 회로

㉮ 송전전압 $E_s = \left(1 + \dfrac{ZY}{2}\right)E_r + Z\left(1 + \dfrac{ZY}{4}\right)I_r[V]$

㉯ 송전전류 $I_s = YE_r + \left(1 + \dfrac{ZY}{2}\right)I_r[A]$

② π형 회로 : 선로 양단에 $\dfrac{Y}{2}$씩, 선로 중앙에 Z로 집중한 회로

㉮ 송전전압 $E_s = \left(1 + \dfrac{ZY}{2}\right)E_r + ZI_r[V]$

㉯ 송전전류 $I_s = Y\left(1 + \dfrac{ZY}{4}\right)E_r + \left(1 + \dfrac{ZY}{2}\right)I_r[A]$

여기서, E_s : 송전전압, E_r : 수전전압

Z : 임피던스, Y : 어드미턴스

I_r : 수전단 전류

(4) 장거리 송전선로 (100[km] 이상 분포정수회로)

① 특성(파동)임피던스 (거리와 무관)

・$Z_0 = \sqrt{\dfrac{Z}{Y}} = \sqrt{\dfrac{L}{C}} = 138\log\dfrac{D}{r}\,[\Omega]$

② 전파정수

$\gamma = \sqrt{ZY} = \sqrt{(R + jwL)(G + jwC)} = \alpha + j\beta$

㉮ 무손실 조건 : R=G=0, $\alpha = 0$, $\beta = w\sqrt{LC}$

㉯ 무왜형 조건 : RC=LG=0

③ 전파 속도 $V = \dfrac{1}{\sqrt{LC}} = 3 \times 10^8[m/s]$

④ 인덕턴스

$$L = 0.4605 \log_{10} \frac{D}{r} = 0.4605 \times \frac{Z_0}{138} [mH/km]$$

⑤ 정전용량 $C = \dfrac{0.02413}{\log_{10} \dfrac{D}{r}} = \dfrac{0.02413}{\dfrac{Z_0}{138}} [\mu F/km]$

2. 4단자정수

(1) 송전선로의 4단자정수 관계

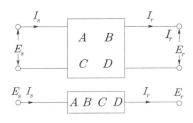

① $E_s = AE_r + BI_r$

② $I_s = CE_r + DI_r$

③ $AD - BC = 1$

④ $A = D$

(2) 단거리 송전선로의 경우

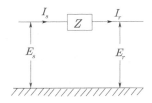

$E_s = E_r + ZI_r$

$I_s = I_r$ 이므로

$$\begin{bmatrix} A & B \\ C & D \end{bmatrix} = \begin{bmatrix} 1 & Z \\ 0 & 1 \end{bmatrix}$$

(3) 중거리 송전선로의 경우

① T형 회로

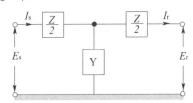

$$\begin{bmatrix} A & B \\ C & D \end{bmatrix} = \begin{bmatrix} 1 + \dfrac{ZY}{2} & Z\left(1 + \dfrac{ZY}{4}\right) \\ Y & 1 + \dfrac{ZY}{2} \end{bmatrix}$$

② π형 회로

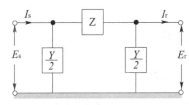

$$\begin{bmatrix} A & B \\ C & D \end{bmatrix} = \begin{bmatrix} 1 + \dfrac{ZY}{2} & Z \\ Y\left(1 + \dfrac{ZY}{4}\right) & 1 + \dfrac{ZY}{2} \end{bmatrix}$$

3. 전력 원선도

(1) 송전단 원선도

$$(P_s - m' E_s^2)^2 + (Q_s - n' E_s^2)^2 = \rho^2$$

(2) 수전단 원선도

$$(P_r + m E_r^2)^2 + (Q_r + n E_r^2)^2 = \rho^2$$

(3) 원선도 중심 및 반지름

① 중심 : $(m' E_s^2, \ n' E_s^2), \ (-m E_r^2, \ -n E_r^2)$

② 반지름 $\rho = \dfrac{E_s E_r}{B}$

여기서, P : 유효전력, Q : 무효전력, P_s : 송전전력

P_r : 수전전력, B : 임피던스

(4) 전력원선도에서 알 수 있는 사항

・필요한 전력을 보내기 위한 송·수전단 전압간의 위상각
・송·수전할 수 있는 최대 전력
・선로 손실과 송전 효율
・수전단 역률(조상 용량의 공급에 의해 조성된 후의 값)
・조상용량

(5) 전력원선도에서 구할 수 없는 사항

· 과도 안정 극한 전력
· 코로나 손실

4. 조상설비

(1) 조상설비란?

위상을 제거해서 역률을 개선함으로써 송전선을 일정한 전압으로 운전하기 위해 필요한 무효전력을 공급하는 장치

(2) 조상설비의 종류

동기조상기	무부하 운전중인 동기전동기를 과여자 운전하면 콘덴서로 작용하며, 부족여자로 운전하면 리액터로 작용한다.
리액터	늦은 전류를 취하여 이상전압의 상승을 억제한다.
콘덴서	앞선 전류를 취하여 전압강하를 보상한다.

(3) 조상설비의 비교

항목	동기조상기	전력용 콘덴서	분로리액터
전력손실	많다 (1.5~2.5[%])	적다 (0.3[%] 이하)	적다 (0.6[%] 이하)
무효전력	진상, 지상 양용	진상 전용	지상 전용
조정	연속적	계단적 (불연속)	계단적 (불연속)
시송전 (시충전)	가능	불가능	불가능
가격	비싸다	저렴	저렴
보수	손질필요	용이	용이

5. 페란티 현상

(1) 페란티 현상이란?

선로의 정전용량으로 인하여 무부하시나 경부하시 진상전류가 흘러 수전단 전압이 송전단 전압보다 높아지는 현상

(2) 페란티 방지대책

· 선로에 흐르는 전류가 지상이 되도록 한다.
· 수전단에 분로리액터를 설치한다.
· 동기조상기의 부족여자 운전

6. 송전 용량

(1) 송전용량 개략 계산법

① Still의 식(경제적인 송전전압)

송전전압 $V_s = 5.5\sqrt{0.6l + \dfrac{P}{100}}\,[kV]$

여기서, l : 송전거리[km], P : 송전용량[kW]

② 고유부하법(고유송전용량)

$$P = \frac{V_r^2}{Z_o}\,[W] = \frac{V_r^2}{\sqrt{\dfrac{L}{C}}}\,[MW/회선]$$

여기서, V_r : 수전단 선간 전압 [kV]

Z_o : 특성 임피던스

③ 송전용량 계수법(수전단 전력)

$$P_r = k\frac{V_r^2}{l}\,[kW]$$

여기서, l : 송전거리[km]

V_r : 수전단 선간 전압 [kV]

k : 송전 용량 계수

60[kV] → 600

100[kV] → 800

140[kV] → 1200

④ 송전전력 $P = \dfrac{V_s V_r}{X}\sin\delta\,[MW]$

여기서, V_s, V_r : 송·수전단 전압[kV]

δ : 송·수전단 전압의 위상차

X : 선로의 리액턴스[Ω]

※ 발전기 출력 $P = 3\dfrac{VE}{X}\sin\delta$

수전전력 $P = \sqrt{3}\,VI\cos\theta$

1. 고장

(1) 1선지락

영상전류, 정상전류, 역상전류의 크기가 모두 같다.
즉, $I_0 = I_1 = I_2$

(2) 2선지락

영상전압, 정상전압, 역상전압의 크기가 모두 같다.
즉, $V_0 = V_1 = V_2$

(3) 선간단락

단락이 되면 영상이 없어지고 정상과 역상만 존재한다.

(4) 3상단락

정상분만 존재한다.

2. 단락전류 계산법

(1) 오옴법

① 단락전류(단상) $I_s = \dfrac{E}{Z} = \dfrac{E}{\sqrt{R^2 + X^2}}$

$\qquad\qquad\qquad = \dfrac{E}{Z_g + Z_t + Z_l}[A]$

여기서, Z_g : 발전기의 임피던스

$\qquad\quad Z_t$: 변압기의 임피던스

$\qquad\quad Z_l$: 선로의 임피던스

② 단락용량 $P_s = 3EI_s = \sqrt{3}\, VI_s[kVA]$

③ 단락전류(3상) $I_s = \dfrac{\dfrac{V}{\sqrt{3}}}{Z} = \dfrac{V}{\sqrt{3}\,Z}[A]$

(2) 고유 부하법 $P = \dfrac{V^2}{\sqrt{\dfrac{L}{C}}}$

(3) 용량계수법 $P = K\dfrac{V^2}{l}$

(4) Still의 식(가장 경제적인 송전전압의 결정)

$V_s = 5.5\sqrt{0.6\,l + 0.01\,P}\,[kV]$

(5) %임피던스법(백분율법)

① $\%Z = \dfrac{I_n Z}{E} \times 100[\%]$

② $\%Z = \dfrac{P \cdot Z}{10\,V^2}[\%] \;\rightarrow\;$ 단상

(6) 차단 용량 $P_s = \dfrac{100}{\%Z}P_n[MVA]$

여기서, P_n : 정격용량

$\qquad\quad V$: 단락점의 선간전압[kV]

$\qquad\quad Z$: 계통임피던스

(7) 단위법

임피던스로 표시하는 방법으로 백분율법에서 100[%]를 제거한 것이다.

$Z(p.u) = \dfrac{ZI}{E}$

3. 대칭 좌표법

(1) 대칭 좌표법이란?

· 불평형 전압이나 불평형 전류를 3개의 성분, 즉 영상분, 정상분, 역상분으로 나누어 계산하는 방법

· 비대칭 3상교류=영상분 + 정상분 + 역상분

※ 영상분은 접지선 중성선에만 존재한다. 따라서 비접지의 영상분은 없다.

(2) 대칭분

① 영상전류(I_0) : 지락(1선 지락, 2선 지락)고장 시 접지계전기를 동작시키는 전류

② 정상전류(I_1) : 평상시에나 고장 시에나 항상 존재하는 성분

③ 역상전류(I_2) : 불평형 사고(1선지락, 2선 지락, 선간 단락) 시에 존재하는 성분

(3) 대칭성분 각상성분

① 대칭성분

㉮ 영상분 $V_0 = \dfrac{1}{3}(V_a + V_b + V_c)$

㉯ 정상분 $V_1 = \dfrac{1}{3}(V_a + a V_b + a^2 V_c)$

㉰ 역상분 $V_2 = \dfrac{1}{3}(V_a + a^2 V_b + a V_c)$

② 각상성분

㉮ $V_a = V_0 + V_1 + V_2$

㉯ $V_b = V_0 + a^2 V_1 + a V_2$

㉰ $V_c = V_0 + a V_1 + a^2 V_2$

(4) 교류발전기 기본공식

① 영상 전압 $V_0 = -Z_0 I_0$

② 정상 전압 $V_1 = E_a - Z_1 I_1$

③ 역상 전압 $V_2 = -Z_2 I_2$

여기서, Z_0 : 영상 임피던스, Z_1 : 정상 임피던스

$\qquad Z_2$: 역상 임피던스

(5) 대칭좌표법으로 해석할 경우 필요한 것

	정상분	역상분	영상분
1선 지락 2선 지락	○	○	○
선간 단락	○	○	
3상 단락	○		

※ 2선지락 : $V_0 = V_1 = V_2 \neq 0$

1선지락 : $I_0 = I_1 = I_2 \neq 0$

(6) 영상 임피던스 · 전압 · 전류 측정

① 영상 임피던스 측정

㉮ $Z_1 = Z_2$

㉯ Z_0에 I_0가 흐를 때 $Z_0 = Z + 3Z_n$

㉰ $Z_0 > Z_1 = Z_2$

② 영상 전압 측정

GPT(접지형 계기용 변압기) 3대로 개방 델타 접속한다.

③ 지락전류(영상전류) 검출 ZCT(영상변전류)가 한다. ZCT는 GR(접지 계전기)와 항상 조합된다.

핵심 05 유도장해와 안정도

1. 유도장해

(1) 정전유도

전력선과 통신선과의 상호정전용량(C_m)에 의해 평상시 발생한다.

정전유도에 의해 영상전압(V_0)이 발생한다.

길이에 무관하다.

① 단상 정전유도전압

$$E_0 = \dfrac{C_m}{C_m + C_0} E_1 \, [\mathrm{V}]$$

→ (전압이 크면 통신선에 장해를 준다.)

여기서, C_m : 전력선과 통신선 간의 정전용량

$\qquad C_0$: 통신선의 대지 정전용량

$\qquad E_1$: 전력선의 전위

(선간 전압 $V = \sqrt{3}\, E$)

② 3상 정전유도전압 $E_0 = \dfrac{3C_m}{C_0 + 3C_m} E_1 \, [\mathrm{V}]$

(2) 전자유도

전자유도는 상호인덕턴스(M)에 의해 발생하며 지락사고 시 영상전류에 의해 발생한다.

선로와 통신선의 병행 길이에 비례한다.

① 전자유도전압(E_m)

$$E_m = -jwMl(I_a+I_b+I_c) = -jwMl\times 3I_0\,[V]$$

여기서, l : 전력선과 통신선의 병행 길이[km]

$3I_0$: $3\times$영상전류(=기유도 전류=지락 전류)

M : 전력선과 통신선과의 상호 인덕턴스

I_a, I_b, I_c : 각 상의 불평형 전류

$\omega(=2\pi f)$: 각주파수

(3) 유도장해 방지대책

① 전력선측 대책

- 차폐선 설치 (유도장해를 30~50[%] 감소)
- 고속도 차단기 설치
- 연가를 충분히 한다.
- 케이블을 사용 (전자유도 50[%] 정도 감소)
- 소호 리액터의 채택
- 송전선로를 통신선으로부터 멀리 이격시킨다.
- 중성점의 접지저항값을 크게 한다.

② 통신선측 대책

- 통신선의 도중에 배류코일(절연 변압기)을 넣어서 구간을 분할한다(병행길이의 단축).
- 연피 통신 케이블 사용(상호 인덕턴스 M의 저감)
- 성능이 우수한 피뢰기의 사용(유도 전압의 저감)

2. 안정도

(1) 안정도란?

계통이 주어진 운전 조건하에서 안정하게 운전을 계속할 수 있는 능력

정태안정도, 동태안정도, 과도안정도가 있다.

(2) 안정도의 종류

① 정태안정도 : 전력계통에서 극히 완만한 부하 변화가 발생하더라도 안정하게 계속적으로 송전할 수 있는 정도

② 동태안정도 : 고속자동전압조정기(AVR)로 동기기의 여자 전류를 제어할 경우의 정태 안정도

③ 과도안정도 : 계통에 갑자기 고장사고(지락, 단락, 재폐로)와 같은 급격한 외란이 발생 하였을 때에도 탈조하지 않고 새로운 평형 상태를 회복하여 송전을 계속 할 수 있는 능력

(3) 안정도에 관한 공식

① 송전전력 $P = \dfrac{V_s V_r}{X}\sin\delta\,[MW]$

② 최대송전전력 $P_m = \dfrac{V_s V_r}{X}\,[MW]$

③ 바그너의 식 $\tan\delta = \dfrac{M_G+M_m}{M_G-M_m}\tan\beta$

여기서, δ : 송전단 전압(V_s)과 수전단 전압(V_r)의 상차각

V_s : 송전단 전압, V_r : 수전단 전압

X : 계통의 송·수전단 간의 전달 리액턴스[Ω]

β : 송전계통의 전 임피던스의 위상차각

M_G : 발전기의 관성 정수

M_m : 전동기의 관성 정수

(4) 안정도 향상 대책

① 계통의 직렬 리액턴스(X)를 작세

- 발전기나 변압기의 리액턴스를 작게 한다.
- 선로의 병행회선수를 늘리거나 복도체 또는 다도체 방식을 사용
- 직렬 콘덴서를 삽입하여 선로의 리액턴스를 보상한다.

② 계통의 전압 변동률을 작게(단락비를 크게)

- 속응 여자 방식 채용
- 계통의 연계
- 중간 조상 방식

③ 고장 전류를 줄이고 고장 구간을 신속 차단

- 적당한 중성점 접지 방식
- 고속 차단 방식
- 재폐로 방식

④ 고장 시 발전기 입·출력의 불평형을 작게

(1) 중성점접지 목적

- 1선지락시 전위 상승 억제, 계통의 기계·기구의 절연보호
- 지락사고시 보호계전기 동작의 확실
- 안정도 증진

(2) 중성점접지 종류

① 직접접지 방식(유효접지 : 154[kV], 345[kV]) : 1선지락사고 시 전압 상승이 1.3배 이하가 되도록 하는 접지방식

㉮ 직접접지방식의 장점
- 전위 상승이 최소
- 단절연, 저감절연 가능 – 기기값의 저렴
- 지락전류 검출이 쉽다. – 지락보호기 작동 확실

㉯ 직접접지방식의 단점
- 1선지락 시 지락전류가 최대
- 유도장해가 크다.
- 전류를 차단하므로 차단기용량 커짐
  – 안정도 저하

② 비접지 방식(3.3[kV], 6.6[kV])의 특징
- 저전압 단거리
- 1상고장 시 V–V 결선이 가능하다(고장 중 운전 가능).
- $\sqrt{3}$ 배의 전위 상승

③ 소호리액터 방식(병렬공진 이용 → 전류 최소)

㉮ 소호리액터 크기 $X = \dfrac{1}{3\omega C_s}[\Omega]$

$$L = \frac{1}{3\omega^2 C_s}[H]$$

㉯ 소호리액터 용량

$$P = 2\pi f C_S V^2 l \times 10^{-3}(\times 1.1배)[KVA]$$

여기서, V : [V], l : [km], (×1.1배) : 과보상)

※ 과보상을 하는 이유는 직렬공진시의 이상 전압의 상승을 억제한다.

㉰ 합조도(반드시 과보상이 되도록 한다.)

$$P = \frac{탭전류 - 전대지충전전류}{전대지충전전류} \times 100$$

$$= \frac{I - I_C}{I} \times 100[\%]$$

· $P > 0 \to \omega L < \dfrac{1}{3\omega C}$: 과보상, 합조도 +

· $P = 0 \to \omega L = \dfrac{1}{3\omega C}$: 완전 공진, 합조도 0

· $P < 0 \to \omega L > \dfrac{1}{3\omega C}$: 부족 보상, 합조도 –

④ 유효 접지방식

㉮ 지락 사고 시 건전상의 전압 상승이 대지 전압의 1.3배 이하가 되도록 한 접지방식이다.

㉯ 유효 접지 조건 $\dfrac{R_0}{X_1} \le 1, \ 0 \le \dfrac{X_0}{X_1} \le 3$

여기서, R_0 : 영상 저항
X_0 : 영상 리액턴스
X_1 : 정상 리액턴스

(3) 중성점 잔류전압(E_n)

① 중성점 잔류전압의 발생원인
- 송전선의 3상 각상의 대지 정전 용량이 불균등 ($C_a \ne C_b \ne C_c$)일 경우 발생
- 차단기의 개폐가 동시에 이루어지지 않음에 따른 3상간의 불평형

② 중성점 잔류전압의 크기

$$E_n = \frac{\sqrt{C_a(C_a - C_b) + C_b(C_b - C_c) + C_c(C_c - C_a)}}{C_a + C_b + C_c} \times \frac{V}{\sqrt{3}}$$

여기서, V : 선간 전압 ($V = \sqrt{3}E$)

③ 중성점 잔류전압 감소 대책
송전 선로의 충분한 연가 실시이다.

※ 연가를 완벽하게 하여 $C_a = C_b = C_c$의 조건이 되면 잔류전압은 0이다.

1. 이상전압

(1) 이상전압 종류

① 내부 이상전압

· 개폐 이상전압

· 계통 내부 사고에 의한 이상전압

· 대책은 차단기 내에 저항기 설치

② 외부 이상전압 : 직격뢰, 유도뢰, 수목과의 접촉

(2) 외부 이상전압 방호대책

① 가공지선 : 직격뢰 차폐(차폐각 작게 할수록 좋다)

② 매설지선 : 역섬락 방지(철탑저항을 작게 한다.)

③ 애자련 보호 : 아킹혼(초호각)

(3) 뇌서지(충격파)

① 파형(뇌운이 전선로에 이동시)

㉮ 표준 충격파 : $1.2 \times 50[\mu sec]$

㉯ 뇌서지와 개폐서지는 파두장 파미장 모두 다름

② 뇌의 값

㉮ 반사계수 $\beta = \dfrac{Z_2 - Z_1}{Z_2 + Z_1}$

㉯ 투과계수 $\alpha = \dfrac{2Z_2}{Z_2 + Z_1}$

　여기서, Z_1 : 전원측 임피던스$[\Omega]$

　　　　　Z_2 : 부하측 임피던스$[\Omega]$

(4) 이상 전압 방지 대책

피뢰기 설치	기기 보호
매설지선	역섬락 방지
가공지선	뇌의 차폐

(5) 피뢰기

① 피뢰기의 역할

피뢰기는 이상 전압을 대지로 방류함으로서 그 파고치를 저감시켜 설비를 보호하는 장치

② 피뢰기의 구비조건

· 충격 방전 개시 전압이 낮을 것

· 상용 주파수의 방전 개시 전압이 높을 것

· 방전 내량이 크면서 제한 전압이 낮을 것

· 속류 차단 능력이 충분할 것

③ 피뢰기의 정격전압(E_R)

속류의 차단이 되는 최고의 교류전압

정격전압 $E_R = \alpha\beta\dfrac{V_m}{\sqrt{3}}$

여기서, E_R : 피뢰기의 정격전압,

　　　　α : 접지계수, β : 여유도(1.15)

　　　　V_m : 선간의 최고 허용전압

　　　　$(V_m = 공칭전압 \times \dfrac{1.2}{1.1})$

④ 피뢰기의 제한전압

충격파전류가 흐르고 있을 때 피뢰기 단자전압의 파고치

제한전압 $= \dfrac{2Z_2}{Z_1 + Z_2}e - \dfrac{Z_1 Z_2}{Z_1 + Z_2}i$

여기서, Z_1 : 선로 임피던스, Z_2 : 부하 임피던스

(6) 섬락 및 역섬락

① 역섬락

㉮ 정의 : 철탑의 접지저항이 크면 낙뢰 시 철탑의 전위가 매우 높게 되어 철탑에서 송전선으로 섬락을 일으키는 것이다.

㉯ 방지 대책 : 탑각 접지저항을 작게(매설지선을 설치)

② 섬락

㉮ 정의 : 뇌서지가 철답에 설치된 애자의 절연을 파괴해서 불꽃 방전을 일으키는 현상

㉯ 대책 : 가공지선 설치, 아킹혼 설치

(7) 가공지선의 역할

- 직격뢰에 대한 차폐 효과
- 유도뢰에 대한 정전 차폐 효과
- 통신선에 대한 전자 유도 장애 경감 효과

2. 개폐기

(1) 차단기(CB)

① 차단기의 목적

- 선로 이상상태 (과부하, 단락, 지락)고장 시, 고장전류 차단
- 부하전류, 무부하전류를 차단한다.

② 차단기의 종류

유입차단기 (OCB)	·소호능력이 크다. ·화재의 위험이 있다. ·소호매질 : 절연유
공기차단기 (ABB)	·투 입 과 차 단 을 압축공기로 한다. ·소음이 크다(방음설비). ·소호매질 : 압축공기
진공차단기 (VCB)	·차단시간이 짧고 폭발음이 없다. ·소호매질 : 진공
자기차단기 (MBB)	·전류절단에 의한 와전압이 발생하지 않는다. ·소호매질 : 전자력
가스차단기 (GCB)	·밀폐구조이므로 소음이 없다. ·절연내력이 공기의 2~3배정도 ·소호능력이 우수함 ·소호매질 : SF_6

③ 차단용량

$$P_s = \sqrt{3}\ VI_s[\text{MVA}]$$

여기서, V : 정격전압[V](=공칭전압$\times \dfrac{1.2}{1.1}$)

I_s : 정격차단전류[A]

④ 차단기의 차단시간

정격 차단 시간=개극 시간 + 아크 소호 시간

⑤ 차단기의 정격 투입 전류 : 투입 전류의 최초 주파수의 최대값 표시, 정격 차단 전류(실효값)의 2.5배를 표준

⑥ 차단기의 표준 동작 책무(duty cycle) : 차단기의 동작책무란 1~2회 이상의 차단-투입-차단을 일정한 시간 간격으로 행하는 일련의 동작

⑦ 차단기의 트립방식

- 변류기 2차 전류 트립방식(CT)
- 부족 전압 트립방식(UVR)
- 전압 트립방식(PT전원)
- 콘덴서 트립방식(CTD)
- DC 전압 방식

(2) 단로기(DS)

① 단로기의 역할

소호 장치가 없어서 아크를 소멸시킬 수 없다. 각 상별로 개폐가능

② 차단기와 단로기의 조작 순서

㉮ 투입시 : 단로기(DS) 투입 → 차단기(CB) 투입

㉯ 차단시 : 차단기(CB) 개방 → 단로기(DS) 개방

(3) 전력퓨즈(PF)

① 전력퓨즈의 기능

- 부하전류를 안전하게 통전시킨다.
- 동작 대상의 일정값 이상 과전류에서는 오동작 없이 차단하여 전로나 기기를 보호

② 전력퓨즈의 장·단점

장점	·현저한 한류 특성을 갖는다. ·고속도 차단할 수 있다. ·소형으로 큰 차단 용량을 갖는다.
단점	·재투입이 불가능하다. ·과전류에 용단되기 쉽다. ·결상을 일으킬 우려가 있다. ·한류형 퓨즈는 용단되어도 차단되지 않는 범위가 있다.

③ 전력 퓨즈 선정시 고려사항
- 보호기와 협조를 가질 것
- 변압기 여자돌입전류에 동작하지 말 것
- 과부하전류에 동작하지 말 것
- 충전기 및 전동기 기동전류에 동작하지 말 것

④ 퓨즈의 특성 : 전차단 특성, 단시간 허용 특성, 용단 특성

(4) 차단기와 단로기의 동작 특성 비교

① 차단기 : 단락전류 개폐
② 전력용 퓨즈 : 단락전류 차단, 부하전류 통과
③ 단로기 : 무부하회로 개폐, 차단 능력이 없다.
④ 계전기
㉮ 정한시 : 일정시간 이상이면 구동
㉯ 반한시 : 시간의 반비례 특성
㉰ 순한시 : 일정값 이상이면 구동

3. 보호계전기

(1) 보호계전기의 구비 조건

- 고장 상태를 식별하여 정도를 파악할 수 있을 것
- 고장 개소와 고장 정도를 정확히 선택할 수 있을 것
- 동작이 예민하고 오동작이 없을 것
- 적절한 후비 보호 능력이 있을 것
- 경제적일 것

(2) 보호 계전기의 기능상의 분류

① 과전류 계전기(OCR) : 일정한 전류 이상이 흐르면 동작 (발전기, 변압기, 선로 등의 단락 보호용)
② 과전압 계전기(OVR) : 일정값 이상의 전압이 걸렸을 때 동작
③ 부족전압 계전기(UVR) : 전압이 일정전압 이하로 떨어졌을 경우 동작
④ 비율차동 계전기(RDFR) : 고장시의 불평형 차단 전류가 평형전류의 이상으로 되었을 때 동작 (발전기 또는 변압기의 내부 고장 보호용으로 사용)

⑤ 부족 전류 계전기(UCR) : 직류기의 기동용 등에 사용되는 보호 계전기(교류 발전기의 계자 보호용)
⑥ 선택 접지 계전기(SGR) : 다회선에서 접지 고장 회선의 선택
⑦ 거리 계전기 : 선로의 단락보호 및 사고의 검출용
⑧ 방향·단락 계전기 : 환상 선로의 단락사고 보호
⑨ 지락 계전기(GR) : 영상변전류(ZCT)에 의해 검출된 영상전류에 의해 동작

(3) 보호 계전기의 보호방식

① 표시선계전 방식
- 방향 비교 방식 ・ 전압 반향 방식
- 전류 순환 방식 ・ 전송 트릭 방식
② 반송보호계전 방식
- 방향 비교 반송 방식
- 위상 비교 반송 방식
- 반송 트릭 방식

(4) 비율차동계전기

① 발전기 보호 : 87G
② 변압기 보호 : 87T
③ 모선 보호 : 87B

(5) 계기용 변압기(PT)

① 계기용 변압기 용도
1차 측의 고전압을 2차 측의 저전압(110[V])으로 변성하여 계기나 계전기에 전압원 공급
② 접속 : 주회로에 병렬 연결
③ 주의 사항 : 2차 측을 단락하지 말 것

(6) 계기용 변류기(CT)

① 계기용 변류기의 용도
배전반의 전류계, 전력계, 역률계 등 각종 계기 및 차단기 트립코일의 전원으로 사용
② 접속 : 주회로에 직렬 연결
③ 주의 사항 : 2차 측을 개방하지 말 것

(7) 계기용 변압변류기(MOF : Metering Out Fit)

전력량계 적산을 위해서 PT, CT를 한 탱크 속에 넣은 것

---

1. 배전 선로의 구성 방식

(1) 수지식(나뭇가지 식 : tree system)

수요 변동에 쉽게 대응할 수 있다.

(2) 환상 방식(loop system)

· 고장 구간의 분리조작이 용이하다.

· 전력손실이 적다.

· 전압강하가 적다.

(3) 망상방식(network system)

· 플리커, 전압변동률이 적다.

· 기기의 이용률이 향상된다.

· 전력손실이 적다.

· 전압강하가 적다.

(4) 저압 뱅킹 방식

· 고압선(모선)에 접속된 2대 이상의 변압기의 저압 측을 병렬 접속하는 방식

· 전압변동 및 전력손실이 경감

· 변압기 용량 및 저압선 동량이 절감

· 특별한 보호 장치(네트워크 프로텍트)

2. 배전 선로의 전기 공급 방법

(1) 경제적인 전송방식

	단상 2선식	단상 3선식	3상 3선식	3상 4선식
송전전력(P)	$VI\cos\theta$	$VI\cos\theta$	$\sqrt{3}\,VI\cos\theta$	$\sqrt{3}\,VI\cos\theta$
1선당 송전전력	100[%]	67[%]	115[%]	87[%]

	단상 2선식	단상 3선식	3상 3선식	3상 4선식
전선무게	100[%]	150[%]	75[%]	100[%]
1선당 배전전력	100[%]	133[%]	115[%]	150[%]

※ 송전에서는 3상 3선식이 유리하며, 배전에서는 3상 4선식이 유리하다.

---

1. 전압 강하율과 전압 변동률

(1) 전압 강하율 $\epsilon = \dfrac{V_s - V_r}{V_r} \times 100\,[\%]$

(2) 전압 변동률 $\delta = \dfrac{V_{ro} - V_r}{V_r} \times 100\,[\%]$

(3) 전력 손실률

전력손실률 $= \dfrac{I^2 R}{P_r} \times 100 = \dfrac{I^2 R}{V_r I} \times 100\,[\%]$

여기서, V_s : 송전단 전압

V_r : 전부하시 수전단 전압

V_{r0} : 무부하시 수전단 전압

R : 전선 1선당의 저항

I : 전류, P_r : 소비전력

2. 부하의 특성

(1) 수용률

① 수용률 $= \dfrac{\text{최대수용전력[kW]}}{\text{부하 설비 용량 합계[kW]}} \times 100\,[\%]$

② 보통 1보다 작다.

③ 수용률이 1보다 크면 과부하

(2) 부등률

① 부등률 $= \dfrac{\text{각 부하의 최대 수용 전력의 합계[kW]}}{\text{합성 최대 수용전력[kW]}}$

② 부등률은 1보다 크다(부등률 ≥ 1).

---

(3) 부하율

① 일정기간 중 부하 변동의 정도를 나타내는 것

② 부하율 $= \dfrac{평균 수용 전력}{최대 수용 전력} \times 100 [\%]$

$= \dfrac{평균부하}{최대부하} \times 100 [\%]$

(4) 수용률, 부등률, 부하율의 관계

① 합성 최대 전력 $= \dfrac{최대 전력의 합계}{부등률}$

$= \dfrac{설치 부하의 합계 \times 수용률}{부등률}$

② 부하율 $= \dfrac{평균 전력}{설치 부하의 합계} \times \dfrac{부등률}{수용률} \times 100 [\%]$

3. 변압기 용량 및 출력

(1) 실측 효율

① 입력과 출력의 실측값으로부터 계산

② 실측효율 $= \dfrac{출력의 측정값}{입력의 측정값} \times 100 [\%]$

(2) 규약 효율

① 규약효율 $= \dfrac{출력}{출력 + 손실} \times 100$

$= \dfrac{입력 - 손실}{입력} \times 100 [\%]$

③ 전일효율

$= \dfrac{1일간의 출력 전력량}{1일간의 출력 전력량 + 1일간의 손실 전력량} \times 100$

(3) 변압기 용량

① 한 대일 경우 $T_r = \dfrac{설비용량 \times 수용률}{역률} [kVA]$

② 여러 대일 경우

$T_r = \dfrac{\sum (설비용량 \times 수용률)}{부등률 \times 역률} [kVA]$

(4) 변압기 최고 효율 조건 $P_i = a^2 P_c$

여기서, P_i : 철손, a : 부하율, P_c : 전부하 시 동손

4. 전력 손실

(1) 배전선로의 전력손 $P_c = N I^2 R [W]$

여기서, R : 전선 1가닥의 저항$[\Omega]$

I : 부하전류[A], N : 전선의 가닥수

(2선식(N=2), 3선식(N=3))

(2) 부하율 F와 손실계수 H와의 관계

$0 \leq F^2 \leq H \leq F < I$가 있으므로

손실계수 $H = aF + (1-a)F^2$로 표현한다.

여기서, a는 상수로서 0.1~0.4

핵심 10 배전선로의 운영과 보호

(1) 배전선로의 손실 경감 대책

① 적정 배전 방식의 채용

② 역률 개선

③ 변전소 및 변압기의 적정 배치

④ 변압기 손실 경감

⑤ 배전 전압의 승압

(2) 역률 개선

① 역률개선용 콘덴서 용량(Q)

$Q = P(\tan\theta_1 - \tan\theta_2) = P\left(\dfrac{\sin\theta_1}{\cos\theta_1} - \dfrac{\sin\theta_2}{\cos\theta_2}\right)$

$= P\left(\dfrac{\sqrt{1 - \cos^2\theta_1}}{\cos\theta_1} - \dfrac{\sqrt{1 - \cos^2\theta_2}}{\cos\theta_2}\right)$

여기서, $\cos\theta_1$: 개선 전 역률

$\cos\theta_2$: 개선 후 역률

② 역률 개선의 효과

- 선로, 변압기 등의 저항손 감소
- 변압기, 개폐기 등의 소요 용량 감소
- 송전용량이 증대
- 전압강하 감소
- 설비용량의 여유 증가
- 전기요금이 감소한다.

핵심 11 수력발전소

(1) 수력학

① 연속의 원리

임의의 점에서의 유량은 항상 일정하다.

$A_1 v_1 = A_2 v_2 = Q[m^3/s] \rightarrow$ (일정)

여기서, A_1, A_2 : a, b점의 단면적$[m^2]$

v_1, v_2 : a, b점의 유속$[m/s]$

② 베르누이 정리

흐르는 물의 어느 곳에서도 위치에너지(H), 압력

에너지($\frac{P}{\omega}$), 속도에너지($\frac{v^2}{2g}$)의 합은 일정

$H_a + \frac{P_a}{w} + \frac{v_a^2}{2g} = H_b + \frac{P_b}{w} + \frac{v_b^2}{2g} = k$ (일정)

③ 물의 이론 분출 속도(v) → (토리첼리의 정리)

운동 에너지 E_k = 위치 에너지 E_p 이므로

$H = \frac{v^2}{2g}$ [m]에서

유속 $v = \sqrt{2gH}$ [m/s]

(2) 수력발전소의 출력

① 이론적 출력 $P_0 = 9.8QH$ [kW]

② 수차 출력 $P_t = 9.8QH\eta_t$

③ 발전소 출력 $P_g = 9.8QH\eta_t\eta_g$ [kW]

여기서, Q : 유량$[m^3/s]$, H : 낙차[m]

η_g : 발전기 효율, η_t : 수차의 효율

(3) 유량 도표

① 유량도 : 365일 동안 매일의 유량을 역일순으로 기록한 것

② 유황 곡선 : 가로축에 일수를, 세로축에는 유량을 표시하고 유량이 많은 일수를 역순으로 차례로 배열하여 맺은 곡선, 발전계획수립에 이용

③ 적산유량곡선 : 수력발전소의 댐 설계 및 저수지 용량 등을 결정하는데 사용

④ 유량의 종류

㉮ 갈수량(갈수위) : 365일 중 355일 이것보다 내려가지 않는 유량

㉯ 평수량(평수위) : 365일 중 185일은 이것보다 내려가지 않는 유량

㉰ 저수량(저수위) : 365일 중 275일은 이것보다 내려가지 않는 유량

(4) 수차의 종류 별 적용 낙차 범위

① 펠턴 수차(충동수차)

㉮ 유효낙차 : 300[m]

㉯ 형식 : 충동

㉰ 주요 특징 : 고낙차, 디플렉터, 특유 속도 최소

② 프란시스 수차

㉮ 유효낙차 : 50~500[m]

㉯ 형식 : 반동

㉰ 주요 특징 : 중낙차

③ 사류 수차

㉮ 유효낙차 : 50~150[m]

㉯ 형식 : 반동

㉰ 주요 특징 : 중낙차

④ 카플란 수차

㉮ 유효낙차 : 10~50[m]

㉯ 형식 : 반동

㉰ 주요 특징 : 저낙차, 흡출관(유효 낙차를 크게), 효율이 최고, 속도 변동이 최소

(5) 적용 낙차가 큰 순서

펠턴 → 프란시스 → 프로펠러

(6) 조압 수조

- 압력수로인 경우에 시설
- 사용 유량의 급변으로 수격 작용을 흡수 완화하여 압력이 터널에 미치지 않도록 하여 수압관을 보호하는 안전장치

(7) 캐비테이션 현상

① 효율, 출력, 낙차의 저하
② 러너, 버킷의 부식
③ 진동에 의한 소음
④ 속도 변동이 심하다.
⑤ 대책
- 흡출고를 너무 높게 잡지 말 것
- 특유속도를 너무 높게 잡지 말 것

(8) 수차의 특유속도(비교 회전수) (N_s)

낙차에서 단위 출력을 발생시키는데 필요한 1분 동안의 회전수

특유 속도 $N_s = \dfrac{N\sqrt{P}}{H^{\frac{5}{4}}}$ [rpm]

여기서, N : 수차의 회전속도[rpm]

P : 수차 출력[kW], H : 유효낙차[m]

(9) 양수 발전소

낮에는 발전을 하고, 밤에는 원자력, 대용량 화력 발전소의 잉여 전력으로 필요한 물을 다시 상류 쪽으로 양수하여 발전하는 방식으로 잉여 전력의 효율적인 활용, 첨두부하용으로 많이 쓰인다.

핵심 12 화력발전소

(1) 화력발전소의 열 사이클 종류

① 카르노 사이클 (Carnot Cycle) : 두 개의 등온 변화와 두 개의 단일 변화로 이루어지며, 가장 효율이 좋은 이상적인 사이클
② 랭킨 사이클(Rankine Cycle)
- 증기를 작업 유체로 사용하는 기력 발전소의 가장 기본적인 사이클
- 급수 펌프 → 보일러 → 과열기 → 터빈 → 복수기 → 다시 보일러로
③ 재생 사이클 : 증기 터빈에서 팽창 도중에 있는 증기를 일부 추기하여 급수가열에 이용한 열 사이클
④ 재열 사이클 : 어느 압력까지 터빈에서 팽창한 증기를 보일러에 되돌려 재열기로 적당한 온도까지 재 과열시킨 다음 다시 터빈에 보내서 팽창한 열 사이클
⑤ 재생·재열 사이클 : 재생 사이클과 재열 사이클을 겸용하여 사이클의 효율을 향상시킨다.

(2) 화력발전소의 열효율

① 발전소의 열효율 $\eta = \dfrac{860\,W}{mH} \times 100\,[\%]$

여기서, W : 발전 전력량[kWh]

m : 연료 소비량[kg]

H : 연료의 발열량[kcal/kg]

② 발전소의 열효율의 향상 대책
- 재생·재열 사이클의 사용
- 고압, 고온 증기 채용 및 과열기 설치
- 절탄기, 공기예열기 설치
- 연소 가스의 열손실 감소

(3) 화력발전소용 보일러

① 과열기 : 보일러에서 발생한 포화증기를 가열하여 증기 터빈에 과열증기를 공급하는 장치
② 절탄기(가열기) : 보일러 급수를 보일러로부터 나오는 연도 폐기 가스로 예열하는 장치
③ 재열기 : 터빈에서 팽창하여 포화온도에 가깝게 된 증기를 추기하여 다시 보일러에서 처음의 과열 온도에 가깝게까지 온도를 올린다.

④ 공기 예열기 : 연도에서 배출되는 연소가스가 갖는 열량을 회수하여 연소용 공기의 온도를 높인다.

⑤ 집진기 : 연도로 배출되는 분진을 수거하기 위한 설비로 기계식과 전기식이 있다.

    ㉮ 기계식 : 원심력 이용(사이클론 식)

    ㉯ 전기식 : 코로나 방전 이용(코트렐 방식)

⑥ 복수기 : 터빈 중의 열 강하를 크게 함으로써 증기의 보유 열량을 가능한 많이 이용하려고 하는 장치

⑦ 급수 펌프 : 급수를 보일러에 보내기 위하여 사용

핵심 13 원자력발전소

(1) 원자력 발전의 기본 원리

① 핵분열 에너지 : 질량수가 큰 원자핵(예 $_{92}U^{35}$)이 핵분열을 일으킬 때 방출하는 에너지

② 핵융합 에너지 : 질량수가 작은 원자핵 2개가 1개의 원자핵으로 융합될 때 방출하는 에너지

(2) 원자력 발전의 장·단점

① 장점 :

    •오염이 없는 깨끗한 에너지

    •연료의 수송과 저장이 용이하다.

② 단점

    •방사선 측정기, 폐기물 처리장치 등이 필요하다.

    •건설비가 많이 든다.

(3) 원자로의 구성

① 노심 : 핵 분열이 진행되고 있는 부분

② 냉각재

    •원자로 속에서 발생한 열에너지를 외부로 배출시키기 위한 열매체

    •흑연(C), 경수(H_2O), 중수(D_2O) 등이 사용

    •열전도율이 클 것

    •중성자 흡수가 적을 것

    •비등점이 높을 것

    •열용량이 큰 것

    •방사능을 띠기 어려울 것

③ 제어봉

    •원자로내의 중성자를 흡수되는 비율을 제어하기 위한 것

    •카드늄(Cd), 붕소(B), 하프늄(Hf) 등이 사용

④ 감속재

    •원자로 안에서 핵분열의 연쇄 반응이 계속되도록 연료체의 핵분열에서 방출되는 고속 중성자를 열중성자의 단계까지 감속시키는 데 쓰는 물질

    •흑연(C), 경수(H_2O), 중수(D_2O), 베릴륨(Be), 흑연 등이 사용

⑤ 반사체

    •중성자를 반사시켜 외부에 누설되지 것을 방지

    •노심의 주위에 반사체를 설치

    •베릴륨 혹은 흑연과 같이 중성자를 잘 산란시키는 재료가 좋다.

⑥ 차폐재

    •원자로 내의 방사선이 외부로 빠져 나가는 것을 방지

    •열차폐와 생체 차폐가 있다.

(4) 원자로의 종류

① 가압수형 원자로

    •경수형 PWR

    •연료로 저농축 우라늄 사용

    •감속제로는 경수 사용

    •냉각제로 경수 사용

② 비등수형 원자로(BWR) :

    •저농축 우라늄의 산화물을 소결한 연료를 사용

    •감속재, 냉각재로서 물을 사용

    •열교환기가 없다.

전력공학

가공송전선로

01 송전과 배전

(1) 송전

대전력을 고전압으로 장거리의 일괄수송으로 발전소에서 변전소까지의 범위만을 말하기도 한다.

(2) 배전

소전력을 저전압으로 단거리 수송으로 넓게 분산된 수용가에 전력을 공급하는 일

(3) 송전방식의 종류

① 직류 송전 방식 : 발전소에서 발전된 교류(AC) 전력을 바로 송전하지 않고 우선 정류기로 직류(DC) 전력으로 변환시켜 송전한 후 이를 다시 교류(AC)로 역변환하여 부하에 공급하는 송전 방식이다.

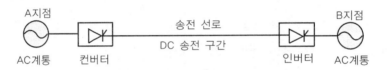

[직류 송전의 구성도]

② 교류 송전 방식 : 최근에는 거의 교류송전 방식을 사용한다.

(4) 교류 송전 방식의 장점

· 전압의 승압, 강압 변경이 용이하다.

· 교류 방식으로 회전 자계를 쉽게 얻을 수 있다.

· 교류 방식으로 부하와 일관된 운용을 기할 수 있다.

※ 단점 : ·통신선의 유도 장해가 있다. ·손실이 많다.

(5) 직류 송전 방식의 장점

· 주파수가 서로 다른 계통 간 연계가 가능하다.

· 코로나 손실이 적고 충전 전류의 영향이 없다.

· 전선의 표피 효과나 근접 효과 영향이 없으므로 저항 증대가 없다.

· 절연 계급을 낮출 수 있다.

[용어의 정의]

① 컨버터 : 교류를 직류로 변환

② 인버터 : 직류를 교류로 변환

- 리액턴스 강하가 없으므로 송전효율이 좋다.
- 리액턴스의 영향이 없으므로 안정도가 좋다(즉, 역률이 항상 1이다).

$$\rightarrow \text{(주파수가 0이므로 } X_L = 2\pi f L = 0)$$

- 유전체 손실과 연피 손실이 없다.
- 단락용량이 적다.

(6) 직류 방식의 단점

- 직·교류 변환장치가 필요하며 설비비가 비싸다.
- 변환 장치에서 발생하는 다량의 고조파를 제거하는 장치가 필요하다.
- 전압의 변압이 어렵다.
- 고장 전류의 차단이 어렵다.

※ 선로 길이 500~700[km] 이상이거나 섬지방에서는 직류 송전이 유리하다.

핵심기출　【기사】 05/2 10/3 14/2 18/2 19/2

직류 송전 방식에 관한 설명 중 잘못된 것은?

① 교류보다 실효값이 적어 절연 계급을 낮출 수 있다.

② 교류 방식보다는 안정도가 떨어진다.

③ 직류 계통과 연계시 교류계통의 차단용량이 작아진다.

④ 교류방식처럼 송전손실이 없어 송전효율이 좋아진다.

정답 및 해설　[직류 송전 방식의 장점] ② 선로의 리액턴스가 없으므로 <u>안정도가 높다</u>.

【정답】 ②

---

02 송전용 전선

1. 전선의 종류 및 주요 특징

가공송전선로에 사용되는 전선은 모두 나전선으로서 전선의 구조에 따라서는 단선, 연선, 중공전선의 3가지 구조로 이루어져 있고, 재료에 의한 분류로는 연동선, 경동선, 강심 알루미늄 연선 등으로 분류되어 있다.

(1) 전선의 구조에 따른 종류

① 단선

단선은 단면이 원형인 1조를 도체로 한 것으로 단면적이 커지면 가요성이 적고 취급이 매우 불편하므로 근래에는 거의 사용하지 않는다.

단선은 지름(mm)으로 표시한다.

② 연선

연선은 단선을 수조~수십조로 꼰 것으로서 이 경우 단선을 특히 소선이라고 한다. 보통 연선은 1개의 소선을 중심으로 그 주위(바깥층)에 소선을 몇 층 꼬아서 만든 동심 연선으로 하고 있다.

연선은 단면적(mm^2)으로 표시한다.

③ 연선(지름 3.2[mm] 이상의 전선)의 주요 특징

㉮ 소선의 총수 : $N = 3n(n+1) + 1$

㉯ 연선의 바깥지름 : $D = (2n+1) \cdot d[mm]$

㉰ 연선의 단면적 : $A = Na[mm^2]$

㉱ 연선의 중량 : $W = (1+k_1)N\omega[kg]$ → (k_1 : 중량 연입률)

㉲ 연선의 저항 : $R = (1+k_2)\dfrac{r}{N}[\Omega]$ → (k_2 : 저항 연입률)

여기서, N : 소선이 총수, n : 층수, d : 소선의 지름, a : 소선 단면적

ω : 연선과 같은 길이의 소선 중량, r : 연선과 같은 길이의 소선 저항

(2) 전선의 재료에 따른 종류

① 연동선

상온에서 가공한 동선을 약 600[℃]의 가열로 속에서 가열하여 서서히 식혀서 만든 것으로 경동선에 비해 전기저항이 낮고 유연성 및 가공성이 뛰어나다. 주로 옥내배선에 쓰인다.

㉮ 인장강도 : $20\sim25[kg/mm^2]$

㉯ 도전율 : 100[%]

㉰ 고유저항 : $\rho = \dfrac{1}{58}[\Omega\,mm^2/m]$

② 경동선

순도 99.9[%]의 전기동을 상온에서 압연 처리한 전선으로 인장강도가 커서 가공선로에 쓰임

㉮ 인장강도 : $35\sim45[kg/mm^2]$

㉯ 도전율 : 97[%]

㉰ 고유저항 : $\rho = \dfrac{1}{55}[\Omega mm^2/m]$

③ 강심 알루미늄 연선(ACSR)

전선의 재질이 알루미늄(Al)으로 이루어진 전선으로 전선의 기계적 강도를 높이기 위해 중심에
강선으로 보강한다.

전선의 무게가 가벼우면서도 전선 굵기를 크게 늘릴 수 있다.

	직경	단면적	중량	도전율
경동선	1	1	1	97[%]
ACSR	1.25	1.6	0.48	61[%]

2. 전선의 구비조건 및 주요 특징

(1) 전선의 구비조건

- 도전율이 좋을 것(저항률은 작아야 한다)
- 내구성이 있을 것
- 가격이 저렴할 것
- 가요성(유연성)이 클 것

- 기계적 강도가 클 것
- 중량이 가벼울 것(비중, 밀도가 작을 것)
- 가선 작업이 용이할 것
- 허용 전류가 클 것

(2) 전선의 굵기 선정

전선의 굵기를 결정할 때에는 다음과 같은 조건을 고려해야 한다.

- 허용 전류가 클 것
- 전압 강하가 작을 것
- 기계적 강도가 우수할 것

(3) 켈빈의 법칙 (가장 경제적인 전선의 굵기 결정에 사용)

① 전류밀도 : $C = \sqrt{\dfrac{wMP}{\sigma \cdot N}} \, [A/mm^2]$

여기서, C : 경제적인 전류밀도$[A/mm^2]$, M : 전선의 가격 [원/kg]

P : 1년간의 이자와 감가상각비와의 관계, σ : 전선의 저항률$[\Omega \cdot mm^2/m]$

N : 1년간 전력량의 요금[원/kW/년]

※ 전선에 흘러야 할 전류의 값을 알게 되면 전류값을 위 식의 전류밀도 σ로 나누면 가장 경제적인
굵기를 구할 수 있다.

예 경동선인 경우의 경제적인 전선 단면적 $A = I\sqrt{\dfrac{N}{8.89 \times 55MP}} \, [mm^2]$

② 경제적인 송전 전압(Still식) : $V = 5.5\sqrt{0.6 \times 송전거리(l)[km] + \dfrac{송전전력(P)[kW]}{100}} \, [kV]$

※ 중거리 송전선로에서 경제적인 전압의 산출식 (Still식)

(4) 전선의 허용전류

전선의 단면적에 대응하여 안전하게 흘릴 수 있는 전류의 한도를 말한다. 이 한도 이내의 전류를 안전 전류라고 한다.

전선의 허용전류 $I = \sqrt{\dfrac{1}{nR}\left(\dfrac{T_1 - T_2}{R_{th}} - P_d\right)}$ [A]

여기서, n : 심선수, R : 도체의 저항, T_1 : 케이블의 최고 허용온도 [℃]

T_2 : 대지의 기저온도 [℃], R_{th} : 열 저항 [℃/cm], P_d : 유전체손실

※기저온도 : 전력 케이블의 허용전류를 산출할 때 사용되는 온도(주위온도(가공식), 토양온도(직매식))

핵심기출 【기사】 08/3 10/1 14/2

가공 전선로에 사용하는 전선의 구비 조건으로 옳지 않은 것은?

① 도전율이 높을 것　　　② 기계적인 강도가 클 것

③ 비중이 클 것　　　④ 신장률이 클 것

정답 및 해설 [전선의 구비 조건] ③ 비중, 밀도가 작을 것

【정답】③

---

03 송전선로의 설치

(1) 전선의 진동 및 방지 대책

① 전선의 진동

가공전선에 수평으로 수[m/s] 이하의 약한 바람이 불면 그 전선의 배후에 와류가 발생하여 진동이 발생한다. 이러한 상태가 계속되면 전선에 피로 현상이 생겨 지지점 근처에서 단선이 발생할 수 있다.

가벼운 강심 알루미늄선(ACSR)이 경동연선보다 진동이 많이 일어난다.

진동이 현수 장소가 내장 장소보다 많이 발생하며, 경간이 길수록 심하다.

전선의 고유 진동 주파수 $f_c = \dfrac{1}{2l}\sqrt{\dfrac{Tg}{\omega}}$ [Hz]

여기서, l : 루우프(loop)의 길이 [m], T : 전선 장력 [kg], g : 중력 가속도 [m/s^2]

ω : 전선 단위 길이 당 무게 [kg/m]

② 전선 진동의 영향

· 전선의 단선 사고 발생   · 철탑의 기계적 강도 저하

③ 진동 방지 대책

㉮ 댐퍼(Damper) : 전선의 진동 방지

(스톡 브리지 댐퍼 : 좌·우 진동 방지, 토셔널 댐퍼 : 전선의 상·하 진동 방지)

㉯ 스페이서 댐퍼 : 스페이서와 댐퍼의 역할을 동시에 수행

㉰ 아머로드 : 전선의 지지점 부근에 첨선하여 전선의 단선 사고 방지

(2) 전선의 도약(Sleet Jump)

① 도약의 정의 : 전선의 주위에 빙설이 부착하였다가 탈락히는 반동으로 진신이 뒤어 올라가 상부의 전선과 혼촉(단락)이 일어나는 것

② 방지 대책 : 1회선 철탑의 사용 및 전선의 오프셋(Off Set)이 있다.

(3) 전선의 이도 (Dip)

전선의 이도란 전선이 전선의 지지점을 연결하는 수평선으로부터 밑으로 내려가(처져) 있는 길이

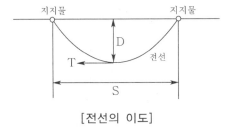

[전선의 이도]

① 이도 $D = \dfrac{WS^2}{8T}$ [m]

여기서, W : 전선의 중량[kg/m]

T : 전선의 수평 장력 [kg], S : 경간 [m]

② 전선의 실제 길이 $L = S + \dfrac{8D^2}{3S} [m]$

③ 지지점의 전선 장력 $T_p = T + \omega D [kg]$

④ 온도 변화 후의 이도 D_2 및 전선 길이 L_2

㉮ $D_2 = \sqrt{D_1^2 \pm \dfrac{3}{8} a \cdot t \cdot S^2} [m]$

㉯ $L_2 = L_1 \pm a \cdot t \cdot S [m]$

여기서, D_1, L_1 : 온도 변화 이전의 이도 및 전선 길이, t : 온도차 [℃]

a : 선팽창계수 (1[℃]에 대하여)

⑤ 전선의 평균 높이 $h = h' - \dfrac{2}{3} D [m]$

여기서, h' : 지지점의 높이, D : 이도

경간이 200[m]인 가공 전선로가 있다. 사용 전선의 길이는 경간보다 몇 [m] 더 길게 하면 되는가? (단, 사용 전선의 1[m]당 무게는 2[kg], 인장 하중은 4,000[kg], 전선의 안전율은 2로 하고 풍압 하중은 무시한다.)

① 0.33　　　　② 0.5　　　　③ 1.41　　　　④ 1.73

정답 및 해설 [전선의 길이] $L = S + \dfrac{8D^2}{3S}[m]$

전선의 이도 $D = \dfrac{WS^2}{8T} = \dfrac{2 \times 200^2}{8 \times \dfrac{4000}{2}} = 5[m]$

전선의 길이 $L = S + \dfrac{8D^2}{3S}[m]$에서 $L - S = \dfrac{8D^2}{3S} = \dfrac{8 \times 5^2}{3 \times 200} = \dfrac{1}{3} = 0.33$

【정답】 ①

(4) 전선의 하중

① 빙설하중 (W_i) :

전선 표면에 겨울철 빙설이 부착된 상태의 하중, 수직 하중, 저온계에서만 적용

빙설하중 $W_i = 0.0054\pi(d+6)[\mathrm{kg/m}]$

→(빙설의 비중은 0.9, 두께는 6[mm])

② 풍압하중 (W_w)

전선에 부는 바람에 의해 전선에 수평으로 가해지는 하중으로 철탑 설계 시 가장 중요한 하중, 수평하중

㉮ 풍압하중(빙설이 적은 지방) $W_w = \dfrac{Pkd}{1000}[\mathrm{kg/m}]$

㉯ 풍압 하중(빙설이 많은 지방) $W_w = \dfrac{Pk(d+12)}{1000}[\mathrm{kg/m}]$

여기서, P : 풍압, d : 전선의 지름

k : 전선의 표면계수

※ 빙설의 두께는 6[mm]이다. 전선의 아래 6[mm] 위 6[mm]를 합해서 12를 더한다.

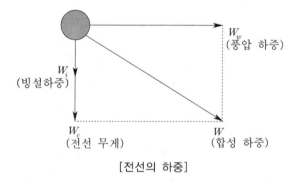

[전선의 하중]

[용어의 정의]

① 고온계 : 온도가 높아서 눈이 와도 금방 녹아버리는 남쪽 지방

② 저온계 : 날씨가 추워서 눈이 오면 바로 얼어서 빙설이 되는 지방

③ 합성하중(W) (총 하중)

㉮ 합성 하중(빙설이 적은 지방 : 고온계) $W = \sqrt{W_c^2 + W_w^2}$ [kg/m]

㉯ 합성 하중(빙설이 많은 지방 : 저온계) $W = \sqrt{(W_c + W_i)^2 + W_w^2}$ [kg/m]

여기서, W_c : 전선 자체 중량, W_i : 빙설 하중, W_w : 풍압 하중

핵심기출 【산업기사】 13/3
공칭단면적 200[mm^2], 전선무게 1.838 [kg/m], 전선의 외경 18.5[mm]인 경동연선을
경간 200[m]로 가설하는 경우의 이도는 약 몇 [m]인가? (단, 경동연선의 전단 인장하중
은 7910[kg], 빙설하중은 0.416[kg/m], 풍압하중은 1.525[kg/m], 안전율은 2.0이다.)

① 3.44[m]   ② 3.78[m]

③ 4.28[m]   ④ 4.78[m]

정답 및 해설 [전선의 이도] $D = \dfrac{WS^2}{8T}$ [m]

·수직하중=전선의 무게(W_c)+빙설하중(W_i)=1.838+0.416=2.254[kg/m]

·수평하중=풍압하중(W_w)=1525[kg/m]

·전선의 종합 하중 $W = \sqrt{(W_c + W_i)^2 + (W_w)^2} = \sqrt{2.254^2 + 1.525^2} = 2.72[kg/m]$

·이도 $D = \dfrac{WS^2}{8T} = \dfrac{2.72 \times 200^2}{8 \times \dfrac{7910}{2}} = 3.44[m]$ 【정답】①

---

04 지선

(1) 전주가 수직인 지선

지선은 지지물을 보강하는 것이다.

① 전주가 수직인 지선의 장력 $T_0 = \dfrac{T}{\cos\theta} = \dfrac{T\sqrt{H^2 + a^2}}{a} = \eta \times \dfrac{T_0'}{K}$

② 전주가 수직인 지선의 소선수 $n = \dfrac{KT}{T_0 \cos\theta} = \dfrac{KT}{T_0} \dfrac{\sqrt{H^2 + a^2}}{a}$

여기서, T : 지선의 수평 장력, T_0 : 지선의 허용 하중

T_0' : 지선에 사용되는 소선 한 가닥의 인장력, n : 지선의 소선수 (가닥수), K : 안전율

(2) 지선의 구비조건

·지선은 반드시 3본(가닥) 이상 이어야 한다.   ·지선은 아연 도금이어야 한다.

·안전율이 2.5배 이상이어야 한다.   ·한 가닥이 4.31[kN]에 견디어야 한다.

05 전선 지지물(철탑)

(1) 지지물의 종류

지지물의 종류로는 철탑, 철근 콘크리트, 철주, 목주 등이 있다.

(2) 철탑의 분류

① 철탑의 형태에 따른 분류

사각 철탑	철탑 기초면의 모양이 사각 형태인 가장 일반적인 철탑
방형 철탑	서로 마주 보는 2면이 동일한 철탑
문형 철탑	·철탑의 모양이 문 형태를 이루는 철탑 ·전차 선로나 도로, 하천 횡단 시 주로 사용
우두형 철탑	·철탑의 모양이 마치 소의 머리와 같은 형태를 이루는 철탑 ·최고압 송전 선로나 산악 지대에서 1회선용으로 주로 적용된다.
회전형 철탑	철탑의 중간부 이상과 이하를 45[°] 회전시켜 강도를 높인 철탑

② 철탑의 용도에 따른 분류 (철주, 철근콘크리트주 포함)

직선형 철탑 (A형)	·수평각도 3[°] 이하의 장소에 사용하는 현수애자 장치 철탑 ·A형 철탑이라고도 한다.
각도형 철탑 (B형 : 3~20°) (C형 : 30° 초과)	·수평각도 3~30[°] 이하의 장소에 사용하는 내장 애자장치 철탑 ·수평각도 3~20[°]로 설계한 것은 B형 철탑 ·수평각도 20~30[°]로 설계한 것은 C형 철탑
인류형 철탑 (D형)	·전체의 가섭선을 인류하는 장소에 사용 ·D형 철탑이라고도 한다.
내장형 철탑 (E형)	·수평각도 30[°]를 초과하거나 불균형 장력이 현저하게 발생하는 장소에 사용 ·직선철탑이 연속되는 경우 10기마다 1기씩 사용 ·E형 철탑이라고도 한다.
보강형 철탑	불평등 장력에 대해 $\frac{1}{6}$ 을 더 견딜 수 있게 한 철탑

[철탑의 용도에 따른 종류]

핵심기출

특고압 가공전선로에 사용하는 철탑 중에서 전선로의 지지물 양쪽의 경간의 차가 큰 곳에 사용하는 철탑의 종류는?

① 각도형   ② 인류형

③ 보강형   ④ 내장형

정답 및 해설 [철탑의 종류 (내장형 철탑)] 수평각도 30[°]를 초과하거나 불균형 장력이 현저하게 발생하는 장소에 사용 【정답】 ④

06 애자

(1) 애자의 역할

전선을 물리적으로 지지하며 전기적으로 절연하기 위하여 설계된 절연재료

전선과 철탑 간의 절연체 역할을 한다.

전선을 지지물에 고정시키는 지지체 역할을 한다.

(2) 애자의 구비조건

·충분한 절연내력을 가져야 한다.   ·기계적 강도가 커야 한다.

·정전용량이 작아야 한다.   ·온도의 변화에 대하여 강해야 한다.

·가격이 저렴하고 다루기가 쉬울 것

·비, 눈, 안개 등에서도 필요한 전기적 표면 저항을 가지며 누설전류가 적어야 한다.

핵심기출

애자가 갖추어야 할 구비 조건으로 옳은 것은?

① 온도의 급변에 잘 견디고 습기도 잘 흡수하여야 한다.

② 지지물에 전선을 지지할 수 있는 충분한 기계적 강도를 갖추어야 한다.

③ 비, 눈, 안개 등에 대해서도 충분한 절연저항을 가지며, 누설전류가 많아야 한다.

④ 선로전압에는 충분한 절연내력을 가지며, 이상전압에는 절연내력이 매우 작아야 한다.

정답 및 해설 [애자의 구비 조건]

① 온도의 급변에 잘 견디고 습기도 잘 흡수해서는 안 된다.

③ 비, 눈, 안개 등에 대해서도 충분한 절연저항을 가지며, 누설전류가 적어야 한다.

④ 선로 전압 및 이상전압에 대해 충분한 절연내력을 가져야 한다. 【정답】 ②

(3) 애자의 종류

핀 애자	지지부 상층에 전선이 위치하며, 일반적으로 30[kV] 이하에서 사용			
현수 애자	·지지부 하층에 전선이 위치하며, 일반적으로 66[kV] 이상에서 사용 ·사용 전압 별 현수 애자 개수(250[mm] 표준)			
	2.2[kV]	66[kV]	154[kV]	345[kV]
	2~3	4~6	9~11	19~23
장간 애자	염진해 대책의 일환으로 사용			
지지 애자	① SP애자 : 발전소, 변전소 등에서 전력용 기기의 절연 지지용 ② LP애자 : 선로용 지지애자로 사용			

(4) 애자련의 전압 분담

① 최대 전압 분담 애자 : 전선에 가장 가까운 애자 (21[%] 정도)

② 최소 전압 분담 애자 : 전선으로부터 2/3

　(철탑으로부터 1/3)되는 지점에 있는 애자

※1련의 애자가 10개인 경우 부담 전압이 가장 적은
　애자는 전선에서 8번째 애자이다.

[애자련의 전압 분담]

(5) 애자련의 련효율

$$\eta_n = \frac{V_n}{n\,V_1} \times 100\,[\%]$$

여기서, V_n : 애자련의 전체 섬락전압[kV], n : 1련의 사용 애자수, V_1 : 현수 애자 1개의 섬락전압[kV]

(6) 애자의 섬락전압 (250[mm] 현수 애자 1개 기준)

주수 섬락전압	50[kV]
건조 섬락전압	80[kV]
충격 섬락전압	125[kV]
유중 섬락전압	140[kV] 이상

(7) 전압별 애자 개수(250[mm] 현수 애자 기준)

22.9[kV]	2~3개
66[kV]	4개
154[kV]	9~11개
345[kV]	19~20개

(8) 초호환(Arcing Ring), 초호각 : (Arcing Horn)

- 애자련의 전압 분포 개선
- 낙뢰 등으로 인한 역섬락 시 애자련 보호
- 초호환=소호환=arcing ring
- 초호각=소호각=arcing horn

핵심기출 　【기사】 05/1 14/1 　【산업기사】 08/2 09/3 11/1 14/2 18/1

다음 중 가공 송전선에 사용하는 애자련 중 전압분담이 가장 큰 것은?

① 전선에 가장 가까운 것 　　　　② 중앙에 있는 것

③ 철탑에 가장 가까운 것 　　　　④ 철탑에서 $\frac{1}{3}$ 지점의 것

정답 및 해설 [애자의 전압분담]
① 최대 전압분담 애자 : 전선에 가장 가까운 애자 (21[%] 정도)
② 최소 전압분담 애자 : 전선으로부터 2/3(철탑으로부터 1/3)되는 지점에 있는 애자

【정답】①

---

07 지중전선로

1. 지중전선로

(1) 지중전선로가 필요한 곳

- 뇌해, 풍수 등 자연 재해에 강해 외부 기후에 의해 사고 빈도가 높아서 공급 신뢰도가 중요한 구간
- 대도시를 경유하여 특히 미관이 미려한 것이 요구되는 구간
- 부하 밀도가 높아서 송전 용량이 크게 요구되는 구간
- 보안상의 문제로 가공전선로를 건설할 수 없는 구간

(2) 지중 전선로의 시설

- 전선에 케이블을 사용하고 관로식, 암거식 또는 직접 매설식에 의할 것
- 관로식에 의하는 경우 매설 깊이를 1.0 [m]이상
- 중량물의 압력을 받을 우려가 없는 곳은 60 [cm] 이상
- 중량물의 압력을 받을 우려가 있는 장소 1.2[m] 이상
- 지중함으로서 그 크기가 1[m³] 이상인 것에는 통풍장치를 시설할 것

2. 지중 전선로용 케이블

(1) 가교 폴리에틸렌 케이블(CV Cable)

전력 케이블의 대표격으로 가장 널리 사용된다.

저압에서 특별 고압에 이르기까지 사용된다.

(2) 케이블에서 발생하는 손실

① 도체손(저항손) $P_c = I^2 R[W]$

② 유전체 손실 $P_d = 2\pi f C E^2 \tan\delta[W]$

여기서, C : 작용정전용량 $[\mu F/km]$, δ : 유전손실각, E : 상전압$(E = \dfrac{V}{\sqrt{3}}$, V : 선간전압$)$

③ 연피손(맴돌이 손)

(3) 케이블의 허용전류 (I)

$$I = \sqrt{\frac{1}{nR}\left(\frac{T_1 - T_2}{R_{th}} - P_d\right)}[A]$$

여기서, n : 심선수, R : 도체의 저항, T_1 : 케이블의 최고 허용온도[℃]

T_2 : 대지의 기저온도 [℃], R_{th} : 열 저항 [℃/cm]

핵심기출 【기사】 19/3   【산업기사】 06/1

케이블의 전력손실과 관계가 없는 것은?

① 도체의 저항손   ② 유전체손

③ 연피손   ④ 철손

정답 및 해설 [케이블의 손실] ① 저항손 ② 유전체손 ③ 연피손
연피손은 다른 표현으로 맴돌이 손이라고도 한다.
※④ 철손 : 고정손   【정답】④

---

3. 지중 케이블 가설 방법

(1) 직접 매설식

① 시설 방법

지하에 트러프를 묻고 그 안에 케이블 포설 후 모래를 채우는 방식이다.

② 케이블 매설 깊이

㉮ 중량의 하중이 없는 장소 : 0.6[m]   ㉯ 중량의 하중이 있는 장소 : 1.2[m]

③ 직접 매설식의 특징

- ·공사가 간단하여 경제적이다.
- ·재시공이나 증설이 곤란하다.
- ·케이블이 손상되기 쉽다.
- ·케이블 포설 가닥수에 한계가 있다.

(2) 관로 인입식

① 시설 방법

적당한 간격 마다 맨홀을 만들고, 그 사이에 관로 설치 후 케이블을 끌어넣는 방식

② 관로 인입식의 특징

- ·케이블 손상이 적다.
- ·케이블의 재시공이나 증설이 쉽다.
- ·고장점 탐지가 쉽고, 고장 시 일부 구간의 케이블 교체가 쉽다.
- ·직매식에 비해 건설비가 증가한다.

(3) 전력구식(암거식)

① 시설 방법

지하에 완전히 넓은 지하 터널(전력구)에 케이블트레이를 설치 후 행거 위에 케이블을 포설하는 방식이다.

② 전력구식의 특징

- ·케이블 손상이 적다.
- ·고장 시 케이블 교체가 용이하다.
- ·공사비가 가장 비싸다.
- ·관로식보다 전류 용량이 크다.
- ·다량의 케이블 포설이 유효하다.

4. 지중 케이블의 고장점 찾는 방법

(1) 머레이 루프법

1~2심이 지락하여 1심이 건전한 경우

(2) 정전용량 브리지 측정법

1~3심이 단선하여 지락이 없는 경우

(3) 펄스식 측정법

단선, 지락, 단락 어느 것이든 가능

(4) 수색 코일법

지락의 경우로 접지저항이 수천 $[\Omega]$ 이하일 경우

01 ACSR은 동일한 길이에서 동일한 전기저항을 갖는 경동연선에 비하여 바깥지름은 (①) 중량은 (②).

02 켈빈(Kelvin)의 법칙이 적용되는 경우는 경제적인 전선의 ( )를 선정하고자 하는 경우이다.

03 전선의 굵기를 결정할 때의 조건으로 '허용 전류가 (①)것, 전압 강하가 (②) 것, 그리고 기계적 강도가 (③)할 것' 등을 고려해야 한다.

04 가공 전선로에 사용하는 전선의 구비 조건으로 '도전율이 (①) 것, 기계적인 강도가 (②) 것, 비중이 (③) 것, 신장률이 (④) 것' 등을 들 수 있다.

05 송·배전 전선로에서 전선의 진동으로 인하여 전선이 단선되는 것을 방지하기 위한 설비는 ( ) 이다.

06 3상 3선식 수직 배치인 선로에서 오프셋(off-set)을 주는 주된 가장 큰 이유는 ( ) 이다.

07 이도란 전선이 전선의 지지점을 연결하는 수평선으로부터 밑으로 내려가(처져) 있는 길이로 이도 $D=$ ( )[m] 이다. 단, 전선의 중량 ω[kg/m], 전선의 수평 장력 T[kg], 경간 S[m] 이다.

08 빙설이 적은 지방에서 전선의 자체 중량과 빙설의 종합하중을 W_1, 풍압하중을 W_2라 할 때 합성하중 $W=$ ( )[kg/m] 이다.

09 지지물로 B종 철주, B종 철근 콘크리트주, 또는 철탑을 사용한 특별 고압 가공전선로에서 지지물 양쪽 경간의 차가 큰 곳에 사용하는 철탑의 종류는 ( ) 철탑 이다.

10 특고압 가공전선로의 지지물로 사용하는 B종 철주에서 각도형 철탑은 전선로 중 ( )도를 넘는 수평 각도를 이루는 곳에 사용되는 철탑이다.

11 250[mm] 현수애자 1개의 건조 섬락 전압은 ( )[kV] 정도이다.

12 가공전선로에 사용하는 현수 애자련이 10개라고 할 때 전압 부담이 최소인 것은 전선에 서 ( )번째 애자이다.

13 수평 종하중과 수평 횡하중에서 지지물(철탑)과 애자, 가섭선 등에 가해지는 하중 중 가장 큰 하중은 ( ) 하중 이다.

14 송전선에 낙뢰가 가해져서 애자에 섬락이 생기면 아크가 생겨 애자가 손상되는 경우가 있다. 이것을 방지하기 위하여 사용되는 것을 ( )이라 한다.

15 지중 전선로용 케이블로 사용되는 것은 ( ) 케이블 이다.

16 지중 전선로가 필요한 곳은 뇌해, 풍수 등 자연 재해에 강해 외부 기후에 의해 사고 빈도가 높아서 공급 신뢰도가 ( ) 구간이다.

17 지중 전선로의 시설 시 전선은 케이블을 사용하고 케이블의 매설 방법으로는 관로식, 암거식 또는 ( ) 등이 있다.

18 중량물이 통과하는 장소에 비닐 외장 케이블을 직접 매설식으로 시설하는 경우 매설 깊이는 최소 (   )[m] 이상으로 해야 한다.

19 지중 케이블 있어서 고장점을 찾는 방법으로는 머레이 루프법, 수색 코일법, 펄스식 측정법, 그리고 (   ) 측정법 등이 있다.

20 지중 케이블에서 발생하는 손실에는 도체의 저항손, 유전체손, (   ) 등이 있다.

21 지중 케이블에서 발생하는 손실 중 유전체 손실은 계통의 주파수(f)에는 비례하고 계통 전압(E)의 (   ) 비례한다.

정답

(1) ① 크고, ② 작다	(2) 굵기	(3) ① 클, ② 작을, ③ 우수
(4) ① 클, ② 클, ③ 작을, ④ 클	(5) 댐퍼	(6) 단락 방지
(7) $\dfrac{\omega S^2}{8T}$	(8) $\sqrt{W_1^2 + W_2^2}$	(9) 내장형
(10) 3	(11) 80	(12) 8
(13) 풍압	(14) 아킹혼	(15) 가교 폴리에틸렌
(16) 높은	(17) 직접 매설식	(18) 1.2
(19) 정전용량 브리지	(20) 연피손	(21) 제곱

1. 가공 전선로에 사용하는 전선의 구비 조건으로 바람직하지 못한 것은?

① 비중(밀도)이 클 것
② 도전율이 높을 것
③ 기계적인 강도가 클 것
④ 내구성이 있을 것

|정|답|및|해|설|

[전선의 구비조건]
·도전율이 클 것   ·기계적 강도가 클 것
·비중(밀도)이 적을 것   ·내구성이 있을 것
·가요성이 있을 것   ·경제적일 것
                            【정답】①

2. 직류 송전 방식이 교류 송전 방식에 비하여 유리한 점이 아닌 것은?

① 표피 효과에 의한 송전손실이 없다.
② 통신선에 대한 유도 잡음이 적다.
③ 선로의 절연이 용이하다.
④ 정류가 필요 없고 승압 및 강압이 쉽다.

|정|답|및|해|설|

[직류 송전 방식의 특징]
·절연 계급을 낮출 수 있다.
·송전 효율이 좋다.
·안정도가 좋다.
·주파수에 영향을 받지 않는다.
·역변환 장치가 필요하다.
·고전압, 대전류의 차단기가 개발되어 있지 않다.

[교류 송전 방식의 특징]
·승압과 강압이 용이하다.
·회전자계 얻기가 용이하다.
                            【정답】④

3. 직류 송전방식의 장점이 아닌 것은?

① 리액턴스의 강하가 생기지 않는다.
② 코로나손 및 전력 손실이 작다.
③ 회전 자계가 쉽게 얻어진다.
④ 유전체손 및 충전전류의 영향이 없다.

|정|답|및|해|설|
[직류 송전 방식의 특징] 회전자계를 쉽게 얻어지는 것은 교류의 장점이다.   【정답】③

4. 교류 송전방식에 대해 직류 송전방식의 장점에 해당되지 않는 것은?

① 기기 및 선로의 절연에 요하는 비용이 절감된다.
② 안정도의 한계가 없으므로 송전용량을 높일 수 있다.
③ 전압변동률이 양호하고 무효전력에 기인하는 전력손실이 생기지 않는다.
④ 고전압, 대전류의 차단이 용이하다.

|정|답|및|해|설|
[직류 송전 방식의 특징] 직류송전 방식에서는 대전류의 차단이 용이하지 않다.   【정답】④

5. 송전선의 댐퍼(damper)를 다는 이유는?

① 전선의 진동방지   ② 전자유도 감소
③ 코로나의 방지   ④ 현수애자의 경사방지

|정|답|및|해|설|
[전선의 진동 방지대책] 댐퍼, 아머로드
                            【정답】①

6. 강심 알루미늄 연선의 알루미늄부와 강심부의 단면적을 각각 A_a, $A_s[mm^2]$, 탄성계수를 각각 E_a, $E_s[kg/mm^2]$라고 하고 단면적 비를 $\dfrac{A_a}{A_s}=m$ 라 하면 강심 알루미늄선의 탄성계수 $E[kg/mm^2]$는?

① $E=\dfrac{mE_a+E_s}{m+1}$

② $E=\dfrac{E_a+mE_s}{m+1}$

③ $E=\dfrac{(m+1)E_a+E_s}{m}$

④ $E=\dfrac{E_a+(m+1)E_s}{m}$

|정|답|및|해|설|
[강심 알루미늄 연선의 탄성 계수]
$$E=\frac{A_aE_a+A_sE_s}{A_a+A_s}=\frac{mE_a+E_s}{m+1}$$
【정답】①

7. 캘빈(Kelvin)의 법칙이 적용되는 경우는?

① 전력 손실량을 축소시키고자 하는 경우
② 전압 강하를 감소시키고자 하는 경우
③ 부하 배분의 균형을 얻고자 하는 경우
④ 경제적인 전선의 굵기를 선정하고자 하는 경우

|정|답|및|해|설|
[켈빈의 법칙(경제적인 전선의 굵기)] 단위 길이 당 시설비의 1년이자 감가상각비와 단위 길이 당 1년간 전력 손실량을 요금으로 환산해서 같게 될 때가 가장 경제적인 전선의 굵기가 된다는 법칙이다.　　　　　　　　　　　【정답】④

8. 다음 식은 무엇을 결정할 때 쓰이는 식인가? (단, l은 송전거리[km], P는 송전전력[kW]이다.)

$$V=5.5\sqrt{0.6\times l+\frac{P}{100}}\ [kV]$$

① 송전전압
② 송전선의 굵기
③ 역률 개선 시 콘덴서의 용량
④ 발전소의 발전전압

|정|답|및|해|설|
[켈빈의 법칙(경제적인 전선의 굵기)]
사용 전압 $V=5.5\sqrt{0.6l+\dfrac{P}{100}}$
【정답】①

9. 송전전력이 400[MW], 송전거리가 200[km]인 경우의 경제적인 송전전압은 몇 [kV]인가? (단, A. Still 식에 의하여 산정할 것.)

① 645　　　　　　② 354
③ 173　　　　　　④ 57

|정|답|및|해|설|
[켈빈의 법칙] 송전 전압 $V=5.5\sqrt{0.6l+\dfrac{P}{100}}$ [kV]

$V=5.5\sqrt{0.6\times200+\dfrac{400\times10^3}{100}}\fallingdotseq354[kV]$
【정답】②

10. 송전거리 50[km], 송전전력 5000[kW]일 때의 송전 전압은 대략 몇 [kV] 정도가 적당한가? (단, 스틸식에 의해 구하여라.)

① 29　　　　　　② 39
③ 49　　　　　　④ 59

|정|답|및|해|설|

[켈빈의 법칙] 송전 전압 $V = 5.5 \sqrt{0.6l + \dfrac{P}{100}}$ [kV]

$V = 5.5 \sqrt{0.6 \times 50 + \dfrac{5000}{100}} \fallingdotseq 49[\text{kV}]$

【정답】③

11. 전선로의 지지물에 가해지는 하중에서 상시 하중으로 가장 중요한 것은?

① 수직 하중
② 수직 횡하중
③ 수평 종하중
④ 수평 횡하중

|정|답|및|해|설|

[전선의 하중]
① 빙설 하중(수직 하중)
② 풍압 하중(수평 하중)
③ 합성 하중(총하중)

【정답】④

12. 전선의 하중 중 빙설하중을 W_1 , 풍압하중을 W_2 라 할 때 그 합성하중은?

① $\sqrt{W_1^2 + W_2^2}$
② $W_1 + W_2$
③ $W_1 - W_2$
④ $W_2 + W_1$

|정|답|및|해|설|

[전선의 하중] 빙설하중은 수직 하중, 풍압하중은 수평 하중이므로 합성하중은 $W = \sqrt{W_1^2 + W_2^2}$ [kg/m]이다.

【정답】①

13. 풍압이 $P[\text{kg}/m^2]$ 이고 빙설이 많이 않은 지방에서 직경이 $d[mm]$ 인 전선 1[m]가 받는 풍압은 표면계수를 k 라고 할 때 몇 [kg/m]가 되는가?

① $Pk(d+12)/1000$
② $Pk(d+6)/1000$
③ $Pkd/1000$
④ $Pk\,d^2/1000$

|정|답|및|해|설|

[전선의 하중]

·풍압 하중(빙설이 저은 지방) $W_w = \dfrac{Pkd}{1000}$ [kg/m]

·풍압 하중(빙설이 많은 지방) $W_w = \dfrac{Pk(d+12)}{1000}$ [kg/m]

【정답】③

14. 지상높이 h [m]인 곳에 수평하중 T_0 [kg]을 받는 목주에 지선을 설치 할 때 지선 l [m]이 받은 장력은 몇 [kg]인가?

① $\dfrac{l\,T_0}{\sqrt{l^2 - h^2}}$
② $\dfrac{h\,T_0}{\sqrt{l^2 - h^2}}$
③ $\dfrac{l\,T_0}{\sqrt{l^2 + h^2}}$
④ $\dfrac{l\,T_0}{h}$

|정|답|및|해|설|

[지선의 장력] 수평 장력 $T_0 = T' \cos\theta$

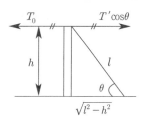

지선 장력 $T' = \dfrac{T_0}{\cos\theta} = \dfrac{T_0}{\dfrac{\sqrt{l^2 - h^2}}{l}} = \dfrac{l}{\sqrt{l^2 - h^2}} \times T_0$

【정답】①

15. 그림과 같이 목주를 수평장력 T로 당기고 있을 때 지선에 필요한 소선수는 몇 개인가? (단, 지선으로 4[mm]의 아연 도금 철선을 사용하고 그의 인장 강도는 30[kg/m^2], 안전율을 3으로 한다.)

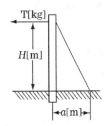

① $\dfrac{3T}{120\pi} \times \dfrac{\sqrt{H^2 + a^2}}{a}$

② $\dfrac{3T}{120\pi} \times \dfrac{a}{\sqrt{H^2 + a^2}}$

③ $\dfrac{3a}{120\pi} \times \dfrac{\sqrt{H^2 + a^2}}{T}$

④ $\dfrac{3a}{150\pi} \times \dfrac{T}{\sqrt{H^2 + a^2}}$

|정|답|및|해|설|

[전주가 수직인 지선의 소선수] $n = \dfrac{KT}{T_0} \dfrac{\sqrt{H^2 + a^2}}{a}$

한 가닥의 인장률 $T_0 =$ 단면적 $\times$ 인장강도

$\qquad\qquad = \pi \left(\dfrac{d}{2}\right)^2 \times 30 = 120\pi$

$\therefore n = \dfrac{KT}{T_0} \times \dfrac{\sqrt{H^2 + a^2}}{a} = \dfrac{3T}{120\pi} \times \dfrac{\sqrt{H^2 + a^2}}{a}$

【정답】①

16. 그림과 같이 지선을 가설하여 전주에 가해진 수평 장력 800[kg]을 지지하고자 한다. 지선으로서 4[mm] 철선을 사용한다고 하면 몇 가닥 사용해야 하는가? (단, 4[mm] 철선 한 가닥의 인장 하중은 440[kg]으로 하고 안전율은 2.5 이다.)

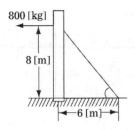

① 6가닥   ② 8가닥

③ 10가닥   ④ 12가닥

|정|답|및|해|설|

[전주가 수직인 지선의 소선수] $n = \dfrac{KT_0}{T_0'}$

여기서, T_0' : 소선 한 가닥의 인장력

전주가 수직인 지선의 장력 $T = T_0 \cos\theta$ 에서

$T_0 = \dfrac{T}{\cos\theta} = \dfrac{800}{\dfrac{6}{10}} = \dfrac{8000}{6}$

$n = \dfrac{T_0}{T_0'} \times K = \dfrac{\dfrac{8000}{6}}{440} \times 2.5 = 7.6 = 8$가닥

【정답】②

17. 전선의 장력이 1000[kg]일 때 지선에 걸리는 장력은 몇[kg]인가?

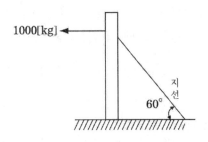

① 2000   ② 25000

③ 3000   ④ 35000

|정|답|및|해|설|

[전주가 수직인 지선의 장력] $T_0 = \dfrac{T}{\cos\theta}$

$T_0 = \dfrac{T}{\cos\theta} = \dfrac{1000}{\dfrac{1}{2}} = 2000[kg]$

【정답】①

18. 전선의 고유 진동의 주파수[Hz]는, 전선 진동의 루우프의 길이를 l[m], 전선 장력을 T[kg], 전선의 중량을 ω[kg/m], 중력 가속도를 g $[m/s^2]$라 할 때 옳은 식은?

① $\dfrac{1}{2l}\sqrt{\dfrac{Tg}{\omega}}$ ② $\dfrac{1}{2T}\sqrt{\dfrac{gl}{\omega}}$

③ $\dfrac{1}{2g}\sqrt{\dfrac{Tl}{\omega}}$ ④ $\dfrac{1}{2\omega}\sqrt{\dfrac{Tg}{l}}$

|정|답|및|해|설|

[전선의 고유 진동 주파수] $f_c - \dfrac{1}{2l}\sqrt{\dfrac{Tg}{\omega}}$ [Hz]

$f_c \propto \dfrac{1}{l}$ → 길이에 반비례한다.

【정답】①

19. 보통 송전선용 표준 철탑 설계의 경우 가장 큰 하중은?

① 풍압

② 애자, 전선의 중량

③ 빙설

④ 전선의 인장강도

|정|답|및|해|설|

[전선의 하중] 철탑 설계 시 가장 큰 하중은 풍압하중이다.

【정답】①

20. 어떤 전선로의 전선 지지점이 동일 수평면에 있다고 할 때 전선의 길이를 산출하는 공식은? (단, D는 이도, S는 경간거리, L은 전선의 길이 이다.)

① $L = S + \dfrac{8D^2}{3S}$ ② $L = S + \dfrac{3S}{8D^2}$

③ $L = S + \dfrac{3D^2}{8S}$ ④ $L = S + \dfrac{8S}{3D^2}$

|정|답|및|해|설|

[전선의 이도] $D = \dfrac{wS^2}{8T}$ [m]

[전선의 실제 길이] $L = S + \dfrac{8D^2}{3S}$ [m]

【정답】①

21. 직선 철탑이 여러 기로 연결될 때에는 10기마다 1기의 비율로 넣는 철탑으로서 선로의 보강용으로 사용되는 철탑은?

① 각도철탑 ② 인류철탑

③ 내장철탑 ④ 특수철탑

|정|답|및|해|설|

[내장형 철탑] 직선형 철탑 10기 이하마다 1기의 내장형 철탑을 시설해 지지물을 보강한다. 불평균 장력의 $\dfrac{1}{3}$을 보강한다.

【정답】③

22. 3상 3선식 수직배치인 선로에서 오프셋 (off-set)을 주는 주된 이유는?

① 단락방지

② 전선 진동 억제

③ 전선의 풍압 감소

④ 철탑 중량 감소

|정|답|및|해|설|

[전선의 도약] 전선의 도약에 의한 전선 단락 방지를 위해 오프셋(off-set)을 준다. 【정답】①

23. 전선의 지지점 높이가 31[m]이고, 전선의 이도 가 9[m]라면 전선의 평균 높이는 얼마인가?

① 31.0[m] ② 26.0[m]

③ 25.5[m] ④ 25.0[m]

[전선의 평균 높이] $h = h' - \dfrac{2}{3}D[m]$

$h = 31 - \dfrac{2}{3} \times 9 = 25[m]$ 【정답】④

24. 경간이 200[m]인 가공선로가 있다. 사용 전선의 길이는 경간보다 얼마나 크면 되는가? (단, 전선의 1[m]당 하중은 2.0kg], 인장하중은 4000[kg]이며 풍압하중은 무시하고 전선의 안전율을 2라 한다.)

① $\dfrac{1}{3}[m]$ ② $\dfrac{1}{2}[m]$

③ $\sqrt{2}\,[m]$ ④ $\sqrt{3}\,[m]$

[전선의 실제 길이] $L = S + \dfrac{8D^2}{3S}[m]$

$D = \dfrac{wS^2}{8T} = \dfrac{2 \times 200^2}{8 \times \dfrac{4000}{2}} = 5[m]$

$\therefore L - S = \dfrac{8D^2}{3S} = \dfrac{8 \times 5^2}{3 \times 200} = \dfrac{1}{3}$ 【정답】①

25. 경간 200[m]의 지지점이 수평인 가공 전선로가 있다. 전선 1[m]의 하중은 2[kg], 풍압 하중은 없는 것으로 하고 전선의 인장 하중은 4000[kg], 안전율을 2.2로 하면 이도는?

① 4.7[m] ② 5[m]

③ 5.5[m] ④ 6[m]

[전선의 이도] $D = \dfrac{wS^2}{8T}[m]$

w : 전선의 중량, S : 경간, T : 수평장력$\left(= \dfrac{\text{인장하중}}{\text{안전율}}\right)$

$D = \dfrac{2 \times 200^2}{8 \times \dfrac{400}{2.2}} = 5.5$

【정답】③

26. 전주 사이의 경간이 80[m]인 가공 전선로에서 전선 1[m]의 하중이 0.37[kg], 전선의 이도가 0.8[m]라면 전선의 수평장력은?

① 330[kg] ② 350[kg]

③ 370[kg] ④ 390[kg]

[전선의 이도] $D = \dfrac{wS^2}{8T}[m]$

$\therefore$ 수평장력 $T = \dfrac{wS^2}{8D} = \dfrac{0.37 \times 80^2}{8 \times 0.8} = 370[kg]$

【정답】③

27. 온도가 $t[℃]$ 상승했을 때의 이도는? (단, 온도 변화전의 이도를 $D_1[m]$, 경간을 $S[m]$, 전선의 온도 계수를 a라 한다.)

① $\sqrt{D_1 + \dfrac{3}{8}a \cdot t \cdot S}\,[m]$

② $\sqrt{D_1^2 - \dfrac{3}{8}a^2 \cdot t \cdot S}\,[m]$

③ $\sqrt{D_1^2 + \dfrac{3}{8}a \cdot t \cdot S^2}\,[m]$

④ $\sqrt{D_1^2 - \dfrac{3}{8}a \cdot t^2 \cdot S}\,[m]$

[온도 변화 후의 이도] $D_2 = \sqrt{D_1^2 \pm \dfrac{3}{8}a \cdot t \cdot S^2}\,[m]$

$D_2 = \sqrt{D_1^{\,2} + \dfrac{3}{8}a \cdot t \cdot S^2}\,[m]$ 【정답】③

28. 가공 전선로에서 전선의 단위 길이당 중량과 경간이 일정할 때 이도는 어떻게 되는가?

① 전선의 장력에 비례한다.

② 전선의 장력에 반비례한다.

③ 전선의 장력의 제곱에 비례한다.

④ 전선의 장력의 제곱에 반비례한다.

|정|답|및|해|설|

[전선의 이도] $D = \dfrac{\omega S^2}{8T}[m]$

$\therefore D \propto \dfrac{1}{T}$, 즉 이도(D)는 장력(T)에 반비례한다.

【정답】②

29. 그림과 같이 높이가 같은 전선주가 같은 거리에 가설되어 있다. 지금 지지물 B에서 전선이 지 지점에서 떨어졌다고 하면, 전선의 이도 D_2는 전선이 떨어지기 전 D_1의 몇 배가 되겠는가?

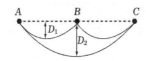

① $\sqrt{2}$ ② 2

③ 3   ④ $\sqrt{3}$

|정|답|및|해|설|

[전선의 실제 길이] $L = S + \dfrac{8D^2}{3S}[m]$

전선의 실제 길이는 변화가 없다. 즉, $r_2 = 2r_1$이므로

$2s + \dfrac{8D_2^2}{3 \times 2s} = 2(s + \dfrac{8D_1^2}{3s})$

$2s + \dfrac{8D_2^2}{6s} = 2s + \dfrac{16D_1^2}{3s}$ $\therefore D_2 = 2D_1$

【정답】②

30. 가공전선로에 사용하는 애자련 중 전압 부담이 최소인 것은?

① 철탑에 가까운 곳
② 전선에 가까운 곳
③ 전선으로부터 $\dfrac{1}{3}$ 길이에 있을 것
④ 중앙에 있을 것

|정|답|및|해|설|

[애자련의 전압 분담] 애자련에 전압 분담이 최대인 곳에 전선 에서 가장 가까운 애자이고 전압 분담이 최소인 곳은 철탑에 서 3번째 애자이다.

【정답】①

31. 현수애자의 연효율 $\eta[\%]$는? (단, V_1은 현수애 자 1개의 섬락전압, n은 1련의 사용 애자수이 고, V_n은 애자련의 섬락전압이다.)

① $\eta = \dfrac{V_n}{nV_1} \times 100$ ② $\eta = \dfrac{nV_n}{V_1} \times 100$

③ $\eta = \dfrac{nV_n}{V_1} \times 100$ ④ $\eta = \dfrac{V_1}{nV_n} \times 100$

|정|답|및|해|설|

[애자련의 연효율] $n = \dfrac{V_n}{nV_1} \times 100$

【정답】①

32. 송전선 현수 애자련의 연면 섬락과 가장 관계가 없는 것은?

① 철탑 접지 저항
② 현수 애자련의 개수
③ 현수 애자련이 오손
④ 가공 지선

|정|답|및|해|설|

[애자련의 연면 섬락] 가공 지선은 직격뢰에 대한 보호 장치로 애자의 연면 섬락과는 관계가 없다.

【정답】④

33. 애자의 전기적 특성에서 가장 높은 전압은?

① 건조 섬락 전압
② 주수 섬락 전압
③ 충격 섬락 전압
④ 유중 파괴 전압

|정|답|및|해|설|

[애자의 섬락 전압] 250[mm] 현수 애자 1개 기준

① 건조 섬락 전압 : 80[kV]

② 주수 섬락 전압 : 50[kV]

③ 충격 섬락 전압 : 130[kV]

④ 유중 파괴 전압 : 140[kV]

※ 유중파괴전압 : 애자를 구성하는 자기 또는 유리의 절연내력을 나타내는 것으로 애자를 절연유 속에 넣고 그 양극간에 상용주파수 전압을 가하여 자기 또는 유리를 관통 파괴시켰을 때의 전압이다.

【정답】④

34. 소호각의 사용 목적은?

① 이상 전압의 발생방지

② 전선의 진동방지

③ 애자련의 보호

④ 클램프의 보호

|정|답|및|해|설|

[소호각] 소호각(아킹혼), 소호환(아킹링)은 애자련의 보호 장치로서 일부 애자에 전압 분포를 균일하게 하는 역할도 한다.

【정답】③

35. 4개를 한 줄로 이어 단 표준 현수 애자를 사용하는 송전선 전압은?

① 22[kV]　　　② 66[kV]

③ 154[kV]　　④ 345[kV]

|정|답|및|해|설|

[전압별 애자 개수(250[mm] 현수 애자 기준)]

① 22.9[kV] : 2 ~ 3개　② 66[kV] : 4 ~ 6개

③ 154[kV] : 9 ~ 11개　④ 345[kV] : 19 ~ 23개

【정답】②

36. 250[mm] 현수 애자 한 개의 건조 섬락 전압은 80[kV]이다. 이것을 10개 직렬로 접속한 애자련의 건조 섬락 전압은 590[kV]일 때 연능률은?

① 1.35　　　② 13.5

③ 0.74　　　④ 7.4

|정|답|및|해|설|

[애자련의 연효율] $\eta_n = \dfrac{V_n}{n\,V_1} \times 100[\%]$

V_1 : 80[kV], n : 10개, V_n : 590[kV]일 때

애자의 연능률 $n = \dfrac{590}{10 \times 80} \times 100 = 74(\%)$

【정답】③

37. 250[mm] 현수 애자 10개를 직렬로 접속된 애자련의 건조 섬락전압이 590[kV]이고 연효율은 0.74이다. 현수 애자 한 개의 건조 섬락 전압은 약 몇 [kV]인가?

① 80　　　② 90

③ 100　　④ 120

|정|답|및|해|설|

[애자련의 연효율] $\eta_n = \dfrac{V_n}{n\,V_1} \times 100[\%]$

$\therefore V_1 = \dfrac{V_n}{\eta_n \cdot n} = \dfrac{590}{0.74 \times 10} ≒ 80[kV]$

【정답】①

38. 154[kV] 송전 선로의 1[km]당의 애자련 정전용량을 구하면? (단, 철탑의 경간은 250[m]이고, 애자련 1개의 정전용량은 9[pF]이다.)

① 45[pF]　　　② 36[pF]

③ 2.25[pF]　　④ 1.8[pF]

|정|답|및|해|설|

[애자련의 정전용량] 1[km]에 4개의 애자련이 병렬로 접속되어 있으므로

$\therefore C = 4 \times 9 = 36[pF]$

【정답】②

39. 현수애자 4개를 1련으로 한 66[kV] 송전선로가 있다. 현수애자 1개의 절연저항이 2000[$M\Omega$]이라면 표준경간을 200[m]로 할 때 1[km]당의 누설 콘덕턴스는?

① 약 0.63×10^{-9}[℧]

② 약 0.73×10^{-9}[℧]

③ 약 0.83×10^{-9}[℧]

④ 약 0.93×10^{-9}[℧]

|정|답|및|해|설|

[애자련의 콘덕턴스] 현수 애자 1련의 저항 200[m] 간격으로 5조 병렬

저항 $R = \dfrac{r}{5} = \dfrac{8 \times 10^9}{5} [\Omega]$

$\to (r = 2000 \times 10^6 \times 4 = 8 \times 10^9 [\Omega])$

누설 콘덕턴스 $G = \dfrac{1}{R}$ 이므로

$G = \dfrac{5}{8} \times 10^{-9} = 0.63 \times 10^{-9} [℧]$ 　【정답】①

40. 우리나라에서 가장 많이 사용하는 현수애자의 표준은 몇[mm]인가?

① 160　　　　② 250

③ 280　　　　④ 320

|정|답|및|해|설|

[현수 애자의 크기에 따른 종류]

·소형 : 190[mm]　　·대형 : 254[mm]

※우리나라 표준 : 250[mm] 　【정답】②

41. 송전선로에서 소호환(Arcing Ring)을 설치하는 이유는?

① 전력손실 감소

② 송전전력 증대

③ 애자에 걸리는 전압분포의 균일

④ 누설전류에 의한 편열 방지

|정|답|및|해|설|

[소호환의 목적] 애자련 보호, 전압 분담 평준화

【정답】③

42. 철탑의 탑각 접지저항이 커지면 어떤 문제점이 우려되는가?

① 속류 발생

② 역섬락 발생

③ 코로나의 증가

④ 가공지선의 차폐각의 증가

|정|답|및|해|설|

[매설지선] 철탑의 탑각 접지 저항이 커지면 역섬락이 발생한다. 이를 방지하기 위해서 매설지선을 설치한다.

【정답】②

43. $ACSR$은 동일한 길이에서 동일한 전기저항을 갖는 경동연선에 비하여 어떠한가?

① 바깥지름과 중량이 모두 크다.

② 바깥지름은 크고 중량은 작다.

③ 바깥지름은 작고 중량은 크다.

④ 바깥지름과 중량이 모두 작다.

|정|답|및|해|설|

[강심 알루미늄 연선(ACSR)] 동일 저항일 때 경동선과 ACSR을 비교하면

	직경	단면적	중량	도전율
경동선	1	1	1	97[%]
ACSR	1.25	1.6	0.48	61[%]

우리나라의 가공송전선로에는 거의 합성연선인 강심알루미늄연선을 사용하고 있는데 특히 ACSR은 경동선에 비해서 도전율은 낮지만 기계적인 강도가 크고 중량이 가벼운 이점이 있다.

【정답】②

44. 154[kV] 송전선과 그 지지물, 완철류, 지주 또는 지선과의 최소 절연 간격은 몇[mm]인가?

① 900　　　　　② 1150

③ 1250　　　　　④ 1400

|정|답|및|해|설|

154[kV]의 절연 이격 거리는 표준 간격 1400[mm]이고 최소는 900[mm]이며 선간거리는 표준 2800[mm]이고 최소는 2400[mm]이다.　　　　　　　　　　　　　　【정답】①

45. 선택 배류기는 다음 어느 공작물에 설치하는가?

① 급전선

② 가공 통신 케이블

③ 가공 전화선

④ 지하 전력 케이블

|정|답|및|해|설|

[선택 배류기] 선택 배류기는 지하 전력 케이블이나 전기 철도의 레일에 사용된다.　　　　　　　　　　　　【정답】④

46. 케이블의 연피손의 원인은?

① 표피 작용

② 히스테리시스 현상

③ 전자 유도 작용

④ 유전체손

|정|답|및|해|설|

[연피손] 케이블의 전력 손실에는 저항손, 유전체손, 연피손이 있다. 저항손은 전류에 의한 주울손이고 유전체손은 유전체에 교류 전압 인가시 발생하는 유전체손을 이용하고 연피손은 전자 유도 작용으로 전압이 유기되어 흐르는 전류에 의한 손실이다.　　　　　　　　　　　　　　　　　【정답】③

47. 케이블의 전력 손실과 관계가 없는 것은?

① 도체의 저항손　　　② 유전체손

③ 연피손　　　　　　④ 철손

|정|답|및|해|설|

[케이블에서 발생하는 손실]
·주울손(I^2R), 또는 저항손, 연피손, 유전체손
　　　　　　　　　　　　　　　　　　【정답】④

48. 주파수 f, 전압 E 일 때 유전체 손실은 다음 어느 것에 비례하는가?

①　$\dfrac{E}{f}$　　　　　　②　fE

③　$\dfrac{f}{E^2}$　　　　　　④　fE^2

|정|답|및|해|설|

[유전체 손실] $P_d = 2\pi f C E^2 \tan\delta\,[W]$

$\therefore P_d \propto fE^2$　　　　　　　　　　　　【정답】④

49. 케이블 부설 후 현장에서 절연 내력 시험을 할 때 직류로 하는 이유는?

① 절연 파괴 시까지의 피해가 적다.

② 절연 내력은 직류가 크다.

③ 시험용 전원의 용량이 적다.

④ 케이블의 유전체손이 없다.

|정|답|및|해|설|

[절연 내력 시험] 절연 내력 시험 시 교류를 하면 충전 전류가 커지고 유전체 손이 많아 시험용 전원의 용량이 커진다. 따라서 직류로 시험 시 주파수에 비례하는 유전체손이 없어진다.
　　　　　　　　　　　　　　　　　　【정답】④

50. 지중 케이블에 있어서 고장점을 찾는 방법이 아닌 것은?

① 머레이 루우프(Murray loop) 시험기에 의한 방법

② 메거(megger)에 의한 방법

③ 수색 코일에 의한 방법

④ 펄스에 의한 측벙법

|정|답|및|해|설|

[지중 케이블 고장점 검출 방법]
· 머레이 루프법   · 수색 코일법
· 펄스 인가법   · 정전 용량 계산법
※메거는 절연저항을 측정하는 방법이다.

【정답】②

51. 19/1.8[mm] 경동연선의 바깥지름은 몇 [mm]인가?

① 34.2   ② 10.8

③ 9   ④ 5

|정|답|및|해|설|

[경동 연선의 바깥지름] $D = (2n+1) \cdot d[mm]$
여기서, n : 층수, d : 소선 지름
연선 표시법에서 '소선총수/소선지름'으로 나타내므로 19가닥은 층수가 2층이다.
$\therefore D = (2 \times 2 + 1) \times 1.8 = 9[mm]$

【정답】③

52. 송전선로를 연가하는 목적은?

① 페란티 효과 방지

② 직격뢰 방지

③ 선로정수의 평형

④ 유도뢰의 방지

|정|답|및|해|설|

[연가] 연가는 선로정수인 L과 C를 같게 하기위해서 전 송전구간을 3등분하여 각상의 위치를 바꾸어 주는 것으로 선로정수의 평형을 목적으로 하고 통신선 유도장해 및 중성점 잔류 전압에 의한 직렬공진을 방지 할 수 있는 효과도 있다.

【정답】③

53. 3상 3선식 송전선을 연가 할 경우 일반적으로 전체 선로 길이는 몇 배수로 등분해서 연가 하는가?

① 5   ② 4

③ 3   ④ 2

|정|답|및|해|설|

[송전 구간의 연가] 3상 3선식은 L. C를 평형시키기 위해서 송전 구간을 3 또는 3배수하여 연가시켜야 한다.

【정답】③

54. 선로정수를 전체적으로 평형되게 하고, 근접 통신선에 대한 유도장해를 줄일 수 있는 방법은?

① 딥(Dip)을 줄인다.

② 연가를 한다.

③ 복도체를 사용한다.

④ 소호 리액터 접지를 한다.

|정|답|및|해|설|

[연가] 선로정수(LnC) 평형, 유도장해 방지

【정답】②

55. 지중선 계통은 가공선 계통에 비하여 인덕턴스와 정전용량은 어떠한가?

① 인덕턴스, 정전용량이 모두 크다.

② 인덕턴스, 정전용량이 모두 작다.

③ 인덕턴스는 크고 정전용량은 작다.

④ 인덕턴스는 작고 정전용량은 크다.

|정|답|및|해|설|

가공선은 지중선보다 선간 거리가 크므로 인덕턴스는 증가하고 정전 용량은 감소한다.

【정답】④

선로정수와 코로나

01 선로정수

(1) 선로정수란?

전선에 전류가 흐르면 전류의 흐름을 방해하는 요소

선로정수로는 저항 $R[\Omega]$, 인덕턴스 $L[H]$, 정전용량 $C[F]$, 누설 콘덕턴스 $G[\mho]$가 있다.

(콘덕턴스(G)는 그 값이 너무 작아 보통 무시하는 것이 일반적이다.)

선로정수는 전선의 종류, 굵기, 배치에 따라 정해진다.

송전전압, 주파수, 전류, 역률 및 기상 등에는 영향을 받지 않는다.

① R, L : 단거리 송전선로

② R, L, C : 중거리 송전선로

③ R, L, C, g : 장거리 송전선로

※ 리액턴스는 주파수에 관계되므로 선로정수가 아니다.

(2) 저항 $R[\Omega]$

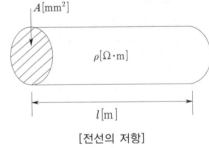

[전선의 저항]

① 저항 $R = \rho \dfrac{l}{A}[\Omega] \rightarrow (\rho = \dfrac{1}{58} \times \dfrac{100}{C})$

② 저항률 $\rho = \dfrac{1}{58} \times \dfrac{100}{C}[\Omega/\text{m} \cdot \text{mm}^2]$

(연동선 : $C = 100[\%]$, 경동선 : $C = 97[\%]$

알루미늄선 : $C = 61[\%]$)

여기서, ρ : 고유저항(=저항률$[\Omega/\text{m} \cdot \text{mm}^2]$), l : 선로 길이[m], A : 단면적$[mm^2]$, C : 도전율[%]

핵심기출 【산업기사】 12/2 15/3

송전선로의 저항은 R, 리액턴스를 X라 하면 다음의 어느 식이 성립하는가?

① $R \geq X$

② $R < X$

③ $R = X$

④ $R > X$

정답 및 해설 [선로정수의 저항] 송전선로에서는 리액턴스가 저항보다 6배 크다

【정답】②

---

(3) 인덕턴스 (L)

완전 연가 된 선로의 인덕턴스는 가공지선의 유무, 병행 회전수에 관계없이 다음과 같다.

① 단도체 인덕턴스 $L = 0.05 + 0.4605 \log_{10} \dfrac{D}{r}$ [mH/km]

② 다도체인 경우의 인덕턴스 $L_n = \dfrac{0.05}{n} + 0.4605 \log_{10} \dfrac{D}{r_e}$ [mH/km] → (등가 반지름 $r_e = \sqrt[n]{rs^{n-1}}$)

$$= \dfrac{0.05}{n} + 0.4605 \log_{10} \dfrac{D}{\sqrt{rs^{n-1}}}$$

여기서, r[m] : 전선의 반지름을, D[m] : 선간거리, n : 소도체수, r : 전선 반지름

s : 소도체간 기리

핵심기출 【기사】 18/3

반지름 r[m]이고 소도체 간격 S인 4 복도체 송전선로에서 전선 A, B, C가 수평으로 배열되어 있다. 등가 선간거리가 D[m]로 배치되고 완전 연가된 경우 송전선로의 인덕턴스는 몇 [mH/km]인가?

① $0.4605 \log_{10} \dfrac{D}{\sqrt{rs^2}} + 0.0125$

② $0.4605 \log_{10} \dfrac{D}{\sqrt[2]{rs}} + 0.025$

③ $0.4605 \log_{10} \dfrac{D}{\sqrt[3]{rs^2}} + 0.0167$

④ $0.4605 \log_{10} \dfrac{D}{\sqrt[4]{rs^3}} + 0.0125$

정답 및 해설 [단도체 인덕턴스] $L = 0.05 + 0.4605 \log_{10} \dfrac{D}{r}$ [mH/km]

[다도체 인덕턴스] $L_n = \dfrac{0.05}{n} + 0.4605 \log_{10} \dfrac{D}{\sqrt[n]{rl^{n-1}}}$ → (n : 도체수)

문제에서는 4도체이므로

$L = \dfrac{0.05}{4} + 0.4605 \log_{10} \dfrac{D}{\sqrt[4]{rl^3}} = 0.4605 \log_{10} \dfrac{D}{\sqrt[4]{rl^3}} + 0.0125$ [mH/km]

【정답】④

(1) 등가선간거리

인덕턴스의 계산식에는 대수항이 포함되어 있기 때문에 거리 및 높이는 산술적 평균값이 아니고 기하 평균거리를 취해야 한다.

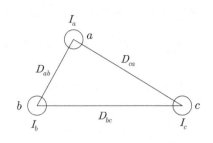

$$D_e = \sqrt[\text{총 거리의 수}]{\text{각 거리간의 곱}} = \sqrt[3]{D_{ab} \cdot D_{bc} \cdot D_{ca}}\,[\text{m}]$$

① 수평배열 : $D_e = \sqrt[3]{2} \cdot D$

$\quad \to (D : \text{AB, BC 사이의 간격})$

② 삼각배열 : $D_e = \sqrt[3]{D_1 \cdot D_2 \cdot D_3}$

$\quad \to (D_1, D_2, D_3 : \text{삼각형 세변의 길이})$

③ 정4각배열 : $D_e = \sqrt[6]{2} \cdot S$

$\quad \to (S : \text{정사각형 한 변의 길이})$

(2) 등가반지름

① $r_e = \sqrt[n]{rs^{n-1}}$

여기서, n : 소도체수, r : 소도체 반지름, s : 소도체간 거리

※복도체의 경우 등가반지름을 적용하여 인덕턴스를 구한다.

핵심기출

【기사】 15/2 18/3 【산업기사】 06/1 10/2 13/2 14/2

그림과 같은 선로의 등가선간 거리는 몇 [m]인가?

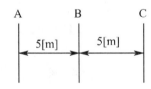

① 5　　　② $5\sqrt{2}$　　　③ $5\sqrt[3]{2}$　　　④ $10\sqrt[3]{2}$

정답 및 해설 [등가 선간 거리] $D_e = \sqrt[\text{총 거리의 수}]{\text{각 거리간의 곱}} = \sqrt[3]{D_{ab} \cdot D_{bc} \cdot D_{ca}}$

등가 선간 거리 D_e는 기하학적 평균으로 구한다.

AB=5[m], BC=5[m], AC=10[m], 총거리의 수 : 3

$D_e = \sqrt[3]{D_{ab} \cdot D_{bc} \cdot D_{ac}} = \sqrt[3]{5 \times 5 \times 10} = 5\sqrt[3]{2}\,[\text{m}]$

【정답】③

(4) 정전용량(C)

① 단상2선식 정전용량

작용 정전용량	단도체 정전용량	$C_w = C_s + 2C_m = \dfrac{0.02413}{\log_{10}\dfrac{D}{r}}[\mu\text{F/km}]$
	복도체 정전용량	$C_w = \dfrac{0.02413}{\log_{10}\dfrac{D}{\sqrt[n]{rs^{n-1}}}}[\mu\text{F/km}]$
대지 정전용량		$C_s = \dfrac{0.02413}{\log_{10}4h^2}[\mu\text{F/km}]$

② 3상3선식 1회선 정전용량(C)

㉮ 작용 정전용량 $C_w = C_s + 3C_m = \dfrac{0.02413}{\log_{10}\dfrac{D}{r}}[\mu\text{F/km}]$

㉯ 대지 정전용량 $C_s = \dfrac{0.02413}{\log_{10}\dfrac{8h^3}{rD^2}}[\mu F/km]$

③ 3상 3선식 2회선 정전용량(C)

㉮ 작용 정전용량 $C_w = C_s + 3(C_m + C_m{}') = \dfrac{0.02413}{\log_{10}\dfrac{D}{r}}[\mu\text{F/km}]$

㉯ 대지 정전용량 $C_s = \dfrac{0.02413}{\log_{10}\dfrac{8h^3(4h^2 + D_m^2)^{\frac{3}{2}}}{rD^2D_m^3}}[\mu\text{F/km}]$

여기서, D : 전선 간의 이격 거리[m], r : 전선의 반지름[m], C_w : 작용정전용량, C_s : 대지정전용량

C_m : 선간정전용량, $C_m{}'$: 다른 회선간의 선간정전용량

핵심기출 [기사] 14/3 [산업기사] 08/3 16/3

3상3선식 선로에서 각 선의 $0.5096[\mu F]$, 선간정전용량이 $0.1295[\mu F]$일 때, 1선의 작용정전용량은 몇 $[\mu F]$인가?

① 0.6　　　　② 0.9　　　　③ 1.2　　　　④ 1.8

정답 및 해설 [정전 용량] $3\phi3\omega$ 작용정전용량 $C = C_s + 3C_m$, $1\phi2\omega$ 작용정전용량 $C = C_s + 2C_m$

여기서, C_s : 대지간 정전용량[F], C_m : 선간 정전용량[F]

$3\phi3\omega$ 작용정전용량 $C = C_s + 3C_m = 0.5096 + 3 \times 0.1295 = 0.8981[\mu F]$

【정답】②

(5) 전선의 지표상의 평균 높이

$$h = h' - \frac{2}{3}d[\mathrm{m}] \quad \rightarrow (h' : 지지점의 높이[\mathrm{m}],\ d : 이도[\mathrm{m}])$$

(6) 전선의 충전전류 (I_c)

전선의 충전전류 $I_c = \omega C l E = \omega (C_s + 3C_m) l E = 2\pi f (C_s + 3C_m) l \times \dfrac{V}{\sqrt{3}}[\mathrm{A}]$

※선로의 충전전류 계산시 전압은 변압기 결선과 관계없이 상전압($E = \dfrac{V}{\sqrt{3}}$)을 적용하여야 한다.

(7) 전선로의 충전용량 (Q_c)

① $Q_\Delta = 3\omega C l V^2 = 3 \times 2\pi f C l V^2 \times 10^{-3}[\mathrm{kVA}] \quad \rightarrow (\Delta결선시\ E = V)$

② $Q_Y = 3\omega C l E^2 = \omega C l V^2 = 2\pi f C l V^2 \times 10^{-3}[\mathrm{kVA}] \quad \rightarrow (Y결선시\ E = \dfrac{V}{\sqrt{3}})$

여기서, C : 전선 1선당 정전용량[F], V : 선간전압[V], E : 대지전압[V], l : 선로의 길이[m]

f : 주파수[Hz]

(8) 누설컨덕턴스 (G)

누설컨덕턴스는 누설저항이 역수로 나타낸다.

누설 컨덕턴스 $G = \dfrac{1}{R}[\mho]$

핵심기출 【기사】 07/1 10/3 15/2 17/2 18/2 【산업기사】 15/1 15/2

60[Hz], 154[kV], 길이 100[km]인 3상 송전선로에서 대지 정전용량 $C_s = 0.005$, [μF/km]전선 간의 상호 정전용량 $C_m = 0.0014[\mu\mathrm{F/km}]$일 때, 1선에 흐르는 충전 전류는 약 몇 [A]인가?

① 17.8   ② 30.8   ③ 34.4   ④ 53.4

정답 및 해설 [전선의 충전 전류] $I_c = \omega C l E = \omega (C_s + 3C_m) l E = 2\pi f (C_s + 3C_m) l \times \dfrac{V}{\sqrt{3}}[\mathrm{A}]$

여기서, C_s : 대지간 정전용량[F], C_m : 선간 정전용량[F]

$I_c = 2\pi f (C_s + 3C_m) l \times \dfrac{V}{\sqrt{3}}[\mathrm{A}] = 2\pi \times 60 \times (0.005 + 3 \times 0.0014) \times 100 \times \dfrac{154000}{\sqrt{3}} \times 10^{-6} = 30.8[\mathrm{A}]$

【정답】②

02 연가

(1) 연가란?

연가란 선로정수를 평형하게 하기 위하여 각 상이 선로의 길이를 3의 정수배 구간으로 등분하여 각 위치를 한 번씩 돌게 하는 것이다.

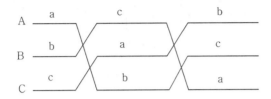

(2) 연가의 목적

- 선로정수(L, C)가 선로 전체적으로 평형
- 수전단 전압 파형의 일그러짐을 방지
- 인입 통신선에서 유도장해를 방지
- 직렬공진의 방지

핵심기출 【기사】 08/3 【산업기사】 06/3 09/1

3상 3선식 송전선로를 연가(transposition) 하는 주된 목적은?

① 전압 강하를 방지하기 위하여   ② 송전선을 절약하기 위하여

③ 고도를 표시하기 위하여   ④ 선로 정수를 평형시키기 위하여

정답 및 해설 [연가] 연가는 선로 정수를 평형시키기 위하여 송전선로의 길이를 3의 정수배 구간으로 등분하여 실시한다.

【정답】②

---

03 복도체

(1) 복도체란?

도체가 1가닥인 것은 2가닥으로 나누어 도체의 등가반지름을 키우겠다는 것

이럴 경우 L(인덕턴스)값은 감소하고, C(정전용량) 값은 증가, 안정도 증가, 코로나 발생이 억제된다.

※단도체 : 1상의 전선이 도체 1개로 이루어진 도체

　다도체 : 단도체의 개수가 3가닥 이상인 전선

(2) 용도

코로나 방지용으로 많이 사용한다.

(3) 전압별 사용 도체 형식

① 154[kV]용 : 복도체

② 345[kV]용 : 4도체

③ 765[kV]용 : 6도체

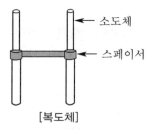

[복도체]

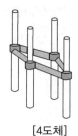

[4도체]

(4) 복도체의 장·단점

① 장점

· 코로나 임계전압 상승으로 코로나손, 코로나 잡음 등의 장해가 저감된다.

· 선로의 인덕턴스 20~30[%] 감소 $(L_n = \dfrac{0.05}{n} + 0.4605 \log_{10} \dfrac{P}{\sqrt[n]{rs^{n-1}}}$ 에서 $\sqrt[n]{rs^{n-1}}$ 이 증가, L_n은 감소)

· 선로의 정전용량 20[%] 증가 $(C_n = \dfrac{0.02413}{\log_{10} \dfrac{D}{\sqrt[n]{rs^{n-1}}}}$ 에서 $\sqrt[n]{rs^{n-1}}$ 이 증가, C_n은 증가)

· 허용 전류가 증가

· 선로의 송전용량 20[%] 정도 증가 $(P = \dfrac{V_s V_r}{X} \sin\delta$ 에서 X가 감소하므로 P는 증가)

② 단점

· 철탑의 중량 증가로 건설비 증가   · 수전단의 전압 상승

· 전선의 진동, 동요가 발생

(5) 스페이서의 역할

복도체에서 발생하는 흡인력에 의한 소도체 간 충돌 방지용으로 사용한다.

(6) 복도체(다도체)의 등가 반지름

등가 반지름 $R_{re} = \sqrt[n]{r \times s^{n-1}}\,[m]$ → $(n$: 소도체의 개수)

(7) 다도체에서의 인덕턴스 및 정전용량

① 인덕턴스 : $L_n = \dfrac{0.05}{n} + 0.4605 \log_{10} \dfrac{P}{\sqrt[n]{rs^{n-1}}}\,[\mathrm{mH/km}]$

② 정전용량 : $C_n = \dfrac{0.02413}{\log_{10} \dfrac{D}{\sqrt[n]{rs^{n-1}}}}\,[\mu\mathrm{F/km}]$

여기서, n : 다도체를 구성하는 소도체의 개수(복도체 : $n=2$, 4도체 : $n=4$)

r : 소도체의 반지름, s : 소도체 사이의 거리

※다도체(복도체) 방식을 사용하면 송전 용량이 증대되고 안정도가 증가한다.

핵심기출 【기사】 08/3 09/3 12/1 14/3 16/2 18/3 19/1 19/2 【산업기사】 04/2 05/1 07/1 08/1

송전선로에 복도체를 사용하는 이유로 가장 알맞은 것은?

① 선로의 진동을 없앤다.

② 철탑의 하중을 평형화한다.

③ 코로나를 방지하고 인덕턴스를 감소시킨다.

④ 선로를 뇌격으로부터 보호한다.

정답 및 해설 [복도체] 3상 송전선의 한 상당 전선을 2가닥 이상으로 한 것을 다도체라 하고, 2가닥으로 한 것을 보통 복도체라 한다.

[복도체의 특징]

·코로나 임계전압이 15~20[%] 상승하여 코로나 발생을 억제

·인덕턴스 20~30[%] 감소

·정전용량 20[%] 증가

·안정도기 증대된다.   【정답】③

---

04 코로나(Corona)

(1) 코로나란?

전선에 어느 한도 이상의 전압을 인가하면 전선 주위에 공기절연이 국부적으로 파괴되어 엷은 불꽃이 발생하거나 소리가 발생하는 현상

(2) 코로나 영향

·코로나 잡음(반송 계전기, 반송 통신설비에 잡음 방해)   ·전력 손실

·고주파 전압·전류의 발생   ·소호 리액터의 소호 능력 저하

·오존(O_3)의 발생으로 인한 전선의 부식   ·진행파(surge)의 파고값 감쇠(장점)

(3) 코로나 방지 대책

·기본적으로 코로나 임계전압을 크게 한다.   ·굵은 전선을 사용한다.

·전선 표면을 매끄럽게 유지 및 관리한다.   ·복도체를 사용한다.

·가선 금구를 개량한다.

※선간거리를 증가시키는 것은 로그 함수의 성질에 의해 효과가 적으므로 주의해야 한다.

(4) 공기의 전위 경도 ($E[kV/cm]$)

① 의미 : 전선 표면 1[cm] 간격에서 공기의 절연이 파괴되기 시작하는 전압이다.

② 직류(DC)인 경우 : 30[kV/cm]

③ 교류(AC)인 경우 : 21.1[kV/cm]

※전선 표면의 전위 경도가 저감되므로 코로나 임계전압을 높일 수 있고 코로나손, 코로나 잡음 등의 장해가 저감된다.

(5) 코로나 발생 임계전압

코로나 임계 전압은 코로나가 방전을 시작하는 개시 전압을 말한다.

코로나 임계전압 $E_0 = 24.3 m_0 m_1 \delta d \log_{10} \dfrac{D}{r}[kV]$

여기서, m_0 : 전선의 표면계수 (매끈한 전선=1, 거친 전선=0.8)

m_1 : 기후에 관한 계수 (맑은 날 : 1.0, 비오는 날 : 0.8)

δ : 상대 공기밀도 (t [℃]에서 기압을 b[mmHg]라면 $\delta = \dfrac{0.386b}{273+t}$)

d : 전선의 지름[cm], D : 선간거리[cm]

· 전선의 굵기가 굵어지면 코로나 임계전압이 높아진다.

· 전선의 등가 선간 거리가 커지면 코로나 임계전압이 높아진다.

· 표고가 높아지면 기압이 낮아지므로 코로나 임계전압이 낮아진다.

· 기온이 상승하면 상대 공기 밀도가 낮아지므로 코로나 임계전압이 낮아진다.

(6) 코로나 손실 (Peek식)

$$P_c = \frac{241}{\delta}(f+25)\sqrt{\frac{d}{2D}}(E-E_0)^2 \times 10^{-5}[kW/km]$$

여기서, δ : 상대 공기 밀도, f : 주파수[Hz], d : 전선의 지름[cm], D : 선간거리[cm]

E : 전선의 대지전압[kV], E_0 : 코로나 임계전압[kV]

핵심기출 【기사】08/1 11/2 19/3 【산업기사】08/3 10/1

다음 중 송전선로의 코로나 임계전압이 높아지는 경우가 아닌 것은?

① 상대공기밀도가 적다.　　　　② 전선의 반지름과 선간거리가 크다.

③ 날씨가 맑다.　　　　　　　　④ 낡은 전선을 새 전선으로 교체하였다.

정답 및 해설 [코로나 임계전압] 코로나 발생의 관계를 결정하는 임계전압 $E_0 = 24.3 m_0 m_1 \delta d \log_{10} \dfrac{2D}{r}$

여기서, m_0 : 전선의 표면계수 →(매끈한 전선 = 1, 거친 전선 = 0.8)
m_1 : 기후 계수 → (맑은 날 = 1.0, 비오는 날 = 0.8)
δ : 상대공기밀도, d : 전선이 지름, D : 선간거리

※상대공기밀도 δ는 임계전압과 비례한다.　　　　　　　　　　　　【정답】①

---

01 선로정수란 전선에 전류가 흐르면 전류의 흐름을 방해하는 요소로, 저항 $R[\Omega]$, 인덕턴스 $L[H]$, 정전용량 $C[F]$, (　　　　　　) 등 4가지가 있다.

02 반지름 r[m]이고 소도체 간격 a인 2도체 송전선로에서 등가 선간거리가 D[m]로 배치되고 완전 언가된 경우 송전선로의 인덕틴스 $L=($　　　　　　$)[mH/km]$이다.

03 3상 3선식 가공 송전선로의 선간 거리가 각각 D_{12}, D_{23}, D_{31}일 때, 등가 선간 거리 $D=($　　　　　　$)[m]$이다.

04 송전선로의 각 상전압이 평형되어 있을 때 3상 1회선 송전선의 작용정전용량$[\mu F/km]$ $C_w=($　　　　　　$)[\mu F/km]$ 이다.
(단, r은 도체의 반지름[m], D는 도체의 등가선간거리[m]이다.)

05 충전전류는 전선과 대지 사이의 정전용량으로 흐르는 전류로서 90° 앞선 진상 전류로 $I_c=($　　　　　　$)[A]$ 이다.

06 정전용량 C[F]의 콘덴서를 Δ결선해서 3상전압 V[V]를 가했을 때의 충전용량과 같은 전원을 Y결선으로 했을 때의 충전용량의 비(Δ결선/Y결선)는 (　　　　　　)배 이다.

07 연가는 선로 정수를 (　　　　　　)시키기 위하여 송전선로의 길이를 3의 정수배 구간으로 등분하여 실시한다.

08 도체가 1가닥인 것은 2가닥으로 나누어 도체의 등가반지름을 키우겠다는 것을 (　　　　　　)라고 한다.

09 송전선에 복도체를 사용할 경우, 같은 단면적의 단도체를 사용하였을 경우와 비교할 때 전선의 인덕턴스는 (　①　)되고 정전용량은 (　②　)되어 안정도 증가, 코로나 발생이 억제된다.

10 스페이서의 역할은 복도체에서 발생하는 (   )에 의한 소도체 간 충돌 방지하는 것이다.

11 다도체에 있어서 소도체의 반지름을 r[m], 소도체 사이의 간격을 s[m]라고 할 때 n개의 소도체를 사용한 다도체의 등가 반자름 R_{re} =(   )[m]이다.

12 선로의 정전용량으로 인하여 무부하시나 경부하시 진상전류가 흘러 수전단 전압이 송전단 전압보다 높아지는 현상이 페란티 현상이다. 송전선로의 페란티 효과를 방지하는 데 효과적인 것은 수전단에 (   )를 설치하는 것이다.

13 코로나의 영향으로는 전력의 손실과 전선의 부식, 그리고 통신선의 유도 장해가 있으며, 전선의 부식은 (   )의 영향으로 생긴다.

14 전선 표면 1[cm] 간격에서 공기의 절연이 파괴되기 시작하는 교류 전압은 (   )도 이다.

15 송전선로의 코로나 임계전압이 높아지는 경우로는 상대 공기 밀도가 (   ) 때, 전선의 반지름과 선간 거리가 (   ) 때. 날씨가 맑을 때, 그리고 낡은 전선보다 새 전선을 사용할 때이다.

16 코로나 손실은 전선의 대지전압과 코로나 임계전압의 차의 (   )에 비례한다.

정답

(1) 콘덕턴스($G[\mho]$)

(2) $0.4605\log_{10}\dfrac{D}{\sqrt{ra}}+0.025$

(3) $\sqrt[3]{D_{12}\cdot D_{23}\cdot D_{31}}$

(4) $\dfrac{0.02413}{\log_{10}\dfrac{D}{r}}$

(5) $\omega ClE(=\omega Cl\times\dfrac{V}{\sqrt{3}})[A]$

(6) $\dfrac{Q_\Delta}{Q_Y}=\dfrac{3\omega CV^2}{\omega CV^2}=3$

(7) 평형

(8) 복도체

(9) ① 감소, ② 증가

(10) 흡인력

(11) $\sqrt[n]{r\times s^{n-1}}$

(12) 분로리액터

(13) 오존(O_3)

(14) 21.1

(15) ① 높을, ② 클

(16) 제곱

적중 예상문제

1. 송전 선로의 선로정수가 아닌 것은 다음 중 어느 것인가?

① 저항   ② 리액턴스

③ 정전용량   ④ 누설 콘덕턴스

|정|답|및|해|설|

[선로정수] 선로정수에는 R(저항), L(인덕턴스), C(정전용량), G(누설 콘덕턴스)가 있다.   【정답】②

2. 선간 거리가 D이고, 반지름이 r인 선로의 인덕턴스 L[mH/km]은?

① $L = 0.4605 \log_{10} \dfrac{D}{r} + 0.5$

② $L = 0.4605 \log_{10} \dfrac{D}{r} + 0.05$

③ $L = 0.4605 \log_{10} \dfrac{r}{D} + 0.5$

④ $L = 0.4605 \log_{10} \dfrac{r}{D} + 0.05$

|정|답|및|해|설|

[단상 단도체 작용인덕턴스]

$L = 0.05 + 0.4605 \log_{10} \dfrac{D}{r}$ [mH/km]

【정답】②

3. 전선 a, b, c가 일직선으로 배치되어 있다. a와 b와 c사이의 거리가 각각 5[m]일 때 이 선로의 등가 선간 거리는?

① 5[m]   ② 10[m]

③ $5\sqrt[3]{2}$ [m]   ④ $5\sqrt{2}$ [m]

|정|답|및|해|설|

[등가 선간 거리(수평 배열)] $D_e = \sqrt[3]{2} \cdot D$[m]

$\therefore D_e = \sqrt[3]{2} \times 5$[m]   【정답】③

4. 전선 4개의 도체가 정사각형으로 배치되어 있을 때 기하 평균 거리는 얼마인가? (단, 각 도체간의 거리는 d라 한다.)

① d ② $4d$

③ $\sqrt[3]{2}\, d$ ④ $\sqrt[6]{2}\, d$

|정|답|및|해|설|

[등가 선간 거리(사각 배열)] 정사각형 도체인 경우 등가 선간 거리 $D_e = \sqrt[6]{2}\, d$ 【정답】④

5. 반지름 r[m]인 전선 A, B, C가 그림과 같이 수평으로 D[m] 간격으로 배치되고 3선이 완전 연가 된 경우 각 선의 인덕턴스는?

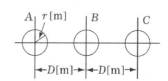

① $L = 0.05 + 0.4605 \log_{10} \dfrac{D}{r}$

② $L = 0.05 + 0.4605 \log_{10} \dfrac{\sqrt{2}\, D}{r}$

③ $L = 0.05 + 0.4605 \log_{10} \dfrac{\sqrt{3}\, D}{r}$

④ $L = 0.05 + 0.4605 \log_{10} \dfrac{\sqrt[3]{2}\, D}{r}$

[송전 선로의 인덕턴스] $L = 0.05 + 0.4605 \log_{10} \dfrac{D}{r}$ [mH/km]

수평 배열인 경우 등가 선간거리 $D_e = \sqrt[3]{2} \cdot D$

$\therefore L = 0.05 + 0.4605 \log_{10} \dfrac{D_e}{r}$

$\quad = 0.05 + 0.4605 \log_{10} \dfrac{\sqrt[3]{2} \cdot D}{r}$ [mH/km]

【정답】 ④

6. 지름 5[mm]의 경동선을 간격 1.0[m]로 정삼각형 배치를 한 가공전선의 1선 1[km] 당의 작용 인덕턴스는? (단, $\log 2 = 0.3010$ 이다.)

① 2.6[mH/km] ② 1.25[mH/km]

③ 1.3[mH/km] ④ 1.35[mH/km]

[송전 선로의 인덕턴스] $L = 0.05 + 0.4605 \log_{10} \dfrac{D}{r}$ [mH/km]

전선의 반지름 $r = 2.5[mm]$

등가 선간거리 $D = \sqrt[3]{1 \times 1 \times 1} = 1[m] = 1 \times 10^3 [mm]$

$L = 0.05 + 0.4605 \log \dfrac{1 \times 10^3}{2.5} = 1.248[mH/km]$

【정답】 ②

7. 연가가 완전한 3상 3선식 송전선의 3선을 일괄하고 대지를 귀로로 하여 단상 전류를 흘릴 때의 1선당 인덕턴스[mH/km]는? (단, r은 도체의 반지름[m], D는 등가 선간거리[m], H_e는 상당 대지면의 깊이[m]이다.)

① $0.2 + 0.4605 \log_{10} \dfrac{(2H_e)^2}{rD}$

② $0.1 + 0.4605 \log_{10} \dfrac{2H_e^{\,2}}{r^2 D}$

③ $0.2 + 0.4605 \log_{10} \dfrac{(2H_e)^3}{rD^2}$

④ $0.1 + 0.4605 \log_{10} \dfrac{2H_e}{rD}$

[3상3선식 인덕턴스] $L = 0.05 + 0.4605 \log_{10} \dfrac{D}{r}$ [mH/km]

$L_e = L_e + 2L'_e$

$\quad = 0.1 + 0.4605 \log_{10} \dfrac{2H_e}{r} + 2\left(0.05 + 0.4605 \log_{10} \dfrac{2H_e}{D}\right)$

$\quad = 0.2 + 0.4605 \log_{10} \dfrac{2(H_e)^3}{rD^2} [mH/km]$

【정답】 ③

8. 3상 1회선 송전선의 대지 정전용량은 전선의 굵기가 동일하고 완전히 연가 되어 있는 경우에는 얼마인가? (단, r[m] : 도체의 반지름, D[m] : 도체의 등가 선간거리, h[m] : 도체의 평균 지상 높이이다.)

① $\dfrac{0.02413}{\log_{10} \dfrac{4h^2}{rD}}$ [μF/km]

② $\dfrac{0.02413}{\log_{10} \dfrac{4h^2}{rD^2}}$ [μF/km]

③ $\dfrac{0.02413}{\log_{10} \dfrac{8h^3}{rD^2}}$ [μF/km]

④ $\dfrac{0.02413}{\log_{10} \dfrac{8h^3}{rD^3}}$ [μF/km]

[3상 1회선 대지 정전용량] $C_s = \dfrac{0.02413}{\log_{10} \dfrac{8h^3}{rD^2}}$ [mF/km]

【정답】 ③

9. 선간거리 $2D$[m]이고 선로 도선의 지름이 d [m]인 선로의 단위 길이 당 정전용량은?

① $\dfrac{0.02413}{\log_{10}\dfrac{4D}{d}}\,[\mu F/km]$

② $\dfrac{0.02413}{\log_{10}\dfrac{2D}{d}}\,[\mu F/km]$

③ $\dfrac{0.02413}{\log_{10}\dfrac{D}{d}}\,[\mu F/km]$

④ $\dfrac{0.2413}{\log_{10}\dfrac{4D}{d}}\,[\mu F/km]$

|정|답|및|해|설|

[정전용량] $C = \dfrac{0.02413}{\log_{10}\dfrac{D}{r}}[\mu F/km]$

$C_0 = \dfrac{0.02413}{\log_{10}\dfrac{2D}{\dfrac{d}{2}}} = \dfrac{0.02413}{\log_{10}\dfrac{4D}{d}}\ \ [\mu F/km]$

【정답】①

10. 3상 3선식 1회선의 가공전선에 있어서 D를 선간거리[m], r을 전선 반지름[m]이라 하면 1선당 정전용량은?

① $\log\dfrac{D}{r}$에 비례   ② $\log\dfrac{D}{r}$에 반비례

③ $\log\dfrac{r}{D}$에 비례   ④ $\log\dfrac{r}{D}$에 반비례

|정|답|및|해|설|

[3상3선식 1회선 정전용량] $C = \dfrac{0.02413}{\log_{10}\dfrac{D}{r}}[\mu F/km]$

$\therefore C \propto \dfrac{1}{\log_{10}\dfrac{D}{r}}$

【정답】②

11. 3상 3선식 송전선로의 선간거리가 D_1, D_2, D_3[m], 전선 지름이 d[m]로 연가 된 경우에 전선 1[km]의 인덕턴스는 몇[mH]인가?

① $0.05 + 0.4605\log_{10}\dfrac{\sqrt[3]{D_1 D_2 D_3}}{d}$

② $0.05 + 0.4605\log_{10}\dfrac{2\sqrt[3]{D_1 D_2 D_3}}{d}$

③ $0.05 + 0.4605\log_{10}\dfrac{\sqrt[3]{D_1 D_2 D_3}}{2d}$

④ $0.05 + 0.4605\log_{10}\dfrac{d}{\sqrt[3]{D_1 D_2 D_3}}$

|정|답|및|해|설|

[송전 선로의 인덕턴스] $L = 0.05 + 0.4605\log_{10}\dfrac{D}{r}[mH/km]$

삼각 배열 $D_e = \sqrt[3]{D_1 \cdot D_2 \cdot D_3}$ 이므로

$L = 0.05 + 0.4605\log_{10}\dfrac{\sqrt[3]{D_1 \cdot D_2 \cdot D_3}}{\dfrac{d}{2}}$

$\ = 0.05 + 0.4605\log_{10}\dfrac{2\sqrt[3]{D_1 \cdot D_2 \cdot D_3}}{d}\,[mH/km]$

【정답】②

12. 송전선로의 코로나 손실을 나타내는 Peek식에서 E_0에 해당하는 것은? (단, Peek식 : $P = \dfrac{241}{\delta}(f+25)\dfrac{d}{2D}(E-E_0)^2 \times 10^{-5}[\ kW /$ km/선])

① 송전단 전압
② 전선에 걸리는 전압
③ 코로나 임계전압
④ 기준 충격 절연강도 전압

|정|답|및|해|설|

[코로나 손실 (Peek식)]

$P_c = \dfrac{241}{\delta}(f+25)\sqrt{\dfrac{d}{2D}}\,(E-E_0)^2 \times 10^{-5}[kW/km]$

여기서, δ : 상대 공기 밀도, f : 주파수[Hz]

　　　　d : 전선의 지름[cm], D : 선간거리[cm]

　　　　E : 전선의 대지전압[kV], E_0 : 코로나 임계전압[kV]

【정답】③

13. 그림과 같은 대지 정전 용량과 상호 정전 용량을 가지는 3상 송전선에서 a상과 b상 사이의 상호 정전 용량을 정전계수 K로 표시하면?

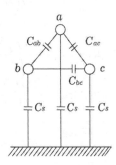

① $C_{ab} = K_{aa} + K_{ab} + K_{ac}$

② $C_{ab} = K_{bb} + K_{bc} + K_{ba}$

③ $C_{ab} = -K_{ab}$

④ $C_{ab} = K_{ab}$

|정|답|및|해|설|
다음을 정전 계수로 표시하면

$\because C_{ab} = -K_{ab} = -K_{ba}[\mathrm{F/m}]$
$\quad \rightarrow (C_{ab}$: 유도계수, K_{ab} : 용량계수)

$\because C_{bc} = -K_{bc} = -K_{ca}[\mathrm{F/m}]$

$\because C_{ca} = -K_{ca} = -K_{ac}[\mathrm{F/m}]$

【정답】③

14. 단상 2선식의 송전선에 있어서 대지 정전용량을 C, 선간 정전용량을 C'라 할 때 작용 정전용량은?

① $C + C'$　　② $C + 2C'$

③ $2C + C'$　　④ $C + 3C'$

|정|답|및|해|설|
[단상 2선식에서 작용정전용량]

$C_w = C_s + 2C_m = \dfrac{0.02413}{\log_{10}\dfrac{D}{r}}[\mu\mathrm{F/km}]$

(C_s : 대지정전용량, C_m : 선간정전용량)

【정답】②

15. 3상 3선식 선로에 있어서 각 선의 대지 정전용량이 C_s[F], 선간 정전 용량이 C_m[F]일 때, 1선의 작용 정전용량[F]는?

① $2C_s + C_m$　　② $C_s + 2C_m$

③ $3C_s + C_m$　　④ $C_s + 3C_m$

|정|답|및|해|설|
[3상 3선식에서 작용정전용량]

$C = C_s + 3(C_m + C_m') = \dfrac{0.02413}{\log_{10}\dfrac{D}{r}}[\mu\mathrm{F/km}]$

여기서, C_s : 대지정전용량, C_m : 선간정전용량

C_m' : 다른 회선간의 선간정전용량

【정답】④

16. 그림과 같이 각 도체와 연피간의 정전용량이 C_0, 각 도체간의 정전용량이 C_m 인 3심 케이블의 도체 1조당의 작용 정전용량은?

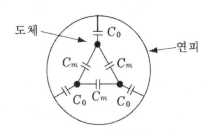

① $C_0 + C_m$　　② $3(C_0 + C_m)$

③ $3C_0 + C_m$　　④ $C_0 + 3C_m$

|정|답|및|해|설|
[3상 3선식에서 작용정전용량] $C = C_s + 3C_m$

작용정전용량은 △를 Y로 변환시켜서 계산하면

$C = C_0 + 3C_m[\mu\mathrm{F/km}] \rightarrow$ (대지정전용량=연피정전용량)

【정답】④

17. 송전선로의 저항을 R, 리액턴스를 X라 하면 다음의 어느 식이 성립되는가?

① $R > X$ 　　　② $R < X$

③ $R = X$ 　　　④ $R \leq X$

|정|답|및|해|설|
[선로정수의 저항] 송전선로에서는 리액턴스가 저항보다 6배 크다. 보통 저항은 무시하는 경우가 많다.

【정답】②

18. 등가 선간거리 9.37[m], 공칭 단면적 330[㎟], 도체외경 25.3[mm], 복도체 ACSR인 3상 송전선의 인덕턴스는 몇[mH/km]인가? (단, 소도체 간격은 40[cm]이다.)

① 1.001　　　② 0.010

③ 0.100　　　④ 1.100

|정|답|및|해|설|
[복도체(다도체)에서 작용인덕턴스]

$L_n = \dfrac{0.05}{n} + 0.4605 \log_{10} \dfrac{D}{r_e}$ [mH/km]

$\quad = \dfrac{0.05}{2} + 0.4605 \log_{10} \dfrac{D}{r_e}$

　　　　→ (등가 반지름 $r_e = \sqrt[n]{rs^{n-1}}$)

　　　　→ (외경이 [mm]이므로 단위를 [mm]로 맞춘다)

$\quad = \dfrac{0.05}{2} + 0.4605 \log_{10} \dfrac{9.37 \times 10^3}{\sqrt{\frac{25.3}{2} \times (40 \times 10)^{2-1}}}$

$\quad = 0.001$ [mH/km]

【정답】①

19. 7/3.7[mm]인 경동연선(반지름 0.555[cm])을 그림과 같이 배치한 완전 연가의 66[kV] 1회선 송전선이 있다. 1[km]당 작용 인덕턴스는 얼마인가?

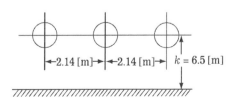

20. 대지를 귀로로 하는 송전선로에서 단도체 1선의 자기 인덕턴스(대지귀로 포함)는 몇 [H/m]인가? (단, r[m] : 전선의 반경, H_e[m] : 상당 대지면의 깊이, D[m] : 선간거리)

① $\left(1 + 2\log_e \dfrac{2H_e}{r}\right) \times 10^{-7}$

② $\left(\dfrac{1}{2} + 2\log_e \dfrac{2H_e}{D}\right) \times 10^{-7}$

③ $\left(\dfrac{1}{2} + 2\log_e \dfrac{2H_e}{r}\right) \times 10^{-7}$

④ $\left(1 + 2\log_e \dfrac{2H_e}{D}\right) \times 10^{-7}$

|정|답|및|해|설|
[귀로 인덕턴스] $L = L_e + L_e{}'$

$L = \left(1 + 2\log_e \dfrac{2He}{r}\right) \times 10^{-7}$ [h/m]　　　【정답】①

---

① 1.237[mH/km]　　　② 1.287[mH/km]

③ 2.849[mH/km]　　　④ 2.899[mH/km]

|정|답|및|해|설|
[작용 인덕턴스] $L = 0.05 + 0.4605 \log_{10} \dfrac{D}{r}$ [mH/km]

　　　　→ (수평 배열 : $D_e = \sqrt[3]{2} \cdot D$)

$L = 0.05 + 0.4605 \log_{10} \dfrac{\sqrt[3]{2} \times 2.14 \times 10^2}{0.555}$　→(단위 [cm])

$\quad = 1.287 [mH/km]$

【정답】②

21. 정전용량 0.01[μF/km], 길이 173.2[km], 선간전압 60000[V], 주파수 60[Hz]인 송전선로의 충전전류는 몇 [A]인가?

① 6.3　　　② 1.25

③ 22.6　　　④ 37.2

[충전 전류] $I_c = \omega Cl\,E = 2\pi f Cl\,E = 2\pi f Cl\,\dfrac{V}{\sqrt{3}}\,[A]$

$$\rightarrow (E : 상전압, \quad V : 선간전압(E = \frac{V}{\sqrt{3}}))$$

$I_c = 2\pi \times 60 \times 0.01 \times 173.2 \times \dfrac{60000}{\sqrt{3}} \times 10^{-6} = 22.6[A]$

【정답】③

---

22. 인덕턴스가 1.345[mH/km], 정전용량이 0.00785[μF/km]인 가공선의 서지 임피던스는 몇[Ω]인가?

① 320   ② 370

③ 414   ④ 483

|정|답|및|해|설|

[서지 임피던스(파동 임피던스)]

$Z_0 = \sqrt{\dfrac{Z}{Y}} = \sqrt{\dfrac{R + jwL}{G + jwC}} \fallingdotseq \sqrt{\dfrac{L}{C}}$

$= \sqrt{\dfrac{1.345 \times 10^{-3}}{0.00785 \times 10^{-6}}} = 414[\Omega]$

【정답】③

---

23. 22,000[V], 60[Hz], 1회선의 3상 지중 송전선의 무부하 충전용량은? (단, 송전선의 길이는 20[km], 1선 1[km]당의 정전용량은 0.5[μF]이다.)

① 1750[kvar]   ② 1825[kvar]

③ 1900[kvar]   ④ 1925[kvar]

|정|답|및|해|설|

[충전용량] $Q_c = 3\omega Cl\,E^2 = \omega Cl\,V^2\,[kVA] \rightarrow (\omega = 2\pi f)$

$Q_c = 2\pi \times 60 \times 0.5 \times (22000)^2 \times 20 \times 10^{-6} \times 10^{-3}$

$= 1{,}825[kVA]$

【정답】②

---

24. 송전선에 코로나가 발생하면 전선이 부식된다. 다음의 무엇에 의하여 부식되는가?

① 산소   ② 질소

③ 수소   ④ 오존

|정|답|및|해|설|

[코로나 영향] 오존(O_3)에 의해 전선이 부식하게 된다.

【정답】④

---

25. 대지 정전용량 0.007[μF/km], 상호 정전용량 0.001[μF/km], 선로의 길이 100[km]인 3상 송전선이 있다. 여기에 154[kV], 60[Hz]을 가했을 때 1선에 흐르는 충전전류는 몇 [A] 인가?

① 33.5   ② 58.0

③ 73.4   ④ 100.5

|정|답|및|해|설|

[충전 전류] $I_c = \omega Cl\,E = 2\pi f Cl\,E = 2\pi f Cl\,\dfrac{V}{\sqrt{3}}\,[A]$

$$\rightarrow (E : 상전압, \quad V : 선간전압(E = \frac{V}{\sqrt{3}}))$$

$I_c = 2\pi f Cl\,\dfrac{V}{\sqrt{3}}$

$= 2\pi \times 60 \times (0.007 + 3 \times 0.001) \times 100 \times \dfrac{154000}{\sqrt{3}} \times 10^{-6}$

$= 33.5[A]$

【정답】①

---

26. 전압 66,000, 주파수 60[Hz], 길이 7[km] 1회선의 3상 지중선로가 있다. 이때 3상 무부하 충전용량은? 단, 여기서 케이블의 심선 1선 1[km]의 정전 용량은 0.4[μF/km]라 한다.

① 약 4150[KVA]   ② 약 4365[KVA]

③ 약 4600[KVA]   ④ 약 5125[KVA]

|정|답|및|해|설|

[충전용량] $Q_c = 3\omega C l E^2 = 3\omega C l \left(\dfrac{V}{\sqrt{3}}\right)^2 [kVA]$

$\qquad\qquad \rightarrow$ (상전압 $E = \dfrac{V}{\sqrt{3}}$, $\omega = 2\pi f$)

$Q_c = 6\pi f\, C l \left(\dfrac{V}{\sqrt{3}}\right)^2$

$\quad = 6\pi \times 60 \times 0.4 \times 7 \times \left(\dfrac{66000}{\sqrt{3}}\right)^2 \times 10^{-6} \times 10^{-3}$

$\quad = 4.508 [kVA]$ 　　　　　　　　　【정답】③

27. 송배전 선로의 작용 정전용량은 무엇을 계산하는데 사용되는가?

① 비접지 계통의 1선 지락 고장 시 지락 고장 전류 계산

② 정상 운전 시 선로의 충전 전류 계산

③ 선간 단락 고장 시 고장 전류 계산

④ 인접 통신선의 정전 유도 전압 계산

|정|답|및|해|설|

[충전 전류] 정전용량 C를 구해서 충전전류를 구한다.

충전전류 $I_c = \omega C l E = 2\pi f C l E = 2\pi f C l \dfrac{V}{\sqrt{3}} [A]$

　　　　　　　　　　　　　　　　【정답】②

28. 3상 3선식 송전선로에서 코로나의 임계전압 $E_0[kV]$의 계산식은? (단, $d = 2r = $ 전선의 지름[cm], $D = $ 전선(3선)의 평균 선간거리[cm]이다.)

① $E_0 = 24.3\, d \log_{10} \dfrac{D}{r}$

② $E_0 = 24.3\, d \log_{10} \dfrac{r}{D}$

③ $E_0 = \dfrac{24.3}{d \log \dfrac{D}{r}}$

④ $E_0 = \dfrac{24.3}{d \log \dfrac{r}{D}}$

|정|답|및|해|설|

[코로나 임계전압] $E_0 = 24.3\, m_0 m_1 \delta d \log_{10} \dfrac{2D}{d}$

$\qquad\qquad\qquad = 24.3\, m_0 m_1 \delta d \log_{10} \dfrac{D}{r} [kV]$

m_0 : 표면계수, m_1 : 날씨계수, δ : 상대공기밀도
d : 전선지름, r : 전선반지름, D : 선간거리

　　　　　　　　　　　　　　　　【정답】①

29. 코로나 방지 대책으로 적당하지 않은 것은?

① 전선의 바깥지름을 크게 한다.

② 선간거리를 증가시킨다.

③ 복도체를 사용한다.

④ 가선 금구를 개량한다.

|정|답|및|해|설|

[코로나 방지 대책]
·가선 금구를 개량
·전선의 지름을 크게 한다.
·복도체 방식 채용
※선간거리를 증가시키는 것은 로그 함수의 성질에 의해 효과가 적으므로 주의해야 한다. 즉, 효율적이지 못하다.

　　　　　　　　　　　　　　　　【정답】②

30. 표준상태의 기온, 기압 하에서 공기의 절연이 파괴되는 전위경도는 정현파 교류의 실효값으로 얼마인가?

① $40[kV/cm]$ 　　　　② $30[kV/cm]$

③ $21[kV/cm]$ 　　　　④ $12[kV]/cm]$

|정|답|및|해|설|

[공기의 전위 경도] 표준 상태에서 공기의 절연이 파괴되는 전위경도는 직류 30[kV/cm], 교류 21[kV/cm]이다.

　　　　　　　　　　　　　　　　【정답】③

31. 송전선로의 코로나 임계전압이 높아지는 것은?

① 기압이 낮아지는 경우

② 전선의 지름이 큰 경우

③ 온도가 높아지는 경우

④ 상대 공기 밀도가 작은 경우

|정|답|및|해|설|

[코로나 발생 임계전압] 코로나 방지 대책으로 임계전압(E_0)을 높게 한다. 임계전압을 높게 하려면

·기압이 낮으면 임계전압이 낮다.

·전선의 지름이 크면 임계전압이 높다.

·온도가 높으면 임계전압이 낮다.

·상대 공기 밀도가 작으면 임계전압이 낮다.

【정답】②

32. 송전선로에 코로나가 발생하였을 때 이점이 있다면 다음 중 어느 것인가?

① 계전기의 신호에 영향을 준다.

② 라디오 수신에 영향을 준다.

③ 전력선 반송에 영향을 준다.

④ 고전압의 진행파가 발생되었을 때 뇌 서지에 영향을 준다.

|정|답|및|해|설|

[코로나] 진행파가 발생하였을 때 서지를 감소시키는 작용을 한다. 【정답】④

33. 코로나 방지에 가장 효과적인 방법은 무엇인가?

① 선간거리를 증가시킨다.

② 전선의 높이를 가급적 낮게 한다.

③ 선로의 절연을 강화한다.

④ 전선의 바깥지름을 크게 한다.

|정|답|및|해|설|

[코로나 방지 대책]

·전선의 지름을 크게(복소체 채택)

·가선금구 개선

【정답】④

34. 송전선로에 복도체를 사용하는 이유는?

① 코로나를 방지하고 인덕턴스를 감소시킨다.

② 철탑의 하중을 평형화한다.

③ 선로의 진동을 없앤다.

④ 선로를 뇌격으로부터 보호한다.

|정|답|및|해|설|

[복도체 방식의 특징]

·인덕턴스가 감소한다.　　·정전용량이 증가한다.

·송전용량이 증가한다.　　·코로나손이 경감된다.

【정답】①

35. 복도체에 대한 다음 설명 중 옳지 않은 것은?

① 같은 단면적의 단도체에 비하여 인덕턴스는 감소, 정전용량은 증가한다.

② 코로나 개시 전압이 높고 코로나 손실이 작다.

③ 같은 전류 용량에 대하여 단도체 보다 단면적을 작게 할 수 있다.

④ 단락 시 등의 대전류가 흐를 때 소도체간에 반발력이 생긴다.

|정|답|및|해|설|

[복도체] 대전류가 흐를 때 소도체간 흡인력에 의해 전선이 꼬이는 현상이 생긴다. 이를 방지하기 위해 스페이서를 설치한다. 【정답】④

36. 복도체는 같은 단면적의 단도체에 비해서?

① 인덕턴스는 증가하고 정전용량은 감소
한다.

② 인덕턴스는 감소하고 정전용량은 증가
한다.

③ 인덕턴스와 정전용량 모두가 증가한다.

④ 인덕턴스와 정전용량 모두가 감소한다.

|정|답|및|해|설|

[복도체의 장·단점] 인덕턴스(L) 감소, 정전용량(C) 증가.

【정답】②

37. 복도체를 사용하면 송전용량이 증가하는 가장
주된 이유는 다음 중 어느 것인가?

① 코로나가 발생하지 않는다.

② 선로의 작용 인덕턴스를 감소하고 작용
정전용량은 증가한다.

③ 전압강하가 있다.

④ 무효전력이 적어진다.

|정|답|및|해|설|

[복도체의 장·단점]

·인덕턴스(L) 감소로 인한 리액턴스(X_L) 감소

·정전용량(C) 증가

·$Z_0 = \sqrt{\dfrac{L}{C}}$ 감소.

【정답】②

38. 송전선에 복도체(또는 다도체)를 사용할 경우
같은 단면적의 단도체를 사용하였을 경우에
비하여 다음 표현 중 적합하지 않은 것은?

① 전선의 인덕턴스는 감소되고 정전용량
은 증가된다.

② 고유 송전용량이 증대되고 정태 안정도
가 증대된다.

③ 전선 표면의 전위 경도가 증가한다.

④ 전선의 코로나 개시 전압이 높아진다.

|정|답|및|해|설|

[복도체의 장·단점] 복도체 방식 채용 시 전선 표면의 전위경
가 감소한다. 따라서 코로나 임계전압 상승한다.

【정답】③

39. 최근 전력계통에 전력 케이블의 사용이 많아지
고 있다. 그래서 계통의 전압조정 및 보호방식에
대하여 많은 문제점이 발생하고 있는데, 이들에
대하여 기술한 것 중 옳은 것은?

① 적당한 개소에 분로용 콘덴서를 설치하
여 무효전력을 흡수토록하고 전압 변동
률을 줄인다.

② 계통의 정전용량이 커져 경부하에서는
페란티 효과(Ferranti Effect)로 인하여
전압상승이 발생할 가능성이 많아진다.

③ 중성점 접지 방식의 경우 종류에 따라서
는 고장시 반파의 정류전류가 흐르고 대
지정전용량이 커져서 영상 임피던스도
커진다.

④ 접지사고 시 과도지락전류가 작아서 지
락 보호에 대해서는 가공선로와 같은 무
리를 할 필요가 없다.

|정|답|및|해|설|

[페란티 현상] 선로의 정전용량(C)으로 인하여 무(경)부하
시에 수전단 전압이 송전단전압보다 높아지는 현상으로서 수
전단 전압이 높아지면 선로의 90° 빠른 진상전류가 발전기에
흐르게 되어 전기적 반작용(증자 작용)에 의해 발전기의 절연
을 파괴할 수 있다.

※방지대책 : 분로 리액터(병렬 리액터), 동기 조상기

【정답】②

40. 복도체에 있어서 소도체의 반지름을 r[m], 소도체 사이의 간격을 s[m]라고 할 때 2개의 소도체를 사용한 복도체의 등가 반지름은?

① $\sqrt{rs}$ 　　② $\sqrt{r^2 s}$

③ $\sqrt{rs^2}$ 　　④ rs

|정|답|및|해|설|

[소도체 등가 반지름] $r_e = \sqrt[n]{rs^{n-1}}$ →(n : 도체수)

$r_e = \sqrt{r \cdot s^{2-1}} = \sqrt{r \cdot s}$ 　　【정답】①

41. 복도체에서 2본의 전선이 서로 충돌하는 것을 방지하기 위하여 2본의 전선 사이에 적당한 간격을 두어 설치하는 것은?

① 아머롯드   　　② 댐퍼

③ 아킹혼   　　④ 스페이서

|정|답|및|해|설|

[스페이서] 복도체에서는 소도체 선간에 흡인력이 발생하므로 전선이 꼬이거나 부딪치는 현상이 생긴다. 이를 방지하기 위해서 스페이서를 설치한다.

　　【정답】④

42. 소도체 2개로 된 복도체 방식 3상 3선식 송전선로가 있다. 소도체의 지름 2[cm], 소도체 간격 16[cm], 등가 선간거리 200[cm]인 경우 1상당 작용 정전용량은 얼마인가?

① $0.014[\mu F/km]$ 　　② $0.14[\mu F/km]$

③ $0.065[\mu F/km]$ 　　④ $0.090[\mu F/km]$

|정|답|및|해|설|

[작용정전용량] $C_0 = \dfrac{0.02413}{\log_{10}\dfrac{D_e}{r_e}} = \dfrac{0.02413}{\log_{10}\dfrac{D_e}{\sqrt{r \cdot s^{n-1}}}}[\mu F/km]$

　　　　　　→(r : 소도체의 반지름)

$C_0 = \dfrac{0.02413}{\log_{10}\dfrac{200}{\sqrt{\dfrac{2}{2} \times 16^{2-1}}}} = 0.014[\mu F/km]$

　　【정답】①

송전특성 및 전력원선도

01 송전선로의 해석

(1) 송전 거리에 따른 단거리, 중거리, 장거리 선로의 구분

구분	거리	선로정수	회로
단거리	10[km] 이내	R, L만 필요	집중 정수회로로 취급
중거리	40~60[km]	R, L, C만 필요	T회로, π회로로 취급
장거리	100[km] 이상	R, L, C, G 필요	분포 정수 회로로 취급

핵심기출 【기사】 06/2 12/2 16/3 17/3 【산업기사】 08/2 17/2

장거리 송전선로는 일반적으로 어떤 회로로 취급하여 회로를 해석하는가?

① 분산 부하 회로　　　　　② 집중 정수 회로

③ 분포 정수 회로　　　　　④ 특성 임피던스 회로

정답 및 해설 [장거리 선로]
·거리 : 100[km] 이상,
·선로정수 : R, L, C, G
·회로 : 분포 정수 회로로 취급　　　　　　　　　　　　　　　【정답】③

---

02 단거리 송전선로

(1) 단거리 송전 선로란?

단거리 송전선로(10[km] 이내)에서는 선로정수로서 저항 R과 인덕턴스 L만을 고려한 집중 임피던스 회로로 생각할 수 있다.

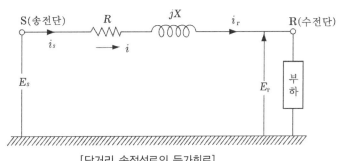

[단거리 송전선로의 등가회로]

(2) 송전단 전압(E_s)

① 단상 송전단 전압

㉮ 송전단 전압 $E_s = \sqrt{(E_r + IR\cos\theta_r + IX\sin\theta_r)^2 + (IX\cos\theta_r - IR\sin\theta_r)^2}\,[V]$

㉯ 송전단 전압(저항손과 대지 정전용량을 무시할 경우)

$E_s \fallingdotseq E_r + I(R\cos\theta_r + X\sin\theta_r)\,[V]$

여기서, E_s : 송전단 전압, I_s : 송전단 전류, E_r : 수전단 전압, I_r : 수전단 전류

② 3상 송전단 전압 $V_s \fallingdotseq V_r + \sqrt{3}\,I(R\cos\theta_r + X\sin\theta_r)[V]$

(3) 단거리 송전 선로의 전압강하(e)

전압강하는 송전전압과 수전전압의 차이다.

① 단상 2선식

전압강하 $e = E_s - E_r = 2I(R\cos\theta + X\sin\theta)\,[V]$

② 단상 3선식, 3상 4선식 (단, 중성선에는 전류가 흐르지 않는다.)

전압강하 $e = E_s - E_r = I(R\cos\theta + X\sin\theta)\,[V]$

③ 3상 3선식

전압강하 $e = V_s - V_r = \sqrt{3}\,I\,(R\cos\theta + X\sin\theta) = \dfrac{P}{V_r}(R + X\tan\theta)[V]$ $\rightarrow (e \propto \dfrac{1}{V_r})$

여기서, V_s : 송전단 전압, V_r : 수전단 전압, X : 선로리액턴스($X = 2\pi fL$), I : 선로전류

$\cos\theta$: 역률, R : 선로전항[Ω], P : 송전전력[W]

핵심기출 【산업기사】 08/1

3상 3선식 가공 송전선로가 있다. 전선 한 가닥의 저항은 15[Ω], 리액턴스는 20[Ω]이고, 부하전류는 100[A], 부하역률은 0.8로 지상이다. 이때 선로의 전압강하는 약 몇 [V]인가?

① 2400[V] ② 4157[V]

③ 6062[V] ④ 10500[V]

정답 및 해설 [3상3선식 선로의 전압강하] $e = V_s - V_r = \sqrt{3}\,I\,(R\cos\theta + X\sin\theta) = \dfrac{P}{V_r}(R + X\tan\theta)[V]$

$e = \sqrt{3}\,I(R\cos\theta + X\sin\theta) = \sqrt{3} \times 100 \times (15 \times 0.8 + 20 \times 0.6) = 4156.92\,[V]$ $\rightarrow (\sin\theta = \sqrt{1 - \cos\theta^2}\,)$

【정답】②

(4) 전압강하율(ϵ)

수전전압에 대한 전압강하의 비를 백분율로 나타낸 것

① 3상 전압강하율 $\epsilon = \dfrac{e}{V_r} = \dfrac{V_s - V_r}{V_r} \times 100 = \dfrac{\sqrt{3}\,I(R\cos\theta_r + X\sin\theta_r)}{V_r} \times 100\,[\%]$

② 단상 전압강하율 $\epsilon = \dfrac{I(R\cos\theta_r + X\sin\theta_r)}{V_r} \times 100\,[\%]$

여기서, $\cos\theta$: 역률, $\sin\theta$: 무효율

③ 최대 전압 강하가 발생하는 조건

$$\dfrac{de}{d\theta_r} = \dfrac{d}{d\theta_r} I(R\cos\theta_r + X\sin\theta_r) = I(-R\sin\theta_r + X\cos\theta_r) = 0 \qquad \therefore \tan\theta_r = \dfrac{X}{R}$$

핵심기출 【기사】 07/3 【산업기사】 11/2 11/3 18/1

수전단전압 66[kV], 전류 100[A], 선로저항 10[Ω], 선로리액턴스 15[Ω]인 3상 단거리 송전선로의 전압강하율은 몇 [%]인가? (단, 수전단의 역률은 0.8이다.)

① 2.57 　　　　② 3.25 　　　　③ 3.74 　　　　④ 4.46

정답 및 해설 [전압 강하율] $\epsilon = \dfrac{V_s - V_r}{V_r} \times 100 = \dfrac{\sqrt{3}\,I(R\cos\theta + X\sin\theta)}{V_2} \times 100\,[\%]$

$\epsilon = \dfrac{\sqrt{3} \times 100(10 \times 0.8 + 15 \times 0.6)}{66 \times 10^3} \times 100 = 4.46\%$ 　　　　　　【정답】④

---

(5) 전압변동률(δ)

수전전압에 대한 전압변동 비의 백분율로 나타낸 것

전압변동률 $\delta = \dfrac{V_{ro} - V_r}{V_r} \times 100$

여기서, V_{ro} : 무부하시의 수전단 전압, V_r : 정격부하시의 수전단 전압

(6) 수전단 전력

$P_r = \sqrt{3}\,V_r I\cos\theta\,[W]$

여기서, V_r : 선간전압, I : 선전류, $\cos\theta$: 역률

(7) 선로의 전력손실

$P_l = 3I^2 R\,[W] = \dfrac{P^2 R}{V^2 \cos^2\theta} \times 10^3\,[kW] \qquad \rightarrow \left(I = \dfrac{P \times 10^3}{\sqrt{3}\,V\cos\theta}\right)$

※전력손실은 전압의 제곱에 반비례한다$\left(P_l \propto \dfrac{1}{V^2}\right)$.

(8) 전력손실률

전력손실률은 공급전력에 대한 전력손실의 비율

전력 손실률 $K = \dfrac{P_l}{P} \times 100 = \dfrac{3I^2 R}{P} \times 100 = \dfrac{3R}{P}\left(\dfrac{P}{\sqrt{3}\,V\cos\theta}\right)^2 \times 100 = \dfrac{RP}{V^2\cos^2\theta} \times 100 \,[\%]$

여기서, R : 1선의 저항, P_l : 전력손실, P : 전력, I : 전류

(9) 송전단전력

$P_s = P_r + P_l = \sqrt{3}\,V_r I\cos\theta_r + 3I^2 R = \sqrt{3}\,V_s I_s \cos\theta_s \,[W] \qquad \rightarrow (P_l : \text{선로의 전력손실})$

핵심기출 【기사】 10/1 13/3 16/1 【산업기사】 11/3

송전전력, 송전거리, 전선의 비중 및 전력 손실률이 일정하다고 할 때, 전선의 단면적 A[mm²]은? (단, V는 송전전압이다)

① V에 반비례

② $\sqrt{V}$

③ V^2에 반비례

④ V^2에 비례

정답 및 해설 [전력 손실률] $K = \dfrac{P_l}{P} = \dfrac{PR}{V^2\cos^2\theta} = \dfrac{P\rho l}{V^2\cos^2\theta A}$ 이므로 $A \propto \dfrac{1}{V^2}$

$\left(R = \rho\dfrac{l}{A} \rightarrow (\rho = \text{고유저항})\right)$

【정답】③

---

03 중거리 송전선로

(1) 중거리 송전선로란?

중거리 선로는 단거리 선로보다 선로의 길이가 더 길어져 정전용량의 영향을 무시할 수 없으므로 R, L, C 직·병렬 회로의 집중 정수 회로로 다룬다. 특히 해석 방법에 따라서 4단자의 T형 또는 π형 등가 회로로 다룬다.

(2) T형 회로

선로 양단에 $\dfrac{Z}{2}$씩, 선로 중앙에 Y로 집중한 회로

① 송전전압 $E_s = AE_r + BI_r$

$\qquad = \left(1 + \dfrac{ZY}{2}\right)E_r + Z\left(1 + \dfrac{ZY}{4}\right)I_r\,[V]$

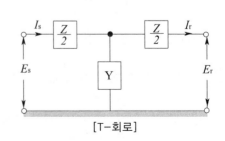

[T-회로]

② 송전전류 $I_s = CE_r + DI_r = YE_r + \left(1 + \dfrac{ZY}{2}\right)I_r\,[A]$

단, 직렬 임피던스 $Z = R + jwL\,[\Omega]$, 병렬 임피던스 $Y = G + jw\,C\,[℧]$

※ T회로에서 $C = Y$(어드미턴스)이다.

(3) π형 회로

선로 양단에 $\dfrac{Y}{2}$씩, 선로 중앙에 Z로 집중한 회로

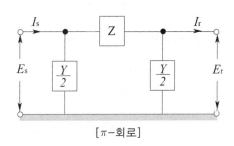

[π-회로]

① 송전전압 $E_s = AE_r + BI_r$
$\qquad\qquad = \left(1 + \dfrac{ZY}{2}\right)E_r + ZI_r\,[V]$

② 송전전류 $I_s = CE_r + DI_r$
$\qquad\qquad = Y\left(1 + \dfrac{ZY}{4}\right)E_r + \left(1 + \dfrac{ZY}{2}\right)I_r\,[A]$

여기서, E_s : 송전전압, E_r : 수전전압, Z : 임피던스, Y : 어드미턴스, I_r : 수전단 전류

$\quad$ A : 송·수전단 전압비, B : 송·수전단 전달 임피던스$[\Omega]$

$\quad$ C : 송·수전단 어드미턴스$[℧]$, D : 송·수전단 전류비

핵심기출 【기사】12/1 14/3 19/2 【산업기사】07/3

중거리 송전선로의 T형 회로에서 송전단 전류 I_s는? (단, Z, Y는 선로의 직렬 임피던스와 병렬 어드미턴스이고, E_r은 수전단전압, I_r은 수전단전류이다.)

① $I_r\left(1 + \dfrac{ZY}{2}\right) + E_r Y$

② $E_r\left(1 + \dfrac{ZY}{2}\right) + ZI_r\left(1 + \dfrac{ZY}{4}\right)$

③ $E_r\left(1 + \dfrac{ZY}{2}\right) + Z_r$

④ $I_r\left(1 + \dfrac{ZY}{2}\right) + E_r Y\left(1 + \dfrac{ZY}{4}\right)$

정답 및 해설 [중거리 송전선로의 송전단전류]

· T회로 : $I_s = YE_r + I_r\left(1 + \dfrac{ZY}{2}\right)$

· π회로 : $I_s = Y\left(1 + \dfrac{ZY}{4}\right)E_r + \left(1 + \dfrac{ZY}{2}\right)I_r$

【정답】 ①

04 장거리 송전선로

(1) 장거리 송전선로란?

장거리 송전선로에서는 r, L, C, g 무두 존재하므로 선로정수가 선로에 따라서 균일하게 분포되어 있기 때문에 분포정수로서 취급하여야 한다. 즉, 장거리 송전선로를 특정임피던스와 전파정수로 해석하는데 있어 무부하시험에서 Y를 구하고, 단락시험에서는 Z를 구한다.

(2) 장거리 선로에서 선로의 직렬 임피던스와 병렬 어드미턴스

① 직렬 임피던스 : $Z = r + jwL[\Omega/\text{km}]$

② 병렬 어드미턴스 : $Y = g + jwC[\mho/\text{km}]$

(3) 장거리 선로의 송전단 전압, 전류식

① 송전전압 $E_s = AE_r + BI_r = E_r \cos h\gamma l + I_r Z_o \sin h\gamma l [V]$

② 송전전류 $I_s = CE_r + DI_r = E_r \dfrac{1}{Z_o} \sin h\gamma l + I_r \cos h\gamma l [A]$

여기서, γ : 전파 정수$(\gamma = \sqrt{ZY})$

(4) 파동(서지, 특성) 임피던스

송전신을 이동하는 진행파에 대한 전압과 전류의 비로 그 송전선 고유의 특성을 나타내는 값이 된다.

① 파동(특성) 임피던스 $Z_o = \sqrt{\dfrac{Z}{Y}} = \sqrt{\dfrac{r + jwL}{g + jwC}} \fallingdotseq \sqrt{\dfrac{L}{C}} [\Omega]$

→ (선로의 저항(r)과 누설콘덕턴스(g)를 무시한다.)

② 어드미턴스 Y : 개방시험에서 측정

③ 임피던스 Z : 단락시험에서 측정

(5) 전파 정수

① 전파정수 $\gamma = \sqrt{ZY} \fallingdotseq \sqrt{(r + jwL)(g + jwC)} = \alpha + j\beta [\text{rad/km}]$

㉮ 무손실 조건 : $r = g = 0$

㉯ 무왜형 조건 : $rC = Lg = 0$

② 선로의 저항과 누설콘덕턴스를 무시하면 전파정수 $\gamma \fallingdotseq jw\sqrt{LC}[\text{rad/km}]$

여기서, α : 감쇠 정수(송전단에서 수전단으로 갈수록 전압이 감쇠되는 특성을 가진 정수)

β : 위상 정수(송전단에서 수전단으로 갈수록 위상이 지연되는 특성을 가진 정수)

(6) 전파 속도 $v = \dfrac{1}{\sqrt{LC}} = 3 \times 10^8 [m/s]$

(7) 인덕턴스 $L \fallingdotseq 0.4605 \log_{10} \dfrac{D}{r} = 0.4605 \times \dfrac{Z_0}{138} [mH/km]$

(8) 정전용량 $C = \dfrac{0.02413}{\log_{10} \dfrac{D}{r}} = \dfrac{0.02413}{\dfrac{Z_0}{138}} [\mu F/km]$

핵심기출 【산업기사】 14/1 15/3

장거리 송전선에서 단위 길이당 임피던스 $Z = R + j\omega L \ [\Omega/km]$, 어드미턴스 $Y = G + j\omega C \ [\mho/km]$라 할 때 저항과 누설 컨덕턴스를 무시하는 경우 특성 임피던스의 값은?

① $\sqrt{\dfrac{L}{C}}$ 　　　② $\sqrt{\dfrac{C}{L}}$ 　　　③ $\dfrac{L}{C}$ 　　　④ $\dfrac{C}{L}$

정답 및 해설 [특성임피던스] $Z_0 = \sqrt{\dfrac{Z}{Y}} = \sqrt{\dfrac{r + jwL}{g + jwC}} \ [\Omega]$

선로 저항(r)과 누설컨덕턴스(g)를 무시하면

$Z_0 = \sqrt{\dfrac{r + jwL}{g + jwC}} = \sqrt{\dfrac{0 + jwL}{0 + jwC}} = \sqrt{\dfrac{L}{C}}$

【정답】①

---

05 4단자 정수

(1) 4단자 정수($A, \ B, \ C, \ D$)의 정의

① 송전단 전압(E_s) 및 송전단 전류(I_s)의 표현

㉮ 송전단 전압 : $E_s = AE_r + BI_r$ 　　　　　㉯ 송전단 전류 : $I_s = CE_r + DI_r$

② 4단자 정수 A, B, C, D의 물리적 의미

㉮ $A = \dfrac{E_s}{E_r}\bigg|_{I_r = 0}$: 수전단 개방 시의 송·수전단 전압비

㉯ $B = \dfrac{E_s}{I_r}\bigg|_{E_r = 0}$: 수전단 단락 시의 송·수전단 전달 임피던스[Ω]

㉰ $C = \dfrac{I_s}{E_r}\bigg|_{I_r = 0}$: 수전단 개방 시의 송·수전단 전달 어드미턴스[$\mho$]

㉱ $D = \dfrac{I_s}{I_r}\bigg|_{E_r = 0}$: 수전단 단락 시의 송·수전단 전류비

③ 행렬식에 의한 4단자 정수의 산출

㉮ 병렬 어드미턴스 회로의 행렬식

$$\begin{bmatrix} A & B \\ C & D \end{bmatrix} = \begin{bmatrix} 1 & 0 \\ Y & 1 \end{bmatrix}$$

㉯ 직렬 임피던스 회로의 행렬식

$$\begin{bmatrix} A & B \\ C & D \end{bmatrix} = \begin{bmatrix} 1 & Z \\ 0 & 1 \end{bmatrix}$$

※ $AD - BC = 1$, $A = D$

(2) 단거리 송전선로의 경우

$E_s = E_r + ZI_r$, $I_s = I_r$ 이므로

$$\begin{bmatrix} A & B \\ C & D \end{bmatrix} = \begin{bmatrix} 1 & Z \\ 0 & 1 \end{bmatrix}$$

(3) 중거리 송전선로의 경우

① T형 회로

$$\begin{bmatrix} A & B \\ C & D \end{bmatrix} = \begin{bmatrix} 1 + \dfrac{ZY}{2} & Z\left(1 + \dfrac{ZY}{4}\right) \\ Y & 1 + \dfrac{ZY}{2} \end{bmatrix}$$

② π형 회로

$$\begin{bmatrix} A & B \\ C & D \end{bmatrix} = \begin{bmatrix} 1 + \dfrac{ZY}{2} & Z \\ Y\left(1 + \dfrac{ZY}{4}\right) & 1 + \dfrac{ZY}{2} \end{bmatrix}$$

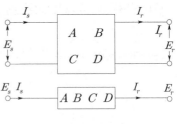

[직·병렬 회로]

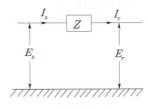

[단거리 회로]

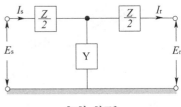

[T형 회로]

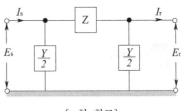

[π형 회로]

핵심기출 【기사】 17/3

4단자 정수 $A = D = 0.8$, $B = j1.0$인 3상 송전선로에 송전단전압 160[kV]를 인가할 때 무부하시 수전단 전압은 몇 [kV]인가?

① 145　　　　② 164　　　　③ 180　　　　④ 200

정답 및 해설 [4단자 정수] $\begin{bmatrix} E_s \\ I_s \end{bmatrix} = \begin{bmatrix} A & B \\ C & D \end{bmatrix} \begin{bmatrix} E_r \\ I_r \end{bmatrix}$

무부하 시 이므로 $I_r = 0$ → 4단자정수 $E_s = AE_r + BI_r$, $E_s = AE_r$ ∴ $E_r = \dfrac{1}{A} E_s$

수전단 전압 $E_r = \dfrac{1}{A} E_s = \dfrac{160}{0.8} = 200[kV]$　　　　【정답】④

06 송전용량

(1) 송전용량이란?

지장이 생기지 않는 한도로 연속 송전할 수 있는 최대 전력을 말한다.

선로의 안전전류, 전압변동률, 안정도, 부대시설의 용량 등에 따라 결정된다.

(2) 적정한 송전용량 결정 시 고려 상항

① 단거리 송전선로

- 전선의 허용전류
- 선로의 전압강하

② 장거리 송전선로

- 송·수전단 전압의 상차각이 적당할 것(장거리 송전선로에서는 30~40° 정도로 운전)
- 조상기 용량이 적당할 것(조상설비 용량은 수전전력의 75[%] 정도)
- 송전효율이 적당할 것(90[%] 이상 유지하는 것이 바람직하다.)

(3) 송전용량 개략 계산법

① Alfred-Still의 식(경제적인 송전전압)

송전전압 $V_s = 5.5\sqrt{0.6l + \dfrac{P}{100}}\,[kV]$ → (l : 송전거리$[km]$, P : 송전용량$[kW]$)

② 고유 부하법(고유 송전 용량)

$P = \dfrac{V_r^{\,2}}{Z_o}\,[W] = \dfrac{V_r^{\,2}}{\sqrt{\dfrac{L}{C}}}\,[MW/\text{회선}]$ → (V_r : 수전단 선간 전압 [kV], Z_o : 특성 임피던스)

③ 송전용량 계수법(수전단 전력)

$P_r = \text{회선수} \times k\dfrac{V_r^{\,2}}{l}\,[kW]$ → (l : 송전거리[km], V_r : 수전단 선간 전압 [kV], k : 송전 용량 계수)

$(60[kV] \rightarrow k=600,\ 100[kV] \rightarrow k=800,\ 140[kV] \rightarrow k=1200)$

④ 송전전력 $P = \dfrac{V_s V_r}{X}\sin\delta[MW]$

여기서, V_s, V_r : 송·수전단 전압[kV], δ : 송·수전단 전압의 위상차, X : 선로의 리액턴스$[\Omega]$

※ 발전기 출력 $P = 3\dfrac{VE}{X}\sin\delta$, 수전전력 $P = \sqrt{3}\,VI\cos\theta$

핵심기출 【기사】 04/2 15/3 【산업기사】 13/2

154[kV] 송진선로에서 송전거리가 154[km]라 할 때 송전용량 계수법에 의한 송전용량은 몇 [kW] 인가? (단, 송전용량계수는 1200으로 한다.)

① 61600

② 92400

③ 123200

④ 184800

정답 및 해설 [송전용량 계수법(수전단 전력)] $P = 회선수 \times k \dfrac{V^2}{l}$ [kW]

여기서, k : 용량계수, V : 송전전압[kV], l : 송전거리[km]

$P = 1200 \times \dfrac{154^2}{154} = 184800$ [kW]

【정답】④

07 전력원선도

(1) 전력 원선도 개요

· 송전 계통의 송전단, 수전단의 전압을 일정하다 하고, 수전단 전압에 대한 송전단 전압의 앞선각을 θ로 하면, 송전 전력 $P_s + jQ_s$ 및 수전 전력 $P_r + jQ_r$는 각각 유효 전력 P 및 무효 전력 Q를 가로축 및 세로축 성분으로 하는 직각 좌표상에서 일정 반지름의 원으로 주어진다.

· 원의 중심, 반지름, $\theta = 0$의 위치는 선로 파라미터로 구할 수 있다.

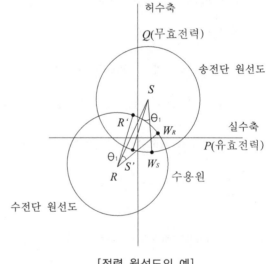

[전력 원선도의 예]

(2) 원선도 작성시 필요 사항

전력 원선도 작성시 필요한 것은 송전단 전압(E_s), 수전단 전압(E_r) 및 4단자 정수(A, B, C, D)가 필요하다.

(3) 전력 원선도의 중심 및 반지름 산출식

① 반지름 $\rho = \dfrac{E_s E_r}{B}$ → (E_s : 송전단 전압, E_r : 수전단 전압, B : 임피던스 정수)

② 중심 : $(m' E_s^2, \ n' E_s^2), \ (-m E_r^2, \ -n E_r^2)$

(4) 송·수전단 원선도

① 송전단 원선도 : $(P_s - m'E_s^2)^2 + (Q_s - n'E_s^2)^2 = \rho^2$

② 수전단 원선도 : $(P_r + mE_r^2)^2 + (Q_r + nE_r^2)^2 = \rho^2$

여기서, P : 유효전력, Q : 무효전력, P_s : 송전전력, P_r : 수전전력

(5) 전력 원선도에서 알 수 있는 사항

· 필요한 전력을 보내기 위한 송·수전단 전압간의 위상각

· 송·수전할 수 있는 최대 전력

· 선로 손실괴 송전 효율

· 수전단 역률(조상 용량의 공급에 의해 조성된 후의 값)

· 조상용량

(6) 전력 원선도에서 구할 수 없는 사항

· 과도 안정 극한 전력

· 코로나 손실

핵심기출 【기사】 07/2 10/1 12/3 【산업기사】 17/3 19/1

전력 원선도의 ㉠가로축과 ㉡세로축이 나타내는 것은?

① ㉠ 최대전력, ㉡ 피상전력   ② ㉠ 유효전력, ㉡ 무효전력

③ ㉠ 조상용량, ㉡ 송전손실   ④ ㉠ 송전효율, ㉡ 코로나손실

정답 및 해설 [전력 원선도] 가로축 : 유효 전력, 세로축 : 무효 전력
전력원선도를 통해서 안정적인 계통 운영을 할 수가 있다.

【정답】②

---

08 조상설비

(1) 조상설비란?

위상을 제거해서 역률을 개선함으로써 송전선을 일정한 전압으로 운전하기 위해 필요한 무효전력을 공급하는 장치

(2) 조상설비의 종류 및 특징

① 콘덴서

충전전류 (90[°] 앞선 전류, 진상 전류)

직렬 콘덴서	전압강하 보상
	(전압강하 $e = \sqrt{3}\,I(R\cos\theta + X\sin\theta) \rightarrow (X = XL - XC))$
	① 직렬 콘덴서의 장점
	  · 유도리액턴스를 보상하고 전압 강하를 감소시킨다.
	  · 수전단의 전압 변동률을 경감시킨다.
	  · 최대 송전전력이 증대하고 정태 안정도가 증대한다.
	  · 부하역률이 나쁠수록 설치 효과가 크다.
	  · 용량이 작으므로 설비비가 저렴하다.
	② 직렬 콘덴서 설치의 단점
	  · 효과가 부하의 역률에 좌우되어 역률의 변동이 큰 선로에는 적당하지 않다.
	  · 변압기의 자기포화와 관련된 철공진, 선로개폐기 단락고장 시의 과전압 발생, 유도기의 동기기의 자기여자 및 난조 등의 이상 현상을 일으킬 수가 있다.

병렬 콘덴서	역률 개선

※전력용 콘덴서에 방전코일을 설치하는 이유 : 콘덴서 개방 시 잔류전하를 방전시켜 인체의 감전 사고를 방지한다. 특히, 콘덴서 투입 시 과전압을 방지한다.

② 리액터

뒤진 전류, 지상 전류를 취하여 이상 전압의 상승을 억제한다.

직렬 리액터	· 제5고조파의 제거, 파형개선 　※제3고조파를 제거하기 위해서는 변압기를 △결선해야 한다. · 직렬 리액터 용량 　$2\pi(5f_0)L = \dfrac{1}{2\pi(5f_0)C} \rightarrow L = \dfrac{1}{25}\dfrac{1}{\omega^2 C} = 0.04 \times \dfrac{1}{\omega^2 C}$ 　여기서, f_o : 전원의 기본 주파수, C : 역률 개선용 콘덴서의 용량 　　　　　L : 직렬 리액터의 용량 · 콘덴서 용량의 이론상 4[%], 실제는 6[%]
병렬(분로) 리액터	페란티효과 방지, 충전전류 차단
소호 리액터	지락 아크의 소호
한류 리액터	차단기 용량의 경감(단락전류 제한)

③ 동기조상기

· 진상, 지상 양용

· 무부하 운전중인 동기전동기를 과여자 운전하면 콘덴서로 작용하며, 부족여자로 운전하면 리액터로 작용한다.

중간 조상기	선로 중간에 동기조상기를 연결하여 안정도 증대
동기 조상기	무부하로 운전중인 동기전동기로 역률을 제어

(3) 조상설비의 비교

항목	동기 조상기	콘덴서	리액터
전력손실	많다 (1.5~2.5[%])	적다 (0.3[%] 이하)	적다 (0.6[%] 이하)
무효전력	진상, 지상 양용	진상 전용	지상 전용
조정 특성	연속적	계단적 (불연속)	계단적 (불연속)
시송전 여부 (시충전)	가능	불가능	불가능
가격	비싸다	저렴	저렴
유지·보수	손질 필요	용이	용이

핵심기출 【기사】 07/2 10/1 12/3 【산업기사】 07/1 10/1 10/3 11/2 17/3

다음 중 조상설비가 아닌 것은?

① 동기조상기   ② 진상콘덴서

③ 상순표시기   ④ 분로리액터

정답 및 해설 [조상설비] 조상기(동기조상기, 비동기조상기), 전력용 콘덴서, 분로리액터 등이 있다.
※상순 표시기 : 전원 공급의 상순을 표시하는 기기   【정답】③

---

(4) 페란티현상

① 페란티현상이란?

선로의 정전용량으로 인하여 무부하시나 경부하시 진상전류가 흘러 수전단전압이 송전단전압보다 높아지는 현상이다.

② 페란티 발생원인

페란티 발생 원인은 송전선로의 대지 정전용량에 의한 진상(충전)전류이다.

③ 페란티 방지대책

·선로에 흐르는 전류가 지상이 되도록 한다.

·수전단에 분로 리액터를 설치한다.

·동기조상기의 부족여자 운전

페란티(ferranti)효과의 발생 원인은?

① 선로의 저항   ② 선로의 인덕턴스

③ 선로의 정전용량   ④ 전로의 누설 컨덕턴스

정답 및 해설 [페란티 효과] 페란티 효과는 무부하 또는 경부하시에 수전단의 전압이 송전단의 전압보다 높아지는 현상이다. 원인은 정전용량이고, 방지책으로는 분로리액터가 있다.   【정답】③

09 계통연계

(1) 계통연계란?

별도로 운전되고 있는 전력 계통을 송전선으로 연결하여 하나의 대규모 계통으로 운전하는 것

(2) 전력계통의 연계 방식의 장점

· 전력의 융통으로 설비 용량 절감

· 건설비 및 운전 경비를 절감하므로 경제 급전이 용이

· 계통 전체로서의 신뢰도 증가

· 부하 변동의 영향이 작아져서 안정된 주파수 유지 가능

(3) 전력 계통의 연계 방식의 단점

· 연계 설비를 신설해야 한다.

· 사고 시 타 계통에의 파급 확대될 우려가 있다.

· 단락 전류가 증대하고 통신선의 전자 유도 장해도 커진다.

· 선로 임피던스가 감소되어 단락 전류가 증가된다.

각 전력계통을 연계선으로 상호 연결하면 여러 가지 장점이 있다. 틀린 것은?

① 건설비 및 운전경비를 절감하므로 정제급전이 용이하다.

② 주파수의 변화가 작아진다.

③ 각 전력계통의 신뢰도가 증가한다.

④ 선로 임피던스가 증가되어 단락전류가 감소된다.

정답 및 해설 [전력계통의 연계방식의 장단점] ④ 선로 임피던스가 증가되어 단락전류가 증가된다.   【정답】④

단원 핵심 체크

01 장거리 송전선로는 일반적으로 (　　　　　　　) 회로로 취급하여 회로를 해석한다.

02 중거리 송전선로는 (　　①　　)회로, (　　②　　)회로 해석을 사용한다.

03 늦은 역률의 부하를 갖는 단거리 송전 선로의 전압강하의 근사식 $e = ($
　　　　)[V] 이다. (단, P는 3상 부하전력[kW], V는 전압[kV], R은 선로저항[Ω], X는
리액턴스[Ω], θ는 부하의 늦은 역률각이다.)

04 송전전력, 송전거리, 전선의 비중 및 전력 손실률이 일정하다고 할 때, 전선의 단면적
A[mm^2]와 송전 전압 V[kV]와 관계는 (　　　　　　)이다.

05 중거리 송전선로의 T형 회로에서 송전단 전류와 송전 전압은 아래와 같다.

· 송전전압 $E_s = \left(1 + \dfrac{ZY}{2}\right)E_r + Z\left(1 + \dfrac{ZY}{4}\right)I_r [V]$

· 송전전류 $I_s = ($　　　　　　　　)[A]

(단, Z, Y는 선로의 직렬 임피던스와 병렬 어드미턴스이고, E_r은 수전단 전압, I_r은
수전단 전류이다.)

06 송전선의 특성 임피던스는 저항과 누설 콘덕턴스를 무시하면 $Z_0 = ($
　　　)이다. (단, L은 선로의 인덕턴스, C는 선로의 정전용량이다)

07 4단자 정수 A, B, C, D의 물리적 의미로는 A : 송·수전단 전압비, B : 송·수전단
전달 임피던스[Ω], C : 송·수전단 전달 (　　　　　　), D : 송·수전단 전류비

08 다음은 행렬식에 의한 4단자 정수의 산출식이다.

· 직렬 임피던스 회로의 행렬식 $\begin{bmatrix} A & B \\ C & D \end{bmatrix}$ = ( )

· 병렬 어드미턴스 회로의 행렬식 $\begin{bmatrix} A & B \\ C & D \end{bmatrix}$ = $\begin{bmatrix} 1 & 0 \\ Y & 1 \end{bmatrix}$

09 중거리 송전선로에 T형 회로일 경우 4단자 정수 A = ( )이다.

10 송전용량 계수법에 의하여 송전선로의 송전용량을 결정할 때 수전 전력의 관계로는 수전 전력의 크기는 송전거리에 (①)하고 수전단 선간전압의 (②)한다.

11 전력원선도 작성시 필요한 것은 송전단전압(E_s), 수전단전압(E_r) 및 ( )가 필요하다.

12 전력 원선도의 작성 시 가로축에는 (①), 세로축에는 (②)으로 나타낸다.

13 조상설비란 위상을 제거해서 역률을 개선함으로써 송전선을 일정한 전압으로 운전하기 위해 필요한 ( )을 공급하는 장치이다.

14 조상 설비의 종류로는 동기 조상기, 콘덴서, ( )가 있다.

15 다음은 동기 조상기(A)와 콘덴서(B)를 비교한 것이다.
① 시충전 : (A) ( ), (B) ( )
② 전력손실 : (A) ( ), (B) ( )
③ 무효전력 조정 특성 : (A) ( ), (B) ( )
④ 무효전력 : (A) ( ), (B) ( )

16 전력용 콘덴서를 변전소에 설치할 때 직렬 리액터를 설치코자 한다. 직렬 리액터의 용량을 결정하는 식은 ( )이다. (단, f_0는 전원의 기본 주파수, C는 역률 개선용 콘덴서의 용량, L은 직렬 리액터의 용량이다.)

17 선로의 정전용량으로 인하여 무부하시나 경부하시 진상전류가 흘러 수전단 전압이 송전단 전압보다 높아지는 페란티 현상이다. 송전선로의 페란티 효과를 방지하는 데 효과적인 것은 수전단에 ( )를 설치한다.

18 페란티 발생 원인은 송전선로의 ( )에 의한 진상(충전) 전류이다.

정답

(1) 분포정수

(2) ① T, ② π

(3) $\dfrac{P}{V_r}(R+X\tan\theta)$

(4) $A \propto \dfrac{1}{V^2}$

(5) $YE_r + \left(1+\dfrac{ZY}{2}\right)I_r$

(6) $\sqrt{\dfrac{L}{C}}$

(7) 어드미턴스[℧]

(8) $\begin{bmatrix} 1 & Z \\ 0 & 1 \end{bmatrix}$

(9) $1+\dfrac{ZY}{2}$

(10) ① 반비례, ② 제곱에 비례

(11) 4단자 정수(A, B, C, D)

(12) ① 유효전력, ② 무효전력

(13) 무효전력

(14) 리액터

(15) ① (A) 가능, (B) 불가능
② (A) 많다, (B) 적다
③ (A) 연속, (B) 계단적(불연속)
④ (A) 진상·지상용, (B) 진상용

(16) $2\pi \cdot 5f_0 L = \dfrac{1}{2\pi 5 f_0 C}$

(17) 분로리액터

(18) 정전용량

1. 늦은 역률의 부하를 갖는 단거리 송전선로의 전압강하의 근사식은? (단, P는 3상 부하전력[kW], E는 선간전압[kV], R은 선로저항[Ω], X는 리액턴스[Ω], θ는 부하의 늦은 역률각이다.)

   ① $\dfrac{\sqrt{3}\,P}{E}(R+X\tan\theta)$

   ② $\dfrac{P}{\sqrt{3}\,E}(R+X\tan\theta)$

   ③ $\dfrac{P}{E}(R+X\tan\theta)$

   ④ $\dfrac{P}{\sqrt{3}\,E}(R\cos\theta+X\sin\theta)$

|정|답|및|해|설|

[전압 강하] $e=V_s-V_r=\sqrt{3}\,I(R\cos\theta+X\sin\theta)\,[\text{V}]$

$P=\sqrt{3}\,VI\cos\theta$에서 $\quad I=\dfrac{P}{\sqrt{3}\,V\cos\theta}$

$\therefore e=\sqrt{3}\times\dfrac{P}{\sqrt{3}\,V\cos\theta}(R\cos\theta+X\sin\theta)$

$\quad =\dfrac{P}{V}(R+X\tan\theta)\,[\text{V}]$　　　　　【정답】③

2. 1선 저항이 10[Ω], 리액턴스 15[Ω]인 3상 송전선이 있다. 수전단전압 60[kV], 부하역률 0.8[lag], 전류 100[A]라고 한다. 이때의 송전단 전압은?

   ① 62,940[V]　　　② 63,700[V]

   ③ 64,000[V]　　　④ 65,940[V]

|정|답|및|해|설|

[송전단 전압] $V_s=V_r+\sqrt{3}\,I(R\cos\theta+X\sin\theta)$

$V_s=60000+\sqrt{3}\times100(10\times0.8+15\times0.6)=62940[\text{V}]$

【정답】①

3. 그림과 같은 회로에서 송전단의 전압 및 역률을 E_1, $\cos\theta_1$, 수전단의 전압 및 역률을 E_2, $\cos\theta_2$ 이라 할 때 전류 I는?

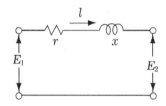

   ① $\dfrac{(E_1\cos\theta_1+E_2\sin\theta_2)}{r}$

   ② $\dfrac{(E_1\cos\theta_1-E_2\cos\theta_2)}{r}$

   ③ $\dfrac{(E_1\sin\theta_1+E_2\cos\theta_2)}{\sqrt{r^2+x^2}}$

   ④ $\dfrac{(E_1\cos\theta_1-E_2\cos\theta_2)}{\sqrt{r^2+x^2}}$

|정|답|및|해|설|

[전력 손실] $P_l=I^2\cdot r=P_{l1}-P_{l2}=E_1 I\cos\theta_1-E_2 I\cos\theta_2$

$P_l=I^2\cdot r=I(E_1\cos\theta_1-E_2\cos\theta_2)$

$\therefore I=\dfrac{(E_1\cos\theta_1-E_2\cos\theta_2)}{r}\,[\text{A}]$

【정답】②

4. 수전단 3상부하 P_r[W], 부하역률 $\cos\theta_r$[소수], 수전단 선간전압 V_r[V], 선로저항 R[Ω/선]이라 할 때 송전단 3상 전력 P_s[W]는?

① $P_s = P_r(1 + \dfrac{P_r R}{V_r^2 \cos^2\theta_r})$

② $P_s = P_r(1 + \dfrac{P_r R}{V_r \cos\theta_r})$

③ $P_s = P_r(1 + P_r R \cos\theta_r)$

④ $P_s = P_r(1 + \dfrac{P_r R \cos^2\theta_r}{V_r^2})$

|정|답|및|해|설|

[3상 송전단전력] $P_s = P_r + P_l = P_r + 3I^2 \cdot R$

$$P_s = P_r + 3 \times \left(\dfrac{P_r}{\sqrt{3}\,V_r \cos\theta_r}\right)^2 \cdot R \quad \rightarrow (P = \sqrt{3}\,VI\cos\theta)$$

$$= P_r + \dfrac{P_r^2 \cdot R}{V_r^2 \cos^2\theta_r} = P_r\left(1 + \dfrac{P_r \cdot R}{V_r^2 \cos^2\theta_r}\right)[\text{W}]$$

【정답】①

5. 단일부하 배전선에서 부하역률 $\cos\theta$, 부하전류 I, 선로저항 r, 리액턴스를 X라 하면 배전선에서 최대 전압강하가 생기는 조건은?

① $\cos\theta \fallingdotseq \dfrac{r}{X}$ ② $\sin\theta \fallingdotseq \dfrac{X}{r}$

③ $\tan\theta \fallingdotseq \dfrac{X}{r}$ ④ $\tan\theta \fallingdotseq \dfrac{r}{X}$

|정|답|및|해|설|

[전압강하] $e = I(r\cos\theta + X\sin\theta)$
최대 전압 강하는 전압 강하를 미분해서 0인 점이다.

최대 전압 강하는 $\dfrac{d}{d\theta}I(r\cos\theta + X\sin\theta) = 0$이다.

$I(-r\sin\theta + X\cos\theta) = 0 \quad \rightarrow \quad r\sin\theta = X\cos\theta$

$\therefore \tan\theta = \dfrac{X}{r}$

【정답】③

6. 송전단 전압 161[kV], 수전단 전압 155[kV], 상차각 40°, 리액턴스가 50[Ω]일 때 선로손실을 무시하면 송전전력은 약 몇 [MW]인가? (단, $\cos40° = 0.766$, $\cos50° = 0.643$

① 107 ② 321

③ 408 ④ 580

|정|답|및|해|설|

[송전용량] $P = \dfrac{V_s V_r}{X}\sin\delta[\text{MW}]$

$$P_s = \dfrac{V_s V_r}{X}\sin\delta = \dfrac{161 \times 155}{50} \times \sin40 = 321[\text{MW}]$$

【정답】②

7. 역률 0.8, 출력 360[kW]인 3상 평형 유도부하가 3상 배전선로에 접속되어 있다. 부하단의 수전 전압이 6000[V], 배전선 1조의 저항 및 리액턴스가 각각 5[Ω], 4[Ω]라고 하면 송전단 전압은 몇 [V]인가?

① 6120 ② 6277

③ 6300 ④ 6480

|정|답|및|해|설|

[3상 송전단 전압] $V_s = V_r + \sqrt{3}I(R\cos\theta + X\sin\theta)[\text{V}]$

$P = \sqrt{3}\,VI\cos\theta$에서 $I = \dfrac{P}{\sqrt{3}\,V\cos\theta}$ 이므로

$$V_s = 6000 + \sqrt{3} \times \dfrac{360 \times 10^3}{\sqrt{3} \times 6000 \times 0.8}(5 \times 0.8 + 4 \times 0.6)$$

$= 6480[\text{V}]$ 【정답】④

8. 단상 2선식의 교류 배전선이 있다. 전선 1줄의 저항은 0.15[Ω], 리액턴스는 0.25[Ω]이다. 부하는 무유도성으로서 100[V], 3[kW]일 때 급전점의 전압은 몇 [V]인가?

① 100 ② 110

③ 120 ④ 130

[단상 2선식에서 송전단 전압]

$E_s = E_r + 2I(R\cos\theta + X\sin\theta)[V]$

$P = VI$ 에서 $I = \dfrac{P}{V}$ 이므로

문제에서 무유도성이면 $X=0$, $\sin\theta = 0$ 이다.

$E_s = 100 + \dfrac{3 \times 10^3}{100} \times 0.15 \times 2 = 109[V]$

【정답】②

9. 3상 3선식 송전선에서 한 선의 저항이 15[Ω], 리액턴스 20[Ω]이고 수전단의 선간 전압은 30[kV], 부하역률이 0.8인 경우 전압 강하율을 10[%]라 하면 이 송전선로는 몇 [kW]까지 수전할 수 있는가?

① 2750

② 2900

③ 3000

④ 3400

[3상 전력] $P = \sqrt{3}\, VI\cos\theta[kW]$

3상 전압강하율 $\epsilon = \dfrac{e}{V_r} = \dfrac{\sqrt{3}\,I(R\cos\theta + X\sin\theta)}{V_r}$ 에서

$I = \dfrac{\epsilon \times V_r}{\sqrt{3}\,(R\cos\theta + X\sin\theta)}$

$\therefore P = \sqrt{3}\, V \left(\dfrac{\epsilon \times V_r}{\sqrt{3}\,(R\cos\theta \times X\sin\theta)} \right) \cos\theta$

$= \sqrt{3} \times 30 \times \dfrac{0.1 \times 30}{\sqrt{3}\,(15 \times 0.8 + 20 \times 0.6)} \times 0.8$

$= 3000[kW]$

【정답】③

10. 3상 3선식 송전선이 있다. 1선당의 저항은 8 [Ω], 리액턴스 12[Ω]이며, 수전단의 전력이 1000[kW], 전압이 10[kV], 역률이 0.8일 때 이 송전선의 전압 강하율은?

① 14[%]

② 15[%]

③ 17[%]

④ 19[%]

[3상 전압강하율] $\epsilon = \dfrac{e}{V_r} = \dfrac{\sqrt{3}\,I(R\cos\theta + X\sin\theta)}{V_r} \times 100[\%]$

$P = \sqrt{3}\, VI\cos\theta$ 에서 $I = \dfrac{P}{\sqrt{3}\,V\cos\theta}$ 이므로

$\epsilon = \dfrac{\sqrt{3} \times \dfrac{1000}{\sqrt{3} \times 10 \times 0.8}(8 \times 0.8 + 12 \times 0.6)}{10} \times 100 = 17[\%]$

【정답】③

11. 수전단 전압 60,000[V], 전류 200[A], 선로저항 $R = 7.61$[Ω], 리액턴스 $X = 11.85$ [Ω]일 때, 전압 강하율은 몇 [%]인가? (단, 수전단 역률은 0.8이라 한다.)

① 약 7.00

② 약 7.41

③ 약 7.61

④ 약 8.00

[3상 전압강하율] $\epsilon = \dfrac{e}{V_r} = \dfrac{\sqrt{3}\,I(R\cos\theta + X\sin\theta)}{V_r}$ 에서

$\epsilon = \dfrac{\sqrt{3} \times 200(7.61 \times 0.8 + 11.85 \times 0.6)}{60000} \times 100 = 7.62[\%]$

【정답】③

12. 송전단 전압이 6600[V], 수전단 전압은 6100[V]였다. 수전단의 부하를 끊는 경우 수전단의 전압이 6300[V]라면 이 회로의 전압 강하율과 진압 변동률은 각각 몇[%]인가?

① 3.28, 8.2

② 8.2, 3.28

③ 4.14, 6.8

④ 6.8, 4.14

[전압 변동률] $\delta = \dfrac{V_{r0} - V_r}{V_r} \times 100[\%]$

$\delta = \dfrac{6300 - 6100}{6100} \times 100 = 3.28$

[전압 강하율] $\epsilon = \dfrac{V_s - V_r}{V_r} \times 100[\%]$

$\epsilon = \dfrac{6600 - 6100}{6100} \times 100 = 8.2[\%]$

【정답】②

13. 전압과 역률이 일정할 때 전력손실을 2배로 하면 전력은 몇[%] 증가 시킬 수 있는가?

① 약 41　　　② 약 50

③ 약 73　　　④ 약 82

|정|답|및|해|설|

[전력손실] $P_l = 3I^2 R = \dfrac{P^2 R}{V^2 \cos^2\theta} \times [W]$

$P \propto \sqrt{P_l}$ 이므로

$P \propto \sqrt{2}\,P_l = 1.414\sqrt{P_l} \times 100 = 141.4$

41[%] 증가　　　　　　　　　　　【정답】①

14. 3상 3선식 송전선로에서 송전전력 $P[\text{kW}]$, 송전전압 $V[\text{kV}]$, 전선의 단면적 $A[\text{mm}^2]$, 송전거리 $l[\text{km}]$, 전선의 고유저항 $\rho[\Omega\text{–mm}^2/\text{m}]$, 역률 $\cos\theta$ 일 때 선로손실 $P_l[\text{kW}]$은?

① $\dfrac{\rho l\,P^2}{A\,V^2\cos^2\theta}$　　　② $\dfrac{\rho l\,P^2}{A^2\,V\cos^2\theta}$

③ $\dfrac{\rho l\,P^2 \times 10^3}{A\,V^2\cos^2\theta}$　　　④ $\dfrac{\rho l\,P^2}{A\,V^2\cos\theta}$

|정|답|및|해|설|

[선로 손실(전력 손실)] $P_l = 3I^2 \cdot R = \dfrac{P^2 \cdot \rho \cdot l}{V^2\cos^2\theta\,A}[kW]$

$\rightarrow (R = \rho\dfrac{l}{A}[\Omega],\ I = \dfrac{P}{\sqrt{3}\,V\cos\theta})$

【정답】①

15. 송전전력, 송전거리, 전선의 비중 및 전선 손실률이 일정하다고 하면 전선의 단면적 A 는 다음 중 어느 것에 비례하는가? (단. V는 송전전압이다.)

① V　　　　　　② V^2

③ $\dfrac{1}{V^2}$　　　　　④ $\dfrac{1}{\sqrt{V}}$

|정|답|및|해|설|

[선로 손실(전력 손실)] $P_l = 3I^2 \cdot R = \dfrac{P^2 \cdot \rho \cdot l}{V^2\cos^2\theta\,A}[kW]$

$\rightarrow (R = \rho\dfrac{l}{A}[\Omega],\ I = \dfrac{P}{\sqrt{3}\,V\cos\theta})$

$A = \dfrac{P^2 \cdot \rho \cdot l}{P_l\,V^2\cos^2\theta} \quad \rightarrow \quad \therefore A \propto \dfrac{1}{V^2}$

【정답】③

16. 송전선로의 전압을 2배로 승압할 경우 동일조건에서 공급전력을 동일하게 취하면 선로손실은 승압전의 (①)배로 되고 선로손실률을 동일하게 취하면 공급전력은 승압전의 (②)배로 된다.

① ① 1/4, ② 4　　　② ① 4, ② 1/4

③ ① 1/4, ② 2　　　④ ① 4, ② 1/2

|정|답|및|해|설|

[선로 손실(전력 손실)] $P_l = 3I^2 \cdot R = \dfrac{P^2 \cdot \rho \cdot l}{V^2\cos^2\theta\,A}[kW]$

$P_l \propto \dfrac{1}{V^2},\ P \propto V^2$

$\therefore P_l \propto \dfrac{1}{2^2} = \dfrac{1}{4},\ P \propto 2^2 = 4$

【정답】①

17. 수전단 전압이 송전단 전압보다 높아지는 현상을 무엇이라 하는가?

① 페란티 효과　　　② 표피효과

③ 근접효과　　　　④ 도플러 효과

|정|답|및|해|설|

[페란티 현상] 페란티 현상은 무부하시 충전 전류(정전용량)에 의해 송전단 전압보다 수전단 전압이 높아지는 현상이다. 즉, $E_s < E_r$

방지대책은 분로 리액터(병렬 리액터)를 설치한다.

【정답】①

18. 페란티 현상이 생기는 원인은?

① 선로의 인덕턴스

② 선로의 정전용량

③ 선로의 누설 콘덕턴스

④ 선로의 저항

|정|답|및|해|설|

[페란티 현상] 선로의 정전용량(C)으로 인하여 무(경)부하 시에 수전단 전압이 송전단전압보다 높아지는 현상으로서 수전단 전압이 높아지면 선로의 90°빠른 진상전류가 발전기에 흐르게 되어 전기적 반작용(증자 작용)에 의해 발전기의 절연을 파괴할 수 있다.

※방지대책 : 분로 리액터(병렬 리액터), 동기 조상기

【정답】②

19. 송전선로의 수전단을 개방할 경우, 송전단 전류 I_s는 어떤 식으로 표시 되는가? (단, 송전단 전압을 V_s, 선로의 임피던스를 Z, 선로의 어드미턴스를 Y라 한다.)

① $I_s = \sqrt{\dfrac{Y}{Z}} \tan h \sqrt{ZY} \, V_s$

② $I_s = \sqrt{\dfrac{Z}{Y}} \tan h \sqrt{ZY} \, V_s$

③ $I_s = \sqrt{\dfrac{Y}{Z}} \cot h \sqrt{ZY} \, V_s$

④ $I_s = \sqrt{\dfrac{Z}{Y}} \cot h \sqrt{ZY} \, V_s$

|정|답|및|해|설|

[송전단 전압] $V_s = \cos h \gamma l \, V_r + Z_0 \sin \gamma l \, I_r \, [V]$

[송전단 전류] $I_s = \dfrac{1}{Z_0} \sin h \gamma l \, V_r + \cos h \gamma l \, I_r \, [A]$

수전단 개방시 $I_r = 0$이므로

$V_s = \cos h \gamma l \, V_r \, [V]$, $I_s = \dfrac{1}{Z_0} \sinh \gamma l \, V_r [A]$

$I_s = \dfrac{1}{Z_0} \dfrac{\sinh \gamma l}{\cos h \gamma l} V_s = \dfrac{1}{Z_0} \tan h \gamma V_s [A]$

$\rightarrow (Z_0 = \sqrt{\dfrac{Z}{Y}}, \ \gamma = \sqrt{ZY})$

$I_s = \sqrt{\dfrac{Y}{Z}} \tanh \sqrt{ZY} \, V_s [A]$

【정답】①

20. 송전선로의 수전단을 단락할 경우, 송전단 전류 I_s는 어떤 식으로 표시되는가? (단, 송전단 전압을 V_s, 선로의 임피던스를 Z, 선로의 어드미턴스를 Y라 한다.)

① $I_s = \sqrt{\dfrac{Y}{Z}} \tan h \sqrt{ZY} \, V_s$

② $I_s = \sqrt{\dfrac{Z}{Y}} \tan h \sqrt{ZY} \, V_s$

③ $I_s = \sqrt{\dfrac{Y}{Z}} \cot h \sqrt{ZY} \, V_s$

④ $I_s = \sqrt{\dfrac{Z}{Y}} \cot h \sqrt{ZY} \, V_s$

|정|답|및|해|설|

[송전단 전압] $V_s = \cos h \gamma l \, V_r + Z_0 \sin l \, I_r \, [V]$

[송전단 전류] $I_s = \dfrac{1}{Z_0} \sin h \gamma l \, V_r + \cos h \gamma l \, I_r \, [A]$

수전단 단락이므로 $V_r = 0$

$V_s = Z_0 \sinh \gamma l I_r \, [V]$, $I_s = \cos h \gamma l I_r \, [A]$이므로

$I_s = \dfrac{\cos h \gamma l}{Z_0 \sin h \gamma l} V_s = \sqrt{\dfrac{Y}{Z}} \cot h \sqrt{ZY} \, V_s [A]$

$\rightarrow (Z_0 = \sqrt{\dfrac{Z}{Y}}, \ \gamma = \sqrt{ZY})$

【정답】③

21. 중거리 송전선로의 T형 회로에서 송전단전류 I_s는? (단, Z, Y는 선로의 직렬 임피던스와 병렬 어드미턴스이고 E_r는 수전단전압, I_r는 수전단 전류이다.)

① $I_r(1 + \dfrac{ZY}{2}) + E_r Y$

② $E_r(1 + \dfrac{ZY}{2}) + ZI_r(1 + \dfrac{ZY}{4})$

③ $E_r(1 + \dfrac{ZY}{2}) + ZI_r$

④ $I_r(1 + \dfrac{ZY}{2}) + E_r Y(1 + \dfrac{ZY}{4})$

|정|답|및|해|설|

[중거리 송전선로]

$E_s = AE_r + BI_r[V]$, $I_s = CE_r + DI_r[A]$

중거리 T형 회로에서 4단자 정수

$A = D = 1 + \dfrac{ZY}{2}$, $B = Z(1 + \dfrac{ZY}{4})$, $C = Y$이므로

$I_s = YE_r + (1 + \dfrac{ZY}{2})I_r[A]$　　　　【정답】①

22. 전파정수 γ, 특성 임피던스 Z_0, 길이 l인 분포정수 회로가 있다. 수전단에 이 선로의 특성 임피던스와 같은 임피던스 Z_0를 부하로 접속하였을 때 송전단에서 부하측을 본 임피던스는?

① Z_0

② $\dfrac{1}{Z_0}$

③ $Z_0 \tan h\gamma l$

④ $Z_0 \cot h\gamma l$

|정|답|및|해|설|

[특성 임피던스] 특성 임피던스와 같은 부하 연결시 무한장 선로와 같아지므로 송전단에서 본 임피던스는 특성 임피던스와 같게 된다.　　　　【정답】①

23. 어드미턴스 $Y[\mu\mho]$를 $V[kV]$, $P[kVA]$에 대한 PU법으로 나타내면?

① $\dfrac{YV^2}{P} \times 10^{-3}$

② $\dfrac{YP}{V^2} \times 10^{-2}$

③ $\dfrac{V^2}{YP} \times 10^{-1}$

④ $\dfrac{P^2}{YV} \times 10$

|정|답|및|해|설|

[PU법] $\%Z = \dfrac{P_n \cdot Z}{10 V^2}$ → $Z[PU] = \dfrac{P_n \cdot Z}{10 V^2} \times 10^{-2}$

$\dfrac{1}{Y[PU]} = \dfrac{\dfrac{P_n}{Y \times 10^{-6}}}{10 V^2} \times 10^{-2} = \dfrac{P}{V^2 Y} \times 10^3$

$\therefore Y[PU] = \dfrac{YV^2}{P} \times 10^{-3}$

　　　　【정답】①

24. 송전선 중간에 전원이 없을 경우에 송전단의 전압 $\dot{E}_s = \dot{A}\dot{E}_r + \dot{B}\dot{I}_r$ 이 된다. 수전단의 전압 $\dot{E}_r$의 식으로 옳은 것은? (단, $\dot{I}_s$, $\dot{I}_r$는 송전단 및 수전단의 전류이다.)

① $\dot{E}_r = \dot{A}\dot{E}_s + \dot{C}\dot{I}_s$

② $\dot{E}_r = \dot{B}\dot{E}_s + \dot{A}\dot{I}_s$

③ $\dot{E}_r = \dot{C}\dot{E}_s - \dot{D}\dot{I}_s$

④ $\dot{E}_r = \dot{D}\dot{E}_s - \dot{B}\dot{I}_s$

|정|답|및|해|설|

[수전단 전압] $\begin{vmatrix} E_s \\ I_s \end{vmatrix} = \begin{vmatrix} A & B \\ C & D \end{vmatrix}\begin{vmatrix} E_r \\ I_r \end{vmatrix}$

$\begin{vmatrix} E_r \\ I_r \end{vmatrix} = \begin{vmatrix} A & B \\ C & D \end{vmatrix}\begin{vmatrix} E_s \\ I_s \end{vmatrix} = \dfrac{1}{AD-BC}\begin{vmatrix} D & -B \\ -C & A \end{vmatrix}\begin{vmatrix} E_s \\ I_s \end{vmatrix}$

$AD - BC = 1$이므로　$E_r = DE_s - BI_s[V]$

　　　　【정답】④

25. 송전선로의 일반회로 정수가 $A = 0.7$, $B = j190$, $D = 0.9$라 하면 C의 값은?

① $-j1.95 \times 10^{-3}$

② $j1.95 \times 10^{-3}$

③ $-j1.95 \times 10^{-4}$

④ $j1.95 \times 10^{-4}$

|정|답|및|해|설|

[4단자 정수] 4단자 기본 성질인 AD-BC=1에서

$C = \dfrac{AD-1}{B} = \dfrac{0.63-1}{j190} = j1.95 \times 10^{-3}$

　　　　【정답】②

26. 그림과 같은 회로의 일반 회로 정수로서 옳지 않은 것은?

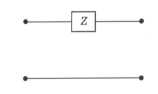

① $A = 1$

② $B = Z+1$

③ $C = 0$

④ $D = 1$

|정|답|및|해|설|
[4단자 정수] 그림에서 임피던스만 있으므로
$$\begin{vmatrix} A & B \\ C & D \end{vmatrix} = \begin{vmatrix} 1 & Z \\ 0 & 1 \end{vmatrix}, \quad B = Z$$
【정답】②

27. π형 회로의 일반회로 정수에서 B의 값은?

① $1 + \dfrac{\dot{Z}\dot{Y}}{2}$ ② $\dot{Y}(1 + \dfrac{\dot{Z}\dot{Y}}{4})$

③ $\dot{Y}$ ④ $\dot{Z}$

|정|답|및|해|설|
[π형 회로]
$$\begin{vmatrix} 1 & \dfrac{Z}{2} \\ 0 & 1 \end{vmatrix} \begin{vmatrix} 1 & 0 \\ Y & 1 \end{vmatrix} \begin{vmatrix} 1 & \dfrac{Z}{2} \\ 0 & 1 \end{vmatrix}$$ 이므로

정리하면 $$\begin{vmatrix} 1 + \dfrac{ZY}{2} & Z \\ Y\left(1 + \dfrac{ZY}{4}\right) & 1 + \dfrac{ZY}{2} \end{vmatrix}$$

$A = 1 + \dfrac{ZY}{2} = D$, $B = Z$, $C = Y\left(1 + \dfrac{ZY}{4}\right)$

【정답】④

28. 일반회로 정수가 같은 평행 2회선에서 $\dot{A}$, $\dot{B}$, $\dot{C}$, $\dot{D}$는 각각 1회선의 경우의 몇 배로 되는가?

① $2, 2, \dfrac{1}{2}, 1$ ② $1, 2, \dfrac{1}{2}, 1$

③ $1, \dfrac{1}{2}, 2, 1$ ④ $1, \dfrac{1}{2}, 2, 2$

|정|답|및|해|설|
[4단자회로] 병행 2회선 회로에서 4단자 정수 변형회로로 이해하면 쉽다.
B : 임피던스 C : 어드미턴스
$A = D = $ 일정, $B = \dfrac{1}{2}$배, $C = 2$배

【정답】③

29. 그림과 같은 회로에 있어서의 합성 4단자 정수에서 B_0의 값은?

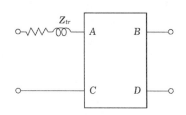

① $B_0 = B + DZ_{tr}$

② $B_0 = A + BZ_{tr}$

③ $B_0 = B + AZ_{tr}$

④ $B_0 = C + DZ_{tr}$

|정|답|및|해|설|
[4단자정수] 행렬식을 이용해 풀면
$$\begin{bmatrix} A_0 & B_0 \\ C_0 & D_0 \end{bmatrix} = \begin{bmatrix} 1 & Z_{tr} \\ 0 & 1 \end{bmatrix} \begin{bmatrix} A & B \\ C & D \end{bmatrix} = \begin{bmatrix} A + Z_{tr} & B + DZ_{tr} \\ C & D \end{bmatrix}$$
$\therefore B_0 = B + DZ_{tr}$
【정답】①

30. 일반회로 정수가 $\dot{A}$, $\dot{B}$, $\dot{C}$, $\dot{D}$인 선로에 임피던스가 $\dfrac{1}{Z_r}$인 변압기가 수전단에 접속된 계통의 일반회로 정수 중 $\dot{D}_0$는?

① $\dot{D}_0 = \dfrac{\dot{C} + \dot{D}\dot{Z}_r}{\dot{Z}_r}$ ② $\dot{D}_0 = \dfrac{\dot{C} + \dot{A}\dot{Z}_r}{\dot{Z}_r}$

③ $\dot{D}_0 = \dfrac{\dot{B} + \dot{A}\dot{Z}_r}{\dot{Z}_r}$ ④ $\dot{D}_0 = \dfrac{\dot{B} + \dot{D}\dot{Z}_r}{\dot{Z}_r}$

|정|답|및|해|설|
[4단자정수] $$\begin{bmatrix} A_0 & B_0 \\ C_0 & D_0 \end{bmatrix} = \begin{bmatrix} A & B \\ C & D \end{bmatrix} \begin{bmatrix} 1 & \dfrac{1}{Z_T} \\ 0 & 1 \end{bmatrix} = \begin{bmatrix} A & \dfrac{A}{Z_T} + B \\ C & \dfrac{C}{Z_T} + D \end{bmatrix}$$

$\therefore D_0 = \dfrac{C}{Z_T} + D = \dfrac{C}{Z_T} + \dfrac{Z_T \cdot D}{Z_T} = \dfrac{C + Z_T \cdot D}{Z_T}$

【정답】①

31. 그림과 같은 4단자 정수를 가진 2개의 회로가 직렬로 연결되어 있을 때 합성 4단자 정수는?

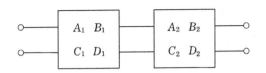

① $A = A_1A_2 + B_1C_2$, $B = A_1B_2 + B_1D_2$
   $C = A_2C_1 + C_2D_1$, $D = B_2C_1 + D_1D_2$

② $A = A_1A_2 + B_1C_1$, $B = A_1B_2 + B_1D_2$
   $C = A_2C_1 + C_1D_2$, $D = B_1C_2 + D_1D_2$

③ $A = A_1A_2 + B_2C_1$, $B = A_1B_2 + B_1D_2$
   $C = A_1C_2 + C_2D_1$, $D = B_2C_1 + D_1D_2$

④ $A = A_1A_2 + B_1C_2$, $B = A_2B_1 + B_1D_1$
   $C = A_1C_2 + C_1D_2$, $D = B_1C_1 + D_1D_2$

|정|답|및|해|설|

[합성 4단자정수]

$$\begin{bmatrix} A_0 & B_0 \\ C_0 & D_0 \end{bmatrix} = \begin{bmatrix} A_1 & B_1 \\ C_1 & D_1 \end{bmatrix} \begin{bmatrix} A_2 & B_2 \\ C_2 & D_2 \end{bmatrix}$$

$$= \begin{bmatrix} A_1A_2 + B_1C_2 & A_1B_2 + B_1D_2 \\ A_2C_1 + C_2D_1 & B_2C_1 + D_1D_2 \end{bmatrix}$$

【정답】①

32. 그림과 같이 회로정수 $\dot{A}$, $\dot{B}$, $\dot{C}$, $\dot{D}$인 송전선로에 변압기 임피던스 Z_r를 수전단에 접속했을 때 변압기 임피던스 Z_r를 포함한 새로운 회로정수 D_0는? (단, 그림에서 E_s, I_s는 송전단 전압, 전류이고 E_R, I_R는 수전단의 전압, 전류이다.)

① $B + AZ_r$ ② $B + CZ_r$

③ $D + AZ_r$ ④ $D + CZ_r$

|정|답|및|해|설|

[4단자정수] $\begin{bmatrix} A_0 & B_0 \\ C_0 & D_0 \end{bmatrix} = \begin{bmatrix} A & B \\ C & D \end{bmatrix} \begin{bmatrix} 1 & Z_r \\ 0 & 1 \end{bmatrix} = \begin{bmatrix} A & AZ_r + B \\ C & CZ_r + D \end{bmatrix}$

【정답】④

33. 2회선 송전선로가 있다. 사정에 따라 그중 1회선을 정지하였다고 하면 이 송전선로의 일반회로 정수(4단자 정수)중 $\dot{B}$의 크기는?

① 변화 없다.   ② $\frac{1}{2}$배로 된다.

③ 2배로 된다.   ④ 4배로 된다.

|정|답|및|해|설|

[4단자정수] 일반 회로 정수가 똑같은 병행 2회선에서 $B_0 = \dfrac{B}{2}$가 되므로 1회선 정지시의 1회선 $B = 2B_0$가 된다.

【정답】③

34. 단위길이 당 인덕턴스 및 커패시턴스가 각각 L 및 C일 때 고주파 전송선로의 특성 임피던스?

① $\dfrac{L}{C}$ ② $\dfrac{C}{L}$

③ $\sqrt{\dfrac{C}{L}}$ ④ $\sqrt{\dfrac{L}{C}}$

|정|답|및|해|설|

[특성 임피던스(파동 임피던스)]

$$Z_0 = \sqrt{\frac{Z}{Y}} = \sqrt{\frac{R + jwL}{G + jwC}} \fallingdotseq \sqrt{\frac{L}{C}} \quad \rightarrow (R = G = 0)$$

【정답】④

35. 수전단을 단락한 경우 송전단에서 본 임피던스가 300[Ω]이고, 수전단을 개방한 경우 송전단에서 본 어드미턴스가 1.875×10^{-3} [℧]일 때 송전선의 특성 임피던스는?

① 200[Ω] ② 300[Ω]

③ 400[Ω] ④ 500[Ω]

|정|답|및|해|설|
[특성 임피던스] $Z_0 = \sqrt{Z_{ss} \cdot Z_{s0}}$ [Ω]
여기서, Z_{ss} : 수전단을 단락하고 송전단에서 본 임피던스,
Z_{s0} : 수전단을 개방하고 송전단에서 본 임피던스

$$\therefore Z_0 = \sqrt{\frac{300}{1.875 \times 10^{-3}}} = 400[\Omega]$$

【정답】③

36. 무손실 전기회로에서 $C = 0.009[\mu F/km]$, $L = 1[mH/km]$ 일 때 특성 임피던스는 몇 [Ω]인가?

① $\dfrac{10}{3}$ ② $\dfrac{100}{3}$

③ $\dfrac{1000}{3}$ ④ $\dfrac{10,000}{3}$

|정|답|및|해|설|
[특성 임피던스] $Z_0 = \sqrt{\dfrac{L}{C}} = \sqrt{\dfrac{1 \times 10^{-3}}{0.009 \times 10^{-6}}} = \dfrac{1000}{3}[\Omega]$

【정답】③

37. 장거리 송전선로의 특성은 어떤 회로로 다루어야 하는가?

① 특성 임피던스 회로

② 집중 정수 회로

③ 분포 정수 회로

④ 분산 부하 회로

|정|답|및|해|설|
[장거리 송전선로] 장거리 송전 선로는 R, L, C, G 분포정수 회로로 해석한다.　　　　【정답】③

38. 자동 경제 급전(ELD : Economic Load Distribution)의 목적은?

① 계통 주파수를 유지하는 것

② 경제성이 높은 수용가의 자동 선택

③ 수용가의 낭비 전력의 자동 선택

④ 발전 연료비(fuel cost)의 절약

|정|답|및|해|설|
[자동 경제 급전(ELD)] 주어진 전력 설비를 여러 가지 제약 조건, 예를 들면 수급 균형의 유지와 운전예비력 확보, 송전 선로의 안정도 유지 운영 및 연계 선로의 조류 제한 등을 고려하면서 전력수요에 맞추어 총 발전 연료비와 송전손실이 최소가 되도록 운전 중인 발전기에 출력을 배분하는 것을 말한다.
【정답】④

39. 선로의 특성 임피던스에 대한 설명으로 옳은 것은?

① 선로의 길이가 길어질수록 값이 커진다.

② 선로의 길이가 길어질수록 값이 작아진다.

③ 선로 길이보다는 부하 전력에 따라 값이 변한다.

④ 선로의 길이에 관계없이 일정하다.

|정|답|및|해|설|
[특성 임피던스] 송전선로의 특성 임피던스는 선로의 길이에는 무관계이다.　　　　【정답】④

40. 송전선로의 특성 임피던스를 $Z_0[\Omega]$, 전파정수를 α라 할 때, 선로의 직렬 임피던스$[\Omega/\mathrm{km}]$는?

① $Z_0 \cdot \alpha$ ② $\dfrac{Z_0}{\alpha}$

③ $\dfrac{\alpha}{Z_0}$ ④ $\dfrac{1}{Z_0} \cdot \alpha$

|정|답|및|해|설|

[선로의 임피던스]

특성 임피던스 $Z_0 = \sqrt{\dfrac{Z}{Y}}\,[\Omega]$

전파정수 $a = \sqrt{Z \cdot Y}$

$\therefore Z_0 \cdot a = \sqrt{\dfrac{Z}{Y}} \times \sqrt{ZY} = Z[\Omega]$　　【정답】①

41. 송전선의 파동 임피던스를 Z_0, 전자파의 전파 속도를 v라 할 때, 송전선의 단위 길이에 대한 인덕턴스 L은?

① $L = \sqrt{v Z_0}$ ② $L = \dfrac{v}{Z_0}$

③ $L = \dfrac{Z_0}{v}$ ④ $L = \dfrac{Z_0^{\,2}}{v}$

|정|답|및|해|설|

[파동 임피던스] $Z_0 = \sqrt{\dfrac{L}{C}}$

[전파속도] $v = \dfrac{1}{\sqrt{LC}}$

두 식에서 인덕턴스 L을 계산하면, $L = \dfrac{Z_0}{v}$

　　【정답】③

42. 파동 임피던스가 $500[\Omega]$인 가공 송전선 1[km]당의 인덕턴스 L과 정전용량 C는 얼마인가?

① $L = 1.67\,[mH/\mathrm{km}],\ C = 0.067\,[\mu F/\mathrm{km}]$

② $L = 2.12\,[mH/\mathrm{km}],\ C = 0.167\,[\mu F/\mathrm{km}]$

③ $L = 2.12\,[mH/\mathrm{km}],\ C = 0.0067[\mu F/\mathrm{km}]$

④ $L = 0.0067[mH/km],\ C = 1.67\,[\mu F/\mathrm{km}]$

|정|답|및|해|설|

[인덕턴스] $L = 0.05 + 0.4605 \log_{10} \dfrac{D}{r}$

$\fallingdotseq 0.4605\ \log_{10}\dfrac{D}{r} = 0.4605 \times \dfrac{Z_0}{138}\,[\mathrm{mH/km}]$

[정전용량] $C_0 = \dfrac{0.02413}{\log_{10}\dfrac{D}{r}} = \dfrac{0.02413}{\dfrac{Z_0}{138}}[\mu F/km]$

$L_0 = 0.4605 \times \dfrac{500}{138} = 1.67[\mathrm{mH/km}]$

$C_0 = \dfrac{0.02413}{\dfrac{500}{138}} = 0.0067[\mu F/km]$

　　【정답】①

43. 선로의 단위 길이의 분포 인덕턴스, 저항, 정전용량 및 누설 콘덕턴스를 각각 L, r, C 및 g로 표시할 때의 전파 정수는?

① $\sqrt{(r+jwL)(g+jwC)}$

② $(r+jwL)(g+jwC)$

③ $\sqrt{\dfrac{r+jwL}{g+jwL}}$

④ $\sqrt{\dfrac{g+jwL}{r+jwL}}$

|정|답|및|해|설|

[전파정수] $r = \sqrt{ZY}$

$= \sqrt{(r+jwL)\cdot(g+jwC)} = \alpha + j\beta$

여기서, α : 감쇠비, β : 위상정수

전압 전류가 송전단에서 멀어짐에 따라서 크기가 작아지고 위상이 늦어짐을 나타낸다.　　【정답】①

44. 154[kV], 300[km]의 3상 송전선에서 일반회로 정수는 다음과 같다. $A = 0.900,\ B = 150$ $C = j0.901 \times 10^{-3},\ D = 0.903$이 송전선에서 무부하시 송전단에 154[kV]를 가했을 때 수전단 전압은 몇 [kV]인가?

① 143 ② 154

③ 166 ④ 171

[장거리 송전단 전압] $E_s = AE_r + BI_r$[V]

무부하가 되면 $I_r = 0$이므로

$$E_r = \frac{E_s}{A} = \frac{154}{0.9} = 171[\text{kV}]$$

수전단 전압이 송전단 전압보다 높으므로 페란티 현상이 생긴다.

【정답】④

45. 일반회로 정수가 A, B, C, D이고 송전단 상 전압이 E_s인 경우 무부하시의 충전전류(송전단 전류)는?

① $\dfrac{C}{A}E_s$

② $\dfrac{A}{C}E_s$

③ ACE_s

④ CE_s

[송전전압] $E_s = AE_r + BI_r$[V]

[송전전류] $I_s = CE_r + DI_r$[A]

무부하이므로 $I_r = 0 \rightarrow E_r = \dfrac{E_s}{A}$

$$\therefore I_s = C \times \frac{E_s}{A} = \frac{C}{A}E_s[\text{A}]$$

【정답】①

46. 송배선 선로의 도중에 직렬로 삽입하여 선로의 유도성 리액턴스를 보상함으로써 선로정수 그 자체를 변화시켜서 선로의 전입 강하를 감소시키는 직렬 콘덴서 방식의 특성에 대한 설명으로 옳은 것은?

① 최대 송전전력이 감소하고 정태 안정도 가 감소된다.

② 부하의 변동에 따른 수전단의 전압 변동률은 증대된다.

③ 장거리 선로의 유도 리액턴스를 보상하고 전압 강하를 감소시킨다.

④ 송수 양단의 절단 임피던스가 증가하고 안정 극한 전력이 감소한다.

[직렬 리액터] 직렬 리액터는 제 5고조파를 제거해 전압의 파형을 개선하는 설비이다.

【정답】③

47. 송전선에 직렬 콘덴서를 설치하는 경우 많은 이점이 있는 반면에 이상 현상도 일어날 수 있다. 직렬 콘덴서를 설치하였을 때 이치에 맞지 않는 사항은?

① 선로 중에서 일어나는 전압강하를 감소 시킨다.

② 송전 전력의 증가를 꾀할 수 있다.

③ 부하 역률이 좋을수록 설치 효과가 크다.

④ 단락 사고가 발생하는 경우 직렬 공진을 일으킬 우려가 있다.

[직렬 콘덴서 설치의 장점]

·장거리 선로의 전압을 강하시킨다.

·수전단의 전압변동률을 줄인다.

·정태안정도가 증가하여 최대 송전전력이 커진다.

·부하의 역률이 나쁜 선로일수록 효과가 좋다. 즉, 시동이 빈번한 부하가 연결된 선로에 적용하는 것이 좋다.

[직렬 콘덴서 설치의 단점]

·효과가 부하의 역률에 좌우되어 역률의 변동이 큰 선로에는 적당하지 않다.

·변압기의 자기포화와 관련된 철공진, 선로개폐기 단락고장 시의 과전압 발생, 유도기의 동기기의 자기여자 및 난조 등의 이상 현상을 일으킬 수가 있다.

【정답】③

48. 전력용 콘덴서 회로에 직렬 리액터를 접속시키는 목적은?

① 콘덴서 개방 시의 방전 촉진

② 콘덴서에 걸리는 전압의 저하

③ 제3고조파의 침입 방지

④ 제5고조파 이상의 고조파의 침입 방지

|정|답|및|해|설|

[직렬 리액터] 콘덴서를 조상용으로 송전선에 연결할 때 당면하는 큰 문제는 전압파형이 비틀리는 것이다. 선로에는 변압기 등의 자기포화 때문에 고조파전압이 포함되어 있으며 콘덴서를 연결함에 따라 고조파전압이 확대된다. 그러나 제3고조파전압은 변압기 저압측의 Δ결선으로 단락 제거되므로 나머지의 제5고조파가 확대된다. 따라서 제5고조파에서 콘덴서와 직렬 공진하는 직렬리액터를 삽입한다.

【정답】④

49. 전력용 콘덴서를 변전소에 설치할 때 직렬 리액터를 설치하고자 한다. 직렬 리액터의 용량을 결정하는 식은? (단, f_0는 전원의 기본 주파수, C는 역률 개선용 콘덴서의 용량, L은 직렬 리액터의 용량이다.)

① $2\pi f_0 L = \dfrac{1}{2\pi f_0 C}$

② $2\pi \cdot 3f_0 L = \dfrac{1}{2\pi \cdot 3f_0 C}$

③ $2\pi \cdot 5f_0 L = \dfrac{1}{2\pi \cdot 5f_0 C}$

④ $2\pi \cdot 7f_0 L = \dfrac{1}{2\pi \cdot 7f_0 C}$

|정|답|및|해|설|

[직렬 리액터 용량] $2\pi(5f_0)L = \dfrac{1}{2\pi 5f_0 c}$

$\therefore 2\pi f_0 L = \dfrac{1}{25}\dfrac{1}{2\pi f_0 c}$

【정답】③

50. 1상당의 용량 150[kVA]의 콘덴서에 제5고조파를 억제시키기 위하여 필요한 직렬 리액터의 기본파에 대한 용량은?

① 3[kVA] ② 4.5[kVA]

③ 6[kVA] ④ 7.5[kVA]

|정|답|및|해|설|

[직렬 리액터] 5고조파를 제거하기 위하여 콘덴서 용량의 4[%] 리액터를 넣는다. (실제로는 6[%])
즉, $150 \times 0.04 = 6[kVA]$

【정답】③

51. 전력용 콘덴서 회로에 방전 코일을 설치하는 주목적은?

① 합성 역률의 개선

② 전원 개방시 잔류 전하를 방전시켜 인체의 위험 방지

③ 콘덴서의 등가 용량 증대

④ 전압의 개선

|정|답|및|해|설|

[방전코일] 방전 코일은 잔류 전하를 방전시켜 인체의 위험 방지 및 콘덴서 재투입시 과전압 발생을 방지하기 위한 장치이다.

【정답】②

52. 동기 조상기가 정전 축전지보다 유리한 점은?

① 필요에 따라 용량을 수시 변경할 수 있다.

② 진상 전류 이외에 지상 전류를 얻을 수 있다.

③ 전력 손실이 적다.

④ 선로의 유도 리액턴스를 보상하여 전압 강하를 줄인다.

|정|답|및|해|설|

[동기 조상기] 동기 조상기는 회전형 조상설비로서 다음과 같은 특징이 있다.
·동기 전동기를 무부하로 운전해 진상 전류와 지상 전류를 얻을 수 있다.
·동작이 연속적이다.
·시충전이 가능하다.
·유지보수가 어렵고 설비비가 고가이다.

【정답】②

53. 전력계통의 전압 조정 설비의 특징에 대한 설명 중 틀린 것은?

① 병렬 콘덴서는 진상능력만을 가지며 병렬 리액터는 진상능력이 없다.

② 동기 조상기는 무효전력의 공급과 흡수가 모두 가능하여 진상 및 지상 용량을 갖는다.

③ 동기 조상기는 조정의 단계가 불연속적이나 직렬 콘덴서 및 병렬 리액터는 그것이 연속적이다.

④ 병렬 리액터는 장거리 초고압 송전선 또는 지중선 계통의 충전용량보상용으로 주요 발·변전소에 설치된다.

|정|답|및|해|설|
[동기 조상기] 동기 조상기의 동작은 연속적이고 콘덴서에 동작은 불연속적이다. 【정답】③

54. 동기 조상기의 설명 중 맞는 것은?

① 무부하로 운전되는 동기 전동기로 역률을 개선한다.

② 전부하로 운전되는 동기 전동기로 역률을 개선한다.

③ 무부하로 운전되는 동기 발전기로 역률을 개선한다.

④ 전부하로 운전되는 동기 발전기로 역률을 개선한다.

|정|답|및|해|설|
[동기 조상기]
·동기전동기를 무부하 상태로 운전하고 여자전류를 가감하면 1차에 유입하는 전류는 거의 무효분 뿐이며 과여자해주면 진상전류, 부족여자 해주면 지상전류가 된다.
·이러한 특성을 이용해서 동기전동기를 전력계통의 전압조정 및 역률개선에 사용하는 것이 동기 조상기이다.
·전력계통에 조상기를 설치하여 이것을 과여자해서 운전하면 조상기는 선로에서 진상전류를 취하여 일종의 콘덴서 역할을 하

므로 송전선 역률을 개선하고 전압 강하를 감소시킨다.
·반대로 발전기가 무부하 송전선에 연결되어 자기여자를 일으키는 경우 조상기가 부족여자로 운전되므로 일종의 리액터가 되어 선로에서 지상전류를 취하고 자기여자를 방지한다.
【정답】①

55. 동기 조상기에 대한 설명으로 옳은 것은?

① 동기 발전기의 V곡선을 이용한 것이다.

② 전부하로 운전하는 동기 전동기이다.

③ 계자회로를 과여자로 운전하면 콘덴서의 역할을 한다.

④ 선로의 페란티 효과를 억제한다.

|정|답|및|해|설|
[동기 조상기] 동기 조상기는 무부하 동기 전동기이다. 과여자로 운전하면 콘덴서 역할을 하고 부족여자로 운전하면 리액터의 역할을 한다. 【정답】③

56. 동기 조상기에 대한 다음 설명 중 옳지 않은 것은?

① 선로의 시충전이 불가능하다.

② 중부하시에는 과여자로 운전하여 앞선 전류를 취한다.

③ 경부하시에는 부족여자로 운전하여 뒤진 전류를 취한다.

④ 전압 조정이 연속적이다.

|정|답|및|해|설|
[동기 조상기] 동기 조상기는 회전형 조상설비로서 다음과 같은 특징이 있다.
·동기 전동기를 무부하로 운전해 진상 전류와 지상 전류를 얻을 수 있다.
·동작이 연속적이다.
·시충전이 가능하다.
·유지 보수가 어렵고 시설비가 고가이다.
【정답】①

57. 일반적으로 스태틱 콘덴서(Static Condenser)를 설치하는 목적으로 가장 적당한 것은?

① 전력 계통의 주파수를 정격으로 유지하기 위하여

② 선로 사고 시 고장 잔류를 감소시키기 위하여

③ 선로의 코로나 방지를 위하여

④ 전압 강하를 개선책으로

|정|답|및|해|설|..

[직렬 콘덴서] 직렬 콘덴서는 유도성 리액턴스를 보상하여 전압강하를 개선하는 설비이다.

【정답】④

58. 초고압 장거리 송전선로에 접속되는 1차 변전소에 분로 리액터를 설치하는 목적은?

① 송전용량의 증가

② 전력손실의 경감

③ 과도 안정도의 증진

④ 페란티 효과의 방지

|정|답|및|해|설|..

[분로리액터] 충전전류를 차단하여 페란티현상을 방지한다.

【정답】④

59. 수전단에 관련된 다음 사항 중 틀린 것은?

① 경부하 시 수전단에 설치된 동기 조상기는 부족여자로 운전

② 중부하 시 수전단에 설치된 동기 조상기는 부족여자로 운전

③ 중부하 시 수전단에 전력 콘덴서를 투입

④ 시충전 시 수전단 전압이 송전단보다 높게 한다.

|정|답|및|해|설|..

[수전단] 중부하 시에는 진상전류를 흘려야 하므로 콘덴서를 시설하거나 동기 조상기를 과여자로 운전해야 한다.

【정답】②

60. 단락비가 큰 동기발전에 대해서 옳지 않은 것은?

① 기계의 치수가 커진다.

② 풍손, 마찰손, 철손이 많아진다.

③ 전압 변동률이 커진다.

④ 안정도가 높아진다.

|정|답|및|해|설|..

[단락비] 단락비가 커지면 기계의 치수가 커지고 중량이 무겁고 손실이 많으며 안전도가 높아지고 전압변동률이 적어진다.

【정답】③

61. 안정권선(권선)을 가지고 있는 대용량 고전압의 변압기가 있다. 조상기 전력용 콘덴서는 주로 어디에 접속되는가?

① 주변압기의 1차

② 주변압기의 2차

③ 주변압기의 3차(안정권선)

④ 주변압기의 1차와 2차

|정|답|및|해|설|..

[전력용 콘덴서] 전력용 콘덴서 70[kV]급 이하에 접속하므로 3차 권선에 접속한다.

【정답】③

62. 변압기 결선에 있어서 1차에 제3고조파가 있을 때 2차에 제3고조파가 나타나는 결선은?

① $\Delta - \Delta$　　　② $\Delta - Y$

③ $Y - Y$　　　　④ $Y - \Delta$

|정|답|및|해|설|

[변압기 결선] 제3고조파를 제거하기 위해서 변압기를 △결선해야 한다.
【정답】③

63. 전력계통의 전압조정과 무관한 것은?

① 발전기의 조속기(governor)

② 발전기의 전압 조정 장치

③ 전력용 콘덴서

④ 전력용 분로 리액터(shunt reactor)

|정|답|및|해|설|

조속기는 유량과 회전수를 자동으로 조절하는 장치이다.
【정답】①

64. 자기여자 방지를 위하여 충전용의 발전기 용량이 구비하여야 할 조건은?

① 발전기 용량 < 선로의 충전 용량

② 발전기 용량 < 3×선로의 충전 용량

③ 발전기 용량 > 선로의 충전 용량

④ 발전기 용량 > 3×선로의 충전 용량

|정|답|및|해|설|

[충전용 발전기 용량의 구비조건]
·발전기 용량이 선로의 충전 용량보다 커야 한다.
·병렬 리액터를 사용한다.
※송전 선로는 3상 3선식이므로 충전용량 ×3 보다 발전기용량이 커야 한다.
【정답】④

65. 최근 초고압 송전 계통에 단권 변압기가 사용되고 있는데, 그 특성이 아닌 것은?

① 중량이 가볍다.

② 전압 변동률이 작다.

③ 효율이 높다.

④ 단락 전류가 작다.

|정|답|및|해|설|

[단권변압기의 특징]
·권수비가 1:1인 변압기
·누설 임피던스가 적어 단락 전류가 크다.
·전압 변동률이 적다.
·중량이 가볍다.
·동손이 감소하여 효율이 높아진다.
【정답】④

66. 송전선로의 송전단 전압을 E_s, 수전단 전압을 E_R, 송·수전단 전압 사이의 위상차를 δ, 선로의 리액턴스를 X라 하고, 선로 저항을 무시할 때 송전전력 P는 어떤 식으로 표시되는가?

① $P = \dfrac{E_s - E_r}{X}$　　② $P = \dfrac{(E_s - E_r)^2}{X}$

③ $P = \dfrac{E_s E_r}{X} \sin\delta$　　④ $P = \dfrac{E_s E_r}{X} \tan\delta$

|정|답|및|해|설|

[송전용량] $P = \dfrac{V_s V_r}{X} \sin\delta [MW]$

여기서, X : 선로의 리액턴스$[\Omega]$
【정답】③

67. 송전단 전압 154[㎸], 수전단 전압 134[㎸], 상차각 60°, 리액턴스 39.8[Ω]일 때 선로 손실을 무시하면 전송 전력은?

① 약 322[MW]　　② 약 449[MW]

③ 약 559[MW]　　④ 약 689[MW]

[송전용량] $P = \dfrac{V_s V_r}{X} \sin\delta [\text{MW}]$

$P = \dfrac{154 \times 134}{39.8} \times \sin 60 \fallingdotseq 449 [\text{MW}]$

【정답】②

68. 전력원선도의 가로축과 세로축은 각각 다음 중 어느 것을 나타내는가?

① 전압과 전류

② 전압과 전력

③ 전류와 전력

④ 유효전력과 무효전력

[전력 원선도] 가로축은 유효전력, 세로축은 무효전력을 나타낸다. 【정답】④

69. 최송전단 전압 161[kV], 수전단 전압 155[kV], 상차각 40°, 리액턴스 49.8[Ω]일 때, 선로 손실을 무시하면 송전전력은 몇[MW]인가? (단, $\cos 40° = 0.7660$)

① 289   ② 322

③ 373   ④ 384

[송전전력] $P = \dfrac{V_s V_r}{X} \sin\delta [\text{MW}]$

$P = \dfrac{161 \times 155}{49.8} \times \sin 40 = 322.1 [\text{MW}]$

【정답】②

70. 154[kV] 송전선로에서 송전거리가 154[km]일 때, 송전 용량 계수법에 의한 송전 용량은? (단, 송전 용량 계수는 1200으로 한다.)

① 61,600[kW]   ② 92,400[kW]

③ 123,200[kW]   ④ 184,800[kW]

[계수법에 의한 송전 용량] $P = k\dfrac{V_r^{\,2}}{l} [\text{kW}]$

$P = 1200 \times \dfrac{154^2}{154} = 184,800 [\text{kW}]$ 【정답】④

71. 교류 송전에서 송전거리가 멀어질 수 록 동일 전압에서의 송전 가능 전력이 적어진다. 그 이유는?

① 선로의 어드미턴스가 커지기 때문이다.

② 선로의 유도성 리액턴스가 커지기 때문이다.

③ 코로나 손실이 증가하기 때문이다.

④ 저항 손실이 커지기 때문이다.

[송전전력] $P = \dfrac{V_s V_r}{X} \sin\delta [\text{MW}]$

$P = \dfrac{E_s E_r}{X} \sin\delta [MW] \rightarrow P \propto \dfrac{1}{X}$ 이므로 송전거리가 멀어질 수록 X가 증가하여 P가 감소한다.

【정답】②

72. 단락점까지의 전선 한 줄의 임피던스 $\dot{Z} = 6 + j8$ [Ω] (전원포함), 단락전의 단락점 전압 $V = 3300$[V]일 때 단상 전선로의 단락용량은 얼마인가? (단, 부하전류는 무시한다.)

① 450[kVA]   ② 500[kVA]

③ 545[kVA]   ④ 600[kVA]

[단락용량] $P_s = VI_s = \dfrac{V^2}{2Z} [\text{kVA}]$

$P_s = \dfrac{3300}{\sqrt{6^2 + 8^2} \times 2} \times 10^{-3} = 544.5 [\text{kVA}]$

【정답】③

73. $E_s = AE_r + BI_r$, $I_s = CE_r + DI_r$의 전파 방정식을 만족하는 전력원선도의 반지름의 크기는?

① $\dfrac{E_s E_R}{D}$ ② $\dfrac{E_s E_R}{C}$

③ $\dfrac{E_s E_R}{B}$ ④ $\dfrac{E_s E_R}{A}$

|정|답|및|해|설|

[전력원선도에서 원선도 반지름] $\rho = \dfrac{1}{B}E_s E_r$

전력원선도는 선로의 송수전 양단의 전압크기를 일정하게 하고 다만, 상차각만 변화시켜서 전력 P를 송전할 수 있는가, 또 어떠한 무효전력 Q가 흐르는가의 관계를 표시한 것이 전력원선도이다. 【정답】③

74. 그림과 같은 송전선의 수전단 전력 원선도에 있어서 역률 $\cos\theta$의 부하가 갑자기 감소하여 조상설비를 필요로 하게 되었을 때 필요한 조상기의 용량을 나타내는 부분은?

① $\overline{AB}$
② $\overline{BD}$
③ $\overline{EF}$
④ $\overline{FC}$

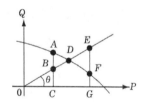

|정|답|및|해|설|

[전력 원선도] 현재 운전점은 D점이고 부하가 감소하면 B점으로 이동한다. 안정하려면 A점에서 운전해야 하므로 $\overline{AB}$ 만큼 무효 전력을 공급해야 한다. 【정답】①

75. 길이 100[km], 송전단전압 154[kV], 수전단전압 140[kV]의 3상 3선식 정전압 송전선이 있다. 선로정수는 저항 0.315[Ω/km], 리액턴스 1.035[Ω/km]이고, 기타는 무시한다. 수전단 3상 전력 원선도의 반지름([MW]단위로)은 얼마인가?

① 200 ② 300
③ 450 ④ 600

|정|답|및|해|설|

[원선도 반지름] $\rho = \dfrac{1}{B}E_s E_r \rightarrow (B : 임피던스 정수)$

$B = Z = \sqrt{0.315^2 \times 1.035^2} \times 100 = 108.2[\Omega]$

$\rho = \dfrac{1}{108.2} \times 154 \times 140 = 200[MVA]$

【정답】①

76. 정전압 송전방식에서 전력 원선도를 그리려면 무엇이 주어져야 하는가?

① 송·수전단 전압, 선로의 일반 회로 정수
② 송·수전단 전류, 선로의 일반 회로 정수
③ 조상기 용량, 수전단 전압
④ 송전단 전압, 수전단 전류

|정|답|및|해|설|

[원선도 반지름] $\rho = \dfrac{E_s E_r}{B}$ 이므로 송수전단 전압과 4단자 정수 B가 있어야 한다. 【정답】①

77. 전력 원선도 작성에 필요 없는 것은?

① 역률 ② 전압
③ 선로정수 ④ 상차각

|정|답|및|해|설|

[원선도 반지름] $\rho = \dfrac{E_s E_r}{B}$ 이므로 전압과 선로정수가 필요하고 중심점을 찾기 위해서 상차각을 알아야 한다. 【정답】①

78. 전력 원선도에서 구할 수 없는 것은?

① 조상 용량

② 송전 손실

③ 정태 안정 극한 전력

④ 과도 안정 극한 전력

|정|답|및|해|설|

[전력 원선도를 통해서 알 수 있는 것]
·송수전할 수 있는 최대 전력 (정태안정극한 전력)
·송수전 전압의 위상각
·선로손실 및 효율
·조상용량　　　　　　　　　　　　【정답】④

79. 전력 원선도에서 알 수 없는 것은?

① 전력　　　　　② 손실

③ 역률　　　　　④ 코로나 손실

|정|답|및|해|설|

[전력 원선도를 통해서 알 수 있는 것] 전력원선도에서 코로나 손실이나 과도안정 극한 전력 등도 구할 수 없다.

【정답】④

80. 전력 계통의 전압을 조정하는 가장 주요 수단은?

① 발전기의 유효전력 조정

② 부하의 유효전력 조정

③ 계통의 주파수 조정

④ 계통의 무효전력 조정

|정|답|및|해|설|

[전격계통] 전력 계통의 전압을 안정하게 조정하려면 조상설비에 의해서 무효전력이 조정되어야 한다.

【정답】④

81. 그림에서 ①, ②는 모선(bus), 번호 ⓪은 기준 노우드(reference node), Z_a, Z_b, Z_c를 선로 임피던스(Line Impedance)라 할 때 모선 어드미턴스 행렬(Bus Admittance Matrix)은?

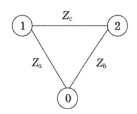

①
$$\begin{array}{|c|c|} \hline \dfrac{1}{Z_a}+\dfrac{1}{Z_c} & \dfrac{1}{Z_c} \\ \hline \dfrac{1}{Z_a} & \dfrac{1}{Z_b}+\dfrac{1}{Z_c} \\ \hline \end{array}$$

②
$$\begin{array}{|c|c|} \hline \dfrac{1}{Z_a} & \dfrac{1}{Z_c} \\ \hline \dfrac{1}{Z_c} & \dfrac{1}{Z_b} \\ \hline \end{array}$$

③
$$\begin{array}{|c|c|} \hline \dfrac{1}{Z_a} & -\dfrac{1}{Z_c} \\ \hline -\dfrac{1}{Z_c} & \dfrac{1}{Z_b} \\ \hline \end{array}$$

④
$$\begin{array}{|c|c|} \hline \dfrac{1}{Z_a}+\dfrac{1}{Z_c} & -\dfrac{1}{Z_c} \\ \hline -\dfrac{1}{Z_c} & \dfrac{1}{Z_b}+\dfrac{1}{Z_c} \\ \hline \end{array}$$

|정|답|및|해|설|

[모선 어드미턴스 행렬]
$Y_{11}=y_{11}+y_{12}$　$Y_{12}=Y_{21}=-y_{12}=-y_{21}$
$Y_{22}=y_{21}+y_{22}$

$\therefore \begin{bmatrix} Y_{11} & Y_{12} \\ Y_{21} & Y_{22} \end{bmatrix} \begin{bmatrix} y_a+y_c & -y_c \\ -y_c & y_b+y_c \end{bmatrix}$

$= \begin{bmatrix} \dfrac{1}{Z_a}+\dfrac{1}{Z_c} & -\dfrac{1}{Z_c} \\ -\dfrac{1}{Z_c} & \dfrac{1}{Z_b}+\dfrac{1}{Z_c} \end{bmatrix}$

【정답】④

82. 단락점까지의 전선 한 줄의 임피던스가 $Z = 6 + j8$(전원포함), 단락전의 단락점 전압이 22.9[kV]인 단상 전선로의 단락용량은 몇 [kVA]인가? (단, 부하전류는 무시한다.)

① 13110   ② 26220

③ 39330   ④ 52440

|정|답|및|해|설|

[단락용량] $P_s = V \cdot I_s = V \cdot \dfrac{E}{2Z} = \dfrac{V^2}{2Z}$

$\therefore P_s = \dfrac{22900^2}{2\sqrt{6^2 + 8^2}} = \dfrac{22900^2}{20} = 26220[\text{kVA}]$

【정답】②

83. 다음 그림에서 송전선로의 건설비와 전압과의 관계를 옳게 나타낸 것은?

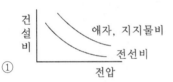
①

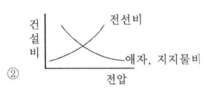
②

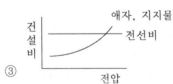
③

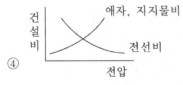
④

|정|답|및|해|설|

송전전압이 증가하면 전선비는 감소하고 절연비(애자, 지지물비)는 증가한다.
일정한 전력을 일정한 거리에 전송하게 될 경우 송전 전압을 높이면 높일수록 같은 전선로를 전송할 수 있는 전력이 증대되어 유리해 질 수 있다. 그러나 전압을 높여주면 전선로라든가 접속된 각종 기기의 절연내력을 높여 주어야 하므로 어느 한도 이상이 되면 오히려 비경제적이 된다.

【정답】④

84. 전자 계산기에 의한 전력 조류 계산에서 슬랙 모선의 지정값은? (단, 슬랙 모선을 기준모선으로 한다.)

① 유효 전력과 무효 전력

② 전압 크기와 무효 전력

③ 전압 크기와 유효 전력

④ 전압 크기와 위상각

|정|답|및|해|설|

조류계산에서는 발전기모선 중 유효전력 조정용 모선을 선정하여 유효전력과 전압크기를 지정하는 대신에 전압의 크기와 그 위상각을 지정하도록 하고 있다.

【정답】④

고장 계산

01 단락 고장

(1) 단락전류 계산 목적

단락전류란 예상 최대 고장 전류를 말하며, 계산 목적은 다음과 같다.

·차단기 용량의 결정

·보호 계전기의 정정

·기기에 가해지는 전자력의 크기

(2) 단락전류 계산법의 종류

단락전류를 계산방법으로는 옴법, 백분율법(%임피던스법), PU법 등이 있다.

① 옴(ohm)법

전압을 임피던스로 나누어 단락전류를 계산하는 방법

㉮ 단락전류(단상) $I_s = \dfrac{E}{Z} = \dfrac{E}{\sqrt{R^2+X^2}} = \dfrac{E}{Z_g+Z_t+Z_l}[A]$[A]

여기서, Z_g : 발전기의 임피던스, Z_t : 변압기의 임피던스, Z_l : 선로의 임피던스

㉯ 단락전류(3상) $I_s = \dfrac{\dfrac{V}{\sqrt{3}}}{Z} = \dfrac{V}{\sqrt{3}\,Z}$[A]

㉰ 3상 단락용량 $P_s = 3EI_s = \sqrt{3}\,VI_s$[kVA] → $(E = \dfrac{V}{\sqrt{3}},\ V$: 단락점의 선간전압[kV])

② %임피던스법(백분율법)

임피던스 크기를 옴[Ω] 값 대신에 %값으로 나타내어 계산하는 방법으로 옴법과 달리 전압 환산을 하지 않아도 되므로 현재 가장 많이 사용되는 방법

㉮ 퍼센트 임피던스(단상) $\%Z = \dfrac{Z\,I_n}{E} \times 100 = \dfrac{Z \cdot I}{10E}[\%] = \dfrac{P \cdot Z}{10E^2}[\%]$

여기서, P[kVA] : 피상 전력 $(P = E \cdot I)$

㉯ 퍼센트 임피던스(3상) $\%Z = \dfrac{P_{a1} \cdot Z}{10\left(\dfrac{V}{\sqrt{3}}\right)^2}[\%] = \dfrac{3P_{a1} \cdot Z}{10\,V^2}[\%] = \dfrac{P_a \cdot Z}{10\,V^2}[\%]$

여기서, P_a[kVA] : 3상 피상 전력, P_{a_1}[kVA] : 단상 피상 전력

㉰ 단락 전류 $I_s = \dfrac{E}{Z} = \dfrac{E}{\dfrac{\%Z \cdot E}{100I_n}} = \dfrac{100}{\%Z}I_n[A]$ $\rightarrow$ $(\%Z = \dfrac{Z\,I_n}{E} \times 100$에서 $Z = \dfrac{\%ZE}{100I_n})$

㉱ 단락 용량 (차단 용량) $P_s = \dfrac{100}{\%Z}P_n$ $\rightarrow$ (P_n : 정격용량)

③ 단위법

임피던스로 표시하는 방법으로 백분율법에서 100[%]를 제거한 것이다.

$Z(p.u) = \dfrac{ZI}{E}$

핵심기출 【기사】06/1 14/1

그림의 F점에서 3상 단락 고장이 생겼다. 발전기 쪽에서 본 3상 단락전류는 몇 [kA]가 되는가?(단,154[kV] 송전선의 리액턴스는 1,000[MVA]를 기준으로 하여 2[%/km]이다)

① 43.7
② 47.7
③ 53.7
④ 59.7

정답 및 해설 [단락전류] $I_s = \dfrac{100}{\%Z}I_n[A]$

기준용량 P_n은 1000[MVA]이므로 $\%Z_G = 25 \times \dfrac{1000}{500} = 50[\%]$, $\%Z_T = 15 \times \dfrac{1000}{500} = 30[\%]$

$\%Z_l = 2 \times 20 = 40[\%]$

총 임피던스 $\%Z = \%Z_G + \%Z_T + \%Z_l = 50 + 30 + 40 = 120[\%]$

발전기 쪽에서 본 3상 단락전류 $I_s = \dfrac{100}{\%Z}I_n = \dfrac{100}{120} \times \dfrac{1000 \times 10^6}{\sqrt{3} \times 11 \times 10^3} = 43,740[A] = 43.7[kA]$

【정답】①

---

02 대칭 좌표법에 의한 고장 계산

(1) 대칭 좌표법이란?

3상 단락 고장은 평형고장으로 옴 법이나 %임피던스 법으로 풀 수 있으나 1선 지락과 같은 불평형 고장에서는 대칭좌표법으로 풀어야 한다.

(2) 대칭 좌표법의 정의

대칭 좌표법이란 불평형 전압이나 불평형 전류를 3개의 성분, 즉 영상분, 정상분, 역상분으로 나누어
계산하는 방법이다.

① 영상분 : V_0, I_0　　　　　　② 정상분 : V_1, I_1　　　　　　③ 역상분 : V_2, I_2

(3) 고장의 종류

1선지락	·영상분, 정상분, 역상분이 존재 ·$I_0 = I_1 = I_2 \neq 0$
2선지락	·영상분, 정상분, 역상분이 존재 ·$V_0 = V_1 = V_2 \neq 0$
선간단락	단락이 되면 영상이 없어지고 정상과 역상만 존재한다.
3상단락	정상분만 존재한다.

※ ① 지락 : 매우 작은 전류로 누전이라고 보면 되며, 진상 전류이다.
　② 단락 : 큰 전류로 계통 전류이므로 지상 전류이다.

(4) 대칭분 전류의 의미와 역할

영상전류(I_0)	크기가 같고 같은 위상각을 가진 평형 단상전류로서 이 전류는 지락고장 시 접지계전기를 동작시키는 전류이며 통신선에 대해서는 전자유도장해를 일으키는 전류이다.
정상전류(I_1)	평형 3상 교류로서 전원과 동일한 상회전 방향으로 이 전류가 전동기에 흐르면 전동기에 회전토크를 준다.
역상전류(I_2)	평형 3상 교류로서 전원의 상회전 방향과 반대 방향으로 이 전류가 전동기에 흐르면 전동기에 제동력을 준다.

핵심기출　【기사】 12/2 13/2 17/3

송전로의 고장전류의 계산에 영상 임피던스가 필요한 경우는?

① 3상단락　　　　　　　　　② 3선단선

③ 1선지락　　　　　　　　　④ 선간단락

정답 및 해설　[고장전류] 임피던스는 전류가 흐를 경우에만 존재한다. 1선 접지 고장에는 영상, 역상, 정상전류가 다같이 크게 흐르므로 임피던스는 모두 존재한다. <u>영상임피던스가 필요한 것은 지락</u> 상태이다. 단락 고장에는 영상분이 나타나지 않는다.　　　　　　　　　【정답】③

(5) 대칭 좌표법

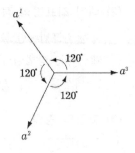

① $a^1 = \cos 120^\circ + j \sin 120^\circ = -\dfrac{1}{2} + j\dfrac{\sqrt{3}}{2}$

② $a^2 = \cos 240^\circ + j \sin 240^\circ = -\dfrac{1}{2} - j\dfrac{\sqrt{3}}{2}$

③ $a^3 = 1 \angle 0^\circ = 1 \qquad \therefore a^1 + a^2 + a^3 = 0$

(6) 3상의 대칭분 표현식

$$\begin{bmatrix} V_0 \\ V_1 \\ V_2 \end{bmatrix} = \frac{1}{3} \begin{bmatrix} 1 & 1 & 1 \\ 1 & a & a^2 \\ 1 & a^2 & a \end{bmatrix} \begin{bmatrix} V_a \\ V_b \\ V_c \end{bmatrix}$$

① 각상 전압

㉮ $V_a = V_0 + V_1 + V_2$

㉯ $V_b = V_0 + a^2 V_1 + a V_2$

㉰ $V_c = V_0 + a V_1 + a^2 V_2$

② 대칭분 전압

㉮ 영상분 $V_0 = \dfrac{1}{3}(V_a + V_b + V_c)$

㉯ 정상분 $V_1 = \dfrac{1}{3}(V_a + a V_b + a^2 V_c) \quad \rightarrow (1 \rightarrow a \rightarrow a^2 \text{ 순})$

㉰ 역상분 $V_2 = \dfrac{1}{3}(V_a + a^2 V_b + a V_c) \quad \rightarrow (1 \rightarrow a^2 \rightarrow a \text{ 순})$

③ 각상 전류

㉮ $I_a = I_0 + I_1 + I_2$

㉯ $I_b = I_0 + a^2 I_1 + a I_2$

㉰ $I_c = I_0 + a I_1 + a^2 I_2$

④ 대칭분 전류

㉮ 영상분 $I_0 = \dfrac{1}{3}(I_a + I_b + I_c)$

㉯ 정상분 $I_1 = \dfrac{1}{3}(I_a + a I_b + a^2 I_c)$

㉰ 역상분 $I_2 = \dfrac{1}{3}(I_a + a^2 I_b + a I_c)$

핵심기출　【기사】 16/1　【산업기사】 13/3

A, B 및 C상 전류를 각각 I_a, I_b 및 I_c라 할 때 $I_x = \dfrac{1}{3}(I_a + a^2 I_b + a I_c)$, $a = -\dfrac{1}{2} + j\dfrac{\sqrt{3}}{2}$ 으로 표시되는 I_x는 어떤 전류인가?

① 정상전류

② 역상전류

③ 영상전류

④ 역상전류와 영상전류의 합

정답 및 해설　[대칭좌표법]
$$\begin{bmatrix} I_0 \\ I_1 \\ I_2 \end{bmatrix} = \frac{1}{3}\begin{bmatrix} 1 & 1 & 1 \\ 1 & a & a^2 \\ 1 & a^2 & a \end{bmatrix}\begin{bmatrix} I_a \\ I_b \\ I_c \end{bmatrix}$$

· 영상분 : $I_0 = \dfrac{1}{3}(I_a + I_b + I_c)$

· 정상분 : $I_1 = \dfrac{1}{3}(I_a + a I_b + a^2 I_c)$

· 역상분 : $I_2 = \dfrac{1}{3}(I_a + a^2 I_b + a I_c)$

【정답】②

03 발전기 단자에서의 고장 계산

(1) 3상 교류 발전기의 기본식

① $V_0 = -I_0 Z_0$

② $V_1 = E_a - I_1 Z_1$

③ $V_2 = -I_2 Z_2$

여기서, Z_0 : 영상 임피던스, Z_1 : 정상 임피던스, Z_2 : 역상 임피던스

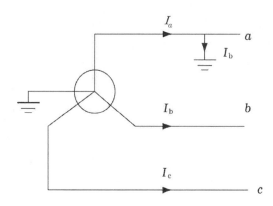

(2) 1선 지락사고

조건 $V_a = 0$, $I_b - I_c = 0$

① $V_a = V_0 + V_1 + V_2 = -Z_0 I_0 + E_a - Z_1 I - 1 - Z_2 I_2 = 0$

③ 대칭분 전류 : $I_0 = I_1 = I_2 = \dfrac{1}{3} I_a = \dfrac{E_a}{Z_0 + Z_1 + Z_2}$

④ 지락전류 : $I_g = I_0 + I_1 + I_2 = 3I_0 = \dfrac{3E_a}{Z_0 + Z_1 + Z_2}$

※영상전류는 접지선에 흐르고, 비접지의 경우에는 존재하지 않는다.

(3) 2선 단락고장

① 조건 : $I_a = 0$, $I_b = -I_c$, $V_b = V_c$

② 대칭분 전류 : $I_0 = 0$, $I_1 = -I_2 = \dfrac{E_a}{Z_1 + Z_2}$

③ 대칭분 전압 : $V_0 = 0$, $V_1 = V_2 = \dfrac{Z_2}{Z_1 + Z_2} E_a$

④ 단락전류 : $I_b = -I_c = \dfrac{(a^2 - a)E_a}{Z_1 + Z_2}$

⑤ 상전압 : $V_a = \dfrac{2Z_2}{Z_1 + Z_2} E_a$, $V_b = V_c = -\dfrac{Z_2}{Z_1 + Z_2} E_a$

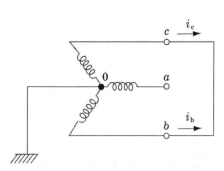

[2선 단락고장]

(3) 2선 지락고장

① 조건 : $I_0 = 0$, $V_b = V_c = 0$

② 대칭분 전류

㉮ $I_0 = \dfrac{-Z_2 E_a}{Z_0 Z_1 + Z_1 Z_2 + Z_2 Z_0}$

㉯ $I_1 = \dfrac{(Z_0 + Z_2)E_a}{Z_0 Z_1 + Z_1 Z_2 + Z_2 Z_0}$

㉰ $I_2 = \dfrac{-Z_0 E_a}{Z_0 Z_1 + Z_1 Z_2 + Z_2 Z_0}$

③ 대칭분 전압 : $V_0 = V_1 = V_2$

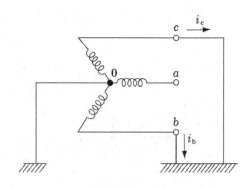

[2선 지락고장]

(4) 3상 단락고장

① 조건

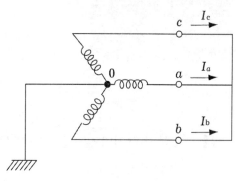

[3상 단락고장]

㉮ $V_a = V_b = V_c = 0$, $I_a + I_b + I_c = 0$

㉯ $I_a = I_0 + I_1 + I_2 = I_1 = \dfrac{E_a}{Z_1}$

㉰ $I_b = I_0 + a^2 I_1 + a I_2 = a^2 I_1 = \dfrac{a^2 E_a}{Z_1}$

㉱ $I_c = I_0 + a I_1 + a^2 I_2 = a I_1 = \dfrac{a E_a}{Z_1}$

② 대칭분 진입 : $V_0 = V_1 = V_2$

※송전선로의 임피던스나 변압기의 임피던스는 정상 임피던스(Z_1)와 역상 임피던스(Z_2)는 같다. 또한 영상 임피던스(Z_0)는 1회선인 경우 정상 임피던스의 4배정도, 2회선인 경우 7배 정도 된다.

($Z_1 = Z_2 < Z_0$)

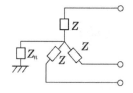

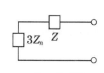

$Z_0 = Z + 3Z_n$

$\therefore Z_1 = Z_2 = Z$

핵심기출 【기사】 15/2

Y결선된 발전기에서 3상 단락사고가 발생한 경우 전류에 관한 식 중 옳은 것은?
(단, Z_0, Z_1, Z_2는 영상, 정상, 역상 임피던스이다.)

① $I_a + I_b + I_c = I_0$

② $I_a = \dfrac{E_a}{Z_0}$

③ $I_b = \dfrac{a^2 E_a}{Z_1}$

④ $I_c = \dfrac{a E_a}{Z_2}$

정답 및 해설 [3상 단락 고장] 3상 단락 사고 시에는 영상분이 발생하지 않는다. 정상분만 존재한다.

· $I_a = \dfrac{E_a}{Z_1}$ · $I_b = \dfrac{a^2 E_a}{Z_1}$ · $I_c = \dfrac{a E_a}{Z_1}$

【정답】③

01 3상 변압기의 임피던스는 $Z[\Omega]$, 선간전압은 $V[kV]$, 변압기의 용량은 $P[kW]$인 이 변압기의 $\%Z =$ ( )이다.

02 정격전류가 증가하면, %임피던스는 ( )한다.

03 수전용 변전 설비의 1차 측 차단기의 용량은 공급측 전원의 ( )에 의하여 정해진다.

04 단락이 되면 영상이 없어지고 정상과 역상만 존재하는 것은 ( )이다.

05 A, B 및 C상 전류를 각각 I_a, I_b 및 I_c라 할 때 정상 전류는 ( )이다.

06 3상 송전선로의 고장에서 1선 지락 사고 등 3상 불평형 고장 시 사용되는 계산법은 ( )이다.

07 3상 동기발전기의 고장전류를 계산할 때, 영상전류 I_0, 정상전류 I_1 및 역상전류 I_2가 같은 경우의 사고는 ( )이다.

08 3본의 송전선에 동상의 전류가 흘렀을 경우 이 전류를 ( ) 전류라 한다.

09 대칭 좌표법에서 대칭분을 각 상전압으로 표시할 경우 정상 전압 $E_1 =$ ( )이다.

10 선간 단락 고장을 대칭 좌표법으로 해석할 경우 필요한 것은 정상 임피던스도 및 ( ) 임피던스도이다.

11 3상 교류 발전기의 기본식으로 $V_0 = -I_0 Z_0$, $V_1 = E_a - I_1 Z_1$, $V_2 = ($)이다.

12 3상 대칭분 전류를 $\dot{I_0}$, $\dot{I_1}$, $\dot{I_2}$라고 하고 선전류 I_a, I_b, I_c라 할 때 $I_b = ($)이다.

정답

(1) $\%Z = \dfrac{P \cdot Z}{10 V^2} [\%]$　　　(2) 증가　　　(3) 단락용량

(4) 선간단락　　　(5) $I_1 = \dfrac{1}{3}(I_a + aI_b + a^2 I_c)$　　　(6) 대칭 좌표법

(7) 1선지락사고($I_0 = I_1 = I_2$)　　　(8) 영상　　　(9) $\dfrac{1}{3}(E_a + aE_b + a^2 E_c)$

(10) 역상　　　(11) $-I_2 Z_2$　　　(12) $\dot{I_0} + a^2 \dot{I_1} + a\dot{I_2}$

1. %임피던스와 Ω임피던스와의 관계식은? (단, $E[V]$: 정격전압, $P[kVA]$: 3상 용량이다.)

① $\%Z = \dfrac{Z[\Omega] \times P[\text{kVA}]}{10E^2}$

② $\%Z = \dfrac{Z[\Omega] \times P[\text{kVA}]}{100E^2}$

③ $\%Z = \dfrac{Z[\Omega] \times P[\text{kVA}]}{E^2} \times 10$

④ $\%Z = \dfrac{Z[\Omega] \times P[\text{kVA}]}{E} \times 100$

|정|답|및|해|설|

[$\%Z$ 계산법]

·정격전류(I_n)가 주어지는 경우

$\%Z = \dfrac{Z \cdot I_n}{E} \times 100 \qquad \rightarrow (E : \text{상전압}, \ Z : \text{임피던스})$

·정격용량(P_n)이 주어지는 경우

$\%Z = \dfrac{P_n \cdot Z}{10E^2} = \dfrac{P \cdot Z}{10V^2} \qquad \rightarrow (V : \text{선간전압[kV]})$

【정답】①

2. 합성 %임피던스를 Z_p라 할 때, $P[\text{kVA}]$(기준)의 위치에 설치할 차단기의 용량[MVA]은?

① $\dfrac{100P}{Z_p}$

② $\dfrac{100Z_p}{P}$

③ $\dfrac{0.1P}{Z_p}$

④ $10Z_pP$

|정|답|및|해|설|

[단락용량(차단용량)] $P_0 = \dfrac{100}{\%Z}P_n[MVA]$

$\%Z = Z_p, \quad P_n = P[kVA] = P \times 10^{-3}[MVA]$

차단기 용량 $P_0 = \dfrac{0.1}{Z_p}P[MVA]$

【정답】③

3. 3상 변압기의 임피던스 $Z[\Omega]$, 선간전압이 V[kV], 변압기의 용량 P[kVA]일 때 이 변압기의 %임피던스는?

① $\dfrac{PZ}{10V^2}$

② $\dfrac{10PZ}{V}$

③ $\dfrac{10VZ}{ZP}$

④ $\dfrac{VZ}{P}$

|정|답|및|해|설|

[%임피던스] $\%Z = \dfrac{P_n \cdot Z}{10V^2}$

【정답】①

4. 선간전압 60[kV], 기준 3상 용량 6000[kVA]일 때 리액턴스 10[Ω]의 % 리액턴스는 약 얼마인가?

① 20

② 17

③ 2

④ 1.7

|정|답|및|해|설|

[%임피던스] $\%Z = \dfrac{P_n \cdot Z}{10V^2}$

$\therefore \%X = \dfrac{P_n \cdot X}{10V^2} = \dfrac{6000 \times 10}{10 \times 60^2} = 1.66$

【정답】④

5. 선간전압 66[kV], 1회선 송전선로의 1선 리액턴스가 30[Ω], 정격전류가 220[A]일 때 %리액턴스는 얼마나 되는가?

① 10

② $10\sqrt{2}$

③ $10\sqrt{3}$

④ $\dfrac{10}{\sqrt{3}}$

|정|답|및|해|설|

[%임피던스] $\%Z = \dfrac{Z \cdot I_n}{E} \times 100$ 에서

$\therefore \%X = \dfrac{X \cdot I_n}{\dfrac{V}{\sqrt{3}}} = \dfrac{220 \times 30}{\dfrac{66000}{\sqrt{3}}} \times 100 = 10\sqrt{3}\,[\Omega]$

【정답】③

6. 3상 송전선로의 선간전압을 100[kV], 3상 기준 용량을 10,000[kVA]로 할 때, 선로 리액턴스(1선당) 100[Ω]을 %임피던스로 환산하면 얼마 인가?

① 1   ② 10

③ 0.33   ④ 3.33

|정|답|및|해|설|

[%임피던스] $\%Z = \dfrac{P_n \cdot Z}{10\,V^2} = \dfrac{10000 \times 100}{10 \times 100^2} = 10\,[\%]$

【정답】②

7. 20,000[kVA], %임피던스 8[%]인 3상 변압기 가 2차측에서 3상 단락되었을 때 단락 용량은?

① 160,000[kVA]   ② 200,000[kVA]

③ 250,000[kVA]   ④ 320,000[kVA]

|정|답|및|해|설|

[3상 단락 용량] $P_s = \dfrac{100}{\%Z} P_n$

$P_s = \dfrac{100}{8} \times 20000 = 250,000\,[\text{kVA}]$

【정답】③

8. 어느 발전소의 발전기는 그 정격이 13.2[kV], 93,000[kVA], 95[%] Z라고 명판에 씌어 있다. 이것은 몇 [Ω]인가?

① 1.2   ② 1.8

③ 1200   ④ 1780

|정|답|및|해|설|

[%임피던스] $\%Z = \dfrac{P_n \cdot Z}{10\,V^2}$

$Z = \dfrac{10\,V^2 \cdot \%Z}{P_n} = \dfrac{10 \times 13.2^2 \times 95}{93000} = 1.8\,[\Omega]$

【정답】②

9. 그림과 같은 3상 송전 계통에서 송전 전압 은 22[kV]이다. 지금 1점 P에서 3상 단락하 였을 때의 발전기의 흐르는 단락 전류는 약 얼마인가?

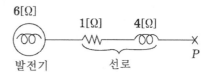

① 733[A]   ② 1150[A]

③ 2200[A]   ④ 3810[A]

|정|답|및|해|설|

[단락전류] $I_s = \dfrac{E}{Z} = \dfrac{\dfrac{V}{\sqrt{3}}}{\sqrt{R^2 + X^2}}$

$I_s = \dfrac{\dfrac{V}{\sqrt{3}}}{\sqrt{R^2 + X^2}} = \dfrac{22000/\sqrt{3}}{\sqrt{1^2 + (4+6)^2}} = 1150\,[\text{A}]$

【정답】②

10. 정격전압 7.2[kV], 정격 차단 용량 250[MVA]인 3상용 차단기의 정격 차단 전류는?

① 약 10,000[A]   ② 약 20,000[A]

③ 약 30,000[A]   ④ 약 40,000[A]

|정|답|및|해|설|

[3상용 차단기 용량] $P_s = \sqrt{3}\,V I_s\,[\text{KVA}]$

$I_s = \dfrac{P_s}{\sqrt{3}\,V} = \dfrac{250 \times 10^6}{\sqrt{3} \times 7.2 \times 10^3} \fallingdotseq 20,000\,[\text{A}]$

【정답】②

11. 정격용량 P_n[kVA], 정격 2차 전압 V_{2n}[kV], %임피던스 Z[%]인 3상 변압기의 2차 단락전류는 몇 [A]인가?

① $\dfrac{P_n}{\sqrt{3}\,V_{2n}\cdot Z}$　　② $\dfrac{P_n}{V_{2n}\cdot Z}$

③ $\dfrac{100P_n}{\sqrt{3}\,V_{2n}\cdot Z}$　　④ $\dfrac{100P_n}{V_{2n}\cdot Z}$

|정|답|및|해|설|

[단락 전류] $I_s = \dfrac{100}{\%Z}\cdot I_n = \dfrac{100}{\%Z}\times\dfrac{P_n}{\sqrt{3}\,V}$[A]

$\therefore I_s = \dfrac{100P_n}{\sqrt{3}\,V_{2n}\cdot Z}$[A]　　　　【정답】③

12. 그림과 같은 3상 3선식 전선로의 단락점에 있어서의 3상 단락 전류는? (단, 22[kV]에 대한 %리액턴스는 4[%], 저항분은 무시한다.)

10,000 [KVA]

① 5560[A]　　② 6560[A]

③ 7560[A]　　④ 8560[A]

|정|답|및|해|설|

[단락전류] $I_s = \dfrac{100}{\%Z}I_n = \dfrac{100}{\%Z}\cdot\dfrac{P_n}{\sqrt{3}\,V}$[A]

$\therefore I_s = \dfrac{100}{4}\times\dfrac{10000}{\sqrt{3}\times 22} = 6560$[A]　　　【정답】②

13. 고장점에서 구한 전 임피던스를 Z, 고장점의 성형전압을 E라 하면 단락 전류는?

① $\dfrac{E}{Z}$　　② $\dfrac{E}{\sqrt{3}\,Z}$

③ $\dfrac{\sqrt{3}\,E}{Z}$　　④ $\dfrac{3E}{Z}$

|정|답|및|해|설|

[단락 전류] $I_s = \dfrac{E}{Z} = \dfrac{\dfrac{V}{\sqrt{3}}}{Z}$[A]　　　【정답】①

14. 선로의 3상단락 전류는 대개 다음과 같은 식으로 구한다. $I_s = \dfrac{100}{\%Z_T+\%Z_L}\cdot I_n$ 여기서 I_n은 무엇인가?

① 그 선로의 평균전류

② 그 선로의 최대전류

③ 전원 변압기의 선로측 정격전류(단락측)

④ 전원 변압기의 전원측 정격전류

|정|답|및|해|설|

I_n은 단락측 선로의 정격전류이다. 이때 용량 P[MVA]는 기준용량으로 해야 한다.　　　【정답】③

15. 그림의 F점에서 3상 단락고장이 생겼다. 발전기 쪽에서 본 3상 단락전류는? (단, 154[kV] 송전선의 리액턴스는 1000[MVA]를 기준으로 하여 2[%/km]이다.)

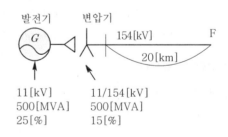

① 43,740[A]　　② 44,740[A]

③ 45,740[A]　　④ 46,740[A]

|정|답|및|해|설|

[단락전류] $I_s = \dfrac{100}{\%Z}\cdot\dfrac{P_n}{\sqrt{3}\,V}$[A]

%Z를 1000[MVA]로 통일하면
25% → 50[%], 15% → 30[%], 1000[MVA] → 40[%]

$I_s = \dfrac{100}{(50+30+40)}\times\dfrac{1000\times 10^3}{\sqrt{3}\times 11} = 43,740$[A]

【정답】①

16. 그림과 같은 전력계통에서 A점에 설치된 차단기의 단락용량은 몇 [MVA]인가? (단, 각 기기의 %리액턴스는 발전기 G_1, $G_2 = 15[\%]$(정격용량 15[MVA]기준), 변압기 $= 8[\%]$(정격용량 20[MVA]기준), 송전선 $11[\%]$(정격용량 10[MVA] 기준)이며 다른 정수는 무시한다.)

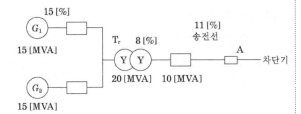

① 20 　　　② 30

③ 40 　　　④ 50

|정|답|및|해|설|

[단락용량] $P_s = \dfrac{100}{\%X}P_n$

기준 용량 10[MVA]로 기준해서 환산하면

$\%X_G = \dfrac{10 \times 10}{10+10} = 5$, $\%X_t = 4$, $\%X_l = 11$

$\therefore P_s = \dfrac{100}{\%X} \cdot P_n = \dfrac{100}{5+4+11} \times 10 = 50[\text{MVA}]$

【정답】④

17. 그림과 같이 전압 11[kV], 용량 15[MVA]의 3상 교류 발전기 2대의 용량 33[MVA]의 변압기 1대로 된 계통이 있다. 발전기 1대 및 변압기의 %리액턴스가 20[%], 10[%]일 때 차단기 ②의 차단 용량은?

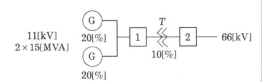

① 80[MVA] 　　　② 95[MVA]

③ 103[MVA] 　　　④ 125[MVA]

|정|답|및|해|설|

[단락용량] $P_s = \dfrac{100}{\%X}P_n$

기준용량을 30[MVA]로 잡고 환산하면

① $\%X_G = \dfrac{40 \times 40}{40+40} = 20[\%]$

② $\%X_t = 10 \times \dfrac{30}{33} = 9.1[\%]$

$\therefore P_s = \dfrac{100}{\%X} \cdot P_n = \dfrac{100}{(20+9.1)} \times 30 = 103[\text{MVA}]$

【정답】③

18. 그림의 3상 송전 계통에서 송전선의 중앙점 S_1에 3상 단락사고가 발생하였을 때 차단기 B에 흐르는 전류를 구하여라. (단, 각 부의 리액턴스는 다음과 같다. 발전기 G_1 : 20[%], 발전기 G_2 : 12[%], 변압기 T_1 : 10[%], 변압기 T_2 : 10[%], 송전선 L : 10,000[kVA]에 대하여 6[%])

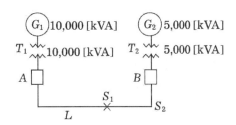

① $2.78\,I_{G_1}$ 　　　② $3.03\,I_{G_1}$

③ $4.26\,I_{G_2}$ 　　　④ $4.55\,I_{G_2}$

|정|답|및|해|설|

[차단전류] G_2 발전기에서의 정격전류를 I_{G2}라 하면 B차단기의 차단전류

$I_{SB} = \dfrac{100}{\%Z_{G2} + \%Z_{T2} + \%Z_{\ell 2}} \times I_{G2}$

$\quad = \dfrac{100}{12+10+1.5} \times I_{G2} = 4.26\,I_{G2}$

【정답】③

19. 변전소의 1차 측 합성 선로 임피던스를 3[%] (10,000[kVA]기준)라 하고 3000[kVA] 변압기 2대를 병렬로 하여 그 임피던스를 5[%]라 하면 A지점의 단락 용량은 얼마인가?

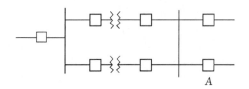

① 76,920[kVA]　　② 88,260[kVA]

③ 90,910[kVA]　　④ 125,000[kVA]

|정|답|및|해|설|

[단락 용량] $P_s = \dfrac{100}{\%X}P_n$

기준용량 10000[KVA]로 환산하면

$\%Z_r = 5 \times \dfrac{10000}{3000} = 16.67[\%]$

A점에서 총 $\%Z = 3 + \dfrac{16.67 \times 16.67}{16.67 + 16.67} = 11.33[\%]$

$\therefore P_s = \dfrac{100}{\%Z}P_n = \dfrac{100}{11.33} \times 10000 = 88.260[KVA]$

【정답】②

20. 전압 V_1[kV]에 대한 [%]값이 x_{p_1} 이고, 전압 V_2 [kV]에 대한 [%]값이 x_{p_2} 일 때, 이들 사이에는 다음 중 어떤 관계가 있는가?

① $x_{p_1} = \dfrac{V_1^{\,2}}{V_2}x_{p_2}$　　② $x_{p_1} = \dfrac{V_1}{V_2^{\,2}}x_{p_2}$

③ $x_{p_1} = \dfrac{V_2^{\,2}}{V_1^{\,2}}x_{p_2}$　　④ $x_{p_1} = \dfrac{V_2}{V_1^{\,2}}x_{p_2}$

|정|답|및|해|설|

$\%Z = \dfrac{P_n \cdot Z}{10 V^2}$ 에서 $\%Z \propto \dfrac{1}{V^2}$ 한다.

$x_{P_1} : \dfrac{1}{V_1^{\,2}} = x_{P_2} : \dfrac{1}{V_2^{\,2}}$

$x_{p_1} = x_{p_2} \cdot \dfrac{V_2^{\,2}}{V_1^{\,2}}$

【정답】③

21. 수전용 변전설비의 1차측에 설치하는 차단기의 용량은 다음 중 어느 것에 의하여 정하는가?

① 공급 측의 전원의 크기

② 수전 계약용량

③ 수전전력과 부하율

④ 부하 설비용량

|정|답|및|해|설|

[단락 용량] $P_s = \dfrac{100}{\%Z}P_n[MVA]$

1차 측에 시술하는 차단기 용량은 기준용량, 1차 측 공급전압으로 정해야 한다.　　【정답】①

22. 154/22.9[kV], 40[MVA] 3상 변압기 %리액턴스가 14[%]라면 고압 측으로 환산한 리액턴스는 몇 [Ω]인가?

① 95　　② 83

③ 75　　④ 61

|정|답|및|해|설|

[%리액턴스] $\%X = \dfrac{P_n \cdot X}{10 V^2}$

$X = \dfrac{10 V^2 \cdot \%X}{P_n} = \dfrac{10 \times 154^2 \times 14}{40 \times 10^3} = 83[\Omega]$

【정답】②

23. 한류 리액터를 사용하는 가장 큰 목적은?

① 충전전류의 제한

② 접지전류의 제한

③ 누설전류의 제한

④ 단락전류의 제한

|정|답|및|해|설|

[리액터] 한류 리액터는 단락 전류를 제한하여 차단기 용량을 경감할 수 있다.

【정답】④

24. 그림과 같은 3상발전기가 있다. a상이 지락한 경우 지락전류는 얼마인가? (단, Z_0 : 영상 임피던스, Z_1 : 정상 임피던스, Z_2 : 역상 임피던스이다.)

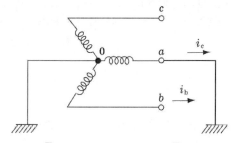

① $\dfrac{E_a}{Z_0 + Z_1 + Z_2}$ ② $\dfrac{3E_a}{Z_0 + Z_1 + Z_2}$

③ $\dfrac{2Z_0 E_a}{Z_0 + Z_1 + Z_2}$ ④ $\dfrac{2Z_2 E_a}{Z_1 + Z_2}$

|정|답|및|해|설|⋯⋯⋯⋯⋯⋯⋯⋯⋯⋯⋯⋯⋯

[1선 지락시 지락전류]

$$I_g = I_0 + I_1 + I_2 = 3I_0 = \dfrac{3E_a}{Z_0 + Z_1 + Z_2}$$ 【정답】②

25. 선간 단락 고장을 대칭 좌표법으로 해석할 경우 필요한 것은?

① 정상 임피던스도 및 역상 임피던스도
② 정상 임피던스도
③ 정상 임피던스도 및 영상 임피던스도
④ 역상 임피던스도 및 영상 임피던스도

|정|답|및|해|설|⋯⋯⋯⋯⋯⋯⋯⋯⋯⋯⋯⋯⋯

[대칭 좌표법] 선간 단락 시 영상분 =0이고 정상분과 역상분에 의해서 해석할 수 있다. 즉, $V_1 = V_2$, $V_0 = Z_0 = 0$이다.

$$Z_1 = -Z_2 = \dfrac{E}{Z_1 + Z_2}$$

【정답】①

26. 3상 동기 발전기 단자에서의 고장 전류 계산 시 영상 전류 $\dot{I}_0$, 정상 전류 $\dot{I}_1$ 및 역상전류 $\dot{I}_2$가 같은 경우는?

① 1선 지락   ② 2선 지락
③ 선간 단락   ④ 3상 단락

|정|답|및|해|설|⋯⋯⋯⋯⋯⋯⋯⋯⋯⋯⋯⋯⋯

[대칭 좌표법]
· $I_0 = I_1 = I_2$: 1선 지락 사고
· $V_0 = V_1 = V_2$: 2선 지락 사고   【정답】①

27. 송전선로의 고장 전류 계산에서 변압기의 결선 상태(△-△, △-Y, Y-△, Y-Y)와 중성점 접지 상태(접지 또는 비접지, 접지 시에는 접지 임피던스 값)을 알아야 할 경우는?

① 3상 단락   ② 선간 단락
③ 1선 접지   ④ 3선 단선

|정|답|및|해|설|⋯⋯⋯⋯⋯⋯⋯⋯⋯⋯⋯⋯⋯

[대칭 좌표법] 1선 지락 계산 시 영상, 정상, 역상 임피던스를 알아야 한다.   【정답】③

28. 그림과 같은 회로의 영상, 정상, 역상 임피던스 Z_0, Z_1, Z_2는?

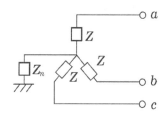

① $Z_0 = Z + 3Z_n$, $Z_1 = Z_2$, $Z_2 = Z$

② $Z_0 = 3Z + Z_n$, $Z_1 = 3Z$, $Z_2 = Z$

③ $Z_0 = 3Z_n$, $Z_1 = Z$, $Z_2 = 3Z$

④ $Z_0 = Z + Z_n$, $Z_1 = Z_2 = Z + 3Z_n$

|정|답|및|해|설|
[대칭 좌표법] 영상 임피던스(Z_0)는 $Z_0 = Z + 3Z_n$
정상 임피던스와 역상 임피던스는 변압기와 선로가 정지 상태
이므로 같다.
$\therefore Z_1 = Z_2 = Z$ 【정답】①

29. 3상 교류 발전기가 운전 중 2상이 단락되었을 경우 발생하는 현상에서 옳은 것은?

① 세 대칭분 전압은 서로 같다.
② 세 대칭분 전류는 서로 같다.
③ 단락된 상의 전압은 개방상 단자전압의 $\frac{1}{2}$이다.
④ 개방상의 단자전압은 단락상 단자전압의 $\frac{1}{2}$이다.

|정|답|및|해|설|
[단자전압]
V_a 개방, V_b, V_c 단락이면

$$V_a = \frac{2Z}{Z_1 + Z_2} E_a, \ V_b = V_c = -\frac{Z_1}{Z_1 + Z_2} E_a$$
【정답】③

30. 3상 단락사고가 발생한 경우 다음 중 옳지 않은 것은? (단, V_0 : 영상전압, V_1 : 정상전압, V_2 : 역상전압, I_0 : 영상전류, I_1 : 정상전류, I_2 역상전류이다.)

① $V_2 = V_0 = 0$ 　② $V_2 = I_2 = 0$
③ $I_2 = I_0 = 0$ 　④ $I_1 = I_2 = 0$

|정|답|및|해|설|
[단락사고] 3단 단락이면 정상분만 존재하므로 $I_1 \neq 0$이다.
【정답】④

31. 평형 3상 송전선에서 보통의 운전 상태인 경우 중성점 전위는 항상 얼마인가?

① 0 　　　② 5
③ 10 　　 ④ 15

|정|답|및|해|설|
[중성점 전위] 평형상태에서 중성점 전위는 항상 0이다.
【정답】①

32. 송전선로에서 가장 많이 발생하는 사고는?

① 단선사고 　　 ② 단락사고
③ 지지물 전복사고 ④ 지락사고

|정|답|및|해|설|
송전선로에 가장 빈번한 사고는 1선 지락사고이다.
【정답】④

33. 그림과 같은 회로의 영상, 정상 및 역상 임피던스 Z_0, Z_1, Z_2는?

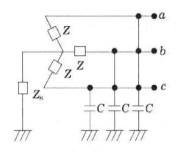

① $Z_0 = \dfrac{Z + 3Z_n}{1 + jw\,C(3Z + Z_n)}$

$Z_1 = Z_2 = \dfrac{Z_n}{1 + jwCZ}$

② $Z_0 = \dfrac{3Z_n}{1 + jw\,C(3Z + Z_n)}$

$Z_1 = Z_2 = \dfrac{3Z_n}{1 + jwCZ}$

③ $Z_0 = \dfrac{Z + Z_n}{1 + jw\,C(Z + Z_n)}$

$Z_1 = Z_2 = \dfrac{Z}{1 + j3w\,CZ_n}$

④ $Z_0 = \dfrac{3Z}{1 + jw\,C(Z + Z_n)}$

$Z_1 = Z_2 = \dfrac{3Z_n}{1 + j3w\,CZ}$

|정|답|및|해|설|..

영상 회로를 등가회로로 그리면

$Z_0 = \dfrac{1}{jwc + \dfrac{1}{Z + 3Z_n}} = \dfrac{Z + 3Z_n}{1 + jwc(Z + 3Z_n)}$

정상회로를 등가회로로 그리면 정상과 역상 임피던스는 송전 선로에서는 같으므로

$Z_1 = Z_2 = \dfrac{1}{jwc + \dfrac{1}{Z}} = \dfrac{Z}{1 + jwcZ}$

【정답】①

34. 단락전류는 다음 중 어느 것을 말하는가?

① 앞선 전류 ② 뒤진 전류

③ 충전 전류 ④ 누설 전류

|정|답|및|해|설|..

[단락전류] 단락 시 흐르는 단락 전류는 저항과 리액턴스가 직렬인 회로이므로 뒤진 전류이다.

【정답】②

35. 다음 그림에서 계기 A가 지시하는 것은?

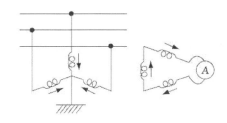

① 정상전압 ② 역상전압

③ 영상전압 ④ 정상전류

|정|답|및|해|설|..

GPT(접지형 계기용 변압기)이므로 비접지 계통에서 영상전압을 얻을 때의 회로도이다.

ⓐ는 ⓥ₀ 영상전압계이다. 【정답】③

36. 다음 그림에서 *친 부분에 흐르는 전류는?

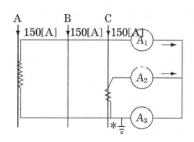

① b상 전류 ② 정상 전류

③ 역상 전류 ④ 영상 전류

|정|답|및|해|설|..

[영상전류] 접지선으로 나가는 전류는 영상전류이다. A_3에는 B상전류가 흐른다. 【정답】④

37. 그림과 같은 3권선 변압기의 2차측에서 1선 지락 사고가 발생하였을 경우 영상 전류가 흐르는 권선은?

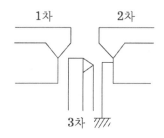

① 1차, 2차, 3차 권선

② 1차, 2차 권선

③ 2차, 3차 권선

④ 1차, 3차 권선

|정|답|및|해|설|

[영상전류] 영상전류는 중성점을 통하여 대지로 흐르며 △권선 내부에는 순환 전류가 흐르나 각상이 동승이면 △외부로 유출하지 못함 　　　　　　　　　　　　　【정답】③

① 1차측 변압기 내부와 1차측 선로에서 반드시 0(zero)이다.

② 1차측 선로에서 반드시 0이다.

③ 1차측 변압기 내부에서는 반드시 0이다.

④ 1차측 선로에서 0이 아닌 경우가 있다.

|정|답|및|해|설|

[영상전류] 영상전류는 1차측 △, 2차측 접지선과 선로이다. 1차측 선로에는 영상전류가 흐르지 않는다.　　【정답】②

---

38. 3상 송전 선로에 변압기가 그림과 같이 Y−△로 결선되어 있고, 1차 측에는 중성점이 접지되어 있다. 이 경우, 전류가 흐르는 곳은?

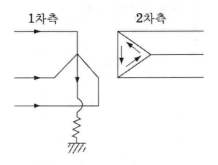

① 1차측 선로

② 1차측 선로 및 접지선

③ 1차측 선로, 접지선 및 △회로 내부

④ 1차측 선로, 접지선 및 △회로 내부 및 2차측 선로

|정|답|및|해|설|

그림의 화살표와 같이 1차측 선로, 접지선 및 2차측 4회로 내부에 순환전류가 흐른다.　　　　　　　　　　【정답】③

---

40. 6.6[kV], 60[Hz] 3상 3선식 비접지식에서 선로의 길이가 10[km]이고 1선의 대지 정전 용량이 0.005[μF/km]일 때 1선 지락시의 고장전류 I_g [A]의 범위로 옳은 것은?

① $I_g < 1$ 　　　　② $1 \leq I_g < 2$

③ $2 \leq I_g < 3$ 　　④ $3 \leq I_g < 4$

|정|답|및|해|설|

[고장전류] 비접지식 전로에서 지락 전류의 크기는 1[A] 미만이 되도록 시설한다. $I_g = 3I_e = 3wCEl[A]$　　　　【정답】①

---

39. 송전 계통의 한 부분이 그림에서와 같이 Y−Y로 3상 변압기가 결선이 되고 1차측은 비접지로 그리고 2차측은 접지로 되어 있을 경우, 영상전류는?

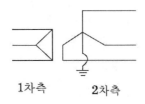

---

41. 송전선로의 정상, 역상 및 영상 임피던스를 각각 Z_1, Z_2 및 Z_0 라 하면, 다음 어떤 관계가 성립되는가?

① $Z_1 = Z_2 = Z_0$ 　　② $Z_1 = Z_2 > Z_0$

③ $Z_1 > Z_2 = Z_0$ 　　④ $Z_1 = Z_2 < Z_0$

|정|답|및|해|설|

송전 선로에서 각상 임피던스는 정상 임피던스(Z_1)와 역상 임피던스(Z_{2k})는 항상 동일하며 영상 임피던스(Z_0)는 항상 크다.　　　　　　　　　　　　　【정답】④

42. 다음 말에서 옳은 것은?

① %임피던스는 %리액턴스보다 크다.

② 전기 기계의 %임피던스가 크면 차단기의 용량도 커진다.

③ 터빈 발전기 %임피던스는 수차 발전기의 %임피던스보다 적다.

④ 직렬 리액터는 %임피던스를 적게 하는 작용이 있다.

|정|답|및|해|설|
[%임피던스] $\%Z = \%R + j\%X$
$|\%Z| = \sqrt{\%R^2 + \%X^2}$ ∴ $\%Z > \%X$

【정답】 ①

43. 그림과 같은 3상 선로의 각 상(phase)선의 자기 인덕턴스를 L[H], 상호인덕턴스를 M[H], 전원 주파수를 f[Hz]라 할 때 영상 임피던스 Z_0[Ω]은? (단, 선로의 저항은 R[Ω]이다.)

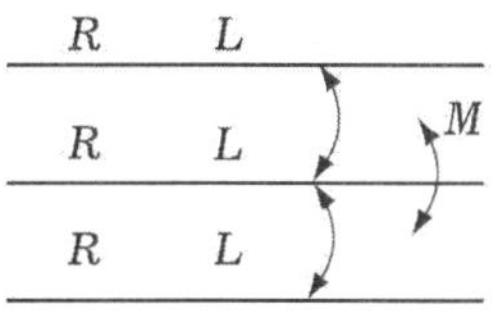

① $Z_0 = R + j2\pi f(L - M)$

② $Z_0 = R + j2\pi f(L + M)$

③ $Z_0 = R + j2\pi f(L + 2M)$

④ $Z_0 = R + j2\pi f(L - 2M)$

|정|답|및|해|설|
[영상 임피던스] 각상에 영상전류가 흐를 때 a상의 전압강하 e, 자기 리액턴스 jwL, 상호 리액턴스 jwM 일 때
$e = (R + jwX)I_0 + jwMI_0 + jwMI_0$
$\quad = R + jw(L + 2M)I_0 = Z_0 I_0$
$Z_0 = R + jw(L + 2M)$ [Ω]
∴ 영상 임피던스 $Z_0 = R + j2\pi f(L + 2M)$

【정답】 ③

44. 다음 중 옳은 것은?

① 터빈 발전기의 %임피던스는 수차의 %임피던스보다 적다.

② 전기 기계의 %임피던스가 크면 차단 용량이 작아진다.

③ %임피던스는 %리액턴스보다 작다.

④ 직렬 리액터는 %임피던스를 적게 하는 작용이 있다.

|정|답|및|해|설|
[단락용량] $P_s = \dfrac{100}{\%Z} P_n$ [KVA] ∴ $P_s \propto \dfrac{1}{\%Z}$
∴ %Z가 크면 단락용량 P_s가 작아진다.

【정답】 ②

유도장해와 안정도

01 유도장해

(1) 유도장해의 의미와 종류

① 의미 : 유도 장해는 전력선에 근접하는 통신선이 전력선에서 받는 유도 전압에 의하여 통신회선에 잡음이 생기거나, 통신선과 대지 간에 위험 전압이 생기거나 하면 발생한다.

② 종류 : 유도장해의 종류에는 정전 유도장해, 전자 유도장해, 고주파 유도장해 등이 있다.

(2) 정전 유도 장해

· 전력선과 통신선과의 상호 정전용량(C_m)에 의해 평상시 발생한다.

· 정전유도에 의해 영상전압이 발생한다.

· 길이에 무관

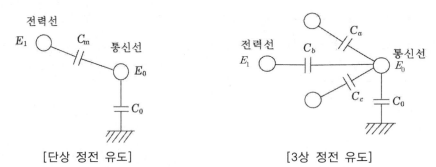

[단상 정전 유도]   [3상 정전 유도]

① 단상 정전 유도전압 $E_0 = \dfrac{C_m}{C_m + C_0} E_1 [V]$ → (전압이 크면 통신선에 장해를 준다.)

여기서, C_m : 전력선과 통신선 간의 정전용량, C_0 : 통신선의 대지 정전용량

E_1 : 전력선의 전위(대지 전압)

② 3상 정전 유도전압 $E_0 = \dfrac{3C_m}{C_0 + 3C_m} E_1 [V]$

③ 정전 유도장해 경감 대책 : 송전 선로를 연가하여 선로 정수를 평형화시킨다.

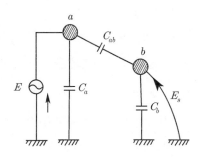

핵심기출 【기사】 12/3　【산업기사】 12/3 16/2

전력선 a의 충전전압을 E, 통신선 b의 대지정전용량을 C_b, $a-b$ 사이의 상호 정전용량을 C_{ab}라고 하면 통신선 b의 정전 유도전압 E_s는?

① $\dfrac{C_{ab}+C_b}{C_b} \times E$

② $\dfrac{C_{ab}+C_b}{C_{ab}} \times E$

③ $\dfrac{C_b}{C_{ab}+C_b} \times E$

④ $\dfrac{C_{ab}}{C_{ab}+C_b} \times E$

정답 및 해설 [정전 유도 전압] $E_s = \dfrac{C_{ab}}{C_{ab}+C_b}E$ 　　　【정답】 ④

(3) 전자 유도장해

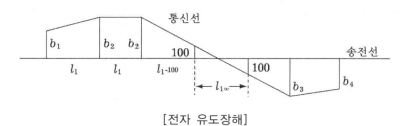

[전자 유도장해]

전자 유도장해는 전력선과 통신선과의 상호 인덕턴스(M)에 의해 발생하며 지락사고 시 영상전류에 의해 발생한다. 선로와 통신선의 병행 길이에 비례한다.

전자 유도 전압 $E_m = -jwMl(I_a+I_b+I_c) = -jwMl \times 3I_0\,[V]$

여기서, l : 전력선과 통신선의 병행 길이[km], $3I_0$: $3\times$영상전류(=기유도 전류=지락 전류)

　　　　M : 전력선과 통신선과의 상호 인덕턴스, $I_a,\ I_b,\ I_c$: 각 상의 불평형 전류

　　　　w : 각주파수($=2\pi f$)

[카손 폴라잭크식(Carson–Pollaczek)]

대지 귀로전류에 기초를 둔 자기 및 상호 인덕턴스를 구하는 식으로 유도전압 예측 계산의 기본식이다.

$V = \sum wM \cdot l \cdot K \cdot I$

w : 각 주파수($2\pi f$), M : 전력선과 통신선간의 단위 거리당 상호 인덕턴스[H/km], l : 전력선과 통신선의 병행 거리[km]

K : 각종 차폐계수, I : 기유도 전류값[A]

(4) 유도장해 방지 대책

① 전력선 측 대책

- 차폐선 설치 (유도장해를 30~50[%] 감소)
- 연가를 충분히 한다.
- 소호 리액터의 채택
- 중성점의 접지 저항값을 크게 한다.
- 고속도 차단기 설치
- 케이블을 사용 (전자유도 50[%] 정도 감소)
- 송전선로를 통신선으로부터 멀리 이격시킨다.

② 통신선 측 대책

- 통신선의 도중에 배류코일(절연 변압기)을 넣어서 구간을 분할한다(병행길이의 단축).
- 연피 통신 케이블 사용(상호 인덕턴스 M의 저감)
- 성능이 우수한 피뢰기의 사용(유도 전압의 저감)

핵심기출 【기사】 09/1 13/3 16/3

통신선과 평행된 주파수 60[Hz]의 3상 1회선 송전선에서 1선 지락으로 영상 전류가 100[A] 흐르고 있을 때 통신선에 유기되는 전자 유도 전압은 약 몇 [V]인가? (단, 영상 전류는 송전선 전체에 걸쳐 같으며, 통신선과 송전선의 상호 인덕턴스는 0.05[mH/Km]이고, 양 선로의 병행 길이는 50[km]이다.)

① 162[V]

② 192[V]

③ 242[V]

④ 283[V]

정답 및 해설 [전자 유도 전압] $E_m = jwMl(3I_0) = 2\pi \times 60 \times 0.05 \times 10^{-3} \times 50 \times 3 \times 100 ≒ 283[V]$

【정답】④

---

(5) 차폐선의 효과

차폐선은 유도장해를 30~50% 경감하는 효과가 있다.

여기서, I_0 : 전력선의 유도전류

Z_{12} : 전력선과 통신선 간의 상호 임피던스

Z_{1s} : 전력선과 차폐선 간의 상호 임피던스

Z_{2s} : 통신선과 차폐선 간의 상호 임피던스

Z_s : 차폐선의 자기 임피던스

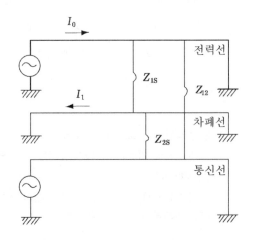

① 통신선에 유도되는 전압 $V_s = -Z_{12}I_0 + Z_{2s}I_1 = -Z_{12}I_0 + Z_{2s}\dfrac{Z_{1s}I_0}{Z_s}$

$$= -Z_{12}I_0\left(1 - \frac{Z_{1s}Z_{2s}}{Z_sZ_{12}}\right) = -Z_{12}I_0\lambda$$

여기서, I_0 : 전력선의 영상전류, I_1 : 차폐선의 유도전류

λ : 저감계수(차폐계수) ($\lambda = \left| 1 - \dfrac{Z_{1s}Z_{2s}}{Z_sZ_{12}} \right|$)

② 차폐선이 전력선과 근접해 있으면 $Z_{12} \fallingdotseq Z_{2s}$ 이므로 $\lambda' = \left| 1 - \dfrac{Z_{1s}}{Z_s} \right|$

③ 차폐선이 통신선과 근접해 있으면 $Z_{1s} \fallingdotseq Z_{12}$ 이므로 $\lambda'' = \left| 1 - \dfrac{Z_{2s}}{Z_s} \right|$

핵심기출 【기사】 11/1 14/2 18/1

그림과 같이 전력선과 통신선 사이에 차폐선을 설치하였다. 이 경우에 통신선의 차폐계수(K)를 구하는 관계식은? (단, 차폐선을 통신선에 근접하여 설치한다.)

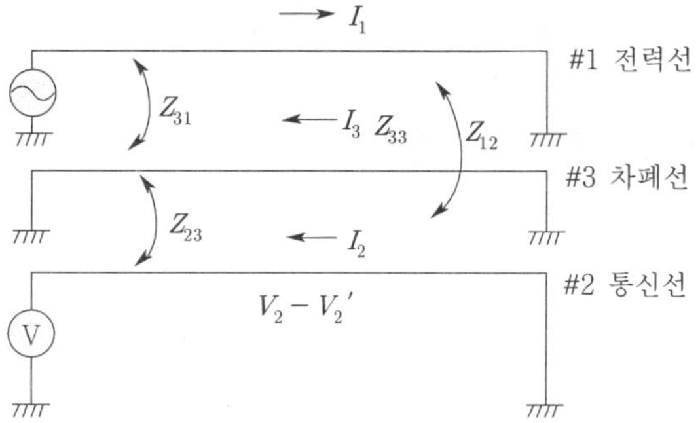

① $K = 1 + \dfrac{Z_{31}}{Z_{12}}$

② $K = 1 - \dfrac{Z_{31}}{Z_{33}}$

③ $K = 1 - \dfrac{Z_{23}}{Z_{33}}$

④ $K = 1 + \dfrac{Z_{23}}{Z_{33}}$

정답 및 해설 [차폐선] $V_2 = -Z_{12}I_o + Z_{2s}I_s = -Z_{12}I_o + Z_{2s}\dfrac{Z_{1s}I_o}{Z_s} = -Z_{12}I_o\left(1 - \dfrac{Z_{1s}Z_{2s}}{Z_sZ_{12}}\right)$

차폐계수 $K = 1 - \dfrac{Z_{1s}Z_{2s}}{Z_sZ_{12}} = 1 - \dfrac{Z_{31}Z_{23}}{Z_{33}Z_{12}}$

차폐선을 통신선에 근접하여 설치하면 $Z_{12} \fallingdotseq Z_{31}$ 이므로

차폐계수 $K = 1 - \dfrac{Z_{23}}{Z_{33}}$

【정답】③

02 전력계통의 안정도

(1) 안정도란?

계통이 주어진 운전 조건하에서 안정하게 운전을 계속할 수 있는 능력

종류는 정태 안정도, 동태 안정도, 과도 안정도가 있다.

(2) 안정도의 종류

① 정태안정도 : 전력계통에서 극히 완만한 부하 변화가 발생하더라도 안정하게 계속적으로 송전할 수 있는 정도

바그너의 식 $\tan\delta = \dfrac{M_G + M_m}{M_G - M_m}\tan\beta$

여기서, δ : 정태 안정 극한의 상차각, β : 송전계통의 전 임피던스의 위상차각

M_G : 발전기의 관성 정수, M_m : 전동기의 관성 정수

② 동태안정도 : 고속자동전압조정기(AVR)로 동기기의 여자 전류를 제어할 경우의 정태 안정도

③ 과도안정도 : 계통에 갑자기 고장사고(지락, 단락, 재폐로)와 같은 급격한 외란이 발생 하였을 때에도 탈조하지 않고 새로운 평형 상태를 회복하여 송전을 계속 할 수 있는 능력

(3) 안정도에 관한 공식

① 송전전력 $P = \dfrac{V_s V_r}{X}\sin\delta\,[\text{MW}]$

여기서, δ : 송전단전압(V_s)과 수전단전압(V_r)의 상차각

② 최대 송전전력 $P_m = \dfrac{V_s V_r}{X}\,[\text{MW}]$

(4) 안정도 향상 대책

① 계통의 직렬 리액턴스(X)를 작게

· 발전기나 변압기의 리액턴스를 작게 한다.

· 선로의 병행 회선수를 늘리거나 복도체 또는 다도체 방식을 사용

· 직렬 콘덴서를 삽입하여 선로의 리액턴스를 보상한다.

② 계통의 전압 변동률을 작게(단락비를 크게)

→ 속응 여자 방식 채용, 계통의 연계, 중간 조상 방식, 단락비가 큰 발전기 사용

③ 고장 전류를 줄이고 고장 구간을 신속 차단

→ 적당한 중성점 접지 방식, 고속 차단 방식, 재폐로 방식

④ 고장 시 발전기 입·출력의 불평형을 작게

⑤ 계통 접지방식을 고저항 접지 및 소호 리액터 접지방식으로 채용

단원 핵심 체크

01 정전 유도 장해는 상호 (①), 전자 유도 장해는 상호 (②)에 의해 발생된다.

02 전자 유도 장해는 전력선에 (①)이 흐를 때 발생하며, 선로의 길이에 (②)한디.

03 유도 장해를 방지하기 위한 전력선 측의 대책으로 송전 선로와 통신선과의 이격 거리를 ( )한다.

04 유도 장해의 방지책으로 차폐선을 이용하면 유도 전압을 ( )[%] 정도 줄일 수 있다.

05 송전선이 통신선에 미치는 유도 장해를 억제 및 제거하기 위해 중성점의 접지 저항값을 ( ) 한다.

06 전력 계통의 안정도 향상 대책으로 발전기나 변압기의 리액턴스를 ( ) 한다.

07 정상적으로 운전하고 있는 전력계통에서 서서히 부하를 조금씩 증가 했을 경우 안정 운전을 지속할 수 있는 능력을 ( )라고 한다.

08 송전계통의 안정도 향상 대책으로 발전기의 단락비를 ( ) 한다.

정답

(1) ① 정전용량, ② 인덕턴스   (2) ① 영상전압, ② 비례   (3) 크게

(4) 30~50   (5) 크게   (6) 작게

(7) 정태안정도   (8) 크게

적중 예상문제

1. 전력선 a의 충전 전압을 E, 통신선 b의 대지 정전 용량을 C_b, ab 사이의 상호 정전 용량을 C_{ab}라고 하면 통신선 b의 정전 유도 전압 E_s는?

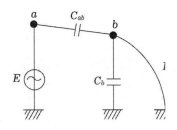

① $\dfrac{C_{ab}+C_b}{C_b}E$ ② $\dfrac{C_{ab}+C_a}{C_{ab}}E$

③ $\dfrac{C_b}{C_{ab}+C_b}E$ ④ $\dfrac{C_{ab}}{C_{ab}+C_b}E$

|정|답|및|해|설|...........

[정전 유도전압] $E_s = \dfrac{C_{ab}}{C_{ab}+C_b} \times E [\text{V}]$ 【정답】④

2. 그림에서와 같이 b 및 c상의 대지 정전 용량은 각각 C, a상의 정전 용량은 없고(0) 선간 전압은 V라 할 때, 중성점과 대지 사이의 잔류전압 E_n은? (단, 선로의 직렬 임피던스는 무시한다.)

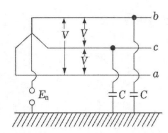

① $\dfrac{V}{2}$ ② $\dfrac{V}{\sqrt{3}}$

③ $\dfrac{V}{2\sqrt{3}}$ ④ $2V$

|정|답|및|해|설|...........

[중성점 잔류전압]

$$E_n = \frac{\sqrt{C_a(C_a-C_b)+C_b(C_b-C_c)+C_c(C_c-C_a)}}{C_a+C_b+C_c} \times \frac{V}{\sqrt{3}}$$

$C_a = 0$, $C_b = C_c = C$라고 했으므로

$$\therefore E_n = \frac{\sqrt{C^2}}{C+C} \times \frac{V}{\sqrt{3}} = \frac{C}{2C} \times \frac{V}{\sqrt{3}} = \frac{V}{2\sqrt{3}}[V]$$

【정답】③

3. 3상 송전선로의 각 상의 대지 정전 용량을 C_a, C_b 및 C_c라 할 때, 중성점 비접지시의 중성점과 대지간의 전압은? (단, E는 a상 전원 전압이다.)

① $\dfrac{\sqrt{C_a(C_a-C_b)+C_b(C_b-C_a)}}{C_a+C_b+C_c} + C_c(C_a-C_b)} E$

② $\dfrac{\sqrt{C_aC_b+C_bC_c+C_cC_a}}{C_a+C_b+C_c} E$

③ $\dfrac{\sqrt{C_a(C_a-C_b)+C_b(C_b-C_c)+C_c(C_c-C_a)}}{C_a+C_b+C_c} E$

④ $(C_a+C_b+C_c)E$

|정|답|및|해|설|...........

[중성점 잔류전압] 3상 송전선로에서 보통의 운전 상태에서는 중성점의 전위는 영이 되고 중성점을 접지시켜도 중성점에서는 대지로 전류가 흐르지 않는다. 그러나 실제의 송전선로는 각상의 대지정전용량이 균등하게 분포되지 않기 때문에 각상의 대지전위는 평형삼상대지전압이 되지 않아 중성점은 약간의 전위를 갖는다.

【정답】③

4. 그림에서 통신선 n에 유도되는 정전 유도전압은? (단, 전력선의 대칭 전압을 V_0, V_1, V_2라 하고 상순은 $a-b-c$라 한다.)

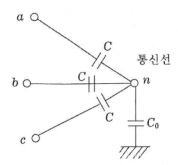

① $\dfrac{3CV_0}{3C+C_0}$ ② $\dfrac{3C_0 V_1}{C+3C_0}$

③ $\dfrac{\sqrt{3}\,CV_2}{C+C_0}$ ④ $\dfrac{\sqrt{3}\,C_0 V_0}{C+3C_0}$

|정|답|및|해|설|

[3상 정전유도전압] $V=\dfrac{3C}{3C+C_0}\cdot V_0[V]$

【정답】①

5. 3상 송전선로와 통신선이 병행되어 있는 경우에 통신 유도 장해로서 통신선에 유도되는 정전 유도 전압은?

① 통신선의 길이에 비례한다.
② 통신선의 길이의 자승에 비례한다.
③ 통신선의 길이에 반비례한다.
④ 통신선의 길이에 관계없다.

|정|답|및|해|설|

[정전 유도 장해] 정전 유도 전압은 영상전압에 의해 생기며 $E_s=\dfrac{C_{ab}}{C_{ab}+C_b}E$이므로 통신선과 길이에 무관하다.

【정답】④

6. 송전선로에 근접한 통신선에 유도 장해가 발생하였다. 정전유도의 원인은?

① 영상 전압 (V_0) ② 역상 전압 (V_2)
③ 역상 전류 (I_2) ④ 정상 전류 (I_1)

|정|답|및|해|설|

[정전 유도 장해] 정전유도의 원인은 영상 전압(E_0)이고 통신선과의 병행길이에 무관하다.

【정답】①

7. 송전선로에 근접한 통신선에 유도장해가 발생하였다. 이때 전자유도의 원인은?

① 역상 전압 (V_2) ② 정상 전압 (V_1)
③ 정상 전류 (I_1) ④ 영상 전류 (I_0)

|정|답|및|해|설|

[전자 유도 장해] 전자 유도의 원인은 영상 전류(I_0)이며 통신선과의 병행길이에 비례한다.

【정답】④

8. 전력선과 통신선과의 상호 인덕턴스에 의하여 발생되는 유도장해는?

① 정전 유도 장해 ② 전자 유도 장해
③ 고조파 유도 장해 ④ 전력 유도 장해

|정|답|및|해|설|

[전자 유도 장해] 정전 유도는 상호 정전용량, 전자 유도는 상호 인덕턴스에 의해 발생된다.

【정답】②

9. 통신선과 평행인 주파수 60[Hz]의 3상 1회선 송전선에서 1선 지락으로 (영상 전류가 100[A] 흐르고)있을 때 통신선에 유기되는 전자 유도 전압은? (단, 영상전류는 송전선 전체에 걸쳐 같으며 통신선과 송전선의 상호 인덕턴스는 0.05[mH/km]이고 그 평행길이는 50[km]이다.)

① 162[V] ② 192[V]

③ 242[V] ④ 283[V]

|정|답|및|해|설|

[전자 유도 전압] $E_m = jwMl(I_a + I_b + I_c) = jwMl(3I_0)$[V]

$E_m = j \times 2\pi \times 60 \times 0.05 \times 10^{-3} \times 50 \times (3 \times 100) = 283$[V]

【정답】④

10. 3상 송전선의 각 선의 전류가 $I_a = 220 + j50$[A] $I_b = -150 - j300$[A], $I_c = -50 + j150$[A]일 때 이것과 병행으로 가설된 통신선에 유기되는 전자 유기 전압의 크기는 약 몇 [V]인가? (단, 송전선과 통신선 사이의 상호 임피던스는 약 15[Ω]이다.)

① 510 ② 1020

③ 1530 ④ 2040

|정|답|및|해|설|

[전자 유도전압] $E_m = jwMl(I_a + I_b + I_c)$

$E_m = 15 \times (220 + j50 - 150 - j300 - 50 + j150)$

$= 15(20 - j100) = 1530$[V]   【정답】③

11. 전력선 측의 유도 장해 방지 대책이 아닌 것은?

① 전력선과 통신선의 이격 거리 증대

② 전력선의 연가를 충분히 한다.

③ 배류 코일을 사용한다.

④ 차폐선을 설치한다.

|정|답|및|해|설|

[전력선 측의 유도 장해 방지대책]

·전력선을 케이블화 한다.

·전력선과 통신선의 이격거리를 크게 한다.

·충분한 연가를 시행한다.

·소호 리액터 및 고저항 접지방식을 채용한다.

·차폐선을 설치한다(30 ~ 50[%] 경감).

※배류 코일은 통신선 측 대책이다.

【정답】③

12. 통신 유도 장해 방지 대책의 일환으로 전자 유도 전압을 계산함에 이용 되는 인덕턴스 계산식은?

① Peek식

② Peterson 식

③ Carson-Pollaczek 식

④ Still 식

|정|답|및|해|설|

[카손 폴라잭크(Carson-Pollaczek) 식] 대지 귀로 전류에 기초를 둔 자기 및 상호 인덕턴스를 구하는 식 유도전압 예측 계단의 기본식이다.   【정답】③

13. 유도 장해를 방지하기 위한 전력선 측의 대책으로 옳지 않은 것은?

① 소호 리액터를 채용한다.

② 차폐선을 설치한다.

③ 중성점 전압을 가능한 한 높게 한다.

④ 중성점 접지에 고저항을 넣어서 지락 전류를 줄인다.

|정|답|및|해|설|

[유도 장해 방지 대책(전력선 측)]

③ 중성점 전압을 0전위가 되게 해야 한다.

【정답】③

14. 전력선과 통신선, 전력선과 차폐선 및 차폐선과 통신선 사이의 상호 임피던스를 각각 Z_{12}, Z_{1s}, Z_{2s}라 하고 차폐선 자기 임피던스를 Z_s라 할 때 저감 계수는?

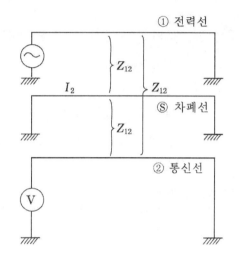

① $\left| 1 - \dfrac{Z_{1s}Z_{2s}}{Z_s Z_{12}} \right|$
② $\left| 1 - \dfrac{Z_{12}Z_{1s}}{Z_s Z_{12}} \right|$

③ $\left| 1 - \dfrac{Z_s Z_{2s}}{Z_{12}Z_{1s}} \right|$
④ $\left| 1 - \dfrac{Z_s Z_{12}}{Z_{1s}Z_{2s}} \right|$

|정|답|및|해|설|.....

[저감계수 (차폐계수)] $\lambda = \left| 1 - \dfrac{Z_{1s}Z_{2s}}{Z_s Z_{12}} \right|$

· 차폐선이 전력선과 근접해 있으면 $Z_{12} \fallingdotseq Z_{2s}$이므로

$\lambda = \left| 1 - \dfrac{Z_{1s}}{Z_s} \right|$

· 차폐선이 통신선과 근접해 있으면 $Z_{1s} \fallingdotseq Z_{12}$이므로

$\lambda' = \left| 1 - \dfrac{Z_{2s}}{Z_s} \right|$

【정답】①

15. 유도장해의 방지책으로 차폐선을 사용하면 유도전압을 얼마정도 줄일 수 있는가?

① 10 ～ 20[%]
② 30 ～ 50[%]

③ 70 ～ 80[%]
④ 80 ～ 90[%]

|정|답|및|해|설|.....

[차폐선] 차폐선측 대책으로 매우 유용하며 유도전압을 30~50[%] 경감시킬 수 있다.
【정답】②

16. 조상(調相)설비라고 할 수 없는 것은?

① 분로 리액터
② 동기 조상기

③ 비동기 조상기
④ 상순표시기

|정|답|및|해|설|.....

[상순 표시기] 통용되는 명칭으로 상회전계, 검상계, 위상계 혹은 Phase Rotation Indicator라고도 하며, 3상회로의 상회전 방향을 표시하는 계기로 전압용과 전류용이 있으며 원리상 3상 유도 전압식 전구와 콘덴서식으로 구분한다.
【정답】④

17. 송전선로의 안정도 향상 대책과 관계가 없는 것은?

① 속응 여자 방식 채용

② 재폐로 방식의 채용

③ 역률의 신속한 조정

④ 리액턴스 조정

|정|답|및|해|설|.....

[안정도 향상 대책]
1. 전달(직렬) 리액턴스를 적게 한다.
  · 발전기의 단락비를 크게 한다.
  · 선로의 병행회선수를 증가시키거나 복도체 방식채용
  · 선로 중간에 직렬 콘덴서를 설치한다.
2. 전압 변동을 적게 한다.
  · 속응 여자 방식 채용한다.
  · 계통의 연계한다.
  · 중간 조상 방식을 채택한다.
3. 고장시 고장전류 억제 및 고장시간 단축으로 계통에 주는 충격을 적게 한다.
  · 적당한 중성점 접지 방식을 채용한다.
  · 고속도 차단 방식을 채용한다.
  · 재폐로 방식을 채용한다.

※안정도 향상과 역률과는 관계가 없다.
【정답】③

18. 송전선로의 안정도 향상 대책이 아닌 것은?

① 병행 2회선이나 복도체 방식을 채용

② 속응 여자 방식을 채용

③ 계통의 직렬 리액턴스를 증가

④ 고속도 차단기의 이용

|정|답|및|해|설|

[안정도 향상 대책]

·발전기의 단락비를 크게 한다.

·선로의 병행회선수를 증가시키거나 복도체 방식채용

·선로 중간에 직렬 콘덴서를 설치한다.

·전달(직렬) 리액턴스를 적게 한다.

【정답】③

19. 다음은 전력계통의 안정도 향상 대책과 관련된 말이다. 옳은 것은?

① 송전계통의 전달 리액턴스를 증가시킨다.

② 재폐로 방식(Reclosing Method)을 채택한다.

③ 전원측 원동기용 조속기의 부동 시간을 크게 한다.

④ 고장을 줄이기 위해 각 계통을 분리시킨다.

|정|답|및|해|설|

[안정도 향상 대책] 고장시 고장전류 억제 및 고장시간 단축으로 계통에 주는 충격을 적게 한다.

·적당한 중성점 접지 방식을 채용한다.

·고속도 차단 방식을 채용한다.

·재폐로 방식을 채용한다.

【정답】②

20. 송전계통의 안정도의 증진방법으로 틀린 것은?

① 직렬 리액턴스를 작게 한다.

② 중간 조상방식을 채용한다.

③ 계통을 연계한다.

④ 원동기의 조속기 동작을 느리게 한다.

|정|답|및|해|설|

[안정도 향상 대책] 발전에 입출력 불평형을 작게 해야 하므로 조속기 동작이 느리면 폐쇄 시간이 길어서 안 된다.

【정답】④

21. 송전계통의 안정도 향상 책으로 옳지 않은 것은?

① 계통을 연계한다.

② 발전기의 단락비를 작게 한다.

③ 발전기, 변압기의 리액턴스를 작게 한다.

④ 직렬 콘덴서로 선로의 리액턴스를 보상한다.

|정|답|및|해|설|

[안정도 향상 대책] 단락비를 크게하면 전압 변동률이 작아지고 안정도가 향상한다.

【정답】②

22. 전력계통의 안정도 향상면에서 좋지 않은 것은?

① 선로 및 기기의 리액턴스를 낮게 한다.

② 고속도 재폐로 차단기를 채용한다.

③ 중성점 직접 접지 방식을 채용한다.

④ 고속도 AVR을 채용한다.

|정|답|및|해|설|

[안정도 향상 대책] 고장시 고장 전류 억제 및 고장 시간 단축으로 계통에 주는 충격을 적게 한다.

·적당한 중성점 접지 방식을 채용한다.

·고속도 차단 방식을 채용한다.

·재폐로 방식을 채용한다.

※ 중성점 직접 접지 방식은 처리해야 할 직접전류가 커서 안정도가 좋지 않다.

【정답】③

23. 송전선의 안정도를 증진시키는 방법 중 틀린 것은?

① 선로의 회선수 감소

② 재폐로 방식의 채용

③ 속응 여자 방식의 채용

④ 리액턴스 감소

|정|답|및|해|설|

[안정도 향상 대책]

·발전기의 단락비를 크게 한다.

·선로의 병행 회선수를 증가시키거나 복도체 방식채용

·선로 중간에 직렬 콘덴서를 설치한다.

·전달(직렬) 리액턴스를 적게 한다.

【정답】①

24. 다음 사항 중 전력계통의 안정도 향상 대책이라 볼 수 없는 것은 어느 것인가?

① 직렬 콘덴서 설치

② 병렬 콘덴서 설치

③ 중간 개폐소 설치

④ 고속차단, 재폐로 방식 채용

|정|답|및|해|설|

[안정도 향상 대책] 안정도의 향상을 위해서는 중간 개폐소가 아니라 중간 조상 방식을 개체해야 한다.

【정답】③

25. 중간 조상 방식(Intermediate Phase Modif ying System)이란?

① 송전선로의 중간에 동기 조상기 연결

② 송전선로의 중간에 직렬 전력 콘덴서 삽입

③ 송전선로의 중간에 병렬 전력 콘덴서 연결

④ 송전선로의 중간에 개폐소 설치, 리액터 와 전력 콘덴서 병렬연결

|정|답|및|해|설|

중간 조상 방식은 선로 중간에 동기 조상기를 연결하여 무효 전력을 발생시켜 선로의 중간에서 전압을 일정하게 유지하는 방법이다.

【정답】①

26. 송전선로의 정상 상태 극한(최대) 송전 전력은 선로 리액턴스와 대략 어떤 관계가 성립하는가?

① 송·수전단 사이의 선로 리액턴스에 비례한다.

② 송·수전단 사이의 선로 리액턴스에 반비례한다.

③ 송·수전단 사이의 선로 리액턴스의 제곱에 비례한다.

④ 송·수전단 사이의 선로 리액턴스의 제곱에 반비례한다.

|정|답|및|해|설|

[송전용량] $P_s = \dfrac{V_s R_s}{X} \sin\delta [\text{MW}]$

$\therefore P_s \propto V_s V_r \propto \dfrac{1}{X}$

【정답】②

27. 교류 발전기의 전압 조정 장치로서 속응 여자 방식을 채택하고 있다. 그 목적에 대한 설명 중 틀린 것은?

① 전력계통의 고장 발생 시, 발전기의 동 기 화력을 증가시킴

② 송전계통의 안정도를 높임

③ 여자기의 저압 상승률을 크게 함

④ 전압 조정용 탭의 수동 변환을 원활히 하기 위하여

|정|답|및|해|설|

[속응 여자 방식] 안정도를 증진시키는 방법 중 전압 변동을 적게 하는 것으로 쓰이는 방법이다. 전력계통 고장 발생 시에 단자전압강하를 보상함으로써 단락전류는 증가하지만 안정도는 증가하게 된다. 역률이 낮은 단락전류에 의해 전기자 반작용이 생겨 급속히 여자전류가 증가하여, 동기 화력을 강하게 하며, 높은 전압과 높은 값의 응답을 갖는 여자기에 의해 빠른 응답을 주는 전압 조정방식을 속응 여자 방식이라 한다.

【정답】④

28. 전력계통 주파수가 기준값보다 증가하는 경우 어떻게 하는 것이 타당한가?

① 발전출력[kW]을 증가시켜야 한다.

② 발전출력[kW]을 감소시켜야 한다.

③ 무효전력[kvar]을 증가시켜야 한다.

④ 무효전력[kvar]을 감소시켜야 한다.

|정|답|및|해|설|

[전력계통 주파수] 주파수가 증가하는 경우는 부하가 감소하고 있는 경우이므로 발전출력을 감소시켜서 일정 주파수를 유지하도록 한다.

【정답】②

29. 전 계통이 연계되어 운전되는 전력계통에서 발전전력이 일정하게 유지되는 경우 부하가 증가하면 계통 주파수는 어떻게 변하는가?

① 주파수도 증가한다.

② 주파수는 감소한다.

③ 전력의 흐름에 따라 주파수가 증가하는 곳도 있고 감소하는 곳도 있다.

④ 부하의 증감과 주파수는 서로 관련이 없다.

|정|답|및|해|설|

[계통 주파수] 발전전력이 일정한 경우 부하가 증가하면 주파수는 감소하게 된다. 따라서 발전전력을 증가시켜서 일정주파수를 유지하도록 해야 한다.

【정답】②

30. 송전단 1개의 동기 발전기를, 수전단에 1개의 동기 전동기를 가진 송전 계통이 있다. 이 계통의 정태 안정도는 다음 식 중 어느 것인가? (단, W_G : 송전단 전동기의 축세량, W_M : 수전단 전동기의 축세량, θ_m : 선로 양단 동기기의 유기 기전력간의 상차각, β_1 : 송·수 양단기기를 포함한 송전계통의 전 임피던스의 위상각이다.)

① $\tan\theta_m = \dfrac{W_G - W_M}{W_G + W_M} \cdot \dfrac{1}{\tan\beta_1}$

② $\tan\theta_m = \dfrac{W_G - W_M}{W_G + W_M} \cdot \tan\beta_1$

③ $\tan\theta_m = \dfrac{W_G + W_M}{W_G + W_M} \cdot \dfrac{1}{\tan\beta_1}$

④ $\tan\theta_m = \dfrac{W_G + W_M}{W_G - W_M} \cdot \tan\beta_1$

|정|답|및|해|설|

[바그너의 식] $\tan\theta_n = \dfrac{W_G + W_M}{W_G - W_M}\tan\beta_1$

【정답】④

31. 과도 안정 극한 전력이란?

① 부하가 서서히 감소할 때의 극한 전력

② 부하가 서서히 증가할 때의 극한 전력

③ 부하가 갑자기 사고가 났을 때의 극한 전력

④ 부하가 변하지 않을 때의 극한 전력

|정|답|및|해|설|

[과도 안정 극한 전력] 과도안정극한 전력은 사고 및 고장시 송전을 계속 할 수 있을 때의 극한 전력을 나타낸다.

【정답】③

중성점 접지방식

01 중성점 접지방식

(1) 중성점 접지방식의 목적

- 대지 전위 상승을 억제하여 절연 레벨 경감
- 뇌, 아크 지락 등에 의한 이상 전압의 경감 및 발생을 방지
- 지락 고장 시 접지계전기의 동작을 확실하게
- 소호 리액터 접지방식에서는 1선 지락시의 아크 지락을 빨리 소멸시켜 그대로 송전을 계속할 수 있게 한다.

(2) 중성점 접지방식의 종류

중성점을 접지하는 접지 임피던스 Z_n의 종류와 크기에 따라 다음과 같이 구분한다.

① 비접지 방식 : 임피던스를 매우 크게 접지 → $(Z_n = \infty)$

② 직접 접지방식 : 임피던스를 작게 접지 → $(Z_n = 0)$

③ 저항 접지방식 : 저항을 통해 접지 → $(Z_n = R)$

④ 소호 리액터 접지 : 인덕턴스로 접지 → $(Z_n = jX_L)$

※ 중성점 접지 방식 중 지락전류의 크기

직접 접지 〉고 저항 접지 〉비접지 〉소호 리액터 접지 순이다.

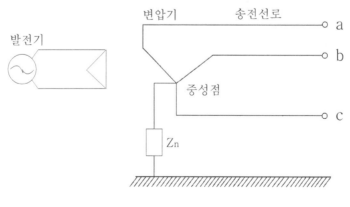

[접지방식의 종류]

(2) 직접접지 방식 (유효접지)

변압기를 Y결선한 후 변압기 중성점과 대지 사이를 도선으로
직접접지하는 방식으로 지락점의 임피던스를 0으로 하여 지락
전류를 최대로 하기 위한 방식

지락전류 크기 $I_g = \dfrac{E}{Z_e}$ → (지락전류 최대)

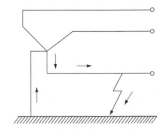

① 유효접지 조건

[직접 접지방식의 계통도]

$$\dfrac{R_0}{X_1} \le 1, \quad 0 \le \dfrac{X_0}{X_1} \le 3$$

여기서, R_0 : 저항, X_1 : 정상 리액턴스, X_0 : 영상 리액턴스

※유효접지 : 대지전압의 1.3배를 넘지 않도록 하는 접지를 말하며, 직접 접지계를 의미한다.

② 적용 : 22.9[kV], 154[kV], 345[kV], 765[kV] 계통에 적용

③ 직접 접지 방식의 장·단점

장점	·1선 지락 시 건전상의 대지 전압 상승이 거의 없다. ·선로 및 기기의 절연 레벨을 낮출 수 있다. ·피뢰기의 효과를 증대시킬 수 있다. ·보호계전기의 동작이 확실하다. ·중성점 전위가 낮아서 절연 레벨 경감과 변압기의 단절연이 가능하다. ·고장의 선택 차단이 신속 확실하다. ※단절연 : 변압기의 권선의 절연을 선로 측으로부터 중성점으로 가까이 접근함에 따라 점차적으로 낮출 수 있는 것
단점	·과도 안정도가 나쁘다. ·지락고장 시 유도 장해를 일으킨다. ·지락 전류가 크기 때문에 기기에 대한 기계적 충격을 주어 손상을 주기 쉽다. ·대용량의 차단기가 필요하다.

핵심기출 【기사】 04/2 08/1 11/1 16/3 【산업기사】 11/1 17/1

중성점 직접 접지 방식에 대한 설명으로 옳지 않은 것은?

① 1선 지락시 건전상의 전압은 거의 상승하지 않는다.

② 변압기의 단절연(段絶緣)이 가능하다.

③ 개폐 서지의 값을 저감시킬 수 있으므로 피뢰기의 책무를 경감시키고 그 효과를 증대시킬 수 있다.

④ 1선지락전류가 적어 차단기가 처리해야 할 전류가 적다.

정답 및 해설 [직접 접지 방식] ④ 지락전류가 크기 때문에 기기에 대한 기계적 충격을 주어 손상을 주기 쉽다.

※직접 접지방식은 1선지락전류가 가장 많이 흐른다.

【정답】④

(3) 비접지방식의 특징

· 33[kV] 이하 계통에 적용

· 저전압, 단거리(33[kV] 이하) 중성점을 접지하지 않는 방식

· 저전압 단거리에 적합

· 전압 상승은 $\sqrt{3}$ 배 (상전압에서 선간전압까지)

· 지락전류의 크기 $I_g = I_b + I_c$

$$= jwC_sE_{ab} + jwC_sE_{ac}$$

$$= j3wC_sE$$

$$= j\sqrt{3}wC_sV \ [A]$$

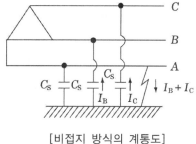

[비접지 방식의 계통도]

· 선로의 길이가 짧거나 전압이 낮은 계통에서 사용

· 중성점이 없는 △ − △ 결선 방식이 가장 많이 사용된다.

· 지락 전류가 비교적 적다(유도 장해 감소).

· 지락 전류가 흐르지 않으므로 보호 계전기 동작이 불확실하다.

· △결선 가능, V-V결선 가능

· 1선 지락고장 시 건전상의 대지 전위는 $\sqrt{3}$ 배까지 상승한다.

· 지락고장 시 진상전류(90° 앞선 전류)가 흐른다.

· 단락고장 시 지상전류(90° 늦은 전류)가 흐른다.

【기사】 10/2 17/1　【산업기사】 10/3 15/3

비접지식 송전선로에 있어서 1선 지락고장이 생겼을 경우 지락점에 흐르는 전류는?

① 직류

② 고장상의 영상전압보다 90도 늦은 전류

③ 고장상의 영상전압보다 90도 빠른 전류

④ 고장상의 영상전압과 동상의 전류

[비접지방식] ·지락고장 시 진상전류 (90° 앞선 전류)
　　　　　　 ·단락고장 시 지상전류 (90° 늦은 전류)가 흐른다.　　　　【정답】 ③

(4) 소호리액터 접지방식

지락점에서 보았을 때 송전선로의 대지 정전 용량과 리액터를 병렬로 접지하는 방식으로서 병렬공진
을 이용하므로 다른 접지방식에 비해서 지락전류가 최소이다.

지락 전류 $I_g = (\dfrac{1}{jwL} + j3w\,C_s)E$　　→ (중성점 접지 방식 중 지락 전류 최소)

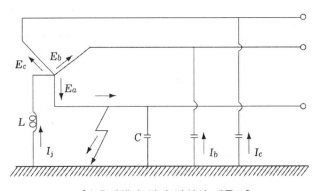

[소호리액터 접지 방식의 계통도]

① 소호리액터 접지방식의 특징

　·다른 접지방식에 비해서 지락전류가 최소

　·건전상 이상전압이 제일 크다.

　·보호 계전기의 동작이 매우 모호하다.

　·통신선 유도장해가 최소이다.

　·1선과 대지간의 정전용량 3배

　·과도 안정도가 가장 좋다.

　·지락 계전기의 사고 감지가 어렵다.

② 소호리액터의 크기

　㉮ 변압기의 리액턴스 x_t를 고려하지 않은 경우

　　리액터의 크기 $\omega L = \dfrac{1}{3\omega C_s}$, $L = \dfrac{1}{3\omega^2 C_s} = \dfrac{1}{3(2\pi f)^2 C_s}$

　㉯ 변압기의 리액턴스 x_t를 고려하는 경우

　　리액터의 크기 $\omega L = \dfrac{1}{3\omega C_s} - \dfrac{x_t}{3}$, $L = \dfrac{1}{3\omega^2 C_s} - \dfrac{L_t}{3}$

③ 소호리액터의 합조도

소호 리액터의 탭이 공진점을 벗어난 정도를 합조도(P)라 한다.

계통이 진상 운전되는 것을 방지하기 위해 10[%] 정도 과보상 한다. ($I = 1.1 I_c$)

합조도 $P = \dfrac{I - I_c}{I_c} \times 100 [\%]$

여기서, I : 소호 리액터 사용 탭 전류 → ($I = \dfrac{E}{\omega L}$), I_c : 전 대지 충전전류 → $\left(I_c = \dfrac{E}{\dfrac{1}{3\omega L}} \right)$

　㉮ $P > 0 \rightarrow \omega L < \dfrac{1}{3\omega C}$: 과보상, 합조도 +

　㉯ $P = 0 \rightarrow \omega L = \dfrac{1}{3\omega C}$: 완전 공진, 합조도 0

　㉰ $P < 0 \rightarrow \omega L > \dfrac{1}{3\omega C}$: 부족 보상, 합조도 −

④ 운용상의 주의점

소호 리액터의 탭은 절대로 부족 보상의 상태로 사용해서는 안 된다.

리액터의 탭을 완전 공진에서 약간 벗어나게 하는 이유는 중성점 잔류 전압에 의하여 직렬 공진 시 이상 전압의 발생을 방지하기 위하여서이다.

⑤ 공진탭을 사용하였을 때의 소호 리액턴스의 용량

연가의 불완전, 단선 고장, 선로 개폐 시 등에 의해 영상 전압이 발생하여 공진하는 경우가 있으므로 실제 사용 시는 저항 R을 병렬로 연결하여 사용한다.

　㉮ 충전 전류 $I_c = 3\omega C_s \dfrac{V}{\sqrt{3}} \times 10^{-6}$ [A]

　㉯ 리액터 용량 $P_c = E I_c = \dfrac{V}{\sqrt{3}} \cdot 3\omega C_s \dfrac{V}{\sqrt{3}} = \omega C_s V^2 \times$ 회선수[VA]

　　여기서, $C[F]$: 정전용량, $E[V]$: 상전압($E = \dfrac{V}{\sqrt{3}}$)

【기사】 05/2 【산업기사】 10/3 11/3

소호리액터 접지 계통에서 리액터의 탭을 완전 공진 상태에서 약간 벗어나도록 하는
이유는?

① 전력 손실을 줄이기 위하여

② 선로의 리액턴스 분을 감소시키기 위하여

③ 접지 계전기의 동작을 확실하게 하기 위하여

④ 직렬 공진에 의한 이상전압의 발생을 방지하기 위하여

정답 및 해설 [소호 리액터 접지 방식] 합조도 $\omega L < \dfrac{1}{3\omega C}$ → (합조도 +)로 하는 이유는 직렬 공진에 의한 이상전압
발생을 방지하기 위함이다. 【정답】④

(5) 저항 접지방식

지락전류 $I_g = \left(\dfrac{1}{R} + j\,3\,w\,C_s\right)E$

저항값에 따라 고저항 접지방식 $(R = 100 \sim 1000)[\Omega]$
과 저저항 접지방식$(R = 30[\Omega]$정도$)$으로 나누어진다.
2개소 이상의 중성점을 동시에 접지하는 복저항 접지가
지락전류를 2개소 이상으로 분산시켜서 유도전압을 감소
시키고 접지 계전기의 병행 2회선 선택을 쉽게 할 수 있는
장점이 있다.

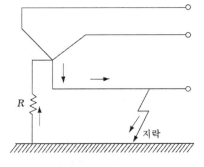

[저항 접지방식의 계통도]

(6) 중성점 접지 방식의 비교

구분＼종류	비접지	직접 접지	고저항 접지	소호리액터 접지
지락전류	소	최대	100~150[A]	최소
보호계전기 동작	적용 곤란	확실	소세력 지락계전기	불확실
유도장해	적음	최대	적음	최소
과도안정도	큼	최소	중	최대
주요 특징	저전압 단거리에 적용	중성점 영전위 단절연 가능		병렬공진 고장전류 최소

핵심기출 【기사】 10/2 17/1 【산업기사】 10/3 15/3

저항 접지방식 중 고 저항 접지방식에 사용하는 저항은?

① 30~50[Ω] ② 50~100[Ω]

③ 100~1000[Ω] ④ 1000[Ω] 이상

정답 및 해설 [저항 접지방식] 저항 접지 방식으로 지락전류 크기를 감소시켜 유도장해를 감소시킬 수가 있다.
·고 저항 접지방식 : 100~1000[Ω]
·저 저항 접지방식 : 30[Ω] 이하 【정답】③

02 중성점 잔류전압

(1) 중성점 잔류전압(E_n)의 정의

중성점을 접지하지 않았을 때 중성점에 나타나는 중성점과 대지 사이의 전위

(2) 중성점 잔류전압의 발생원인

·장거리 송전선의 연가 불충분으로 인한 경우
·송전선의 3상 각상의 대지 정전 용량이 같지 않아 불평형에 의해 발생한다.
·과도 상태에서 차단기의 개폐가 동시에 이루어지지 않았을 때 중성점 잔류 전압이 존재한다.
·지락 사고 등 계통의 각종 사고에 의해 발생한다.

(3) 중성점 잔류전압의 크기

$$E_n = \frac{\sqrt{C_a(C_a - C_b) + C_b(C_b - C_c) + C_c(C_c - C_a)}}{C_a + C_b + C_c} \times \frac{V}{\sqrt{3}}$$

여기서, V : 선간전압 ($V = \sqrt{3}\,E$)

※ 연가를 완벽하게 하여 $C_a = C_b = C_c$의 조건이 되면 잔류전압은 0이다.

(4) 중성점 잔류전압 감소 대책

송전 선로의 충분한 연가 실기

[연가]

각 상의 선로 정수를 평형이 되도록 3상 3선식 선로를 3등분하여 선로의 위치를 바꾸어 주는 것으로 연가의 효과는 다음과 같다.

① 직렬공진 방지

② 유도장해 감소

③ 선로정수 평형

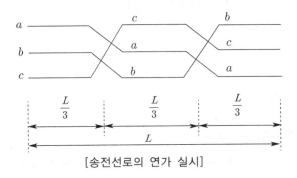

[송전선로의 연가 실시]

핵심기출 【기사】 08/3 13/3 16/2 19/3 【산업기사】 04/1 05/1 05/2 06/3 07/1 09/1 09/3 11/1 12/1 14/2 16/1 19/2 19/3

연가에 의한 효과가 아닌 것은?

① 직렬 공진의 방지   ② 통신선의 유도장해 감소

③ 대지 정전용량의 감소   ④ 선로정수의 평형

정답 및 해설 [연가의 효과] 연가는 선로 정수를 평형시키기 위하여 송전선로의 길이를 3의 정수배 구간으로 등분하여 실시한다.
 · 선로정수(L, C)의 평형
 · 임피던스 및 대지 정전용량 평형
 · 잔류전압을 억제하여 통신선 유도장해 감소
 · 소호리액터 접지 시 직렬 공진에 의한 이상전압 억제

【정답】③

단원 핵심 체크

01 중성점 접지 방식 중 지락전류의 크기 순위는 다음과 같다.
(①) 〉고 저항 접지 방식 〉비접지 방식 〉(②) 순이다.

02 직접 접지 방식에서는 지락전류가 가장 크고 이상 전압이 작으므로 중성점 전위가 낮아서 절연 레벨 경감과 변압기를 ( ) 할 수 있다.

03 단선 고장 시의 이상 전압이 최저인 접지 방식은 ( ) 방식이다.

04 중성점 비접지 방식에서 가장 많이 사용되는 변압기의 결선 방법은 ( )결선이다.

05 비접지식 송전 선로에 있어서 1선 지락 고장이 생겼을 경우 지락점에 흐르는 전류는 고장 상의 전압보다 90도 ( ) 전류이다.

06 △－△ 결선된 3상 변압기를 사용한 비접지 방식의 선로에서 1선 지락 고장이 발생하면 다른 건전한 2선의 대지 전압은 지락 전의 ( )배까지 상승한다.

07 송전 선로에서 1선 지락 시에 건전상의 전압 상승이 가장 적은 접지방식은 ( )방식이다.

08 소호 리액터를 송전 계통에 사용하면 리액터의 인덕턴스와 선로의 정전 용량이 ( ) 상태로 되어 지락 전류를 소멸시킨다.

09 1선의 대지 정전 용량이 C인 3상 1회선 송전 선로의 1단에 소호 리액터를 설치할 때 그 인덕턴스의 크기 $L=($)$[\Omega]$이다. (단, ω : 각속도)

10 저항 접지 방식 중 저 저항 접지 방식에 사용하는 저항은 (　　　　　)[Ω] 이하이다.

11 중성점 잔류전압을 감소시키는 대책으로는 송전선로에 충분한 (　　　　　)를 실시하는 것이다.

적중 예상문제

1. 송전선로의 중성점을 접지하는 목적은?

① 동량의 절약

② 전압강하의 감소

③ 유도장해의 감소

④ 이상 전압의 방지

|정|답|및|해|설|

[중성점을 접지하는 목적]

・이상 전압 발생 방지

・보호계전기 동작 확실

・1선 지락시 건전상의 전압 상승 억제 및 기기나 선로의 절연 수준 저감

・유도 장해 방지　　　　　　　　　　　　　　　【정답】④

2. 송전선의 중성점을 접지하는 이유가 되지 못하는 것은?

① 코로나 방지

② 지락 전류의 감소

③ 이상 전압의 방지

④ 지락 사고선의 선택 차단

|정|답|및|해|설|

[중성점 접지] 전력계통에 있어 각상의 대지전위를 낮추어 사용기기 및 선로의 절연 레벨과 사용기기, 절연자재비의 경감을 기하고 고장 시에는 보호계전기를 확실하게 작동시켜 고장선로를 선택 차단하며 지락시 아크 류를 신속히 소멸시키는 등의 목적으로 중성점을 접지하고 있으나, 과대한 지락전류로 시설물에 손상을 주거나 인근 통신선에 큰 유도장해를 일으킬 수도 있으며, 차단기의 차단용량이 증대되는 등의 단점도 있다.

　　　　　　　　　　　　　　　　　　　　　　【정답】①

3. 송전선로의 중성점을 접지하는 목적과 관계없는 것은?

① 이상전압 발생의 억제

② 과도 안정도의 증진

③ 송전용량의 증가

④ 보호계전기의 신속, 확실한 동작

|정|답|및|해|설|

[중성점을 접지] 중성점 접지는 이상 전압 발생을 억제하여 과도 안정도 증진을 위하는 것이다.

※송전용량과는 관계는 적다.　　　　　　　　　【정답】③

4. 중성점 비접지 방식을 이용하는 것이 적당한 것은?

① 고전압 장거리　　② 저전압 장거리

③ 고전압 단거리　　④ 저전압 단거리

|정|답|및|해|설|

[중성점 비접지 방식] 중성점 비접지 방식은 20~30[kV]이하 저 전압 단 거리 송전 선로에 이용된다.

　　　　　　　　　　　　　　　　　　　　　　【정답】④

5. 비접지 방식을 직접접지 방식과 비교한 것 중 옳지 않은 것은?

① 전자유도장해가 경감된다.

② 지락전류가 적다.

③ 보호계전기의 동작이 확실하다.

④ Δ결선을 하여 영상 전류를 흘릴 수 있다.

|정|답|및|해|설|

[비접지 방식의 특징]
·1선지락시 건전상의 전위 상승이 크다.
·지락시 지락 전류가 적다.
·통신선 유도 장해가 적다.
·보호 계전기 동작이 불확실하다.
·1선 지락시 충전전류(전압보다 위상이 90° 빠른 전류)가
 흐른다.   【정답】③

6. △결선의 3상 3선식 배전선로가 있다. 1선이
   지락 하는 경우 건전상의 전위 상승은 지락
   전의 몇 배가 되는가?

   ① $\frac{\sqrt{3}}{2}$ ② 1

   ③ $\sqrt{2}$ ④ $\sqrt{3}$

|정|답|및|해|설|

[비접지 방식] △결선시 비접지 방식이 되므로 건전상의 전위
상승은 $\sqrt{3}$ 배가 된다.   【정답】④

7. 배전선로의 3상 3선식 비접지 방식을 채용할
   경우에 해당되지 않은 것은?

   ① 1선 지락 고장 시 고장 전류가 작다.
   ② 1선 지락 고장 시 인접 통신선의 유도
      장해가 작다.
   ③ 고·저압 혼촉 고장 시 저압선의 전위 상
      승이 작다.
   ④ 1선 지락 고장 시 건전상의 대지 전위
      상승이 작다.

|정|답|및|해|설|

[비접지 방식] 중성점을 접지하지 않는 방식을 비접지 방식이
라 하며 1선 지락 사고 시에 다른 건전한 두 상의 대지전압이
상전압(성형전압)에서 선간전압까지 상승하고 대지간 충전전
류는 일반적으로 아크로 되어 지락점을 통한다.
전압이 낮고 긍장이 짧은 송전선로에 있어서는 대지충전전류
도 작고 계통의 중요도 적으며 송수전단의 변압기를 △-△
결선할 수 있으므로 변압기 고장 시 또는 수리 점검 시에 V결
선으로 송전을 계속할 수 있는 특징이 있다.
                                           【정답】④

8. 비접지식 3상 송배전 계통에서 선로 정수 중
   1선 지락 고장 시 고장 전류를 계산하는데 사용
   되는 정전 용량은?

   ① 작용 정전 용량   ② 대지 정전 용량
   ③ 합성 정전 용량   ④ 대선 정전 용량

|정|답|및|해|설|

[비접지 방식] 1선 지락 시 다른 두 전선과 대지 간의 정전용량
을 통하여 전류가 흐른다.   【정답】②

9. 비접지식 송전선로에 있어서 1선 지락 고장이
   생겼을 경우, 지락점에 흐르는 전류는?

   ① 고장상의 전압보다 90도 늦은 전류
   ② 직류
   ③ 고장상의 전압보다 90도 빠른 전류
   ④ 고장상의 전압과 동상의 전류

|정|답|및|해|설|

[비접지 방식] 지락 전류는 정전용량 C에 의한 전류로서 90°
진상 전류가 가깝다.
                                           【정답】③

10. 1선 지락 사고 시 지락 전류가 가장 적은 중성점
    접지 방식은?

    ① 비접지식
    ② 직접 접지식
    ③ 저항 접지식
    ④ 소호리액터 접지식

|정|답|및|해|설|

[소호 리액터 접지] 소호 리액터 접지는 1선 지락의 경우 지락
전류가 가장 작고 고장상의 전압 회복이 완만하기 때문에 지
락 시 아크를 자연 소멸시켜 계속적인 송전이 가능한 접지방
식이다.   【정답】④

11. 선간전압 V[V], 1선의 대지 정전 용량 $C[\mu\text{F}]$의 비접지식 3상 1회선 송전선로에 1선 지락 사고가 발생하였을 때의 지락 전류는?

① $jwCV \times 10^{-6}$[A]

② $j3wCV \times 10^{-6}$[A]

③ $jwC\sqrt{3}\,V \times 10^{-6}$[A]

④ $jwC\dfrac{V}{\sqrt{3}} \times 10^{-6}$[A]

|정|답|및|해|설|

[비접지 방식에서 지락 전류]

$$I_g = j3wCE = j\sqrt{3}\,wCV \times 10^{-6}[A] \quad \rightarrow \left(E = \frac{V}{\sqrt{3}}\right)$$

【정답】③

12. 중성점 직접 접지방식의 장점이 아닌 것은?

① 1선 지락 시 건전상의 전압은 거의 상승하지 않는다.

② 중성점 전압은 항상 0이므로 변압기 가격이 저렴하다.

③ 다른 접지방식에 비해 개폐 이상 전압이 적다.

④ 1선 지락 전류가 적어 차단기가 처리해야 할 전류가 적다.

|정|답|및|해|설|

[중성점 직접 접지방식의 특징]
·1선 지락 시 건전상의 대지 전압이 거의 상승하지 않는다.
·변압기의 단절연이 가능하다.
·계전기의 동작이 확실하다.
·기기 및 선로의 절연 수준을 저감 시킬 수 있다.
·안정도가 나쁘다.
·통신선 유도 장해가 크다.
·대용량의 차단기가 필요하다.
·지락시 지락 전류가 크다.

【정답】④

13. 직접 접지와 관련 없는 것은?

① 과도 안정도 증진

② 기기의 절연 수준 저감

③ 계전기 동작 확실

④ 단절연 변압기 사용 가능

|정|답|및|해|설|

[중성점 직접 접지 방식] 직접 접지는 지락전류가 커서 단시간의 사고로 설비에 손상을 주고 계통 운용을 불안정하게 될 가능성이 있다.

【정답】①

14. 중성점 직접 접지방식에 대한 다음 기술 중 옳지 않은 것은?

① 지락시의 지락전류가 크다.

② 계통의 절연을 낮게 할 수 있다.

③ 지락 고장 시 중성점 전위가 높다.

④ 변압기의 단절연을 할 수 있다.

|정|답|및|해|설|

[중성점 직접 접지방식의 특징]
·1선 지락 시 건전상의 대지 전압이 거의 상승하지 않는다.
·중성점 전위가 낮아서 절연 레벨 경감과 변압기를 단절연 할 수 있다.
·계전기의 동작이 확실하다.
·기기 및 선로의 절연 수준을 저감 시킬 수 있다.
·안정도가 나쁘다.
·통신선 유도 장해가 크다.
·대용량의 차단기가 필요하다.
·지락시 지락 전류가 크다.

【정답】③

15. 다음 중 직접 접지방식에서 변압기에 단절연을 할 수 있는 이유는?

① 고장전류가 크므로

② 중성점 전위가 낮으므로

③ 이상전압이 낮으므로

④ 보호계전기의 동작이 확실하므로

|정|답|및|해|설|
[중성점 직접 접지 방식] 직접접지 방식은 중성점 전위가 0에 가까우므로 변압기의 단절연이 가능하다.

【정답】②

16. 송전계통에 있어서 지락보호 계전기의 동작이 가장 확실한 접지방식은?

① 직접 접지방식

② 저저항 접지방식

③ 고저항 접지방식

④ 비접지 방식

|정|답|및|해|설|

[중성점 직접 접지 방식] 직접접지 방식은 지락전류가 커서 보호계전기 동작이 가장 확실하다.

【정답】①

17. 송전선로에서 단선 고장 시 이상 전압이 가장 큰 접지 방식은?

① 비접지 방식

② 직접 접지 방식

③ 저 저항 접지 방식

④ 소호 리액터 접지 방식

|정|답|및|해|설|

[중성점 직접 접지 방식] 단선 사고 시 전압 상승은 직접 접지 방식이 최소이고 소호리액터 접지방식이 최대이다.

【정답】④

18. 송전계통에서 1선 지락 고장 시 인접 통신선의 유도 장해가 가장 큰 중성점 접지 방식은?

① 비접지방식

② 직접 접지방식

③ 고저항 접지방식

④ 소로리액터 접지방식

|정|답|및|해|설|

[중성점 직접 접지 방식] 지락 사고시 유도 장해가 가장 큰 접지는 지락 전류가 가장 큰 직접 접지 방식이고 가장 작은 것은 지락 전류가 가장 작은 소호 리액터 접지방식이다.

【정답】②

19. 154[kV], 60[Hz], 선로의 길이 200[km]인 평행 2회선 송전선에 설치한 소호 리액터의 공진탭의 용량은 약 몇 [MVA]인가? (단, 1선의 대지 정전 용량은 0.0043[μF/km]이다.)

① 7.7

② 10.3

③ 15.4

④ 18.6

|정|답|및|해|설|

[소호 리액터의 리액터 용량]

$P_c = 3EI = 3E \times 2\pi f CEl \times$ 회선수

$= 6\pi f CE^2 l \times$ 회선수[VA]

$= 6\pi \times 60 \times 0.0043 \times 10^{-6} \times \left(\frac{154000}{\sqrt{3}}\right)^2 \times 200 \times 2 \times 10^{-3}$

$= 15370[KVA] \times 10^{-3} = 15.37[MVA]$

【정답】③

20. 직접 접지 방식이 초고압 송전에 채용되는 이유 중 가장 적당한 것은?

① 지락 고장이 생겨도 병행 통신선에 유기되는 전자 유도 전압이 작기때문에

② 지락 시의 지락 전류가 작으므로

③ 계통의 절연을 낮게 할 수 있으므로

④ 송전선의 안정도가 높으므로

|정|답|및|해|설|

[직접 접지 방식] 전력 계통에 있어 각 상의 대지 전위를 낮추어 사용기기 및 선로의 절연 레벨과 절연 가재비를 경감할 수 있다.

【정답】③

21. 송전 계통의 중성점 접지 방식에서 유효 접지라 하는 것은?

① 저항 접지 및 직접 접지를 말한다.

② 1선 지락 사고 시 건전상의 전위가 상용전압의 1.3배 이하가 되도록 중성점 임피던스를 억제한 중성점 접지방식을 말한다.

③ 리액터 접지방식 이외의 접지방식을 말한다.

④ 저항접지를 말한다.

|정|답|및|해|설|
[유효접지 방식] 유효접지 방식은 1선 지락 사고 시 건전상의 전압 상승이 상규 대지 전압의 1.3배 이하가 되도록 접지 임피던스를 조절하는 접지이다.
【정답】②

22. 1선 지락 시 전압 상승을 상규 대지전압의 1.3배 이하로 억제하기 위한 유효 접지에서는 다음과 같은 조건을 만족하여야 한다. 다음 중 옳은 것은? 단, R_0 : 영상 저항, X_0 : 영상 리액턴스, X_1 : 정상 리액턴스이다.

① $\dfrac{R_0}{X_1} \le 1, \ 0 \ge \dfrac{X_1}{X_0} \ge 3$

② $\dfrac{R_0}{X_1} \le 1, \ 0 \ge \dfrac{X_0}{X_1} \ge 3$

③ $\dfrac{R_0}{X_1} \le 1, \ 0 \le \dfrac{X_0}{X_1} \le 3$

④ $\dfrac{R_0}{X_1} \ge 1, \ 0 \le \dfrac{X_0}{X_1} \le 3$

|정|답|및|해|설|
[유효 접지 조건] $\dfrac{R_0}{X_1} \le 1, \ 0 \le \dfrac{X_0}{X_1} \le 3$
【정답】③

23. 유효 접지는 1선 접지 시에 건전상의 전압이 상규 대지 전압의 몇 배를 넘지 않도록 하는 중성점 접지를 말하는가?

① 0.8　　　　② 1.3

③ 3　　　　　④ 4

|정|답|및|해|설|
[유효 접지] 선간전압의 75[%] 이내, 즉 대지전압의 1.3배를 넘지 않도록 하는 접지를 말한다. 사실상 직접 접지계를 의미한다.
【정답】②

24. 6.6[kV] 3상 3선식 비접지식에서 선로의 긍장이 10[km]이고 1선의 대지 정전 용량이 0.005 [μF/km]일 때 1선 지락시의 고장 전류는?

① 1[A] 이하　　② 2[A] 이하

③ 3[A] 이하　　④ 4[A] 이하

|정|답|및|해|설|
[비접지 방식 지락 전류] $I_g = j\sqrt{3}\,wCVl[A]$
$I_g = j\sqrt{3} \times 2\pi \times 60 \times 0.005 \times 6600 \times 10 \times 10^{-6}$
$\quad = 0.215[A]$
【정답】①

25. 공통 중성선 다중 접지 방식의 특성 중 옳은 것은?

① 고·저압 혼촉시의 저압선 전위 상승이 낮다.

② 합성 접지 저항이 매우 높다.

③ 건전상의 전위 상승이 매우 높다.

④ 고감도의 지락 보호가 용이하다.

|정|답|및|해|설|
[중성선 다중 접지 방식] 중성선 다중 접지 방식은 고압 측 중성선과 저압 측 중성선을 전기적으로 연결시키므로 혼촉 시 전위 상승을 낮게 할 수 있다.
【정답】①

26. 다음 중성점 접지방식 중에서 단선 고장일 때 선로의 전압 상승이 최대이고, 또한 통신장해가 최소인 것은?

① 비접지
② 직접 접지
③ 저항 접지
④ 소호리액터 접지

|정|답|및|해|설|
[소호 리액터 접지 방식] 중성점을 송전 선로의 대지 정전용량과 공진하는 리액터를 통하여 접지하는 방식으로서, 이 접지 리액터를 소호리액터라 한다.

【정답】④

27. 소호 리액터 접지계통에서 리액터의 탭을 완전 공진상태에서 약간 벗어나도록 하는 이유는?

① 전력손실을 줄이기 위하여
② 선로의 리액턴스 분을 감소시키기 위하여
③ 접지계전기의 동작을 확실하게 하기 위하여
④ 직렬공진에 의한 이상전압의 발생을 방지하기 위하여

|정|답|및|해|설|
[소호 리액터 방식] 단선 사고 시 직렬 공진에 의한 이상 전압을 방지하기 위해 소호 리액터의 탭을 완전 공진 상태에서 약간 벗어나게 하여 과보상 상태로 한다.

【정답】④

28. 소호 리액터의 인덕턴스의 값은 3상 1회선 송전선에서 1선의 대지 정전용량을 C_0[F], 주파수를 f[Hz]라 한다면? (단, $w = 2\pi f$이다.)

① $3wC_0$
② $\dfrac{1}{3w^2 C_0}$
③ $3w^2 C_0$
④ $\dfrac{1}{3w C_0}$

|정|답|및|해|설|
[소호 리액터 방식] $X_L = X_C$는 $\omega \cdot L = \dfrac{1}{3\omega C_s}$가 되므로

인덕턴스 $L = \dfrac{1}{3\omega^2 C_s} = \dfrac{1}{3(2\pi f)^2 C_s}$

【정답】②

29. 1상의 대지 정전용량을 C[F], 주파수 f[Hz]의 소호 리액터의 공진시의 리액턴스는 몇[Ω]인가? (단, 소호 리액터를 접속시키는 변압기의 리액턴스는 x_t이다.)

① $\dfrac{1}{3wC} + \dfrac{x_t}{3}$
② $\dfrac{1}{3wC} - \dfrac{x_t}{3}$
③ $\dfrac{1}{3wC} + 3x_t$
④ $\dfrac{1}{3wC} - 3x_t$

|정|답|및|해|설|
[소호 리액터의 크기] $\omega L = \dfrac{1}{3wC} - \dfrac{x_t}{3}$ [Ω]

※변압기의 리액턴스 x_t를 고려하지 않는 경우

리액터의 크기 $\omega L = \dfrac{1}{3\omega C_s}$

【정답】②

30. 합조도가 (+)일 때 다음 중 옳은 것은?

① $\omega L > \dfrac{1}{3w C_s}$
② $\omega L < \dfrac{1}{3\omega C_s}$
③ $\omega L = \dfrac{1}{3\omega C_s}$
④ 부족 보상이다.

|정|답|및|해|설|
[합조도] $P = \dfrac{I_L - I_c}{I_c} \times 100$

·완전 공진 상태($P=0$) : $wL = \dfrac{1}{3wc_S}$, $I_L = I_C$

·과보상 상태($P=+$) : $wL < \dfrac{1}{3wc_S}$, $I_L > I_C$

·부족 보상 상태($P=-$) : $wL > \dfrac{1}{3wc_S}$, $I_L < I_C$

【정답】②

31. 1상의 대지 정전 용량 0.4[μF], 주파수 60[Hz]의 3상 송전선 소호 리액터의 리액턴스는 약 얼마인가? (단, 소호 리액터를 접속시키는 변압기의 리액턴스는 무시한다.)

① 1665[Ω] ② 1980[Ω]
③ 2210[Ω] ④ 2825[Ω]

|정|답|및|해|설|

[소호 리액터의 크기] 변압기 권선 리액턴스를 무시하는 경우

$$\omega L = \frac{1}{3wC}[\Omega]$$

$$= \frac{1}{3 \times 2\pi \times 60 \times 0.4 \times 10^{-6}} = 2210[\Omega]$$

【정답】③

32. 1상의 대지 정전용량 0.53[μF], 주파수 60[Hz]의 3상 송전선의 소호리액터의 공진 탭은 얼마인가? 단, 소호리액터를 접속시키는 변압기의 1상당의 리액턴스는 9[Ω]인다.

① 1665[Ω] ② 1668[Ω]
③ 1671[Ω] ④ 1674[Ω]

|정|답|및|해|설|

[소호 리액터의 크기] 변압기 권선 리액턴스를 고려하는 경우

$$\omega L = \frac{1}{3\omega C_s} - \frac{x_t}{3} = \frac{1}{3 \times 2\pi \times 60 \times 0.53 \times 10^{-6}} - \frac{9}{3}$$

$$= 1665[\Omega]$$

【정답】①

33. 3상 3선식 소호 리액터 접지방식에서 1상의 대지 정전 용량 C[μF], 상전압 E[kV], 주파수 f[Hz]라 하면 소호 리액터의 용량은?

① $6\pi f C E^2 \times 10^{-3}$[kVA]
② $3\pi f C E^2 \times 10^{-3}$[kVA]
③ $2\pi f C E^2 \times 10^{-3}$[kVA]
④ $\pi f C E^2 \times 10^{-3}$[kVA]

|정|답|및|해|설|

[소호 리액터의 용량] 소호리액터의 용량 콘덴서 충전 용량과 같으므로

$$Q_L = Q_C = 6\pi f C E^2 \times 10^{-6} \times 10^6 \times 10^{-3}$$

$$= 6\pi f C E^2 \times 10^{-3}[kVA]$$

【정답】①

34. 3상 1회선 송전선로의 소호 리액터의 용량은?

① 선로 충전 용량과 같다.
② 3선 일괄의 대지 충전 용량과 같다.
③ 선간 충전 용량의 $\frac{1}{2}$이다.
④ 1선과 중성점 사이의 충전 용량과 같다.

|정|답|및|해|설|

[3상 소호리액터 용량]

$$P_c = 3EI_c = 3\omega C E^2 l \times 회선수[kVA]$$

【정답】②

35. 3상 3선식 단일 소호 리액터 집지방식에서 1선 지락고장 시에 영상전류의 분포는?

①

②

③

④

|정|답|및|해|설|

·직접 접지 방식 영상 전류 분포
·단일 소호 리액터 접지 방식 영상 전류 분포
·양단 소호 리액터 접지 방식 영상 전류 분포
·저항 접지 방식 영상 전류 분포

【정답】②

36. 66[kV], 60[Hz] 3상 3선식 선로에서 중성점을 소호 리액터 접지하여 완전 공진 상태로 되었을 때 중성점에 흐르는 전류는 몇 [A]인가? (단, 소호 리액터를 포함한 영상 회로의 등가 저항은 200[Ω], 잔류 전압은 500[V]라고 한다.)

① 2.5

② 4.5

③ 6.5

④ 10

|정|답|및|해|설|

[중성점 잔류 전류] $I = \dfrac{V}{R} = \dfrac{500}{200} = 2.5[A]$

【정답】 ①

이상전압 및 개폐기

01 계통에서 발생하는 이상전압

(1) 이상전압의 종류

송전계통에 나타나는 이상전압은 내부 원인에 의한 내부 이상전압과 계통 외부 원인에 의한 외부 이상전압이 있다.

① 내부 이상전압

· 계통의 내부 원인(개폐 서지)에 의해 발생한다.

· 개폐 서지는 파두 길이와 파미 길이가 모두 같다.

· 내부 이상전압이 가장 큰 경우는 무부하 송전선로의 충전 전류를 차단할 경우이다.

· 차단기의 개폐에 의한 이상전압은 송전선의 Y 전압의 4.5~최고 6배이다.

내부 이상전압의 종류	· 개폐 이상전압 · 사고시의 과도 이상전압 · 계통 조작과 고장시의 지속 이상전압

※ 내부 이상 전압의 크기를 될 수 있는 대로 작게 한다는 것은 계통의 절연 설계상 중요하며 피뢰기 동작 책무를 경감시키는 데에도 깊이 관계한다. 또한 무부하 송전선의 충전 전류를 차단할 때에 내부 이상 전압 중 가장 높은 이상 전압이 발생한다. (송전선 Y전압의 4.5~ 최고 6배).

② 외부 이상전압

· 계통의 외부 원인(뇌서지)에 의해 발생한다.

· 뇌서지는 파두 길이와 파미 길이가 모두 다르다.

· 개폐 이상전압

· 타산과의 혼촉(단락)

· 표준 충격 전압 파형 : $1.2 \times 50[\mu s]$

외부 이상전압의 종류	· 개폐 이상 전압 · 직격뢰에 의한 이상 전압 · 유도뢰에 의한 이상 전압 · 타산과의 혼촉(단락)

※ 직격뢰 : 파두길이와 파미 길이가 모두 다르다.

※ 유도뢰 : 뇌운 상호간 또는 뇌운과 대지와의 사이에서 방전이 일어났을 경우에 뇌운 밑에 있는 송전 선로 상에 이상전압이 발생하는 것

02 진행파의 반사 현상과 투과 현상

(1) 전위 진행파

계통 내 임피던스가 다른 변이점에서 서지파의 일부는 투과되고 나머지는 반사되는 현상이 발생한다.

① 반사계수 $\sigma = \dfrac{Z_2 - Z_1}{Z_2 + Z_1}$

② 투과계수 $\rho = \dfrac{2Z_2}{Z_1 + Z_2}$

　여기서, Z_1 : 선로 임피던스, Z_2 : 부하 임피던스

(2) 종단이 개방되어 있는 경우 진행파의 반사와 투과 ($Z_2 = \infty$)

① 반사계수 $\sigma = \dfrac{Z_2 - Z_1}{Z_2 + Z_1} = \dfrac{1 - \dfrac{Z_1}{Z_2}}{1 + \dfrac{Z_1}{Z_2}} = \dfrac{1}{1} = 1$

　즉, 반사파의 파고는 입사파의 파고와 동일

② 투과계수 $\rho = \dfrac{2Z_2}{Z_1 + Z_2} = \dfrac{2}{1 + \dfrac{Z_1}{Z_2}} = 2$

　즉, 투과파의 파고는 입사파의 파고값보다 2배

③ 반사파 전압 $e_2 = \dfrac{Z_2 - Z_1}{Z_2 + Z_1} e_1 [\text{kV}]$

④ 투과파 전압 $e_2 = \dfrac{2Z_2}{Z_2 + Z_1} e_1 [\text{kV}]$

(3) 종단이 접지되어 있는 경우 ($Z_2 = 0$)

① 반사 계수 $\sigma = \dfrac{Z_2 - Z_1}{Z_2 + Z_1} = -1$

   즉, 반사파의 파고는 입사파의 파고와 동일하나 방향은 반대이다.

② 투과 계수 $\rho = \dfrac{2Z_2}{Z_1 + Z_2} = 0$

③ 투과파의 파고는 0으로 종단 전압은 항상 0이 된다.

핵심기출 【기사】 15/2 18/3

서지파가 파동임피던스 Z_1의 선로 측에서 파동 임피던스 Z_2의 선로 측으로 진행할 때 반사계수 β는?

① $\beta = \dfrac{Z_2 - Z_1}{Z_1 + Z_2}$　　　　　② $\beta = \dfrac{2Z_2}{Z_1 + Z_2}$

③ $\beta = \dfrac{Z_1 - Z_2}{Z_1 + Z_2}$　　　　　④ $\beta = \dfrac{2Z_1}{Z_1 + Z_2}$

정답 및 해설 [진행파] ·반사계수 $\beta = \dfrac{Z_2 - Z_1}{Z_2 + Z_1}$　　·투과계수 $\gamma = \dfrac{2Z_2}{Z_2 + Z_1}$

【정답】①

---

03 이상전압 방지대책

(1) 방지대책

이상전압 보호 장치 및 기능은 다음과 같다.

·변전소 내부에 피뢰기 설치하여 기기를 보호한다.

·매설 지선을 설치하여 가공 지선의 접지 저항을 적게 하여 역섬락 사고를 방지한다.

·가공지선을 철탑의 상부에 설치하여 뇌의 차폐

·건축물의 최상부에 피뢰침을 설치한다.

·송전용 피뢰기 및 아킹혼을 설치한다.

·적당한 절연 협조를 설계한다.

·서지 흡수기를 설치한다.

(2) 피뢰기

① 피뢰기의 역할

   •피뢰기는 이상전압을 대지로 방류함으로서 그 파고치를 저감시켜 설비를 보호하는 장치이다.

   •피뢰기의 제1보호 대상은 변압기

   •변압기의 절연강도 〉 피뢰기의 제한 전압 +접지저항에 의한 전압강하

   •절연 협조의 기본이 된다.

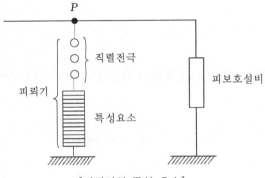

[피뢰기의 구성 요소]

② 피뢰기의 구성

   ㉮ 직렬 갭 : 이상전압이 내습하면 뇌전류를 방전하고 속류를 차단하는 역할

   ㉯ 특성 요소 : 방전 전류를 흘리며 이상전압의 파고치를 저감시켜 기기를 보호하고 속류를 억제한다.

③ 피뢰기의 구비조건

   •충격 방전 개시 전압이 낮을 것

   •상용 주파수의 방전 개시 전압이 높을 것

   •방전 내량이 크면서 제한 전압이 낮을 것

   •속류 차단 능력이 충분할 것

[충격 방전개시전압]
피로기 단자 간에 충격 전압을 인가하였을 때 방전을 개시하는 전압으로 충격파의 최대치로 나타낸다.

[상용주파수의 방전개시전압]
상용주파수의 방전 개시 전압(실효값)으로 피뢰기 정격전압의 1.5배 이상이 되도록 잡고 있다.

[속류]
방전 전류에 이어서 전원으로부터 공급되는 상용 주파수의 전류가 직렬 갭을 통하여 대지로 흐르는 전류

④ 피뢰기의 정격전압 (E_R)

· 피뢰기에서 속류를 차단할 수 있는 최고의 상용 주파수 교류 전압의 실효값

· 접지계수 α와 유도계수 β를 감안해서 정한다. 이는 지속성 이상전압을 기준으로 하기 위함이다.

㉮ 정격전압 $E_R = \alpha\beta\dfrac{V_m}{\sqrt{3}}$

여기서, E_R : 피뢰기의 정격전압, α : 접지계수, β : 여유도(1.15), V_m : 선간의 최고 허용전압

(V_m = 공칭전압 $\times \dfrac{1.2}{1.1}$)

㉯ 충격비 $= \dfrac{\text{충격 방전 개시 전압}}{\text{상용 주파 방전 개시전압의 파고값}}$

㉰ 보호 여유도 $= \dfrac{\text{기기의 절연강도} - \text{피뢰기의 제한전압}}{\text{피뢰기의 제한전압}}$

⑤ 피뢰기의 제한전압 (e_a)

충격파 전류가 흐르고 있을 때 피뢰기 단자 전압의 파고치

제한전압 e_a = (피뢰기가 부담해야 할 전압) $-$ (피뢰기가 처리한 전압)

$\qquad = \dfrac{2Z_2}{Z_1 + Z_2}e - \dfrac{Z_1 Z_2}{Z_1 + Z_2}i$

여기서, Z_1 : 선로 임피던스, Z_2 : 부하 임피던스

⑥ 절연협조

절연협조의 기본은 피뢰기의 제한 전압이다.

각 기기의 절연 강도를 그 이상으로 유지함과 동시에 기기 상호 간의 관계는 가장 경제적이고 합리적으로 결정한다.

⑦ 기준 충격 절연강도(BIL)

송배전 계통에서 절연 협조의 기준이 되는 절연강도를 이른다. 계통의 공칭전압과 절연 층수에 따라 각 기계에 대하여 BIL[kV]이 규정되어 있다.

$BIL = 5 \times E + 50 [kV] \qquad \rightarrow (E : \text{최저 전압})$

⑧ 피뢰기 방전전류의 종류

2500[A]	선로 및 배전소에 설치하며, 22.9[kV]
5000[A]	변전소에 설치하며, 66[kV] 및 그 이하의 계통에서 뱅크 용량
10000[A]	변전소에 설치하며, 154[kV] 계통 이상

유효 접지계통에서 피뢰기의 정격전압을 결정하는데 가장 중요한 요소는?

① 선로 애자련의 충격 섬락전압

② 내부 이상전압 중 과도 이상전압의 크기

③ 유도뢰의 전압의 크기

④ 1선 지락고장 시 건전상의 대지전위, 즉 지속성 이상전압

정답 및 해설 [피뢰기의 정격전압] $V = \alpha\beta\dfrac{V_m}{\sqrt{3}}$ → (α : 접지계수, β : 유도계수)접지 계수

피뢰기의 정격전압은 접지계수 α와 유도계수 β를 감안해서 정하고, 이는 <u>지속성 이상전압을 기준으로</u> 하기 위함이다.

【정답】④

(3) 가공지선

① 가공지선의 역할

뇌에 대한 전선의 차폐 및 진행파의 감쇠 (대지 정전용량 C_s은 조금 증가한다.)

㉮ 역섬락

철탑의 접지저항이 크면 낙뢰 시 철탑의 전위가 매우 높게 되어 철탑에서 송전선으로 섬락을 일으키는 것이다.

역섬락을 방지하려면 탑각 접지저항을 작게 해야 하며 이를 위하여 매설지선을 설치한다.

※매설지선 : 지하 30~60[cm] 정도의 깊이에 30~50[m] 정도의 아연 도금 철선을 매설하는 선을 매설 지선이라고 한다. 철탑의 탑각 접지저항을 낮추어 역섬락을 방지

㉯ 차폐각(보호각)

차폐각은 작을수록(뾰족할수록) 방어율이 높고, 차폐각이 클수록 방어율이 낮다.

차폐각은 45[°]에서 97[%]의 방어율을 갖는다.

② 가공지선의 설치 목적

• 직격뢰에 대한 차폐 효과

• 유도뢰에 대한 정전 차폐 효과

• 통신선에 대한 전자 유도 장애 경감 효과

핵심기출 【기사】 06/3 07/2 12/3 【산업기사】 14/3 19/2

송전 선로에서 가공 지선을 설치하는 목적이 아닌 것은?

① 뇌(雷)의 직격을 받을 경우 송전선 보호

② 유도에 의한 송전선의 고 전위 방지

③ 통신선에 대한 차폐 효과 증진

④ 철탑의 접지 저항 경감

정답 및 해설 [가공지선의 설치목적]
· 직격 뇌에 대한 차폐효과
· 유도 뇌에 대한 정전차폐효과
· 통신선에 대한 전자 유도장해 경감 효과

※철탑의 접지저항 경감은 가공지선이 아니고 매설지선이다.

【정답】④

04 개폐기

1. 차단기(CB)

(1) 차단기란?

부하 전류는 물론 고장 전류를 신속·안전하게 차단하여 고장 구간을 건전 구간으로부터 분리시키고 고속도 재폐로를 시행한다.

(2) 차단기(CB)의 역할

평상시에는 부하전류, 선로의 충전전류, 변압기의 여자전류 등을 개폐

고장시에는 보호계전기의 동작에서 발생하는 신호를 받아 단락전류, 지락전류, 고장전류 등을 차단

(3) 소호원리에 따른 차단기의 종류

유입차단기(OCB) (고압용 차단기)	· 소호실에서 아크에 의한 절연유 분해 가스의 열 전도 및 압력에 의한 blast를 이용해서 차단 · 소호 능력이 크다. · 방음 설비가 필요 없다. · 부싱 변류기를 사용할 수 있다. · 보수가 번거롭다. 부싱 / 절연라이너 / 승강간 / 철 탱크 / 고정접촉자 / 가동접촉자 / 배유밸브
공기차단기(ABB) (고압용 차단기)	· 압축된 공기(15~30[kg/㎝])를 아크에 불어 넣어서 차단 · 소음이 커서 방음벽이 필요하다.

자기 차단기(MBB) (고압용 차단기)	·대기중에서 전자력을 이용하여 아크를 소호실 내로 유도해서 냉각 차단 ·화재 위험이 없다. ·보수 점검이 비교적 쉽다. ·압축 공기 설비가 필요 없다. ·전류 절단에 의한 과전압을 발생하지 않는다. ·회로의 고유주파수에 차단 성능이 좌우되는 일이 없다.
진공차단기(VCB) (고압용 차단기)	·진공 중에서 전자의 고속도 확산에 의해 차단 ·개폐 서지 전압이 가장 높다. ·작고 가벼우며 조작기구가 간편하다. ·화재 위험이 없다. ·폭발음이 없다. ·소호실에 대해서 보수가 거의 필요하지 않다. ·차단시간이 짧고 차단성능이 회로주파수의 영향을 받지 않는다.
가스차단기(GCB) (고압용 차단기)	·고성능 절연 특성을 가진 특수 가스(SF_6)를 이용해서 차단 ·밀폐 구조이므로 소음이 없다. ·근거리 고장 등 가혹한 재기전압에 대해서도 성능이 우수하다. ·154[kV]급 변전소에 주로 설치
기중차단기(ACB) (※고압용 차단기가 아님)	·대기 중에서 아크를 길게 해서 소호실에서 냉각 차단 ·소호 매질을 일반 대기 상태에서 자연 소호 원리를 적용하므로 고압에서는 소호 능력이 작아 사용하지 못하고, 주로 교류 600[V] 이하의 저압용으로 사용된다.

① 초고압용 차단기에서 개폐 저항기를 사용하는 이유

차단기의 개폐시에 재점호로 인하여 개폐 서지 이상 전압이 발생된다. 이것을 낮추고 절연내력을 높일 수 있게 하기 위해 차단기 접촉자간에 병렬 임피던스로서 개폐 저항기를 삽입한다.

② 가스 절연 개폐기(GIS)의 특징

·안정성, 신뢰성이 우수하다.   ·감전사고 위험이 적다.

·밀폐형이므로 배기 소음이 적다.   ·소형화가 가능하다.

·SF_6는 무취, 무미, 무색이고, 무독가스   ·보수, 점검이 용이하다.

※가스차단기(GCB)와 가스 절연 개폐기(GIS)의 차이

·가스 절연 개폐기(GIS) : 정격 사용 전압, 전류의 수시 개폐에 역점이 있은 상용 기기
·가스차단기(GCB) : 고장 전류 차단에 역점이 있는 비상용 기기

[SF_6 가스의 특징]
① 무색, 무취, 무해의 가스로 유독 가스를 발생하지 않는다.
② 난연성 불연성의 가스로 SF_6 가스 전력 용기기의 안전성을 보증하고 있다.
② 절연내력이 높다. 평등 전계 중 1기압에서 공기의 2.5~3배, 3기압에서 절연유와
    같은 수준의 절연내력을 갖고 있다.
③ 소호 성능이 뛰어나다. 소호 능력이 공기의 100~200배이다.
④ 보수, 점검이 쉽다.

핵심기출 【기사】 04/1 05/3 12/1 15/2 16/2 17/3 【산업기사】 09/1 18/3

개폐 서지의 이상전압을 감쇄 할 목적으로 설치하는 것은?

① 단로기　　　　　　　② 차단기

③ 리액터　　　　　　　④ 개폐저항기

정답 및 해설 [개폐저항기] 차단기의 개폐 시에 개폐 서지 이상 전압이 발생된다. 이것을 낮추고 절연 내력을 높일 수 있게 하기 위해 차단기 접촉자간에 병렬 임피던스로서 개폐저항기를 삽입한다.

【정답】④

(4) 차단기의 정격차단용량 (P_s)

$$P_s = \sqrt{3}\,V \cdot I_s\,[MVA]$$

여기서, V : 정격전압[kV]($=$ 공칭전압 $\times \frac{1.2}{1.1}$), I_s : 정격차단전류[kA]

※차단기 용량은 예상 최대 단락전류에 의해 결정된다.

(5) 차단기의 차단시간

가동접촉자의 개극시간(트립코일의 여자)부터 아크 소호 시간을 합친 것으로 3~8[cycle/s]이다.

정격차단 시간=개극시간 + 아크 소호 시간

차단기 표준 정격차단 시간은 3[Hz], 5[Hz], 8[Hz]

(6) 차단기의 정격투입전류

성능에 지장이 없이 투입할 수 있는 전류의 한도를 말한다.

투입 전류의 최초 주파수 순시값의 최대값으로 표시한다.

크기는 정격차단전류(실효값)의 2.5배를 표준으로 한다.

(7) 차단기의 표준 동작 책무(duty cycle)

차단기의 동작책무란 1~2회 이상의 차단-투입-차단을 일정한 시간 간격으로 행하는 일련의 동작

① 표준 동작 책무(KSC 4611)]

동력 조작	기호 : A	O-(1분)-CO-(3분)-CO
	기호 : B	CO-(15초)-CO
수동 조작	기호 : M	O-(2분)-O 및 CO

② 표준 동작 책무(JEC 181]

일반용	기호 : A(갑)	O-(1분)-CO-(3분)-CO
	기호 : B(을)	CO-(15초)-CO
고속도 재 투입용	기호 : R	O-t(임의의 시간)-CO-(1분)-CO

여기서, O(Open) : 차단동작, C(Close) : 투입동작,

CO(Close and Open) : 투입 동작에 이어 즉시 차단동작

t : 재투입 시간(120[kV]급 이상에서 0.35초 표준)

(8) 차단기의 트립방식

- 변류기 2차 전류 트립방식(CT)
- 부족 전압 트립방식(UVR)
- 전압 트립방식(PT전원)
- 콘덴서 트립방식(CTD)
- DC 전압 방식

핵심기출 【기사】 10/1 【산업기사】 05/1

정격전압 7.2[kV], 차단용량 100[MVA]인 3상 차단기의 정격차단전류는 약 몇 [kV]인가?

① 4[kV] ② 6[kV] ③ 7[kV] ④ 8[kV]

정답 및 해설 [정격차단용량] $P_s = \sqrt{3}\,VI_s$ [MVA]

정격차단전류 $I_s = \dfrac{P_s}{\sqrt{3}\,V} = \dfrac{100 \times 10^3}{\sqrt{3} \times 7.2} \times 10^{-3} = 8$ [kA]

※만약 공칭 전압 6.6[kV] 이면 정격 전압은 $6.6 \times \dfrac{1.2}{1.1} = 7.2$[kV]이다.

【정답】④

---

2. 단로기(DS)

(1) 단로기의 역할

- 송전선이나 변전소 등에서 차단기를 연 무부하 상태에서 주회로의 접속을 변경하기 위해 회로를 개폐하는 장치
- 선로로부터 기기를 분리, 구분, 변경할 때 사용되는 개폐 장치이다.
- 단로기는 차단기와 달리 소호 장치가 없어 아크 소멸 능력이 없으므로 부하전류나 사고 전류와 같은 큰 전류를 개폐할 수 없으나 무부하시 선로의 충전 전류 또는 변압기의 여자 전류와 같은 적은 전류는 개폐가 가능하다.
- 보통의 부하 전류는 개폐하지 않는다.
- 무부하 상태의 전로를 개폐
- 각 상별로 개폐가능

(2) 차단기와 단로기 조작 순서(인터록 장치)

① 투입 시 : 단로기(DS) 투입 → 차단기(CB) 투입

② 차단 시 : 차단기(CB) 개방 → 단로기(DS) 개방

핵심기출 【기사】 06/1 10/1 11/3 14/3

단로기에 대한 설명으로 옳지 않은 것은?

① 소호 장치가 있어서 아크를 소멸 시킨다.

② 회로를 분리하거나, 계통의 접속을 바꿀 때 사용한다.

③ 고장 전류는 물론 부하 전류의 개폐에도 사용할 수 없다.

④ 배전용의 단로기는 보통 디스커넥팅바로 개폐한다.

정답 및 해설 [단로기] 단로기는 소호 장치가 없어 아크 소멸할 수가 없다.
·용도 : 무부하 회로 개폐 접속 변경 시에 사용   【정답】 ①

---

3. 전력퓨즈(PF)

(1) 전력퓨즈란?

전력퓨즈는 주로 단락전류를 차단하기 위한 보호 장치이다.
유지·보수가 간단하다.

(2) 퓨즈의 특성

·전차단 특성   ·단시간 허용 특성   ·용단 특성

(3) 전력 퓨즈의 역할

·부하전류는 안전하게 통전시킨다.
·동작 대상의 일정값 이상 과전류에서는 오동작 없이 차단하여 전로나 기기를 보호

(4) 전력퓨즈의 분류

고압 및 특별 고압 기기의 단락 보호용 퓨즈이고 소호방식에 따라 한류형과 비한류형이 있다.
① 한류형 퓨즈 : 전압 0에서 차단한다.
② 비한류형 퓨즈 : 전류 0에서 차단한다.

(5) 전력퓨즈의 장·단점

장점	단점
·현저한 한류 작용 특성을 가진다. ·고속도 차단할 수 있다. ·소형으로 큰 차단용량을 가진다. ·차단시 무소음, 무방출이다. ·소형, 경량이다. ·유지, 보수가 간단하다.	·재투입이 불가능하다. ·차단 시 과전압을 발생한다. ·과전류에 의해 용단되기 쉽고 결상을 일으킬 우려가 있다. ·용단되어도 차단되지 않는 전류 범위가 있다. ·전류 특성을 계전기처럼 자유롭게 조정할 수 없다.

(6) 퓨즈 선정 시 고려 사항

·보호기와 협조를 가질 것

·변압기 여자 돌입전류에 동작하지 말 것

·과부하 전류에 동작하지 말 것

·충전기 및 전동기 기동전류에 동작하지 말 것

(7) 퓨즈와 각종 개폐기 및 차단기와의 기능 비교

기능＼능력	회로 분리		사고 차단	
	무부하	부하	과부하	단락
전력퓨즈	○			○
차단기	○	○	○	○
개폐기	○	○	○	
단로기	○			

핵심기출　【기사】 10/2　【산업기사】 09/1 18/2

전력퓨즈는 고압, 특고압기기의 주로 어떤 전류의 차단을 목적으로 설치하는가?

① 충전전류　　　　　② 부하전류

③ 단락전류　　　　　④ 영상전류

정답 및 해설　[전력퓨즈] 단락전류는 예상 최대의 고장전류이다.
　　단락전류의 차단을 목적으로 전력퓨즈와 차단기가 있다.　　　　　【정답】③

05 보호 계전기

1. 보호 계전 시스템

(1) 보호 계전기 시스템의 정의

전력선, 전력기기 등의 보호 대상물에 발생한 이상 상태에 대해서 피해를 줄이고 고장 구간을 줄이기 위하여 고장을 감지하고 차단기가 동작하도록 제어한다.

(2) 보호계전기의 구비 조건

·고장 상태를 식별하여 정도를 파악할 수 있을 것

·고장 개소와 고장 정도를 정확히 선택할 수 있을 것

·동작이 예민하고 오동작이 없을 것

·적절한 후비 보호 능력이 있을 것

·소비 전력이 적고 경제적일 것

※후비 보호 시스템 : 주 보호 시스템이 고장 제거를 실패할 경우에 그 역할을 대신할 수 있는 시스템

2. 보호 계전기의 분류

(1) 보호 계전기의 동작 시간에 의한 분류

① 순한시 계전기 : 최소 동작 전류 이상의 전류가 흐르면 한도를 넘은 양과는 상관없이 즉시 동작

② 반한시 계전기 : 정정된 값 이상의 전류가 흘러서 동작할 경우에 작동 전류값이 클수록 빨리 동작(동작 시간 짧게)하고 반대로 작동 전류값이 작아질수록 느리게 동작(동작 시간 길게)하는 특성이 있다. 고장 전류의 크기에 반비례

③ 정한시 계전기 : 설정된 값 이상의 전류가 흘렀을 때 작동 전류의 크기와는 관계없이 항상 일정한 시간 후에 작동하는 계전기이다.

④ 반한시성 정한시 계전기 : 어느 전류 값 까지는 반한시성이지만 그 이상이 되면 정한시로 작동하는 계전기이다.

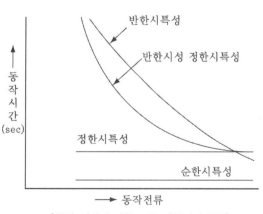

[동작 시간에 따른 보호 계전기의 종류]

【기사】 05/3 07/1 08/1 09/2 12/1

최소 동작 전류 이상의 전류가 흐르면 한도를 넘은 양과는 상관없이 즉시 동작하는 계전기는?

① 반한시 계전기   ② 정한시 계전기

③ 순한시 계전기   ④ 반한시 정한시 계전기

[순환시 계전기] 최소 동작 전류 이상의 전류가 흐르면 즉시 동작하는 특성

【정답】③

(2) 보호 계전기의 기능상의 분류

과전류 계전기(OCR)	일정한 전류 이상이 흐르면 동작
과전압 계전기(OVR)	일정 값 이상의 전압이 걸렸을 때 동작한다.
부족 전압 계전기(UVR)	전압이 일정 전압 이하로 떨어졌을 경우 동작
비율 차동 계전기(RDFR)	·발전기나 변압기 등이 고장에 의해 생긴 불평형의 전류 차가 평형 전류의 몇 [%] 이상 되었을 때 동작 ·발전기, 변압기의 내부 고장 보호용으로 사용 ·동작 비율 10~30[%]
선택 접지 계전기(SGR)	다회선에서 접지 고장 회선의 선택, 차단하는 지락 계전기
부족 전류 계전기(UCR)	·계전기를 통하는 전류값이 그 정정값과 같거나 또는 그 이하가 되었을 때 동작하는 계전기 ·교류 발전기의 계자 보호용, 직류기의 기동용 등에 사용되는 보호 계전기
방향 거리 계전기(DZR)	전원이 2군데 이상 환상 선로의 단락보호
방향 단락 계전기(DSR)	전원이 1단에만 있는 환상 선로의 보호
지락 계전기(GR)	영상변류기(ZCT)에 의해 검출된 영상 전류에 의해 동작

(3) 전원의 형식에 따른 선로의 보호

① 전원이 1 단에만 있는 방사상 송전 선로의 단락보호,

　　→ 적용 계전기는 과전류 계전기(OCR)

② 전원이 양단에 있는 방사상 선로의 보호

　　·전원이 양단에 있는 경우 단락 전류가 양측에서 흘러 들어가므로 과전류 계전기 만으로는 고장 구간을 선택하여 차단할 수 없다.

　　·이 경우 단락 방향 계전기(DSR)와 과전류 계전기(OCR)를 조합시켜 보호한다.

③ 전원이 1단에만 있는 환상 선로의 보호

　　→ 적용 계전기는 단락 방향 계전기(DSR)이다.

④ 전원이 2개소 이상에 있는 환상 선로의 보호

　　→ 적용 계전기는 방향 거리 계전기(DZR)이다.

핵심기출 【기사】 05/1 07/1 08/1 09/2 12/1 14/1

전원이 양단에 있는 환상 선로의 단락 보호에 사용되는 계전기는?

① 방향 거리 계전기　　　　　② 부족 전압 계전기

③ 선택 접지 계전기　　　　　④ 부족 전류 계전기

정답 및 해설 ·전원이 2군데 이상 환상 선로의 단락보호 → 방향 거리 계전기(DZ)

　　　　　　　·전원이 2군데 이상 방사 선로의 단락보호 → 방향 단락 계전기(DS)와 과전류 계전기(OC)를 조합

【정답】①

---

(4) 표시선 보호 계전 방식

근거리에서 선로를 순환 전류 방식으로 보호하는 방식이다.

사고 시에 선로 양단을 고속으로 동시에 차단한다.

① 표시선 계전 방식(pilot wire)의 용도 및 특징

　　·근거리에서 선로를 순환 전류 방식으로 보호하는 방식이다.

　　·송전선에 평행되도록 표시선을 설치하여 양단을 연락하게 한다.

　　·고장 시 장해를 받지 않기 위해 연피케이블을 사용한다.

　　·사고 시에 고장점의 위치에 관계없이 선로 양단을 고속으로 동시에 차단한다.

　　·시한 차에 구애받지 않고 양단을 동시에 고속 차단할 수 있다.

② 표시선 계전 방식의 종류

　　·방향 비교 방식　　　　　·전압 방향 방식

　　·전류 순환 방식　　　　　·전송 트릭 방식

③ 전력선 반송 보호 계전 방식의 의미

　표시선 계전 방식의 표시선(통신 선로)을 없앤 것으로 전력선을 통하여 통신 신호를 송·수신한다.

④ 전력선 반송 보호 계전 방식의 용도

　·가공 송전선을 이용하여 반송파를 전송하는 계전방식으로서 송전계통 보호에 널리 사용되고 있다.

　·사용되는 반송파의 주파수 범위는 30~300[kHz]의 높은 주파수를 사용한다.

⑤ 전력선 반송 보호 계전 방식의 종류

　·방향 비교 반송 방식

　·위상 비교 반송 방식

　·반송 트릭 방식

핵심기출　【기사】 11/2

송전선 보호범위 내의 모든 사고에 대하여 고장점의 위치에 관계없이 선로 양단을 쉽고 확실하게 동시에 고속으로 차단하기 위한 계전방식은?

① 회로선택 계전방식　　　　　　　　② 과전류 계전방식

③ 방향거리(directive distance) 계전방식　　④ 표시선(pilot wire) 계전방식

정답 및 해설 [표시선 계전방식(pilot wire)] 근거리에서 선로를 순환전류방식으로 보호하는 방식이다. 사고 시에 선로 양단을 고속으로 동시에 차단한다.　　　　　　　　　　　　　　　　　　　　　【정답】 ④

---

3. 비율 차동 계전기

(1) 비율 차동 계전기 용도

　변압기·발전기의 내부 고장, 모선보호용으로 사용

① 발전기 보호 : 87G

② 변압기 보호 : 87T

③ 모선 보호 : 87B

(2) 변압기의 접속과 CT, 계전기의 접속

① 변압기가 Y－Y인 경우 CT 접속은 △－△로

② 변압기가 Y－△인 경우 CT 접속은 △－Y로

③ 변압기가 △－△인 경우 CT 접속은 Y－Y로

④ 변압기가 △－Y인 경우 CT 접속은 Y－△로

4. 계기용 변성기

(1) 계기용 변압기(PT)와 계기용 변류기(CT)의 비교

항목	PT(계기용 변압기)	CT(계기용 변류기)
용도 및 목적	·1차 측의 고전압을 2차 측의 저전압(110[V])으로 변성하여 계기나 계전기에 전압원 공급 ·배전반의 전압계, 전력계, 주파수계 등 각종 계기 및 표시등의 전원으로 사용	·회로의 1차 측의 대전류를 2차 측의 소전류(5[A])로 변성하여 계기나 계전기에 전류원 공급 ·배전반의 전류계, 전력계, 역률계 등 각종 계기 및 차단기 트립 코일의 전원으로 사용
접속	주회로에 병렬 연결	주회로에 직렬 연결
2차 접속 부하	전압계, 계전기의 전압 코일, 역률계, 임피던스가 큰 부하	전류계, 전원 릴레이의 전류 코일, 차단기의 트립 코일, 전원 임피던스가 작은 부하
2차 정격	정격전압 : 110[V]	정격 전류 : 5[A]
주의사항	2차 측을 단락하지 말 것	2차 측을 개방하지 말 것
정격부담	변성기의 2차측 단자간에 접속되는 부하의 한도를 말하며 [VA]로 표시	변류기 2차측 단자간에 접속되는 부하의 한도를 말하며 [VA]로 표시
심벌		

(2) 변성기의 정격부담

정격부담이란 변성기(PT, CT)의 2차 측 단자 간에 접속되는 부하의 한도
기호는 [VA]로 표한다.

(3) 변류비 선정

① 변압기 수전 회로의 변류비 $= \dfrac{최대부하전류 \times (1.25 \sim 1.5)}{5}$ [A]

② 전동기 회로의 변류비 $= \dfrac{최대부하전류 \times (1.5 \sim 2.0)}{5}$ [A]

③ 계기용 변성기(MOF)의 변류비 $= \dfrac{최대부하전류}{5}$ [A]

※MOF에서는 이미 충분한 절연 설계가 되어 있어 여유를 두지 않는다.

(4) PCT(MOF : Metering Out Fit, 계기용 변압 변류기, 계기용 변성기)

　계기용 변압기와 변류기를 조합한 것으로 전력 수급용 전력량을 측정하기 위하여 사용된다.

　전력량계 적산을 위해서 PT, CT를 한 탱크 속에 넣은 것

　고전압 대전류 등의 전기량 측정을 위한 계기용 변성기

(5) 영상변류기(ZCT)

　지락사고시 지락전류(영상전류)를 검출

　지락 과전류 계전기(OCGR)에는 영상 전류를 검출하도록 되어있고, 지락사고를 방지한다.

(6) 접지형 계기용 변압기(GPT)

　비접지 계통에서 지락사고시의 영상 전압 검출

핵심기출 【기사】 15/3 18/2

22.9[kV], Y결선된 자가용 수전설비의 계기용변압기의 2차측 정격전압은 몇 [V]인가?

① 110　　　　　② 190　　　　　③ $110\sqrt{3}$　　　　　④ $90\sqrt{3}$

정답 및 해설 [계기용 변압기(PT)] 고전압을 저전압으로 변성하여 계기나 계전기에 공급하기 위한 목적으로 사용되며 2차측 정격전압은 110[V]이다.
[계기용 변류기(CT)] 대전류를 소전류로 변성하여 계기나 계전기에 공급하기 위한 목적으로 사용되며 2차측 정격전류는 5[A]이다. 【정답】①

단원 핵심 체크

01 전력계통에서 내부 이상전압의 크기가 가장 큰 경우는 무부하 송전 선로의 ( )를 차단할 경우이다.

02 서지파(진행파)가 서지 임피던스 Z_1의 선로측에서 서지 임피던스 Z_2의 선로측으로 입사할 때 투과계수(투과파 전압÷입사파 전압)를 나타내는 식 $\rho = ($) 이다.

03 피뢰기에서 속류를 차단할 수 있는 최고의 상용 주파수 교류 전압의 실효값을 피뢰기의 ( )이라고 한다.

04 피뢰기의 충격 방전 개시 전압은 충격파의 ( )로 나타낸다.

05 피뢰기의 구성 요소 중 이상 전압이 내습하면 뇌전류를 방전하고, 상용 주파수의 속류를 차단하는 역할을 하는 것은 ( ) 이다.

06 피뢰기가 구비하여야 할 조건으로는 충격방전 개시전압이 낮을 것, 상용 주파 방전 개시 전압이 (①) 것, 제한 전압이 (②) 것, 속류의 차단 능력이 클 것 등 이다.

07 송전 계통에서 절연 협조의 기본이 되는 사항은 피뢰기의 ( ) 이다.

08 송전 선로에서 역섬락을 방지하는 유효한 방법으로는 탑각 접지 저항을 작게 해야 하며 이를 위하여 ( )을 설치한다.

09 철탑에서의 차폐각은 작을수록(뾰족할수록) 방어율이 (①), 차폐각이 클수록 방어율이 (②).

10 차단기의 개폐 시에 개폐 서지 이상 전압이 발생된다. 이것을 낮추고 절연 내력을 높일 수 있게 하기 위해 차단기 접촉자 간에 병렬 임피던스로서 ( )를 삽입한다.

11 전력 계통에서 사용되고 있는 가스 차단기(GCB)용 가스로 사용되는 것은 ( ) 가스 이다.

12 3상용 차단기의 용량은 그 차단기의 정격 전압과 정격 차단 전류와의 곱에 ( ) 배한 것이다.

13 단로기는 차단기와 달리 (①) 장치가 없어 아크 소멸 능력이 없으므로 (②)전류나 사고 전류와 같은 큰 전류를 개폐할 수 없으나 무부하시 선로의 충전 전류 또는 변압기의 여자 전류와 같은 적은 전류는 개폐가 가능하다.

14 전력 퓨즈는 주로 고압, 특고압 기기의 ( ) 전류를 차단하기 위한 보호 장치이다.

15 개폐기 서지, 순간 과도 전압 등의 이상 전압이 2차 기기에 악영향을 주는 것을 막기 위해 설치하는 것은 ( ) 이다.

16 보호계전기는 동작이 예민하고 오동작이 없어야 하며, 소비 전력이 ( ) 경제적일 것

17 최소 동작 전류 이상의 전류가 흐르면 한도를 넘은 양과는 상관없이 즉시 동작하는 계전기는 ( ) 계전기이다.

18 설정된 값 이상의 전류가 흘렀을 때 작동 전류의 크기와는 관계없이 항상 일정한 시간 후에 작동하는 계전기는 (   ) 계전기이다.

19 병행 2회선 이상 송전 선로에서 한쪽의 1회선에 지락 사고가 일어났을 경우 이것을 검출하여 고장 회선만을 선택 차단할 수 있는 계전기는 (   ) 계전기이다.

20 변압기의 내부 고장 시 동작하는 것으로서 단락 고장의 검출 등에 사용되는 계전기는 (   ) 계전기이다.

21 전원이 양단에 있는 환상 선로의 단락 보호에 사용되는 계전기는 (   ) 계전기이다.

22 전원이 양단에 있는 방사상 송전 선로의 단락 보호에 사용되는 계전기의 조합 방식은 (①   ) 계전기와 (②   ) 계전기의 조합 이다.

23 전원이 1 단에만 있는 방사상 송전 선로의 단락 보호에 적용되는 계전기는 (   ) 계전기 이다.

24 송전선 보호 범위 내의 모든 사고에 대하여 고장점의 위치에 관계없이 선로 양단을 쉽고 확실하게 동시에 고속으로 차단하기 위한 계전 방식은 (   ) 계전 방식 이다.

25 보호 계전기의 보호 방식 중 표시선 계전 방식의 종류에는 방향 비교 방식, 전압 반향 방식, 전류 순환 방식, (   ) 방식 등이 있다.

26 PT(계기용 변압기)는 주회로에 (①   ) 연결하고, CT(계기용 변류기)는 주회로에 (②   ) 연결한다.

27 22.9[kV], Y결선된 자가용 수전설비의 계기용 변압기의 2차측 정격 전압은 (   )[V] 이다.

28 PCT(MOF : Metering Out Fit, 계기용 변압 변류기, 계기용 변성기)는 전력량계 적산을 위해서 (①   )와 (②   )를 한 탱크 속에 넣은 것이다.

정답

(1) 충전전류

(2) $\dfrac{2Z_2}{Z_1 + Z_2}$

(3) 정격전압

(4) 최대치

(5) 직렬 갭

(6) ① 높을, ② 낮을

(7) 제한전압

(8) 매설지선

(9) ① 높고, ② 낮다

(10) 개폐 저항기

(11) SF_6

(12) $\sqrt{3}$

(13) ① 소호, ② 부하

(14) 단락

(15) 서지 흡수기

(16) 적고

(17) 순한시

(18) 정한시

(19) 선택 접지(지락)

(20) 비율 차동

(21) 방향 거리

(22) ① 방향 단락, ② 과전류

(23) 과전류

(24) 표시선

(25) 전송트릭

(26) ① 병렬, ② 직렬

(27) 110

(28) ① PT, ② CT

적중 예상문제

1. 송배전 선로의 이상 전압의 내부적 원인이 아닌 것은?

① 선로의 개폐 ② 아크 접지

③ 선로의 이상 상태 ④ 유도뢰

|정|답|및|해|설|

[이상 전압의 종류] 이상 전압의 종류에는 내부적 원인과 외부적 원인이 있다.
① 내부 이상 전압 : 개폐 시 이상 전압, 고장시의 과도 이상 전압, 페란티 현상
② 외부 이상 전압 : 유도뢰, 직격뢰

【정답】④

2. 이상 전압에 대한 방호 조치가 아닌 것은?

① 피뢰기 ② 방전코일

③ 서지 흡수기 ④ 가공지선

|정|답|및|해|설|

[이상 전압에 대한 방호 조치] 방전 코일은 잔류 전하를 방전시켜 인체의 위험 방지를 위한 설비이다.

【정답】②

3. 가공 지선에 대한 설명 중 옳지 않은 것은?

① 직격뢰에 대해서는 특히 유효하며 탑 상부에 시설하므로 뇌는 주로 가공지선에 내습한다.

② 가공지선 때문에 송전선로의 대지용량이 감소하므로 대지와의 사이에 방전할 때 유도전압이 특히 커서 차폐효과가 좋다.

③ 송전선 지락 시 지락전류의 일부가 가공지선을 흘러 차폐작용을 하므로 전자유도 장해를 적게 할 수도 있다.

④ 가공 지선은 아연 도금 철선, ACSR 등을 사용하며 보통 300[m] 때로는 50[m]마다 접지하기도 한다.

|정|답|및|해|설|

[가공지선] 가공 지선은 직격뢰에 대한 직격 차폐와 유도뢰에 의한 정전 차폐효과를 가지는 이상전압 방지 대책이다. 또 가공 지선 시설시 대지 정전 용량은 약간 증가한다.

【정답】②

4. 가공 지선을 설치하는 목적은?

① 코로나의 발생 방지

② 철탑의 강도 보강

③ 뇌해 방지

④ 전선의 진동 방지

|정|답|및|해|설|

[가공지선] 가공 지선은 직격뢰에 대한 직격 차폐와 유도뢰에 의한 정전 차폐 효과를 가지는 이상 전압 방지 대책이다. 또 가공 지선 시설시 대지 정전 용량은 약간 증가한다.

【정답】③

5. 가공 지선의 설치 목적이 아닌 것은?

① 정전차폐 효과 ② 전압강하의 방지

③ 직격차폐 효과 ④ 전자차폐 효과

|정|답|및|해|설|

[가공지선] 송전선로의 전선이 직격뇌를 받았을 경우 전선을 지지하는 애자의 절연이 뇌의 고전압에 견디지 못하고 애자련 섬락을 일으켜 애자를 파손시키거나 전선을 용단시키는 사고가 발생할 수 있다. 그러나 가공지선을 설치하면 송전선 가까이 존재하는 뇌를 정전유도 작용에 의해서 가공지선으로 흡수, 철탑을 통해서 지면으로 섬락시킴으로서 전선이나 애자를 뇌로부터 보호할 수 있게 된다. 이와 같은 현상을 뇌차폐라고 하며 가공지선은 뇌차폐의 주된 역할을 한다.

【정답】②

6. 송전선로에 매설지선을 설치하는 목적은?

① 직격뢰로부터 송전선을 차폐 보호하기 위함

② 철탑 기초의 강도를 보호하기 위함

③ 현수애자 1련의 전압분담을 균일화하기 위함

④ 철탑으로부터 송전선로에로의 역섬락을 방지하기 위함

7. 뇌 서지와 개폐 서지의 다른 점으로 다음 중 옳은 것은?

① 파두장이 같고 파미장이 다르다.

② 파두장만이 다르다.

③ 파두장과 파미장이 모두 다르다.

④ 파두장과 파미장이 같다.

8. 기기충격 전압시험을 할 때 채용한 우리나라의 표준 충격 전압파의 파두장 및 파미장을 표시한 것은?

① $20 \times 30 \ [\mu \sec]$　　② $2 \times 50 [\mu \sec]$

③ $1 \times 40 [\mu \sec]$　　④ $1 \times 60 [\mu \sec]$

9. 파동임피던스가 Z_1, Z_2인 두 선로가 접속되었을 때 전압파의 반사계수는?

① $\dfrac{2Z_2}{Z_2 + Z_1}$　　② $\dfrac{Z_2 - Z_1}{Z_2 + Z_1}$

③ $\dfrac{2Z_1}{Z_2 + Z_1}$　　④ $\dfrac{Z_1 - Z_2}{Z_2 + Z_1}$

10. 서지파(진행파)가 서지 임피던스 Z_1의 선로 측에서 서지 임피던스 Z_2의 선로 측으로 입사할 때 투과계수[투과(침입)파 전압 ÷ 입사파 전압] ρ를 나타내는 식은?

① $\rho = \dfrac{Z_2 - Z_1}{Z_1 + Z_2}$　　② $\rho = \dfrac{2Z_2}{Z_1 + Z_2}$

③ $\rho = \dfrac{Z_1 - Z_2}{Z_1 + Z_2}$　　④ $\rho = \dfrac{2Z_1}{Z_1 + Z_2}$

11. 파동 임피던스 $Z_1 = 600 [\Omega]$인 선로종단에 파동 임피던스 $Z_2 = 1300 \ [\Omega]$의 변압기가 접속되어 있다. 지금 선로에서 파고전압 $e_1 = 900 [\text{kV}]$의 전압이 입사 되었다면 접속점에서의 전압 반사파는 약 몇 [kV]인가?

① $530 [kV]$　　② $430 [kV]$

③ $330 [kV]$　　④ $230 [kV]$

|정|답|및|해|설|

[반사파 전압] $e_2 = \dfrac{Z_2 - Z_1}{Z_2 + Z_1} \times e_1$

$e_2 = \dfrac{Z_2 - Z_1}{Z_2 + Z_1} \times e_1 = \dfrac{1300 - 600}{600 + 1300} \times 900 = 330[\text{kV}]$

【정답】③

12. 파동 임피던스 $Z_1 = 400[\Omega]$인 가공선로에 파동 임피던스 $50[\Omega]$인 케이블을 접속하였다. 이때 가공선로에 $e_1 = 800[\text{kV}]$인 전압파가 들어왔다면 접속점에서 전압의 투과파는?

① 약 $178[\text{kV}]$ ② 약 $238[\text{kV}]$

③ 약 $298[\text{kV}]$ ④ 약 $328[\text{kV}]$

|정|답|및|해|설|

[투과파 전압] $e_2 = \dfrac{2Z_2}{Z_2 + Z_1} e_1[\text{kV}]$

$e_2 = \dfrac{2 \times 50}{400 + 50} \times 800 = 178[\text{kV}]$

【정답】①

13. 철탑에서의 차폐각에 대한 설명 중 옳은 것은?

① 클수록 보호효율이 크다.

② 클수록 건설비가 적다.

③ 기존의 대부분인 45°의 경우 보호 효율은 $80[\%]$정도이다.

④ 보통 90° 이상이다.

|정|답|및|해|설|

[차폐각] 가공지선에서 차폐각이 적을수록 보호 효율은 높고 건설비는 비싸며 차폐각이 클수록 보호 효율은 낮고 건설비는 싸다. 또한 차폐각이 10^0에서 $100[\%]$, 40^0에서 $90[\%]$정도 효율을 나타낸다.
차폐각이 작아질수록 뇌차폐 효과가 높아지는 반면에 지지물의 규모가 커지는 결점이 있다. 그러나 뇌가 많은 지방이나 중요한 간선에는 가공지선을 2조 설치하는 것이 상례이다.

【정답】②

14. 송전선로에서 역섬락을 방지하기 위하여 가장 필요한 것은?

① 피뢰기를 설치한다.

② 초호각을 설치한다.

③ 가공지선을 설치한다.

④ 탑각 접지저항을 적게 한다.

|정|답|및|해|설|

[역섬락] 매설지선은 탑각 접지 저항을 작게해서 역삼락이 생기지 않도록 한다. 　　　　　　　　　【정답】④

15. 뇌 서지 통로의 파동 임피던스 $400[\Omega]$, 가공지선의 파동 임피던스 $500[\Omega]$, 철탑의 접지저항 $30[\Omega]$일 때 철탑 정점의 뇌격 시 철탑 정점에서 본 등가 임피던스는 약 얼마인가?

① $15.1[\Omega]$ ② $20.1[\Omega]$

③ $25.1[\Omega]$ ④ $30.1[\Omega]$

|정|답|및|해|설|

[등가 임피던스] 병렬로 해석한다.

$Z = \dfrac{1}{\dfrac{1}{400} + \dfrac{1}{500} + \dfrac{1}{500} + \dfrac{1}{30}} = 25.1[\Omega]$

※가공지선의 파동 임피던스는 철탑에서 양쪽으로 퍼지므로 $\dfrac{1}{500}$을 두 번 더한다. 　　　　【정답】③

16. 임피던스 Z_1, Z_2 및 Z_3을 그림과 같이 접속한 선로의 A쪽에서 전압파 E가 진행되어 왔을 때 접속점 B에서 무반사로 되기 위한 조건은?

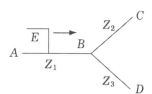

① $Z_1 = Z_2 + Z_3$ ② $\dfrac{1}{Z_3} = \dfrac{1}{Z_1} + \dfrac{1}{Z_2}$

③ $\dfrac{1}{Z_1} = \dfrac{1}{Z_2} + \dfrac{1}{Z_3}$ ④ $\dfrac{1}{Z_2} = \dfrac{1}{Z_1} + \dfrac{1}{Z_3}$

|정|답|및|해|설|⋯⋯⋯⋯⋯⋯⋯⋯⋯⋯⋯⋯⋯⋯⋯

[무반사] B점에서 양쪽 임피던스가 같으면 무반사가 되므로

$\dfrac{1}{Z_1} = \dfrac{1}{Z_2} + \dfrac{1}{Z_3}$ 【정답】③

17. 154[kV] 송전선로의 철탑에 45[kA]의 직격전류가 흘렀을 때 역섬락을 일으키지 않은 탑각 접지 저항값의 최고값은? 단, 154[kV]의 송전선에서 1련의 애자수를 9개 사용하였다고 하며 이때의 애자의 섬락전압은 860[kV]이다.

① 약 9[Ω]   ② 약 19[Ω]

③ 약 29[Ω]   ④ 약 39[Ω]

|정|답|및|해|설|⋯⋯⋯⋯⋯⋯⋯⋯⋯⋯⋯⋯⋯⋯⋯

$860[kV] = 45[kA] \times R$

$\therefore R = \dfrac{860}{45} = 19[\Omega]$, 즉 19[Ω]보다 작거나 같으면 된다.

【정답】②

18. 파동임피던스 $Z_1 = 500[\Omega]$, $Z_2 = 300[\Omega]$ 인 두 무손실 선로 사이에 그림과 같이 저항 R을 접속한다. 제 1선로에서 구형파가 진행하여 왔을 때 무반사로 하기 위한 저항 R의 값은 몇 [Ω]인가?

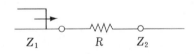

① 100   ② 200

③ 300   ④ 500

|정|답|및|해|설|⋯⋯⋯⋯⋯⋯⋯⋯⋯⋯⋯⋯⋯⋯⋯

[무반사] 무반사가 되기 위해 Z_1과 Z_2가 같아지면 된다.

$Z_1 = R + Z_2$에서 $R = Z_1 - Z_2 = 500 - 300 = 200[\Omega]$

【정답】②

19. 피뢰기의 구조는?

① 특성요소와 소호 리액터

② 특성요소와 콘덴서

③ 소호리액터와 콘덴서

④ 특성요소와 직렬 갭

|정|답|및|해|설|⋯⋯⋯⋯⋯⋯⋯⋯⋯⋯⋯⋯⋯⋯⋯

[피뢰기의 구성] 피뢰기의 구성은 직렬 갭과 특성요소로 이뤄진다.   【정답】④

20. 피뢰기를 가장 적절하게 설명한 것은?

① 동요전압의 파두, 파미 파형의 준도를 저감하는 것

② 이상 전압이 내습하였을 때 방전에 의한 기류를 차단하는 것

③ 뇌 동요 전압의 파고를 저감하는 것

④ 1선이 지락할 때 아크를 소멸시키는 것

|정|답|및|해|설|⋯⋯⋯⋯⋯⋯⋯⋯⋯⋯⋯⋯⋯⋯⋯

[피뢰기] 피뢰기는 이상전압 내습시 대지로 방전시키고 속류를 차단하는 이상 전압 방지 설비이다.

【정답】②

21. 피뢰기가 구비해야 할 조건 중 잘못 설명된 것은?

① 충격 방전 개시 전압이 낮을 것

② 상용 주파 방전 개시 전압이 높을 것

③ 방전 내량이 작으면서 제한 전압이 높을 것

④ 속류의 차단 능력이 충분할 것

|정|답|및|해|설|
[피뢰기의 구비 조건]
·충격 방전개시 전압은 낮을 것
·상요주파 방전개시 전압은 높을 것
·방전 내량은 크고 제한 전압은 낮을 것
·속류 차단 능력이 양호할 것
【정답】③

22. 피뢰기가 역할을 잘하기 위해 구비하여야 할 조건으로 틀린 것은?

① 시간지연(time lag)이 적을 것
② 속류를 차단할 것
③ 제한전압은 피뢰기의 정격전압과 같게 할 것
④ 내구력이 많을 것

|정|답|및|해|설|
[피뢰기의 구비 조건] 제한전압과 정격전압이 같아야 할 이유가 없다. 【정답】③

23. 피뢰기의 직렬 갭의 작용은?

① 이상전압의 파고값을 저감시킨다.
② 사용주파수의 전류를 방전시킨다.
③ 이상전압이 내습하면 뇌전류를 방전하고, 속류를 차단하는 역할을 한다.
④ 이상전압의 진행파를 증가시킨다.

|정|답|및|해|설|
[피뢰기의 직렬 갭] 직렬 갭은 누설 전류를 방지하고 이상 전압 내습 시 대지로 방전시키고 속류를 차단하는 장치이다. 【정답】③

24. 피뢰기의 제한전압이란?

① 특성요소에 흐르는 전압의 순시치
② 방전을 개시할 때의 단자전압의 순시치

③ 피뢰기 동작중 단자 전압의 파고치
④ 피뢰기에 걸린 회로전압

|정|답|및|해|설|
[피뢰기의 제한 전압] 제한 전압이란 피뢰기 동작 중 피뢰기 단자에 걸리는 전압을 나타낸다. 【정답】③

25. 피뢰기의 정격전압이란?

① 충격 방전전류를 통하고 있을 때의 단자 전압
② 충격파의 방전 개시 전압
③ 속류의 차단이 되는 최고의 교류전압
④ 상용 주파수의 방전 개시전압

|정|답|및|해|설|
[피뢰기의 정격 전압] 정격 전압이란 속류를 차단할 수 있는 교류 최고의 전압을 나타낸다. 【정답】③

26. 피뢰기의 공칭전압으로 삼고 있는 것은?

① 제한전압
② 상규 대지전압
③ 사용 주파 허용 단자전압
④ 충격 방전 개시전압

|정|답|및|해|설|
[피뢰기의 공칭 전압] 피뢰기의 정격전압(공칭전압)은 상용 주파 최대 전압을 나타낸다.
피뢰기의 정격전압이란 그 전압을 선로단자와 접지단자에 인가한 상태에서 소정의 단위 동작책무를 소정의 회수로 반복 수행할 수 있는 정격주파수의 상용 주파전압 최고 한도를 규정한 값(실효치)을 말한다.
【정답】③

27. 유효 접지 계통에서 피뢰기의 정격전압을 결정하는데 가장 중요한 요소는?

① 선로 애자련의 충격섬락 전압

② 내부 이상 전압 중 과도 이상 전압의 크기

③ 유도뢰의 전압의 크기

④ 1선 지락고장 시 건전상의 대지 전위, 즉 지속성 이상 전압

|정|답|및|해|설|

[피뢰기의 정격 전압] 단위 동작 책무는 소정의 회무로 반복 수행할 수 있는 전압, 즉 지속성 이상 전압을 기준으로 한다.
【정답】④

28. 피뢰기의 충격 방전 개시전압은 무엇으로 표시하는가?

① 직류 전압의 크기

② 충격파의 평균값

③ 충격파의 최대값

④ 충격파의 실효값

|정|답|및|해|설|

[피뢰기의 방전 개시 전압] 충격 방전 개시 전압은 파고치(최대값)를 나타낸다.
【정답】③

29. KSC에서 피뢰기의 공칭 방전 전류는 얼마로 되어 있는가?

① 250[A] 또는 500[A]

② 1250[A] 또는 1500[A]

③ 2500[A] 또는 5000[A]

④ 7600[A] 또는 10,000[A]

|정|답|및|해|설|

공칭 방전 전류는 154[kV]=10000[A], 66[kV]=5000[A], 22.9[kV]=2500[A]이다.
【정답】③

30. 최근 송전 계통의 절연 협조의 기본으로 생각되는 것은?

① 선로   ② 변압기

③ 피뢰기   ④ 변압기 부싱

|정|답|및|해|설|

[절연 협조] 피뢰기 제한 전압은 절연 협조의 기본으로 삼고 있다.
【정답】③

31. 전력계통의 절연 협조 계획에서 채택되어야 하는 모선 피뢰기와 변압기의 관계는?

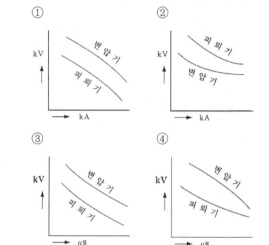

|정|답|및|해|설|

피뢰기의 제한 전압은 변압기의 기준 충격 절연 강도(BIL)보다 낮아야 한다.
【정답】③

32. 변압기 운전 중에 절연유를 추출하여 가스 분석을 한 결과 어떤 가스 성분이 증가하는 현상이 발생되었다. 이 현상이 내부 미소방전(유중아크 분해)이라면 그 가스는?

① CH_4 ② H_2

③ CO ④ CO_2

|정|답|및|해|설|

방전에 의한 가스라면 수소가스(H_2)이다.
【정답】②

33. 다음 설명 중 옳지 않은 것은?

① 피뢰기는 제1종 접지공사를 한다.

② 유도뢰에 의한 진행파의 극성은 양극성이다.

③ 피뢰기의 직렬 갭은 이상 전압이 내습하면 뇌전류를 방전한다.

④ 피뢰기의 용량은 [VA]로 표시한다.

|정|답|및|해|설|...........................

[피뢰기의 정격] 피뢰기의 정격은 [kV]이고 차단기 정격은 [MVA]이다.　　　　　　　　　　　　【정답】④

34. 재점호가 가장 잃어나기 쉬운 차단 전류는?

① 동상 전류　　　② 지상 전류

③ 진상 전류　　　④ 단락 전류

|정|답|및|해|설|...........................

[재점호] 충전전류(전압보다 위상에 90⁰ 빠른 전류) 시에 재점호가 가장 잘 발생한다.　　　　　【정답】③

35. 송전선로의 개폐조작 시 발생하는 이상전압에 관한 상황에서 옳은 것은?

① 개폐 이상전압은 회로를 개방할 때보다 폐로 할 때 더 크다.

② 개폐 이상전압은 무부하시보다 전부하일 때 더 크다.

③ 가장 높은 이상전압은 무부하 송전선의 충전전류의 차단할 때이다.

④ 개폐 이상전압은 상규 대지전압의 6배, 시간은 2~3초이다.

|정|답|및|해|설|...........................

[이상전압] 개폐 이상전압은 회로의 폐로 때보다 개방 시가 크며, 또한 부하 차단시보다 무부하 차단시가 더 크다. 따라서 이상전압이 가장 큰 경우는 무부하 송전선로의 <u>충전전류를 차단할 경우</u>이다.　　　　　　　　　　　　【정답】③

36. 다음 중 차단기의 개방시 재점호를 가장 일으키기 쉬운 경우는?

① 1선 지락 전류인 경우

② 무부하 충전전류인 경우

③ 무부하 변압기의 여자 전류인 경우

④ 3상 단락 전류인 경우

|정|답|및|해|설|...........................

[차단기의 재점호] 재점호란 전류가 0인 점에서 아크가 소호된 후 차단점에서 다시 아크를 일으키는 현상을 재점호라 하며, 전류가 0일 때 전압이 크게 걸리는 경우 많이 발생한다. 전압과 전류의 위상이 가장 크게 걸리는 경우가 무부하 충전전류이므로 <u>충전전류를 차단할 때</u> 발생하기 쉽다.
　　　　　　　　　　　　【정답】②

37. 3상용 차단기의 정격 차단 용량이라 함은?

① 정격전압 × 정격 차단전류

② $\sqrt{3}$ × 정격전압 × 정격 차단전류

③ 3 × 정격전압 × 정격 차단전류

④ $\sqrt{3}$ × 정격전압 × 정격전류

|정|답|및|해|설|...........................

[3상 차단기 용량]

$P_s = \sqrt{3} \times$ 정격차단 전압 × 정격차단 전류[MVA]

　　　　　　　　　　　　【정답】②

38. 어느 변전소에서 합성 임피던스 0.4[%] (10000[kVA]기준)의 곳에 시설한 차단기의 차단용량은 몇 [MVA]인가?

① 1500　　　　② 2000

③ 2500　　　　④ 3000

|정|답|및|해|설|...........................

[차단기 차단용량]　$P_s = \dfrac{100}{\%Z} \cdot P_n \rightarrow (P_n : $ 정격용량)

$\therefore P_s = \dfrac{100}{0.4} \times 10000 \times 10^{-3} = 2500[\text{MVA}]$

　　　　　　　　　　　　【정답】③

39. 차단기의 정격 투입 전류란 투입되는 전류의 최초 주파수의 무엇으로 표시 되는가?

① 실효값　　　② 평균값

③ 최대값　　　④ 순시값

|정|답|및|해|설|
[차단기의 정격 투입 전류] 투입전류란 차단기의 투입 순간에 각 극에 흐르는 전류를 말하며 최초 주파수에 있어서의 최대치로 표시하고 3상 시험에 있어서는 각 상의 최대의 값을 말한다.　　　　　【정답】③

40. 차단기의 정격 차단시간은?

① 가동 접촉자의 동작시간부터 소호까지의 시간

② 고장 발생부터 소호까지의 시간

③ 가동 접촉자의 개극부터 소호까지의 시간

④ 트립 코일 여자부터 소호까지의 시간

|정|답|및|해|설|
[차단기의 정격 차단 시간] 정격 차단 시간이란 트립 코일 여자부터 아크소호까지의 시간을 말하며, 아크시간+개극시간(3~8[Hz])으로도 나타낸다.　　　　　【정답】④

41. 차단기의 정격 차단 시간의 표준이 아닌 것은?

① 3[C/sec]　　　② 5[C/sec]

③ 8[C/sec]　　　④ 10[C/sec]

|정|답|및|해|설|
[차단기 표준 정격차단 시간] 3[Hz], 5[Hz], 8[Hz]
　　　　　【정답】④

42. UFR(under frequency relay)의 역할로서 적당하지 않은 것은?

① 발전기 보호　　　② 계통 안전

③ 전력 제한　　　④ 전력 손실 감소

|정|답|및|해|설|
[UFR(저주파수 계전기)] 교류의 주파수에 따라 동작하는 계전기이며 주파수가 일정치 보나 높을 경우 동작하는 것을 과주파수 계전기(over frequency relay)라 하며, 낮을 때 동작하는 것을 저 주파수 계전기(under frequency relay)라 하고 전력 계통 보호용으로는 후자가 많이 사용되고 전자는 주로 회전 기기의 과속도 운전에 대한 보호용으로 사용된다.
　　　　　【정답】③

43. 차단기의 차단 책무가 가벼운 것은?

① 중성점 저항 접지 계통의 지락 전류 차단

② 중성점 직접 접지 계통의 지락 전류 차단

③ 중성점을 소호 리액터로 접지한 장거리 송전회로의 충전 전류 차단

④ 송전선로의 단락 사고시의 차단

|정|답|및|해|설|
[동작 책무] 중성점을 소호리액터로 접지한 계통은 지락 아크가 소호될 만큼 매우 작은 전류가 흐르므로 차단기의 차단 책무가 가볍다.　　　　　【정답】③

44. 수전용 차단기의 정격 차단용량을 결정하는 중요한 요소는?

① 수전점 단락전류

② 수전 변압기 용량

③ 부하설비 용량

④ 최대 부하전류

|정|답|및|해|설|
[차단용량] 차단용량은 2 차단기가 적용되는 계통의 3상 단락 용량의 한도이다.
$P_s = \sqrt{3} \times$정격 전압$\times$정격 차단 전류[MVA]
　　　　　【정답】①

45. 차단기의 개폐에 의한 이상 전압은 송전선의 Y 전압의 몇 배 정도가 최고인가?

① 2

② 3

③ 6

④ 10

|정|답|및|해|설|

[내부 이상 전압] 무부하시 송전선 투입 시 상규대지전압의 약 2배 이하가 많고 무부하 송전선의 충전전류 차단 시는 4배 이하이며 일반적으로 6배 정도가 가장 크다.

【정답】③

46. 차단기의 차단 용량을 표시하는 단위는?

① [V]

② [A]

③ [KW]

④ [MVA]

|정|답|및|해|설|

[차단기 차단 용량] $P_s = \sqrt{3} \, V \cdot I_s [MVA]$

여기서, V : 정격 전압[kV]($= 공칭전압 \times \dfrac{1.2}{1.1}$)

I_s : 정격 차단 전류[kA]

【정답】④

47. 전력 회로에 사용되는 차단기의 용량(Interrupting capacity)은 다음 중 어느 것에 의하여 결정 되어야 하는가?

① 예상 최대 단락 전류

② 회로에 접속되는 전부하 전류

③ 계통의 최고 전압

④ 회로를 구성하는 전선의 최대 허용전류

|정|답|및|해|설|

[차단용량] 차단용량은 그 차단기가 적용되는 계통의 3상단락 용량의 한도를 표시하고 다음 식으로 구해진다.

차단용량= $\sqrt{3} \times 정격전압(kV) \times 정격차단전류(kA)$

위의 식과 같이 차단용량은 정격전압 및 정격차단 전류에 의해 결정되어 지는데 규격에서 별도로 제시되는 것은 아니며 따라서 차단 전류 자체를 차단용량으로 부르기도 한다.

【정답】①

48. 차단기의 표준 동작 책무가 O-1분-CO-3분-CO 부호인 것은 다음 어느 경우에 적합한가? (단, O : 차단동작, C : 투입동작 CO : 투입동작에 뒤따라 곧 차단동작이다.)

① 일반 차단기

② 자동 재폐로용

③ 정격 차단 용량 50[mA]미만의 것

④ 차단용량 무한대의 것

|정|답|및|해|설|

[동작 책무] O-1분-CO-3분-CO 일반용 갑호

【정답】①

49. 고속도 재투입용 차단기의 표준 동작 책무는? (단, t는 임의 시간 간격이다.)

① O - 1분 - CO - 3분 - CO

② CO - 15초 - CO

③ CO - 1분 - CO - t - CO

④ O - t - CO - 1분 - CO

|정|답|및|해|설|

[동작 책무(고속도 재투입]] O - t - CO - 1분 - CO는 초속도 용이다. t는 0.35초 정도 【정답】④

50. 초고압용 차단기에서 개폐 저항기를 사용하는 이유는?

① 개폐 서지 이상 전압(SOV) 억제

② 차단 전류 감소

③ 차단 속도 증진

④ 차단 전류의 역률 개선

|정|답|및|해|설|

[개폐 저항기] 차단기 개폐 시 재점호로 인해 개폐기 이상 전압 이 발생된다. 이것을 낮추고 절연 내력을 높일 수 있게 하기 위해 차단기 접촉자 간에 병렬 임피던스로서 저항을 삽입한다.

【정답】①

51. 재폐로 차단기에 대한 다음 설명 중 옳은 것은?

① 배전선로용은 고장 구간을 고속 차단하여 제거한 후 다시 수동조작에 의해 배전이 되도록 설계된 것이다.

② 이 차단기는 재폐로 계전기와 같이 설치하여 계전기가 고장을 검출하여 이를 차단기에 통보, 차단하도록 된 것이다.

③ 이 차단기는 송전선로의 고장 구간을 고속차단하고 재전송하는 조작을 자동적으로 시행하는 재폐로 차단기를 장비한 자동차단기이다.

④ 3상 재폐로 차단기는 1상의 차단이 가능하고 무전압 시간을 약 20~30[s]로 정하여 재폐로 하도록 되어있다.

|정|답|및|해|설|

[재폐로 차단기] 송전선로 사고시 송전선 사고의 자동복구로 계통의 안정도를 향상시킬 목적으로 차단기가 차단되어 사고가 소멸된 후 <u>자동적으로 차단기를 투입하는 일련의 동작을 재폐로라 한다.</u> 【정답】③

52. 과부하 전류는 물론 사고 때의 대전류도 개폐할 수 있는 것은?

① 단로기   ② 나이프 스위치

③ 차단기   ④ 부하 개폐기

|정|답|및|해|설|

[차단기] 차단기는 부하 전류는 물론 사고 때의 대전류도 개폐할 수 있는 장치이다. 【정답】③

53. 부하 전류 차단 능력이 없는 것은?

① NFB   ② OCB

③ VCB   ④ DS

|정|답|및|해|설|

[단로기] B는 차단기 S는 개폐기, <u>DS(단로기)는</u> 전격전류(부하전류) 및 고장전류 차단능력이 없다.
【정답】④

54. 단로기에 대한 다음 설명 중 옳지 않은 것은?

① 소호장치가 있어서 아크를 소멸시킨다.

② 회로를 분리하거나 계통의 접속을 바꿀 때 사용한다.

③ 고장전류는 물론 부하전류의 개폐에도 사용할 수 없다.

④ 배전용의 단로기는 보통 디스커넥팅바로 개폐한다.

|정|답|및|해|설|

[단로기] 단로기는 <u>소호장치가 없어서</u> 아크를 소멸하지 못하므로 무하시에 전로 개폐 장치로만 사용되는 장치이다.
【정답】①

55. 그림과 같은 배전선이 있다. 부하에 급전 및 정전할 때 조작방법 중 옳은 것은?

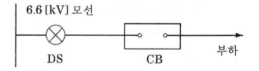

① 급전 및 정전할 때는 항상 DS, CB의 순으로 한다.

② 급전 및 정전할 때는 항상 CB, DS의 순으로 한다.

③ 급전 시는 DS, CB순이고 정전 시는 CB, DS 순이다.

④ 급전 시는 CB, DS순이고 정전 시는 DS, CB 순이다.

|정|답|및|해|설|

[단로기] 부하전류가 흐르는 상태에서는 단로기를 열거나 닫을 수가 없으므로 <u>차단기가 열려 있을 때만 단로기는 개폐할 수 있다.</u>
【정답】③

56. 단로기(disconnecting switch)의 사용 목적은?

① 과전류의 차단　　② 단락사고의 차단

③ 부하의 차단　　　④ 회로의 개폐

|정|답|및|해|설|

[단로기] 단로기는 <u>무부하 회로를 개폐할 때 사용</u>한다. 차단 기능이 없다.　　　　　　　　　　　　【정답】④

57. 전력용 퓨즈는 주로 어떤 전류의 차단을 목적으로 사용하는가?

① 충전 전류　　　② 과부하 전류

③ 단락 전류　　　④ 과도 전류

|정|답|및|해|설|

[전력 퓨즈] 전력용 퓨즈는 설비의 경제성을 위하여 단로기 대용으로 사용된다.

① 차단동작 1회시마다 퓨즈를 교환해야 한다.

② 소전류나 부하전류의 개폐에는 사용되지 않는다.

③ 소전류에서의 동작은 편차가 크고 결상되기가 쉽다.

④ 과도전류에서 용단되기 쉽고, 장시간 과부하에서는 소자가 열화되기 쉽다.

따라서 고장 빈도가 적은 개소에서 부하 개폐기와 조합시키는 등 사용방법을 고려하여야 한다.

<u>전력용 퓨즈의 주 차단 전류는 단락 전류이다.</u>

【정답】③

58. 인터록(interlock)의 설명으로 옳게 된 것은?

① 차단기가 열려 있어야만 단로기를 닫을 수 있다.

② 차단기가 닫혀 있어야만 단로기를 닫을 수 있다.

③ 차단기와 단로기는 제각기 열리고 닫힌다.

④ 차단기의 접점과 단로기의 접점이 기계적으로 연결되어 있다.

|정|답|및|해|설|

[인터록] 차단기가 열려 있어야만 단로기를 닫고, 열 수 있도록 한 장치이다.　　　　　　　　【정답】①

59. 전력 퓨즈(fuse)에 대한 설명 중 옳지 않은 것은?

① 차단용량이 크다.　　② 보수가 간단하다.

③ 정전용량이 크다.　　④ 가격이 저렴하다.

|정|답|및|해|설|

[전력 퓨즈] 전력 퓨즈의 특징은 다음과 같다.

① 차단용량이 크다.

② 보수가 간단하다.

③ 가격이 저렴하다.

※ 정전 용량은 없어야 된다.　　　　　【정답】③

60. 6600[V]로 수전하는 자가용 전기설비가 있다. 수전점에서 계산한 3상 단락 용량은 70[MVA] 인데 이곳에 시설한 차단의 최소 정격 차단 전류 중 가장 적당한 것은?

① 2[kA]　　　　　② 6[kA]

③ 8[kA]　　　　　④ 12.5[kA]

|정|답|및|해|설|

[3상 차단기 차단 용량] $P_s = \sqrt{3}\,V\cdot I_s\,[MVA]$

$$I_s = \frac{P_s}{\sqrt{3}\,V} = \frac{70}{\sqrt{3}\times 7.2} = 5.6 \qquad \therefore\ 6[kA]$$

【정답】②

61. 유입차단기의 특징이 아닌 것은?

① 방음설비가 필요하다.

② 부싱변류기를 사용할 수 있다.

③ 소호능력이 크다.

④ 높은 재기 전압 상승에서도 차단 성능에 영향이 없다.

|정|답|및|해|설|

[유입차단기(OCB)의 특징]

① 소호능력이 크다.

② <u>방음 설비를 할 필요가 없다.</u>

③ 보수가 복잡하다.

※공기차단기가 소음이 많으므로 방음설비를 필요로 한다.

【정답】①

62. SF_6가스 차단기의 설명이 잘못된 것은?

① SF_6가스는 절연내력이 공기의 2~3배이고 소호능력이 공기의 100~200배이다.

② 밀폐구조이므로 소음이 없다.

③ 근거리 고장 등 가혹한 재기전압에 대해서도 우수하다.

④ 아크에 의해 SF_6가스는 분해되어 유독가스를 발생시킨다.

|정|답|및|해|설|⋯⋯⋯⋯⋯⋯⋯⋯⋯⋯⋯⋯⋯⋯⋯⋯

[SF_6가스의 특징]

① 무색, 무취, 무해, 불연성의 가스로 SF_6 가스 전력용기기의 안전성을 보증하고 있다.

② 절연내력이 높다. SF_6 가스는 가스 분자로부터 전리된 자유 전자를 포착하여 절연파괴의 진전을 제거한다. 평등전계 중 1기압에서 공기의 2.5~3배, 3기압에서 절연유와 같은 수준의 절연내력을 갖고 있다.

③ 소호성능이 뛰어나다. SF_6가스 중의 아크는 냉각되기가 쉽고 고온에서 전기전도성이 좋다. 그러기 때문에 가스 중의 아크는 기중의 아크보다 안정되고 시정수도 작아서 전류차단에 우수한 특성을 갖는다. SF_6가스 차단기는 개폐능력 및 단락 전류 차단 능력이 크고 SF_6 가스 피뢰기에서는 속류차단 능력이 우수하다. 【정답】④

63. 다음 차단기 중 투입과 차단을 다 같이 압축공기의 힘으로 하는 것은?

① 유입 차단기 ② 팽창 차단기

③ 제호 차단기 ④ 임펄스 차단기

|정|답|및|해|설|⋯⋯⋯⋯⋯⋯⋯⋯⋯⋯⋯⋯⋯⋯⋯⋯

[공기차단기(ABB)] 공기차단기를 임펄스 차단기라고도 한다 (타력형 차단기). 【정답】④

64. 자기 차단기의 특징 중 옳지 않은 것은?

① 화재의 위험이 적다.

② 보수, 점검이 비교적 쉽다.

③ 전류 전달에 의한 와전류가 발생되지 않는다.

④ 회로의 고유 주파수에 차단 성능이 좌우된다.

|정|답|및|해|설|⋯⋯⋯⋯⋯⋯⋯⋯⋯⋯⋯⋯⋯⋯⋯⋯

[자기 차단기의 특징]

① 압축 공기 설비가 필요 없다.

② 화재 위험이 없다.

③ 보수 점검이 비교적 쉽다.

④ 회로의 고유 주파수에 차단 성능이 좌우되는 일이 없다.

⑤ 전류 전달에 의한 와전류를 발생하지 않는다.
【정답】④

65. 전류 절단 현상이 비교적 잘 발생하는 차단기의 종류는?

① 진공 차단기 ② 유입 차단기

③ 공기 차단기 ④ 자기 차단기

|정|답|및|해|설|⋯⋯⋯⋯⋯⋯⋯⋯⋯⋯⋯⋯⋯⋯⋯⋯

[전류 절단 현상] 진공 차단기가 소전류 차단 시 강력한 소호능력을 가진 차단기가 AC전류 0점 이전에 갑자기 전류를 차단하는 경우에 나타나는 현상으로 차단 후 과전압 발생의 원인이 된다. 이때 과전압의 크기는 재단전류와 부하의 정전용량 및 인덕턴스에 의하여 결정된다. 【정답】①

66. 다음 차단기들의 소호 매질이 적합하지 않게 결합된 것은?

① 공기 차단기 – 압축 공기

② 가스 차단기 – SF_6가스

③ 자기 차단기 – 진공

④ 유입 차단기 – 절연유

|정|답|및|해|설|⋯⋯⋯⋯⋯⋯⋯⋯⋯⋯⋯⋯⋯⋯⋯⋯

[진공 차단기(VCB)] 진공을 이용한 차단기는 진공 차단기이다.
【정답】③

67. 진공 차단기(Vacuum circuit breaker)의 특징에 속하지 않은 것은?

① 소형 경량이고 조작기구가 간편하다.

② 화재 위험이 전혀 없다.

③ 동작 시 소음은 크지만 소호실의 보수가 거의 필요치 않다.

④ 차단시간이 짧고 차단성능이 회로 주파수의 영향을 받지 않는다.

[진공 차단기(VCB)의 특징]
① 화재 위험이 적다.
② 저소음이다.
③ 소호실에 대한 보수가 거의 필요 없다.
④ 차단 성능이 회로의 주파수의 영향을 받지 않는다.
⑤ 소형 경량이고 조작 기구가 간편하다.
【정답】③

68. 최근 154[kV]급 변전소에 주로 설치되는 차단기는 어떤 것인가?

① 자기 차단기(MBB)

② 유입 차단기(OCB)

③ 기중 차단기(ACB)

④ SF_6 가스 차단기(GCB)

[가스 차단기(GCB)] 154[KV], 345[KV]에서는 GCB 차단기가 주로 사용된다.
【정답】④

69. 변전소의 전력기기를 시험하기 위하여 회로를 분리하거나, 계통의 접속을 바꾸거나 하는 경우에 사용되며 여기에는 소호장치가 없고 고장전류나 부하전류의 개폐에는 사용할 수 없는 것은?

① 차단기

② 계전기

③ 단로기

④ 전력용 퓨즈

[DS(단로기)] 무부하 회로 개폐
【정답】③

70. 차단기를 신규로 설치할 때 소내 전력공급용(6[kV]급)으로 현재 가장 많이 사용되고 있는 것은?

① OCB

② GCB

③ VCB

④ ABB

[진공 차단기(VCB)] 진공차단기(VCB)의 특징은 소형으로서 무게가 가볍고 불연성, 저소음으로서 수명이 길며 차단기로서 기본적으로 필요한 고속도 개폐가 가능하고 차단 성능이 우수하다는 장점이 있어 사용이 확대되고 있다. 그러나 진공 차단기를 적용할 때에는 전류재단현상, 고진공도의 유지 및 전극의 내용착성 등의 문제점이 있다.
공칭전압 30[kV] 정도까지 사용되며 정격전류 400~3000[A], 정격차단전류 5~40[kA], 정격차단시간 5cycle 제품이 일반적이다.
【정답】③

71. 수십 기압의 압축공기를 소호실 내의 아크에 급부하여 아크 흔적을 급속히 치환하며 차단 정격 전압이 가장 높은 차단기는 다음 중 어느 것인가?

① MBB

② ABB

③ VCB

④ ACB

[공기 차단기(ABB)] 압축 공기를 사용했으므로 공기차단기(ABB)이다.
【정답】②

72. 차단기의 소호 재료가 아닌 것은?

① 기름

② 공기

③ 수소

④ SF_6

|정|답|및|해|설|

[차단기 소호 재료]

· 기름(절연유)을 이용하면 유입차단기(O.C.B)

· 공기를 이용하면 공기차단기(A.B.B)

· SF_6가스를 이용하면 가스차단기(GCB)

【정답】③

---

73. 고압 배전 선로의 고장 또는 보수 점검 시 정전 구간을 축소하기 위하여 사용되는 기기는?

① 유입 개폐기(OS) 또는 기중 개폐기(AS)

② 컷아웃 스위치(COS)

③ 캐치 홀더(catch holder)

④ 단로기(DS)

|정|답|및|해|설|

[구분 개폐기] 배전구역의 전환, 원방제어 고장 시 구분조작을 위해 사용되는 개폐기가 구분 개폐기이다.

매 2[km]마다 시설한다(고장구분 개폐기).

※ 컷아웃 스위치(COS)는 주변압기 1차측에 시설, 캐치 홀더는 변압에 2차측에 시설한다.

【정답】①

---

74. 동작전류가 커질수록 동작시간이 짧게 되는 특성을 가진 계전기는?

① 반한시 계전기

② 정한시 계전기

③ 순한시 계전기

④ Nothing한시 계전기

|정|답|및|해|설|

[반한시 계전기] 동작 전류와 동작 시간이 반비례하는 계전기

【정답】①

---

75. 동작 전류의 크기에 관계없이 일정한 시간에 동작하는 한시 특성을 갖는 계전기는?

① 순한시 계전기

② 정한시 계전기

③ 반한시 계전기

④ 반한시성 정한시 계전기

|정|답|및|해|설|

[동작 시간에 따라 계전기를 분류]

① 순한시 계전기(고속도 계전기) : set값 이상의 전류가 흐르면 즉시 동작하는 계전기

② 정한시 계전기 : set값 이상의 전류가 흘러도 <u>일정 시간이 되어야 동작</u>하는 계전기

③ 반한시성 계전기 : set값 이상의 전류가 흐를 때 전류가 크면 빨리 동작하고 전류가 작으면 느리게 동작하는 계전기

④ 반한시성 정한시 계전기 : 계전기 동작 시 어떤 값끼리는 반한시성 특성을 갖고 그 이상이 되면 정한시성 특성을 갖는 계전기

【정답】②

---

76. 보호 계전기의 반한시성 정한시 특성은?

① 최소 동작전류 이상의 전류가 흐르면 즉시 동작하는 특성

② 동작전류가 커질수록 동작시간이 짧게 되는 특성

③ 동작전류가 크기에 관계없이 일정한 시간에 동작하는 특성

④ 동작전류가 적은 동안에는 동작전류가 커질수록 동작시간이 짧게 되고 어떤 전류 이상이면 동작전류의 크기에 관계없이 일정한 시간에서 동작하는 특성

|정|답|및|해|설|

[반한시성 정한시 계전기] 반한의 계전기 특성과 정한시계전기 특성을 모두 가지고 있는 계전기 특성을 가진다.

【정답】④

---

77. 차동 계전기는 무엇에 의하여 동작하는가?

① 양쪽 전압의 차로 동작한다.

② 양쪽 전류의 차로 동작한다.

③ 전압과 전류의 배수의 차로 동작한다.

④ 정상 전류와 역상 전류의 차로 동작한다.

|정|답|및|해|설|

[차동 계전기] 피보호 설비에 유입하는 어떤 입력의 크기와 유출되는 출력의 크기의 차이가 일정치 이상이 되면 동작하는 계전기를 일괄하여 차동 계전라 하며 다음과 같은 종류가 있다.
① 전류 차동 계전기(DCR) : 피보호 설비에 유입되는 총 전류와 유출되는 총 전류간의 차이가 일정치 이상으로되면 동작하는 계전기
② 비율 차동 계전기(RDR) : 총 입력 전류와 총 출력 전류간의 차이가 총 입력 전류에 대하여 일정 비율 이상으로 되었을 때 동작하는 계전기이며 많은 전력기기들의 주보호 계전기로 사용된다.
③ 전압 차동 계전기(DVR) : 여러 개의 전압간 차전압이 일정치 이상으로 되었을 때 동작하는 계전기이나 실제 사용되고 있는 것은 전류 차동 회로에 비교적 높은 임피던스를 갖는 전압 계전기를 연결하면 차전류가 큰 경우 계전기에 나타나는 전압도 크게 되어 동작하므로 이것을 통상 전압 차동계전기라 하며 모선 보호용으로 사용된다.
【정답】②

78. Recloser(R), Sectionalizer(S), Fuse(F)의 보호 협조에서 보호 협조가 불가능한 배열은?

① R-R-F   ② R-S

③ R-F   ④ S-F-R

|정|답|및|해|설|

리클로저(전원측), 섹셔널라이저(부하측)을 보호한다.
【정답】④

79. 과부하 또는 외부의 단락 사고 시에 동작하는 계전기는?

① 차동 계전기   ② 과전압 계전기

③ 과전류 계전기   ④ 부족 전압 계전기

|정|답|및|해|설|

[과전류 계전기(OCR)] 과부하 계전기(과전류 계전기)는 과부하 시 동작하는 계전기이다. OCR(51)
【정답】③

80. 방향성을 가지지 않는 계전기는?

① 전력 계전기

② 비율 차동 계전기

③ mho 계전기

④ 지락 계전기

|정|답|및|해|설|

[방향성을 갖지 않는 계전기]
① 과전류계전기   ② 과전압계전기
③ 부족전압계전기   ④ 차동계전기
⑤ 거리계전기   ⑥ 지락계전기
※전력계전기 : 전력의 크기가 일정치 이상으로 되었을 때 동작하는계저기
【정답】④

81. 다음은 어떤 계전기의 동작 특성을 나타낸다. 계전기의 종류는? (단, 전압 및 전류를 입력량으로 하여, 전압과 전류의 비의함수가 예정 값 이하로 되었을 때 동작한다.)

① 변화폭 계전기

② 거리 계전기

③ 차동 계전기

④ 방향 계전기

|정|답|및|해|설|

[거리 계전기] 전압과 전류의 비가 일정치 이하인 경우에 동작하는 계전기이다. 실제로 전압과 전류의 비는 전기적인 거리, 즉 임피던스를 나타내므로 거리 계전기라는 명칭을 사용하며 송전선의 경우는 선로의 길이가 전기적인 길이에 비례하므로 이 계전기를 사용 용이하게 보호할 수 있게 된다. 거리 계전기에는 동작 특성에 따라 임피던스형, 모호(MHO)형, 리액턴스형, 오옴(OHM)형, 오프set모호(off set mho)형 등이 있다.
【정답】②

82. 과전류 계전기의 문자기호, 도형기호, 숫자기호로 옳은 것은?

문자	도형	숫자
① OCR	OC	51G
② OCG	OCG	59
③ OCR	OC	51
④ OVR	OV	51

|정|답|및|해|설|

[과전류 계전기]
·OCR(51) : 교류 과전류 계전기
·OCGR(51G) : 지락 과전류 계전기
·OVR(59) : 교류 과전압 계전기 　　　　【정답】③

83. 발전기 또는 주변압기의 내부 고장 보호용으로 가장 널리 쓰이는 계전기는?

① 과전류 계전기

② 비율 차동 계전기

③ 방향 단락 계전기

④ 거리 계전기

|정|답|및|해|설|

[비율 차동 계전기] 비율 차동 계전기(R.D.F.R)는 고장 시 고장 전류가 평현 전류의 30~35[%] 이상이 되면 동작하는 계전기로 발전기, 변압기 내부 고장 보호에 가장 많이 사용되는 계전기이다. 　　　　【정답】②

84. 송전선로에 관한 설명 중 틀린 것은?

① 송전선로의 유도 장해를 억제키 위해 접지 저항은 보호 장치가 허용할 수 있는 범위에서 적게 하여야 한다.

② 송전선로에 발생하는 내부 이상 전압은 그 대부분이 사용 대지 전압의 파고치의 약 4배 이하이다.

③ 송전 계통의 안정도를 높이기 위하여 복도체 방식을 택하거나 직렬콘덴서 등을 설치한다.

④ 결합 콘덴서는 반송전화 장치를 송전선에 결합시키기 위해 사용하는 것으로 그 용량은 0.001~0.002[μF] 정도이다.

|정|답|및|해|설|

접지저항의 감소는 지락 전류를 크게 해서 유도 장해가 커질 수도 있다. 　　　　【정답】①

85. 변압기 보호에 사용되지 않는 계전기는?

① 비율 차동 계전기

② 차동 전류 계전기

③ 부흐홀쯔 계전기

④ 임피던스 계전기

|정|답|및|해|설|

[임피던스 계전기] 임피던스 계전기는 거리 계전기의 일종으로 선로 보호에 사용되는 계전기이다. 　　　　【정답】④

86. 부흐홀쯔 계전기(Buchholtz relay)의 설치 위치는?

① 변압기 주 탱크 내부

② 콘서베이터 내부

③ 변압기의 고압측 부싱

④ 변압기 주 탱크와 콘서베이터를 연결하는 파이프의 도중

|정|답|및|해|설|

[부흐홀쯔 계전기] 이 계전기는 변압기의 내부 고장 시 발생하는 가스의 부력과 절연유의 유속을 이용하여 변압기 내부고장을 검출하는 계전기로서 변압기와 컨서베이터 사이에 설치되어 널리 이용되고 있다. 　　　　【정답】④

87. 동일모선 2개 이상의 피더(feeder)를 가진 비접지 배선 계통에서 지락사고에 대한 선택지락 보호 계전기는?

① OCR ② OVR
③ GR ④ SGR

|정|답|및|해|설|
[SGR(선택지락계전기)] 다회선 선로에서 고장 회선 선택차단
【정답】④

88. 거리 계전기의 기억작용이란?

① 고장 후에도 건전전압을 잠시 유지하는 작용
② 고장위치를 기억하는 작용
③ 거리와 시간을 판별하는 작용
④ 전압, 전류의 고장 전 값을 기억하는 작용

|정|답|및|해|설|
[거리 계전기] 거리 계전기는 전압 요소를 가지므로, 전압이 갑자기 저하되면 계전기 동작이 불안정하여 단락 고장으로 전압이 저하되어도 2~3[HZ] 동안은 고장전의 전압을 유지하게 되는데 이 작용을 기억작용이라 한다. 주로 Mho형 거리 계전기에 사용한다. 【정답】①

89. 환상 선로의 단락 보호에 사용하는 계전 방식은?

① 선택 접지 계전 방식
② 과전류 계전 방식
③ 방향 단락 계전 방식
④ 비율 차동 계전 방식

|정|답|및|해|설|
[방향 단락 계전기] 환상 선로(loop식)에서는 단락 사고 시 사고의 방향을 감지할 수 있는 계전기를 사용한다.
【정답】③

90. 전원이 두 군데 이상 있는 환상선로의 단락보호에 사용되는 계전기는?

① 과전류 계전기(OCR)
② 방향 단락 계전기(DSR)와 과전류 계전기(OCR)의 조합
③ 방향 단락 계전기(DSR)
④ 방향 거리 계전기(DZR)

|정|답|및|해|설|
[방향 거리 계전기] 방향 거리 계전 방식은 방향성 거리 계전기를 이용하여 계전기 설치점에서 임피던스로서 고장 여부를 판별, 보호하는 계전 방식이며 배후전원의 크기 등 계통 조건에 따른 계전기 동작 범위의 변동이 적은 것이 특징이다.
【정답】④

91. 모선 보호에 사용되는 방식은?

① 표시선 계전 방식
② 방향 단락 계전 방식
③ 전력 평형 보호 방식
④ 전압 차동 보호 방식

|정|답|및|해|설|
[모선 보호 계전 방식] 송전선로, 발전기, 변압기 등의 설비가 접속되는 공통 도체인 모선을 보호하기 위하여 적용하는 보호 계전 방식 【정답】④

92. 아래의 송전선 보호 방식 중 가장 뛰어난 방식으로 고속도 차단 재폐로 방식을 쉽고 확실하게 작용할 수 있는 것은?

① 표시선 계전 방식
② 과전류 계전 방식
③ 방향 거리 계전 방식
④ 회로 선택 계전 방식

|정|답|및|해|설|
[표시선 계전 방식]
· 피보호 송전 선로내의 모든 지점에서의 사고에 대하여 고속도 차단을 하기 위하여 보호 구간의 각 단자 간에 통신수단을 두고 고장상황을 서로 연락하여 보호하는 방식을 파이롯트 계전 방식이라 한다.
· 통신 수단의 종류에 따라 분류하면 송전선 양단간에 포설된 파이롯트 와이어를 이용하는 표시선 계전 방식, 전력선을 이용하여 신호를 전송하는 전력선 방송 계전 방식 및 광선로 또는 마이크로 웨이브 채널을 이용하는 방식이 있다.
【정답】①

93. 가스 절연 개폐 장치(GIS)의 특징이 아닌 것은?

① 감전사고 위험 감소

② 밀폐형이므로 배기 및 소음이 없음

③ 신뢰도가 높음

④ 변성기와 변류기는 따로 설치

|정|답|및|해|설|
[가스 절연 개폐 장치(GIS)의 특징]
· 안정성, 신뢰성이 우수하다.
· 감전사고 위험이 적다.
· 밀폐형이므로 배기·소음이 적다.
· 소형화가 가능하다.
· 보수·점검이 용이하다.
※ 변성기와 변류기는 같이 설치한다.
【정답】④

94. 보호 계전기 중 발전기, 변압기, 모선 등의 보호에 사용되는 것은?

① 비율차동 계전기(RDFR)

② 과전류 계전기(OCR)

③ 과전압 계전기(OVR)

④ 유도형 계전기

|정|답|및|해|설|
[비율 차동 계전기] 비율 차동 계전기(RDFR)은 발전기, 변압기, 모선 등의 보호에 사용된다.
※유도형 계전기는 교류장에 대한 보호계전기로 아라고 원판의 원리를 이용한 것이다.
【정답】①

95. 보호계전기의 필요한 특성으로 옳지 않은 것은?

① 동작을 느리게 하여 다른 긴전부의 송전을 막을 것

② 고장 상태를 식별하여 정도를 판단할 수 있을 것

③ 고장 개소를 정확히 선택할 수 있을 것

④ 동작이 예민하고 오동작이 없을 것

|정|답|및|해|설|
[보호 계전기 구비 조건]
① 동작이 예민하고 오동작이 없을 것
② 고장 회선 및 고장 구간을 신속 정확히 차단할 것
③ 적절한 후비 보호 능력을 가질 것
④ 소비 전력이 적고 경제적일 것
⑤ 보호 맹점이 없을 것
【정답】①

96. 전력선 반송 보호 계전 방식의 장점이 아닌 것은?

① 장치가 간단하고 고장이 없으며 계전기의 성능 저하가 없다.

② 고장의 선택성이 우수하다.

③ 동작이 예민하다.

④ 고장점이나 계통의 여하에 불구하고 선택 차단 개소를 동시에 고속도 차단할 수 있다.

|정|답|및|해|설|
[전력선 반송 보호 계전 방식의 장점]
· 반송파의 전송 통로로서 가공 전력선을 이용하는 반송 계전 방식을 전력선 반송 계전 방식
· 설비비가 송전선 긍장에 거의 무관하므로 지중 송전선을 제외한 가공 송전선로 보호에 과거 널리 적용되었으나 최근에는 거의 사용되지 않는 방식이다.
【정답】④

97. 과전류 계전기의 탭 값은 무엇으로 표시되는가?

① 계전기의 최소 동작전류

② 계전기의 최대 부하전류

③ 계전기의 동작시한

④ 변류기의 권수비

[과전류 계전기] Tap은 동작회로전류로서 정격전류에 상승
비율을 곱해서 CT비를 감안해서 구한 값이다.

【정답】①

98. 2차 역률은 1인 경우에 변류기(CT)의 공칭 변류
비를 K_n, 측정한 변류비의 참값을 K라고 할
때 변류기의 비오차는?

① $\dfrac{K_n - K}{K} \times 100 \ [\%]$

② $\dfrac{K_n - K}{K_n} \times 100 \ [\%]$

③ $\dfrac{K - K_n}{K} \times 100 \ [\%]$

④ $\dfrac{K - K_n}{K_n} \times 100 \ [\%]$

[변류기의 비오차] 비오차 $\epsilon = \dfrac{k_n - k}{k} \times 100 [\%]$

※ 비보정 $a = \dfrac{k - k_n}{k_n} \times 100 [\%]$

【정답】①

99. 전압이 정상치 이하로 되었을 때 동작하는 것으
로서 단락 고장 검출등에 사용되는 계전기는?

① 부족전압 계전기 ② 비율차동 계전기

③ 재폐로 계전기   ④ 선택 계전기

UVR(under Voltage Relay) 부족전압 계전기

【정답】①

100. 송전선로의 보호방식으로 지락에 대한 보호
는 영상전류를 이용하여 어떤 계전기를 동작시
키는가?

① 차동 계전기   ② 전류 계전기

③ 방향 계전기   ④ 접지 계전기

영상전류는 GR(67) 접지 계전기를 동작시킨다.

【정답】④

101. MOF(Metering Out Fit)에 대한 설명으로 옳
은 것은?

① 계기용 변성기의 별명이다.

② 계기용 변류기의 별명이다.

③ 한 탱크 내에 계기용 변성기, 변류기를
장치한 것이다.

④ 변전소 내의 계기류의 총칭이다.

[계기용 변압 변류기(MOF)] 계기용 변압 변류기(MOF)란 한
탱크 내에 PT 및 CT가 같이 시설되어 있는 계기용 변성기로
서 전력량계를 접속하기 위해 설치한다.

【정답】③

102. 변성기의 정격부담을 표시하는 기호는?

① W ② S

③ dyne   ④ VA

[정격 부담] 정격 부담이란 변류기 2차 단자 간에 접속되는 부하의 피상 전력[VA]를 나타낸다.

【정답】④

103. 배전반에 연결되어 운전 중인 PT와 CT를 점검할 때에는?

　① CT는 단락

　② CT와 PT 모두 단락

　③ CT와 PT 모두 개방

　④ PT는 단락

[PT와 CT를 점검] CT 점검 시 2차측 절연 보호를 위해 2차측은 반드시 단락시켜야 한다.

【정답】①

104. 영상변류기와 가장 관계가 깊은 계전기는?

　① 과전류 계전기

　② 과전압 계전기

　③ 선택 접지 계전기

　④ 차동 계전기

[영상 변류기(ZCT)] 영상 변류기(ZCT)는 지락 사고 시 영상 전류를 검출해 접지 계전기(GR)를 동작시킨다.

【정답】③

105. 20[kV] 미만의 옥내 변류기로 주로 사용되는 것은?

　① 유입식 권선형　　② 부식형

　③ 관통형　　　　　④ 건식 권선형

옥내 변류기로서 유지 보수가 비교적 용이한 건식 권선형을 주로 사용한다.

【정답】④

106. 변류기 개방 시 2차측을 단락하는 이유는?

　① 2차측 절연 보호

　② 2차측 과전류 보호

　③ 측정 오차 방지

　④ 1차측 과전류 방지

변류기 1차측에 전류가 흐를 때 2차측을 개방하면 1차측 전압이 전부 2차측으로 유도되어 2차측에 고전압이 발생해 2차측 절연이 파괴되므로 2차측은 반드시 단락시킨다.

【정답】①

107. 다음 그림과 같이 200/5[CT] 1차측에 150[A]의 3상 평형 전류가 흐를 때 전류계 A_3에 흐르는 전류는 몇 [A]인가?

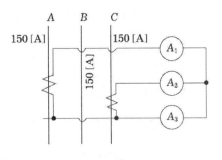

　① 3.75　　　　　② 5

　③ $\sqrt{3}+3.75$　　④ $\sqrt{3}\times5$

[CT의 전류] CT비 $=\dfrac{I_1}{I_2}=\dfrac{200}{5}$

$I_2 = I_1 \times \dfrac{1}{CT비} = 150 \times \dfrac{5}{200} = 3.75[A]$

$\therefore A_3 = 3.75[A]$ → (현재 A_3에는 b상의 전류가 흐른다.)

※ $I_a + I_b + I_c = 0$

$I_b = -(I_a + I_c)$, 즉 A상과 C상을 합하면 방향이 반대인 b상 전류가 나온다.

【정답】①

108. 비접지 3상 3선식 배전선로에 방향 지락 계전기를 사용하여 선택지락 보호를 하려고 한다. 필요한 것은?

① CT와 OCR

② CT와 PT

③ 접지 변압기와 ZCT

④ 접지 변압기와 OCR

|정|답|및|해|설|
영상전류와 영상전압을 모두 얻을 수 있도록 ZCT와 GPT(접지변압기)가 필요하다. 【정답】 ③

109. 용량성 전압 변성기(C.P.D)가 고전압에 적합지 않은 것은?

① 비오차가 적다.

② 절연에 대한 신뢰도가 높다.

③ 통신용 콘덴서와 같이 사용할 수 있다.

④ 값이 싸다.

|정|답|및|해|설|
용량성 전압 변성기(C.P.D)는 비오차가 많은 특성을 가지고 있다. 【정답】 ①

110. 배전반 계기의 백분율 오차는 지시값(측정값)이 M이고 그 참값이 T일 때 어떻게 표시하는가?

① $\dfrac{M-T}{T} \times 100$

② $\dfrac{T-M}{M} \times 100$

③ $\dfrac{M-T}{M} \times 100$

④ $\dfrac{T-M}{T} \times 100$

|정|답|및|해|설|
%오차 $= \dfrac{M-T}{T} \times 100$ 【정답】 ①

111. 영상 전류를 검출하는 방법이 아닌 것은?

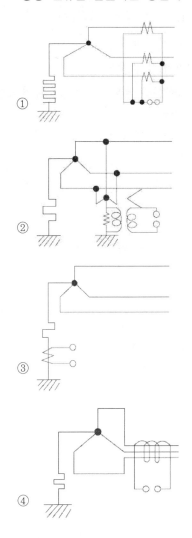

|정|답|및|해|설|
① 잔류 회로를 이용하는 방법
③ 중성점에 CT를 연결하는 방법
④ 영상변류기를 이용해 영상전류를 검출하는 방법
※ ② 영상전압을 검출하는 방법

【정답】 ②

112. 영상 전압과 영상 전류에 의해서 동작하는 계전기는 어떤 목적에 사용하는가?

① 선로의 선택 차단
② 변압기의 층간단락 차단
③ 중성점 소호 리액터 접지계통의 충전전류 차단
④ 계통의 과전압 차단

|정|답|및|해|설|

SGR : 선택 지락 계전기(50G) 【정답】①

113. 변전소의 설치 목적이 아닌 것은?

① 경제적인 이유에서 전압을 승압 또는 강압한다.
② 발전 전력을 집중 연계한다.
③ 수용가에 배분하고 정전을 최소화 한다.
④ 전력의 발생과 계통의 주파수를 변환시킨다.

|정|답|및|해|설|

[변전소의 목적] 전압의 변성과 조정
※전력의 집중과 분배전력을 발생시키는 곳은 발전소이다.
【정답】④

114. 발전소 옥외 변전소의 모선 방식 중 환상 모선 방식은?

① 1모선 사고 시 타모선으로 절체할 수 있는 2중 모선 방식이다.
② 1발전기마다 1모선으로 구분하여 모선 사고 시 타 발전기의 동시 탈락을 방지함
③ 다른 방식보다 차단기의 수가 적어도 된다.
④ 단모선 방식을 말한다.

|정|답|및|해|설|

환상 모선 방식은 사고 시 모선의 접속 상태가 분리되어 사고의 범위를 국한시켜 주는 모선 방식이다.
【정답】①

115. 변전소 내에 설치될 역률 개선용 진상 콘덴서의 차단기에 대한 설명으로 틀린 것은?

① 차단기 투입 시 돌입전류 때문에 차단기의 접점 손상이 발생하며 절연유가 오손되기 쉽다.
② 콘덴서 회로를 열 때 재점호하기 쉬우며 재점호가 잘 발생하도록 개로시켜야 하며 점호가 발생치 않으면 직렬 리액터의 층간 절연을 파괴 한다.
③ 콘덴서 회로를 열 때 90°의 진상전류가 흐르기 때문에 재점호가 잘된다.
④ 차단기 투입 시 발생하는 돌입전류를 제한하기 위해 일정 용량 이상의 것에는 보조접점이 있는 것을 사용한다.

|정|답|및|해|설|

[역률 개선용 진상 콘덴서] 재점호가 발생하지 않도록 개선시켜야 한다. 【정답】②

116. 66[㎸] 비접지 송전 계통에서 영상 전압을 얻기 위하여 변압비가 66,000/110[V]인 PT 3개를 아래 그림과 같이 접속하였다. 66[㎸] 선로측에서 1선 지락 고장 시 PT 2차측 개방단에 나타나는 전압은?

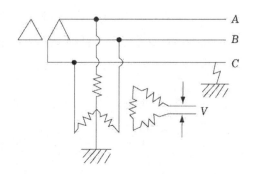

① 약 110[V] ② 약 190[V]
③ 약 220[V] ④ 약 330[V]

|정|답|및|해|설|

PT 2차측을 개방하여 영상 전압을 검출하는 방법으로 <u>2차
전압은 $\sqrt{3} \times 110 ≒ 190[V]$가 된다.</u>

【정답】②

117. 모선의 단락용량이 10000[MVA]인 154[kV]
변전소에서 4[kV]의 전압 변동폭을 주기에 필
요한 조상 설비는 몇 [MVA]정도 되겠는가?

① 100　　　② 160

③ 200　　　④ 260

|정|답|및|해|설|

조상설비=변동비율×단락용량

조상설비=$\dfrac{4}{154} \times 10000 = 259.7[MVA]$ 약 $260[MVA]$

【정답】④

118. 파일럿 와이어(pilot wire) 계전 방식에 해당
되지 않는 것은?

① 고장점 위치에 관계없이 양단을 동시에
고속 차단할 수 있다.

② 송전선에 평행되도록 양단을 연락하게
한다.

③ 고장점 위치에 관계없이 부하측 고장을
고속도 차단한다.

④ 시한차를 두어서 선택 보호하는 계전 방
식이다.

|정|답|및|해|설|

[표시선 계전 방식(pilot wire) 방식의 특징]

① 고장점의 위치에 관계없이 <u>양단을 고속 차단</u>한다.

② 송전선에 평행되도록 표시선을 설치하여 양단을 연락하게
한다.

③ 고장 시 장해를 받지 않기 위해 <u>연피케이블을 사용</u>한다.

④ 시한차에 구애받지 않고 양단을 <u>동시에 고속 차단</u>할 수
있다.

【정답】③

119. 위상 비교 반송 방식과 관계있는 것은?

① 일단에서 유입하는 전류와 타단에서 유
출하는 전류의 위상각을 비교한다.

② 일단에서의 전압과 타단에서의 전압의
위상각을 비교한다.

③ 일단에서 유입하는 전류와 타단에서의
전압의 위상각을 비교한다.

④ 일단에서의 전압과 타단에서 유출하는
전류의 위상각을 비교한다.

|정|답|및|해|설|

[전력선 반송 보호 계전] 위상 비교 방식은 송전선 보호를
위한 파이롯트 계전 방식의 하나로서 보호구간 양단의 고장
전류 위상이 내부 고장 시는 동상이고, 외부 고장 시는 역위상
이 되는 것을 이용한 것이다.

【정답】①

120. 특별 고압 수전 수용가의 수전설비를 다음과
같이 시설하였다. 적당 하지 않은 것은?

① 22.9[kV-Y]로 용량 2000[kVA]인 경우
인입개폐기로 차단기를 시설 하였다.

② 22.9[kV-Y]용의 피뢰기에는 단로기 붙
임형을 사용하였다.

③ 인입선을 지중선으로 시설하는 경우
22.9[kV-Y]계통에서는 CV케이블을
사용하였다.

④ 다중접지계통에서 단상변압기 3대를 사
용하고자 하는 경우 전절연 변압기
(2-bushing)를 사용하고 1차측 중성점
은 접지하지 않고 부동시켜 사용하였다.

|정|답|및|해|설|

22.9[kV-Y]계통에는 CN-CV케이블을 사용한다.

【정답】③

배전 계통의 구성

01 배전선로의 구성 방식

(1) 배전 방식

① 급전선(feeder) : 배전변전소 또는 발전소로부터 배전간선에 이르기까지의 도중에 부하가 접속되어 있지 않은 선로

② 간선(main line) : 급전선에 접속된 수용지역에서의 배전선로에 가운데에서 부하의 분포상태에 따라서 배전하거나 또는 분기선을 내어서 배전하는 주 간선로

③ 분기선(branch line) : 간선으로부터 분기한 배전선로의 가지 모양으로 된 선로

(2) 방사상식(수지식)

① 정의

변압기 뱅크 단위로 저압 배전선을 시설해서 그 변압기 용량에 맞는 범위까지의 수요를 공급하는 방식이다.

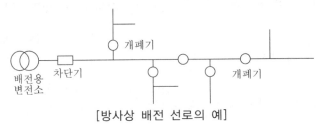

[방사상 배전 선로의 예]

② 방사상식의 장·단점

- 수요 변동에 쉽게 대응할 수 있다.
- 공급 신뢰도가 낮다.
- 전력 손실이 크다.
- 시설비가 싸다.
- 전압 변동이 심하다.
- 플리커 현상이 심하다.

(3) 저압 뱅킹 방식

① 정의

- 고압선(모선)에 접속된 2대 이상의 변압기의 저압 측을 병렬 접속하는 방식
- 부하가 밀집된 시가지에 적합

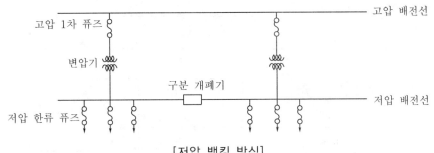

[저압 뱅킹 방식]

② 저압 뱅킹 방식의 장·단점

· 변압기 용량을 저감할 수 있다.
· 변압기 용량 및 저압선 동량이 절감
· 공급 신뢰도 향상
· 캐스케이딩 현상이 발생할 수 있다.

· 전압변동 및 전력손실이 경감
· 부하 증가에 대한 탄력성이 향상

※ 캐스케이딩(cascading) : 변압기 또는 선로의 사고에 의해서 뱅킹 내의 건전한 변압기의 일부 또는 전부가
연쇄적으로 회로로부터 차단되는 현상
· 방지대책 : 구분 퓨즈를 설치

(4) 저압 네트워크 방식(network system)

① 정의

· 동일 모선으로부터 2회선 이상이 급전선으로 전력을 공급하는 방식
· 2대 이상의 배전용 변압기로부터 저압 측을 망상으로 구성한 것으로 각 수용가는 망상 네트워크로
부터 분기하여 공급받는 방식이다.
· 부하가 밀집된 시가지에 사용된다.
· 이 네트워크를 간소화한 것으로 스포트 네트워크 방식이 있다.

② 저압 네트워크 방식의 장·단점

· 무정전 공급이 가능해 공급 신뢰도가 높다.
· 기기의 이용률이 향상된다.
· 전압강하가 적다.
· 변전소 수를 줄일 수 있다.
· 인축의 접지 사고가 증가한다.
· 네트워크 프로텍터가 필요하다.

· 플리커, 전압변동률이 적다.
· 전력손실이 적다.
· 부하 증가에 대해 융통성이 좋다.
· 건설비가 비싸다.
· 고장 전류가 역류한다.

※ 네트워크 프로텍터의 구성 요소 : 저압 차단기, 저압용 퓨즈, 전력 방향 계전기

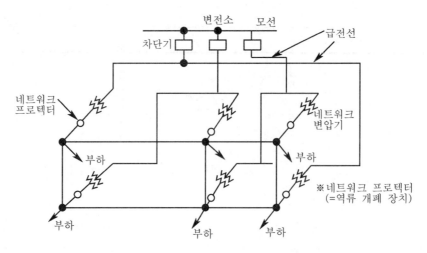

[저압 네트워크 배전 방식의 예]

(5) 환상 방식(루프 방식(loop system))

① 정의

- 배전 간선이 하나의 환상선으로 구성되고 수요 분포에 따라 임의의 각 장소에 분기선을 끌어서 공급하는 방식
- 비교적 수용 밀도가 큰 지역의 고압 배전선으로서 많이 사용된다.

② 환상 방식의 장·단점

- 고장 구간의 분리조작이 용이하다.
- 전력손실이 적다.
- 보호 방식이 복잡하다.
- 공급 신뢰도가 높다.
- 전압강하가 적다.
- 설비비가 비싸다.

핵심기출

【기사】 06/1 06/3 14/3 15/1 17/2 18/3 【산업기사】 06/3

저압 네트워크 배전 방식의 장점이 아닌 것은?

① 인축의 접촉 사고가 적어진다.
② 부하 증가 시 적응성이 양호하다.
③ 무정전 공급이 가능하다.
④ 저압 변동률이 적다.

정답 및 해설 [저압 네트워크 배전 방식]
① 인축의 접촉 사고가 증가한다.   【정답】①

02 배전선로의 전기 공급 방법

(1) 전기 방식의 종류

① 단상 2선식

변압기 저압 측의 단자는 고·저압선의 혼촉에 의한 저압선의 전위 상승을 방지하기 위하여 접지한다.

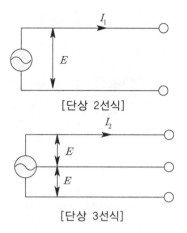

[단상 2선식]

[단상 3선식]

② 단상 3선식

·중성선에 퓨즈를 설치하지 않음

·상시 부하에 불평형 문제 발생

·불평형 문제를 줄이기 위하여 저압선의 말단에 밸런서를 설치

※저압 밸런서 : 단상 3선식에서 부하불평형에 의한 전압의 불평형 해소를 위해 저압 밸런서를 필요로 한다.

③ 3상 4선식

·현재 우리나라에서는 배전전압 22.9[kV]의 다중 접지방식 사용

·부하에 따라 전압 변동이 심한 배전 변전소에는 유도 전압조정기로 전압을 조정한다.

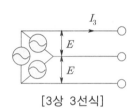

[3상 3선식]

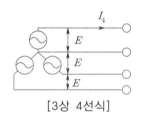

[3상 4선식]

(2) 각 방식별 전기적 특성 비교

	단상 2선식	단상 3선식	3상 3선식 (△결선)	3상 4선식 (Y결선)
공급 전력(P)	$P_1 = VI$	$P_2 = 2VI$	$P_3 = \sqrt{3}\,VI$	$P_4 = \sqrt{3}\,VI$
1선당 공급 전력	$\dfrac{1}{2}VI$	$\dfrac{2}{3}VI = 0.67VI$	$\dfrac{\sqrt{3}}{3}VI = 0.57VI$	$\dfrac{\sqrt{3}}{4}VI = 0.43VI$
1선당 공급 전력비[%] (단상 2선식을 기준)	기준(100[%])	$\dfrac{\frac{2}{3}VI}{\frac{1}{2}VI}=133[\%]$	$\dfrac{\frac{\sqrt{3}}{4}VI}{\frac{1}{2}VI}=115[\%]$	$\dfrac{\frac{\sqrt{3}}{4}VI}{\frac{1}{2}VI}=87[\%]$

※ 송전에서는 3상 3선식이 유리하며, 배전에서는 3상 4선식이 유리하다.

※ 3상 4선식에서 상전압(E)인 경우 공급 전력 $P=3EI$, 1선당 공급 전력 $\dfrac{3}{4}EI = 0.75EI$

공급 전력비(단상 2선식 기준)$= \dfrac{\frac{3}{4}EI}{\frac{1}{2}EI}=150[\%]$

※ 3상 3선식에서는 상전압과 선간전압이 같다.

핵심기출 【기사】 08/1

3상 4선식 배전방식에서 1선당의 최대 전력은? (단, 상전압 : V, 선전류 : I라 한다.)

① 0.5[VI]

② 0.57[VI]

③ 0.75[VI]

④ 1.0[VI]

정답 및 해설 [3상 4선식 배전 방식] 3상 4선식 배전 방식은 Y결선이고 Y결선에서는 선전류=상전류이므로 $P = 3VI$ 이다.

그러므로 1선당 최대 전력은 $P_1 = \dfrac{P}{4} = \dfrac{3}{4}VI = 0.75VI$ 가 된다.

【정답】③

(3) 각 방식별 소요 전선비 비교

방식	전선비	절약량
$1\varnothing 2W$	소요 전선비 100[%]로	
$1\varnothing 3W$	$\dfrac{3}{8} \times 100 = 37.5[\%]$	62.5[%]
$3\varnothing 3W$	$\dfrac{3}{4} \times 100 = 75[\%]$	25[%]
$3\varnothing 4W$	$\dfrac{1}{3} \times 100 = 33.3[\%]$	66[%]

핵심기출 【기사】 16/3

3상 3선식의 전선 소요량에 대한 3상 4선식의 전선 소요량의 비는 얼마인가? (단, 배전거리, 배전전력 및 전력손실은 같고, 4선식의 중성선의 굵기는 외선의 굵기와 같으며, 외선과 중성선간의 전압은 3선식의 선간전압과 같다.)

① $\dfrac{4}{9}$

② $\dfrac{2}{3}$

③ $\dfrac{3}{4}$

④ $\dfrac{1}{3}$

정답 및 해설 [소요 전선비] $\dfrac{3상4선식}{3상3선식} = \dfrac{\frac{1}{3}}{\frac{3}{4}} = \dfrac{4}{9}$

【정답】①

03 부하 중심

(1) 분산 부하인 경우

① 부하 중섬점까지의 거리 $x = \dfrac{1}{\sum I}(I_1 x_1 + I_2 x_2 + \cdots + I_n x_n) = \dfrac{\sum Ix}{\sum I}$

② 부하 중섬점까지의 거리 $y = \dfrac{1}{\sum I}(I_1 y_1 + I_2 y_2 + \cdots + I_n y_n) = \dfrac{\sum Iy}{\sum I}$

(2) 직선상 부하인 경우

$l = \dfrac{I_1 l_1 + I_2 l_2 + I_3 l_3 + I_4 l_4}{I_1 + I_2 + I_3 + I_4} = \dfrac{\sum Il}{I}$

※ 선로 전압 강하 보상기(LDC) : 선로의 전압강하를 고려하여 모선 전압을 조정하는 것

단원 핵심 체크

01 네트워크 배전 방식은 환상식보다 무정전 공급의 신뢰도가 더 (   ).

02 저압선의 고장에 의하여 건전한 변압기의 일부, 또는 전부가 차단되는 현상을 (   )라고 한다.

03 네트워크 배전 방식의 장점으로는 정전이 적다, 전압변동이 적다, 인축의 접촉 사고가 (   )한다. 부하 증가에 대한 적응성이 크다.

04 3상 4선식 배전방식에서 1선당의 최대 전력 $P=($ $)$이다. (단, V : 상전압, I : 선전류라 한다.)

05 저압 밸런서는 (   )에서 부하에 불균형이 생기면 외선간의 전압이 불평형이 되므로 이를 방지하기 위해 설치한다.

06 네트워크 프로텍터의 구성 요소로는 저압 차단기, 저압용 퓨즈, (   ) 계전기가 있다.

07 배전 선로 방식에서 전선 소요량이 가장 경제적인 것은 (   )이다.

08 전압 조정기의 부품으로서 선로 전압 강하를 고려하여 모선 전압을 조정하는 것을 (   )라고 한다.

정답

(1) 높다

(2) 캐스케이딩

(3) 증가

(4) $\dfrac{3}{4}VI = 0.75\,VI$

(5) 단상 3선식

(6) 전력 방향

(7) 3상 4선식

(8) 선로 전압 강하 보상기(LCD)

1. 배전선의 전력 손실 경감 대책이 아닌 것은?

① 피더 수를 늘린다.

② 역률을 개선한다.

③ 배전 전압을 높인다.

④ 네트워크 방식을 채택한다.

|정|답|및|해|설|

[전력손실 경감 대책] 역률개선. 승압. 네트워크 배전 방식 채택

※피터수를 늘리는 것은 안정도를 높일 수 있다.

【정답】①

2. 다음과 같은 특징이 있는 배전방식은?

> ① 전압강하 및 전력손실이 경감된다.
> ② 변압기 용량 및 저압선 동량이 절감된다.
> ③ 부하증가에 대한 탄력성이 향상된다.
> ④ 고장 보호 방법이 적당할 때 공급 신뢰도가
> 향상되며 플리커 현상이 경감된다.

① 저압 네트워크 방식

② 고압 네트워크 방식

③ 저압 뱅킹 방식

④ 수지상 배전 방식

|정|답|및|해|설|

[저압 뱅킹 방식] 저압 뱅킹 방식은 고압 배전 선로에 접속되어 있는 2대 이상의 배전용 변압기의 저압측을 병렬로 접속한 방식으로 전압 변동 및 전력 손실이 경감되고 변압기 용량을 저감할 수 있는 배전 방식이다.

【정답】③

3. 다음의 배전방식 중 공급 신뢰도가 가장 우수한 계통 구성 방식은?

① 수지상 방식

② 저압 뱅킹 방식

③ 고압 네트워크 방식

④ 저압 네트워크 방식

|정|답|및|해|설|

[저압 네트워크 방식의 특징]

① 공급 신뢰도가 가장 우수하다.

② 전력 손실 및 전압 변동이 적다.

③ 부하 증가 시 대응이 쉽다.

【정답】④

4. 저압 뱅킹 배전 방식에서 캐스케이딩(cascading) 현상이란?

① 전압 동요가 적은 현상

② 변압기의 부하 배분이 불균일한 현상

③ 저압선이나 변압기에 고장이 생기면 자동적으로 고장이 제거되는 현상

④ 저압선의 고장에 의하여 건전한 변압기의 일부 또는 전부가 차단되는 현상

|정|답|및|해|설|

[캐스케이딩 현상] 캐스케이딩 현상이란 한 대의 변압기 고장으로 선로의 일부 또는 전부가 연쇄적으로 차단되는 현상이다.

【정답】④

5. 저압뱅킹(banking) 방식에 대한 설명으로 옳은 것은?

① 깜빡임(light flicker) 현상이 심하게 나타난다.

② 저압간선의 전압강하는 줄여지나 전력손실은 줄일 수 없다.

③ 캐스케이딩(cascading) 현상의 염려가 있다.

④ 부하의 증가에 대한 융통성이 없다.

|정|답|및|해|설|

[저압 뱅킹 방식]
· 플리커(flicker)가 경감한다.
· 전압강하 및 전력손실이 경감
· 변압기 용량 및 저압선 동량이 절감
· 부하 증가에 대한 탄력성이 향상
· 고장 보호방법이 적당할 때 공급 신뢰도 향상

【정답】③

6. 다음 중 환상식 배전의 이점은?

① 전압 강하가 작다.

② 증설이 용이하다.

③ 전선이 절약된다.

④ 농어촌에 적당하다.

|정|답|및|해|설|

[환상식의 특징]
① 전력 손실 및 전압 강하가 적다.
② 정전 범위가 적다.
③ 수용밀도가 큰 지역에 채용
④ 구조가 복잡해 건설비가 비싸다.

【정답】①

7. 각 전력계통을 연락선으로 상호 연결하면 여러 가지 장점이 있다. 옳지 않은 것은?

① 각 전력계통의 신뢰도가 증가한다.

② 경제급전이 용이하다.

③ 배후전력(Back Power)이 크기 때문에 고장이 적으며 그 영향의 범위가 적어진다.

④ 주파수의 변화가 적어진다.

|정|답|및|해|설|

계통 연계는 배후전력이 커져서 단락용량이 커지며 영향의 범위가 넓어진다.
【정답】③

8. 서울과 같이 부하밀도가 큰 지역에서는 일반적으로 변전소의 수와 배전 거리를 어떻게 결정하는 것이 좋은가?

① 변전소의 수를 감소하고 배전거리를 증가한다.

② 변전소의 수를 증가하고 배전거리를 감소한다.

③ 변전소의 수를 감소하고 배전거리를 감소한다.

④ 변전소의 수를 증가하고 배전거리도 증가한다.

|정|답|및|해|설|

부하밀도가 큰 지역에서는 전압강하의 감소 방지 고장에 대한 사고 영향 감소를 위해서 변전소 수를 증가하고 배전거리를 감소시킨다.
【정답】②

9. 저압 단상 3선식 배전방식의 단점은?

① 절연이 곤란하다.

② 전압의 불평형이 생기기 쉽다.

② 설비 이용률이 나쁘다.

④ 2종의 전압을 얻을 수 있다.

|정|답|및|해|설|

[단상 3선식의 특징]
① 2종의 전압을 얻을 수 있다.
② 중성선에 퓨즈 삽입 금지
③ 부하 불평형에 대한 전압 불평형 방지를 위해 저압선 말단에 밸런서를 설치한다.
※2종의 전압을 얻을 수 있는 것은 장점이다.
【정답】②

10. 저압 밸런서를 필요로 하는 방식은?

    ① 3상 3선식   ② 3상 4선

    ③ 단상 2선식   ④ 단상 3선식

|정|답|및|해|설|

[저압 밸런서] 단상 3선식에서 부하불평형에 의한 전압의 불평형 해소를 위해 저압 밸런서를 필요로 한다.

【정답】④

11. 다음 그림이 나타내는 배전 방식은 다음 중 어느 것인가?

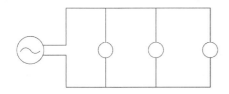

    ① 정전압 병렬식   ② 정전류 직렬식

    ③ 정전압 직렬식   ④ 정전류 병렬식

|정|답|및|해|설|

[정전압 병렬식] 부하가 병렬로 접속되어 있으므로 정전압 병렬식 배전 방식

【정답】①

12. 우리나라 전방식 중 가장 많이 사용하고 있는 것은?

    ① 단상 2선식   ② 3상 3선식

    ③ 3상 4선식   ④ 2상 4선식

|정|답|및|해|설|

우리나라 배전방식은 3상 4선식이다. 3상 4선식은 단상에 비해 150[%] 전력 송전. 33.3% 비용으로 매우 효율이 높다.

【정답】③

13. 배전선 전압을 조정하는 것으로 적당하지 않은 것은?

    ① 승압기

    ② 유도 전압 조정기

    ③ 병렬 콘덴서

    ④ 주상 변압기 탭 변환

|정|답|및|해|설|

병렬 콘덴서는 부하의 역률을 개선하는 설비이다.

【정답】③

14. 선로 전압 강하 보상기(LCD)는?

    ① 분로 리액터로 전압 상승을 억제하는 것

    ② 선로의 전압 강하를 고려하여 모선 전압을 조정하는 것

    ③ 승압기로 저하된 전압을 보상하는 것

    ④ 직렬 콘덴서로 선로 리액턴스를 보상하는 것

|정|답|및|해|설|

[선로 전압 강하 보상기(LCD)] 변압기에서 송출하는 전압은 변압기 2차측에 연결된 선로의 길이와 선종에 따라 결정되는 선로 임피던스에 의해 선로의 각 지점(전압 송출점과 선로의 중간점, 선로의 말단)에서 그 크기가 달라진다. 이는 부하전류의 크기에 따라 선로 임피던스에 의한 전압 강하가 다르게 나타나기 때문이다. 따라서, 변압기에서 전압을 송출 시 이를 고려할 필요가 있다. AVR을 이용한 전압 조정에서 이러한 선로 전압 강하를 보상하기 위해 사용되는 것이 선로 전압 강하보상기이다.

【정답】②

15. 배전용 변전소의 주변압기는?

    ① 단권 변압기

    ② 삼권 변압기

    ③ 체강 변압기

    ④ 체승 변압기

|정|답|및|해|설|
배전용 변전소에서는 전압을 낮추는 체강 변압기를 사용한다 (감극성).
※가극성 : 체승 변압기　　　　　　　　　　　　【정답】③

16. 배전용 변전소에 있어서 전압 조정 장치로서 근래 가장 많이 쓰이는 것은?

① 부하 시 탭 절환 변압기
② 부하 시 전압 조정기
③ 유도 전압 조정기
④ 전력 콘덴서

|정|답|및|해|설|
유도 전압 조정기는 1차 권선을 회전자에 2차 권선을 고정자에 감아 전압을 조정할 수 있어 부하 시에도 조정 할 수 있는 장치이다.　　　　　　　　　　　　【정답】③

17. 주상변압기의 1차측 전압이 일정할 경우, 2차측 부하가 변동하면 주상변압기의 동손과 철손은 어떻게 되는가?

① 동손과 철손이 다 변동한다.
② 동손은 일정하고 철손은 변동한다.
③ 동손은 변동하고 철손은 일정하다.
④ 동손과 철손이 다 일정하다.

|정|답|및|해|설|
[변압기의 손실] 변압기의 손실은 철손(고정손 = 무부하손)과 동손(부하손 = 가변손)이 있다. 따라서 철손은 부하와 관계없지만 동손은 부하가 변하면 변동한다.
　　　　　　　　　　　　　　　　　　　　【정답】③

18. 공통 중성선 다중접지 3상 4선식 배전선로에서 고압측(1차측) 중성선과 저압측(2차측) 중성선을 전기적으로 연결하는 목적은?

① 저압측의 단락 사고를 검출하기 위함
② 저압측의 접지 사고를 검출하기 위함
③ 주상 변압기 중선선, 즉 부싱(bushing)을 생략하기 위함
④ 고저압 혼촉시 수요가에 침입하는 상승 전압을 억제하기 위함

|정|답|및|해|설|
공통 중성선 다중 접지방식에서 고압측(1차측) 중성선과 저압측(2차측) 중성선을 전기적으로 연결하여 이상 전압 발생을 억제한다.　　　　　　　　　　　【정답】④

19. 계기용 변압기의 종류가 아닌 것은?

① 건식 및 몰드식 권선형
② 유입식 권선형
③ 저항 분압형
④ 콘덴서형

|정|답|및|해|설|
[계기용 변압기] 저항 분압형 변압기는 전력 손실이 커서 사용할 수 없다.　　　　　　　　　　　　【정답】③

20. 동일한 2대의 단상 변압기를 V결선하여 3상 전력을 100[kVA]까지 배전할 수 있다면, 똑같은 단상 변압기 1대를 더 추가하여 △결선하면 3상 전력을 얼마 정도까지 배전할 수 있겠는가?

① 약 57.7[kVA]　　② 약 70.5[kVA]
③ 약 141.4[kVA]　　④ 약 173.2[kVA]

|정|답|및|해|설|

[V 결선 시 출력] $P_V = \sqrt{3}\,P[\text{kVA}]$

단상 변압기 1대의 용량 $P = \dfrac{P_V}{\sqrt{3}}[\text{kVA}]$

[△ 결선 시 전력] $P_\triangle = 3VI = 3 \times \dfrac{100}{\sqrt{3}} = 173.2[\text{kVA}]$

【정답】④

21. 500[kVA]의 단상 변압기 3대로 3상 전력을 공급하고 있던 공장에서 변압기 1대가 고장났을 때 공급할 수 있는 저력은 몇 [kVA]인가?

① 500 ② 688

③ 866 ④ 1000

|정|답|및|해|설|

[변압기 V 결선 시 출력] $P = \sqrt{3}\,P[\text{kVA}]$

$\therefore P_V = \sqrt{3} \times 500 = 866[\text{kVA}]$

【정답】③

22. 500[kVA]의 단상변압기 상용 3대(결선 $\triangle - \triangle$) 예비 1대를 갖는 변전소가 있다. 지금 부하의 증가에 응하기 위하여 예비 변압기까지 동원해서 사용한다면 얼마만한 최대부하에 까지 응할 수 있게 되겠는가?

① 약 2000[kVA] ② 약 1730[kVA]

③ 약 1500[kVA] ④ 약 830[kVA]

|정|답|및|해|설|

[V 결선 시 출력] $P_V = \sqrt{3}\,P[\text{kVA}]$

변압기 4대로는 V 결선 2개를 할 수 있으므로

$\therefore P_V = 2 \times \sqrt{3}\,P = 2 \times \sqrt{3} \times 500 = 1730[\text{kVA}]$

【정답】②

23. 100[kVA] 단상 변압기 3대를 사용해서 △결선에 의하여 급전하고 있는 경우 1대의 변압기가 소손되었기 때문에 이것을 제거시켰다고 한다. 이때의 부하가 230[kVA]라고 하면 나머지 2대의 변압기는 몇 [%]의 과부하가 되는가?

① 115 ② 125

③ 133 ④ 173

|정|답|및|해|설|

[V 결선 시 출력] $P_V = \sqrt{3}\,P[\text{kVA}]$

$P_V = = = \sqrt{3} \times 100 = 173[\text{kVA}]$

$\therefore$ 과부하율 $= \dfrac{P}{P_V} = \dfrac{230}{173} \times 100 = 133[\%]$

【정답】③

24. 단상변압기 300[kVA] 3대로 △결선하여 급전하고 있는데 변압기 1대가 고장으로 제거되었다. 이때의 부하가 750[kVA]라면 나머지 2대의 변압기는 몇 [%]의 과부하가 되는가?

① 115 ② 125

③ 135 ④ 145

|정|답|및|해|설|

[V 결선 시 출력] $P_V = \sqrt{3}\,P[\text{kVA}]$

$P_V = \sqrt{3}\,P = \sqrt{3} \times 300 = 520[\text{kVA}]$

$\therefore$ 과부하율 $= \dfrac{750}{520} \times 100 = 145[\%]$

【정답】④

25. 부하의 위치가 (X_1, Y_1), (X_2, Y_2), (X_3, Y_3)점에 있고 각점의 전류는100[A], 200[A], 300[A]이다. 변전소를 설치하는데 적합한 부하중심은?

(단, $X_1 = 1$ [km], $Y_1 = 2$ [km], $X_2 = 1.5$ [km], $Y_2 = 1$ [km], $X_3 = 2$ [km], $Y_3 = 1$ [km]이다.)

① (1[km], 2[km])

② (0.05[km], 2[km])

③ (2[km], 0.05[km])

④ (1.7[km], 1.2[km])

[부하 중성점까지 거리] $x = \dfrac{\Sigma x \cdot I}{\Sigma I}$

$x = \dfrac{1 \times 100 + 1.5 \times 200 + 2 \times 300}{100 + 200 + 300} = 1.66$[km]

$y = \dfrac{2 \times 100 + 200 \times 1 + 300 \times 1}{100 + 200 + 300} = 1.16$[km]

【정답】④

26. 1대의 주상 변압기에 역률(뒤짐) $\cos\theta_1$, 유효전력 P_1[kW]의 부하와 역률(뒤짐) $\cos\theta_2$, 유효전력 P_2[kW]의 부하가 병렬로 접속되어 있을 경우, 주상변압기 2차측에서 본 부하의 종합 역률은?

① $\dfrac{\cos\theta_1 + \cos\theta_2}{\cos\theta_1 + \cos\theta_2}$

② $\dfrac{P_1 + P_2}{\dfrac{P_1}{\cos\theta_1} + \dfrac{P_2}{\cos\theta_2}}$

③ $\dfrac{P_1 + P_2}{\dfrac{P_1}{\sin\theta_1} + \dfrac{P_2}{\sin\theta_2}}$

④ $\dfrac{P_1 + P_2}{\sqrt{(P_1 + P_2)^2 + (P_1\tan\theta_1 + P_2\tan\theta_2)^2}}$

[역률] $\cos\theta = \dfrac{P}{P_a} = \dfrac{P}{\sqrt{P^2 + P_r^2}}$

$\therefore \cos\theta = \dfrac{P_1 + P_2}{\sqrt{(P_1 + P_2)^2 + (\dfrac{P}{\cos\theta_1} \cdot \sin\theta_1 + \dfrac{P_2}{\cos\theta_2} \cdot \sin\theta_2)}}$

$= \dfrac{P_1 + P_2}{\sqrt{(P_1 + P_2)^2 + (P_1\tan\theta_1 + P_2\tan\theta_2)^2}}$

【정답】④

27. 그림과 같이 3상 4선식 배전선에 무유도 부하 2[Ω], 4[Ω], 5[Ω]을 각 상과 중성선 사이에 접속한다. 지금 변압기 2차 단자에서의 선간 전압을 173[V]로 하면 중성선에 흐르는 전류는? (단, 변압기 및 전선의 임피던스는 무시한다.)

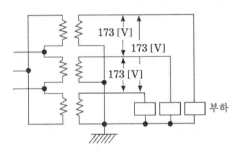

① 약 18.0[A] ② 약 21.5[A]

③ 약 27.8[A] ④ 약 32.5[A]

세 전류에는 각각 120°의 위상이 있으므로

$\therefore I_0 = Z_a + aZ_b + a^2 Z_c$

$= \dfrac{100}{2} + (-\dfrac{1}{2} - j\dfrac{\sqrt{3}}{2}) \times \dfrac{100}{4} + (-\dfrac{1}{2} + j\dfrac{\sqrt{3}}{2}) \times \dfrac{100}{5}$

$= 50 - 12.5 - 10 + j(12.5\sqrt{3} + 10\sqrt{3})$

$= 27.5 - j2.5\sqrt{3}$

$\therefore |I_0| = \sqrt{27.5^2 + (2.5\sqrt{3})^2} = 27.8$[A]

【정답】③

28. 그림과 같은 단상 3선식 회로의 중성선 P점에서 단선되었다면 백열등 A(100[W])와 B(400[W])에 걸리는 단자 전압은 각각 몇 [V]인가?

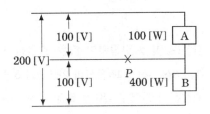

① $V_A = 160$, $V_B = 40$

② $V_A = 120$, $V_B = 80$

③ $V_A = 40$, $V_B = 160$

④ $V_A = 80$, $V_B = 120$

|정|답|및|해|설|

$R_A = \dfrac{V^2}{P} = \dfrac{100^2}{100} = 100[\Omega]$

$R_B = \dfrac{V^2}{P} = \dfrac{100^2}{400} = 25[\Omega]$

$V_A = \dfrac{100}{100+25} \times 200 = 160[V]$

$V_B = \dfrac{25}{100+25} \times 200 = 40[V]$　　　　　【정답】①

29. 그림에서와 같이 부하가 균일한 밀도로 도중에서 분기되어 선로 전류가 송전단에 이를 수록 직선적으로 증가할 경우 선로의 전압강하는 이 송전단 전류와 같은 전류의 부하가 선로의 말단에만 집중되어 있을 경우의 전압강하의 대략 몇 배인가? (단, 부하 역률은 모두 같다고 한다.)

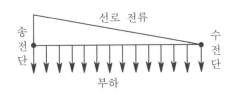

① $\dfrac{1}{3}$　　　　② $\dfrac{1}{2}$

③ 1　　　　④ $\dfrac{1}{4}$

|정|답|및|해|설|

균등 분포 부하는 말단 집중 부하에 비해 $\dfrac{1}{2}$ 전압 강하, $\dfrac{1}{3}$ 전력 손실이다.　　　　　【정답】②

30. 단상 2선식을 100[%]로 하여 3상 3선식의 부하 전력 전압을 같게 하였을 때 선로 전류의 비는?

① 38[%]　　　　② 48[%]

③ 58[%]　　　　④ 68[%]

|정|답|및|해|설|

[송전 전력] $VI_1\cos\theta = \sqrt{3}\,VI_2\cos\theta$

$I_1 = \sqrt{3}\,I_3$

$\therefore \dfrac{1\varnothing 2w}{3\varnothing 3w} = \dfrac{1}{\sqrt{3}} \times 100 = 58[\%]$

【정답】③

31. 어느 전등 부하의 배전 방식을 단상 2선식에 단상 3선식으로 바꾸었을 때, 선로에 흐르는 전류는 전자의 몇 배가 되는가? (단, 중성선에는 전류가 흐르지 않는다고 한다.)

① $\dfrac{1}{4}$　　　　② $\dfrac{1}{3}$

③ $\dfrac{1}{2}$　　　　④ 불변

|정|답|및|해|설|

중성선에 전류가 흐르지 않으면 평형상태이므로 전압이 2배로 되어 전류는 $\dfrac{1}{2}$이 된다.

【정답】③

32. 송전전력, 선간거리, 전선로의 전력손실이 일
정하고 같은 재료의 전선을 사용한 경우 단상
2선식에 대한 3상 3선식의 1선당의 전력비는
얼마인가?

① 0.7　　　　　　② 1.0

③ 1.15　　　　　　④ 1.33

[1선당 송전전력] 3상 3선식은 단상 2선식에 비해 1선당 공급
전력비는 115[%]이다.

$$\frac{3\varnothing 3w}{1\varnothing 2w} = \frac{\frac{1}{\sqrt{3}}}{\frac{1}{2}} = \frac{2}{\sqrt{3}} = 1.15$$

【정답】③

33. 3상 4선식 배전방식에서 1선당의 최대전력은?
(단, 상전압을 V, 선전류를 I 라 한다.)

① 0.5 VI　　　　② 0.57 VI

③ 0.67 VI　　　　④ 0.75 VI

[3상 4선식의 전력] $P = 3VI$이므로 1선당의 최대 전력은
$\frac{3VI}{4} = 0.75 VI$이다.　　　　　　　　【정답】④

34. 단상 2선식과 3상 3선식에 있어서 선간전압,
송전거리, 수전전력, 역률은 같게 하고 선로
손실을 동일하게 할 때 3상에 필요한 전선의
무게는 단상의 전선 무게의 얼마인가?

① $\frac{1}{4}$　　　　　　② $\frac{2}{4}$

③ $\frac{3}{4}$　　　　　　④ $\frac{2}{3}$

[전선의 중량비] 전선의 중량비는 저항비에 반비례한다.

$$\therefore \frac{3\varnothing 3w}{1\varnothing 2w} = \frac{3}{2} \times \frac{1}{2} = \frac{3}{4}$$

【정답】③

35. 전선량 및 송전전력이 같은 조건하에서 6.6
[kV] 3상 3선식 배전선과 22.9[kV] 3상 4선식
배전선의 전력 손실비는 6.6[kV] 배전선을 100
으로 하면 대략 얼마인가? (단, 3상 4선식 배전
선의 중성선은 전압선의 굵기와 같으며, 중성
선에는 전류가 흐르지 않는다고 가정한다.)

① 4　　　　　　② 8

③ 11　　　　　　④ 21

[전력손실] $P_l = \dfrac{P^2 \cdot \rho l}{V^2 \cos^2\theta A}$

$P_l \propto \dfrac{1}{V^2}$

$P_l = \dfrac{1}{\left(\dfrac{22.9}{6.6}\right)^2} \times 100 = 8 [\%]$　　　　【정답】②

36. 직류 2선식에 대하여 1선당의 송전전력이 최대
가 되는 전기방식은? (단, 중성선은 다른 선과
동일한 굵기이며, 송전전력, 송전거리, 전선로
의 전력손실이 일정하고, 같은 재료의 전선을
사용한 경우이다.)

① 단상 2선식　　　② 단상 3선식

③ 3상 3선식　　　④ 3상 4선식

[1선당 공급 전력비] 1선당 공급 전력비는 <u>3∅3w식이 115[%]
로서 송전전력으로 최저이다(배전에서 3∅3w식이 최대)</u>.
　　　　　　　　　　　　　　　　　　　【정답】③

37. 배전선로의 전기방식 중 전선의 중량(전선 비용)이 가장 적게 소요되는 방식은? (단, 배전전압, 거리, 전력 및 선로손실 등은 같다.)

① 단상 2선식   ② 단상 3선식

③ 3상 3선식   ④ 3상 4선식

|정|답|및|해|설|

[전선의 중량비] 단상 2선식을 기준했을 때 전선 중량비는 $1\varnothing 3w$식이 37.5[%], $3\varnothing 3w$식은 $\frac{3}{4}$, $3\varnothing 4w$식은 $\frac{1}{3}$이므로 $3\varnothing 4w$식이 가장 적다.

【정답】 ④

38. 동일전력을 동일 선간전압, 동일 역률로 동일 거리에 보낼 때 사용하는 전선의 총 중량이 같으면, 3상 3선식일 때와 단상 2선식일 때의 전력 손실비는?

① 1   ② $\frac{3}{4}$

③ $\frac{2}{3}$ ④ $\frac{1}{\sqrt{3}}$

|정|답|및|해|설|

[전력손실비]

전력과 전압이 동일하므로

$$VI_1 = \sqrt{3}\, VI_3 \quad \rightarrow \quad \frac{I_1}{I_3} = \sqrt{3}$$

중량이 동일하다면

$$2 \cdot 6A_1 l = 3 \cdot 6A_3 l \quad \rightarrow \quad \frac{A_1}{A_3} = \frac{3}{2} = \frac{R_3}{R_1}$$

$$\therefore \text{전력 손실비} \ \frac{3\varnothing 3w}{1\varnothing 2w} = \frac{3I_3^{\,2} \cdot R_3}{2I_1^{\,2} \cdot R_1}$$

$$= \frac{3}{2} \times \left(\frac{1}{\sqrt{3}}\right)^2 \times \frac{3}{2} = \frac{3}{4}$$

【정답】 ②

배전선로의 전기적 특성

01 전압 강하율과 전압 변동률

(1) 전압 강하율

보낸 전압에서 받은 전압 크기의 비

배전 선로에 부하가 접속되면 전압은 송전단 전압보다 낮아진다. 이는 송전 선로에서 발생하는 전압 강하 때문이다.

전압 강하율 $\epsilon = \dfrac{V_s - V_r}{V_r} \times 100 [\%]$ → (V_s : 송전단 전압, V_r : 수전단 전압)

(2) 전압 변동률

전압 변동률은 임의 기간 내의 부하 변동에 따라 전압 변동 폭의 변동 범위를 나타낸 것

송전단 전압과는 무관하다.

① 전압 변동률 $\delta = \dfrac{V_{ro} - V_r}{V_r} \times 100 [\%]$

② 전력 손실률 $K = \dfrac{P_l}{P_r} = \dfrac{I^2 R}{P_r} \times 100 = \dfrac{I^2 R}{V_r I} \times 100 [\%]$

여기서, V_s : 송전단 전압, V_r : 전부하시 수전단 전압, V_{r0} : 무부하시 수전단 전압

R : 전선 1선당의 저항, I : 전류, P_r : 소비전력

※ 전압변동률이 작아야 안정도가 높아지고 단락비가 커진다.

02 부하의 특성

(1) 수용률

어느 기간 중 수용가의 최대 수요 전력[kW]과 그 수용가에 설치되어 있는 설비용량의 합계[kW]와의 비로 보통 1보다 작다. 수용률은 수요를 상정할 경우 중요한 자료로 사용된다.

수용률이 1보다 크면 과부하

수용률 $= \dfrac{\text{최대수용 전력[kW]}}{\text{부하설비 용량합계[kW]}} \times 100 [\%]$

(2) 부등률

최대 전력의 발생시각 또는 발생시기의 분산을 나타내는 지표

일반적으로 부등률은 1보다 크다(부등률 ≥ 1).

$$부등률 = \frac{각\ 부하의\ 최대\ 수용\ 전력의\ 합계[kW]}{합성\ 최대\ 수용전력[kW]}$$

(3) 부하율

일정기간 중 부하 변동의 정도를 나타내는 것

그 기간 중 평균 수용전력과 최대 수요전력과의 비를 백분율로 나타낸 것

$$부하율 = \frac{평균수용전력}{최대수용전력} \times 100[\%] = \frac{평균부하}{최대부하} \times 100[\%]$$

(4) 수용률, 부등률, 부하율의 관계

① $합성\ 최대\ 전력 = \dfrac{최대\ 전력의\ 합계}{부등률}$

② $합성\ 최대\ 전력 = \dfrac{설치부하의\ 합계 \times 수용률}{부등률}$

③ $부하율 = \dfrac{평균\ 전력}{설치\ 부하의\ 합계} \times \dfrac{부등률}{수용률} \times 100[\%]$

핵심기출 【기사】 12/2 15/3 【산업기사】 16/3

각 수용가의 수용률 및 수용가 사이의 부등률이 변화할 때 수용가군 총합의 부하율에 대한 설명으로 옳은 것은?

① 수용률에 비례하고 부등률에 반비례한다.

② 부등률에 비례하고 수용률에 반비례한다.

③ 부등률과 수용률에 모두 반비례한다.

④ 부등률과 수용률에 모두 비례한다.

정답 및 해설 [부하율] $부하율 = \dfrac{부등률}{수용률} \times \dfrac{평균전력}{설비용량}$

$$\therefore 부하율 \propto 부등률 \propto \frac{1}{수용률}$$

【정답】②

03 전력손실

(1) 배전선로의 전력손실

$P_c = NI^2R[W]$

여기서, R : 전선 1가닥의 저항[Ω], I : 부하전류[A], N : 전선의 가닥수 (2선식(N=2), 3선식(N=3))

(2) 전력손실 관련 계수

손실계수(H)는 일정 기간 최대 전류에 대한 평균 전류비로 표시되는 부하율(F)과 다른 것이다.

① 부하율 $F = \dfrac{\text{평균 전류}}{\text{최대 전류}} = \dfrac{\dfrac{1}{T}\displaystyle\int_0^T i\,dt}{I_m} \times 100[\%] = \dfrac{1}{I_m T}\displaystyle\int_o^T i\,dt \times 100$

② 손실 계수

$H = \dfrac{\text{어느 기간 중의 전류의 제곱의 평균}}{\text{같은 기간 중의 최대 전류의 제곱}} \times 100[\%] = \dfrac{\text{어느 기간 중의 평균 손실 전력}}{\text{같은 기간 중의 최대 손실 전력}} \times 100[\%]$

$= \dfrac{\dfrac{1}{T}\displaystyle\int_0^T I^2 R \cdot dt}{I_m^2 R} \times 100 = \dfrac{1}{I_m^2 T}\displaystyle\int_0^T I^2 dt \times 100$

여기서, T : 기간 중의 시간 수, I : 어느 순간에서의 전류, I_m : 그 기간 중의 최대 전류

　　　　R : 저항

③ 부하율 F와 손실계수 H와의 관계

㉮ 손실계수와 부하율과의 관계 : $I \geq F \geq H \geq F^2 \geq 0$

㉯ 일반적으로 $H = aF + (1-a)F^2$ 로 표현　　　→　(a : 상수로서 0.1~0.4)

※손실 계수는 부하율이 좋은 부하일 때에는 부하율에 가까운 값이 되고 ($H \fallingdotseq F$)

부하율이 나쁜 부하에서는 부하율의 제곱에 가까운 계수로 된다($H \fallingdotseq F^2$).

(3) 직류 배전선의 전압강하

전압강하 $e = (I_1 + I_2 + I_3 + I_4)R_1 + (I_2 + I_3 + I_4)R_2 + (I_3 + I_4)R_3 + I_4 R_4$

※부하가 선로의 말단에 집중되어 있을 때와 선로 전체에 걸쳐 균일하게 분포되어 있을 때의 선로손실과 전압강하는 다음과 같다.

[부하 형태별 전압강하 및 전력손실]

부하 형태	모양	전압강하($e = IRl$)	전력손실($P_l = I^2Rl$)
균일 분산부하		$\dfrac{1}{2}IRl$	$\dfrac{1}{3}I^2Rl$
말단 집중부하		IRl	I^2Rl

여기서, I : 전선의 전류, R : 전선 단위 길이당 저항, l : 전선의 길이

그림에서와 같이 부하가 균일한 밀도로 도중에서 분기되어 선로전류가 송전단에 이를수록 직선적으로 증가할 경우 선로의 전압강하는 이 송전단 전류와 같은 전류의 부하가 선로의 말단에만 집중되어 있을 경우의 전압강하보다 대략 어떻게 되는가? (단, 부하역률은 모두 같다고 한다.)

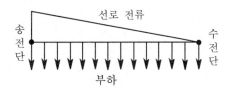

① $\dfrac{1}{3}$ 　　　② $\dfrac{1}{2}$ 　　　③ 1 　　　④ 2

04 변압기 용량 및 출력

(1) 실측효율

변압기의 입력과 출력의 실측값을 직접 측정하여 효율을 구하는 것

$$실측효율 = \frac{출력의\ 측정값[kW]}{입력의\ 측정값[kW]} \times 100\,[\%]$$

(2) 규약효율

일정 규약에 따라 결정한 손실분을 기준으로 효율을 구하는 것

$$규약효율 = \frac{출력}{출력+손실} \times 100 = \frac{입력-손실}{입력} \times 100\,[\%]$$

(3) 전일효율

부하가 변할 경우 효율을 종합적으로 판정하기 위해서는 다음에서 정의하는 전일 효율을 사용해야 한다.

$$전일효율 = \frac{1일간의\ 출력\ 전력량}{1일간의\ 출력\ 전력량+1일간의\ 손실\ 전력량} \times 100$$

(4) 변압기 최고 효율

변압기에서는 운전 도중 반드시 철손(무부하손)과 동손(부하손)이 발생한다.

변압기의 최고 효율은 부하의 운전 상태에 따라 정해진다.

변압기의 최고 효율은 다음과 같은 조건에서 이루어진다.

철손 $P_i = m^2 P_c$

여기서, P_i : 철손, m : 부하율, P_c : 전부하 시 동손

(5) 변압기 용량

① 변압기 용량[kW] ≥ 합성 최대 수용 전력

② 합성 최대 수용 전력 $= \dfrac{\text{각 부하의 최대 전력의 합계}}{\text{부등률}} = \dfrac{\text{설치 부하의 합계} \times \text{수용률}}{\text{부등률}}$

(6) V-V 결선 변압기의 출력

① V 결선 출력 $P_V = \sqrt{3}\,P_1$

② 이용률 $= \dfrac{\sqrt{3}\,P_1}{2P_1} = 0.866$

③ 출력비 $= \dfrac{V\text{결선의 출력}}{\triangle\text{결선의 출력}} = \dfrac{\sqrt{3}\,P_1}{3P_1} = 0.577$

여기서, P_1는 1대의 단상 변압기 용량

핵심기출

【기사】 07/3 09/1 12/1 16/2 【산업기사】 15/1 17/1

각 수용가의 수용 설비 용량이 50[kW], 100[kW], 80[kW], 60[kW], 150[kW]이며, 각각의 수용률이 0.6, 0.6, 0.5, 0.5, 0.4일 때 부하의 부등률이 1.3이라면 변압기 용량은 약 몇 [kVA]가 필요한가? (단, 평균 부하역률은 80[%]라고 한다)

① 142 ② 165 ③ 183 ④ 212

정답 및 해설 [합성 최대 수용 전력]

합성 최대 수용 전력 $= \dfrac{\text{각 부하의 최대 전력의 합계}}{\text{부등률}} = \dfrac{\text{설치 부하의 합계} \times \text{수용률}}{\text{부등률}}$

① 부등률 $= \dfrac{\text{개개의 최대 전력의 합계}}{\text{합성 최대 전력}}$

② 수용률 $= \dfrac{\text{최대 전력}}{\text{설비 용량}} \times 100$

③ 변압기 용량 $= \dfrac{\text{설비용량} \times \text{수용률}}{\text{부등률} \times \text{역률}} = \dfrac{(50+100) \times 0.6 + (80+60) \times 0.5 + 150 \times 0.4}{1.3 \times 0.8} = 211.54[\text{kVA}]$

【정답】④

---

01 배전 선로의 부하율 F와 손실계수 H 사이에는 $I \geq ($ ① $) \geq ($ ② $) \geq F^2 \geq 0$ 의 관계가 성립한다.

02 선로에 따라 균일하게 부하가 분포된 선로의 전력 손실은 이들 부하가 선로의 말단에 집중적으로 접속되어 있을 때 보다 ( )로 된다.

03 전선의 굵기가 균일하고 부하가 송전단에서 말단까지 균일하게 분포도어 있을 때 배전선 말단에서 전압강하 $e = ($)이다. (단, 배전선 전체 저항 R, 송전단의 부하전류는 I이다)

04 변압기의 전일 효율이 최대가 되는 조건으로는 하루 중의 무부하 손의 합과 하루 중의 부하손의 합이 ( ) 때이다.

05 변압기의 최고 효율은 ( ) 조건에서 이루어진다. (단, P_i : 철손, m : 부하율, P_c : 전 부하 시 동손이다)

06 2대의 변압기로 V결선하여 3상 변압하는 경우 변압기 이용률은 약 ( )[%]이다.

07 단상 변압기 3대를 △ 결선으로 운전하던 중 1대의 고장으로 V결선 한 경우 V결선과 △ 결선의 출력비는 약 ( )[%]이다.

08 최대 전력의 발생 시각 또는 발생 시기의 분산을 나타내는 지표를 ( )이라고 한다.

09 각 수용가의 수용률 및 수용가 사이의 부등률이 변화할 때 수용가군 총합의 부하율은 부등률에 (①)하고 수용률에 (②)한다.

1. 배진선의 말단에 단일 부하가 있는 경우와, 배전선에 따라 균등한 부하가 분포되어 있는 경우에 배전선 내의 전력 손실을 비교하면 전자는 후자의 몇 배인가?

① 3   ② 2

③ $\dfrac{1}{3}$ ④ $\dfrac{2}{3}$

|정|답|및|해|설|

[부하 형태별 전압 강하 및 전력 손실]

	전압강하	전력손실
말단집중부하	IR	I^2R
균일분포부하	$\dfrac{1}{2}IR$	$\dfrac{1}{3}I^2R$

【정답】①

2. 분산 부하 배전 선로에서 선로의 전력 손실은?

① 전압 강하에 비례

② 전압 강하에 반비례

③ 전압 강하의 제곱에 비례

④ 전압 강하의 제곱에 반비례

|정|답|및|해|설|

[전력 손실] $P_l = 3I^2R = \dfrac{PR}{V^2\cos^2\theta}$

$P_l \propto \dfrac{1}{V^2}$ → 전압 강하 $e \propto \dfrac{1}{V}$ 이므로

$P_l \propto e^2$ 이다.

【정답】③

3. 배전전압을 3000[V]에서 5200[V]로 높일 때 전선이 같고 배전 손실률도 같다고 하면 수송 전력은 몇 배로 증가시킬 수 있는가?

① 약 $\sqrt{3}$ 배   ② 약 $\sqrt{2}$ 배

③ 약 2배   ④ 약 3배

|정|답|및|해|설|

[전력 손실률] $k = \dfrac{P_l}{P} = \dfrac{I^2R}{P} \times 100 = \dfrac{PR}{V^2} \times 100[\%]$

전력 손실률(k)이 일정하면 전력(P)은 전압(V)의 제곱에 비례한다.

$\therefore P \propto V^2 = \left(\dfrac{5200}{3000}\right)^2 = 3$ 【정답】④

4. 100[V]에서 전력 손실률이 0.1인 배전선로에서 전압을 200[V]로 승압하고 그 전력 손실률을 0.05로 하면 전력은 몇 배 증가시킬 수 있는가?

① $\dfrac{1}{2}$ ② $\sqrt{2}$

③ 2   ④ 4

|정|답|및|해|설|

[전력 손실률] $k = \dfrac{P \cdot \rho \cdot l}{V^2 \cos^2\theta\, A}$ → $(P = VI,\ R = \rho\dfrac{l}{A})$

$P = \dfrac{k \cdot V^2 \cdot \cos^2\theta \cdot A}{\rho \cdot l} = \dfrac{0.05}{0.1} \times \left(\dfrac{200}{100}\right)^2 = 2$

【정답】③

5. 배전선에 부하분포가 그림과 같을 때 배전선 말단에서의 전압 강하는 전부하가 집중적으로 배전선 말단에 연결되어 있을 때의 몇 [%]가 되는가?

① 100   ② 50

③ 33   ④ 20

|정|답|및|해|설|

[균일 분산 부하] 균등분포에서 전압강하는 $\frac{1}{2}$, 전력손실은 $\frac{1}{3}$이 된다.   【정답】②

6. 단상 배전 선로의 말단에 지상 역률 $\cos\theta_r$인 부하 $W[\text{kW}]$가 접속되어 있고, 선로 말단의 전압은 $V[\text{V}]$이다. 선로 1가닥 당의 저항을 $R[\Omega]$이라 할 때 송전단의 공급 전력[kW]은?

① $W + \dfrac{2W^2 R}{V^2 \cos^2\theta_r} \times 10^3$

② $W + \dfrac{2W^2 R}{V^2 \cos^2\theta_r} \times 10^{-3}$

③ $W + \dfrac{W^2 R}{W^2 \cos^2\theta_r}$

④ $W + \dfrac{W^2 R}{V^2 \cos^2\theta_r}$

|정|답|및|해|설|

[송전단 공급전력] $P_s = P_r + P_l$

배전 선로의 전력 손실 $P_e = \dfrac{P^2 R}{V^2 \cos^2\theta}[\text{W}]$

1선당 저항이므로 2R이 되고 송전단 전력 $P_s = P_r + P_l$ 이므로   【정답】①

7. 그림과 같은 회로에서 A, B, C, D의 어느 곳에 전원을 접속하면 간선 $A \sim D$ 간의 전력 손실이 최소가 되는가? (단, AB, BC, CD간의 저항은 같다.)

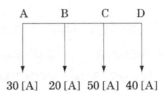

① A ② B

③ C ④ D

|정|답|및|해|설|

[전력 손실] 저항이 같을 때 각 점에서의 전력 손실 $P_l = I^2 \cdot R$ 를 계산하면

· $P_A = (20 + 50 + 40)^2 \cdot R + (50 + 40)^2 \cdot R + 40^2 R = 21800\text{R}$

· $P_B = 30^2 R + (50 + 40)^2 \cdot R + 40^2 \cdot R = 10600\text{R}$

· $P_C = 30^2 \cdot R + (30 + 20)^2 \cdot R + 40^2 R = 5000\text{R}$

· $P_D = = 30^2 \cdot R + (30 + 20)^2 \cdot R + (30 + 20 + 50)^2 \cdot R = 13400\text{R}$

∴ C점에서 전력 손실이 최소가 된다.   【정답】③

8. 부하역률이 $\cos\theta$인 경우에 배전 선로의 전력 손실은 같은 크기의 부하 전력으로 역률이 1인 경우의 전력 손실에 비하여 몇 배인가?

① $\dfrac{1}{\cos^2\theta}$ ② $\dfrac{1}{\cos\theta}$

③ $\cos\theta$ ④ $\cos^2\theta$

|정|답|및|해|설|

[전력 손실] $P_l = \dfrac{P^2 \cdot \rho \cdot l}{V^2 \cos^2\theta A}$

∴ $P_l \propto \dfrac{1}{\cos^2\theta}$ 【정답】①

9. 송전전력, 송전거리 전선의 비중 및 전력 손실률이 일정하다고 할 때, 전선의 단면적 $A[\text{mm}^2]$은 다음의 어느 것에 비례하는가? (단, 여기서 V는 송전전압 이다.)

① V

② $\sqrt{V}$

③ $\dfrac{1}{V^2}$

④ V^2

[전력손실률] $k = \dfrac{P_l}{P} = \dfrac{P \cdot \rho \cdot l}{V^2 \cos^2\theta A}$

$A = \dfrac{P \cdot \rho \cdot l}{KV^2 \cos^2\theta} \ \rightarrow \ A \propto \dfrac{1}{V^2}$

【정답】③

10. 고압 배전 선로의 중간에 승압기를 설치하는 주목적은?

① 전압 변동률의 감소

② 말단의 전압 강하의 방지

③ 전력 손실의 감소

④ 역률 개선

승압기로서 단권변압기를 사용하여 말단의 전압강하를 방지한다. 　　　　　　　　　　　　【정답】②

11. 배전전압을 $\sqrt{3}$ 배로 하였을 때 같은 전력 손실률로 보낼 수 있는 전력은 몇 배가 되는가?

① $\dfrac{1}{4}$

② $\sqrt{3}$

③ 4

④ 3

[전력 손실률] $k = \dfrac{P_l}{P} = \dfrac{P \cdot R}{V^2}$

$P \propto V^2 = (\sqrt{3})^2 = 3$배 　　　　【정답】④

12. 다음 그림과 같은 3상 배전선로가 있다. 말단 부하점의 전압은 몇 [V]인가? (단, 공급점의 전압 3300[V], AB간의 저항 1.8[Ω], 리액턴스 0.8[Ω], BC간의 저항 3.6[Ω], 리액턴스 1.6[Ω], B점, C점의 전류는 50[A], 역률 80[%], 진상전류 40[A]이다.)

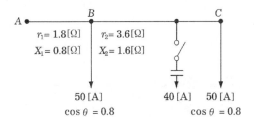

① 2800

② 2690

③ 3022

④ 3140

① 콘덴서 접속전의 B, C의 전압

· $E_B = E_A - \sqrt{3}\,I(R\cos\theta + X\sin\theta)$

$= 3300 - \sqrt{3} \times 100(1.8 \times 0.8 + 0.8 \times 0.6)$

$= 3300 - 333 = 2967$

· $E_C = E_B - \sqrt{3}\,I(R\cos\theta + X\sin\theta)$

$= 2967 - \sqrt{3} \times 50(3.6 \times 0.8 + 1.6 \times 0.6)$

$= 2967 - 333 = 2634$

② C점에 콘덴서 접속후의 B, C의 전압

· $E_B = E_A - 333 - \sqrt{3} \times 40(1.8 \times 0 - 0.8 \times 1) = 3022[\text{V}]$

· $E_C = E_B - 333 - \sqrt{3} \times 40(3.6 \times 0 - 1.6 \times 1) = 2800[\text{V}]$

【정답】①

13. 전선에 흐르는 전류가 $\dfrac{1}{2}$ 배로 된다면 전력손실은?

① $\dfrac{1}{2}$ 배

② $\dfrac{1}{4}$ 배

③ 2배

④ 4배

[전력 손실] $P_l = I^2 R$

$P_l = \left(\dfrac{1}{2}I\right)^2 R = \dfrac{1}{4}I^2 R \ \rightarrow \ \dfrac{1}{4}$ 배 　　　【정답】②

14. 단상 2선식(110[V]) 저압 배전선로를 단상 3선식 (110/220[V])으로 변경하고 부하용량 및 공급전압을 변경시키지 않고 부하를 평형 시켰을 때의 전선로의 전압 강하율은 변경 전에 비해서 몇 배가 되는가?

① $\dfrac{1}{4}$
② $\dfrac{1}{3}$
③ $\dfrac{1}{2}$
④ 변하지 않는다.

|정|답|및|해|설|

[전압 강하율] $\epsilon = \dfrac{2IR}{V_R}$

전압이 2배가 되면 전류는 $\dfrac{1}{2}$이 되므로

$$\epsilon' = \frac{2 \times \frac{1}{2}IR}{2V_R} = \frac{IR}{2V_R} \quad \rightarrow \quad \therefore \frac{\epsilon'}{\epsilon} = \frac{\frac{IR}{2V_R}}{\frac{2IR}{V_R}} = \frac{1}{4}$$

【정답】①

15. 그림과 같은 단상 2선식 배전선의 급전점 A에서 부하 쪽으로 흐르는 전류는 몇 [A]인가? (단, 저항값은 왕복선의 값이다.)

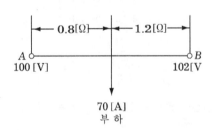

① 28
② 32
③ 37
④ 41

|정|답|및|해|설|

[전압 강하] 부하 공급점에 전압이 동일하다면
$100 - 0.8I_A = 102 - 1.2(70 - I_A)$

$\therefore I_A = \dfrac{82}{2} = 41$

【정답】④

16. 단상 3선식에 대한 설명 중 옳지 않은 것은?

① 불평형 부하 시 중성선 단선 사고가 나면 전압 상승이 일어난다.
② 불평형 부하 시 중성선에 전류가 흐르므로 중성선에 퓨즈를 삽입한다.
③ 선간전압 및 선로전류가 같을 때 1선당 공급 전력은 단상 2선식의 133[%]이다.
④ 전력손실이 동일할 경우 전선 충 중량은 단상 2선식의 37.5[%]이다.

|정|답|및|해|설|
단상 3선식에서 절대로 중성선에는 퓨즈 및 차단기의 삽입을 금지한다. 【정답】②

17. 교류 단상 3선식 배전 방식은 교류 단상 2선식에 비해 어떠한가?

① 전압강하가 작고, 효율이 높다.
② 전압강하가 크고, 효율이 높다.
③ 전압강하가 작고, 효율이 낮다.
④ 전압강하가 크고, 효율이 낮다.

|정|답|및|해|설|
단상 3선식은 단상 2선식에 비해 전압이 승압되는 결과가 있으므로 전압강하가 적고 효율은 높다.
【정답】①

18. 그림과 같은 수전단 전압 3.3[kV], 역률 0.85(뒤짐)인 부하 300[kW]에 공급하는 선로가 있다. 이때 송전단 전압은?

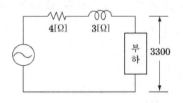

① 2930[V]
② 3230[V]
③ 3530[V]
④ 3830[V]

|정|답|및|해|설|

[단상인 경우 송전단 전압]

$V_s = V_r + I(R\cos\theta + X\sin\theta)[V] \quad \rightarrow \quad (P = VI\cos\theta)$

$= 3300 + \dfrac{300 \times 10^3}{3300 \times 0.85}(4 \times 0.85 + 3 \times \sqrt{1 - 0.85^2})$

$= 3830[V]$ 　　　　　　　　　　**【정답】④**

---

19. 단상 2선식 교류 배전선이 있다. 전선의 1가닥 저항이 $0.15[\Omega]$, 리액턴스 $0.25[\Omega]$이다. 부하는 무유도성이고 $100[V]$, $3[kW]$이다. 급전점의 전압은?

① 105[V]　　　　　　② 109[V]

③ 115[V]　　　　　　④ 124[V]

|정|답|및|해|설|

[송전단 전압] $V_s = V_r + 2I(R\cos\theta + X\sin\theta)[V]$

조건에서 무유도성이라 했으므로 $\sin\theta = 0$, $\cos\theta = 1$

$\therefore V_s = V_r + 2IR = 100 + 2 \times \dfrac{3000}{100} \times 0.15 = 109[V]$

　　　　　　　　　　　　　【정답】②

---

20. 부하가 말단에만 집중되어 있는 3상 배전선로의 선간 전압강하가 $866[V]$, 1선당의 저항 $10[\Omega]$, 리액턴스 $20[\Omega]$, 부하역률 $80[\%]$(지상)인 경우 부하전류 (또는 선간전류)의 근사값은?

① 25[A]　　　　　　② 50[A]

③ 75[A]　　　　　　④ 125[A]

|정|답|및|해|설|

[전압 강하] $e = V_s - V_r = \sqrt{3}\,I(R\cos\theta + X\sin\theta)[V]$

$\therefore I = \dfrac{e}{\sqrt{3}\,(R\cos\theta + X\sin\theta)}$

$= \dfrac{866}{\sqrt{3}\,(10 \times 0.8 + 20 \times 0.6)} = 25[A]$

　　　　　　　　　　　　　【정답】①

---

21. 배전선로의 손실 경감과 관계없는 것은?

① 승압

② 역률개선

③ 대용량 변압기 채용

④ 동량의 증가

|정|답|및|해|설|

[손실 경감 대책] 손실 경감 대책으로 역률 개선과 승압을 들 수 있고, 동량의 증가는 전선의 단면적이 커지는 것이므로 손실 경감이 된다. 대용량 변압기 채용은 철손 등 기계손이 커지므로 직접 용량이 아니면 안 된다.

　　　　　　　　　　　　　【정답】③

---

22. 부하단의 선간전압(단상 3선식의 경우에는 중성선과 다른 선 사이의 전압) 및 선로 전류가 같을 경우, 단상 2선식 대 단상 3선식의 1선당의 공급 전력의 비는?

① 100 : 115　　　　　② 100 : 133

③ 100 : 75　　　　　④ 100 : 87

|정|답|및|해|설|

[1선당 공급 전력비] 단상 2선식에 비해 단상 3선식은 1선당 공급 전력비가 133[%]이다. 　**【정답】②**

---

23. $380[m]$의 거리에 55개의 가로등을 같은 간격으로 배치하였다. 전등 하나의 소요전류 $1[A]$, 전선의 단면적 $38[mm^2]$, 도전률 $55[\Omega \cdot m/mm^2]$라 한다. 한쪽 끝에서 $110[V]$로 급전할 때 최종 전등에 걸리는 전압은?

① 70[V]　　　　　　② 80[V]

③ 90[V]　　　　　　④ 100[V]

|정|답|및|해|설|

[단상 2선식 전압강하] $e = 2IR = 2 \times I \times \rho \dfrac{l}{A}$

$e = \dfrac{1 \times 55 + 2 \times 380}{55 \times 38} = 20[V]$

가로등은 균등분포이므로 전압강하가 $\dfrac{1}{2} \cdot 20$ 만큼만 떨어진다.

최종 전등 전압 $= 110 - \dfrac{20}{2} = 100[V]$

【정답】④

24. 그림과 같은 저압 배전선이 있다. F−A, A−B, B−C간의 저항은 각각 0.1[Ω], 0.1[Ω], 0.2[Ω]이고 A, B, C점에 전등(역률 100[%]) 부하가 각각 5[A], 15[A], 10[A] 걸려있다. 지금 급전점 F의 전압을 105[V]라 하면 C점의 전압은 몇 [V]인가? (단, 선로의 리액턴스는 무시한다.)

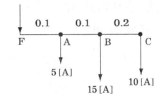

① 102.5   ② 100.5

③ 97.5   ④ 95.5

|정|답|및|해|설|

[전압강하]

· $V_A = F - e = F = IR = 105 - 0.1 \times (5 + 15 + 10) = 102[V]$

· $V_B = V_A - e = 102 - 0.1 \times (15 + 10) = 99.5$

· $V_C = V_B - e = 99.5 - 0.2 \times 10 = 97.5$

【정답】③

25. 그림과 같은 단상 2선식 배선에서 인입구 A점의 전압이 100[V]라면 C점의 전압은? (단, 저항값은 1선의 값으로 A, B간 0.05[Ω], BC간 0.1 [Ω]이다.)

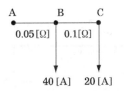

① 90[V]   ② 94[V]

③ 96[V]   ④ 97[V]

|정|답|및|해|설|

[전압강하]

· $V_B = V_A - e = V_A - 2IR = 100 = 0.05 \times (40 + 20) \times 2$
  $= 94[V]$

· $V_C = V_B - e = 94 - 0.1 \times 20 \times 2 = 90[V]$

【정답】①

26. 그림과 같은 단상 2선식 저압 배전선에서 D를 공급점이라 하고, A, C 양단의 전압을 같게 하는 D점의 위치는 B점으로부터 약 몇 [m]인가?

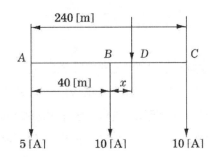

① 72   ② 80

③ 90   ④ 100

|정|답|및|해|설|

[전압강하] A, B, C 세 전선이 동일 전선이라면 단면적과 도전율이 같아 저항은 길이에만 비례한다.

$V_{ad} = V_{dc} \rightarrow V = IR = I \cdot \rho \dfrac{l}{A}$ 에서 ρ와 A값이 주어지지 않았으므로 $V = Il$ 로만 계산한다.

$40 \times 5 + 15 \times x = (200 - x) \times 10$

$200 + 15x = 2000 - 10x \qquad \therefore x = 72[m]$

【정답】①

27. 저항 20[Ω], 40[Ω], 80[Ω]을 그림과 같이 성형으로 접속하고 이것을 불평형 3상 전압 280[V], 280[V], 240[V]를 가할 경우 전 소비 전력은?

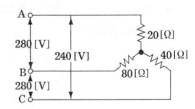

① 2.263[kW]   ② 2.063[kW]

③ 1.863[kW]   ④ 1.663[kW]

|정|답|및|해|설|

[소비전력] $P = \dfrac{V_{AB}^2}{R_{AB}} + \dfrac{V_{BC}^2}{R_{BC}} + \dfrac{V_{CA}^2}{R_{CA}}$ $\rightarrow (I=\dfrac{V}{R})$

$P = \dfrac{280^2}{140} + \dfrac{280^2}{280} + \dfrac{240^2}{70} = 1663[W] = 1.663[kW]$

【정답】④

28. 아래 그림과 같이 6300/210[V]인 단상 변압기를 3대 $\varDelta-\varDelta$결선하여 수전단 전압이 6000 [V]인 배전선로에 접속하였다. 이 중 2대의 변압기는 감극성이고, CA상에 연결된 변압기 1대가 가극 성이었다고 한다. 이때 아래 그림과 같이 접속된 전압계에는 몇 [V]의 전압이 유기되는가?

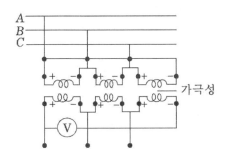

① 400   ② 200

③ 100   ④ 0

|정|답|및|해|설|

변압기 3대가 모두 같은 극성이면 전압계에 지시값은 0이지 만 한 대가 가극성이므로 3상 전압에서 한상이 반대 방향이 되어 3상 벡터 크기를 구하면 400[V]가 된다.

【정답】①

29. 부하역률이 0.6인 경우 전력용 콘덴서를 병렬 로 접속하여 합성 역률을 0.9로 개선하면 전원 측 선로의 전력손실은 처음 것의 약 몇 [%]로 감소되는가?

① 56   ② 44

③ 38   ④ 22

|정|답|및|해|설|

[전력손실] $P_l = \dfrac{P^2 \cdot \rho \cdot l}{V^2 \cos^2\theta A}$

$P_l \propto \dfrac{1}{\cos^2\theta}$

$\therefore \dfrac{P_l 0.6 - P_l 0.9}{P_l 0.6} \times 100 = \dfrac{\left(\dfrac{1}{0.6}\right)^2 - \left(\dfrac{1}{0.9}\right)^2}{\left(\dfrac{1}{0.6}\right)^2} \times 100 = 56[\%]$

【정답】①

30. 그림과 같이 양단 A, B를 공급점으로 하는 직류 2선식 배전선이 있다. A점의 전압을 55[V], B점 의 전압을 50[V]로 하고 각 부하점 사이의 저항 [Ω] 및 부하전류 [A]는 그림에 주어진 값으로 할 경우 급전점 A에서의 유입하는 전류는?

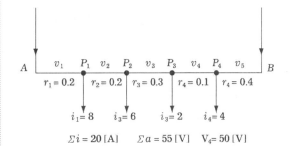

① 12[A]   ② 15[A]

③ 17[A]   ④ 20[A]

|정|답|및|해|설|

A점에서 전압 공급 시 P_4까지의 전압 강하

$e = 20 \times 0.2 + 1.2 \times 0.2 + 6 \times 0.3 + 4 \times 0.1 = 8.6[V]$

P_4에서 $55 - 8.6 = 46.4[V]$, 이때 B점의 전압이 50[V]이므로 B점에서 공급 되면 B점의 유입 전류는 전압차를 저항으로 나누면 된다.

즉, $I_B = \dfrac{3.6}{1.2} = 3[A]$

∴ 전부하 전류 20[A] 일 때 I_B인 3[A]를 뺀 전류값인 $I_A = 20 - 3 = 17[A]$이다. 【정답】③

31. 수용률이란?

① 수용률 $= \dfrac{평균전력\,[kW]}{최대수용전력\,[kW]} \times 100$

② 수용률 $= \dfrac{개개의 최대수용전력의 합\,[kW]}{합성최대수용전력\,[kW]} \times 100$

③ 수용률 $= \dfrac{최대수용전력\,[kW]}{수용설비 용량\,[kW]} \times 100$

④ 수용률 $= \dfrac{설비 전력\,[kW]}{합성최대수용전력\,[kW]} \times 100$

|정|답|및|해|설|

[수용률] 수요와 부하에 관계를 나타내는

· 부하율 $= \dfrac{평균전력}{최대전력} \times 100 < 1$

· 수용률 $= \dfrac{최대수용전력}{설비용량} \times 100 < 1$

· 부동률 $= \dfrac{각수용가최대전력합}{합성최대전력} > 1$

【정답】③

32. 400[kW]의 동력 설비를 가진 수용가의 수용률이 85[%]라면 최대 수용 전력은 몇 [kW]인가?

① 220   ② 280

③ 340   ④ 470

|정|답|및|해|설|

합성 최대 수용 전력 $= \dfrac{설치부하의\ 합계 \times 수용률}{부등률}$

합성 최대 수용 전력 $= 400 \times 0.85 = 340[kW]$

【정답】③

33. 연간 최대전류 200[A], 배전거리 10[km]의 말단에 집중부하를 가진 6.6[kV], 3상 3선식 배전선이 있다. 이 선로의 연간 손실 전력양은 약 몇 [MWh]정도인가? (부하율 $F = 0.6$, 손실계수 $H = 0.3F + 0.7F^2$이고, 전선의 저항은 0.25[Ω/km]이다.)

① 685   ② 1135

③ 1585   ④ 1825

|정|답|및|해|설|

연간손실전력량 = 최대전력손실량 × 손실계수

$= 3 \times 200^2 \times 0.25 \times 10 \times 365 \times 24 \times 10^{-6}$
$\times (0.3 \times 0.6 + 0.7 \times 0.6^2) = 1135[MWh]$

【정답】②

34. 수용가군 총합의 부하율은 각 수용가의 수용률 및 수용가 사이의 부등률 이 변화할 때 다음 중 옳은 것은?

① 수용률에 비례하고 부등률에 반비례한다.

② 부등률에 비례하고 수용률에 반비례한다.

③ 부등률에 비례하고 수용률에도 비례한다.

④ 부등률에 반비례하고 수용률에도 반비례한다.

|정|답|및|해|설|

[부하율] 부하율 $= \dfrac{부등률}{수용률} \times \dfrac{평균전력}{설비용량}$

∴ 부하율 $\propto$ 부등률 $\propto \dfrac{1}{수용률}$

【정답】②

35. '수용률이 크다', '부등률이 크다', '부하율이 크다'라는 것은 다음의 어떤 것에 가장 관계가 깊은가?

① 항상 같은 정도의 전력을 소비하고 있다.

② 전력을 가장 많이 소비할 때에는 쓰지 않는 기구가 별로 없다.

③ 전력을 가장 많이 소비하는 시간이 지역에 따라 다르다.

④ 전력을 가장 많이 소비 하는 시간이 지역에 따 같다.

|정|답|및|해|설|
부등률이 크다는 것은 부하가 동시에 사용되지 않는다는 의미이고 부하율이 크다는 것은 공급 전력 효율이 좋다는 것이므로 소비라는 시간이 지역에 따라 다르다는 의미에 가깝다.
【정답】③

36. 4회선의 급전선을 가진 변전소의 각 급전선 개개의 최대 수용력은 1000[kW], 1100[kW], 1200[kW], 1450[kW]이고 변전소의 최대 합성 수용 전력은 4300[kW]라고 한다. 이 변전소의 부등률은?

① 0.9   ② 1.0

③ 1.1   ④ 1.2

|정|답|및|해|설|

$$부등률 = \frac{각\ 부하의\ 최대\ 수용\ 전력의\ 합계[kW]}{합성\ 최대\ 수용전력[kW]}$$

$$= \frac{1000 + 1100 + 1200 + 1450}{4300} = 1.1$$

【정답】③

37. 최대 수용 전력이 80[kW]인 수용가에서 1일의 소비 전력량이 1200[kWh]라면 일 부하율은?

① 약 52[%]   ② 약 58[%]

③ 약 63[%]   ④ 약 71[%]

|정|답|및|해|설|

$$부하율 = \frac{평균수용전력}{최대수용전력} \times 100[\%]$$

$$일부하율 = \frac{평균전력량/24}{최대전력} \times 100 = \frac{\frac{1200}{24}}{80} \times 100 = 62.5[\%]$$

【정답】③

38. 연간 최대 전력이 P[kW], 소비 전력량이 A[kWh]일 때 연부하율[%]은? (단, 1년은 365일이다.)

① $\frac{A}{365 \times P} \times 100$ ② $\frac{8760 \times P}{A} \times 100$

③ $\frac{A}{8760 \times P} \times 100$ ④ $\frac{365P}{A} \times 100$

|정|답|및|해|설|

$$부하율 = \frac{평균수용전력}{최대수용전력} \times 100[\%]$$

$$연부하율 = \frac{\frac{평균전력량}{365} \times 24}{최대전력} \times 100 = \frac{A}{8760 \times P} \times 100$$

【정답】③

39. 30일 간의 최대 수용 전력이 200[kW], 소비 전력량이 72000[kWh]일 때 월 부하율은 몇 [%]인가?

① 30   ② 40

③ 50   ④ 60

|정|답|및|해|설|

$$부하율 = \frac{평균수용전력}{최대수용전력} \times 100[\%]$$

$$월부하율 = \frac{\frac{평균전력량}{24 \times 30}}{최대전력} \times 100 = \frac{\frac{72000}{24 \times 30}}{200} \times 100 = 50[\%]$$

【정답】③

40. 어떤 공장의 수용 설비용량이 800[㎾], 수용률은 60[%], 부하역률은 96[%]라 한다. 이 공장의 수전설비는 몇 [kVA]로 하면 되겠는가?

① 300
② 500
③ 800
④ 1000

|정|답|및|해|설|

수전설비용량 $= \dfrac{\text{수용률} \times \text{설비용량}}{\text{역률}}$

$= \dfrac{800 \times 0.6}{0.96} = 500[\text{kVA}]$

【정답】②

41. 설비 A가 130[㎾], B가 250[㎾], 수용률이 각각 0.5 및 0.8일 때 합성 최대 전력이 235[㎾]이면 부등률은?

① 1.11
② 1.13
③ 1.21
④ 1.23

|정|답|및|해|설|

부등률 $= \dfrac{\text{각수용가최대전력합}}{\text{합성최대전력}}$

$= \dfrac{130 \times 0.5 + 250 \times 0.8}{235} = 1.127$

【정답】②

42. 설비 용량 800[㎾], 부등률 1.2, 수용률 60[%]일 때 변전 시설용량의 최저값은 얼마인가? (단, 부하의 역률은 0.8로 본다.)

① 450[kVA]
② 500[kVA]
③ 550[kVA]
④ 600[kVA]

|정|답|및|해|설|

변압기용량 $= \dfrac{\text{설비용량} \times \text{수용률}}{\text{부등률} \times \text{역률}} = \dfrac{800 \times 0.6}{1.2 \times 0.8} = 500[\text{kVA}]$

【정답】②

43. 수용률이 50[%]인 주택지에 배전하는 66000/6600[V]의 변전소를 설치 할 때 주택지의 부하 설비 용량을 15000[kVA]로 하면 필요한 변압기용량의 최소값은 몇 [kVA]인가? (단, 주상변압기 배전간선을 포함한 부등률은 1.2라 한다.)

① 3850
② 6250
③ 6500
④ 7000

|정|답|및|해|설|

변압기용량 $= \dfrac{\text{설비용량} \times \text{수용률}}{\text{부동률} \times \text{역률}}$

$= \dfrac{15000 \times 0.5}{1.2} = 6250[\text{kVA}]$

【정답】②

44. 고압 배전선 간선에 역률 100[%]의 수용가가 두 군으로 나누어 각 군에 변압기 1대씩 설치되어 있다. 각 군의 수용가 총 설비 용량은 각각 30[㎾], 20[㎾]라 한다. 각 수용가의 수용률 0.5, 수용가 상호간의 부등률 1.2, 변압기 상호간의 부등률은 1.3이라 한다. 고압 간선의 최대 부하는?

① 12[kW]
② 16[kW]
③ 25[kW]
④ 50[kW]

|정|답|및|해|설|

최대 부하 전력 $= \dfrac{\text{각 수용가 최대 전력합}}{\text{부등률}}$

$= \dfrac{\dfrac{30 \times 0.5}{1.2} + \dfrac{20 \times 0.5}{1.2}}{1.3} = 16[\text{kW}]$

【정답】②

45. 송전단 전압 6600[V], 수전단 전압 6300[V], 부하역률 0.8(지상), 선로의 1선당 저항이 3[Ω], 리액턴스가 2[Ω]인 3상 3선식 배전선로의 수전력은 얼마인가?

① 420[kW]
② 525[kW]
③ 640[kW]
④ 727[kW]

[수용 전력] $P = \sqrt{3}\,VI\cos\theta$

$V_s = V_r + \sqrt{3}\,I(R\cos\theta + X\sin\theta)$에서

$I = \dfrac{V_s - V_r}{\sqrt{3}\,(R\cos\theta + X\sin\theta)}$

$= \dfrac{6600 - 6300}{\sqrt{3}\,(3 \times 0.8 + 2 \times 0.6)} = 46.1$

$\therefore P = \sqrt{3} \times 6300 \times 48.1 \times 0.8 \times 10^{-3} = 420[\text{kW}]$

【정답】①

46. 각 선의 전류가 그림(a)에서 그림(b)와 같이 조정되었다. 이때 불평형의 조정으로 인한 손실전력의 감소율은 그림(a)인 경우의 약 몇 [%]정도 되겠는가?

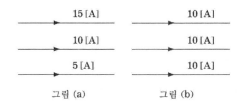

그림 (a)	그림 (b)

① 10.3 ② 12.3

③ 14.3 ④ 20.3

[전력손]

·a의 전력손실 $= I^2 R = 15^2 R + 10^2 R + 5^2 R = 350R$

·b의 전력손실 $= 3 \times 10^2 R = 300R$

전력 손실 감소율 $= \dfrac{P_{la} - P_{lb}}{P_{la}} \times 100$

$= \dfrac{350 - 300}{350} \times 100 = 14.3\%$

【정답】③

47. 옥내배선의 지름을 결정하는 가장 중요한 요소는?

① 허용전류 ② 표피효과

③ 부하율 ④ 플리커의 크기

전선의 굵기를 결정하는 요소는 <u>허용전류, 전압강하, 기계적 상노</u>이다. 이중에서 가장 중요한 것은 허용전류이다.

【정답】①

48. 22.9[kV]로 수전하는 어떤 수용가의 최대부하 250[kVA] 부하역률 80[%]이고 부하율이 50[%]이다. 월간 사용 전력량은 약 얼마인가? (단, 1개월은 30일로 계산한다.)

① 62[MkW] ② 72[MkW]

③ 82[MkW] ④ 92[MkW]

평균전력량 = 부하율 × 최대전력

월간 사용 전력량 = 평균전력 × 24 × 30

$\therefore W = 0.5 \times 250 \times 0.8 \times 30 \times 24 \times 10^{-3} = 72[\text{MkW}]$

【정답】②

49. 부하전력 및 역률이 같을 때 전압을 n배 승압하면 전압강하와 전력손실은 어떻게 되는가?

	전압강하	전력손실
①	$\dfrac{1}{n}$	$\dfrac{1}{n^2}$
②	$\dfrac{1}{n^2}$	$\dfrac{1}{n}$
③	$\dfrac{1}{n}$	$\dfrac{1}{n}$
④	$\dfrac{1}{n^2}$	$\dfrac{1}{n^2}$

[n배 승압 시] ·송전전력 : n^2 ·전력손실 : $\dfrac{1}{n^2}$

·전압강하 : $\dfrac{1}{n}$ ·전압강하율 : $\dfrac{1}{n^2}$

【정답】①

배전선로의 운영과 보호

01 배전선로의 전압 조정

(1) 모선 전압 조정

· 유도 전압 조정기(IR : Induction regulator)

· 부하 시 탭절환변압기

(2) 선로 전압 조정

· 선로 전압 강하 보상기(LCD)

※ LCD : 배전 선로에서 발생하는 전압 강하를 고려하여 모선 전압을 조정하는 장치

· 승압기

· 직렬 콘덴서

· 주변압기의 탭조정

※ 병렬 콘덴서는 주로 역률 개선용으로 사용되지만 동시에 전압 조정 효과도 있다.

(3) 승압기를 이용한 전압 조정

승압기 사용의 주된 목적은 말단에서의 전압 강하를 방지하기 위해

① 2차 전압(고압측 전압)

$$E_2 = e_1 + e_2 = E_1 + \frac{e_2}{e_1}E_1 = E_1\left(1 + \frac{e_2}{e_1}\right)[V]$$

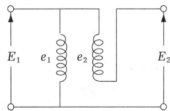

② 승압기의 용량(자기 용량)

㉮ 단상 $\omega = \dfrac{e_2}{E_2} W = e_2 I_2 [\mathrm{VA}]$

㉯ 3상 $\omega = \dfrac{e_2}{\sqrt{3}\,E_2} W$

[승압의 이유]
① 전력 손실 경감
② 배선 거리 증가
③ 전선의 단면적 감소 재료비 절감
④ 전압 강하 및 전압 강하율, 전압 변동률 감소

여기서, E_1 : 승압 전의 전압(전원측)[V], E_2 : 승압 후의 전압(부하측)[V]

e_1 : 승압기의 1차 정격 전압 [V], e_2 : 승압기의 2차 정격 전압 [V]

W : 부하의 용량 [VA], ω : 승압기의 용량(자기용량)[VA], I_2 : 부하전류 [A]

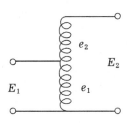

③ 부하 용량 W

㉮ 단상 $W = E_2 I_2 \times 10^{-3} = \omega \dfrac{E_2}{e_2}$[KVA]

㉯ 3상 $W = \sqrt{3}\, E_2 I_2 \times 10^{-3}$ [KVA]

여기서, I_2 : 승압기의 2차 정격 전류

④ 단권변압기의 특징

·단권변압기는 승압기로 사용이 많다.

·중량이 가볍다.

·전압 변동률이 적다.

·동손의 감소에 따른 효율이 높다.

·변압비가 1에 가까우면 용량이 커진다.

·1차 측의 이상 전압이 2차 측에 미친다.

·누설임피던스가 작으므로 단락 전류가 증가한다.

·단권변압기의 2차 측 권선은 공통 권선이므로 절연강도를 낮출 수 없다.

핵심기출 【기사】 09/2 11/1 17/2

승압기에 의하여 전압 V_e에서 V_h로 승압할 때, 2차 정격 전압 e, 자기 용량 ω인 단상 승압기가 공급할 수 있는 부하 용량(W)은 어떻게 표현되는가?

① $\dfrac{V_h}{e} \times \omega$

② $\dfrac{V_e}{e} \times \omega$

③ $\dfrac{V_e}{V_h - V_e} \times \omega$

④ $\dfrac{V_h - V_e}{V_e} \times \omega$

정답 및 해설 [부하 용량] $W = \omega \dfrac{V_h}{V_h - V_e} = \omega \dfrac{V_h}{e}$　　【정답】①

02 배전선로의 손실 경감 대책

(1) 개요

배전 선로의 손실에는 배전 선로에서 발생하는 저항 손실과 배전용 변압기에서 발생하는 철손과 동손이 대부분이다.

(2) 배전 선로의 손실 경감 대책

① 전류 밀도의 감소와 평형(켈빈의 법칙)

② 전력용 콘덴서의 설치 : 선로 전류를 부하의 역률에 반비례해서 증감한다.

③ 배전 전압의 승압 : 전압을 높이면 전력 손실은 공급 전압의 제곱에 반비례하여 감소한다.

④ 역률 개선 : 전력 손실은 역률 제곱에 반비례하여 감소한다.

⑤ 변압기 손실의 경감

    ㉮ 동손 감소 대책 : 변압기의 권선수 저감, 권선의 단면적 증가

    ㉯ 철손 감소 대책 : 고배향성 규소 강판 사용 및 저손실 철심 재료의 사용

(3) 고압 선로의 대책

급전선의 변경, 증설, 선로의 분할은 물론 변전소의 증설에 의한 급전선의 단축화

(4) 저압 선로의 대책

변압기의 배치와 용량을 적절하게 정하고 저압 배전선의 길이를 합리적으로 정비

(5) 배전 전압의 승압 시 효과

- 공급 용량의 증대
- 전압 강하율의 개선
- 고압 배전선 연장의 감소
- 전력 손실의 감소
- 지중 배전 방식의 채택 용이
- 대용량의 전기기기 사용 용이

핵심기출 【기사】 07/1 16/3

다음 중 배전선로의 손실을 경감하기 위한 대책으로 적절하지 않은 것은?

① 전력용 콘덴서 설치   ② 배전 전압의 승압

③ 전류 밀도의 감소와 평형   ④ 누전 차단기 설치

정답 및 해설 [배전 선로의 손실 경감 대책]

- 전류 밀도의 감소의 평행
- 배전 전압의 승압
- 전력용 콘덴서 설치

※누전 차단기는 저압의 간선이나 분기 회로 등에서 전로에 어스가 발생할 경우 감전 사고를 막기 위한 안전장치이다.   【정답】 ④

03 역률 개선

(1) 배전 선로의 손실을 경감 시키는 방법

배전 선로의 손실을 경감 시키는 방법으로는 전압 조정, 역률 개선, 부하의 불평형 방지 등이 있다.

(2) 역률

피상전력에 대한 유효전력의 비

전압과 전류 사이의 위상차의 정현값

(3) 역률 개선 방법

역률은 주로 지상 부하에 의한 지상 무효 전력 때문에 저하되므로 부하와 병렬로 전력용 콘덴서를 연결하여 진상 전류를 공급한다.

(4) 역률 개선용 콘덴서 용량

$$Q = P(\tan\theta_1 - \tan\theta_2) = P\left(\frac{\sin\theta_1}{\cos\theta_1} - \frac{\sin\theta_2}{\cos\theta_2}\right) = P\left(\frac{\sqrt{1-\cos^2\theta_1}}{\cos\theta_1} - \frac{\sqrt{1-\cos^2\theta_2}}{\cos\theta_2}\right)$$

여기서, $\cos\theta_1$: 개선 전 역률, $\cos\theta_2$: 개선 후 역률

(5) 역률 개선의 효과

· 선로, 변압기 등의 저항손 감소   · 변압기, 개폐기 등의 소요 용량 감소

· 송전 용량이 증대   · 전압 강하 감소

· 설비 용량의 여유 증가   · 전기요금이 감소한다.

(6) 역률 과보상시 발생하는 현상

· 역률의 저하 및 손실의 증가   · 단자 전압 상승

· 계전기 오동작   · 고조파 왜곡의 증대

핵심기출 【기사】 08/1 10/1 10/2 15/1 17/2   【기사】 04/2 07/2 08/2 08/3 09/3 10/2 11/3 13/1 14/1 17/1 17/2 17/3

어떤 공장의 소모 전력이 100[kW]이며, 이 부하의 역률이 0.6일 때, 역률을 0.9로 개선하기 위해 필요한 전력용 콘덴서의 용량은 몇 [kVA]인가?

① 30   ② 60   ③ 85   ④ 90

정답 및 해설 [역률개선용 콘덴서 용량]

$$Q_c = P(\tan\theta_1 - \tan\theta_2) = P\left(\frac{\sin\theta_1}{\cos\theta_1} - \frac{\sin\theta_2}{\cos\theta_2}\right) = P\left(\frac{\sqrt{1-\cos^2\theta_1}}{\cos\theta_1} - \frac{\sqrt{1-\cos^2\theta_2}}{\cos\theta_2}\right)$$

$$= 100\left(\frac{\sqrt{1-0.6^2}}{0.6} - \frac{\sqrt{1-0.9^2}}{0.9}\right) = 85[kVA]$$

【정답】 ③

04 배전선로의 보호 방식

(1) 보호 장치의 종류

배전 선로는 선로의 적절한 위치에 사고를 구분·차단할 수 있는 퓨즈, 리클로우저(R/C), 섹셔널라이저(S/E) 등 선로 보호 장치를 설치하고 이들과 변전소의 feeder(배전선) 보호 장치 간에 협조가 이루어져야 한다. 보호 장치는 항상 후위 및 전위 보호 장치와 협조를 유지해야 한다.

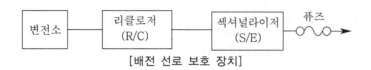

[배전 선로 보호 장치]

(2) 배전 선로 보호 장치의 배열 방법

리클로저(R/C) – 섹셔널라이저(S/E) – 퓨즈

(3) 리클로저(R/C)

① 정의

배전 선로에 일시적인 과전류가 발생하면 개방 후 자동 재투입함으로써 선로의 정상적인 운전 상태를 회복하고 영구 고장 시에는 정해진 시퀀스에 따라 개장, 투입을 반복한 후 개방상태로 되어 자체적으로 보호 계전기와 차단기의 기능을 종합적으로 수행할 수 있는 보호 장치이다.

② 설치 위치

· 간선과 3상 분기점에 설치

· 직렬로 3대까지 설치 가능

· 보호 협조가 가능하도록 위치 선정

(4) 섹셔널라이저(S/E)

① 정의

부하 전류 차단 능력은 있으나 고장 전류 차단 능력이 없으므로 후비 보호 차단기인 리클로저의 부하측 간선에서 분기되는 3상 분기선에 설치한다.

② 설치 위치

· 리클로저의 부하 측에 설치

· 직렬로 3대까지 설치 가능

【기사】 13/3 19/2

공통 중성선 다중 접지 방식의 배전선로에 있어서 Recloser(R), Sectionalizer(S), Line fuse(F)의 보호협조에서 보호협조가 가장 적합한 배열은? (단, 왼쪽은 후비보호 역할이다.)

① S – F – R

② S – R

③ F – S – R

④ R – S – F

정답 및 해설 [배전 선로 보호 장치의 배열] 재폐로 기능을 갖는 차단기 리클로저(Recloser), 고장 발생 시에 바로 분리를 시키는 섹셔널라이저(Sectional izer)와 퓨즈는 전원 측에 항상 리클로저를 설치하고 부하 측에 섹셔널라이저를 설치하는 순서로 해야 한다. 【정답】④

01 배전 선로에서 발생하는 전압 강하를 고려하여 모선 전압을 조정하는 장치를 (　　　　)라고 한다.

02 배전 선로의 전압 조정 장치로는 승압기, 유도 전압 조정기, 주상 변압기 탭 절환장치, 선로 전압 강하 보상기, (　　　　　　　) 등이 있다.

03 부하에 따라 전압 변동이 심한 급전선을 가진 배전 변전소에서 가장 많이 사용되는 전압 조정 장치는 (　　　　　　)이다.

04 승압기에 의하여 전압 V_e에서 V_h로 승압할 때, 2차 정격전압 e_2, 자기용량 ω인 단상 승압기가 공급할 수 있는 부하 용량 $W=($　　　　　　　$)$[kVA]로 표현한다.

05 배전 선로의 손실을 경감시키는 방법으로 배전 전압을 승압한다. 전압을 높이면 전력 손실은 공급 전압의 제곱에 (　　　　　　)한다.

06 역률은 주로 지상 부하에 의한 지상 무효 전력 때문에 저하되므로 부하와 (　　　　　)로 역률 개선용 콘덴서를 연결하여 진상 전류를 공급한다.

07 역률 개선용 콘덴서를 부하와 병렬로 연결할 때 (　　　　　　)결선 방법을 채택하는 이유는 콘덴서의 정전 용량[μF]의 소요가 적기 때문이다.

08 22.9[kV] 계통으로 되어 있고, 이 배전선에 사고가 생기면 그 배전선 전체가 정전이 되지 않도록 선로 도중이나 분기선 아래의 보호 장치를 설치하여 상호 협조를 기함으로써 사고 구간을 국한하여 제거시킬 수 있다. 설치 순서로는 변전소 차단기 – (　①　) – (　②　) – (　③　).

09 선로 고장 발생 시 타 보호기기와의 협조에 의해 고장 구간을 신속히 개방하는 자동 구간 개폐기로서 고장 전류를 차단할 수 없어 차단 기능이 있는 후비 보호 장치와 직렬로 설치되어야 하는 배전용 개폐기는 (   )이다.

정답   (1) 선로 전압 강하 보상기(LDC)   (2) 직렬 콘덴서   (3) 유도 전압 조정기

(4) $\omega\dfrac{V_h}{e_2}$ (5) 반비례   (6) 병렬

(8) ① 리클로저
　　② 섹셔널라이저   (9) 섹셔널라이저
(7) △   ③ 퓨즈

1. 단상 승압기 1대를 사용하여 승압할 경우 1차 전압을 E_1 라 하면 2차 전압 E_2 는 얼마나 되는가? (단, 승압기의 전압비는 $\frac{e_1}{e_2}$ 이다.)

① $E_2 = E_1 + \left(\frac{e_1}{e_2}\right)E_1$

② $E_2 = E_1 + e_2$

③ $E_2 = E_1 + \left(\frac{e_2}{e_1}\right)E_1$

④ $E_2 = E_1 + e_1$

|정|답|및|해|설|

[2차 전압(고압측 전압)] $E_2 = e_1 + e_2 = E_1 + \frac{e_2}{e_1}E_1$

$$= E_1 + \frac{1}{n}E_1 = E_1\left(1 + \frac{e_2}{e_1}\right)[V]$$

$e_1 = E_1,\ n = \frac{e_1}{e_2} \quad \therefore e_2 = \frac{1}{n}e_1$

【정답】③

2. 정격전압 1차 6600[V], 2차 210[V]의 단상 변압기 두 대를 승압기로 V 결선하여 6300[V]의 3상 전원에 접속한다면 승압된 전압은?

① 6600[V]　　　② 6500[V]

③ 6300[V]　　　④ 6200[V]

|정|답|및|해|설|

[2차 전압(고압측 전압)] $E_2 = E_1\left(1 + \frac{e_2}{e_1}\right)[V]$

$E_2 = 6300\left(1 + \frac{210}{6600}\right) = 6500[V]$

【정답】②

3. 단권 변압기를 사용하여 3000[V]의 전압을 3300[V]로 승압하여 용량 80[kW], 역률 80[%]의 단상 부하에 전력을 공급하는 경우 이 변압기의 자기 용량으로 적당한 것은?

① 5[kVA]　　　② 7.5[kVA]

③ 10[kVA]　　　④ 15[kVA]

|정|답|및|해|설|

[단권변압기의 자기용량] $\omega = e_2 I_2[VA]$

$\omega = (V_2 - V_1)I_2 \times 10^{-3}[kVA]$

$\quad = (V_2 - V_1) \times \frac{P}{V\cos\theta} \times 10^{-3}$

$\quad = (3300 - 3000) \times \frac{80 \times 10^3}{3300 \times 0.8} \times 10^{-3} = 9.09[kVA]$

【정답】③

4. 부하의 선간전압 3300[V], 피상전력 330[kVA], 역률 0.7인 3상 부하가 있다. 부하의 역률은 0.85로 개선하는데 필요한 콘덴서의 용량은 몇 [kVA]인가?

① 63　　　② 73

③ 83　　　④ 93

|정|답|및|해|설|

[역률 개선 콘덴서 용량] $Q_c = P(\tan\theta - \tan\theta_1)$

$Q_c = P\left(\frac{\sqrt{1 - \cos^2\theta_1}}{\cos\theta_1} - \frac{\sqrt{1 - \cos^2\theta_2}}{\cos\theta_2}\right)[kVA]$

$\therefore Q_C = 330 \times 0.7 \times \left(\frac{\sqrt{1 - 0.7^2}}{0.7} - \frac{\sqrt{1 - 0.85^2}}{0.85}\right) = 93[kVA]$

→(P가 유효전력 이므로 330×0.7을 한다.)

【정답】④

5. 동일한 전압에서 전력을 송전할 때 역률을 0.6에서 0.93으로 개선하면 선력 손실은 몇 [%] 감소되는가?

① 65   ② 58

③ 42   ④ 35

|정|답|및|해|설|

[전력 손실] $P_l \propto \dfrac{1}{\cos^2\theta}$ 이므로

$$\therefore \frac{P_{l0.6} - P_{l0.93}}{P_{l0.6}} = \frac{\left(\dfrac{1}{0.6}\right)^2 - \left(\dfrac{1}{0.93}\right)^2}{\left(\dfrac{1}{0.6}\right)^2} \times 100 = 58[\%]$$

【정답】②

6. 피상전력 K[kVA], 역률 $\cos\theta$인 부하의 역률 100[%]로 하기 위한 병렬 콘덴서의 용량은?

① $K\sqrt{1-\cos^2\theta}$ [kVA]

② $K\tan\theta$ [kVA]

③ $K\cos\theta$ [kVA]

④ $\dfrac{K\sqrt{1-\cos^2\theta}}{\cos\theta}$ [kVA]

|정|답|및|해|설|

[역률 개선 콘덴서 용량]

$$Q_c = P(\tan\theta_1 - \tan\theta_2) = P\left(\frac{\sin\theta_1}{\cos\theta_1} - \frac{\sin\theta_2}{\cos\theta_2}\right)[\text{kVA}]$$

역률 100% 일 때 $\sin\theta=0$이 되어야 하므로 지상 무효전력만큼 콘덴서 용량이 필요하므로

무효전력 $= P_a \times \sin\theta = K\sin\theta = K \times \sqrt{1-\cos^2\theta}$ [kVA]

【정답】①

7. 역률 0.8, 출력 320[kW]인 부하에 전력을 공급하는 변전소에 전력용 콘덴서 140[kVA]를 설치하면 합성 역률은 어느 정도로 개선되는가?

① 0.93   ② 0.95

③ 0.97   ④ 0.99

|정|답|및|해|설|

[역률 개선 콘덴서 용량]

$$Q = P(\tan\theta_1 - \tan\theta_2) = P\left(\frac{\sin\theta_1}{\cos\theta_1} - \frac{\sin\theta_2}{\cos\theta_2}\right)$$

$$140 = 320\left(\frac{0.6}{0.8} - \tan\theta_2\right)$$

$$\tan\theta_2 = 0.3125 \rightarrow \theta_2 = \tan^{-1}0.3125 = 17.35$$

$$\therefore \cos\theta_2 = \cos17.35 = 0.95$$

【정답】②

8. 부하 역률이 0.8인 선로의 저항 손실은 부하 역률이 0.9인 선로의 저항 손실에 비하여 약 몇 배인가?

① 0.7   ② 1.0

③ 1.3   ④ 1.8

|정|답|및|해|설|

[전력손실(저항손실)] $P_l \propto \dfrac{1}{\cos^2\theta}$

$$\therefore \frac{P_{l\,0.8}}{P_{l\,0.9}} = \frac{\left(\dfrac{1}{0.8}\right)^2}{\left(\dfrac{1}{0.9}\right)^2} = 1.3$$

【정답】③

9. 어느 공장의 3상 부하는 200[kW], 역률 60[%]이다. 이를 85[%]로 개선하는 데 필요한 콘덴서의 정전 용량은 얼마인가? (단, 콘덴서에 걸리는 전압은 6.6[kV]이고, 주파수는 60[Hz]이다.)

① 3.2[μF]   ② 4.9[μF]

③ 8.7[μF]   ④ 12[μF]

|정|답|및|해|설|

[콘덴서 정전용량] $Q_c = \omega C V^2$

$$C = \frac{Q_c}{\omega V^2} = \frac{Q_c}{2\pi f V^2}$$

콘덴서 용량 $Q_c = P\left(\dfrac{\sin\theta_1}{\cos\theta_1} - \dfrac{\sin\theta_2}{\cos\theta_2}\right)$에서

$Q_c = 200\left(\dfrac{0.8}{0.6} - \dfrac{\sqrt{1-0.85^2}}{0.85}\right) = 142.7$

$\therefore C = \dfrac{142.7 \times 10^3}{2\pi \times 60 \times 6600^2 \times 10^{-6}} = 8.7[\mu F]$

【정답】③

---

10. 3000[kW], 역률 80[%](뒤짐)의 부하에 전력을 공급하고 있는 변전소에 콘덴서를 설치하여 변전소에 있어서의 역률을 90[%]로 향상시키는데 필요한 콘덴서 용량은?

① 600[Kvar]　　② 700[Kvar]

③ 800[Kvar]　　④ 900[Kvar]

|정|답|및|해|설|

[역률 개선 콘덴서 용량] $Q_c = P\left(\dfrac{\sin\theta_1}{\cos\theta_1} - \dfrac{\sin\theta_2}{\cos\theta_2}\right)$

$Q_c = 3000\left(\dfrac{0.6}{0.8} - \dfrac{\sqrt{1-0.9^2}}{0.9}\right) = 800[kVA]$

【정답】③

---

11. 3상 배전 선로의 말단에 역률 60[%](뒤짐) 160[kW]의 평형 3상 부하가 있다. 부하점에 부하와 병렬로 전력용 콘덴서를 접속하여 선로 손실을 최소로 하기 위해 필요한 콘덴서 용량은? (단, 여기서 부하측 전압은 변하지 않는 것으로 한다.)

① 96[kVA]　　② 120[kVA]

③ 128[kVA]　　④ 200[kVA]

|정|답|및|해|설|

[역률 개선 콘덴서 용량] $Q_c = P\left(\dfrac{\sin\theta_1}{\cos\theta_1} - \dfrac{\sin\theta_2}{\cos\theta_2}\right)$

선로손실(P_l)이 최소가 되기 위해서는 $\cos\theta = 1$이 되어야 하므로 $\sin\theta = 0$이 된다.

$\therefore Q_c = 160\left(\dfrac{0.6}{0.8} - \dfrac{0}{1}\right) = 120[kVA] = 120[kVA]$

【정답】②

---

12. 역률 80[%], 10000[kVA]의 부하를 갖는 변전소에 2000[kVA]의 콘덴서를 설치해서 역률을 개선하면 변압기에 걸리는 부하는 대략 얼마쯤 되겠는가?

① 8000[kW]　　② 8500[kW]

③ 9000[kW]　　④ 9500[kW]

|정|답|및|해|설|

[유효전력] $P = P_a \cos\theta$

$\rightarrow \left(\cos\theta = \dfrac{P}{P_a} = \dfrac{P}{\sqrt{P^2 + P_r^2}}\right)$

$P = 10000 \times \dfrac{P}{\sqrt{P^2 + P_r^2}}$

$= 100000 \times \dfrac{10000 \times 0.8}{\sqrt{(10000 \times 0.8)^2 + (10000 \times 0.6 - 2000)^2}}$

$= 9000[kW]$ 　　　【정답】③

---

13. 1차 전압 6300[V]의 6[%]를 승압하는 승압기의 2차 직렬 권선의 유도 전압은?

① 178[V]　　② 278[V]

③ 378[V]　　④ 478[V]

|정|답|및|해|설|

[2차 유도전압] $e_2 = 6300 \times 0.06 = 378[V]$

【정답】③

14. 단상 교류 회로에 3150/210[V]의 승압기를 80[kW], 역률 0.8인 부하에 접속하여 전압을 상승시키는 경우에 다음 중 몇 [kVA]의 승압기를 사용하여야 적당한가? 단, 전원전압은 2900[V]이다.

① 3　　　　　　　② 5

③ 7.5　　　　　　④ 10

|정|답|및|해|설|

[단권 승압기 용량] $\omega = \dfrac{e_2}{E_2} W = e_2 I_2 \, [\text{VA}] \rightarrow (W : \text{부하용량})$

$\omega = \dfrac{e_2}{E_2} \times \text{부하용량} = \dfrac{e_2}{E_1 \left(1 + \dfrac{e_2}{e_1}\right)} \times \dfrac{P}{\cos\theta}$

$= \dfrac{210}{2900 \left(1 + \dfrac{210}{3150}\right)} \times \dfrac{80}{0.8} = 6.78[\text{kVA}]$

【정답】③

15. 어떤 콘덴서 3개를 선간전압 3300[V], 주파수 60[Hz]의 선로에 △로 접속하여 60[kVA]가 되도록 하려면 콘덴서 1개의 정전 용량은 약 얼마로 하여야 하는가?

① $4.8[\mu F]$　　　　② $50[\mu F]$

③ $0.5[\mu F]$　　　　④ $500[\mu F]$

|정|답|및|해|설|

[콘덴서 용량] $Q_c = 3EI_c = 3\omega CE^2 \, [\text{VA}]$

$C = \dfrac{Q_c}{3\omega E^2} = \dfrac{60 \times 10^3}{3 \times 2\pi \times 60 \times 3300^2} \times 10^6 = 4.8[\mu F]$

※△결선 시 선간전압과 상전압은 같다.

【정답】①

16. 3상의 같은 전원에 접속하는 경우, △결선의 콘덴서를 Y결선으로 바꾸어 이으면 신상용량은 몇 배가 되는가?

① 3　　　　　　　② $\sqrt{3}$

③ $\dfrac{1}{\sqrt{3}}$　　　　　④ $\dfrac{1}{3}$

|정|답|및|해|설|

[콘덴서 용량] $Q = \omega C V^2 = 3\omega C E^2$

$Q_\triangle = 6\pi f C V^2 , \quad Q_Y = 2\pi f C V^2$

$\dfrac{Q_Y}{Q_\triangle} = \dfrac{2\pi f C V^2}{6\pi f C V^2} = \dfrac{1}{3} \quad \rightarrow \quad \therefore Q_Y = \dfrac{1}{3} Q_\triangle$

【정답】④

17. 그림과 같이 강제 전선관과 (a)측의 전선 심선이 X점에서 접촉했을 때 누설 전류의 크기는? (단, 전원 전압은 100[V]이며 접지 저항 외에 다른 저항은 생각하지 않는다.)

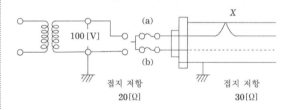

① 2[A]　　　　　② 3.3[A]

③ 5[A]　　　　　④ 8.3[A]

|정|답|및|해|설|

전류 $I = \dfrac{V}{R} = \dfrac{100}{30 + 20} = 2[A]$　　　　【정답】①

18. 주상변압기에 설치하는 캐치홀더는 다음 어느 부분에 직렬로 삽입하는가?

① 1차측 양선

② 1차측 1선

③ 2차측 비접지측선

④ 2차측 접지된 선

|정|답|및|해|설|
주상 변압기 1차측 보호에는 COS(컷아웃스위치), 2차측 보호는 캣치 홀더를 설치한다. 【정답】③

19. 우리나라의 대표적인 배전 방식으로는 다중접지방식인 22.9[kV]계통으로 되어 있고, 이 배전선에 사고가 생기면 그 배전선 전체가 정전이 되지 않도록 선로 도중이나 분기선 아래의 보호 장치를 설치하여 상호 협조를 기함으로써 사고 구간을 국한하여 제거시킬 수 있다. 설치 순서로 옳은 것은?

① 변전소 차단기 – 섹셔널라이저 – 리클로우저 – 라인 퓨즈

② 변전소 차단기 – 리클로우저 – 섹셔널라이저 – 라인 퓨즈

③ 변전소 차단기 – 섹셔널라이저 – 라인 퓨즈 – 리클로우저

④ 변전소 차단기 – 리클로우저 – 라인 퓨즈 – 섹셔널라이저

|정|답|및|해|설|
[배전 선로의 보호 방식] 리클로우저는 회로의 차단과 투입을 자동적으로 반복하는 기구를 갖춘 차단기의 일종이며 섹셔널라이저는 유중에서 동작하는 중 접촉자와 사고 전류가 흐르는 것을 계산하는 카운터로 구성되어 있으며 이 둘은 서로 조합해서 사용하며 리클로우저는 변전소 쪽에 섹셔널라이저는 부하 쪽에 설치한다. 【정답】②

20. 주상변압기에 설치하는 캐치홀더는 다음 어느 부분에 직렬로 삽입하는가?

① 1차측 양선

② 1차측 1선

③ 2차측 비접지측선

④ 2차측 접지된 선

|정|답|및|해|설|
주상 변압기 1차측 보호에는 COS(컷아웃스위치), 2차측 보호는 캐치홀더를 설치한다. 【정답】③

21. 배전선의 역률이 저하되는 원인은?

① 전등의 과부하

② 유도 전동기의 경부하 운전

③ 선로의 충전 전류

④ 동기 조상기의 중부하 운전

|정|답|및|해|설|
역률 저하의 가장 큰 영향은 유도성 리액턴스이므로 유도 전동기의 경부하 운전이다. 【정답】②

22. 일반적으로 행하여지고 있는 저압 옥내 배선의 준공 검사의 종류의 조합이 적절한 것은?

① 절연저항 측정, 접지저항 측정, 절연내력 측정

② 절연저항 측정, 온도상승 시험, 접지저항 측정

③ 온도상승 시험, 도통 시험, 접지저항 측정

④ 절연저항 측정, 접지저항 측정, 도통 시험

|정|답|및|해|설|
일반적으로 절연 저항, 정지 저항 측정 및 도통시험을 하며 절연내력 시험 및 온도 상승 시험은 공장에서 전선 제작 시 시행하며 이들 시험은 배선 후에는 하지 않는다. 【정답】④

23. 옥내 배선의 길이 l[m], 부하전류 I[A]일 때 배선의 전압 강하를 v[V]로 하기 위한 전선의 굵기[mm]는? (단, 단상식 배선이다.)

① $l\sqrt{\dfrac{v}{I}}$ 에 비례한다. ② $\sqrt{\dfrac{lv}{I}}$ 에 비례한다.

③ $\sqrt{lvI}$ 에 비례한다. ④ $\sqrt{\dfrac{lI}{v}}$ 에 비례한다.

|정|답|및|해|설|

[전압강하] $e = 2IR = 2I\rho\dfrac{l}{A} = 2I\rho\dfrac{l}{\dfrac{\pi}{4}d^2} = \dfrac{8I\rho l}{\pi d^2}$

$d = \sqrt{\dfrac{8I\rho l}{\pi e}}$ $\rightarrow$ $\therefore d \propto \sqrt{\dfrac{Il}{e}}$

【정답】 ④

24. 배전 계통에서 콘덴서를 설치하는 것은 여러 가지 목적이 있으나 그 중에서 가장 주된 목적은?

① 전압 강하 보상

② 전력 손실 감소

③ 송전 용량 증가

④ 기기의 보호

|정|답|및|해|설|

콘덴서를 설치하는 목적은 역률($\cos\theta$)을 개선하는 것이다.

$P_l \propto \dfrac{1}{\cos^2\theta}$

∴ 역률을 개선하면 전력 손실이 감소한다.

【정답】②

25. 축전지 용량[Ah] 계산에 고려되지 않는 사항은?

① 충전율   ② 방전 전류

③ 보수율   ④ 용량 환산 시간

|정|답|및|해|설|

[축전지 용량] $C = \dfrac{1}{L}KI$

여기서, L : 경년 용량 저하율(보수율), K : 용량 환산 시간
I : 방전 전류

【정답】①

수력발전

01 수력학

(1) 정수압

$$P = \frac{W}{A} = \frac{\omega AH}{A} = \omega H[\text{kg/m}^2] = 1000\text{H}[\text{kg/m}^2] = \frac{1}{10}\text{H}[\text{kg/cm}^2]$$

여기서, H : 압력수두(고저차)[m], A : 단면적[m²]

ω : 단위 부피의 물의 무게[kg/cm³]=1000[kg/m³]=1[ton/m³]

P : 압력의 세기[kg/m²]

(2) 수두 (단위 무게[kg] 당의 물이 갖는 에너지)

유체가 가지고 있는 에너지 $\begin{pmatrix} 위치에너지 \\ 압력에너지 \\ 속도에너지 \end{pmatrix}$ → 고저차 → 수두

① 위치 수두 : $H_0[\text{m}]$

② 압력 수두 : $H_p = \frac{P}{w}[\text{m}] = \frac{P}{1000}[\text{m}]$

③ 속도 수두 : $H_v = \frac{v^2}{2g}[\text{m}]$

④ 운동 에너지 : $E_k = \frac{1}{2}mv^2[\text{kgm}]$

⑤ 위치 에너지 : $E_p = mgH[\text{kgm}]$

⑥ 총 수두 = $H_0 + H_p + H_v = H_0 + \frac{P}{1000} + \frac{v^2}{2g}[m]$

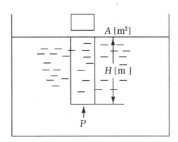

여기서, H : 어느 기준면에 대한 높이[m]

P : 압력의 세기(수압)[kg/m²]

w : 물의 단위 부피의 무게[kg/m³]

v : 유속[m/s], g : 중력 가속도로서 9.8[m/s²]

※ 운동 에너지 E_k = 위치 에너지 E_p 이므로 $H = \frac{v^2}{2g}[\text{m}]$

유속 $v = \sqrt{2gH}$ → $v \propto \sqrt{H}$

(3) 베르누이 정리

흐르는 물의 어느 곳에서도 위치 에너지, 압력 에너지, 속도 에너지의 합은 일정하다.
즉, 유체에 대한 에너지 보존의 법칙이 성립한다는 법칙

① 손실을 무시할 때 : $H_a + \dfrac{P_a}{w} + \dfrac{v_a^{\,2}}{2g} = H_b + \dfrac{P_b}{w} + \dfrac{v_b^{\,2}}{2g} = k\,(일정)$

　여기서, H_a : 위치 에너지, $\dfrac{P_a}{\omega}$: 압력 에너지, $\dfrac{v_a^2}{2g}$: 속도 에너지

② 손실 수두(h_{12})를 고려할 때 : $H_1 + \dfrac{P_1}{w} + \dfrac{v_1^{\,2}}{2g} = H_2 + \dfrac{P_2}{w} + \dfrac{v_2^{\,2}}{2g} + h_{12}$

(4) 연속의 원리

유체에 대한 질량 보존의 법칙이 성립한다는 것, 즉 임의의 점에서의 유량은 항상 일정하다.

그림에서 a, b 두 지점에 통과하는 물의 양은 항상 보존되어 같아야 한다.

$Q_1 = A_1 v_1\,[m^3/s],\; Q_2 = A_2 v_2\,[m^3/s] \quad \to \quad \therefore Q_1 = Q_2$

$Q_1 = Q_2 \quad \to \quad A_1 v_1 = A_2 v_2 = Q\,(일정)$

여기서, $A_1,\, A_2$: a, b점의 단면적$[m^2]$, $v_1,\, v_2$: a, b점의 유속$[m/s]$

(5) 물의 이론 분출 속도(v) (토리첼리의 정리)

수력 발전소에서 물의 속도를 구할 경우 사용되는 법칙

① 운동 에너지 E_k = 위치 에너지 E_p 이므로 $H = \dfrac{v^2}{2g}\,[m]$

② 물의 이론 분출속도 $v = \sqrt{2gH}\,[m/s]$

③ 물의 실제 유속 $v = k\sqrt{2gH}\,[m/s]$

　여기서, k : 유속 계수, g : 중력의 가속도$(9.8[m/s^2])$, H : 유효 낙차[m]

핵심기출　【기사】 10/2 18/1

그림과 같이 "수류가 고체에 둘러 쌓여 있고 A로부터 유입되는 수량과 B로부터 유출되는 수량이 같다"고 하는 이론은?

① 베르누이의 정리 　　　② 연속의 원리

③ 토리첼리의 정리 　　　④ 수두이론

정답 및 해설 [연속의 원리] $Q_1 = Q_2$, $A_1 v_1 = A_2 v_2$

　　　　$Q = Av\,[m^3/s] \to$ (A : 단면적$[m^2]$, v : 속도[m/s])　　　【정답】②

(1) 이론 수력과 발전소 출력

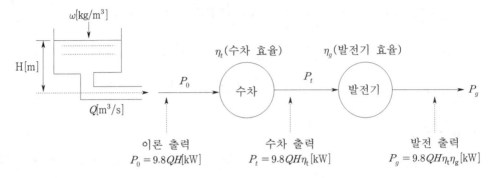

[수력 발전소의 출력 개념도]

① 이론적 출력 $P_0 = 9.8QH$ [kW]

② 수차 출력 $P_t = 9.8QH\eta_t$

③ 발전소 출력 $P_g = 9.8QH\eta_t\eta_g$[kW]

④ 발생 전력량 $W = P_g \times t = 9.8QH\eta_t\eta_g t$[kWh]

여기서, Q : 유량[m^3/s], H : 낙차[m], η_g : 발전기 효율, η_t : 수차의 효율

⑤ 발전소의 출력과 낙차와의 관계

속도 $v = \sqrt{2gH}$[m/s]

유량 $Q = A \cdot v$이므로 $Q \propto H^{\frac{1}{2}}$

∴ 발전소의 출력과 낙차와의 관계 $P = 9.8QH \propto H^{\frac{3}{2}}$ → (회전수 $N \propto H^{\frac{1}{2}}$)

발생 전기량 $W = P \times t[kWh] = 9.8QH\eta_t\eta_g t[kWh]$

※ 양수 발전기의 출력 $P = \dfrac{9.8QH_u}{\eta_p\eta_m}[kW]$

여기서, Q : 펌프의 양수량[m^3/s], H_u : 양정[m], η_p : 펌프의 효율, η_m : 전동기의 효율

(2) 조정지의 필수 저수 용량 (V)

$V = (Q_2 - Q_1)t \times 3600[m^3]$

여기서, Q_1 : 1일 평균 사용 유량[m^3], Q_2 : 첨두 부하 때의 사용 유량[m^3]

t : 첨두 무하 계속 시간[h]

03 유량과 낙차

(1) 강수량과 유량과의 관계

① 유출 계수(k) : 전 강우량에 대한 하천이나 하수관거에 유입하는 우수량의 비율

$k = \dfrac{전\,유출량}{전\,강수량}$ → (일반적으로 유출계수는 0.7 이다.)

② 연평균 유량 : $Q = k \times \dfrac{A \times 10^6 \times a \times 10^{-3}}{365 \times 24 \times 60 \times 60}$ [m³/s]

여기서, Q [m³/s] : 연평균 유량, A[km²] : 유역 면적, a[mm] : 강수량, k : 유출 계수

※하수관거 : 오수와 우수를 모아 하수처리장과 방류지역까지 운반하기 위한 배수관로

(2) 유량과 낙차와의 관계

① 유량과 낙차와의 관계 : $\dfrac{Q'}{Q} = \left(\dfrac{H'}{H}\right)^{\frac{1}{2}}$

② 속도와 낙차와의 관계 : $\dfrac{N'}{N} = \left(\dfrac{H'}{H}\right)^{\frac{1}{2}}$

여기서, $Q,\ Q'$: 유량, $N,\ N'$: 속도, $H,\ H'$: 낙차

(3) 유량의 종류

갈수량(갈수위)	365일 중 355일 이것보다 내려가지 않는 유량
평수량(평수위)	365일 중 185일은 이것보다 내려가지 않는 유량
저수량(저수위)	365일 중 275일은 이것보다 내려가지 않는 유량
풍수량(풍수위)	365일 중 95일은 이것보다 내려가지 않는 유량
고수량(고수위)	매년 1~2회 생기는 출수의 유량
홍수량(홍수위)	3~4년에 한 번 생기는 출수의 유량

(4) 유량 측정법

언측법	하천에 장벽 설치, 장벽을 넘을 때의 수위를 측정
유속계법	날개차를 유수로 회전시켜 회전속도로 유속을 구하는 것
부자 측정법	표류물을 띄워 일정한 거리의 유속을 측정
피토트관법	피토트관으로 속도수두를 구해 유속을 측정
벤투리관법	유체가 흐르는 관의 단면적이 좁아지면 압력이 낮아지는 효과

(5) 유량 도표

① 유량도 : 365일 동안 매일의 유량을 역일 순으로 기록한 것으로 종축에는 매일 매일의 유량, 수위, 기후를 취하여 이들의 점을 연결한 곡선

② 유황 곡선 : 횡축에 일수를, 종축에는 유량을 표시하고 유량이 많은 일수를 역순으로 차례로 배열하여 맺은 곡선으로 발전계획수립에 이용. 발전에 필요한 유량 Q는 CE가 되는데 이때 부족한 유량은 DEB가 된다.

저수지에는 DEB만큼의 물을 가두게 되는데 이때 저수지의 용량을 적산 유량 곡선으로 구한다.

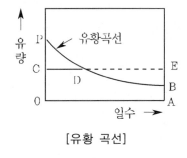

[유황 곡선]

③ 적산 유량 곡선 : 수력 발전소의 댐 설계 및 저수지 용량 등을 결정하는데 사용

④ 수위 유량 곡선 : 횡축에 유량, 종축에는 수위를 취하여 수위와 유량과의 관계를 표시한 곡선

(6) 낙차의 종류

① 총낙차 : 취수구의 수면 수위에서 방수면과의 고저차

② 유효 낙차 : 수차의 실제 낙차

       (총 낙차 − 손실낙차)

③ 손실 낙차 : 취수구에서 방수구까지의 손실낙차, 일반적으로 총 낙차의 5 ~ 10[%]

④ 정낙차 : 발전소의 모든 수차가 정지하고 있을 때의 상수조 수위와 방수로 시점의 수면 수위와의 고저차

⑤ 겉보기 낙차 : 발전소의 모든 수차가 운전하고 있을 때의 상수조 수위와 방수로 시점의 수면 수위와의 고저차

(7) 낙차를 얻는 방법

① 수로식 발전소 : 유량이 적고 낙차가 큰 곳

② 댐식 발전소 : 유량이 크고 낙차가 작은 곳

③ 댐수로식 발전소 : 유량이 크고 낙차가 큰 곳

④ 유역 변경식 발전소 : 자연 물 흐름 방향과 무관한 방향에 물을 끌어서 다른 하천의 유역에 방류하여 원하는 낙차를 얻는 방법

(8) 유량의 사용 방법에 의한 분류

① 자연 유입식 발전소 : 하천 유량을 조절함이 없이 그대로 발전에 이용하는 수력 발전소

② 조정지식 발전소 : 경부하 시에 물을 저장하였다가 단시간 피크 부하 시에 자연 유량 이상의 유량을 발전에 이용하는 수력 발전소

※역조정지 : 발전소 하류에 시설되는 조정지로서 조정지에 의해서 조성된(첨두부하 시) 변동 수량을 다시 원래의 자연 유량으로 환원시키기 위한 것

③ 저수지식 발전소 : 저수지를 갖는 발전소. 저수지에 홍수나 융설기의 물을 저장해 두고 이것을 갈수 시에 하천 지류로 보급하여 사용함으로써 하천수의 이용률을 높인다.

※저수식 발전소의 방수량은 하천 유량보다 많은 것이 일반적이기 때문에 <u>역조정지</u>를 만들어 조정함으로써 하류에 악영향을 미치지 않도록 해야 한다.

④ 양수식 발전소 : 심야의 잉여 전력을 이용하여 양수하여 첨두부하 시에 발전

핵심기출 【기사】 05/3 12/2 【산업기사】 09/3 15/1

유역 면적이 4000[km^2]인 어떤 발전 지점이 있다. 유역내의 연 강우량이 1400[mm]이고, 유출계수가 75[%]라고 하면 그 지점을 통과하는 연평균 유량은?

① 약 121[m^3/s]

② 약 133[m^3/s]

③ 약 251[m^3/s]

④ 약 150[m^3/s]

정답 및 해설 [연평균 유량] $Q = \dfrac{A\rho k \times 10^3}{365 \times 24 \times 60 \times 60}$ [m^2/s]

여기서, Q : 연간 평균유량[m^3/S], A : 하천의 유역면적[km^2], k : 유출계수, ρ : 연강수량[mm]

$Q = \dfrac{4000 \times 1400 \times 0.75 \times 10^3}{365 \times 24 \times 60 \times 60} = 133.18[m^3/sec]$

【정답】②

04 도수 설비

(1) 취수구

저수지, 하천 등에서 수로에 물을 취수하기 위하여 설치한 시설

취수구에 제수문을 설치해 취수량을 조절하고, 수압관 수리시 물의 유입을 단절한다.

(2) 수로

취수구에서 취수한 물을 상수조 또는 조압 수조까지 도수하는 공작물

(3) 조압 수조(surge tank)의 정의와 기능

① 정의

- 압력 수로와 수압관을 접속하는 장소에 자영 수면을 가진 일종의 물탱크
- 압력 수로인 경우에 시설
- 사용 유량의 급변으로 수격 작용을 흡수 완화하여 압력이 터널에 미치지 않도록 하여 수압관을 보호하는 안전장치
- 압력 수로의 수압관을 접속하는 장소에 시설하는 자유 수면을 가진 수조

② 기능

- 부하가 급격히 변화하였을 때 생기는 수격 작용을 흡수
- 수차의 사용 유량 변동에 의한 서징(surging) 작용을 흡수

③ 조압 수조의 종류

㉮ 단동 조압 수조 : 단면적이 큰 한 개의 종관으로 이루어진 것. 수압관의 수격파를 완전히 반사하여 수격압을 줄일 수 있지만 서징에 대한 억제기능이 없어 수면의 승강이 크고 진동을 길게 계속하게 된다.

㉯ 차동 조압 수조 : 서지가 빠르게 낮아지도록 라이저를 설치한 것으로 서징의 주기가 빠르다.

㉰ 수실 조압 수조 : 저수지 이용 수심이 크면 수실 조압 수조를 설치해서 수조의 높이를 낮추도록 한다.

※서징(surging) : 펌프 등을 포함하는 관로에서 주기적인 힘을 가하지 않는데도 토출 압력이 숨을 쉬며 진동, 소음 등이 발생하는 현상. 서징이 일어나면 펌프의 운전을 불안전하게 하여 위험을 초래하는 경우가 많다. 서징을 방지하기 위해서는 날개차, 안내 날개의 모양을 고려하고, 유량, 회전수를 적당히 바꾸어 서징점을 피해서 운전해야 하며, 관로의 도중에 있는 공기실의 용량, 관로 저항 등을 적당히 바꾸는 방법을 취할 필요가 있다.

【기사】 13/3 15/1   【산업기사】 06/2 06/3 13/1

조압수조(surge tank)의 설치 목적이 아닌 것은?

① 유량을 조절을 한다.

② 부하의 변동 시 생기는 수격 작용을 흡수한다.

③ 수격압이 압력 수로에 미치는 것을 방지한다.

④ 흡출관의 보호를 취한다.

정답 및 해설 [조압수조(surge tank)] 조압수조는 압력수로인 경우에 시설하는 것으로서 사용 유량의 급변으로 수격 작용을 흡수 완화하여 압력이 터널에 미치지 않도록 하여 수압관을 보호하는 안전 장치이다. 단동조압수조, 차동조압수조, 수실조압수조 등이 있다. 【정답】④

---

05 수차

(1) 수차의 종류

수차는 물이 가지고 있는 에너지를 이용하여 회전 운동 에너지로 변환하는 장치이다.

수차의 종류는 다음과 같다.

종류	유효 낙차[m]	형식 및 특징
펠톤 수차	고 낙차용 (300~1,800[m])	·충동 수차 ·비 속도가 낮아 고 낙차용으로 적합 ·마모 부분의 교체가 용이하다. ·사용 노즐 개수, 니들 밸브 조정으로 고효율 운전이 가능하다.
프란시스 수차	중 낙차용 (30~500[m])	·반동 수차 ·적용 낙차 범위가 넓다. ·구조가 간단하여 가격이 싸다. ·고 낙차 영역에서 펠턴 수차보다 소형으로 제작이 가능하다. ·양수 발전소의 펌프 수차로 쓰인다.
사류 수차	중 낙차용 (50~150[m])	·반동 수차 ·고 낙차에 따른 러너 날개에 작용하는 하중이 최소이다. ·변동 낙차에 대해 가동형 날개 조정으로 고효율 운전이 가능
프로펠러 수차	저 낙차 (10~50[m] 이하)	·반동 수차 ·비속도가 높아 저 낙차용이다. ·날개 분해가 가능하여 제작, 수송이 편리하다.
튜블러 수차	최저 낙차 (15[m] 이하)	·원통형 수차 ·조력 발전용으로 사용

【기사】 11/2 17/2

수력발전소에서 사용되는 수차 중 15[m] 이하의 저 낙차에 적합하여 조력 발전용으로 알맞은 수차는?

① 카플란 수차   ② 펠톤 수차

③ 프란시스 수차   ④ 튜블러 수차

정답 및 해설 [수차] 수력에서 15[m] 이하 저 낙차용으로는 튜블러(사류) 수차가 적당하다.
펠톤수차는 300[m] 이상 고 낙차용,
프란시스 수차는 중 낙차용   **【정답】** ④

(2) 수차 형식에 따른 종류

① 충동 수차

· 물의 위치 에너지를 속도 에너지로 변환하는 것과 같은 수차

· 고 낙차용 수차 (300~1800[m])

· 펠톤 수차

㉮ 디플렉터(Deflector : 전향 장치)

· 펠톤 수차에만 있으며 부하 급변 시 수입관의 압력 상승을 피하기 위하여 노즐(nozzle)에서 나오는 물방울을 다른 곳으로 돌리는 장치

· 수격작용을 방지한다.

㉯ 제압기 동작

· 부하 급변에 따른 수압관의 수압상승을 억제한다.

· 부하를 급히 감소 → 조속기가 물의 유입을 급격히 차단 → 수압관내의 수압이 상승

② 반동 수차

· 유수가 러너의 축방향으로 통과하는 수차

· 물의 위치 에너지를 속도 에너지와 압력 에너지로 변환한다.

· 중 낙차용 수차

· 프란시스 수차, 프로펠러 수차

※흡출관 : 반동 수차에만 설치, 유효 낙차를 늘리기 위한 것으로 수차 러너 (runner)의 출구로부터 방수면 까지의 접속관으로 최고 7~8[m]까지 늘일 수 있다.

③ 원통형 수차

· 횡축 또는 수평보다 약간 기운 사축으로 유수가 흐른 형식

· 수차와 발전기를 하나로 묶어서 원통형 케이싱에 설치됨

· 최저 낙차 (15[m] 이하)

· 튜블러 수차

(3) 캐비테이션 (cavitation : 공동 현상)

① 캐비테이션의 정의

수차를 돌리고 나온 물이 흡출관을 통과할 때 흡출관의 중심부에 진공 상태를 형성하는 현상

② 캐비테이션의 영향

· 수차의 효율, 출력, 낙차의 저하

· 유수에 접한 러너나 버킷 등에 침식 발생

· 수차의 진동으로 소음이 발생

· 흡출관 입구에서 수압의 변동이 현저해 짐

③ 캐비테이션의 방지책

· 흡출관의 높이를 낮게 한다.

· 수차의 특유 속도(비속도)를 작게 한다.

· 침식에 강한 금속 재료를 사용할 것

· 러너의 표면이 매끄러워야 한다.

· 수차의 과도한 부분 부하, 과부하 운전을 피할 것

· 캐비테이션 발생 부분에 공기를 넣어서 진공이 발생하지 않도록 할 것

(4) 조속기

수차의 속도를 일정하게 유지하면서 출력을 가감하기 위하여 수차의 입력, 즉 유량을 조절하는 장치 수차의 조속기가 예민하면 난조를 일으키기 쉽고 심하게 되면 탈조까지 일으킬 수 있다.

① 조속기의 구성 요소

평속기	수차의 회전속도 변화를 검출
배압 밸브	서브모터에 공급하는 압류를 적당한 방향으로 전환
서브 모터	유입 수량 조절
복원 기구	난조가 일어나는 것을 방지하기 위한 기구

② 조속기의 작동 순서

평속기→배압 밸브→서보 모터→복원 기구

③ 부동 시간 및 폐쇄 시간

부동 시간	수차의 부하가 변화한 순간부터 니들밸브 또는 안내날개가 움직이기 시작할 때까지의 시간 (일반적으로 0.2~ 0.5[s])
폐쇄 시간	·니들밸브 또는 안내날개가 움직이기 시작해서부터 완전히 폐쇄될 때까지의 시간 (일반적으로 1.5~5.5[s]) ·폐쇄 시간이 짧을수록 수차의 속도 변동률은 작아진다. ·폐쇄 시간이 길면 대응되는 속도 변화가 늦어 상승률이 증가하고 수추작용이 감소한다.

(5) 흡출관

반동 수차에 있어서, 임펠러 출구에서 방수로까지를 대기에 접촉하는 일 없이 연결하고 있는 관으로 관내의 압력은 대기압 이하가 되어 유효 수두를 증가시킨다.

러너 방수면과의 사이의 낙차를 유효하게 이용하는 것이 목적이다.

흡출고의 최고 한도는 7.5[m] 정도이다. 이 이상이 되면 캐비테이션을 일으킨다.

프로펠러수차, 카플란수차, 프란시스수차 등은 흡출관 필요, 펠턴수차는 흡출관이 없다.

핵심기출 【기사】 09/3 19/1
다음 중 수차의 캐비테이션의 방지책으로 옳지 않은 것은?

① 과부하 운전을 가능한 한 피한다.　　② 흡출 수두를 증대시킨다.

③ 수차의 비속도를 너무 크게 잡지 않는다.　④ 침식에 강한 금속재료로 러너를 제작한다.

정답 및 해설 [캐비테이션] 캐비테이션이란 수차를 돌리고 나온 물이 흡출관을 통과할 때 흡출관의 중심부에 진공 상태를 형성하는 현상이다.
② 흡출고를 너무 높게 잡지 말 것　　　　　　　　　　　　　　　　　【정답】 ②

---

(6) 수차의 특유속도(비교 회전수=비속도) (N_s)

① 특유 속도의 정의

특유 속도란 러너와 유수와의 상대적 속도이다.

낙차에서 단위 출력을 발생시키는데 필요한 1분 동안의 회전수

특유 속도(비속도) $N_s = \dfrac{N\sqrt{P}}{H^{\frac{5}{4}}}$[rpm]

여기서, N : 수차의 회전속도[rpm], P : 수차 출력[kW], H : 유효낙차[m]

② 각 수차의 특유 속도의 일반적인 범위

  ㉮ 펠턴 수차 : 13~21   ㉯ 프랜시스 수차 : 65~350

  ㉰ 프로펠라 수차 : 350~800   ㉱ 카플란 수차 : 350~800

  ㉲ 사류 수차 : 15~250

  ※ 수차의 특유속도 크기 : 펠턴수차 〈 프란시스수차 〈 카플란 수차

(7) 무구속 속도(runaway speed)

어떤 지정된 유효낙차에서 수차가 무부하로 운전할 때 생기는 최대 회전 속도

정격 회전수에 대한 백분율

종류	무구속 속도
펠톤 수차	$150{\sim}200[\%]$ $(12 \leq N_s \leq 21)$
프란시스 수차	$160{\sim}220[\%]$ $(N_s = \dfrac{13000}{H+20}+50)(=65{\sim}350[\mathrm{rpm}])$
프로펠러 수차	$200{\sim}250[\%]$ $(N_s = \dfrac{20000}{H+20}+50)$

핵심기출 【기사】 07/2

유효 낙차 90[m], 출력 103,000[kW], 비속도(특유 속도) 210[rpm]인 수차의 회전 속도는 약 몇 [rpm]인가?

① 150   ② 180   ③ 210   ④ 240

정답 및 해설 [특유 속도(비속도)] $N_s = N\dfrac{P^{\frac{1}{2}}}{H^{\frac{5}{4}}}$

수차의 회전수 $N = \dfrac{N_s H^{\frac{5}{4}}}{P^{\frac{1}{2}}} = \dfrac{210 \times 90^{\frac{5}{4}}}{\sqrt{103000}} = 210 \times \dfrac{277}{321} = 181.38 ≒ 180[rpm]$ 【정답】②

(8) 양수 발전소

낮에는 발전을 하고, 밤에는 원자력, 대용량 화력 발전소의 잉여 전력으로 필요한 물을 다시 상류 쪽으로 양수하여 발전하는 방식으로 잉여 전력의 효율적인 활용방법이다.

첨두 부하용으로 많이 쓰인다.

※첨두(피크) 부하 : 하루 중에서 가장 전기를 많이 쓰는 소비전력이 최대인 시간대의 부하

※특유 속도가 큰 수차일수록 경부하에서 효율의 저하가 심하다.

01 "흐르는 물의 어느 곳에서도 위치 에너지, 압력 에너지, 속도 에너지의 합은 일정하다"고 하는 이론은 (   )이다.

02 수력 발전소의 수압관에서 분출되는 물의 속도, 유속 $v = ($ $)$[m/s] 이다. 단, g : 중력의 가속도($9.8[m/s^2]$), H : 유효 낙차[m]이다.

03 하천의 수위 중에서 1년을 통하여 355일간 이보다 내려가지 않는 수위 때의 물의 양을 (   )이라고 한다.

04 수력 발전소의 댐 설계 및 저수지 용량 등을 결정하는데 가장 적합하게 사용되는 것은 (   )이다.

05 전력 계통의 경부하 시, 또는 다른 발전소의 발전 전력에 여유가 있을 때, 이 잉여 전력을 이용해서 전동기로 펌프를 돌려 물을 상부의 저수지에 저장하였다가 필요에 따라 수압관을 통하여 이 물을 이용해서 발전하는 발전소는 (   ).

06 수력발전 설비에 이용되는 차동 조압 수조의 특징 중 서지가 빠르게 낮아지도록 라이저를 설치한 것으로 서징의 주기가 빠른 조압 수조는 (   )이다.

07 수차의 조속기가 너무 예민하면 난조를 일으키기 쉽고 심하게 되면 (   )까지 일으킬 수 있다.

08 중 낙차(30~500[m]) 용으로 적용 낙차 범위가 넓고, 구조가 간단하여 가격이 저렴한 수차는 (   )이다.

09 반동 수차의 출구에서부터 방수로 수면까지 연결하는 관으로 낙차를 유용하게 이용(낙차를 늘리기 위해)하기 위해 사용 것은 (   )이다.

10 수차를 돌리고 나온 물이 흡출관을 통과할 때 흡출관의 중심부에 진공상태를 형성하는 현상을 (   )이라고 한다.

11 수차의 속도를 일정하게 유지하면서 출력을 가감하기 위하여 수차의 입력, 즉 유량을 조절하는 장치는 (   )이다.

12 수차의 특유속도를 나타내는 식 $N_s = ($ $)$[rpm] 이다. 단, N : 정격 회전수[rpm], H : 유효낙차[m], P : 유효낙차 H[m]에서의 최대출력[kW]이다.

13 특유 속도가 가장 작은 수차는 (   )이다.

정답

(1) 베르누이의 정리	(2) $\sqrt{2gH}$	(3) 갈수량
(4) 적산 유량 곡선	(5) 양수식 발전소	(6) 차동 조합 수조
(7) 탈조	(8) 프란시스 수차	(9) 흡출관
(10) 케비테이션	(11) 조속기	(12) $\dfrac{N\sqrt{P}}{H^{\frac{5}{4}}}$
(13) 펠턴 수차		

적중 예상문제

1. 유효낙차 H[m]인 펠톤 수차의 노즐로부터 분출하는 물의 속도는? (단, g는 중력가속도 이다.)

① $\sqrt{gH}$[m/s] ② $\sqrt{2gH}$[m/s]

③ $\dfrac{H}{2g}$[m/s] ④ $\sqrt{\dfrac{H}{2g}}$[m/s]

|정|답|및|해|설|

[속도수두] $H=\dfrac{v^2}{2g}$[m]

여기서, H : 높이, v : 속도, g : 중력가속도
$v=\sqrt{2gH}$[m/s] 【정답】②

2. 유효낙차 500[m]인 충동수차의 노즐(Nozzle)에서 분출되는 유수의 이론적인 분출속도는 약 몇 [m/sec]인가?

① 50 ② 70

③ 80 ④ 100

|정|답|및|해|설|

[속도(유속)] $v=\sqrt{2gH}$[m/s]
$v=\sqrt{2\times9.8\times500}$ =100[m/s]

【정답】④

3. 유효낙차 400[m]의 수력 발전소가 있다. 펠턴 수차의 노즐에서 분출하는 물의 속도를 이론값의 0.95배로 한다면 물의 분출속도는 몇 [m/sec]인가?

① 42 ② 59.5

③ 62.6 ④ 84.1

|정|답|및|해|설|

[물의 실제 분출속도(유속)] $v=k\sqrt{2gH}$[m/s]
$v=0.95\sqrt{2\times9.8\times400}$ =84.1[m/s]

【정답】④

4. 유효낙차 100[m], 최대 사용 수량 20[㎥/s], 설비 이용률 70[%]의 수력 발전소의 연간 발전량은 대략 얼마인가?

① 25×10^6[kWh] ② 50×10^6[kWh]

③ 120×10^6[kWh] ④ 200×10^6[kWh]

|정|답|및|해|설|

[발전소의 출력] $P=9.8QH[kW]$
(Q : 유량[m^3/s], H : 낙차[m])
연간 발생 전력량 $W=P\cdot t=P\times365\times24$[kWh]
$W=9.8\times20\times100\times0.7\times365\times24=120\times10^6$[kWh]

【정답】③

5. 유역 면적 365[km^2]의 발전 지점에서 연 강수량이 2400[mm]일 때 강수량의 $\dfrac{1}{3}$이 이용된다면 연평균 수량은?

① 5.26[㎥/s] ② 7.26[㎥/s]

③ 9.26[㎥/s] ④ 11.26[㎥/s]

|정|답|및|해|설|

[연평균 강수량] $Q_0=\dfrac{b\times\dfrac{a}{1000}\times k}{365\times24\times60\times60}$ [m^3/s]

(a : 강수량, b : 유역면적[km], k : 유출계수)

$Q_0=\dfrac{365\times10^6\times\dfrac{2400}{1000}\times\dfrac{1}{3}}{365\times24\times60\times60}=9.26$ [m^3/s]

【정답】③

6. 유효낙차 100[m], 최대유량 20[㎥/sec]의 수차에서 낙차가 81[m]로 감소하면 유량은 몇 [㎥/sec]가 되겠는가? (단, 수차 안내 날개의 열림은 불변이라고 한다.)

① 15   ② 18

③ 24   ④ 30

|정|답|및|해|설|

[낙차 변화 시 유량과의 관계] $\dfrac{H'}{H} = \left(\dfrac{Q'}{Q}\right)^{\frac{1}{2}}$

$\therefore Q' = Q \times \sqrt{\dfrac{H'}{H}} = 20 \times \sqrt{\dfrac{81}{100}} = 18[m^3/s]$

【정답】②

7. 유효낙차 150[m], 최대출력 250,000[kW]의 수력 발전소의 최대 사용 수량은 약 몇 [㎥/sec]인가? (단, 수차의 효율은 90[%], 발전기의 효율은 98[%]이다.)

① 236   ② 193

③ 182   ④ 173

|정|답|및|해|설|

[발전기 출력] $P = 9.8QH\eta[\mathrm{kW}]$

$Q = \dfrac{P}{9.8H\eta} = \dfrac{250000}{9.8 \times 150 \times 0.9 \times 0.98} = 192.8[m^3/s]$

【정답】②

8. 출력 2000[kW]의 수력 발전소를 설치하는 경유 유효 낙차를 15[m]라고 하면 사용 수량은 몇 [m^3/s]가 되는가? (단, 수차효율 86[%], 발전기효 96[%]이다.)

① 6.5   ② 11

③ 16.5   ④ 26.5

|정|답|및|해|설|

[발전기 출력] $P = 9.8QH\eta[\mathrm{kW}]$에서

$Q = \dfrac{P}{9.8H\eta} = \dfrac{2000}{9.8 \times 15 \times 0.86 \times 0.96} = 16.47[m^3/s]$

【정답】③

9. 유효 저수량 200000[㎥], 평균 유효낙차 100[m], 발전기 출력 7500[kW]이다. 1대를 운전할 경우 몇 시간 정도 발전할 수 있는가? (단, 발전기 및 수차의 합성효율은 85[%]이다.)

① 4[h]   ② 5[h]

③ 6[h]   ④ 7[h]

|정|답|및|해|설|

[발전기 출력] $P = 9.8QH\eta[\mathrm{kW}]$

유량의 단위가 $[m^3/S]$이므로

$7500 \times 1 = \dfrac{9.8 \times 200000}{T \times 3600} \times 100 \times 0.85$

$\therefore T = \dfrac{9.8 \times 200000 \times 100 \times 0.85}{7500 \times 3600} ≒ 6.2[h]$

【정답】③

10. 수압관 안의 1점에서 흐르는 물의 압력을 측정한 결과 7[kg/cm²]이고, 유속을 측정한 결과 49[m/sec]이었다. 그 점에서의 압력수두는 몇 [m]인가?

① 30   ② 50

③ 70   ④ 90

|정|답|및|해|설|

[압력 수두] $H_p = \dfrac{P}{w}[\mathrm{m}] = \dfrac{P}{1000}[\mathrm{m}]$

$H = \dfrac{7[kg/cm^2]}{1000} = \dfrac{7[kg/10^{-4}m^2]}{1000} = 7 \times 10 = 70[m]$

【정답】③

11. 수력 발전소에서 유효 낙차 30[m], 유역 면적 8000[㎢], 연간 강우량1500[mm], 유출계수 70[%]일 때 연간 발생 전력량은 몇 [kWh]인가? (단, 수차 발전기의 종합 효율은 85[%]이다.)

① 5.83×10^5 ② 5.83×10^8

③ 6.73×10^5 ④ 6.73×10^8

|정|답|및|해|설|

[발생 전력량] $W = P_g \times t = 9.8QH\eta_t\,\eta_g\,t\,[\text{kWh}]$

[연평균 유량] $Q = k \times \dfrac{A \times 10^6 \times a \times 10^{-3}}{365 \times 24 \times 60 \times 60}\,[\text{m}^3/\text{s}]$

여기서, Q [m³/s] : 연평균 유량, A[㎢] : 유역 면적

a[mm] : 강수량, k : 유출 계수

$W = 9.8\dfrac{8000 \times 10^6 \times \frac{1500}{1000} \times 0.7}{365 \times 24 \times 60 \times 60} \times 30 \times 0.85 = 5.83 \times 10^8$

【정답】②

12. 낙차 290[m], 회전수 500[rpm]인 수차를 225[m]의 낙차에서 사용할 때의 회전수는 얼마로 하면 적당한가?

① 400[rpm] ② 440[rpm]

③ 480[rpm] ④ 520[rpm]

|정|답|및|해|설|

[낙차변화에 따른 회전수와의 관계] $\dfrac{N'}{N} = \left(\dfrac{H'}{H}\right)^{\frac{1}{2}}$

$N' = N \times \sqrt{\dfrac{H'}{H}} = 500 \times \sqrt{\dfrac{225}{290}} = 440[\text{rpm}]$

【정답】②

13. 유역면적 5,000[㎢]인 어떤 발전 지점이 있다. 유역내의 연 강우량 1,200[mm], 유출계수 70[%]라고 하면 그 지점을 통과하는 연 평균 유량은 몇 [m³/s]인가?

① 113.2 ② 121.2

③ 128.2 ④ 133.2

|정|답|및|해|설|

[연평균 유량] $Q = k \times \dfrac{A \times 10^6 \times a \times 10^{-3}}{365 \times 24 \times 60 \times 60}\,[\text{m}^3/\text{s}]$

여기서, Q [m³/s] : 연평균 유량, A[km²] : 유역 면적

a[mm] : 강수량, k : 유출 계수

$Q = \dfrac{5000 \times 10^6 \times 1200 \times 10^{-3} \times 0.7}{365 \times 24 \times 60 \times 60} = 133.2[\text{m}^3/\text{s}]$

【정답】④

14. 댐 이외에 하천 하류의 구배를 이용할 수 있도록 수로를 설치하여 낙차를 얻는 발전 방식은?

① 유역 변경식 ② 댐식

③ 수로식 ④ 댐 수로식

|정|답|및|해|설|

[낙차를 얻는 방법] 낙차를 얻는 방법에 따라 발전소를 나누면, 댐식, 댐 수로식, 수로식, 유역 변경식이 있는데 수로를 통해 낙차를 얻는 발전소는 수로식 발전소이다.

【정답】③

15. 유역면적 550[㎢]인 어떤 하천이 있다. 1년간 강수량이 1,500[mm]로 증발, 침투 등의 손실을 30[%]라고 할 때, 강수량을 평균 유량의 $\dfrac{1}{5}$ 이라고 가정하면 이 하천의 강수량은 몇 [m³/s]가 되겠는가?

① 3.66 ② 6.66

③ 15.69 ④ 18.32

|정|답|및|해|설|

[연평균 유량] $Q = k \times \dfrac{A \times 10^6 \times a \times 10^{-3}}{365 \times 24 \times 60 \times 60}\,[\text{m}^3/\text{s}]$

여기서, Q [m³/s] : 연평균 유량, A[km²] : 유역 면적

a[mm] : 강수량, k : 유출 계수

$Q_0 = \dfrac{550 \times 10^6 \times 1500 \times 10^{-3} \times (1 - 0.3)}{365 \times 24 \times 60 \times 60} = 18.3$

∴ 강수량 $= 18.3 \times \dfrac{1}{5} = 3.66[\text{m}^3/\text{s}]$

【정답】①

16. 유효낙차가 20[%] 저하하고 수차의 효율은 10[%] 저하되었을 때 출력은 약 몇 [%] 감소하는가? 단, 개도 및 그 외는 불변이다.

① 35 ② 46

③ 53 ④ 65

|정|답|및|해|설|

[발전소의 출력] $P = 9.8QH\eta \propto QH\eta$

출력과 낙차와의 관계가 $P \propto H^{\frac{3}{2}}$ 이므로 H가 20[%], η가 [10%] 저하되었을 때의 출력 P'

$$P' = (0.8H)^{\frac{3}{2}} \times 0.9\eta$$

$$\therefore \frac{P'}{P} = \frac{(0.8H)^{\frac{3}{2}} \times 0.9\eta}{H^{\frac{3}{2}} \cdot \eta} = 0.18^{\frac{3}{2}} \times 0.9 = 0.65$$

【정답】④

17. 유효낙차 150[m] 정도의 양수 발전소의 펌프 수차로 쓰이는 수차의 형식은?

① 펠턴 수차 ② 프란시스 수차

③ 프로펠러 수차 ④ 카플란 수차

|정|답|및|해|설|

[수차의 유효낙차]
① 펠턴 수차 : 350[mm] 이상
② 프란시스 수차 : 30 ~ 400[m] 정도
③ 프로펠러 카플란 : 30[m] 이하

【정답】②

18. 수차의 종류를 적용낙차가 높은 것으로부터 낮은 순서로 나열한 것은?

① 프란시스 – 펠턴 – 프로펠러

② 펠턴 – 프란시스 – 프로펠러

③ 프란시스 – 프로펠러 – 펠턴

④ 프로펠러 – 펠턴 - 프란시스

|정|답|및|해|설|

[수차의 유효낙차]
① 펠턴 수차 : 350[mm] 이상
② 프란시스 수차 : 30 ~ 400[m] 정도
③ 프로펠러 카플란 : 30[m] 이하

【정답】②

19. 평균 유효낙차 46[m], 평균 사용 수량 5.5[㎥/s]이고, 유효 저수 43,000[㎥]의 조정지를 가진 수력 발전소가 그림과 같은 부하 곡선으로 운전할 때 첨두 출력 발전량은 얼마인가? (단, 수차 및 발전기의 종합 효율은 80[%]이다.)

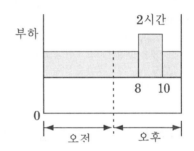

① 4523[kW] ② 4137[kW]

③ 4120[kW] ④ 4225[kW]

|정|답|및|해|설|

출력 $P_1 = 9.8QH = 9.8 \times 5.5 \times 46 \times 0.8 = 1983.5$

첨두부하 시 증가 유량 $Q = \dfrac{43000}{2 \times 3600} = 5.972$

이때 출력 $P_2 = 9.8 \times 5972 \times 46 \times 0.8 = 2153.7$

첨두 출력 $P_0 = P_1 + P_2 = 1983.5 + 2153.7 = 4137.2[kW]$

【정답】②

20. 최근 건설되는 대용량 수력발전소의 수차효율을 측정하는 경우 가장 적당한 수량 측정 방법은?

① 언측법 ② 유속계법

③ 부자법 ④ 깁슨법

[유량 측정법]
·유속계법 : 대유량 측정
·부자 측정법 : 홍수 시 유량 측정
·염수 속도법 : 수압관 유량 측정
·언측법 : 하천 장벽을 설치하고 장벽을 넘을 때의 수위 측정
·깁슨법 : 수압관 내의 유량을 측정하는 방법으로 흐르는 물의 속도를 수압 변화로 변환하여 측정

【정답】②

21. 소하천 등의 적은 유량을 측정하는 방법으로 가장 적합한 것은?

① 언측법　　　　② 유속계법

③ 부자법　　　　④ 염수 속도법

[언측법 (Weir Method)] 하천의 지름을 가로질러 장벽을 설치하고 물이 이것을 넘을 때의 수위를 측정

【정답】①

22. 유속계로 하천의 유속을 측정할 때 2점법으로 재어지는 것은 수심의 몇 [%] 점인가?

① 5[%]와 35[%]　　② 40[%]와 60[%]

③ 20[%]와 80[%]　　④ 30[%]와 80[%]

보통 수심 60[%]인 곳의 유속이 평균 유속이다. 따라서 1점법으로 측정하는 경우에는 수심 60[%]인 곳의 유속만 측정하면 되고 2점법인 경우 수심 20[%]와 80[%]인 곳의 유속을 측정하여 그 평균을 평균 유속으로 한다.

【정답】③

23. 수차의 특유 속도 (specific speed) 공식은?
(단 유효낙차를 H, 출력을 P, 회전수를 N, 특유속도를 N_s라 한다.)

① $N_s = N\dfrac{P^{\frac{1}{2}}}{H^{\frac{5}{4}}}$　　② $N_s = \dfrac{H^{\frac{5}{4}}}{NP}$

③ $N_s = N\dfrac{P^{\frac{1}{4}}}{N^{\frac{5}{4}}}$　　④ $N_s = \dfrac{NP^2}{H^{\frac{5}{4}}}$

[수차의 특유 속도] 러너와 유수와의 상대속도

$$N_S = N\dfrac{P^{\frac{1}{2}}}{N^{\frac{5}{4}}} = N\dfrac{\sqrt{P}}{N^{\frac{5}{4}}}\,[\text{rpm}]$$

【정답】①

24. 수차의 유효 낙차와 안내 날개, 그리고 노즐의 열린 정도를 일정하게 하여 놓은 상태에서 조속기가 동작하지 않게 하고, 전부하 정격 속도로 운전 중에 무부하로 하였을 경우에 도달하는 최고 속도를 무엇이라고 하는가?

① 특유 속도 (specific speed)

② 동기 속도 (synchronous speed)

③ 무구속 속도 (runaway speed)

④ 임펄스 속도 (impulse speed)

수차는 무구속 속도에서 견디는 강도로 설계한다.

【정답】③

25. 유효낙차 81[m], 출력 10,000[kW], 특유속도 164[rpm]인 수차의 회전 속도는 약 몇 [rpm]인가?

① 185　　　　② 215

③ 350　　　　④ 400

[특유속도]　$N_s = N\dfrac{P^{\frac{1}{2}}}{H^{\frac{5}{4}}}$

$$N = \dfrac{N_s N^{\frac{5}{4}}}{P^{\frac{1}{2}}} = \dfrac{164 \times 81^{\frac{5}{4}}}{10000^{\frac{1}{2}}} = 400[\text{rpm}] \;=\; 400[\text{rpm}]$$

【정답】④

26. 특유 속도가 큰 수차일수록 옳은 것은?

① 낮은 부하에서 효율의 저하가 심하다.

② 낮은 낙차에서는 사용할 수 없다.

③ 회전자의 주변 속도가 작아진다.

④ 회전수가 커진다.

|정|답|및|해|설|
[특유속도] 특유속도가 크면 효율이 높다. 그러나 경부하에서 효율의 저하가 심해진다. 【정답】①

27. 수력 발전소에서 특유속도가 가장 높은 수차는?

① Pelton 수차

② Propeller 수차

③ Francis 수차

④ 모든 수차의 특유속도는 동일하다.

|정|답|및|해|설|
[각종 수차의 특유 속도]
· 펠턴 수차 : 12~13
· 프란시스 수차 : 65~350
· 사류 수차 : 150~250
· 프로펠러 수차 : 350~800
【정답】②

28. 관로의 유속 측정에 사용하는 피토우관에서 두 관의 수면의 차는?

① 유속에 비례한다.

② 유속의 $\frac{3}{2}$ 에 비례한다.

③ 유속의 제곱에 비례한다.

④ 유속의 평방근에 비례한다.

|정|답|및|해|설|
[유속] $v = \sqrt{2gh} \;\; \rightarrow \;\; h = \frac{V^2}{2g} \rightarrow (v \propto \sqrt{h})$
【정답】④

29. 특유속도가 높다는 것은?

① 수치의 실제의 회전수가 높다는 것이다.

② 유수에 대한 수차 러너의 상대속도가 빠르다는 것이다.

③ 유수의 유속이 빠르다는 것이다.

④ 속도 변동률이 높다는 것이다.

|정|답|및|해|설|
[특유 속도] 특유 속도가 높다는 것은 유수에 대한 러너의 상대 속도가 높다는 것을 뜻한다.

$$N_s = \frac{P^{\frac{1}{2}}}{N^{\frac{5}{4}}}[rpm]$$
【정답】②

30. 수력 발전소에서 갈수량이란?

① 1년(365일간) 중 355일간은 이보다 낮아지지 않는 유량

② 1년(365일간) 중 275일간은 이보다 낮아지지 않는 유량

③ 1년(365일간) 중 185일간은 이보다 낮아지지 않는 유량

④ 1년(365일간) 중 95일간은 이보다 낮아지지 않는 유량

|정|답|및|해|설|
[갈수량] 유량의 표현에서 갈수량은 355일, 저수량은 275일, 평수량은 185일, 풍수량은 95일 보다 낮아지지 않는 유량을 나타낸다.
【정답】①

31. 그림과 같은 유황 곡선을 가진 수력 지점에서 최대 사용 수량 OC로 1년간 계속 발전하는데 필요한 저수지의 용량은?

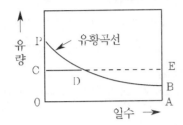

① 면적 OCPBA   ② 면적 OPDEBA

③ 면적 DEB   ④ 면적 PCD

|정|답|및|해|설|

[유황 곡선] 유황곡선을 발전계획을 수립하기 위한 자료이다. 연간 일정유량 Q로서 발전해야 하므로 DEB 면적만큼 저수량이 필요하다. 【정답】③

32. 취수구에 제수문을 설치하는 목적은?

① 모래를 걸러낸다.   ② 낙차를 높인다.

③ 홍수위를 낮춘다.   ④ 유량을 조절한다.

|정|답|및|해|설|

[취수구] 취수구에는 제수문과 제진 장치가 있다. 이때 제수문은 유량 조절장치이고 제진장치는 부유를 제거하는 장치이다. 【정답】④

33. 수압 관로의 평균 유속을 v[m/s], 관의 지름을 D[m], 사용 유량을 Q[㎥/s]로 하면 Q를 구하는 식은?

① $Q = \dfrac{4}{\pi} D^2 v$ ② $Q = \dfrac{\pi}{4} D^2 v$

③ $Q = 4\pi Dv$ ④ $Q = 4\pi D^2 v$

|정|답|및|해|설|

[유량] $Q = Av [m^3/s]$

$\therefore Q = \dfrac{\pi}{4} D^2 v [m^3/s]$ 【정답】②

34. 저수지의 이용수심이 클 때 사용하면 유리한 조압수조는 어느 것인가?

① 차동 조압수조   ② 단동 조압수조

③ 수실 조압수조   ④ 제수공 조압수조

|정|답|및|해|설|

[조압 수조] 수실식 조압수조는 수심이 깊은 곳에 사용되는 조압 수조이다. 【정답】③

35. 조압수조(서지 탱크)의 설치 목적은?

① 조속기의 보호   ② 수차의 보호

③ 여수의 처리   ④ 수압관의 보호

|정|답|및|해|설|

[조압수조(서지 탱크)] 조압수조는 부하의 급격한 변동에 의한 수격작용을 방지하여 수압관을 보호하는 수조이다. 【정답】④

36. 회전속도의 변화에 따라서 자동적으로 유량을 가감하는 장치를 무엇이라 하는가?

① 공기 예열기   ② 과열기

③ 여자기   ④ 조속기

|정|답|및|해|설|

[조속기] 조속기는 평속기가 속도 변화를 감지하면 그에 따라 유량을 자동적으로 조정하는 장치이다. 【정답】④

37. 수차의 조속기가 너무 예민하면?

① 탈조를 일으키게 된다.

② 수압 상승률이 크게 된다.

③ 속도 변동률이 작게 된다.

④ 전압 변동이 작게 된다.

|정|답|및|해|설|
[조속기] 조속기가 예민하면 <u>난조</u>를 일으키기 쉽고 심하게 되면 <u>탈조</u>까지 일으킬 수 있다. 【정답】 ①

38. 조속기의 폐쇄 시간이 짧을수록 옳은 것은?

① 수압관 내의 수압 상승률은 작아진다.
② 수격 작용은 작아진다.
③ 발전기의 전압 상승률은 커진다.
④ 수차의 속도 변동률은 작아진다.

|정|답|및|해|설|
[조속기] 조속기의 폐쇄시간을 짧게 하면 속도 변동률이 작아진다. 【정답】 ④

39. 수차의 조속기 시험을 할 때 폐쇄시간이 길게 되도록 조속기의 기구를 조정하여 부하를 차단하면 수차는?

① 회전속도의 상승률이 증가하고 수추작용이 감소한다.
② 회전속도의 상승률이 증가하고 수추작용도 증가한다.
③ 회전속도의 상승률이 감소하고 수추작용도 감소한다.
④ 회전속도의 상승률이 감소하고 수추작용도 증가한다.

|정|답|및|해|설|
[조속기] 조속기의 <u>폐쇄시간이 길면</u> 대응되는 속도 변화가 늦어 상승률이 증가하고 <u>수추작용이 감소</u>한다. 【정답】 ①

40. 수차 발전기에 제동 권선을 장치하는 목적은?

① 정지시간 단축
② 발전기 안정도의 증진
③ 회전력의 증가
④ 과부하 내량이 증대

|정|답|및|해|설|
수차 발전기의 제동권선은 <u>난조 현상을 방지</u>하여 안정도를 증진시킨다. 【정답】 ②

41. 흡출관이 필요하지 않는 수차는?

① 펠톤 수차　　　② 프란시스 수차
③ 카플란 수차　　④ 사류 수차

|정|답|및|해|설|
[흡출관] 반동수차에는 반드시 흡출관이 있어야 하고 충동수차에는 없다. 충동수차에는 가장 대표적인 수차가 펠턴 수차이다. 【정답】 ①

42. 수력 발전소의 수차 발전기를 정지시키도록 다음과 같은 동작을 하였다. 동작 순서가 옳은 것은?

> ① 주 밸브(Main Valve)를 닫음과 동시에 모든 수문을 닫는다.
> ② 여자기의 여자 전압을 내려 발전기의 전압을 내린다.
> ③ 주 개폐기를 열어 무부하로 한다.
> ④ 조속기의 유압 조정 장치를 핸들에 옮겨 니들밸브 또는 가이드 밸브를 닫아 수차를 정지시키고 곧 주 밸브를 닫는다.

① ① - ② - ③ - ④
② ④ - ③ - ② - ①
③ ② - ④ - ① - ③
④ ③ - ② - ④ - ①

|정|답|및|해|설|
정지 시에는 무부하로 만들고나서 전압을 내리고 수차를 정지시킨다. 【정답】 ④

43. 양수 발전의 목적은?

① 연간 발전량[kWh]의 증가

② 연간 평균 발전 출력[kW]의 증가

③ 연간 발전 비용[원]의 감소

④ 연간 수력 발전량[kWh]의 증가

|정|답|및|해|설|⎯⎯⎯⎯⎯⎯⎯⎯⎯⎯⎯

[양수식 발전소] 양수식 발전소(펌프식 발전소)는 심야 경부하시 잉여 전력을 이용해 펌프를 운전시켜 하부에 유량을 상부로 양수했다가 첨두부하 시 발전하는 발전소이다.

【정답】③

44. 전력계통의 경부하시 또는 다른 발전소의 발전 전력에 여유가 있을 때, 이 잉여 전력을 이용해서 전동기로 펌프를 돌려 물을 상부의 저수지에 저장하였다가 필요에 따라 이 물을 이용해서 발전하는 발전소는?

① 조력 발전소

② 양수식 발전소

③ 유역 변경식 발전소

④ 수로식 발전소

|정|답|및|해|설|⎯⎯⎯⎯⎯⎯⎯⎯⎯⎯⎯

[양수식 발전소] 양수식 발전소(펌프식 발전소)는 심야 경부하시 잉여 전력을 이용해 펌프를 운전시켜 하부에 유량을 상부로 양수했다가 첨두부하 시 발전하는 발전소이다.

【정답】②

화력발전

01 열 및 열역학 이론

(1) 열역학 이론

① 열역학 제1법칙 : 어떤 고립된 계의 총 내부 에너지는 일정하다는 법칙이다. 즉, 에너지 보존의 법칙을 설명하는 열역학 법칙이다.

열역학 계의 내부 에너지 변화가 계에 가해진 열과 계가 주변에 한 일 사이의 차와 같다.

열역학 제1법칙은 $dQ = dU + dW$

여기서, dQ : 공기 덩이의 열량, dW : 공기 덩이의 한 일, dU : 내부 에너지의 변화량

② 열역학 제2법칙 : 열의 이동을 설명하는 법칙으로 다른 두 물체를 접촉시켰을 때 열은 고온의 물체에서 저온의 물체로 이동이 가능하지만 반대로 저온에서 고온으로의 열이동은 불가능하다는 것이다. 즉, 고립계에서 총 엔트로피의 변화는 항상 증가하거나 일정하며 감소하지 않는다.

(2) 열량의 단위

① 1[kcal] : 1[kg]의 물을 1[℃] 상승시키는데 필요한 열량

- 1[kWh] = 860[kcal]
- 1[kcal] = 4.1862[kJ]
- 1[Kcal] = 3.968[BUT]
- 1[BTU] = 0.252[Kcal]

② 1[BTU] : 1[pound]의 물을 1[℉] 상승시키는데 필요한 열량

- 1[BTU] = 0.252[Kcal]

(3) 압력

① 절대압=대기압+게이지압

② 1기압=760[mmHg]=1.033[kg/cm^2]

③ 절대압 $P = 1.033 \times \dfrac{P_a - P_0}{760}[kg/cm^2]$

여기서, P_0 : 진공도[mmHg], P_a : 대기압[mmHg], P : 절대압[kg/cm^2]

(4) 섭씨 온도(℃)와 화씨 온도(℉)와의 관계

① $t[℃] = \dfrac{5}{9} \cdot (℉ - 32)$

② $t[℉] = \dfrac{9}{5} \cdot t[℃] + 32$

(5) 증기의 성질

① 증기의 상태 변화 (1[kg]의 물)

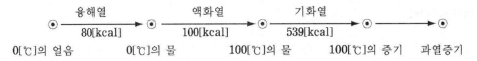

② 엔탈피(entalpy)

· 증기 및 물이 보유하고 있는 전 열량

· 증기 1[kg]의 보유 열량[kcal/kg]

· 포화증기 엔탈피＝액체열＋증발열

· 과열증기 엔탈피 ＝ 액체열 ＋ 증발열 ＋ (평균비열×과열도)

③ 엔트로피(entropy) : 증기 1[kg]의 증발열을 절대 온도로 나눈 것 [kcal/kg˚K]

④ 증발열(heat of evaporation) :

· 포화 온도의 물을 포화 증기로 하는데 필요한 열량

· 1기압 100[℃]에서의 증발열은 539[kcal/kg]

---

02 화력발전소 열 사이클의 종류

(1) 기력 발전기의 구성

증기를 작동 유체로 사용하는 증기 터빈, 증기기관 등에서 발전기를 운전하여 발전하는 화력 발전소의 대표적인 방식

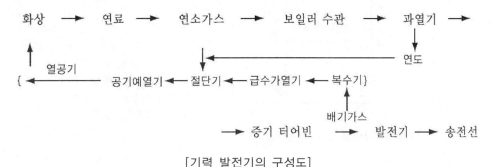

[기력 발전기의 구성도]

(2) 기력 발전소의 기본 사이클

절탄기 → 보일러 → 과열기 → 터빈 → 복수기

① 절탄기 : 보일러 급수를 예열

② 공기 예열기 : 연소용 공기를 예열

③ 재열기 : 터빈에서 팽창한 증기를 다시 가열

④ 과열기 : 포화증기를 가열

⑤ 복수기 : 기력 발전소의 증기 터빈에서 배출되는 증기를 물로 냉각하여 증기터빈의 열효율을 높이기 위한 설비

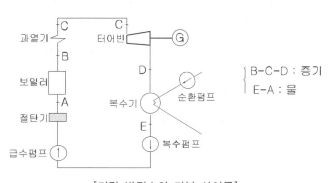

[기력 발전소의 기본 사이클]

B-C-D : 증기
E-A : 물

핵심기출 【기사】 11/3 【산업기사】 10/3 19/2

화력발전소의 기본 사이클의 순서가 옳은 것은?

① 급수펌프→보일러→과열기→터빈→복수기→다시 급수펌프로

② 과열기→보일러→복수기→터빈→급수펌프→측열기→다시 과열기로

③ 급수펌프→보일러→터빈→과열기→복수기→다시 급수펌프로

④ 보일러→급수펌프→과열기→복수기→급수펌프→다시 보일러로

정답 및 해설 [화력 발전소의 기본 사이클] 보일러 → 과열기 → 터빈 → 복수기 → 급수펌프 → 다시 보일러로
【정답】 ①

(3) 화력 발전소의 열사이클

① 카르노 사이클 (Carnot Cycle)

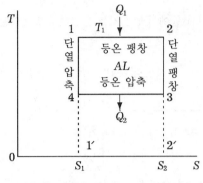

[카르노 사이클의 T–S 선도]

$1 \rightarrow 2$: 등온 팽창
$2 \rightarrow 3$: 단열 팽창,
$3 \rightarrow 4$: 등온 압축
$4 \rightarrow 1$: 단열 압축

·두 개의 등온 변화와 두 개의 단일 변화로 이루어진다.

·가장 효율이 좋은 이상적인 사이클

㉮ 등온 팽창 : 온도 T_2의 고열원으로 부터 열량 Q_1을 얻어 온도 T_2를 유지하면서 팽창한다.

㉯ 단열 팽창 : 열 절연된 상태에서의 팽창으로서 이 사이에 온도는 T_2으로부터 T_1으로 올라간다.

㉰ 등온 압축 : 온도 T_1의 저열원으로 부터 열량 Q_2를 방출하여 온도 T_1을 유지하면서 압축한다.

㉱ 단열 압축 : 단열상태에서 압축되어 온도는 T_1으로부터 T_2으로 올라간다.

㉲ 카르노 사이클의 열효율 $\eta = 1 - \dfrac{Q_2}{Q_1} = 1 - \dfrac{T_2}{T_1}$

여기서, Q_1 : 면적 1, 2, S_2, S_1, Q_2 : 면적 4, 3, S_2, S_1

핵심기출 【기사】 17/1

어떤 화력 발전소의 증기조건이 고온원 540[℃], 저온원 30[℃]일 때 이 온도 간에서 움직이는 카르노 사이클의 이론 열효율[%]은?

① 85.2　　　　② 80.5　　　　③ 75.3　　　　④ 62.7

정답 및 해설 [카르노사이클의 열효율] $\eta = \left(1 - \dfrac{Q_2}{Q_1}\right) \times 100 = \left(1 - \dfrac{T_2}{T_1}\right) \times 100[\%]$

여기서, T_1(고온원) = 273 + 540 = 813[K], T_2(저온원) = 273 + 30 = 303

$\eta = \left(1 - \dfrac{T_2}{T_1}\right) \times 100 = \left(1 - \dfrac{303}{813}\right) \times 100 = 62.73[\%]$　　　　【정답】④

② 랭킨 사이클(Rankine Cycle)

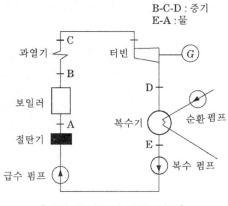

B-C-D : 증기
E-A : 물

[랭킨 사이클의 장치 선도]

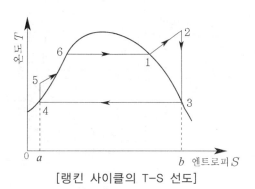

[랭킨 사이클의 T-S 선도]

·증기를 작업 유체로 사용하는 기력 발전소의 가장 기본적인 사이클이다.

·카르노 사이클을 증기 원동기에 적합하도록 개량한 것이다.

·화력 발전소 열 사이클 중에서 열효율이 최저이다.

·급수 펌프 → 보일러 → 과열기 → 터빈 → 복수기 → 다시 보일러로

※랭킨 사이클의 행정

① 1→2 : 과열기(등압 과열) ② 2→3 : 증기 터빈(단열 팽창)

③ 3→4 : 복수기(등온 압축) ④ 4→5 : 급수 펌프(단열 압축)

⑤ 5→6 : 보일러(등압 가열) ⑥ 6→1 : 보일러(등압 팽창)

핵심기출 【기사】 07/3

그림은 랭킨 사이클을 나타내는 T-S(온도-엔트로피)선도이다. 여기에서 $A_2 - B$의 과정은 화력발전소의 어떤 과정에 해당되는가?

① 급수 펌프 내의 등적 단열 압축

② 보일러 내에서의 등압 가열

③ 보일러 내에서의 증기의 등압 등온 수열

④ 급수 펌프에 의한 단열 팽창

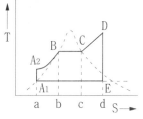

정답 및 해설 [랭킨 사이클 T-S선도] $A_1 \rightarrow A_2$: 급수 펌프에 의한 등적 단열 압축

$A_2 \rightarrow B$: 보일러 내에서의 등압 가열

$B \rightarrow C$: 보일러 내에서의 건조 포화 증기의 등온 등압 수열

$C \rightarrow D$: 과열기 내에서의 건조 포화 증기의 등압 과열

$D \rightarrow E$: 터빈 내의 단열 팽창

$E \rightarrow A_2$: 복수기 내의 터빈 배기의 등온 등압 응결

【정답】②

③ 재생 사이클

증기 터빈에서 팽창 도중에 있는 증기를 일부 추기하여 급수가열에 이용한 열 사이클

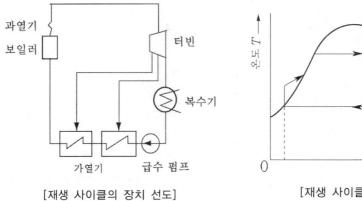

[재생 사이클의 장치 선도]

[재생 사이클의 T-S 선도]

핵심기출

【산업기사】 06/3 07/1 11/1 16/2

그림과 같은 열사이클의 명칭은?

① 랭킨사이클

② 재생사이클

③ 재열사이클

④ 재생재열사이클

정답 및 해설 [재생 사이클의 장치 선도] ·재생 사이클 : 급수 가열,
·재열 사이클 : 증기 가열

【정답】②

④ 재열 사이클

·어느 압력까지 터빈에서 팽창한 증기를 보일러에 되돌려 재열기로 적당한 온도까지 재 과열시킨
다음 다시 터빈에 보내서 팽창한 열 사이클

·재열 증기는 온도가 높기 때문에 재열 사이클을 채용하면 사이클의 열효율 향상시킬 수 있다.

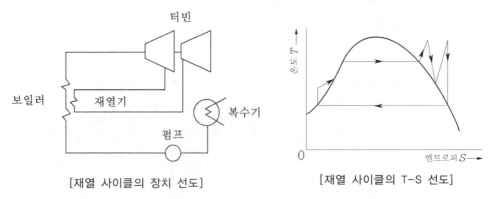

[재열 사이클의 장치 선도]

[재열 사이클의 T-S 선도]

※과열도 : 과열증기의 온도와 그 압력에 상당한 포화증기의 온도와의 차

【기사】 08/1

기력 발전소의 열 사이클 중 재열 사이클에서 재열기로 가열하는 것은?

① 증기   ② 공기

③ 급수   ④ 석탄

정답 및 해설 [재열기] 터빈에서 팽창한 증기를 다시 가열   【정답】①

⑤ 재생 재열 사이클

· 재생 사이클과 재열 사이클을 겸용하여 사이클의 효율을 향상시킨다.

· 화력 발전소에서 실현할 수 있는 가장 효율이 좋은 사이클이다.

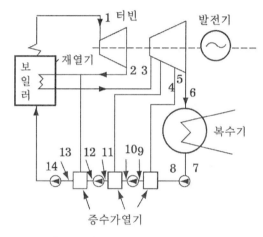

[재열 재생 사이클의 장치 선도]

【기사】 15/3

일반적으로 화력발전소에서 적용하고 있는 열사이클 중 가장 열효율이 좋은 것은?

① 재생사이클   ② 랭킨사이클

③ 재열사이클   ④ 재열 재생사이클

정답 및 해설 [재생 재열사이클] 재생 사이클과 재열 사이클을 겸용하여 전 사이클의 효율을 향상시킨 사이클을 재생 재열 사이클이라고 한다. 재열 사이클은 터빈의 내부 손실을 경감시켜서 효율을 높이는 것을 주목적으로 하며, 재생 사이클은 열효율을 열역학적으로 증진시키는 것을 주목적으로 한다. 따라서, 재생 재열 사이클을 채택하는 것이 열효율 향상에 가장 효과가 좋다.   【정답】④

03 화력발전소의 열효율

(1) 화력발전의 열효율 (η)

$$\eta = \frac{860 \cdot W}{mH} \times 100 [\%]$$

여기서, W : 발전 전력량[kWh], m : 연료 소비량[kg], H : 연료의 발열량[kcal/kg]

(2) 터빈의 열효율

$$\eta_T = \frac{860P}{G(i-i_e)\eta_g} \times 100 [\%]$$

여기서, P : 터빈 축단 출력 [kW], G : 유입증기량[kg/h], i : 터빈 입구의 증기엔탈피[kcal/kg]

i_e : 복수기 진공까지 팽창한 상태에서의 증기엔탈피[kcal/kg], η_T : 터빈효율, η_g : 발전기효율

(3) 화력 발전소의 열효율 향상 대책

· 복수기의 진공도를 높인다.   · 고압, 고온의 증기를 사용한다.

· 재열 재생 사이클을 채용한다.   · 연소 가스의 열손실 감소 장치 설치

핵심기출 【기사】 08/1 08/2 09/1 10/2 13/1 15/2

어느 기력 발전소에서 40000[kWh]를 발전하는데 발열량 860[kcal/kg]의 석탄이 60톤 사용된다. 이 발전소의 열효율은 약 몇 [%]인가?

① 56.7[%]   ② 66.7[%]   ③ 76.7[%]   ④ 86.7[%]

정답 및 해설 [화력 발전소의 열효율] $\eta = \dfrac{860 \cdot W}{mH} \times 100 [\%]$

여기서, W : 발전 전력량[kWh], m : 연료 소비량[kg], H : 연료의 발열량[kcal/kg]

$\eta = \dfrac{40000 \times 860}{860 \times 60 \times 10^3} = 66.7 [\%]$

【정답】②

---

04 화력발전소의 보일러 및 부속 설비

(1) 과열기

보일러에서 발생한 포화증기를 가열하여 증기 터빈에 과열증기를 공급하는 장치

① 과열증기를 쓰는 이유

· 터빈 열효율을 증대   · 터빈 마찰손실을 적게 한다.

· 터빈 날개부분 부식작용을 경감한다.   · 증기의 비체적이 적다.

(2) 절탄기(가열기)

보일러 급수를 보일러로부터 나오는 연도 폐기 가스로 예열하는 장치로 연도 내에 설치
폐기 가스의 열 손실이 감소, 연료 절약 및 보일러 효율을 높일 수 있다.

(3) 재열기

터빈에서 팽창하여 포화 온도에 가깝게 된 증기를 추기하여 다시 보일러에서 처음의 과열 온도에
가깝게까지 온도를 올린다.

(4) 공기 예열기

연도에서 배출되는 연소가스가 갖는 열량을 회수하여 연소용 공기의 온도를 높인다.

(5) 복수기

터빈 중의 열 강하를 크게 함으로써 증기의 보유 열량을 가능한 많이 이용하려고 하는 장치
열손실이 가장 크다(약 50[%]).
부속 설비로 냉각수 순환 펌프, 복수펌프 및 추기 펌프 등이 있다.

(6) 급수 펌프

급수를 보일러에 보내기 위하여 사용된다.
단열 압축이 행해진다.
왕복펌프, 원심력 펌프 등이 사용된다.

(7) 집진기

연도로 배출되는 분진을 수거하기 위한 설비로 기계식과 전기식이 있다.
① 기계식 : 원심력 이용(사이클론 식)
② 전기식 : 코로나 방전 이용(코트렐 방식)

[스케일] 보일러 급수 중에 함유되어 있는 칼륨, 마그네슘 등의 탄산염, 유산염 등 불순물
은 수관 벽에 스케일을 생성시켜 물에 대한 열의 전도를 저해한다.
[포밍] 보일러 드럼의 수면에 발생하는 거품의 발생 속도가 소멸 속도보다 빠른 경우에는 다량
의 거품이 수면을 덮어서 증발 작용을 방해한다. 이 현상을 포밍이라고 한다.
[플라이밍] 드럼에서 증기와 물의 분리가 잘 안 되어 증기 속에 수분이 섞여서 같이 끓는 현상을
프라이밍이라고 한다.

05 기타 발전

(1) MHD(Magneto-hydrodynamic) 발전

유체 도체에 있어서의 전자 유도 작용을 이용한 발전 방식을 총칭하여 MHD 발전이라고 한다.

MHD 발전은 페러데이(Faraday)의 전자 감응 원리를 이용한 것으로서 도전성 유체의 통로를 싸고, 자장을 두면 유체의 흐름과 자속의 양자에 직각 방향으로 기전력이 발생한다.

$$P = VI = KB^2 v^2$$

여기서, K : 상수(기체의 도전율에 비례), v : 기계의 유속, B : 자속 밀도

(2) 조력 발전

바닷물의 밀물과 썰물에 의해서 생기는 간만의 차를 이용하여 전기에너지를 얻는 방법

단원 핵심 체크

01 전력량을 열량으로 환산하면 1[[kWh]=( )[kcal]이다.

02 온도에 있어서 물 또는 증기 1[kg]이 보유한 열량[kcal/kg](액체열과 증발열의 함)을 증기의 ( )라고 한다.

03 재열기는 고압 터빈에서 팽창하여 낮아진 ( )를 다시 보일러에 보내어 재가열 하는 것이다.

04 터빈 중의 열 강하를 크게 함으로써 증기의 보유 열량을 가능한 많이 이용하려고 하는 장치는 ( )로 열손실이 가장 크다.

05 화력발전소의 기본 랭킨 사이클은 급수 펌프 → 보일러 → ( ) → 터빈 → 복수기 → 다시 보일러로

06 증기를 작업 유체로 사용하는 기력 발전소의 가장 기본적인 사이클로 화력 발전소 열 사이클 중에서 열효율이 최저인 것은 ( ) 사이클이다.

07 기력 발전소의 열 사이클 중 가장 기본적인 것으로 두 개의 등압 변화와 두 개의 단열 변화로 되는 열 사이클은 ( ) 사이클로 열 사이클 중 가장 열효율이 좋다.

08 발전기 출력 $P_g[\text{kW}]$, 연료 소비량 $B[\text{kg}]$, 연료 발열량 $H[\text{kcal/kg}]$ 일 때 이 화력 발전소의 열효율 $\eta = ($)[%] 이다.

09 화력 발전소에서 보일러에 공급되는 급수를 예열하는 장치는 (   ) 이다.

10 터빈 중의 열 강하를 크게 함으로써 증기의 보유 열량을 가능한 많이 이용하려고 하며 열손실이 가장 큰 장치는 (   ) 이다.

정답

(1) 860	(2) 엔탈피	(3) 증기
(4) 복수기	(5) 과열기	(6) 랭킨
(7) 재생 재열	(8) $\dfrac{860P_g}{B \cdot H} \times 100$	(9) 절탄기
(10) 복수기		

1. 1[BTU]는 몇 [cal]인가?

① 250   ② 252

③ 242   ④ 232

|정|답|및|해|설|

[BTU] 1[pound]의 물을 1[°F] 상승시키는데 필요한 열량 1[BTU] =252[cal]이다.   【정답】②

2. 증기의 엔탈피란?

① 증기 1[kg]의 잠열

② 증기 1[kg]의 보유 열량

② 증기 1[kg]의 기화 열량

④ 증기 1[kg]의 증발열을 그 온도로 나눈 것

|정|답|및|해|설|

[엔탈피] 앤탈피란 액체열과 증발열의 합을 의미하며 증기 1[kg]의 전 보유 열량을 나타낸다.

   【정답】②

3. 과열도란 무엇인가?

① 포화수가 과열수에서 상승한 온도

② 과열 증기의 온도

③ 과열 증기의 온도와 그 압력에 상당한 포화 증기의 온도와의 비율

④ 과열 증기의 온도와 그 압력에 상당한 포화 증기의 온도와의 차

|정|답|및|해|설|

[과열도] 과열 증기의 온도와 그 압력에 상당한 포화 증기의 온도의 차를 말한다.   【정답】④

4. 화력발전소에 있어 급수 및 증기의 흐르는 계통을 순서대로 나열하면?

① 급수가열기 → 절탄기 → 과열기 → 터빈 → 복수기

② 절탄기 → 과열기 → 급수가열기 → 터빈 → 복수기

③ 과열기 → 절탄기 → 급수가열기 → 터빈 → 복수기

④ 급수가열기 → 과열기 → 절탄기 → 터빈 → 복수기

|정|답|및|해|설|

[화력발전소의 기본 사이클] 절탄기로 예열된 급수는 보일러에 공급되고, 보일러에서 증기 발생, 과열기를 통한 과열 증기가 터빈에 공급된다.

터어빈을 돌리고 나온 증기(폐기)는 다시 복수기를 거쳐 복수되어 절탄기를 통해서 다시 보일러에 공급된다.

   【정답】①

5. 기력 발전의 기본 열 사이클인 랭킨 사이클에서 단열압축 과정이 행하여지는 기기의 명칭은?

① 보일러   ② 터빈

③ 복수기   ④ 급수 펌프

|정|답|및|해|설|

·터빈 : 단열평형 보일러, 등온가열

·급수 펌프 : 단열 압축   【정답】④

6. 그림은 랭킨 사이클의 T−S선도이다. 이 중 보일러 내의 등온 팽창을 나타내는 부분은?

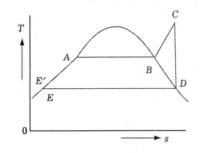

① A − B
② B − C
③ C − D
④ D − E

|정|답|및|해|설|

[랭킨 사이클]
① $A - B$: 보일러에서 일어나는 잠열 과정으로 등온가열 과정이다.
② $B - C$: 과열기에서 일어나는 등적가열로 온도와 압력이 증가한다.
③ $C - D$: 터빈에서 일어나는 단열 팽창 과정이다.
④ $E - E'$: 급수 펌프에서 일어나는 단열 수축 과정이다.
【정답】①

7. 급수의 엔탈피 130[kcal/kg], 보일러 출구 과열증기 엔탈피 830[kcal/kg], 터빈 배기 엔탈피 550[kcal/kg]인 랭킨 사이클의 열 사이클 효율은?

① 0.2
② 0.4
③ 0.6
④ 0.8

|정|답|및|해|설|

[열 사이클 효율] $\eta = \dfrac{H}{i_1 - i_2}$

여기서, i_1 : 터빈입구의 증기 엔탈피, i_2 : 복수기 엔탈피
H : 증기 열량
$$\therefore \eta = \frac{830 - 550}{830 - 130} = 0.4$$
【정답】②

8. 터빈 팽창의 중간에서 일단 증기를 전부 추출하는 것은?

① 랭킨 사이클
② 재생 사이클
③ 이중 사이클
④ 재열 사이클

|정|답|및|해|설|

[재열 사이클] 터빈에서 증기를 전부 추출하여 보일러의 재열기로 재가열하여 터빈에 공급하는 사이클은 재열 사이클이다.
【정답】④

9. 가장 열효율이 좋은 사이클은?

① 랭킨 사이클
② 우드 사이클
③ 카르노 사이클
④ 재생, 재열 사이클

|정|답|및|해|설|

[열효율 향상 대책]
① 진공도를 향상시킨다.
② 과열 증기를 사용한다.
③ 재생 재열 사이클을 채용한다.
④ 연소 가스의 열손실 감소 장치 설치
【정답】④

10. 그림과 같은 열 사이클은?

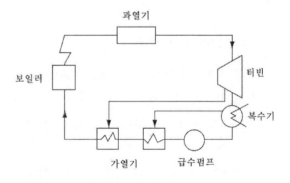

① 재열 사이클
② 재생 사이클
③ 재생, 재열 사이클
④ 기본 사이클

|정|답|및|해|설|

[재생 사이클] 터어빈에서의 증기의 팽창 중단에서 증기의 일부를 추출하여 급수 가열에 이용하는 것을 재생 사이클이라 한다.　　　　　　　　　　　　　　　【정답】②

11. 랭킨 사이클이 취하는 급수 및 증기의 올바른 순환 과정은?

① → 등압가열 → 단열팽창 → 등압냉각 → 단열압축 →

② → 단열팽창 → 등압가열 → 단열압축 → 등압냉각 →

③ → 등압가열 → 단열압축 → 단열팽창 → 등압냉각 →

④ → 등온가열 → 단열팽창 → 등온압축 → 단열압축 →

|정|답|및|해|설|

[랭킨 사이클] 보일러에서 등압 가열, 터빈에서 단열 팽창, 복수기에서 등압 냉각, 급수 펌프에서 단열 압축한다.
　　　　　　　　　　　　　　　【정답】①

12. 보일러 절탄기의 용도는?

① 증기를 과열한다.

② 공기를 예열한다.

③ 보일러 급수를 데운다.

④ 석탄을 건조한다.

|정|답|및|해|설|

[절탄기] 절탄기는 여열을 이용하여 보일러에 급수를 가열하므로 연료를 절약하는 장치이다.　　　　【정답】③

13. 기력 발전소의 ABC라 함은?

① 보일러의 자동 제어 장치

② 발전기의 냉각 장치

③ 연소의 자동 제어 장치

④ 급수의 자동 제어 장치

|정|답|및|해|설|

[기력발전소의 자동 제어장치]
·급수제어(F. W. C)
·증기온도제어(S. T. C)
·자동연소제어(A. C. C)
·보일러자동제어(A. B. C)
　　　　　　　　　　　　　　　【정답】①

14. 기력 발전소에서 포밍의 원인은?

① 과열기의 손상　　② 냉각수의 부족

③ 급수의 불순물　　④ 기압의 과대

|정|답|및|해|설|

[포밍] 불순물에 의해 거품이 생기는 현상
※스케일 현상 : 보일러의 급수에 포함되어 있는 알루미늄, 나트륨 등의 염류가 굳어서 되는 것으로 관석이라고도 부르고 있다. 또한 스케일은 내벽에 부착되어 보일러 열전도와 물의 순환을 방해하며 내면의 수관벽을 과열시켜 파손이 되도록 하는 원인이 되기도 한다.
　　　　　　　　　　　　　　　【정답】③

15. 기력 발전소의 연소효율을 높이는 다음 방법 중 미분탄 연소 발전소에서는 하지 않아도 되는 방법은?

① 공기 예열기로 2차 연소용 공기의 온도를 올린다.

② 수냉벽을 사용한다.

③ 재생, 재열 사이클을 채용한다.

④ 절탄기로 급수를 가열한다.

|정|답|및|해|설|

[기력 발전소의 연소 효율을 높이는 방법] 미분탄 연소 발전소에서는 재생, 재열 사이클을 사용하지 않는다.
　　　　　　　　　　　　　　　【정답】③

16. 보일러 급수 중에 포함되어 있는 염류가 보일러 물이 증발함에 따라 그 농도가 증가되어 용해도가 작은 것부터 차례로 침전하여 보일러의 내벽에 부착되는 것을 무엇이라 하는가?

① 플라이밍(Priming)

② 포밍(Forming)

③ 캐리오버(Carry Over)

④ 스케일(Scale)

|정|답|및|해|설|

[스케일] 보일러 급수 중에 함유되어 있는 칼륨, 마그네슘 등의 탄산염, 유산염 등 불순물은 수관 벽에 스케일을 생성시켜 물에 대한 열의 전도를 저해한다.

[포밍] 보일러 드럼의 수면에 발생하는 거품의 발생 속도가 소멸 속도보다 빠른 경우에는 다량의 거품이 수면을 덮어서 증발 작용을 방해한다. 이 현상을 포밍이라고 한다.

[플라이밍] 드럼에서 증기와 물의 분리가 잘 안 되어 증기 속에 수분이 섞여서 같이 끓는 현상을 플라이밍이라고 한다.

【정답】 ④

17. 최대 전력 5000[kW], 일부하율 60[%]로 운전하는 화력 발전소가 있다. 5000[cal/kg]의 석탄을 4300[t]을 사용하여 50일간 운전하면 발전소의 종합 효율은 몇 [%]인가?

① 14.4

② 20.4

③ 30.4

④ 40.4

|정|답|및|해|설|

[발전소의 효율] $\eta = \dfrac{860\,W}{mH} \times 100[\%]$

여기서, W : 발전 전력량[kWh], m : 연료 소비량[kg]
H : 연료의 발열량[kcal/kg]

$\eta = \dfrac{860 \times 5000 \times 0.6 \times 24 \times 50}{4300 \times 10^3 \times 5000} \times 100 = 14.4[\%]$

【정답】 ①

18. 어떤 발전소에서 발열량 5000[kcal/kg]의 석탄 10[ton]을 사용히여 20000[kWh]의 전력을 발생하였을 경우 이 발전소의 열효율은 몇 [%]인가?

① 39.4

② 36.4

③ 34.4

④ 29.4

|정|답|및|해|설|

[발전소의 효율] $\eta = \dfrac{860\,W}{mH} \times 100$

$\eta = \dfrac{860 \times 20000}{10 \times 10^3 \times 5000} \times 100 = 34.3[\%]$

【정답】 ③

19. 출력 66000[kW]의 화력 발전소에서 발열량 5300[kcal/kg]의 석탄을 시간당 32[ton]의 비율로 소비하고 있으며, 이때 소내 소비율을 6[%]라 하면 이 발전소의 송전단 발전 효율은 약 몇 [%]인가?

① 36.6

② 32.9

③ 31.5

④ 27.6

|정|답|및|해|설|

[발전소의 효율] $\eta = \dfrac{860\,W}{mH} \times 100$

$\eta = \dfrac{860 \times 6600 \times (1 + 0.06)}{32 \times 10^3 \times 5300} \times 100 = 31.5[\%]$

【정답】 ③

20. 평균 발열량 6000[kcal/kg]의 석탄을 사용하여 종합 열효율 30[%]를 얻는 기력 발전소의 발생 총 전력량이 18억[kWh]라면, 여기에 필요한 석탄량은 몇 [ton]이 되겠는가?

① 770,000

② 860,000

③ 7,700,000

④ 8,600,000

[발전소의 효율] $\eta = \dfrac{860\,W}{mH} \times 100$

석탄량 $m = \dfrac{860\,W}{\eta H} \times 100$

$= \dfrac{860 \times 1800000000}{30 \times 6000} \times 100 \times 10^{-3} = 860000\,[\text{t}]$

【정답】②

21. 최대출력 350[MW], 평균 부하율 80[%]로 운전되고 있는 기력발전소의 10일간 중유 소비량이 $1.6 \times 10^4\,[kl]$라고 하면 발전단에서의 열효율은 몇 [%]인가? 단, 중유의 열량은 $10000[kcal/l]$이다.

① 35.3   ② 36.1

③ 37.8   ④ 39.2

|정|답|및|해|설|

[발전소의 효율] $\eta = \dfrac{860\,W}{mH} \times 100$

$\eta = \dfrac{860 \times 0.8 \times 10 \times 24 \times 350}{1.6 \times 10^4 \times 10000 \times 10^3} \times 100 = 36.1[\%]$

【정답】②

22. 터빈 발전기의 과속도시의 보호를 위해 비상 조속기를 설치한다. 정격 회전수의 몇 [%]에서 동작하는가?

① 정격 회전수보다 5[%] 과속되었을 때

② 정격 회전수보다 10[%] 과속 시에

③ 정격 회전수의 120[%]에

④ 정격 회전수의 125[%]에

|정|답|및|해|설|

비상 조속기를 동작시키는 증기 터빈의 속도를 비상 속도라 하며 그 값은 정격 속도의 10[%]이다.

【정답】②

23. 가스 터빈의 장점이 아닌 것은?

① 소형 경량으로 건설비가 싸고 유지비가 적다.

② 기동시간이 짧고 부하의 급변에도 잘 견딘다.

③ 냉각수를 다량으로 필요로 하지 않는다.

④ 열효율이 높다.

|정|답|및|해|설|

[가스터빈 발전기의 특징]

·기동 시간이 짧다.

·운전, 조작이 쉽다.

·부하 변동에 쉽게 응할 수 있다.

·첨두부하용이다.   【정답】④

24. 가스 터빈의 특징을 증기 터빈과 비교하였을 때 옳지 않은 것은?

① 기동시간이 짧다.

② 조작이 간단하므로 침두부하 발전에 적당하다.

③ 무부하일 때 연료의 소비량이 적게 든다.

④ 냉각수가 비교적 적게 든다.

|정|답|및|해|설|

[가스 터빈의 단점]

·사용 연료의 제한

·무부하시 연료소비량이 많다.

·소음이 크고, 단위 용량이 적다

【정답】③

25. 발전소 원동기로서 가스 터빈의 특징을 증기 터빈과 내연기관에 비교하면?

① 평균효율이 증기 터빈에 비하여 대단히 낮다.

② 기동시간이 짧고 조작이 간단하므로 첨두 부하에 발전이 적당하다.

③ 냉각수가 비교적 많이 든다.

④ 설비가 복잡하며, 건설비 및 유지비가 많고 보수가 어렵다.

|정|답|및|해|설|

[가스 터빈을 증기 터빈과 비교하면 장점]
·장치가 소형 경량으로 건설 및 유지비가 적다.
·냉각수량이 적고 시동 정지 시간이 짧다.

[단점]
·사용 연료의 제한
·무부하시 연료 소비량이 많다.
·소음이 크고 단위 용량이 적다.
·압축 장치에 의한 손실이 크다.

【정답】②

26. MHD 발전이란?

① 수차 직결 유도 발전기에 의한 발전 방식이다.

② 2종 도체의 접점 간에 온도차가 생겼을 때 기전력이 발생되는 발전 방식이다.

③ 열음극으로부터의 열전자 방출에 의한 발전 방식이다.

④ 도전성 유체와 자장의 상호 작용에 의한 직접 발전 방식이다.

|정|답|및|해|설|

[MHD 발전] MHD 발전은 페러데이의 전자 감응 원리를 이용한 것으로 도전성 유체의 통로를 싸고 자장을 두면 유체의 흐름과 저속의 양자에 직각 방향으로 <u>기전력이 발생하는 원리를 이용</u>했다.

【정답】④

원자력발전

01 원자력 발전의 기본 원리

(1) 원자력 발전의 개요

원자력이란 일반적으로 무거운 원자핵이 핵분열하여 가벼운 핵으로 바뀌면서 발생하는 핵분열 에너지를 이용하는 것이다.

원자로에서 발생한 열을 냉각재로 빼내어 열교환기에 전달하고 그 열을 이용하여 발생한 증기로 터빈을 운전하여 발전한다.

① 동위 원소 : 원자 번호는 같고 질량이 다른 것

② 질량수 A = 양자수 Z(=전자 수= 원자번호) + 중성자 수

③ 중성자 수 = A − Z

④ 원자핵 = 양자 + 중성자

(2) 원자력 에너지

① 핵분열 에너지 : 질량수가 큰 원자핵(예 $_{92}U^{35}$)이 핵분열을 일으킬 때 방출하는 에너지

② 핵융합 에너지 : 질량수가 작은 원자핵 2개가 1개의 원자핵으로 융합될 때 방출하는 에너지

(3) 원자력 발전의 특징

① 장점

・화력 발전에 비해 연료비가 적다.

・대기, 수질, 토양 오염이 없는 깨끗한 에너지이다.

・연료의 수송과 저장이 용이하다.

・핵연료의 허용 온도와 열 전달 특성 등에 의해서 증발 조건이 결정되므로 비교적 저온, 저압의 증기로 운전 된다.

② 단점

・화력 발전에 비해 건설비가 비싸다.

・핵분열 생성물에 의한 방사선 장해와 방사선 폐기물이 발생하므로 방사선 측정기, 폐기물 처리장치 등이 필요하다.

(4) 증배율 (4인자 공식)

원자로의 배율 $k = k_\infty = \eta \epsilon p f$

여기서, η : 1개의 중성자가 $_{92}U^{235}$에 흡수될 때마다 발생하는 고속 중성자의 수

ϵ : 고속 중성자의 핵분열 효과, p : 공명 흡수되지 않을 확률, f : 열중성자 이용률

핵심기출 【기사】07/1 17/1

다음 (㉮), (㉯), (㉰)에 알맞은 것은?

원자력이란 일반적으로 무거운 원자핵이 핵분열하여 가벼운 핵으로 바뀌면서 발생하는 핵분열 에너지를 이용하는 것이고, (㉮)발전은 가벼운 원자핵을(과) (㉯)하여 무거운 핵으로 바꾸면서 (㉰) 전후의 질량결손에 해당하는 방출에너지를 이용하는 방식이다.

① ㉮ 원자핵 융합 ㉯ 융합 ㉰ 결합   ② ㉮ 핵결합   ㉯ 반응 ㉰ 융합

③ ㉮ 핵융합   ㉯ 융합 ㉰ 핵반응   ④ ㉮ 핵반응   ㉯ 반응 ㉰ 결합

정답 및 해설 [원자력 에너지]
① 핵분열 에너지 : 질량수가 큰 원자핵(가령 $_{92}U^{35}$)이 핵분열을 일으킬 때 방출하는 에너지
② 핵융합 에너지 : 질량수가 작은 원자핵 2개가 1개의 원자핵으로 융합될 때 방출하는 에너지

【정답】③

---

02 원자로 구성 및 각 구성 요소의 기능

(1) 원자로의 구성

원자로는 일반적으로 노심, 핵연료, 감속재, 냉각재, 반사체, 제어봉, 차폐재로 구성되어 있다. 원자로의 심장부에 해당하는 노심은 핵연료와 고속 중성자를 열중성자로 감속시키기 위한 감속재, 발생된 열을 제거하는 냉각재 등으로 구성된다.

(2) 원자로 각 구성 요소의 기능

① 노심 : 핵 분열이 진행되고 있는 부분

※원자로의 보이드(void)계수 : 노심 내의 증기량이 1[%] 변화할 때의 반응도 변화로 표시된다.

② 냉각재 : 원자로 속에서 발생한 열에너지를 외부로 배출시키기 위한 열매체로 재료로는 흑연(C), 경수(H_2O), 중수(D_2O) 등이 사용된다.

·열전도율이 클 것   ·중성자 흡수가 적을 것

・비등점이 높을 것 　　　　　　　・열용량이 큰 것

・방사능을 띠기 어려울 것

③ 제어봉 : 원자로내의 중성자를 흡수되는 비율을 제어하는 역할, 재료로는 중성자 흡수가 큰 물질인 카드늄(Cd), 붕소(B), 하프늄(Hf) 등이 사용된다.

④ 감속재 : 원자로 안에서 핵분열의 연쇄 반응이 계속되도록 연료체의 핵분열에서 방출되는 고속 중성자를 열중성자의 단계까지 감속시키는 데 쓰는 물질, 재료로는 흑연(C), 경수(H_2O), 중수(D_2O), 베릴륨(Be) 등이 사용된다.

・감속재의 성질인 감속능과 감속비의 값이 클수록 우수하다.

・중성자 흡수가 적고, 탄성 산란에 의해 감속 되는 정도가 큰 것이 좋다.

・원자핵이 가벼울수록 감속 능력이 좋다.

※감속재의 온도 계수 : 감속재의 온도 1[℃] 변화에 대한 반응도의 변화

감속재의 온도 계수 $\alpha = \dfrac{d\rho}{dT}$ → (ρ : 반응도, T : 온도)

⑤ 반사체 : 중성자를 반사시켜 외부에 누설되지 않도록 노심의 주위에 반사체를 설치한다. 반사체로는 베릴륨 혹은 흑연과 같이 중성자를 잘 산란시키는 재료가 좋다.

⑥ 차폐재 : 원자로 내의 방사선이 외부로 빠져 나가는 것을 방지하는 것으로 차폐재에는 열차폐와 생체 차폐가 있다. 재료로는 콘크리트, 물, 납 등이 사용된다.

핵심기출　【기사】 07/1 10/2 12/2 13/2 17/3　【산업기사】 08/3

원자로의 감속재가 구비하여야 할 사항으로 적합하지 않은 것은?

① 중성자의 흡수단면적이 적을 것　　② 원자량이 큰 원소일 것

③ 중성자와의 충돌 확률이 높을 것　　④ 감속비가 클 것

정답 및 해설 [감속재] ② 원자핵이 가벼울수록 감속 능력이 좋다.　　　　　　【정답】②

---

03 공명흡수와 중성자의 수명

(1) 공명흡수

중성자의 에너지가 10~1000[eV] 정도일 때 중성자는 $_{92}U^{238}$에 흡수되는 비율이 갑자기 커지는 성질

(2) 중성자의 수명

핵분열 시 생긴 중성자가 열중성자까지 감속되는데 필요한 시간(감속 시간)과 열중성자가 핵분열에 흡수되어 핵분열을 일으키기까지의 시간(확산시간)의 합이다.

① 원자로의 주기 : 중성자의 밀도가 $\epsilon = 2.718$배 만큼 증가하는데 걸리는 시간

② 원자로의 독작용 : 열중성자 이용률이 감소되고 반응도가 감소되는 작용

04 원자로의 종류

(1) 가압수형 원자로(PWR)

- 원자로에서 발생한 열을 열교환기에 보내 증기를 만든 후 터빈에 보내는 방식
- 저농축 우라늄을 연료 사용
- 경수를 감속재, 냉각재로 사용
- 원자로 내부 약 $160[\text{kg/cm}^2]$ 정도로 가압
- 반드시 가압기와 증기 발생기가 필수적이다.
- 고리, 영광, 울진 등이 여기에 속한다.

(2) 비등수형 원자로(BWR)

- 원자로에서 발생한 열로 증기를 만들어 직접 터빈에 보내는 방식이다.
- 증기가 직접 터빈에 들어가기 때문에 누출을 철저히 방지해야 한다.
- 급수 펌프만 있으면 되므로 펌프 동력이 작다.
- 노 내의 물의 압력이 높지 않다.
- 노심 및 압력의 용기가 커진다.
- 급수는 양질의 것이 필요하다.
- 저농축 우라늄의 산화물을 소결한 연료를 사용
- 감속재, 냉각재로서 물(경수)을 사용
- 증기 발생기가 필요 없고, 원자로 내부의 증기를 직접 이용하기 때문에 열교환기가 필요 없다.

(3) 고속 증식로(FBR)

- 천연에 존재하는 $_{92}U^{238}$을 핵분열에 의하여 $_{92}U^{235}$, $_{92}U^{233}$로부터 방출되는 중성자를 $_{92}U^{238}$ 또는 $_{90}Th^{232}$에 흡수시켜 최초에 사용한 핵분열 물질 이상의 새로운 핵분열 물질($_{94}Pu^{239}$, $_{92}U^{233}$) 을 만들어 내는 원자로
- 감속재가 필요 없다.
- 열중성자 흡수 단면적이 가장 크다.

[용어의 정의]

① $_{94}Pu^{239}$: 열중성자 흡수 단면적이 가장 크다.

② 결합 에너지 : 원자핵에서 일어나는 질량 결손과 같은 에너지 $E = mC^2$

   여기서, m : 질량, C : 빛의 속도

③ 단위 1[rem] = 1[rad] : 생물에 미치는 영향을 규정한 단위인데 어느 물질 1[g]당 흡수되는 에너지

핵심기출 【기사】 04/2 05/2 07/3 14/1 16/2

비등수형 원자로의 특색에 대한 설명이 틀린 것은?

① 열교환기가 필요하다.

② 기포에 의한 자기 제어성이 있다.

③ 방사능 때문에 증기는 완전히 기수분리를 해야 한다.

④ 순환 펌프로서는 급수 펌프뿐이므로 펌프 동력이 작다.

정답 및 해설 [비등수형 원자로] ① 원자로 내부의 증기를 직접 이용하기 때문에 열교환기가 필요 없다.

【정답】 ①

01 원자력이란 일반적으로 무거운 원자핵이 핵분열하여 가벼운 핵으로 바뀌면서 발생하는 핵분열 에너지를 이용하는 것이고, (　　①　　) 발전은 가벼운 원자핵을(과) (　　②　　)하여 무거운 핵으로 바꾸면서 (　　③　　) 전후의 질량 결손에 해당하는 방출 에너지를 이용하는 방식이다.

02 원자력 발전소는 화력 발전소의 보일러 대신 원자로와 (　　　　　　)를 사용한다.

03 원자력 발전소에서 원자로의 냉각재가 갖추어야 할 조건으로는 중성자의 흡수 단면적이 (　　①　　) 것, 유도 방사능이 (　　②　　) 것, 비열이 (　③　) 것, 열전도율이 (　④　) 것 등이다.

04 원자로의 감속재가 구비하여야 할 사항으로 중성자의 흡수 단면적이 (　①　) 것, 원자량이 (　②　) 원소일 것, 중성자와의 충돌 확률이 (　③　) 것, 감속비가 (　④　) 것 등이다.

05 원자로에서의 열중성자 이용률이 저하되고 반응도가 감소되는 작용을 원자로의 (　　　　)이라고 말한다.

06 원자로에서 발생한 열을 열교환기에 보내 증기를 만든 후 터빈에 보내는 방식의 원자로를 (　　　　　　)라고 한다.

07 가압수형 원자로(PWR)에는 반드시 가압기와 (　　　　　　)가 필수적이다.

08 고속 중성자를 감속시키지 않고 냉각재로 액체 나트륨을 사용하는 원자로를 (　　　　)라고 한다.

09 원자로에서 발생한 열로 증기를 만들어 직접 터빈에 보내는 방식으로 저농축 우라늄을 연료로 사용하는 것은 (   ) 이다.

10 비등수형 원자로는 저농축 우라늄을 연료로 사용하고 감속재 및 냉각재로서는 (   )를 사용한다.

정답   (1) ① 핵융합, ② 융합, ③ 핵반응   (2) 열교환기   (3) ① 적을, ② 적을, ③ 클, ④ 클

(4) ① 적을, ② 적은, ③ 높을, ④ 클   (5) 독작용   (6) 가압수형 원자로

(7) 증기 발생기   (8) 고속 증식로(FBR)   (9) 비등수형 원자로

(10) 경수

1. 핵연료가 가져야 할 특성이 아닌 것은?

　① 낮은 열전도율을 가져야 한다.

　㉯ 높은 열전도율을 가져야 한다.

　③ 방사선에 안정하여야 한다.

　④ 부식에 강해야 한다.

|정|답|및|해|설|
[핵연료의 특징] 핵연료는 열전도율이 높아야 한다.

【정답】①

2. 비등수형 원자로의 특색이 아닌 것은?

　① 방사능 때문에 완전히 기수분리를 해야 한다.

　② 열 교환기가 필요하다.

　③ 기포에 의한 자기 제어성이 있다.

　④ 순환 펌프로서는 급수 펌프뿐이므로 펌프
　　동력이 작다.

|정|답|및|해|설|
[비등수형 원자로의 특징]
·증기 발생기가 필요 없고, 원자로 내부의 증기를 직접 이용
　하기 때문에 열교환기도 필요 없다.
·증기가 직접 터빈에 들어가기 때문에 누출을 철저히 방지해
　야 한다.
·노내의 물의 압력이 높지 않다.
·노심 및 압력의 용기가 커진다.
·급수 펌프만 있으면 되므로 동력이 적게 든다.
·급수는 양질의 것이 필요하다.

【정답】②

3. 원자로의 냉각재가 갖추어야 할 조건 중 옳지
않은 것은?

　① 열용량이 작을 것

　② 중성자의 흡수 단면적이 작을 것

　③ 냉각재와 접촉하는 재료를 부식하지 않을 것

　④ 중성자의 흡수 단면적이 큰 불순물을 포함
　　하지 않을 것

|정|답|및|해|설|
[냉각제의 구비 조건]
·중성자 흡수가 적을 것
·방사능을 띠기 어려울 것
·비열, 열전도율이 클 것
·열용량이 클 것　　　　　　　　　　　　　【정답】①

4. 다음 원소 중 열중성자 흡수 단면적이 가장
큰 것은?

　① $_{94}Pu^{239}$　　　　　　　② $_{92}U^{235}$

　③ $_{92}U^{239}$　　　　　　　④ $_{92}U^{233}$

|정|답|및|해|설|
[각 원소들의 흡수 단면적]
① $_{94}Pu^{239}$ = 1.029[barn]
② $_{92}U^{235}$ = 687[barn]
③ $_{92}U^{239}$ = 2.75[barn]
④ $_{92}U^{233}$ = 583[barn]

【정답】①

5. 다음은 $_{92}U^{235}$의 핵분열의 전형적인 예이다.

$$_{92}U^{235} + _0n^1 \rightarrow _{92}U^{236}$$

$$\rightarrow _{42}Mo^{95} + _{50}La^{139} + 2_0n^1$$

위와 같은 핵분열 전후의 질량 결손이 0.215[amu]라면 핵분열 시 방출되는 에너지는 얼마인가?

① 84[MeV]   ② 121[MeV]

③ 193[MeV]   ④ 200[MeV]

|정|답|및|해|설|
1[amu]=931[Mev]

$\therefore 0.125[amu] \times 931[Mev] = 200[Mev] \fallingdotseq 3.2 \times 10^{-4}[erg]$

【정답】④

6. 원자로에서 열중성자를 U^{235} 핵에 흡수시켜 연쇄 반응을 일으키게 함으로써 열에너지를 발생시키는데, 그 방아쇠 역할을 하는 것이 중성자이다. 다음 중 중성자를 발생시키는 방법이 아닌 것은?

① a입자에 의한 방법

② β입자에 의한 방법

③ γ선에 의한 방법

④ 양자에 의한 방법

|정|답|및|해|설|
[중성자 발생법]
① α입자법
② γ선법
③ 양자 또는 중성자법

【정답】②

7. 중성자의 수명이란?

① 확산 시간

② 핵분열 시 생긴 중성자가 열중성자까지 감속되는 시간

③ 감속 시간과 확산 시간의 합계

④ 반감기

|정|답|및|해|설|
[중성자의 수명] 중성자의 수명이란 핵분열 시 생긴 중성자가 열중성자까지 감속되는데 소요되는 시간과 열중성자가 핵연료에 흡수되어 핵분열을 일으키기까지의 시간(확산시간)의 합이다. 【정답】③

8. 원자로에서 고속 중성자를 열중성자로 만들기 위하여 사용되는 재료는?

① 제어재   ② 감속재

③ 냉각재   ④ 반사재

|정|답|및|해|설|
① 제어재 : 원자로 내에서 핵 분열의 연쇄 반응을 제어하고 증배율을 변화시키기 위해서 제어봉을 노심에 삽입하고 이 것을 넣었다 뺐다 할 수 있도록 한다.
② 감속재 : 핵 분열이 진행되고 있는 부분을 노심이라 하며, 이 속에 임계량 이상의 핵 연료와 고속 중성자를 열중성자까지 감속시켜 주는 감속재가 배치되어 있다.
③ 냉각재 : 원자로에서 발생한 열 에너지를 외부로 꺼내기 위한 매개체를 냉각재라 부른다. 냉각제는 노심을 통함으로써 열 에너지를 빼내는 동시에 노 내의 온도를 적당한 값으로 유지시키도록 할 필요가 있어, 보통 탄산가스, 헬륨 등의 기체나 경우 및 중수 등과 같은 물 또는 나트륨과 같은 액체 금속 유체를 사용한다.
④ 반사재 : 원자로의 노심 내에서 발생한 중성자가 원자로 바깥으로 누출하는 것을 방지하기 위해 노심 주위를 둘러싸는 반사체로 사용하는 재료

【정답】②

9. PWR(Pressurized Water Reactor)형 발전용 원자로의 감속재 및 냉각재는?

① 경수(H_2O) ② 중수(D_2O)

③ 흑연 ④ 액체 금속(Na)

|정|답|및|해|설|

[가압수형 원자로(PWR)] 가압수형 원자로는 저농축 우라늄을 연료로 하고 경수(H_2O)를 감속재 및 냉각재로 사용하는 원자로이다. 【정답】①

10. 감속재의 온도계수란?

① 감속재의 시간에 대한 온도 상승률

② 반응에 아무런 영향을 주지 않는 계수

③ 감속재의 온도 1[℃] 변화에 대한 반응도의 변화

④ 열중성자로서 양(+)의 값을 갖는 계수

|정|답|및|해|설|

[감속재의 온도계수] 온도 T가 상승하면 반응도 ρ가 변화한다. 이 온도 변화가 반응도에 미치는 영향을 일반적으로 온도계수라고 한다. 이 온도 1[℃] 변화에 따라 반응도의 변화를 나타내며 이것을 α라 하며 $\alpha = \dfrac{d\rho}{dT}$로 표시한다.

여기서, ρ : 반응도, T : 온도
일반 원자로에서의 온도 계수 α는 음(−)의 값으로 열중성자로에서는 $-10^{-5} \sim -10^{-3}[{}^\circ C^{-1}]$ 이다.

【정답】③

11. 감속재에 관한 설명 중 옳지 않은 것은?

① 중성자 흡수 면적이 클 것

② 원자량이 적은 원소이어야 할 것

③ 감속능, 감속비가 클 것

④ 감속재로는 경수, 중수, 흑연 등이 사용된다.

|정|답|및|해|설|

[감속재] 중성자 흡수 단면적이 큰 것은 제어재 구비 요건이다.
【정답】①

12. 다음에서 가압수형 원자력 발전소에 사용하는 연료, 감속재 및 냉각재로 적당한 것은?

① 천연 우라늄, 흑연 감속, 이산화탄소 냉각

② 농축 우라늄, 중수 감속, 경수 냉각

③ 저농축 우라늄, 경수 감속, 경수 냉각

④ 저농축 우라늄, 흑연 감속, 경수 냉각

|정|답|및|해|설|

[가압수형 원자로(PWR)] PWR은 저농축 우라늄을 연료로 하고 경수(H_2O)를 감속재 및 냉각재로 사용하는 원자로이다.
【정답】③

13. 다음 말 중 빈칸에 맞는 말이 순서대로 나열된 것은?

> 원자로의 연료 교환 시 원자로를 정지하고 (①)하며, 압력 용기의 뚜껑을 열어야 한다. 사용이 끝난 연료는 방사능이 (②)으로 교환 작업은 원자로 위에 차폐용 (③)채워 (④)에서 작업하지 않으면 안 된다.

① ① 방사능 차폐를, ② 저위임, ③ 로공, ④ 고온상태

② ① 전원 공급 중지를, ② 저위임, ③ 질소를, ④ 질소중

③ ① 차폐 작업, ② 염려됨, ③ 진공 용기로, ④ 진공중

④ ① 감온, 감압, ② 대단히 강함, ③ 물을, ④ 깊은 수중

|정|답|및|해|설|

① 감온, 감압, ② 대단히 강함, ③ 물을, ④ 깊은 수중
【정답】④

14. 원자로에서 독작용이란 것을 설명한 것 중 옳은 것은?

① 열중성자가 독성을 받는다.

② $_{54}X^{135}$와 $_{62}S^{149}$가 인체에 독성을 주는 작용이다.

③ 열중성자 이용률이 저하되고 반응도가 감소되는 작용을 말한다.

④ 방사성 물질이 생체에 유해 작용을 하는 것을 말한다.

|정|답|및|해|설|

[독작용] 원자로 운전 중 연료 내에 핵분열 생성 물질이 축적되고 이 생성물 중에 열중성이 흡수 단면적이 큰 것이 포함되어 <u>원자로의 반응도를 저하시키는 작용을 독작용</u>이라 한다.

【정답】③

15. 원자로에서 카드뮴(Cd) 막대가 하는 일은 어느 것인가?

① 생체차폐를 한다.

② 핵융합을 시킨다.

③ 중성자의 수를 조절한다.

④ 핵분열을 일으킨다.

|정|답|및|해|설|

[제어봉] 원자로 내의 <u>중성자수를 일정하게 유지</u>하여 출력을 제어하는 제어봉에는 카드뮴(Cd), 붕소(B), 하프늄(Hf) 등이 있다.

【정답】③

16. 원자로의 주기란 무엇을 말하는 것인가?

① 원자로의 수명

② 원자로의 냉각 정지 상태에서 전출력을 내는데 까지의 시간

③ 원자로가 임계에 도달하는 시간

④ 중성자의 밀도(flux)가 $\epsilon = 2.718$배 만큼 증가하는데 걸리는 시간

|정|답|및|해|설|

[원자로의 주기] 중성자의 1세대 길이를 l[초], 중성자수를 n이라 하면, 중성자의 매초 증가율은 다음 식으로 표시된다.

$\dfrac{dn}{dt} = \dfrac{k_{ex}}{l}n$, $t = 0$일 때 중성자수를 n_0라고 하면

$n = n_0 \epsilon^{\left(\frac{k_{ex}}{l}\right)t}$

여기서, $T = \dfrac{l}{k_{ex}}$라 놓으면, $n = n_0 \epsilon^{\left(\frac{t}{T}\right)}$로 된다.

이 T를 원자로주기라고 한다. 이 T는 중성자 밀도가 ε배에 이르는 시간을 표시한다.

따라서, $\dfrac{1}{T} = \dfrac{1}{n} = \dfrac{dn}{dt}$이 되며 만일 $l = 0.001$초, $k_{ex} = 0.001$이면 원자로 주기는 1초가 되어 1초 후에 중성자 밀도가 $\varepsilon(= 2.71)$배로 증가하게 된다. 이와 같이 출력이 1초 후에 2.71배로 증가하면 원자로의 출력 제어는 대단히 어렵게 되지만 실제로는 지발중성자가 존재하므로 제어는 실제 용이하게 된다.

【정답】④

신·재생 에너지 발전

01 신·재생 에너지란?

(1) 신·재생 에너지의 정의

햇빛, 물, 지열, 강수, 생물유기체 등을 포함하는 재생 가능한 에너지를 변환시켜 이용하는 에너지

① 신에너지 : 연료전지, 석탄액화가스화, 수소에너지

② 재생에너지 : 태양열, 태양광발전, 바이오매스, 풍력, 수력, 지열, 해양에너지, 폐기물에너지

02 신 에너지

(1) 수소에너지

청정한 에너지 매체인 수소를 만들어냄으로써 환경 오염 문제와 에너지 자원의 지역적인 편중으로 인한 수급불안 문제와 에너지자원의 고갈을 해결할 수 있는 이점

(2) 연료전지

연료전지란 연료의 화학에너지를 전기화학반응에 의해 전기에너지로 직접 변환하는 발전장치

기존 화력발전 대비 이산화탄소는 약 40[%] 감소되고 에너지 사용량은 약 26[%] 절감되는 효과

① 원리

・물을 전기분해와는 반대로 수소와 산소로부터 전기를 생산하는 전기화학적 발전장치

・$H_2 + 1/2O_2 \rightarrow H_2OH2O$ + 전기, 열

② 주요 특징

・발전효율이 높다.　　　　・저공해이다.

(3) 석탄 액화·가스화

저급연료(석탄, 폐기물 등)를 산소 및 스팀에 의해 가스화한 후 생산된 합성가스를 정제하여 전기, 화학원료, 액체연료 및 수소 등의 고급에너지로 전환, 발전효율이 높다.

환경친화적이며, 기존 화력발전 대비 15[%]대 CO_2 저감 효과

다양한 연료(석탄, 바이오매스, 폐기물) 사용

03 재생 에너지

(1) 태양광 발전

① 태양전지 셀(어레이) : 발전기

② PCS : 발전한 직류를 교류로 변환하는 전력변환장치

③ 축전장치 : 전력저장기능

④ 시스템 제어 및 모니터링과 부하로 구성

⑤ 태양광 발전의 장·단점

장점	·에너지원이 청정하고 무제한 ·유지 보수가 용이하고 무인화가 가능 ·수명이 길다. ·건설기간이 짧아 수요 증가에 신속한 대응
단점	·전력생산이 지역별 일사량에 의존 ·에너지 밀도가 낮아 큰 설치면적이 필요 ·설치장소가 한정적이고 시스템 비용이 고가 ·초기 투자비와 발전단가가 높다.

(2) 태양열 에너지

① 태양열 집열기 : 태양 복사에너지를 열에너지로 변환하는 장치

② 축열조 : 열 저장장치

③ 이용부 : 저장된 에너지를 효과적으로 공급하고 사용량이 부족하면 열원(보일러)로 공급

④ 제어장치 : 태양열을 집열, 축열, 공급하기 위한 조정장치

⑤ 태양열 에너지의 장·단점

장점	·무공해, 무한량, 무가격의 청정 에너지원 ·지역적인 편중이 적은 분산 에너지원 ·탄소저감형 재생에너지원
단점	·에너지 밀도가 낮다. ·에너지 생산이 간헐적임 ·계속적인 수요에 안정적인 공급이 어렵다.

(3) 풍력 발전의 장·단점

장점	·지구온난화에 가장 적극적인 대처방안 ·자원이 풍부하고 재생 가능한 에너지원, 환경 친화적이다. ·발전단가가 원자력 에너지와 비슷한 수준으로 폐기물 처리비용을 감안하면 더 경제적 ·완전 자동운전으로 관리비와 인건비 절감
단점	·에너지밀도가 낮고 특정 지역에 한정적 ·안정적인 운전을 위해서 저장장치 필요 ·초기 투자비용 과다

(4) 해양 에너지

조력, 조류, 파력 해수온도차, 염도차 및 해양바이오 에너지 및 해상풍력을 들 수 있다.

(5) 지열 에너지

① 중·저온 지열에너지 : 10~90[℃]

② 고온 지열에너지 : 120[℃] 이상

③ 직접이용 기술 : 온천·건물난방·시설원예 난방·지역난방 등이 대표적인 기술

④ 간접이용 기술 : 땅에서 추출한 고온수나 증기로 플랜트를 구동하여 전기를 생산하는 지열발전

(6) 바이오 에너지

태양광을 이용하여 광합성되는 유기물(주로 식물체) 및 동 유기물을 소비하여 생성되는 모든 생물 유기체(바이오매스)의 에너지

(7) 폐기물 에너지

가연성 폐기물을 대상으로 고형연료화 기술, 열분해에 의한 액체 연료화 기술, 가스화에 의한 가연성 가스 제조기술 등의 가공·처리 방법을 적용하여 얻어지는 고체·액체·기체 형태의 연료와 이를 연소 또는 변환시켜서 발생되는 에너지

전기기사·산업기사 필기
최근 5년간 기출문제

2020 전기산업기사 기출문제

 (통합)

21. 전압이 일정값 이하로 되었을 때 동작하는 것으로서 단락시 고장 검출용으로 사용되는 계전기는?

[13/1 14/2]

① OVR   ② OVGR

③ NSR   ④ UVR

|정|답|및|해|설|
·전압이 일정값 이하 시 동작 : 부족전압 계전기(UVR)
·전압이 일정값 초과 시 동작 : 과전압 계전기(OVR)

【정답】④

22. 반동수차의 일종으로 주요 부분은 러너, 안내날개, 스피드링 및 흡출관 등으로 되어 있으며 50~500[m] 정도의 중낙차 발전소에 사용되는 수차는?

① 카플란 수차   ② 프란시스 수차

③ 펠턴 수차   ④ 튜블러 수차

|정|답|및|해|설|
[수차의 종류]
① 고낙차용 (300[m] 이상) : 펠톤 수차
② 중낙차용
 ·프란시스 수차 : 낙차 30~300[m]
 ·프로펠러 수차 : 저낙차 40[m] 이하
③ 최저 낙차 (15[m] 이하) : 튜블러수차

【정답】②

23. 페란티현상이 발생하는 주된 원인은?

[13/2]

① 선로의 저항

② 선로의 인덕턴스

③ 선로의 정전용량

④ 선로의 누설콘덕턴스

|정|답|및|해|설|
[페란티 현상] 선로의 정전용량으로 인하여 무부하시나 경부하시 진상전류가 흘러 수전단전압이 송전단전압보다 높아지는 현상을 말한다.
페란티 현상은 지상무효전력을 공급하여 방지할 수가 있다.

【정답】③

24. 전력계통의 경부하시나 또는 다른 발전소의 발전전력에 여유가 있을 때, 이 잉여전력을 이용하여 전동기로 펌프를 돌려서 물을 상부의 저수지에 저장하였다가 필요에 따라 이 물을 이용해서 발전하는 발전소는?

① 조력 발전소

② 양수식 발전소

③ 유역변경식 발전소

④ 수로식 발전소

|정|답|및|해|설|
[양수식 발전소] 양수식 발전소에는 다음의 두 종류가 있다.]
·혼합식 : 자연 유입량의 부족분만을 하부 저수지로부터 양수함
·순양수식 : 자연 유입량 없이 양수된 수량만으로 발전함

【정답】②

25. 열의 일당량에 해당되는 단위는?

① kcal/kg ② kg/cm^2

③ $kcal/m^3$ ④ kg·m/kcal

|정|답|및|해|설|
[열의 일당량] 1[kcal]당 몇 주울[J]의 일을 하는가이다.
즉, [J/kcal]=[kg·m/kcal] → [J]=[kg·m]
※일의 열당량 : [kcal/kg·m]

【정답】④

26. 가공전선을 단도체식으로 하는 것보다 같은 단면적의 복도체식으로 하였을 경우 옳지 않은 것은? [12/1]

① 전선의 인덕턴스가 감소된다.
② 전선의 정전용량이 감소된다.
③ 코로나 손실이 적어진다.
④ 송전용량이 증가한다.

|정|답|및|해|설|
[복도체 방식의 특징]
· 전선의 인덕턴스가 감소하고 정전 용량이 증가되어 선로의 송전 용량이 증가하고 계통의 안정도를 증진시킨다.
· 전선 표면의 전위 경도가 저감되므로 코로나 임계 전압을 높일 수 있고 코로나 손, 코로나 잡음 등의 장해가 저감된다.
· 복도체에서 단락시는 모든 소도체에는 동일 방향으로 전류가 흐르므로 흡인력이 생긴다. 【정답】②

27. 연가의 효과로 볼 수 없는 것은? [12/1 09/3 04/1]

① 선로 정수의 평형
② 대지 정전용량의 감소
③ 통신선의 유도 장해의 감소
④ 직렬 공진의 방지

|정|답|및|해|설|
[연가의 효과]
· 선로정수평형 (L, C 평형)
· 대지정전용량 증가
· 소호리액터 접지 시 직렬공진방지
· 통신유도장해 감소 【정답】②

28. 발전기나 변압기의 내부고장 검출로 주로 이용되는 계전기는? [08/2 13/2 17/2 18/3]

① 역상계전기 ② 과전압 계전기
③ 과전류 계전기 ④ 비율차 동계전기

|정|답|및|해|설|
[변압기 내부고장 검출용 보호 계전기]
·차동계전기(비율차동 계전기) ·압력계전기
·부흐홀츠 계전기 ·가스 검출 계전기
【정답】④

29. 송전선로에서 역섬락을 방지하는 가장 유효한 방법은? [05/3 06/3 13/3 15/1 기사10/3 09/2 05/3]

① 피뢰기를 설치한다.
② 가공지선을 설치한다.
③ 소호각을 설치한다.
④ 탑각 접지저항을 작게 한다.

|정|답|및|해|설|
[역섬락] 역섬락은 철탑의 탑각 접지 저항이 커서 뇌서지를 대지로 방전하지 못하고 선로에 뇌격을 보내는 현상이다.
따라서 역섬락을 방지하기 위해서는 탑각 접지저항을 작게 해야 한다. 【정답】④

30. 교류 송전방식과 직류 송전방식을 비교했을 때 교류 송전방식의 장점에 해당되는 것은?

① 전압의 승압, 강압 변경이 용이하다.
② 절연계급을 낮출 수 있다.
③ 송전효율이 좋다.
④ 안정도가 좋다.

|정|답|및|해|설|
[교류송전의 특징]
·승압, 강압이 용이하다. ·회전자계를 얻기가 용이하다.
·통신선 유도장해가 크다.
[직류송전의 특징]
·차단 및 전압의 변성이 어렵다. ·리액턴스 손실이 적다
· 리액턴스의 영향이 없으므로 안정도가 좋다(즉, 역률이 항상 1이다). → (주파수가 0이므로 $X_L = 2\pi f L = 0$)
· 절연 레벨을 낮출 수 있다. 【정답】①

31. 단상 2선식의 교류 배전선이 있다. 전선 한 줄의 저항은 0.15[Ω], 리액턴스는 0.25[Ω]이다. 부하는 순저항부하이고 100[V], 3[kW]일 때 급전점의 전압은 약 몇 [V]인가? [04/2 18/2]

① 100   ② 110

③ 120   ④ 130

|정|답|및|해|설|

[송전단 전압] $V_s = V_r + 2I(R\cos\theta + X\sin\theta)$

순저항부하($\cos\theta = 1,\ \sin\theta = 0$)이므로

$V_s = V_r + 2I(R\cos\theta + X\sin\theta)$

$= 100 + 2 \times \dfrac{3,000}{100} \times 0.15 = 109[V]$ 【정답】②

32. 반한시성 과전류계전기의 전류−시간 특성에 대한 설명 중 옳은 것은? [11/3]

① 계전기 동작시간은 전류값의 크기와 비례한다.

② 계전기 동작시간은 전류의 크기와 관계없이 일정하다.

③ 계전기 동작시간은 전류값의 크기와 반비례한다.

④ 계전기 동작시간은 전류값의 크기의 제곱에 비례한다.

|정|답|및|해|설|

[반한시성] 반한시성은 고장전류가 클수록 빨리 동작하는(동작하는 시간이 짧은) 계전기이다.

※정한시 : 일정 시간 이상이면 동작

순한시 : 고속 차단

정·반한시 : 정한시, 반한시 특성을 이용

【정답】③

33. 지상부하를 가진 3상3선식 배전선로 또는 단거리 송전선로에서 선간 전압강하를 나타낸 식은? (단, $I,\ R,\ X,\ \theta$는 각각 수전단 전류, 선로저항, 리액턴스 및 수전단 전류의 위상각이다.)

① $I(R\cos\theta + X\sin\theta)$

② $2I(R\cos\theta + X\sin\theta)$

③ $\sqrt{3}\,I(R\cos\theta + X\sin\theta)$

④ $3I(R\cos\theta + X\sin\theta)$

|정|답|및|해|설|

[3상3선 전압강하] $e_3 = \sqrt{3}\,I(R\cos\theta + X\sin\theta)$

① $I(R\cos\theta + X\sin\theta)\ \rightarrow\ 1\varnothing2w$

② $2I(R\cos\theta + X\sin\theta)\ \rightarrow\ 1\varnothing2w$ 【정답】③

34. 다음 중 송·배전선로의 진동의 방지대책에 사용되지 않는 기구는?

① 댐퍼   ② 조임쇠

③ 클램프   ④ 아머로드

|정|답|및|해|설|

[전선의 진동 방지용 기구]

· 댐퍼 : 전선의 진동을 방지한다.

· 클램프 : 전선과 애자를 연결하여 진동을 작게 한다.

· 어머로드 : 진동에 의한 단선을 방지한다.

※조임쇠 : 전선의 텐션을 조절해 주는 기구

【정답】②

35. 단락전류를 제한하기 위하여 사용되는 것은? [10/3]

① 현수애자   ② 사이리스터

③ 한류리액터   ④ 직렬콘덴서

|정|답|및|해|설|

[한류 리액터] 한류 리액터는 선로에 직렬로 설치한 리액터로 단락전류를 경감시켜 차단기 용량을 저감시킨다.

※직렬 리액터 : 제5고조파 제거

병렬(분로) 리액터 : 페란티 현상 방지

【정답】③

36. 어느 변전설비의 역률을 60[%]에서 80[%]로 개선하는데 2800[kVA]의 전력용 커패시터가 필요하였다. 이 변전설비의 용량은 몇 [kW]인가?

① 4800   ② 5000

③ 5400   ④ 5800

|정|답|및|해|설|

[역률 개선용 콘덴서 용량(Q)]

$$Q = P(\tan\theta_1 - \tan\theta_2) = P\left(\frac{\sin\theta_1}{\cos\theta_1} - \frac{\sin\theta_2}{\cos\theta_2}\right)$$

$$= P\left(\frac{\sqrt{1-\cos^2\theta_1}}{\cos\theta_1} - \frac{\sqrt{1-\cos^2\theta_2}}{\cos\theta_2}\right)$$

여기서, $\cos\theta_1$: 개선 전 역률, $\cos\theta_2$: 개선 후 역률

$$2800 = P\left(\frac{0.8}{0.6} - \frac{0.6}{0.8}\right) \rightarrow P = 4800[kW]$$

【정답】①

---

37. 교류 단상 3선식 배전방식을 교류 단상 2선식에 비교하면?

　① 전압강하가 크고, 효율이 낮다.

　② 전압강하가 작고, 효율이 낮다.

　③ 전압강하가 작고, 효율이 높다.

　④ 전압강하가 크고, 효율이 높다.

|정|답|및|해|설|

[배전방식의 비교]

· 전압강하 $e = \dfrac{1}{V} = \dfrac{1}{2}$

· 전력손실 $P_l = \dfrac{1}{V^2} = \dfrac{1}{4}$

따라서 전압강하가 작고, 효율이 높다.

【정답】③

---

38. 배전선로의 전압을 $\sqrt{3}$ 배로 증가시키고 동일한 전력 손실률로 송전할 경우 송전전력은 몇 배로 증가 되는가?

　① $\sqrt{3}$ 　　　　② $\dfrac{3}{2}$

　③ 3 　　　　④ $2\sqrt{3}$

|정|답|및|해|설|

[동일한 전력 손실률일 경우] $P \propto V^2$

전력은 전압의 제곱에 비례하므로

$$\frac{P'}{P} = \left(\frac{V'}{V}\right)^2 \rightarrow P' = \left(\frac{\sqrt{3}}{1}\right)^2 P = 3P$$

【정답】③

---

39. 주상 변압기의 2차 측 접지는 어느 것에 대한 보호를 목적으로 하는가?

　① 1차 측의 단락

　② 2차 측의 단락

　③ 2차 측의 전압강하

　④ 1차 측과 2차 측의 혼촉

|정|답|및|해|설|

[변압기 2차측 접지 목적] 주상 변압기 1차와 2차 혼촉시 2차 측의 전위 상승 억제　　　　　　　　　　　【정답】④

---

40. 100[MVA]의 3상 변압기 2뱅크를 가지고 있는 배전용 2차 측의 배전선에 시설할 차단기 용량 [MVA]은? (단, 변압기는 병렬로 운전되며, 각각 %Z는 20[%]이고, 전원의 임피던스는 무시한다.)

　① 1000 　　　　② 2000

　③ 3000 　　　　④ 4000

|정|답|및|해|설|

[차단기용량] $P_s = \dfrac{100}{\%Z}P$

$$P_s = \frac{100}{\%Z}P = \frac{100}{10} \times 100 = 1000[MVA]$$

【정답】①

---

21. 수전용 변전설비의 1차측에 설치하는 차단기의 용량은 어느 것에 의하여 정하는가? [10/2 11/3]

　① 수전전력과 부하율

　② 수전계약용량

　③ 공급 측 전원의 단락용량

　④ 부하설비용량

| 정 | 답 | 및 | 해 | 설 |

[수력용 변전설비 1차측 차단기 용량] $P_s = \dfrac{100}{\%Z} P_n$

여기서, P_s : 선로의 단락용량[MVA]

P_n : 선로의 기준 용량[MVA]

$\%Z$: 발전소로부터 1차측까지 백분율 임피던스

【정답】③

22. 어떤 발전소의 유효 낙차가 100[m]이고, 최대 사용 수량이 $10[m^3/s]$일 경우 이 발전소의 이론적인 출력은 몇 [kW]인가? [08/3 16/1]

① 4900   ② 9800

③ 10000   ④ 14700

| 정 | 답 | 및 | 해 | 설 |

[출력] $P = 9.8QH\eta[kW]$

이론적인 출력 $P = 9.8QH\eta = 9.8 \times 10 \times 100 \times 1 = 9800[kW]$

→ (이론적인 출력일 경우 효율 $\eta = 1$이다.)

【정답】②

23. 전력선에 의한 통신선로의 전자 유도 장해의 발생 요인은 주로 무엇 때문인가? [7/2 16/3 기사 08/2 15/1]

① 전력선의 1선 지락사고 등에 의한 영상전류

② 통신선 전압보다 높은 전력선의 전압

③ 전력선의 불충분한 연가

④ 전력선과 통신선 사이의 상호 정전 용량

| 정 | 답 | 및 | 해 | 설 |

[전자유도 장해] 지락사고 시 영상전류(I_0)가 흘려 상호자속이 끊긴 만큼 상호 인덕턴스(M)로 인하여 통신선에 전압이 유도됨

전자 유도전압 : $E_m = -j\omega M 3 I_0$ → (I_0 : 영상전류)

【정답】①

24. 배전선로의 전압강하의 정도를 나타내는 식이 아닌 것은? (단, E_S는 송전단 전압, E_R은 수전단 전압이다.) [15/3]

① $\dfrac{I}{E_R}(R\cos\theta + X\sin\theta) \times 100\%$

② $\dfrac{\sqrt{3}I}{E_R}(R\cos\theta + X\sin\theta) \times 100\%$

③ $\dfrac{E_S - E_R}{E_R} \times 100\%$

④ $\dfrac{E_S + E_R}{E_S} \times 100\%$

| 정 | 답 | 및 | 해 | 설 |

[전압강하율] $\epsilon = \dfrac{e}{E_r} \times 100[\%]$ → (전압강하 $e = E_s - E_r$)

$\epsilon = \dfrac{E_s - E_r}{E_r} \times 100 = \dfrac{\sqrt{3}I(R\cos\theta + X\sin\theta)}{E_r} \times 100[\%]$

$= \dfrac{\sqrt{3}E_r I(R\cos\theta + X\sin\theta)}{E_r^2} \times 100[\%] = \dfrac{RP + QX}{V_r^2} \times 100[\%]$

【정답】④

25. 피뢰기의 제한전압에 대한 설명으로 옳은 것은? [06/3 08/3 10/3 11/2 116/2 17/1]

① 방전을 개시할 때의 단자전압의 순시값

② 피뢰기 동작 중 단자전압의 파고값

③ 특성요소에 흐르는 전압의 순시값

④ 피뢰기에 걸린 회로전압

| 정 | 답 | 및 | 해 | 설 |

[피뢰기의 제한전압]

·충격파전류가 흐르고 있을 때의 피뢰기의 단자전압의 파고치

·뇌전류 방전 시 직렬갭에 나타나는 전압

【정답】②

26. 3상 1회선의 송전선로에 3상 전압을 가해 충전할 때 1선에 흐르는 충전전류는 30[A], 또 3선을 일괄하여 이것과 대지 사이에 상전압을 가하여 충전시켰을 때 전 충전전류는 60[A]가 되었다. 이 선로의 대지정전용량과 선간 정전용량의 비는? (단, 대지 정전용량 C_s, 선간정전용량 C_m이다.)

① $\dfrac{C_m}{C_s} = \dfrac{1}{6}$ ② $\dfrac{C_m}{C_s} = \dfrac{8}{15}$

③ $\dfrac{C_m}{C_s} = \dfrac{1}{3}$　　　　　④ $\dfrac{C_m}{C_s} = \dfrac{1}{\sqrt{3}}$

|정|답|및|해|설|

① $I_1 = \dfrac{E}{X_c} = \dfrac{E}{\dfrac{1}{\omega C}} = \omega CE = \omega(C_s + 3C_m)\dfrac{V}{\sqrt{3}} = 30[A]$

② $I_2 = \dfrac{E}{XC} = 3\omega C_s \dfrac{V}{\sqrt{3}} = 60 \ \rightarrow \ V = \dfrac{60}{\sqrt{3}\,\omega C_s}$

①식에 대입하면

$60\dfrac{C_m}{C_s} + 20 = 30 \ \rightarrow \ \dfrac{C_m}{C_s} = \dfrac{1}{6}$

【정답】①

27. 변류기를 개방할 때 2차 측을 단락하는 이유는?

[05/3]

① 1차측 과전류 보호

② 1차측 과전압 방지

③ 2차측 과전류 보호

④ 2차측 절연 보호

|정|답|및|해|설|

[계기용 변류기(CT)] 변류기 2차측을 개방하면 1차 전류가 모두 여자전류가 되어 2차 권선에 매우 높은 전압이 유기되어 절연이 파괴되고 소손될 우려가 있다.　【정답】④

28. 30000[KW]의 전력을 50[Km] 떨어진 지점에 송전하려면 전압은 약 몇 [kV]로 하면 좋은가? (단, still식을 사용한다.)

① 22　　　　　② 33

③ 66　　　　　④ 100

|정|답|및|해|설|

[경제적인 송전전압(V_s) (스틸(still) 식)]

$V_s = 5.5\sqrt{0.6 \times \text{송전거리[km]} + \dfrac{\text{송전전력[kw]}}{100}}$ [kW]

$V_s = 5.5\sqrt{0.6 \times l + \dfrac{P}{100}}$

$= 5.5\sqrt{0.6 \times 50 + \dfrac{30000}{100}} = 99.91[kV]$

【정답】④

29. 송전서로에서 4단자정수 A, B, C, D 사이의 관계는?

[09/1]

① $BC - AD = 1$　　② $AC - BD = 1$

③ $AB - CD = 1$　　④ $AD - BC = 1$

|정|답|및|해|설|

[4단자 정수] ・$AD - BC = 1$　・대칭일 때 $A = D$

【정답】④

30. 역률 0.8(지상)인 부하 480[kW] 부하가 있다. 전력용 콘덴서를 설치하여 역률을 개선하고자 할 때 콘덴서 220[kVA]를 설치하면 역률은 몇 [%]로 개선할 수 있는가?

[05/1 17/2]

① 92　　　　　② 94

③ 96　　　　　④ 99

|정|답|및|해|설|

[역률 개선용 콘덴서 용량]

$Q_c = P(\tan\theta_1 - \tan\theta_2) = P\left(\dfrac{\sin\theta_1}{\cos\theta_1} - \dfrac{\sin\theta_2}{\cos\theta_2}\right)$

$= P\left(\dfrac{\sqrt{1-\cos^2\theta_1}}{\cos\theta_1} - \dfrac{\sqrt{1-\cos^2\theta_2}}{\cos\theta_2}\right)$

여기서, $\cos\theta_1$: 개선 전 역률, $\cos\theta_2$: 개선 후 역률

$P = 480[kW]$, $Q_c = 220[kVA]$

$220 = 480\left(\dfrac{0.6}{0.8} - \tan\theta_2\right) \rightarrow \tan\theta_2 = 0.292$

$\theta_2 = \tan^{-1}0.292 \rightarrow \theta_2 = 16.28$

그러므로 $\cos 16.28 = 0.9599$, 즉 96[%]

【정답】③

31. 송전선로의 중성점을 접지하는 목적으로 가장 옳은 것은?

[07/3 19/1]

① 전선 동량의 절약

② 전압강하의 감소

③ 송전용량의 증가

④ 이상전압의 경감 및 발생 방지

|정|답|및|해|설|

[송전선로의 중성점 접지의 목적]

① 이상전압의 방지　　　② 기기 보호

③ 과도안정도의 증진　　④ 보호계전기 동작확보

【정답】④

32. 철탑의 접지저항이 커지면 가장 크게 우려되는 문제점은?

① 정전유도
② 역섬락 발생
③ 코로나 증가
④ 차폐각 증가

|정|답|및|해|설|
[철탑의 매설지선] 매설지선은 뇌해 방지 및 역섬락을 방지하기 위하여 탑각 저항을 감소시킬 목적으로 설치한다.

【정답】②

33. 단상 교류회로에 3150/210[V]의 승압기를 80[kW], 역률 0.8인 부하에 접속하여 전압을 상승시키는 경우 약 몇 [kVA]의 승압기를 사용하여야 적당한가? (단, 전원전압은 2900V이다.)

[11/1]

① 3.6[kVA]
② 5.5[kVA]
③ 6.8[kVA]
④ 10[kVA]

|정|답|및|해|설|
[승압기를 이용한 2차 전압(고압측 전압) 및 용량]

2차 전압 $E_2 = E\left(1 + \dfrac{e_2}{e_1}\right)$[V], 용량 $\omega = e_2 I_2$

승압기2차 전압 $E_2 = 2900\left(1 + \dfrac{210}{3150}\right) = 3093.33$[V]

승압기 용량은 $W = 210 \times \dfrac{80 \times 10^3}{3093.33 \times 0.8} ≒ 6.8$[kVA]

【정답】③

34. 발전기의 정태 안정 극한전력이란?

[15/1]

① 부하가 서서히 증가할 때의 극한전력
② 부하가 갑자기 크게 변동할 때의 극한전력
③ 부하가 갑자기 사고가 났을 때의 극한전력
④ 부하가 변하지 않을 때의 극한전력

|정|답|및|해|설|
[정태 안정 극한 전력] 전력계통에서 극히 <u>완만한 부하 변화</u>가 발생하더라도 안정하게 계속적으로 송전할 수 있는 정도를 정태 안정도라고 하여 안정도를 유지할 수 있는 극한의 송전전력을 정태 안정 극한 전력(Steady State Stability Power Limit)이라 한다.

【정답】①

35. 다음 빈 칸 ㉠~㉣에 알맞은 것은?

[05/1 13/3]

"화력 발전소의 (㉠)은 발생 (㉡)을 열량으로 환산한 값과 이것을 발생하기 위하여 소비된 (㉢)의 보유 열량 (㉣)를 말한다."

① ㉠ 손실률 ㉡ 발열량 ㉢ 물 ㉣ 차
② ㉠ 열효율 ㉡ 전력량 ㉢ 연료 ㉣ 비
③ ㉠ 발전량 ㉡ 증기량 ㉢ 연료 ㉣ 결과
④ ㉠ 연료소비율 ㉡ 증기량 ㉢ 물 ㉣ 차

|정|답|및|해|설|
[열효율] 화력발전소의 열효율이란 발생 전력량을 투입된 열량으로 나눈 것을 말한다.

열효율 $\eta = \dfrac{860 \times W}{mH} \times 100$[%]

여기서, W : 전력량[kWh], H : 연료의 발열량[$kcal/kg$]
m : 연료량[kg], 1[kWh] = 860[$kcal$]

【정답】②

36. 수전단 전압이 송전단 전압보다 높아지는 현상을 무엇이라 하는가?

[04/1 08/3 14/2 16/3]

① 근접효과
② 표피효과
③ 페란티 현상
④ 도플러 효과

|정|답|및|해|설|
[페란티 효과] 무부하나 경부하시에 수전단 전압이 송전단 전압보다 높아지는 현상
·원인 : 정전용량
·대책 : 분로 리액터

【정답】③

37. 전력 사용의 변동 상태를 알아보기 위한 것으로 가장 적당한 것은?

① 수용률
② 부등률
③ 부하율
④ 역률

|정|답|및|해|설|
① 수용률 : 1보다 작다. 1보다 크면 과부하
② 부등률 : 최대 전력의 발생시각 또는 발생시기의 분산을 나타내는 지표로 일반적으로 부등률은 1보다 크다(부등률 ≥ 1)

부등률 = $\dfrac{각부하의 최대수용 전력의 합계[kW]}{합성 최대 수용전력[kW]}$

③ 부하율 : 전력 변동 상태를 알아보는 것으로 1보다 작다.

$$부하율 = \frac{평균\ 전력}{최대\ 수용\ 전력} \times 100[\%]$$

【정답】③

38. 3상으로 표준전압 3[kV], 용량 600[kW]를 역률 0.85로 수전하는 공장의 수전회로에 시설할 계기용 변류기의 변류비로 적당한 것은? 단, 변류기의 2차 전류는 5[A]이며, 여유율은 1.5로 한다.

① 10   ② 20

③ 30   ④ 40

|정|답|및|해|설|

[3상전력] $P = \sqrt{3}\,VI\cos\theta$

CT 1차 전류 $I_1 = \dfrac{P}{\sqrt{3}\,V\cos\theta} \times 여유율$

$\qquad\qquad = \dfrac{600 \times 10^3}{\sqrt{3} \times 3,000 \times 0.85} \times 1.5 = 203.77[A]$

1차 전류는 200[A]로 정하면, CT비는 $\dfrac{200}{5} = 40$

【정답】④

39. 화력발전소에서 탈기기의 설치 목적으로 가장 타당한 것은? [13/1]

① 급수 중의 용해산소의 분리

② 급수의 습증기 건조

③ 연료 중의 공기제거

④ 염류 및 부유물질 제거

|정|답|및|해|설|

[탈기기] 급수 중에 용해되어 있는 산소는 증기 계통, 급수 계통 등을 부식시킨다. 탈기기는 용해 산소 분리의 목적으로 쓰인다.

【정답】①

40. 조상설비가 있는 발전소 측 변전소에서 주변압기로 주로 사용되는 변압기는?

① 강압용 변압기   ② 단권 변압기

③ 3권선 변압기   ④ 단상 변압기

|정|답|및|해|설|

[조상설비] 조상설비는 계통에 무효전력을 공급하는 설비이다. 조상설비에는 3권선 변압기를 사용한다.

【정답】③

21. 저항 2[Ω], 유도리액턴스 8[Ω]의 단상 2선식 배전선로의 전압강하를 보상하기 위하여 부하단에 용량리액턴스 6[Ω]의 직렬 콘덴서를 삽입하였을 때 부하단자전압은 몇 [V]인가? (단, 전원전압은 6900[V], 부하전류 200[A], 역률은 0.8(지상)이다.)

① 5340   ② 5000

③ 6340   ④ 6000

|정|답|및|해|설|

[수전단전압(부하단자전압)]
전압강하를 보상하기 위해서 직렬콘덴서를 사용하는 경우
수전단전압(부하단자전압)

$V_r = V_s - e[V] \qquad\qquad \rightarrow (전압강하\ e = I(R\cos\theta + X\sin\theta)$

$V_r = V_s - I(R\cos\theta + (X_L - X_C)\sin\theta)[V]$

$\cos\theta = 0.8, \quad \sin\theta = \sqrt{1 - \cos^2\theta} = \sqrt{1 - 0.8^2} = 0.6$

$V_r = 6900 - 200(2 \times 0.8 + (8 - 6) \times 0.6) = 6340[V]$

【정답】③

22. 원자로에서 독작용을 올바르게 설명한 것은? [10/3]

① 열중성자가 독성을 받는 것을 말한다.

② 방사성 물질이 생체에 유해작용을 하는 것을 말한다.

③ 열중성자 이용률이 저하되고 반응도가 감소되는 작용을 말한다.

④ $_{54}Xe^{135}$와 $_{62}Sm^{149}$가 인체에 독성을 주는 작용을 말한다.

|정|답|및|해|설|

여기서, V_n : 애자련의 전체 섬락전압[kV]

   n : 1련의 사용 애자수,

   V_1 : 현수 애자 1개의 섬락전압[kV]

$\eta = \dfrac{V_n}{nV_1}$ 에서 $V_1 = \dfrac{V_n}{n\eta} = \dfrac{590}{10 \times 0.74} \fallingdotseq 80[kV]$

【정답】①

23. 비등수형 원자로의 특색에 대한 설명이 틀린 것은?

[기사 04/2 05/2 07/3 14/1 16/1]

① 열교환기가 필요하다.

② 기포에 의한 자기 제어성이 있다.

③ 방사능 때문에 증기는 완전히 기수분리를 해야 한다.

④ 순환펌프로서는 급수펌프뿐이므로 펌프동력이 작다.

|정|답|및|해|설|

[비등수형 원자로의 특징]

① 증기 발생기가 필요 없고, 원자로 내부의 증기를 직접 이용하기 때문에 열교환기가 필요 없다.

② 증기가 직접 터빈에 들어가기 때문에 누출을 철저히 방지해야 한다.

③ 급수 펌프만 있으면 되므로 펌프 동력이 작다.

④ 노내의 물의 압력이 높지 않다.

⑤ 노심 및 압력의 용기가 커진다.

⑥ 급수는 양질의 것이 필요하다.

【정답】①

24. 250[mm] 현수애자 10개를 직렬로 접속한 애자연의 건조 섬락전압이 590[kV]이고 연효율(string efficiency) 0.74이다. 현수애자 한 개의 건조 섬락전압은 약 몇 [kV]인가?

[04/1 기사 05/3]

① 80   ② 90

③ 100   ④ 120

|정|답|및|해|설|

[애자련의 연효율] $\eta_n = \dfrac{V_n}{nV_1} \times 100[\%]$

25. 전선 지지점에 고저차가 없는 경간 300[m] 인 송전선로가 있다. 이도를 8[m]로 유지할 경우 지지점 간의 전선 길이는 약 몇 [m]인가? [10/2]

① 300.1[m]   ② 300.3[m]

③ 300.6[m]   ④ 300.9[m]

|정|답|및|해|설|

[전선의 실제 길이] $L = S + \dfrac{8D^2}{3S} = 300 + \dfrac{8 \times 8^2}{3 \times 300} = 300.57[m]$

【정답】③

26. 송전전력, 부하역률, 송전거리, 전력 손실 및 선간전압이 같을 경우 3상 3선식에서 전선 한 가닥에 흐르는 전류는 단상 2선식에서 전선 한 가닥에 흐르는 경우의 몇 배가 되는가?

① $\dfrac{1}{\sqrt{3}}$ 배   ② $\dfrac{2}{3}$ 배

③ $\dfrac{3}{4}$ 배   ④ $\dfrac{4}{9}$ 배

|정|답|및|해|설|

[3상3선식의 전력] $P = \sqrt{3}\, VI_3 \cos\theta$

[단상2선식의 전력] $P = VI_1 \cos\theta$

$\sqrt{3}\, VI_3 \cos\theta = = VI_1 \cos\theta \rightarrow \sqrt{3}\, I_3 = I_1$

【정답】①

27. 압축 공기를 아크에 불어 넣어서 차단하는 차단기는?

① 공기차단기(ABB)   ② 가스차단기(GCB)

③ 자기차단기(MBB)   ④ 유입차단기(OCB)

|정|답|및|해|설|

[차단기의 종류 및 소호 작용]
① 유입차단기(OCB) : 절연유 분해가스의 흡부력을 이용해서 차단
② 자기차단기(MBB) : 자기력으로 소호
③ 공기차단기(ABB) : 압축된 공기를 아크에 불어넣어서 차단
④ 가스차단기(GCB) : SF_6 가스 이용
⑤ 기중차단기(ACB) : 대기중에서 아크를 길게 하여 소호실에서 냉각 차단
⑥ 진공차단기(VCB) : 진공 상태에서 아크 확산 작용을 이용하여 소호한다. 【정답】①

---

28. 전력계통에서 무효전력을 조정하는 조상설비 중 전력용 콘덴서를 동기조상기와 비교할 때 옳은 것은? [기사 15/3]

① 전력손실이 크다.
② 지상 무효전력분을 공급할 수 있다.
③ 전압조정을 계단적으로 밖에 못 한다.
④ 송전선로를 시송전할 때 선로를 충전할 수 있다.

|정|답|및|해|설|

[전력용 콘덴서를 동기조상기와 비교]

	진상	지상	시송전	전력손실	조정
콘덴서	O	×	×	적음	계단적
리액터	×	O	×	적음	계단적
동기 조상기	O	O	O	많음	연속적

【정답】③

---

29. 수전단에 관련된 다음 사항 중 틀린 것은? [12/1]

① 경부하시 수전단에 설치된 동기조상기는 부족 여자로 운전
② 중부하시 수전단에 설치된 동기조상기는 부족 여자로 운전
③ 중부하시 수전단에 전력 콘덴서를 투입
④ 시충전시 수전단 전압이 송전단보다 높게 됨

|정|답|및|해|설|

[수전단]
① 경부하시 부족여자 운전 : 리액터로 작용
② 중부하시 과여자 운전 : 콘덴서로 작용
【정답】②

---

30. 3상용 차단기의 용량은 그 차단기의 정격전압과 정격차단전류와의 곱을 몇 배한 것인가? [기사 06/3 14/2]

① $\dfrac{1}{\sqrt{2}}$ ② $\dfrac{1}{\sqrt{3}}$
③ $\sqrt{2}$ ④ $\sqrt{3}$

|정|답|및|해|설|

[3상용 정격 차단 용량] $P_s = \sqrt{3} \times V \times I_s$ [W]
※단상용 정격 차단 용량 $P_s = V \times I_s$ [W]
여기서, V : 정격전압, I_s : 정격차단전류
【정답】④

---

31. 출력 20000[KW]의 화력발전소가 부하율 80[%]로 운전할 때 1일의 석탄소비량은 약 몇 톤(ton)인가? (단, 보일러 효율 80[%], 터빈의 열 사이클 효율 35[%], 터빈효율 85[%], 발전기 효율 76[%], 석탄의 발열량은 5500[kcal/kg]이다.) [12/3]

① 272 ② 293
③ 312 ④ 332

|정|답|및|해|설|

[열효율] $\eta = \dfrac{860\,W}{mH}$ → (m : 소비량)

$1[kWh] = 860[kcal]$ 이므로

부하율 $= \dfrac{평균전력}{최대전력} \times 100$

시간 $\times 860 \times$ 최대 전력 $\times$ 부하율 = 발열량 $\times$ 석탄소비량 $\times \eta$(효율)
$24 \times 860 \times 20000 \times 0.8 = 5500 \times 1000 \times m \times 0.85 \times 0.8 \times 0.35 \times 0.76$

소비량 $m = \dfrac{860 \times 20000 \times 0.8 \times 24}{5500 \times 1000 \times 0.85 \times 0.8 \times 0.35 \times 0.76} = 332[t]$

【정답】④

32. 과전류계전기(OCR)의 탭(tap) 값을 옳게 설명한 것은?

[06/2 12/2]

① 계전기의 최소 동작전류
② 계전기의 최대 부하전류
③ 계전기의 동작시한
④ 변류기의 권수비

|정|답|및|해|설|

[과전류 계전기의 탭] 최소 동작 전류를 정정한다.

【정답】①

33. 배전선로의 손실을 경감시키는 방법이 아닌 것은?

[16/3 기사 07/1 16/3]

① 전압조정
② 역률 개선
③ 다중접지방식 채용
④ 부하의 불평형 방지

|정|답|및|해|설|

[배전선로의 전력 손실] $P_L = 3I^2 r = \dfrac{\rho W^2 L}{A V^2 \cos^2 \theta}$

여기서, ρ : 고유저항, W : 부하 전력, L : 배전 거리
A : 전선의 단면적, V : 수전 전압, $\cos\theta$: 부하 역률
승압을 하면 전류가 감소하고 역률 개선을 해도 전류가 감소하며 부하의 불평형을 줄여도 손실이 감소한다. 반면, 다중 접지 방식을 채용하는 것은 배전선로의 손실과는 아무런 관련이 없다.

【정답】③

34. 송·배전선로에서 전선의 장력을 2배로 하고, 또 경간을 2배로 하면 전선의 이도는 처음의 몇 배가 되는가?

[기사 06/3]

① $\dfrac{1}{4}$ ② $\dfrac{1}{2}$

③ 2   ④ 4

|정|답|및|해|설|

[이도] $D = \dfrac{WS^2}{8T}$

$D = \dfrac{W \times (2S)^2}{8 \times (2T)} = \dfrac{W \times 4S^2}{8 \times 2T} = 2 \times \dfrac{WS^2}{8T} = 2D$

【정답】③

35. 송전선에 복도체를 사용할 경우, 같은 단면적의 단도체를 사용하는 것에 비하여 우수한 점으로 알맞은 것은?

① 전선의 인덕턴스와 정전용량은 감소다.
② 고유 송전용량이 증대되고 정태 안정도가 증대된다.
③ 전선 표면의 전위경도가 증가한다.
④ 전선의 코로나 개시 전압은 변화가 없다.

|정|답|및|해|설|

[복도체 방식의 장점]
① 전선의 인덕턴스가 감소하고 정전용량이 증가되어 선로의 송전용량이 증가하고 계통의 안정도를 증진시킨다.
② 전선 표면의 전위경도가 저감되므로 코로나 임계전압을 높일 수 있고 코로나손, 코로나 잡음 등의 장해가 저감된다.
③ 전선의 표면 전위경도가 감소한다.

【정답】②

36. 역률 개선용 콘덴서를 부하와 병렬로 연결하고자 한다. △ 결선 방식과 Y결선 방식을 비교하면 콘덴서의 정전용량(단위 : μF)의 크기는 어떠한가?

[기사 04/2]

① △ 결선 방식과 Y결선 방식은 동일하다.
② Y결선 방식이 △ 결선 방식의 $\dfrac{1}{2}$ 용량이다.
③ △ 결선 방식이 Y결선 방식의 $\dfrac{1}{3}$ 용량이다.
④ Y결선 방식이 △ 결선 방식의 $\dfrac{1}{\sqrt{3}}$ 용량이다.

|정|답|및|해|설|

[콘덴서의 정전용량]
$Q_\triangle = 3 \times 2\pi f C V^2 = 6\pi f C V^2$

Y결선으로 바꾼 경우에는 $Q_Y = 3 \times 2\pi f C \left(\dfrac{V}{\sqrt{3}}\right)^2 = 2\pi f C V^2$

$\therefore Q_Y = \dfrac{1}{3} Q_\triangle$

【정답】③

37. 단일 부하의 선로에서 부하율 50[%], 선로 전류의 변화 곡선의 모양에 따라 달라지는 계수 $a = 0.2$ 인 배전선의 손실계수는 얼마인가? [05/2]

① 0.05   ② 0.15

③ 0.25   ④ 0.30

|정|답|및|해|설|

[손실계수] $H = aF + (1-a)F^2$

$H = 0.2 \times 0.5 + (1-0.2) \times 0.5^2 = 0.3$

※ 손실계수의 범위 : $F^2 \leq H \leq F$ 【정답】④

38. 가공 송전선에 사용되는 애자 1연 중 전압부담이 최대인 애자는? [18/1 14/2 11/1]

① 중앙에 있는 애자

② 철탑에 제일 가까운 애자

③ 전선에 제일 가까운 애자

④ 전선으로부터 1/4 지점에 있는 애자

|정|답|및|해|설|

[애자련의 전압부담]

· 전압 분담 최대 : 전선 쪽에서 가장 가까운 애자

· 전압 분담 최소 : 철탑에서 1/3 지점 애자

전압분담 최소 7%

154[kV]

현수애자 10개

전압분담 최대 21%

전선에 가장 가까운 애자

【정답】③

39. 3상 계통에서 수전단전압 60[kV], 전류 250[A], 선로의 저항 및 리액턴스가 각각 $7.61[\Omega]$, $11.85[\Omega]$일 때 전압강하율은? 단, 부하역률은 0.8(늦음)이다. [18/1]

① 약 5.50[%]   ② 약 7.34[%]

③ 약 8.69[%]   ④ 약 9.52[%]

|정|답|및|해|설|

[전압 강하율] $\epsilon = \dfrac{V_s - V_r}{V_r} \times 100$

$= \dfrac{\sqrt{3}\,I(R\cos\theta_r + X\sin\theta_r)}{V_r} \times 100\,[\%]$

여기서, $\cos\theta$: 역률, $\sin\theta$: 무효율

V_s : 정격부하시의 송전단 전압

V_r : 정격부하시의 수전단 전압

$\epsilon = \dfrac{\sqrt{3}\,I(R\cos\theta + X\sin\theta)}{V_r} \times 100$

$= \dfrac{\sqrt{3} \times 250(7.61 \times 0.8 + 11.85 \times 0.6)}{60,000} \times 100 = 9.52\,[\%]$

【정답】④

40. 다음 중 부하전류의 차단 능력이 없는 것은? [13/3]

① 부하개폐기(LBS)

② 유입차단기(OCB)

③ 진공차단기(VCB)

④ 단로기(DS)

|정|답|및|해|설|

단로기(DS)는 소호 장치가 없고 아크 소멸 능력이 없으므로 부하 전류나 사고 전류의 개폐는 할 수 없으며 기기를 전로에서 개방할 때 또는 모선의 접촉 변경시 사용한다.

【정답】④

1회

21. 직렬 콘덴서를 선로에 삽입할 때의 현상으로 옳은 것은?

① 부하의 역률을 개선한다.

② 선로의 전압강하를 줄 일 수 없다.

③ 선로의 리액턴스가 증가된다.

④ 계통의 정태안정도를 증가한다.

|정|답|및|해|설|

[직렬 콘덴서 연결] 직렬 콘덴서는 선로의 유도 리액턴스를 상쇄시키는 것이므로 선로의 정태 안정도를 증가시키고 선로의 전압강하를 줄일 수는 있다.

※수전단 역률 개선은 병렬 콘덴서로 한다.

【정답】④

22. 송전선로의 중성점을 접지하는 목적으로 가장 옳은 것은?

① 전선 동량의 절약   ② 전압강하의 감소

③ 유도장해의 감소   ④ 이상전압의 방지

|정|답|및|해|설|

[송전선로의 중성점 접지의 목적]

① 이상전압의 방지

② 기기 보호

③ 과도안정도의 증진

④ 보호계전기 동작확보

【정답】④

23. 그림과 같은 3상 송전계통에서 송전단전압은 22[kV]이다. 지금 1점 P에서 3상 단락사고가 발생했다면 발전기에 흐르는 단락전류는 약 몇 [A]가 되는가?

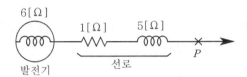

① 725   ② 1150   ③ 1990   ④ 3725

|정|답|및|해|설|

[단락전류] $I_s = \frac{E}{Z} = \frac{E}{\sqrt{R^2+X^2}}[A] \rightarrow (E : 상전압)$

· $Z = R + jx = 1 + j(6+5) = 1 + j11$

$\therefore I_s = \frac{E}{\sqrt{R^2+X^2}} = \frac{\frac{22000}{\sqrt{3}}}{\sqrt{1^2+11^2}} = 1149.5[A]$

$\rightarrow (22[kV] : 선간전압)$

【정답】②

24. 전력계통에서 전력용 콘덴서와 직렬로 연결하는 리액터로 제거되는 고조파는?

① 제2고조파   ② 제3고조파

③ 제4고조파   ④ 제5고조파

|정|답|및|해|설|

[직렬 리액터]

·제5고조파로부터 전력용 콘덴서 보호 및 파형 개선의 목적으로 사용

·직렬리액터의 용량 $\omega L = \frac{1}{25\omega C} \rightarrow (\omega = 2\pi f)$

·이론적으로는 콘덴서 용량의 4[%]

·실재로는 콘덴서 용량의 6[%] 설치   【정답】④

25. 배전선로에서 사용하는 전압 조정 방법이 아닌 것은?

① 승압기 사용

② 저전압 계전기 사용

③ 병렬콘덴서 사용

④ 주상변압기 탭 전환

|정|답|및|해|설|

[선로전압 조정]

① 선로전압강하 보상기

② 고정 승압기 : 단상 승압기, 3상 V결선 승압기, 3상 △결선 승압기, 3상 △결선 승압기

③ 직렬콘덴서(병렬콘덴서는 주로 역률 개선용으로 사용되지만 동시에 전압 조정 효과도 있다.)

④ 주상변압기의 탭 조정

※저전압계전기 : 계통의 사고를 알려주는 계전기

【정답】②

26. 다음 중 뇌해방지와 관계가 없는 것은?

① 댐퍼

② 소호각

③ 가공지선

④ 매설지선

|정|답|및|해|설|

② 소호각 : 섬락사고 시 애자련의 보호

③ 가공지선 : 뇌서지의 차폐

④ 매설지선 : 탑각 접지저항을 낮추어 역섬락을 방지

※댐퍼 : 전선의 진동을 억제하기 위해 지지점 가까운 곳에 설치한다.

【정답】①

27. (①), (②)에 들어갈 내용으로 알맞은 것은?

> 송전선로의 전압을 2배로 승압할 경우 동일조건에서 공급 전력을 동일하게 취하면 선로손실은 승압 전의 (①)로 되고, 선로손실률을 동일하게 취하면 공급전력은 승압전의 (②)로 된다.

① ① $\frac{1}{4}$, ② 4배

② ① $\frac{1}{2}$, ② 4배

③ ① $\frac{1}{4}$, ② 2배

④ ① $\frac{1}{2}$, ② 2배

|정|답|및|해|설|

[선로의 전력손실] $P_l = 3I^2R = 3\left(\frac{P}{\sqrt{3}\,V\cos\theta}\right)^2 R = \frac{P^2 R}{V^2\cos^2\theta}$ [W]

선로손실률 $K = \frac{P_l}{P}$ 이 동일하면 → (P : 전력)

$K = \frac{P_l}{P} = \frac{PR}{V^2\cos^2\theta}$ 이므로

$P \propto V^2$, $P_l \propto \frac{1}{V^2}$ 이다.

【정답】①

28. 일반 회로정수가 A, B, C, D이고 송전단 상전압이 E_s인 경우 무부하시 송전단의 충전전류(송전단 전류)는?

① CE_s

② ACE_s

③ $\frac{A}{C}E_s$

④ $\frac{C}{A}E_s$

|정|답|및|해|설|

[4단자 정수의 송전단의 전압] $E_s = AE_r + BI_r$ 에서

송전단 선간전압 $V_s = AV_r + \sqrt{3}\,BI_r$

무부하이면 $I_r = 0$, $V_s = AV_r$

$E_s = AE_r + BI_r$에서 무부하$(I_r = 0)$이므로 $E_s = AE_r$

$\therefore E_r = \frac{E_s}{A}$

[4단자 정수의 송전단의 전류] $I_s = CE_r + DI_r$ 에서

무부하$(I_r = 0)$이므로

$\therefore I_s = CE_r = \frac{C}{A}E_s$

【정답】④

29. 주상변압기의 고장이 배전선로에 파급되는 것을 방지하고 변압기의 과부하 소손을 예방하기 위하여 사용되는 개폐기는?

① 리클로저

② 부하개폐기

③ 컷아웃스위치

④ 섹셔널라이저

|정|답|및|해|설|

[컷아웃스위치(COS)] 주된 용도로는 주상변압기의 고장의 배전선로에 파급되는 것을 방지하고 변압기의 과부하 소손을 예방하고자 사용한다.

① 리클로저(recloser) : 선로에 고장이 발생 하였을 때 고장 전류를 검출하여 지정된 시간 내에 고속 차단하고 자동 재폐로 동작을 수행하여 고장 구간을 분리하거나 재송전하는 장치이다.

② 부하개폐기 : 고장 전류와 같은 대전류는 차단할 수 없지만 평상 운전시의 부하전류는 개폐할 수 있다.

④ 섹셔널라이저(sectionalizer) : 배전선로에 고장이 발생할 경우 리클로저의 동작으로 선로가 무전압 상태가 되면 섹셔널라이저는 이를 감지하여 무전압 상태의 횟수를 기억 하였다가 정해진 횟수에 도달하면 섹셔널라이저는 선로의 무전압 상태에서 선로를 개방하여 고장구간을 분리시킨다. 섹셔널라이저는 고장전류를 차단할 수 있는 능력이 없기 때문에 리클로저와 직렬로 조합하여 사용한다.

【정답】③

---

30. 중성점 저항접지 방식에서 1선 지락시의 영상전류를 I_0라고 할 때 저항을 통하는 전류는 어떻게 표현되는가?

① $\dfrac{1}{3} I_0$ ② $\sqrt{3} I_0$

③ $3 I_0$ ④ $6 I_0$

|정|답|및|해|설|

[접지저항 전류] $I_R = I_0 + I_1 + I_2 = \dfrac{3E_a}{Z_0 + Z_1 + Z_2}[A]$

영상전류 $I_0 = I_1 = I_2 = \dfrac{E_a}{Z_0 + Z_1 + Z_2}[A]$

$\therefore I_R = I_0 + I_1 + I_2 = \dfrac{3E_a}{Z_0 + Z_1 + Z_2} = 3I_0[A]$

【정답】③

---

31. 변전소에서 수용가에 공급되는 전력을 끊고 소내 기기를 점검할 필요가 있을 경우와, 점검이 끝난 후 차단기와 단로기를 개폐시키는 동작을 설명한 것으로 옳은 것은?

① 점검 시에는 차단기로 부하회로를 끊고 단로기를 열어야 하며, 점검 후에는 차단기로 부하회로를 연결한 후 단로기를 넣어야 한다.

② 점검 시에는 단로기를 열고 난 후 차단기를 열어야 하며, 점검 후에는 단로기를 넣고 난 다음에 차단기로 부하회로를 연결하여야 한다.

③ 점검 시에는 단로기를 열고 난 후 차단기를 열어야 하며, 점검이 끝난 경우에는 차단기를 부하에 연결한 다음에 단로기를 넣어야 한다.

④ 점검 시에는 차단기로 부하회로를 끊고 난 다음에 단로기를 열어야 하며, 점검 후에는 단로기를 넣은 후 차단기를 넣어야 한다.

|정|답|및|해|설|

[단로기] 단로기(DS)는 부하전류를 개폐할 수 없으므로 <u>정전 시에는 차단기로 부하전류를 차단한 후 단로기를 조작</u>하고 급전 시에는 단로기를 조작한 후 차단기(CB)를 닫아야 한다.

【정답】④

---

32. 설비용량 600[kW], 부등률 1.2, 수용률 60[%]일 때의 합성 최대 수용전력은 몇 [kW]인가?

① 240   ② 300

③ 432   ④ 833

|정|답|및|해|설|

[합성최대수용전력] 합성최대수용전력 $= \dfrac{수용율 \times 설비용량}{부등률}$

・부등률 $= \dfrac{개별\ 최대\ 수용\ 전력의\ 합}{합성\ 최대\ 수용\ 전력}$

・최대 수용전력은 $=$ 설비용량 $\times$ 수용률

    $= 600 \times 0.6 = 360[kW]$

・합성최대수용전력 $= \dfrac{수용율 \times 설비용량}{부등률}$

    $= \dfrac{최대\ 수용전력}{부등률} = \dfrac{360}{1.2} = 300[kW]$

【정답】②

---

33. 다음 보호계전기 회로에서 박스 (A) 부분의 명칭은?

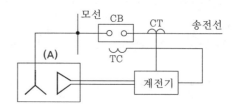

① 차단코일　　　　② 영상변류기

③ 계기용변류기　　④ 계기용변압기

|정|답|및|해|설|

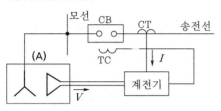

【정답】④

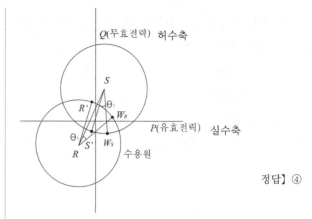

정답】④

34. 단거리 송전선로에서 정상상태 유효전력의 크기는?

① 선로리액턴스 및 전압위상차에 비례한다.

② 선로리액턴스 및 전압위상차에 반비례한다.

③ 선로리액턴스에 반비례하고 상각차에 비례한다.

④ 선로리액턴스에 비례하고 상각차에 반비례한다.

|정|답|및|해|설|

[송전전력] $P = \dfrac{V_s V_r}{X} \sin \delta$ [MW]

V_s, V_r : 송·수전단 전압[kV], δ : 송·수전단 전압의 위상차
X : 선로의 리액턴스[Ω]　　　　　　　　【정답】③

35. 전력 원선도의 실수축과 허수축은 각각 어느 것을 나타내는가?

① 실수축은 전압이고, 허수축은 전류이다.

② 실수축은 전압이고, 허수축은 역률이다.

③ 실수축은 전류이고, 허수축은 유효전력이다.

④ 실수축은 유효전력이고, 허수축은 무효전력이다.

|정|답|및|해|설|

[전력 원선도]

36. 전선로의 지지물 양측의 경간의 차가 큰 곳에 사용되며, E철탑이라고도 하는 표준철탑의 일종은?

① 직선형 철탑　　　② 내장형 철탑

③ 각도형 철탑　　　④ 인류형 철탑

|정|답|및|해|설|

[철탑의 종류]

① 직선형 : 전선로의 직선 부분 (3°이하의 수평 각도 이루는 곳 포함)에 사용

② 각도형 : 전선로 중 수평 각도 3°를 넘는 곳에 사용

③ 인류형 : 전 가섭선을 인류하는 곳에 사용

④ 내장형 : 전선로 지지물 양측의 경간차가 큰 곳에 사용하며, E철탑이라고도 한다.

⑤ 보강형 : 전선로 직선 부분을 보강하기 위하여 사용

【정답】②

37. 수차발전기가 난조를 일으키는 원인은?

① 발전기의 관성 모멘트가 크다.

② 발전기의 자극에 제동권선이 있다.

③ 수차의 속도변동률이 적다.

④ 수차의 조속기가 예민하다.

|정|답|및|해|설|

[조속기] 조속기는 부하의 변화에 따라 증기와 유입량을 조절하여 터빈의 회전속도를 일정하게, 즉 주파수를 일정하게 유지시켜주는 장치이다.

수차의 조속기가 예민하면 난조를 일으키기 쉽고 심하게 되면 탈조까지 일으킬 수 있다.　　　　　　　【정답】④

38. 차단기가 전류를 차단할 때, 재점호가 일어나기 쉬운 차단 전류는?

① 동상전류　　② 지상전류

③ 진상전류　　④ 단락전류

39. 배전선에서 부하가 균등하게 분포되었을 때 배전선 말단에서의 전압강하는 전 부하가 집중적으로 배전선 말단에 연결되어 있을 때의 몇 [%]인가?

① 25　　② 50

③ 75　　④ 100

40. 송전선의 특성임피던스를 Z_0, 전파속도를 V라 할 때. 이 송전선의 단위길이에 대한 인덕턴스 L은 얼마인가?

① $L = \dfrac{V}{Z_0}$　　② $L = \dfrac{Z_0}{V}$

③ $L = \dfrac{Z_0^2}{V}$　　④ $L = \sqrt{Z_0}\,V$

2회

21. 화력발전소의 기본 사이클의 순서가 옳은 것은?

① 급수펌프→보일러→과열기→터빈→복수기→다시 급수펌프로

② 과열기→보일러→복수기→터빈→급수펌프→측열기→다시 과열기로

③ 급수펌프→보일러→터빈→과열기→복수기→다시 급수펌프로

④ 보일러→급수펌프→과열기→복수기→급수펌프→다시 보일러로

22. 저압뱅킹 배전방식에서 저전압 측의 고장에 의하여 건전한 변압기의 일부 또는 전부가 차단되는 현상은?

① 아킹(Arcing)

② 플리커(Flicker)

③ 밸런서(Balancer)

④ 캐스케이딩(Cascading)

23. 증기의 엔탈피란?

① 증기 1[kg]의 잠열

② 증기 1[kg]의 기화열

③ 증기 1[kg]의 보유열량

④ 증기 1[kg]의 증발열을 그 온도로 나눈 것

|정|답|및|해|설|

[엔탈피] 증기 1[kg]의 보유열량[kcal/kg]

·포화증기 엔탈피=액체열+증발열

·과열증기 엔탈피 = 액체열 + 증발열 + (평균비열×과열도)

【정답】③

24. 그림의 X 부분에 흐르는 전류는 어떤 전류인가?

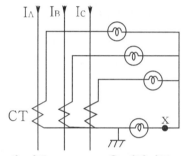

① b상 전류   ② 정상전류

③ 역상전류   ④ 영상전류

|정|답|및|해|설|

[영상전류] 접지선으로 나가는 전류는 영상전류이다.

영상전류 $I_0 = \frac{1}{3}(I_a + I_b + I_c)$

【정답】④

25. 3상 송전선로에서 지름 5[mm]의 경동선을 간격 1[m]로 정삼각형 배치를 한 가공 전선의 1선 1[km] 당의 작용 인덕턴스는 약 몇 [mH/km]인가?

① 1.0[mH/km]   ② 1.25[mH/km]

③ 1.5[mH/km]   ④ 2.0[mH/km]

|정|답|및|해|설|

[인덕턴스] $L = 0.05 + 0.4605 \log \frac{D}{r} [mH/km]$

전선의 반지름 $r = 2.5[mm]$

전선의 등가 선간거리 $D = \sqrt[3]{1 \times 1 \times 1} = 1[m] = 1 \times 10^3[mm]$

$\therefore L = 0.05 + 0.4605 \log \frac{1 \times 10^3}{2.5} = 1.248[mH/km]$

【정답】②

26. 교류송전방식과 비교하여 직류송전방식의 장점은?

① 역률이 항상 1이다.

② 회전자계를 얻을 수 있다.

③ 전력 변환장치가 필요하다.

④ 전압의 승압, 강압이 용이하다.

|정|답|및|해|설|

[직류송전의 특징]

·차단 및 전압의 변성이 어렵다.

·리액턴스 손실이 적다

·리액턴스의 영향이 없으므로 안정도가 좋다(즉, 역률이 항상 1이다). → (주파수가 0이므로 $X_L = 2\pi f L = 0$)

·절연 레벨을 낮출 수 있다.

[교류송전의 특징]

·<u>승압, 강압이 용이하다.</u>

·<u>회전자계를 얻기가 용이하다.</u>

·통신선 유도장해가 크다.   【정답】①

27. 송전선로의 후비보호 계전 방식의 설명으로 틀린 것은?

① 주보호 계전기가 보호할 수 없을 경우 동작하며, 주보호 계전기와 정정값은 동일하다.

② 주보호 계전기가 그 어떤 이유로 정지해 있는 구간의 사고를 보호한다.

③ 주보호 계전기에 경함이 있어 정상 동작할 수 없는 상태에 있는 구간사고를 보호한다.

④ 송전선로에서 거리 계전기의 후비보호 계전기로 고장 선택 계전기를 많이 사용한다.

|정|답|및|해|설|

[전력 계통에 발생한 사고를 제거하기 위한 방법]

① 주보호 계전 방식 : 신속하게 고장 구간을 최소 범위로 한정해서 제거하는 방식이다.

② 후보호 계전 방식 : 주보호가 실패했을 경우 또는 보호할 수 없을 경우에 일정한 시간을 두고 동작하는 백업 계전 방식

【정답】①

28. 초대수용전력의 합계와 합성최대수용전력의 비를 나타내는 계수는?

① 부하율   ② 수용률

③ 부등률   ④ 보상률

|정|답|및|해|설|

· 합성최대수용전력 $= \dfrac{\text{수용율} \times \text{설비용량}}{\text{부등률}}$

· 부등률 $= \dfrac{\text{개별 최대수용전력의 합}}{\text{합성최대수용전력}} \rightarrow (\text{부등률} \rangle 1)$

· 최대수용전력 = 설비용량 × 수용률

【정답】③

29. 주파수 60[Hz], 정전용량 $\dfrac{1}{6\pi}[\mu F]$의 콘덴서를 △ 결선해서 3상 전압 20000[V]를 가했을 경우의 총 정전용량은 몇 [kVA]인가?

① 12   ② 24   ③ 48   ④ 50

|정|답|및|해|설|

[전선로의 충전용량(Q_c)]

$Q_\triangle = 3\omega CV^2 = 3 \times 2\pi f CV^2 \times 10^{-3}[\text{kVA}]$

$Q_Y = \omega CV^2 = 2\pi f CV^2 \times 10^{-3}[\text{kVA}]$

(C : 전선 1선당 정전용량[F], V : 선간전압[V], f : 주파수[Hz])

$\therefore Q_\triangle = 3 \times 2\pi f CV^2 \times 10^{-3}$

$= 3 \times 2\pi \times 60 \times \dfrac{1}{6\pi} \times 10^{-6} \times 20000^2 \times 10^{-3} = 24[\text{kVA}]$

【정답】②

30. 3상 3선식 3각형 배치의 송전선로에 있어서 각 선의 대지 정전용량이 0.5038[μF]이고, 선간 정전용량이 0.1237[μF]일 때 1선의 작용 장전용량은 몇 [μF]인가?

① 0.6275   ② 0.8749

③ 0.9164   ④ 0.9755

|정|답|및|해|설|

[1선의 작용 정전용량 C_n] $C_n = C_s + 3C_m[F] \rightarrow (\text{3상3선식})$

(C_n : 작용 정전용량, C_s : 대지 정전용량, C_m : 선간 정전용량)

$C_n = 0.5038 + 3 \times 0.1237 = 0.8749[\text{uF}]$

※단상2선식 $C = C_s + 2C_m$

【정답】②

31. 지상 역률 80[%], 10,000[kVA]의 부하를 가진 변전소에 6,000[kVA]의 콘덴서를 설치하여 역률을 개선하면 변압기에 걸리는 부하[kVA]는 콘덴서 설치 전의 몇 [%]로 되는가?

① 60   ② 75

③ 80   ④ 85

|정|답|및|해|설|

[유효전력] $P = P_a \times \cos\theta[W]$

[무효전력] $P_r = P_a \sin\theta[\text{Var}]$

[피상전력] $P_a = \sqrt{P^2 + P_r^2}[\text{VA}]$

· $P = VI\cos\theta = 100000 \times 0.8 = 8000[kW]$

· $P_r = VI\sin\theta = 10000 \times 0.6 = 6000[\text{kVar}]$

$\rightarrow (\sin\theta = \sqrt{1 - \cos^2\theta})$

· $P_r = 6000 - 6000 = 0[\text{kVar}]$이므로

· $P_a' = \sqrt{P^2 + P_r^2} = \sqrt{8000^2 + 0} = 8000[\text{kVA}]$

$\therefore$ 원래의 전압이 10000[kVA]이므로 $\dfrac{8000}{10000} \times 100 = 80[\%]$

【정답】③

32. 송전선로에 가공지선을 설치하는 목적은?

① 코로나 방지

② 뇌에 대한 차폐

③ 선로정수의 평형

④ 철탑 지지

|정|답|및|해|설|

[가공지선의 설치 목적]

① 직격뇌에 대한 차폐 효과

② 유도체에 대한 정전차폐 효과

③ 통신법에 대한 전자유도장해 경감 효과

【정답】②

33. 송전계통의 안정도를 증진시키는 방법은?

① 중간 조상설비를 설치한다.

② 조속기의 동작을 느리게 한다.

③ 발전기나 변압기의 리액턴스를 크게 한다.

④ 계통의 연계는 하지 않도록 한다.

[안정도 향상 대책]
① 계통의 직렬 리액턴스 감소
② 계통의 전압 변동률을 적게 한다(속응 여자 방식 채용, 계통의 연계, 중간 조상 방식).
③ 계통에 주는 충격을 적게 한다(적당한 중성점 접지 방식, 고속 차단 방식, 재폐로 방식).
④ 고장 중의 발전기 돌입 출력의 불평형을 적게 한다.
⑤ 조속기의 동작을 적당하게 한다.
【정답】①

34. 화력발전소에서 보일러 절탄기의 용도는?

① 보일러에 공급되는 급수를 예열한다.
② 포화증기를 가열한다.
③ 연소용 공기를 예열한다.
④ 석탄을 건조한다.

|정|답|및|해|설|
[절탄기] 보일러 급수를 예열하여 연료를 절감할 수가 있다.
【정답】①

35. 345[kV] 송전계통의 절연협조에서 충격절연내력의 크기순으로 적합한 것은?

① 선로애자 〉 차단기 〉 변압기 〉 피뢰기
② 선로애자 〉 변압기 〉 차단기 〉 피뢰기
③ 변압기 〉 차단기 〉 선로애자 〉 피뢰기
④ 변압기 〉 선로애자 〉 차단기 〉 피뢰기

|정|답|및|해|설|
[절연 레벨(BIL)] 피뢰기의 제한 전압을 기준으로 변압기, 차단기, 선로애자 순으로 높아진다.
【정답】①

36. 전선에서 전류의 밀도가 도선의 중심으로 들어갈수록 작아지는 현상은?

① 페란티 효과
② 표피효과
③ 근접효과
④ 접지효과

|정|답|및|해|설|
[표피효과] 전류가 도체 표면에 집중되는 현상. 표피효과가 심할수록 전류의 밀도가 표면에 집중되므로 침투깊이 δ가 얇아진다.

$$\delta = \sqrt{\frac{1}{\pi f k \mu}}\ [m]$$

여기서, $k\left(=\frac{1}{2 \times 10^{-8}}\right)$: 도전율[$\mho/m$], μ : 투자율[H/m]
f : 주파수
【정답】②

37. 차단기의 정격차단시간을 설명한 것으로 옳은 것은?

① 가동 접촉자의 동작 시간부터 소호까지의 시간
② 고장 발생부터 소호까지의 시간
③ 가동 접촉자의 개극부터 소호까지의 시간
④ 트립코일 여자부터 소호까지의 시간

|정|답|및|해|설|
[차단기의 정격차단시간] 트립코일 여자부터 차단기의 가동 전극이 고정 전극으로부터 이동을 개시하여 개극할 때까지의 개극시간과 접점이 충분히 떨어져 아크가 완전히 소호할 때까지의 아크 시간의 합으로 3~8[Hz] 이다.
【정답】④

38. 송전선로에서 연가를 하는 주된 목적은?

① 유도뢰의 방지
② 직격뢰의 방지
③ 페란티효과의 방지
④ 선로정수의 평형

|정|답|및|해|설|
[연가]

연가의 특징	연가의 효과
·선로정수 평형	·직렬공진 방지
·직렬공진 방지	·유도장해 감소
·유도장해 감소	·선로정수 평형

① 유도뢰의 방지 : 가공지선
② 직격뢰의 방지 : 가공지선
③ 페란티효과의 방지 : 분로리액터
【정답】④

39. 변압기의 보호방식에서 차동계전기는 무엇에 의하여 동작하는가?

① 정상전류와 역상전류의 차로 동작한다.

② 정상전류와 영상전류의 차로 동작한다.

③ 전압과 전류의 배수의 차로 동작한다.

④ 1, 2차 전류의 차로 동작한다.

|정|답|및|해|설|

[차동계전기] 차동계전기는 피보호 구간에 유입하는 전류와 유출하는 전류의 벡터차를 검출해서 동작하는 계전기이다.

【정답】④

40. 다음 중 보호계전기가 구비하여야 할 조건으로 거리가 먼 것은?

① 동작이 정확하고 감도가 예민할 것

② 열적, 계적 강도가 클 것

③ 조정 범위가 좁고 조정이 쉬울 것

④ 고장 상태를 신속하게 선택할 것

|정|답|및|해|설|

[보호계전 방식의 구비조건]
① 동작이 예민하고 오동작이 없을 것
② 고장 개소와 고장 정도를 정확히 식별할 것
③ 후비 보호 능력이 있을 것
④ 고장 파급 범위를 최소화하고 보호 맹점이 없을 것
⑤ 조정 범위가 넓어야 하고 조정이 쉬울 것

【정답】③

21. 송전선로에 낙뢰를 방지하기 위하여 설치하는 것은?

① 댐퍼   ② 초호환

③ 가공지선   ④ 애자

|정|답|및|해|설|

[가공지선의 설치목적]
· 직격 뇌에 대한 차폐효과

· 유도 뇌에 대한 정전 차폐효과

· 통신선에 대한 전자 유도 장해 경감 효과

※댐퍼 : 전선의 진동방지

　초호환 : 낙뢰 등으로 인한 역섬락 시 애자련을 보호하기 위한 것

【정답】③

22. 3상 3선식 송전선로에서 정격전압 66[kV]인 3상 3선식 송전선로에서 1선의 리액턴스가 17[Ω]일 때 이를 100[MVA]기준으로 환산한 %리액턴스는?

① 35[%]   ② 39[%]

③ 45[%]   ④ 49[%]

|정|답|및|해|설|

[%리액턴스] $\%X = \dfrac{IX}{E} \times 100 = \dfrac{PX}{10V^2}$

(P : 기준용량[kVA], V : 전압[kV], X : 리액턴스[Ω])

$\%X = \dfrac{PX}{10V^2} = \dfrac{100 \times 10^3 \times 17}{10 \times 66^2} = 39[\%]$ → ([MVA] = 10^3[kVA])

【정답】②

23. 가공 왕복선 배치에서 지름이 d[m]이고 선간거리가 D[m]인 선로 한 가닥의 작용 인덕턴스는 몇 [mH/km]인가? (단, 선로의 투자율은 1이라 한다.)

① $0.5 + 0.4605 \log_{10} \dfrac{D}{d}$

② $0.05 + 0.4605 \log_{10} \dfrac{D}{d}$

③ $0.5 + 0.4605 \log_{10} \dfrac{2D}{d}$

④ $0.05 + 0.4605 \log_{10} \dfrac{2D}{d}$

|정|답|및|해|설|

[3상3선식 인덕턴스]

$L = 0.05 + 0.4605 \log_{10} \dfrac{D}{r}$ → (r : 반지름)

$L = 0.05 + 0.4605 \log_{10} \dfrac{D}{r} = 0.05 + 0.4605 \log_{10} \dfrac{D}{\frac{d}{2}}$ →(d : 지름)

$= 0.05 + 0.4605 \log_{10} \dfrac{2D}{d}$[mH/km]

【정답】④

24. 송전선로에서 연가를 하는 주된 목적은?

① 유도뢰의 방지

② 직격뢰의 방지

③ 페란티 효과의 방지

④ 선로정수의 평형

|정|답|및|해|설|

[연가]

연가의 특징	연가의 효과
·선로정수 평형 ·직렬공진 방지 ·유도장해 감소	·직렬공진 방지 ·유도장해 감소 ·선로정수 평형

① 유도뢰의 방지 : 가공지선

② 직격뢰의 방지 : 가공지선

③ 페란티효과의 방지 : 분로리액터

【정답】④

25. 부하전류 및 단락전류를 모두 개폐할 수 있는 스위치는?

① 단로기

② 차단기

③ 선로개폐기

④ 전력퓨즈

|정|답|및|해|설|

[퓨즈와 각종 개폐기 및 차단기와의 기능비교]

능력 기능	회로 분리		사고 차단	
	무부하	부하	과부하	단락
퓨즈	O			O
차단기	O	O	O	O
개폐기	O	O	O	
단로기	O			
전자 접촉기	O	O	O	

【정답】②

26. 송전단전압 161[kV], 수전단 전압154[kV], 상차각 40°, 리액턴스 45[Ω]일 때 선로 손실을 무시하면 전송 전력은 약 몇 [MW]인가?

① 323[MW]

② 443[MW]

③ 354[MW]

④ 623[MW]

|정|답|및|해|설|

[송전전력] $P = \dfrac{V_s V_r}{X} \sin\theta [W]$

$P = \dfrac{V_s V_r}{X} \sin\theta = \dfrac{161 \times 154}{45} \sin 40° \fallingdotseq 354[MW]$

【정답】③

27. 송전선로에 근접한 통신선에 유도장해가 발생하였다. 전자유도의 원인은?

① 역상전압

② 정상전압

③ 정상전류

④ 영상전류

|정|답|및|해|설|

① 정전유도 : 송전선로의 영상전압과 통신선과의 정전용량의 불평형에 의해서 통신선에 정전적으로 유도되는 전압이다 (정상시).

② 전자유도 : 영상전류에 의해 발생(사고시)

③ 전자유도전압($E_m = 2\pi f M l \cdot 3I_0$)은 통신선의 길이에 비례하나 정전유도전압은 주파수 및 평행길이와는 관계가 없고, 대지전압에만 비례한다. 【정답】④

28. 역률(늦음) 80[%], 10[kVA]의 부하를 가지는 주상변압기의 2차측에 2[kVA]의 전력용 콘덴서를 접속하면 주상변압기에 걸리는 부하는 약 몇 [kVA]가 되겠는가?

① 8[kVA]

② 8.5[kVA]

③ 9[kVA]

④ 9.5[kVA]

|정|답|및|해|설|

[콘덴서 설치 후 피상전력] $P_a = \sqrt{P^2 + Q^2}[VA]$

·유효전력 $P = P_a \cos\theta = 10 \times 0.8 = 8[kVar]$

·무효전력 $P_r = P_a \sin\theta = 10 \times 0.6 = 6[kVar]$

$\rightarrow (\sin\theta = \sqrt{1 - \cos^2\theta})$

·콘덴서 설치 후 무효전력 $P_r' = 6 - 2 = 4[kVar]$

그러므로 콘덴서 설치 후 피상전력

$P_a' = \sqrt{P^2 + P_r'^2} = \sqrt{8^2 + 4^2} \fallingdotseq 8.94[kVA]$

【정답】③

29. 양수발전의 주된 목적으로 옳은 것은?

① 연간 발전량을 증가시키기 위하여

② 연간 평균 손실 전력을 줄이기 위하여

③ 연간 발전비용을 감소시키기 위하여

④ 연가 수력 발전량을 증가시키기 위하여

|정|답|및|해|설|

[양수발전소] 양수발전소는 발전 단가가 낮은 심야의 잉여전력을 이용하여 낮은 곳의 물을 높은 곳으로 양수하였다가 첨두부하 시에 양수된 물로 발전하는 방식으로 <u>발전비용을 감소시킨다.</u>

【정답】③

30. 어떤 수력발전소의 수압관에서 분출되는 물의 속도와 직접적인 관련이 없는 것은?

① 수면에서의 연직거리

② 관의 경사

③ 관의 길이

④ 유량

|정|답|및|해|설|

[물의 분출속도] $v = C_v \sqrt{2gh} \, [m/s]$

[유량] $Q = A \cdot v \rightarrow v = \dfrac{Q}{A} = \dfrac{Q}{\dfrac{\pi d^2}{4}}$

C_v : 유속계수, g : 중력 가속도$[m/s^2]$, h : 유효낙차$[m]$

【정답】③

31. 차단기의 정격차단 시간의 표준이 아닌 것은?

① 3[Hz]　　③ 5[Hz]

③ 8[Hz]　　④ 10[Hz]

|정|답|및|해|설|

[차단기의 정격차단시간] 트립코일 여자부터 차단기의 가동 전극이 고정 전극으로부터 이동을 개시하여 개극할 때까지의 개극시간과 접점이 충분히 떨어져 아크가 완전히 소호할 때까지의 아크 시간의 합으로 <u>3~8[C/S]</u>이다.　→ (C/S는 cycle/sec=Hz)

【정답】④

32. 변류기 개방시 2차측을 단락하는 이유는?

① 2차측 절연 보호

② 2차측 과전류 보호

③ 측정 오차 방지

④ 1차측 과전류 방지

|정|답|및|해|설|

[변류기] 변류기의 2차측을 개방하면 2차 전류는 흐르지 않으나 1차 전류가 모두 여자 전류가 되어 2차 권선에 매우 높은 전압이 유기되어 <u>절연이 파괴되고 소손될 염려가 있다.</u>

2차는 선로의 접지측에 접속하고 1단을 접지하여야 한다.

【정답】①

33. 66[kV], 60[Hz] 3상 3선식 선로에서 중성점을 소호리액터 접지하여 완전 공진상태로 되었을 때 중성점에 흐르는 전류는 몇 [A]인가? (단, 소호리액터를 포함한 영상회로의 등가저항은 200[Ω], 중성점 잔류전압을 4400[V]라고 한다.)

① 11　　② 22

③ 33　　④ 44

|정|답|및|해|설|

[전류] $I = \dfrac{V}{R} [A]$

$I = \dfrac{V}{R} = \dfrac{4400}{200} = 22 [A]$　　【정답】②

34. 배전선로의 역률개선에 따른 효과로 적합하지 않은 것은?

① 전원측 설비의 이용률 향상

② 선로절연에 요하는 비용 절감

③ 전압강하 감소

④ 선로의 전력손실 경감

|정|답|및|해|설|

[역률개선의 효과]

① 전력 손실 경감　　② 전압강하 감소

③ 설비용량의 여유 증가　④ 전력요금 절약

【정답】②

35. 다음 중 전력선 반송 보호계전방식의 장점이 아닌 것은?

① 저주파 반송전류를 중첩시켜 사용하므로 계통의 신뢰도가 높아진다.

② 고장 구간의 선택이 확실하다.

③ 동작이 예민하다.

④ 고장점이나 계통의 여하에 불구하고 선택차단개소를 동시에 고속도 차단할 수 있다.

|정|답|및|해|설|..

[전력선 반송보호계전방식] 전력선 반송보호계전방식은 <u>가공송전선을 이용하여 반송파를 전송하는 계전방식</u>으로서 송전계통 보호에 널리 사용되고 있으며 사용되는 반송파의 주파수 범위는 30~300 [kHz]의 높은 주파수를 사용한다.

① <u>고주파 반송전류를 중첩시켜 사용하므로 계통의 신뢰도가 높아진다.</u>   **【정답】①**

36. 일반 회로정수가 A, B, C, D이고 송·수전단의 상전압이 각각 E_S, E_R일 때 수전단 전력원선도의 반지름은?

① $\dfrac{E_S E_R}{A}$ ② $\dfrac{E_S E_R}{B}$

③ $\dfrac{E_S E_R}{C}$ ④ $\dfrac{E_S E_R}{D}$

|정|답|및|해|설|..

[전력 원선도의 반지름] $\rho = \dfrac{E_S E_R}{B}$

　　　→ (B는 4단자회로의 직렬 임피던스를 나타낸다.)
                                  【정답】②

37. 발전소의 발전기 정격전압[kV]으로 사용되는 것은?

① 6.6   ② 33

③ 66   ④ 154

|정|답|및|해|설|..

[발전기의 정격전압] 6.6[kV], 11[kV]
                                  【정답】①

38. 송전선로의 중성점을 접지하는 목적과 거리가 먼 것은?

① 이상 전압 발생의 억제

② 과도 안정도의 증진

③ 송전용량의 증가

④ 보호 계전기의 신속, 확실한 동작

|정|답|및|해|설|..

[중성점 접지방식 목적]
·대지 전위 상승을 억제하여 절연레벨 경감
·뇌, 아크 지락 등에 의한 <u>이상전압의 경감</u> 및 발생을 방지
·지락고장 시 <u>접지계전기의 동작을 확실하게</u>
·소호리액터 접지방식에서는 1선 지락시의 아크 지락을 빨리 소멸시켜 그대로 송전을 계속할 수 있게 한다.
·<u>과도 안정도의 증진</u>   **【정답】③**

39. 정격용량 150[kVA]인 단상 변압기 2대로 V결선을 했을 경우 최대 출력은 약 몇 [kVA]인가?

① 170[kVA]   ② 173[kVA]

③ 260[kVA]   ④ 280[kVA]

|정|답|및|해|설|..

[V결선 시 출력] $P_V = \sqrt{3}\, P_1 [VA]$ → (P_1 : 단상변압기 1대)

$P = \sqrt{3} \times 150 = 259.8[kVA]$ **【정답】③**

40. 동일한 부하 전력에 대하여 전압을 2배로 승압하면 전압강하, 전압강하율, 전력손실률은 각각 어떻게 되는지 순서대로 나열한 것은?

① $\dfrac{1}{2}$, $\dfrac{1}{2}$, $\dfrac{1}{2}$ ② $\dfrac{1}{2}$, $\dfrac{1}{2}$, $\dfrac{1}{4}$

③ $\dfrac{1}{2}$, $\dfrac{1}{4}$, $\dfrac{1}{4}$ ④ $\dfrac{1}{4}$, $\dfrac{1}{4}$, $\dfrac{1}{4}$

|정|답|및|해|설|

[전압을 n배 승압 송전할 경우]

· 전압강하 $e \propto \dfrac{1}{V}$

· 전압강하율 $\delta \propto \dfrac{1}{V^2}$

· 전력손실율 $k \propto \dfrac{1}{V^2}$

전압강하는 승압전의 $\dfrac{1}{n}$ 배이고 전압강하율과 전력손실률은

승압전의 $\dfrac{1}{n^2}$ 배이다. 따라서 $n=2$를 하면 된다.

【정답】③

2018 전기산업기사 기출문제

21. 수차의 특유속도 N_s를 나타내는 계산식으로 옳은 것은? 단, 유효낙차 : H[m], 수차의 출력 : P[kW], 수차의 정격 회전수 : N[rpm]이라 한다.

① $N_s = \dfrac{NP^{\frac{1}{2}}}{H^{\frac{5}{4}}}$ ② $N_s = \dfrac{H^{\frac{5}{4}}}{NP}$

③ $N_s = \dfrac{HP^{\frac{1}{4}}}{N^{\frac{5}{4}}}$ ④ $N_s = \dfrac{NP^2}{H^{\frac{5}{4}}}$

|정|답|및|해|설|

[수차의 특유 속도] $N_s = N\dfrac{\sqrt{P}}{H^{5/4}}$ [rpm]

여기서, N : 수차의 회전속도[rpm], P : 수차 출력[kW]
$\qquad H$: 유효낙차[m] 【정답】①

22. 화력 발전소에서 가장 큰 손실은?

① 소내용 동력
② 복수기의 방열손
③ 연돌 배출가스 손실
④ 터빈 및 발전기의 손실

|정|답|및|해|설|
[복수기]
·터빈 중의 열 강하를 크게 함으로써 증기의 보유 열량을 가능한 많이 이용하려고 하는 장치
·열손실이 가장 크다(약 50[%]).
·부속 설비로 냉각수 순환 펌프, 복수펌프 및 추기 펌프 등이 있다.
【정답】②

23. 전력계통에서의 단락용량 증대가 문제가 되고 있다. 이러한 단락용량을 경감하는 대책이 아닌 것은?

① 사고 시 모선을 통합한다.
② 상위 전압 계통을 구성한다.
③ 모선 간에 한류 리액터를 삽입한다.
④ 발전기와 변압기의 임피던스를 크게 한다.

|정|답|및|해|설|

[단락용량 억제대책] $P_s = \dfrac{100}{\%Z}P_n$

·임피던스를 크게
·한류리액터 설치
·계통 분리
【정답】①

24. 피뢰기의 구비조건이 아닌 것은?

① 속류의 차단 능력이 충분할 것
② 충격방전 개시전압이 높을 것
③ 상용 주파 방전 개시 전압이 높을 것
④ 방전 내량이 크고, 제한전압이 낮을 것

|정|답|및|해|설|
[피뢰기의 구비 조건]
① 충격 방전 개시 전압이 낮을 것
② 상용 주파 방전 개시 전압이 높을 것
③ 방전내량이 크면서 제한 전압이 낮을 것
④ 속류 차단 능력이 충분할 것
【정답】②

25. 150[kVA] 전력용 콘덴서에 제5고조파를 억제시키기 위해 필요한 직렬 리액터의 최소 용량은 몇 [kVA]인가?

① 1.5   ② 3

③ 4.5   ④ 6

|정|답|및|해|설|

[직렬 리액터] 직렬 리액터(SR)의 설치 목적은 제5고조파 제거이다.

· 직렬 리액터 용량 $5\omega L = \dfrac{1}{5\omega C} \rightarrow 2\pi \cdot 5 f_0 L = \dfrac{1}{2\pi 5 f_0 C}$

· 이론적 : 4[%], 실제 : 5~6[%]

· $\omega L = \dfrac{1}{25\omega C} = 0.04 \dfrac{1}{\omega C} = 0.04 \times 150 = 6[kVA]$

【정답】 ④

---

26. 영상변류기와 관계가 가장 깊은 계전기는?

① 차동계전기   ② 과전류계전기

③ 과전압계전기   ④ 선택접지계전기

|정|답|및|해|설|

[영상변류기 (ZCT)]

· 지락사고시 지락전류(영상전류)를 검출

· 지락(접지)계전기와 연결   【정답】 ④

---

27. 3상 계통에서 수전단전압 60[kV], 전류 250[A], 선로의 저항 및 리액턴스가 각각 7.61[Ω], 11.85[Ω]일 때 전압강하율은? 단, 부하역률은 0.8(늦음)이다.

① 약 5.50[%]   ② 약 7.34[%]

③ 약 8.69[%]   ④ 약 9.52[%]

|정|답|및|해|설|

[전압 강하율] $\epsilon = \dfrac{V_s - V_r}{V_r} \times 100$

$= \dfrac{\sqrt{3} I (R\cos\theta_r + X\sin\theta_r)}{V_r} \times 100[\%]$

여기서, $\cos\theta$: 역률, $\sin\theta$: 무효율

V_s : 정격부하시의 송전단 전압

V_r : 정격부하시의 수전단 전압

$\epsilon = \dfrac{\sqrt{3} I (R\cos\theta + X\sin\theta)}{V_r} \times 100$

$= \dfrac{\sqrt{3} \times 250(7.61 \times 0.8 + 11.85 \times 0.6)}{60,000} \times 100 = 9.52[\%]$

【정답】 ④

---

28. 선간전압, 부하역률, 선로손실, 전선중량 및 배전거리가 같다고 할 경우 단상 2선식과 3상 3선식의 공급전력의 비(단상/3상)는?

① $\dfrac{3}{2}$ ② $\dfrac{1}{\sqrt{3}}$

③ $\sqrt{3}$ ④ $\dfrac{\sqrt{3}}{2}$

|정|답|및|해|설|

· 중량비가 동일

$\dfrac{3상3선식}{단상2선식} = 가닥수 \times \dfrac{1}{저항비}$

$= \dfrac{3}{2} \times \dfrac{R_1}{R_3} = 1 \rightarrow \dfrac{R_1}{R_3} = \dfrac{2}{3}$

· 선로손실이 동일

$2I_1^2 R_1 = 3I_3^2 R_3 \rightarrow \left(\dfrac{I_1}{I_3}\right)^2 = \dfrac{3}{2} \times \left(\dfrac{R_3}{R_1}\right) = \dfrac{3}{2} \times \dfrac{3}{2} = \left(\dfrac{3}{2}\right)^2$

$\left(\dfrac{I_1}{I_3}\right) = \dfrac{3}{2}$

· 공급전력비(전압, 역률이 동일)

$\dfrac{단상2선식}{3상3선식} = \dfrac{V_1 I_1 \cos\theta_1}{\sqrt{3} V_3 I_3 \cos\theta_3} = \dfrac{1}{\sqrt{3}} \times \dfrac{I_1}{I_3} = \dfrac{1}{\sqrt{3}} \times \dfrac{3}{2} = \dfrac{\sqrt{3}}{2}$

【정답】 ④

---

29. 배전선로의 용어 중 틀린 것은?

① 궤전점 : 간선과 분기선의 접속점

② 분기선 : 간선으로 분기되는 변압기에 이르는 선로

③ 간선 : 급전선에 접속되어 부하로 전력을 공급하거나 분기선을 통하여 배전하는 선로

④ 급전선 : 배전용 변전소에서 인출되는 배전선로에서 최초의 분기점까지의 전선으로 도중에 부하가 접속되어 있지 않은 선로

[궤전선] 전차선 등에 대해 전력을 공급하지 위하여 <u>궤전 분기</u>
<u>선을 접속</u>　　　　　　　　　　　　　　　　【정답】①

---

30. 송전계통에서 발생한 고장 때문에 일부 계통의
위상각이 커져서 동기를 벗어나려고 할 경우 이것
을 검출하고 계통을 분리하기 위해서 차단하지
않으면 안 될 경우에는 사용되는 계전기는?

　① 한시계전기　　　② 선택단락계전기

　③ 탈조보호계전기　④ 방향거리계전기

[탈조보호계전기] 송전계통에서 발생한 고장 때문에 일부 계
통의 위상각이 커져서 동기를 벗어나려고 할 경우 이것을 검출하
고 계통을 분리하기 위해서 차단하지 않으면 안 될 경우에 사용
되는 계전기　　　　　　　　　　　　　　　　【정답】③

---

31. 보일러 급수 중에 포함되어 있는 산소 등에 의한
보일러배관의 부식을 방지할 목적으로 사용되는
장치는?

　① 탈기기　　　　　② 공기 예열기

　③ 급수 가열기　　　④ 수위 경보기

[탈기기] 급수 중의 용존 산소 및 이산화탄소 분리
　　　　　　　　　　　　　　　　　　　　　【정답】①

---

32. 선간거리를 D, 전선의 반지름을 r이라 할 때 송전
선의 정전용량은?

　① $\log_{10} \dfrac{D}{r}$에 비례한다.

　② $\log_{10} \dfrac{r}{D}$에 비례한다.

　③ $\log_{10} \dfrac{D}{r}$에 반비례한다.

　④ $\log_{10} \dfrac{r}{D}$에 반비례한다.

[작용 정전용량] $C_w = C_s + 2C_m = \dfrac{0.02413}{\log_{10} \dfrac{D}{r}} [\mu\mathrm{F/km}]$

　　　　　　　　　　　　　　　　　　　【정답】③

---

33. 전주 사이의 경간이 80[m]인 가공전선로에서 전
선 1[m]당의 하중이 0.37[kg], 전선의 이도가
0.8[m]일 때 수평장력은 몇 [kg]인가?

　① 330　　　　　　② 350

　③ 370　　　　　　④ 390

[이도] $D = \dfrac{WS^2}{8T} [m]$

W : 전선의 중량[kg/m], T : 전선의 수평 장력 [kg], S : 경간 [m]

수평장력 $T = \dfrac{WS^2}{8D} = \dfrac{0.37 \times 80^2}{8 \times 0.8} = \dfrac{0.37 \times 6{,}400}{6.4} = 370[kg]$

　　　　　　　　　　　　　　　　　　　【정답】③

---

34. 차단기의 정격 투입전류란 투입되는 전류의 최초
주파수의 어느 값을 말하는가?

　① 평균값　　　　　② 최대값

　③ 실효값　　　　　④ 직류값

[차단기의 정격 투입전류]
·성능에 지장 없이 투입할 수 있는 전류의 한도
·투입전류의 최초 <u>주파수에서의 최대값</u>으로 표기
·차단기의 정격 투입전류는 정격 차단전류(실효값)의 2.5배를
　표준　　　　　　　　　　　　　　　　　　【정답】②

---

35. 가공 송전선에 사용되는 애자 1연 중 전압부담이
최대인 애자는?

　① 중앙에 있는 애자

　② 철탑에 제일 가까운 애자

　③ 전선에 제일 가까운 애자

　④ 전선으로부터 1/4 지점에 있는 애자

|정|답|및|해|설|
[애자련의 전압부담]

· 전압 분담 최대 : 전선 쪽에서 가장 가까운 애자
· 전압 분담 최소 : 철탑에서 1/3 지점 애자

【정답】③

---

36. 송전선에 복도체를 사용하는 주된 목적은?

① 역률 개선　　② 정전용량의 감소

③ 인덕턴스의 증가　④ 코로나 발생의 방지

|정|답|및|해|설|

[복도체] 3상 송전선의 한 상당 전선을 2가닥 이상으로 한 것을 다도체라 하고, 2가닥으로 한 것을 보통 복도체라 한다.

[복도체의 특징]
① 코로나 임계전압이 15~20[%] 상승하여 코로나 발생을 억제
② 인덕턴스 20~30[%] 감소
③ 정전용량 20[%] 증가
④ 안정도가 증대된다.　　　　　　【정답】④

---

37. 송전선로의 중성점 접지의 주된 목적은?

① 단락전류 제한

② 송전용량의 극대화

③ 전압강하의 극소화

④ 이상전압의 발생 방지

|정|답|및|해|설|

[송전선의 중성점 접지 목적]
·1선 지락 시 전위 상승 억제, 계통의 기계기구의 절연 보호
·지락 사고 시 보호 계전기 동작의 확실
·과도안정도 증진
·이상 전압 발생 방지　　　　　　【정답】④

---

38. 다음 중 그 값이 1 이상인 것은?

① 부등률　　　　② 부하율

③ 수용률　　　　④ 전압강하율

|정|답|및|해|설|

[부등률] 최대 전력의 발생시각 또는 발생시기의 분산을 나타내는 지표로 일반적으로 부등률은 1보다 크다(부등률 ≥1)

$$부등률 = \frac{각 부하의 최대 수용 전력의 합계[kW]}{합성 최대 수용전력[kW]}$$

② 부하율 : 1보다 작다. 높을수록　설비가 효율적으로 사용
③ 수용률 : 1보다 작다. 1보다 크면 과부하
④ 전압강하율 : 수전전압에 대한 전압강하의 비를 백분율

【정답】①

---

39. 송전계통의 안정도 증진 방법에 대한 설명이 아닌 것은?

① 전압변동을 작게 한다.

② 직렬 리액턴스를 크게 한다.

③ 고장 시 발전기 입·출력의 불평형을 작게 한다.

④ 고장전류를 줄이고 고장 구간을 신속하게 차단한다.

|정|답|및|해|설|

[동기기의 안정도 향상 대책]
① 과도 리액턴스는 작게, 단락비는 크게 한다.
② 정상 임피던스는 작게, 영상, 역상 임피던스는 크게 한다.
③ 회전자의 플라이휠 효과를 크게 한다.
④ 속응 여자 방식을 채용한다.
⑤ 발전기의 조속기 동작을 신속하게 할 것
⑥ 동기 탈조 계전기를 사용한다.
⑦ 전압 변동을 작게 한다. 속응 여자 방식을 채택한다.
⑧ 고장 시 발전기 입·출력의 불평형을 작게 한다.

【정답】②

---

40. 고장점에서 전원 측을 본 계통 임피던스를 $Z[\Omega]$, 고장점의 상전압을 $E[V]$라 하면 3상 단락전류 $[A]$는?

① $\dfrac{E}{Z}$ ② $\dfrac{ZE}{\sqrt{3}}$

③ $\dfrac{\sqrt{3}\,E}{Z}$ ④ $\dfrac{3E}{Z}$

|정|답|및|해|설|

[3상 단락전류] $I_s = \dfrac{E}{Z} = \dfrac{\dfrac{V}{\sqrt{3}}}{Z} = \dfrac{V}{\sqrt{3}\,Z}$ 【정답】①

21. 송전선로의 뇌해 방지와 관계없는 것은?

① 댐퍼   ② 피뢰기

③ 매설지선   ④ 가공지선

|정|답|및|해|설|
[댐퍼] 전선의 진동 방지
② 피뢰기 : 이상 전압을 대지로 방류함으로서 그 파고치를 저
　감시켜 설비를 보호하는 장치
③ 매설지선 : 역섬락 방지
④ 가공지선 : 직격뇌, 유도뇌 차폐
　　　　　　　　　　　　　　　　　　　　　　　【정답】①

22. 제5고조파를 제거하기 위하여 전력용 콘덴서 용량
의 몇 [%]에 해당하는 직렬 리액터를 설치하는가?

① 2~3   ② 5~6

③ 7~8   ④ 9~10

|정|답|및|해|설|
[직렬 리액터] 제5고조파로부터 전력용 콘덴서 보호 및 파형
개선의 목적으로 사용
① 이론적으로는 콘덴서 용량의 4[%]
② 실재로는 콘덴서 용량의 6[%] 설치
　　　　　　　　　　　　　　　　　　　　　　　【정답】②

23. 분기회로용으로 개폐기 및 자동차단기의 2가지
역할을 수행하는 것은?

① 기중차단기   ② 진공차단기

③ 전력용 퓨즈   ④ 배선용차단기

|정|답|및|해|설|
[배선용 차단기(MCCB, NFB)] 분기회로 개폐, 자동차단
　　　　　　　　　　　　　　　　　　　　　　　【정답】④

24. 전력용 퓨즈는 주로 어떤 전류의 차단을 목적으로
사용하는가?

① 지락전류   ② 단락전류

③ 과도전류   ④ 과부하전류

|정|답|및|해|설|
[전력용 퓨즈] 고압 및 특별고압기기의 단락보호용 퓨즈이고
소호방식에 따라 한류형과 비한류형이 있다. 전력퓨즈는 주로
<u>단락전류의 차단을 목적</u>으로 사용된다.
　　　　　　　　　　　　　　　　　　　　　　　【정답】②

25. 변류기 개방 시 2차측을 단락하는 이유는?

① 측정 오차 방지   ② 2차측 절연보호

③ 1차측 과전류 방지   ④ 2차측 과전류 보호

|정|답|및|해|설|
변류기 2차측을 개방하면 1차 전류가 모두 여자전류가 되어
2차 권선에 매우 높은 전압이 유기되어 <u>절연이 파괴되고 소손</u>
<u>될 우려</u>가 있다.   【정답】②

26. 단상 승압기 1대를 사용하여 승압할 경우 승압기
의 전압을 E_1이라 하면, 승압 후의 전압 E_2는
어떻게 되는가? 단, 승압기의 변압비는
$\dfrac{전원측전압}{부하측전압} = \dfrac{e_1}{e_2}$이다.

① $E_2 = E_1 + e_1$ ② $E_2 = E_1 + e_2$

③ $E_2 = E_1 + \dfrac{e_2}{e_1}E_1$ ④ $E_2 = E_1 + \dfrac{e_1}{e_2}E_1$

|정|답|및|해|설|

[단권변압기] $\dfrac{V_h}{V_l} = \dfrac{n_1+n_2}{n_1} = \left(1+\dfrac{n_2}{n_1}\right)$

$\dfrac{E_2}{E_1} = \dfrac{n_1+n_2}{n_1} = \left(\dfrac{e_1+e_2}{e_1}\right) = \left(1+\dfrac{e_2}{e_1}\right)$

$\therefore E_2 = E_1\left(1+\dfrac{e_2}{e_1}\right)$

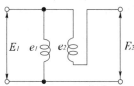

【정답】③

27. 보호계전기 동작이 가장 확실한 중성점 접지방식은?

① 비접지방식 ② 저항접지방식
③ 직접접지방식 ④ 소호리액터 접지방식

|정|답|및|해|설|

[직접 접지방식의 장·단점]
① 장점
·1선 지락시에 건전상의 대지전압이 거의 상승하지 않는다.
·피뢰기의 효과를 증진시킬 수 있다.
·단절연이 가능하다.
·계전기의 동작이 확실해 진다.
② 단점
·송전계통의 과도 안정도가 나빠진다.
·통신선에 유도장해가 크다.
·지락시 대전류가 흘러 기기에 손상을 준다.
·대용량 차단기가 필요하다.

【정답】③

28. 단상 2선식의 교류 배전선이 있다. 전선 한 줄의 저항은 $0.15[\Omega]$, 리액턴스는 $0.25[\Omega]$이다. 부하는 무유도성으로 100[V], 3[kW]일 때 급전점의 전압은 약 몇 [V]인가?

① 100 ② 110
③ 120 ④ 130

|정|답|및|해|설|

[송전단 전압] $V_s = V_r + 2I(R\cos\theta + X\sin\theta)$

무유도성 $(\cos\theta = 1,\ \sin\theta = 0)$이므로

$V_s = V_r + 2I(R\cos\theta + X\sin\theta) = 100 + 2\times\dfrac{3,000}{100}\times0.15 = 109[V]$

【정답】②

29. 변전소에서 사용되는 조상설비 중 지상용으로만 사용되는 조상설비는?

① 분로 리액터
② 동기 조상기
③ 전력용 콘덴서
④ 정지형 무효전력 보상장치

|정|답|및|해|설|

항목	동기 조상기	전력용 콘덴서	분로 리액터
전력손실	많음 (1.5~2.5[%])	적음 (0.3[%] 이하)	적음 (0.6[%] 이하)
가격	비싸다(전력용 콘덴서, 분로 리액터의 1.5~2.5배)	저렴	저렴
무효전력	진상, 지상 양용	진상전용	지상전용
조정	연속적	계단적	계단적
사고시 전압유지	큼	작음	적음
시송전	가능	불가능	불가능
보수	손질필요	용이	용이

조상설비는 전력용콘덴서, 분로리액터, 동기조상기가 있는데 지상용으로 사용되는 것은 분로리액터이다.

【정답】①

30. 3상 차단기의 정격차단용량을 나타낸 것은?

① $\sqrt{3}\times$정격전압$\times$정격전류
② $\dfrac{1}{\sqrt{3}}\times$정격전압$\times$정격전류
③ $\sqrt{3}\times$정격전압$\times$정격차단전류
④ $\dfrac{1}{\sqrt{3}}\times$정격전압$\times$정격차단전류

|정|답|및|해|설|
[3상용 차단기의 정격용량] $P_s = \sqrt{3}\,VI_s[MVA]$

여기서, V : 정격차단전압[V], I_s : 정격차단전류[MVA]

【정답】③

31. 3상 3선식 배전선로에 역률이 0.8(지상)인 3상 평형 부하 40[kW]를 연결했을 때 전압강하는 약 몇 [V]인가? 단, 부하의 전압은 200[V], 전선 1조의 저항은 0.02[Ω]이고, 리액턴스는 무시한다.

① 2   ② 3

③ 4   ④ 5

|정|답|및|해|설|
[3상 전압강하] $e = V_s - V_r = \sqrt{3}\,I(R\cos\theta + X\sin\theta)$

수전전력 $P = \sqrt{3}\,V_r I_r\cos\theta$ 이므로

$e = \sqrt{3}\,\dfrac{P}{\sqrt{3}\,V_r\cos\theta}(R\cos\theta + X\sin\theta) = \dfrac{P}{V_r}(R + X\tan\theta)$ 이며

선로의 리액턴스를 무시하면

$e = \dfrac{P}{V_r}R = \dfrac{40\times10^3\times0.02}{200} = 4[V]$

【정답】③

32. 우리나라에서 현재 사용되고 있는 송전전압에 해당되는 것은?

① 150[kV]   ② 220[kV]

③ 345[kV]   ④ 700[kV]

|정|답|및|해|설|
[현재 사용되는 송전전압] 154[kV], 345[kV], 765[kV]

【정답】③

33. 정정된 값 이상의 전류가 흘렀을 때 동작전류의 크기와 상관없이 항상 정해진 시간이 경과한 후에 동작하는 보호계전기는?

① 순시계전기

② 정한시계전기

③ 반한시계전기

④ 반한시성정한시계전기

|정|답|및|해|설|
[계전기의 시한특성]
· 순한시 특성 : 최소 동작전류 이상의 전류가 흐르면 즉시 동작, 고속도계전기
· 정한시 특성 : 일정한 시간에 동작
· 반한시 특성 : 고장 전류의 크기
· 반한시성 정한시 특성 : 동작전류가 적은 구간에서는 반한시 특성, 동작전류가 큰 구간에서는 정한시 특성

【정답】②

34. 3상 1회선 전선로에서 대지정전용량은 C_s이고 선간정전용량을 C_m이라 할 때, 작용정전용량 C_n은?

① $C_s + C_m$ ② $C_s + 2C_m$

③ $C_s + 3C_m$ ④ $2C_s + C_m$

|정|답|및|해|설|
[3상 1회선 작용 정전용량] $C_w = C_s + 3C_m[\mu F/km]$
[단상 1회선 작용 정전용량] $C_w = C_s + 2C_m[\mu F/km]$

【정답】③

35. 장거리 송전선로의 4단자 정수(A, B, C, D) 중 일반식을 잘못 표기한 것은?

① $A = \cosh\sqrt{ZY}$ ② $B = \sqrt{\dfrac{Z}{Y}}\sinh\sqrt{ZY}$

③ $C = \sqrt{\dfrac{Z}{Y}}\sinh\sqrt{ZY}$ ④ $D = \cosh\sqrt{ZY}$

|정|답|및|해|설|
[분포정수 회로 4단자정수]
· $A = \cosh\gamma l = \cosh\sqrt{ZY}$

· $B = Z_0\sinh\gamma l = \sqrt{\dfrac{Z}{Y}}\sinh\sqrt{ZY}$

· $C = \dfrac{1}{Z_o}\sinh\gamma l = \sqrt{\dfrac{Y}{Z}}\sinh\sqrt{ZY}$

· $D = \cosh\gamma l = \cosh\sqrt{ZY}$

【정답】③

36. 저압 뱅킹(Banking) 배전방식이 적당한 곳은?

① 농촌　　　　② 어촌

③ 화학공장　　④ 부하 밀집지역

|정|답|및|해|설|

[저압 뱅킹 방식] 고압선(모선)에 접속된 2대 이상의 변압기의 저압측을 병렬 접속하는 방식으로 <u>부하가 밀집된 시가지에 적합</u>

① 장점
　·변압기 용량을 저감할 수 있다.
　·변압기 용량 및 저압선 동량이 절감
　·부하 증가에 대한 탄력성이 향상

① 단점
　·캐스케이딩 현상 발생(저압선의 일부 고장으로 건전한 변압기의 일부 또는 전부가 차단되는 현상)

【정답】④

37. 보일러에서 흡수 열량이 가장 큰 것은?

① 수냉벽　　　② 과열기

③ 절탄기　　　④ 공기예열기

|정|답|및|해|설|

[수냉벽] 수냉벽의 흡수 열량(40~50[%])이 가장 크다. 효과적인 냉각을 하기 위함

【정답】①

38. 소호리액터 접지에 대한 설명으로 틀린 것은?

① 지락전류가 작다.

② 과도안정도가 높다.

③ 전자유도장애가 경감된다.

④ 선택지락계전기의 작동이 쉽다.

|정|답|및|해|설|

[소호리액터 접지 방식 특징]
·다른 접지방식에 비해서 지락전류가 최소
·건전상 이상전압이 제일 크다.
·보호계전기의 동작이 매우 모호하다.
·통신선 유도장해가 최소이다.
·1선과 대지간의 정전용량 3배
·과도 안정도가 가장 좋다.
·<u>지락계전기의 사고감지가 어렵다.</u>

【정답】④

39. 교류 저압 배전방식에서 밸런서를 필요로 하는 방식은?

① 단상 2선식　　② 단상 3선식

③ 3상 3선식　　④ 3상 4선식

|정|답|및|해|설|

[단상 3선식의 특징]
① 중성선에 퓨즈를 설치하지 않음
② 상시 부하에 불평형 문제 발생
③ 불평형 문제를 줄이기 위하여 저압선의 말단에 <u>밸런서</u>를 설치

【정답】②

40. 유효낙차가 40[%] 저하되면 수차의 효율이 20[%] 저하된다고 할 경우 이때의 출력은 원래의 약 몇 [%]인가? 단, 안내 날개의 열림은 불변인 것으로 한다.

① 37.2　　　　② 48.0

③ 52.7　　　　④ 63.7

|정|답|및|해|설|

[물의 이론 분출속도] $v = \sqrt{2gH}\,[\text{m/s}]$

여기서, g : 중력의 가속도, H : 수두(고저차)

[유량] $Q[m^3/\text{sec}] = A[m^2] \times v[m/\text{sec}] \propto \sqrt{H}$

[출력] $P = 9.8QH\eta$ 에서

$$P \propto H^{\frac{3}{2}}\eta \propto (0.6)^{\frac{3}{2}} \times 0.8 = 0.3718$$
$$\therefore P = 0.3718 \times 100 = 37.18[\%]$$

【정답】①

21. 단상 2선식에 비하여 단상 3선식의 특징으로 옳은 것은?

① 소요 전선량이 많아야 한다.

② 중성선에는 반드시 퓨즈를 끼워야 한다.

③ 110[V] 부하 외에 220[V] 부하의 사용이 가능하다.

④ 전압 불평형을 줄이기 위하여 저압선의 말단에 전력용 콘덴서를 설치한다.

|정|답|및|해|설|

[단상 3선식의 특징]
· 전선 소모량이 2선식에 비해 37.5%(경제적)
· 110/220의 두 종의 전원
· 중성선 단선 시 전압의 불평형 → 저압 밸런서의 설치
  −여자 임피던스가 크고 누설 임피던스가 작다.
  −권수비가 1:1인 단권 변압기
· 단상 2선식에 비해 효율이 높고 전압 강하도 적다.
· 조건 및 특성
  −변압기 2차측 1단자 제2종 접지 공사
  −개폐기는 동시 동작형
  −중성선에 퓨즈 설치하지 말 것

【정답】③

22. 정삼각형 배치의 선간거리가 5[m]이고, 전선의 지름이 1[cm]인 3상 가공 송전선의 1선의 정전용량은 약 몇 [μF/km]인가?

① 0.008   ② 0.016

③ 0.024   ④ 0.032

|정|답|및|해|설|

[단상 1회선 작용 정전용량]

$$C_w = C_s + 2C_m = \frac{0.02413}{\log_{10}\dfrac{D}{r}} = \frac{0.02413}{\log_{10}\dfrac{5}{0.5 \times 10^{-2}}} = 0.008[\mu F/km]$$

여기서, r : 반지름

【정답】①

23. 수력발전소의 취수 방법에 따른 분류로 틀린 것은?

① 댐식   ② 수로식

③ 역조정지식   ④ 유역변경식

|정|답|및|해|설|

[취수 방식에 따른 분류]
· 수로식 : 하천 하류의 구배를 이용할 수 있도록 수로를 설치하여 낙차를 얻는 발전방식
· 댐식 : 댐을 설치하여 낙차를 얻는 발전 방식
· 댐수로식 : 수로식+댐식
· 유역변경식 : 유량이 풍부한 하천과 낙차가 큰 하천을 연결하여 발전하는 방식

※ 역조정지식은 유량을 취하는 방법

【정답】③

24. 선로의 특성임피던스에 관한 내용으로 옳은 것은?

① 선로의 길이에 관계없이 일정하다.

② 선로의 길이가 길어질수록 값이 커진다.

③ 선로의 길이가 길어질수록 값이 작아진다.

④ 선로의 길이보다는 부하전력에 따라 값이 변한다.

|정|답|및|해|설|

[특성임피던스] $Z_o = \sqrt{\dfrac{L}{C}}$ → 특성임피던스는 길이에 무관

【정답】①

25. 송전선에 복도체를 사용할 때의 설명으로 틀린 것은?

① 코로나 손실이 경감된다.

② 안정도가 상승하고 송전용량이 증가한다.

③ 정전 반발력에 의한 전선의 진동이 감소된다.

④ 전선의 인덕턴스는 감소하고, 정전용량이 증가한다.

[복도체] 도체가 1가닥인 것은 2가닥으로 나누어 도체의 등가 반지름을 키우겠다는 것

[장점]
① 코로나 임계전압 상승
② 선로의 인덕턴스 감소
③ 선로의 정전용량 증가
④ 허용 전류가 증가
⑤ 선로의 송전용량 20[%] 정도 증가

[단점]
① 페란티 효과에 의한 수전단의 전압 상승
② 강풍 또는 빙설기 부착에 의한 전선의 진동, 동요가 발생
③ 코로나 임계전압이 낮아져 코로나 발생 용이

【정답】③

---

26. 화력발전소에서 증기 및 급수가 흐르는 순서는?

① 보일러→과열기→절탄기→터빈→복수기
② 보일러→절탄기→과열기→터빈→복수기
③ 절탄기→보일러→과열기→터빈→복수기
④ 절탄기→과열기→보일러→터빈→복수기

실제 기력 발전소에 쓰이는 기본 사이클은 다음과 같다.

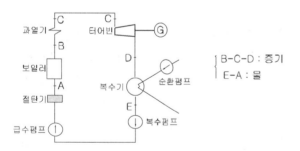

$$\begin{cases} \text{B-C-D : 증기} \\ \text{E-A : 물} \end{cases}$$

보일러와 터빈 사이에는 과열기가 있어서 포화증기를 고온건조 함과 열증기로 해주어야 한다. 그리고 절탄기는 보일러에 열효율을 높이기 위한 것으로 보일러 앞에 설치한다.

[랭킨사이클] 급수 펌프(단열압축) → 절탄기 → 보일러(등압가열) → 터빈(단열팽창) → 복수기(등압냉각)

【정답】③

---

27. 선간전압이 V[kV]이고, 1상의 대지정전용량이 C[μF], 주파수가 f[Hz]인 3상 3선식 1회선 송전선의 소호리액터 접지방식에서 소호리액터의 용량은 몇 [kVA]인가?

① $6\pi f C V^2 \times 10^{-3}$
② $3\pi f C V^2 \times 10^{-3}$
③ $2\pi C V^2 \times 10^{-3}$
④ $\sqrt{3}\,\pi f C V^2 \times 10^{-3}$

[소호리액터의 용량(3상 1회선)]
$$P = 3EI = 3E \times 2\pi f CE = 3 \times 2\pi f CE^2 \times 10^{-3} [\text{kVA}]$$
$$= 3 \times 2\pi f C \times 10^{-6} \times \left(\frac{V}{\sqrt{3}} \times 10^3\right)^2 \times 10^{-3}$$
$$= 2\pi f C V^2 \times 10^{-3} [\text{kVA}]$$

【정답】③

---

28. 중성점 비접지방식을 이용하는 것이 적당한 것은?

① 고전압 장거리
② 고전압 단거리
③ 저전압 장거리
④ 저전압 단거리

[중성점 비접지 방식]
· 적용 : 33[kV] 이하 계통에 적용
· 저전압, 단거리(33[kV] 이하) 중성점을 접지하지 않는 방식
· 전압 상승은 $\sqrt{3}$ 배
· 선로의 길이가 짧거나 전압이 낮은 계통에서 사용
· 중성점이 없는 $\triangle - \triangle$ 결선 방식이 가장 많이 사용된다.

【정답】④

---

29. 수전단전압이 3,300[V]이고, 전압강하율이 4[%]인 송전선의 송전단전압은 몇 [V]인가?

① 3395
② 3432
③ 3495
④ 5678

[전압 강하율] $\epsilon = \dfrac{V_s - V_r}{V_r} \times 100[\%]$

송전단 전압 $V_s = (1 + \epsilon)V_r = (1 + 0.04) \times 3300 = 3432[\text{V}]$

【정답】②

30. 현수애자 4개를 1련으로 한 66[kV] 송전선로가 있다. 현수애자 1개의 절연저항은 1,500[MΩ], 이 선로의 경간이 200[m]라면 선로 1[km]당의 누설 컨덕턴스는 몇 [℧]인가?

① 0.83×10^{-9}
② 0.83×10^{-6}
③ 0.83×10^{-3}
④ 0.83×10^{-2}

|정|답|및|해|설|

현수애자 1련의 저항 2000[[MΩ] 4개 직렬 접속
$r = 1500[MΩ] \times 4 = 6 \times 10^9 [Ω]$
표준경간 200[m], 1[km]당 현수애자 5련 설치(병렬 접속)
$R = \dfrac{r}{n} = \dfrac{6}{5} \times 10^9 [Ω]$

누설 콘덕턴스 $G = \dfrac{1}{R} = \dfrac{5}{6} \times 10^{-9} = 0.83 \times 10^{-9} [℧]$

【정답】①

31. 변압기의 손실 중 철손의 감소 대책이 아닌 것은?

① 자속 밀도의 감소
② 권선의 단면적 증가
③ 아몰퍼스 변압기의 채용
④ 고배향성 규소 강판 사용

|정|답|및|해|설|

[철손] 히스테리시스손+와류손
철손을 감소하려면 히스테리시스손과 와류손이 감소되어야 하며
-권선의 단면적 감소
-자속밀도의 감소
-규소강판 성층철심 사용
-아몰퍼스 변압기 채용(아몰퍼스 강을 소재로 하여 철손이 1/10로 감소)

【정답】②

32. 변압기 내부 고장에 대한 보호용으로 현재 가장 많이 쓰이고 있는 계전기는?

① 주파수 계전기
② 전압차동 계전기
③ 비율차동 계전기
④ 방향 거리 계전기

|정|답|및|해|설|

[비율 차동 계전기] 비율 차동 계전기는 발전기나 변압기 등이

고장에 의해 생긴 불평형의 전류 차가 평형 전류의 몇 [%] 이상 되었을 때 동작하는 계전기로 기기의 <u>내부 고장 보호</u>에 쓰인다.
· 선로 보호 : 거리계전기(임피던스계전기, mho 계전기)
· 기기 보호
 -차동 계전기(DfR) : 양쪽 전류의 차로 동작
 -비율차동 계전기(RDfR) : 발·변압기 층간, 단락 보호(내부 고장 보호)

【정답】③

33. 그림과 같은 전선로의 단락 용량은 약 몇 [MVA] 인가? 단, 그림의 수치는 10,000[kVA]를 기준으로 한 %리액턴스를 나타낸다.

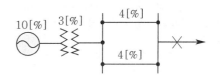

① 33.7
② 66.7
③ 99.7
④ 132.7

|정|답|및|해|설|

[직·병렬 합성 %임피던스] $\%Z = 10 + 3 + \dfrac{4 \times 4}{4+4} = 15[\%]$

[단락용량] $P_s = \dfrac{100}{\%Z} P_n = \dfrac{100}{15} \times 10,000 \times 10^{-3} = 66.7[MVA]$

여기서, P_n : 정격용량

【정답】②

34. 영상변류기를 사용하는 계전기는?

① 지락계전기
② 차동계전기
③ 과전류계전기
④ 과전압계전기

|정|답|및|해|설|

[영상 변류기(ZCT)] 영상 변류기(ZCT)는 영상 전류를 검출한다. 따라서 <u>지락 과전류 계전기</u>에는 영상 전류를 검출하도록 되어있고, 지락 사고를 방지한다.

【정답】①

35. 전선의 지지점 높이가 31[m]이고, 전선의 이도가 9[m]라면 전선의 평균 높이는 몇 [m]인가?

① 25.0
② 26.5
③ 28.5
④ 30.0

| 정 | 답 | 및 | 해 | 설 |
_____

[전선의 평균 높이] $h = h' - \dfrac{2}{3}D = 31 - \dfrac{2}{3} \times 9 = 25[m]$

여기서, h : 전선의 평균 높이, h' : 전선의 지지점의 높이
　　　　 D : 이도 　　　　　　　　　　　　　 【정답】①

36. 초고압용 차단기에서 개폐저항을 사용하는 이유는?

① 차단 전류 감소　　② 이상 전압 감쇄

③ 차단 속도 증진　　④ 차단 전류의 역률 개선

| 정 | 답 | 및 | 해 | 설 |
_____

[내부 이상전압] 직격뢰, 유도뢰를 제외한 나머지
・개폐서지 : 무부하 충전전류 개로 시 가장 크다.
　개폐저항기(SOV)
・1선 지락 사고 시 건전상의 대지전위 상승
・잔류전압에 의한 전위 상승
・경부하(무부하)시 페란티 현상에 의한 전위 상승
　　　　　　　　　　　　　　　　　　　 【정답】②

37. 전력계통 안정도는 외란의 종류에 따라 구분되는
데, 송전선로에서의 고장, 발전기 탈락과 같은
큰 외란에 대한 전력계통의 동기운전 가능 여부로
판정되는 안정도는?

① 과도안정도　　　　② 정태안정도

③ 전압안정도　　　　④ 미소신호안정도

| 정 | 답 | 및 | 해 | 설 |
_____

[과도 안정도] 부하의 급변, 선로의 개폐, 접지, 단락 등의 고장
또는 기타의 원인에 의해서 <u>운전상태가 급변하여도 계통이 안
정을 유지하는 정도</u>

① 정태 안정도 : 부하를 서서히 증가하는 경우 탈조하지 않고
　어느 범위까지 안정하게 운전할 수 있는 정도
② 동태 안정도 : 발전기를 송전선에 접속하고 <u>자동 전압조정기(AVR)</u>
　로 여자전류를 제어하며, 발전기 단자전압이 정전압으로 안정하게
　운전할 수 있는 정도 　　　　　　　　　 【정답】①

38. 역률 개선에 의한 배전계통의 효과가 아닌 것은?

① 전력 손실 감소

② 전압강하 감소

③ 변압기 용량 감소

④ 전선의 표피효과 감소

| 정 | 답 | 및 | 해 | 설 |
_____

[역률 개선] 유도성 무효전력을 상쇄시킴으로써 전체 무효전력
을 감소시켜 역률을 향상시키는 것

[역률 개선의 효과]
・변압기와 배전선의 전력 손실 경감
・전압 강하의 감소
・설비 용량의 여유 증가
・전기 요금의 감소 　　　　　　　　　　　 【정답】④

39. 원자력 발전의 특징이 아닌 것은?

① 건설비와 연료비가 높다.

② 설비는 국내 관련 사업을 발전시킨다.

③ 수송 및 저장이 용이하여 비용이 절감된다.

④ 방사선 측정기, 폐기물 처리 장치 등이 필요
하다.

| 정 | 답 | 및 | 해 | 설 |
_____

[원자력 발전의 특징]
① 처음에는 과잉량의 핵연료를 넣고 그 후에는 조금씩 보급하면
　되므로 연료의 수송기지와 저장 시설이 크게 필요하지 않다.
② 대기 수질 토양 오염이 없는 깨끗한 에너지이다.
③ 연료의 수송과 저장이 용이하다.
④ 핵연료의 허용온도와 열전달특성 등에 의해서 증발 조건이
　결정되므로 비교적 저온, 저압의 증기로 운전 된다.
⑤ 핵분열 생성물에 의한 방사선 장해와 방사선 폐기물이 발생
　하므로 방사선측정기, 폐기물처리장치 등이 필요하다.
　　　　　　　　　　　　　　　　　　　 【정답】①

40. 최대 전력의 발생시각 또는 발생시기의 분산을
나타내는 지표는?

① 부등률　　　　　　② 부하율

③ 수용률　　　　　　④ 전일효율

| 정 | 답 | 및 | 해 | 설 |
_____

[부등률] 최대 전력의 발생시각 또는 발생시기의 분산을 나타
내는 지표, 일반적으로 부등률은 1보다 크다(부등률 ≥ 1)

부등률 $= \dfrac{\text{각각의 최대 수용 전력 합계}}{\text{합성 최대 수용 전력}}$ 　　　 【정답】①

2017 전기산업기사 기출문제

1회

21. 19/1.8[mm] 경동연선의 바깥지름은 몇 [mm]인가?

① 5   ② 7

③ 9   ④ 11

|정|답|및|해|설|

연선 [19/1.8]는 1.8[mm] 19가닥의 연선이며, 19가닥이면 연선은 2층이므로

바깥지름 $D = (2n+1)d = (2 \times 2 + 1) \times 1.8 = 9[mm]$

【정답】③

22. 일반적으로 전선 1가닥의 단위 길이당의 작용 정전용량 다음과 같이 표시되는 경우 D가 의미하는 것은?

$$C_n = \frac{0.02413\epsilon_s}{\log_{10}\dfrac{D}{r}}[\mu F/km]$$

① 선간거리[m]   ② 전선 지름[m]

③ 전선 반지름[m]   ④ 선간거리 $\times \dfrac{1}{2}$[m]

|정|답|및|해|설|

[작용정전용량] $C_n = \dfrac{0.02413\epsilon_s}{\log_{10}\dfrac{D}{r}}[\mu F/km]$

여기서 r : 전선의 반지름, D : 등가 선간거리

【정답】①

23. 3상 3선식 1선 1[km]의 임피던스가 $Z[\Omega]$이고, 어드미턴스가 $Y[℧]$일 때 특성 임피던스는?

① $\sqrt{\dfrac{Z}{Y}}$ ② $\sqrt{\dfrac{Y}{Z}}$

③ $\sqrt{ZY}$ ④ $\sqrt{Z+Y}$

|정|답|및|해|설|

[특성 임피던스] $Z_0 = \sqrt{\dfrac{Z}{Y}} = \sqrt{\dfrac{r+j\omega L}{g+j\omega C}} ≒ \sqrt{\dfrac{L}{C}}$

【정답】①

24. 역률 개선을 통해 얻을 수 있는 효과와 거리가 먼 것은?

① 고조파 제거

② 전력 손실의 경감

③ 전압 강하의 경감

④ 설비 용량의 여유분 증가

|정|답|및|해|설|

[역률 개선의 효과]

· 전력 손실 경감

· 전압강하 경감

· 설비용량의 여유분 증가

· 전력요금의 절약

※ 고조파는 변압기의 △ 결선(제3고조파)이나 콘덴서의 직렬 리액터(제5고조파)로 제거한다.)   【정답】①

25. 송전단 전압이 154[kV], 수전단 전압이 150[kV]인 송진신로에서 부하를 차단하였을 때 수전단 전압이 152[kV]가 되었다면 전압 변동률은 약 몇 [%]인가?

① 1.11 ② 1.33
③ 1.63 ④ 2.25

|정|답|및|해|설|

[전압 변동률] $\delta = \dfrac{V_0 - V_m}{V_m} \times 100 [\%]$

여기서, V_0 : 무부하 상태에서의 수전단 전압
V_m : 정격부하 상태에서의 수전단 전압

$\delta = \dfrac{V_0 - V_m}{V_m} \times 100 = \dfrac{152 - 150}{60000} \times 100 = 1.33 [\%]$

【정답】②

26. 다음 중 VCB의 소호 원리로 맞는 것은?

① 압축된 공기를 아크에 불어넣어서 차단
② 절연유 분해가스의 흡부력을 이용해서 차단
③ 고진공에서 전자의 고속도 확산에 의해 차단
④ 고성능 절연특성을 가진 가스를 이용하여 차단

|정|답|및|해|설|

[차단기의 종류 및 소호 작용]
① 유입 차단기(OCB) : 절연유 분해가스의 흡부력을 이용해서 차단
② 자기 차단기(MBB) : 자기력으로 소호
③ 공기 차단기(ABB) : 압축된 공기를 아크에 불어넣어서 차단
④ 가스 차단기(GCB) : SF_6 가스 이용
⑤ 기중 차단기(ACB) : 대기중에서 아크를 길게 하여 소호실에서 냉각 차단
⑥ 진공 차단기(VCB) : 진공 상태에서 아크 확산 작용을 이용하여 소호한다.

【정답】③

27. 선간 단락 고장을 대칭좌표법으로 해석할 경우 필요한 것 모두를 나열한 것은?

① 정상 임피던스
② 역상 임피던스

③ 정상 임피던스, 역상 임피던스
④ 정상 임피던스, 영상 임피던스

|정|답|및|해|설|

·정상상태 : 각 상이 정상적이다.
·선간 단락 고장 : 한 상은 정상전류, 다른 한 상은 역상전류
【정답】③

28. 피뢰기의 제한전압에 대한 설명으로 옳은 것은?

① 방전을 개시할 때의 단자전압의 순시값
② 피뢰기 동작 중 단자전압의 파고값
③ 특성요소에 흐르는 전압의 순시값
④ 피뢰기에 걸린 회로전압

|정|답|및|해|설|

[피뢰기의 제한전압] 충격파전류가 흐르고 있을 때의 피뢰기의 단자전압의 파고치
【정답】②

29. 전력계통에서 안정도의 종류에 속하지 않는 것은?

① 상태 안정도 ② 정태 안정도
③ 과도 안정도 ④ 동태 안정도

|정|답|및|해|설|

[안정도 종류]
① 정태 안정도 : 정상 운전 시 여자를 일정하게 유지하고 부하를 서서히 증가시켜 동기 이탈하지 않고 어느 정도 안정할 수 있는 정도
② 과도 안정도 : 과도상태가 경과 후에도 안정하게 운전할 수 있는 정도
③ 동태 안정도 : 고성능의 AVR, 조속기 등이 갖는 제어효과까지도 고려한 안정도를 말한다.
【정답】①

30. 3,300[V], 60[Hz], 뒤진 역률 60[%], 300[kW]의 단상 부하가 있다. 그 역률을 100[%]로 하기 위한 전력용 콘덴서의 용량은 몇[kVA]인가?

① 150 ② 250
③ 400 ④ 500

[역률 개선용 콘덴서의 용량]

$$Q = P(\tan\theta_1 - \tan\theta_2) = P\left(\frac{\sin\theta_1}{\cos\theta_1} - \frac{\sin\theta_2}{\cos\theta_2}\right)$$

$$= P\left(\frac{\sqrt{1-\cos^2\theta_1}}{\cos\theta_1} - \frac{\sqrt{1-\cos^2\theta_2}}{\cos\theta_2}\right)$$

여기서, $\cos\theta_1$: 개선 전 역률, $\cos\theta_2$: 개선 후 역률

$$Q = 300\left(\frac{0.8}{0.6} - \frac{0}{1}\right) = 400[kVA]$$

【정답】③

---

31. 저수지에서 취수구에 제수문을 설치하는 목적은?

① 낙차를 높인다.　　② 어족을 보호한다.

③ 수차를 조절한다.　　④ 유량을 조절한다.

취수구에 제수문을 설치하는 주된 목적은 취수량을 조절하고, 수압관 수리 시 물의 유입을 단절하기 위함이다.

【정답】④

---

32. 거리 계전기의 종류가 아닌 것은?

① 모우(Mho)형

② 임피던스(Impedance)형

③ 리액턴스(Reactance)형

④ 정전용량(Capacitance)형

[거리 계전기]

·거리계전기는 전압과 전류를 입력량으로 하여 전압과 전류의 비가 일정값 이하로 될 경우 동작하는 계전기이다.

·종류로는 임피던스형 계전기, 리액턴스형 계전기, Mho(모우)형 계전기, 오옴형 계전기, off-set MHO형 계전기, 4변형 리액턴스 계전기 등이 있다.

【정답】④

---

33. 전력용 퓨즈의 설명으로 옳지 않은 것은?

① 소형으로 큰 차단용량을 갖는다.

② 가격이 싸고 유지 보수가 간단하다.

③ 밀폐형 퓨즈는 차단 시에 소음이 없다.

④ 과도 전류에 의해 쉽게 용단되지 않는다.

[전력용 퓨즈의 장점]

① 소형, 경량이다.

② 과도전류를 고속도 차단할 수 있다.

③ 소형으로 큰 차단용량을 가진다.

④ 가격이 싸고, 유지보수가 간단하다.

※ 단점, 결상의 우려가 있다. 재투입할 수 없다.

【정답】④

---

34. 갈수량이란 어떤 유량을 말하는가?

① 1년 365일 중 95일간은 이보다 낮아지지 않는 유량

② 1년 365일 중 185일간은 이보다 낮아지지 않는 유량

③ 1년 365일 중 275일간은 이보다 낮아지지 않는 유량

④ 1년 365일 중 355일간은 이보다 낮아지지 않는 유량

·갈수량 : 1년을 통하여 355일은 이보다 내려가지 않는 유량

·홍수량 : 3~5년에 한 번씩 발생하는 홍수의 유량

·풍수량 : 1년을 통하여 95일은 이보다 내려가지 않는 유량

·고수량 : 매년 한두 번 발생하는 출수의 유량

·평수량 : 1년을 통하여 185일은 이보다 내려가지 않는 유량

·저수량 : 1년을 통하여 275일은 이보다 내려가지 않는 유량

【정답】④

---

35. 가공 선로에서 이도를 D[m]라 하면 전선의 실제 길이는 경간 S[m]보다 얼마나 차이가 나는가?

① $\dfrac{5D}{8S}$　　　　② $\dfrac{3D^2}{8S}$

③ $\dfrac{9D}{8S^2}$　　　　④ $\dfrac{8D^2}{3S}$

[전선의 실제 길이] $L = S + \dfrac{8D^2}{3S}[m]$

여기서, S : 경간[m], D : 이도[m]

경간 S보다 $\dfrac{8D^2}{3S}[m]$만큼 더 길다.

【정답】④

36. 유도뢰에 대한 차폐에서 가공지선이 있을 경우 전선 상에 유기되는 전하를 q_1, 가공지선이 없을 때 유기되는 전하를 q_0 라 할 때 가공지선의 보호율을 구하면?

① $\dfrac{q_0}{q_1}$ ② $\dfrac{q_1}{q_0}$

③ $q_1 \times q_0$ ④ $q_1 - \mu_s q_0$

|정|답|및|해|설|

[가공지선의 보호율] $m = \dfrac{q_1}{q_0}$

q_1 : 가공지선이 있을 경우 전선 상에 유기되는 전하
q_0 : 가공지선이 없을 때 유기되는 전하

· m의 대략값(3상 1회선)
 −가공지선이 1가닥인 경우 : 0.5
 −가공지선이 2가닥인 겨우 : 0.3~0.4
· m의 대략값(3상 2회선)
 −가공지선이 1가닥인 경우 : 0.45~0.6
 −가공지선이 2가닥인 겨우 : 0.35~0.5

【정답】②

37. 어떤 건물에서 총 설비 부하용량이 700[kW], 수용률이 70[%]라면, 변압기 용량은 최소 몇 [kVA]로 하여야 하는가? 단, 여기서 설비 부하의 종합 역률은 0.8이다.

① 425.9 ② 513.8

③ 612.5 ④ 739.2

|정|답|및|해|설|

변압기 용량 $= \dfrac{설비용량 \times 수용률}{부등률 \times 역률} = \dfrac{700 \times 0.7}{0.8} = 612.5[kVA]$

【정답】③

38. 동작전류가 커질수록 동작시간이 짧게 되는 특성을 가진 계전기는?

① 반한시 계전기 ② 정한시 계전기
③ 순한시 계전기 ④ 부한시 계전기

|정|답|및|해|설|

[보호 계전기의 특징]
① 순환시 계전기 : 최소 동작 전류 이상의 전류가 흐르면 즉시 동작하는 특성
② 반한시 계전기 : 동작 전류가 커질수록 동작 시간이 짧게 되는 특성
③ 정한시 계전기 : 동작 전류의 크기에 관계없이 일정한 시간에 동작하는 특성
④ 반한시 정한시 특성 : 동작전류가 적은 구간에서는 반한시 특성, 동작전류가 큰 구간에서는 정한시 특성

【정답】①

39. 전력 원선도의 가로축(㉠)과 세로축(㉡)이 나타내는 것은?

① ㉠ 최대전력, ㉡ 피상전력
② ㉠ 유효전력, ㉡ 무효전력
③ ㉠ 조상용량, ㉡ 송전손실
④ ㉠ 송전효율, ㉡ 코로나손실

|정|답|및|해|설|

[전력 원선도]
· 가로축 : 유효전력
· 세로축 : 무효전력

【정답】②

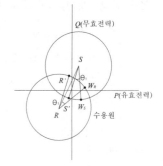

40. 직접접지방식에 대한 설명이 아닌 것은?

① 과도안정도가 좋다.
② 변압기의 단절연이 가능하다.
③ 보호계전기의 동작이 용이하다.
④ 계통의 절연수준이 낮아지므로 경제적이다.

|정|답|및|해|설|

[직접접지방식의 장점]
① 1선 지락시에 건전성의 대지전압이 거의 상승하지 않는다.
② 피뢰기의 효과를 증진시킬 수 있다.

③ 단절연이 가능하다.
④ 계전기의 동작이 확실해 진다.
[직접접지방식의 단점]
① 송전계통의 <u>과도안정도가 나빠진다.</u>
② 통신선에 유도장해가 크다.
③ 지락시 대전류가 흘러 기기에 손실을 준다.
④ 대용량 차단기가 필요하다.

【정답】①

21. 개폐 서지를 흡수할 목적으로 설치하는 것의 약어는?

① CT
② SA
③ GIS
④ ATS

|정|답|및|해|설|
[서지흡수기(SA)]
· CT(계기용 변류기) : 대전류를 소전류로 변성하여 계기나계전기에 공급하기 위한 목적으로 사용되며 2차측 정격전류는 5[A]이다.
· SA(서지흡수기) : 변압기, 발전기 등을 서지로부터 보호
· GIS(가스 절연 개폐기) : SF_6 가스를 이용하여 정상상태 및 사고, 단락 등의 고장상태에서 선로를 안전하게 개폐하여 보호
· ATS(자동절환 개폐기) : 주 전원이 정전되거나 전압이 기준치 이하로 떨어질 경우 예비전원으로 자동 절환 하는 개폐기

【정답】②

22. 다음 중 표준형 철탑이 아닌 것은?

① 내선 철탑
② 직선 철탑
③ 각도 철탑
④ 인류 철탑

|정|답|및|해|설|
[표준 철탑]
1. 직선형(A형) : 전선로의 직선 부분 (3°이하의 수평 각도 이루는 곳 포함)에 사용
2. 각도형(B, C형) : 전선로 중 수평 각도 3°를 넘는 곳에 사용
3. 인류형(D형) : 전 가섭선을 인류하는 곳에 사용
4. 내장형(E형) : 전선로 지지물 양측의 경간차가 큰 곳에 사용하며, E철탑이라고도 한다.
5. 보강형 : 전선로 직선 부분을 보강하기 위하여 사용

【정답】①

23. 전력계통의 전압 안정도를 나타내는 P-V 곡선에 대한 설명 중 적합하지 않은 것은?

① 가로축은 수전단 전압을 세로축은 무효전력을 나타낸다.
② 전상무효전력이 부족하면 전압은 안정되고 진상무효전력이 과잉되면 전압은 불안정하게 된다.
③ 전압 불안정 현상이 일어나지 않도록 전압을 일정하게 유지하려면 무효전력을 적절하게 공급하여야 한다.
④ P-V 곡선에서 주어진 역률에서 전압을 증가시키더라도 송전할 수 있는 최대 전력이 존재하는 임계점이 있다.

|정|답|및|해|설|
[P-V 곡선]

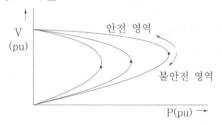

P-V곡선의 <u>가로축은 유효전압을 세로축은 수전단 전압을</u> 나타낸다.

【정답】①

24. 3상으로 표준전압 3[kV], 800[kW]를 역률 0.9로 수전하는 공장의 수전회로에 시설할 계기용 변류기의 변류비로 적당한 것은? 단, 변류기의 2차 전류는 5[A]이며, 여유율은 1.2로 한다.

① 10
② 20
③ 30
④ 40

|정|답|및|해|설|

$P = \sqrt{3} \, VI\cos\theta$ 에서

CT 1차 전류 $I_1 = \dfrac{P}{\sqrt{3} \, V\cos\theta} \times$ 여유율

$\qquad = \dfrac{800 \times 10^3}{\sqrt{3} \times 3,000 \times 0.9} \times 1.2 = 205.28[A]$

1차 전류는 200[A]로 정하면, CT비는 $\dfrac{200}{5} = 40$

【정답】④

---

25. 발전기나 변압기의 내부고장 검출에 주로 사용되는 계전기는?

① 역상 계전기　　② 과전압 계전기

③ 과전류 계전기　　④ 비율차동 계전기

|정|답|및|해|설|

비율 차동 계전기는 발전기나 변압기 등이 고장에 의해 생긴 불평형의 전류 차가 평형 전류의 몇 [%] 이상 되었을 때 동작하는 계전기로 기기의 내부 고장 보호에 쓰인다.

【정답】④

---

26. 3000[KW], 역률 80[%](뒤짐)의 부하에 전력을 공급하고 있는 변전소에 전력용 콘덴서를 설치하여 변전소에서의 역률을 90[%]로 향상시키는데 필요한 전력용 콘덴서의 용량은 약 몇 [kVA]인가?

① 600　　　　　　② 700

③ 800　　　　　　④ 900

|정|답|및|해|설|

[역률 개선용 콘덴서 용량]

$$Q_c = P(\tan\theta_1 - \tan\theta_2) = P\left(\frac{\sin\theta_1}{\cos\theta_1} - \frac{\sin\theta_2}{\cos\theta_2}\right)$$

$$= P\left(\frac{\sqrt{1-\cos^2\theta_1}}{\cos\theta_1} - \frac{\sqrt{1-\cos^2\theta_2}}{\cos\theta_2}\right)$$

여기서, $\cos\theta_1$: 개선 전 역률, $\cos\theta_2$: 개선 후 역률

유효전력 $P = 3000[kW]$ 이므로

콘덴서용량 $Q = 3000\left(\dfrac{\sqrt{1-0.8^2}}{0.8} - \dfrac{\sqrt{1-0.9^2}}{0.9}\right) = 797[kVA]$

【정답】③

---

27. 역률 0.8인 부하 480[kW]를 공급하는 변전소에 전력용 콘덴서 220[kVA]를 설치하면 역률은 몇 [%]로 개선할 수 있는가?

① 92　　　　　　② 94

③ 96　　　　　　④ 99

|정|답|및|해|설|

[역률 개선용 콘덴서 용량]

$$Q_c = P(\tan\theta_1 - \tan\theta_2) = P\left(\frac{\sin\theta_1}{\cos\theta_1} - \frac{\sin\theta_2}{\cos\theta_2}\right)$$

$$= P\left(\frac{\sqrt{1-\cos^2\theta_1}}{\cos\theta_1} - \frac{\sqrt{1-\cos^2\theta_2}}{\cos\theta_2}\right)$$

여기서, $\cos\theta_1$: 개선 전 역률, $\cos\theta_2$: 개선 후 역률

$P = 480[kW]$, $Q_c = 220[kVA]$

$220 = 480\left(\dfrac{0.6}{0.8} - \tan\theta_2\right) \rightarrow \tan\theta_2 = 0.292$

$\theta_2 = \tan^{-1} 0.292 \rightarrow \theta_2 = 16.28$

그러므로 $\cos 16.28 = 0.9599$, 즉 96[%]

【정답】③

---

28. 수전단을 단락한 경우 송전단에서 본 임피던스 300$[\Omega]$이고, 수전단을 개방한 경우에는 1200$[\Omega]$일 때, 이 선로의 특성 임피던스는 몇 $[\Omega]$인가?

① 300　　　　　　② 500

③ 600　　　　　　④ 800

|정|답|및|해|설|

[특성임피던스] $Z_0 = \sqrt{\dfrac{Z}{Y}} \, [\Omega]$

여기서, Z : 임피던스, Y : 어드미턴스

수전단을 단락한 상태 $Z = 300[\Omega]$

수전단을 개방한 상태 $Y = \dfrac{1}{1200}[\mho]$

$Z_0 = \sqrt{\dfrac{Z}{Y}} = \sqrt{\dfrac{3000}{1/1200}} = 600[\Omega]$

【정답】③

---

29. 배전전압, 배전거리 및 전력손실이 같다는 조건에서 단상 2선식 전기방식의 전선 총 중량을 100[%]라 할 때 3상 3선식 전기방식은 몇 [%]인가?

① 33.3　　　　　　② 37.5

③ 75.0　　　　　　④ 100.0

|정|답|및|해|설|
· 송전 전력은 동일하므로

$\sqrt{3}\,VI_3\cos\theta = VI_1\cos\theta \quad (I_1 = \sqrt{3}\,I_3)$

· 전력 손실이 동일하므로

$3I_3^2\rho\dfrac{l}{A_3} = 2I_1^2\rho\dfrac{l}{A_1} \;\rightarrow\; 3I_3^2\rho\dfrac{l}{A_3} = 2(\sqrt{3}\,I_3)^2\rho\dfrac{l}{A_1}$

$\rightarrow\; A_3 = \dfrac{1}{2}A_1$

전선량(무게)비 : $\dfrac{3상3선식}{단상 2선식} = \dfrac{3A_3 l\sigma}{2A_1 l\sigma} = \dfrac{3}{2}\times\dfrac{1}{2} = \dfrac{3}{4} = 0.75$

【정답】③

---

30. 외뢰(外雷)에 대한 주 보호장치로서 송전계통의 절연협조의 기본이 되는 것은?

① 애자   ② 변압기

③ 차단기   ④ 피뢰기

|정|답|및|해|설|
[절연 협조]
· 절연협조의 기본은 피뢰기의 제한전압이다.
· 각 기기의 절연 강도를 그 이상으로 유지함과 동시에 기기 상호간의 관계는 가장 경제적이고 합리적으로 결정한다.

【정답】④

---

31. 배전선로의 전기적 특성 중 그 값이 1 이상인 것은?

① 전압강하율   ② 부등률

③ 부하율   ④ 수용률

|정|답|및|해|설|

부등률 $= \dfrac{\text{수용 설비 개개의 최대 수용 전력의 합계}}{\text{합성 최대 수용 전력}} \geq 1$

③ 부하율 : 1보다 작다. 높을수록 설비가 효율적으로 사용
④ 수용률 : 1보다 작다. 1보다 크면 과부하

【정답】②

---

32. 1,000[kVA]의 단상변압기 3대를 △－△ 결선의 1뱅크로 하여 사용하는 변전소가 부하 증가로 다시 1대의 단상변압기를 증설하여 2 뱅크로 사용하면 최대 약 몇 [kVA]의 3상 부하에 적용할 수 있는가?

① 1,730   ② 2,000

③ 3,460   ④ 4,000

|정|답|및|해|설|
△－△결선의 1뱅크에 단상변압기 1대를 증설하면
V－V결선 2뱅크로 사용가능하다.
V결선 2뱅크 $P_V = \sqrt{3}\,K\times 2 = \sqrt{3}\times 1,000\times 2 = 3,460[kVA]$

【정답】③

---

33. 3,300[V] 배전선로의 전압을 6,600[V]로 승압하고 같은 손실률로 송전하는 경우 송전전력은 승압 전의 몇 배인가?

① $\sqrt{3}$ ② 2

③ 3   ④ 4

|정|답|및|해|설|
[송전전력] 송전전력은 전압의 제곱에 비례하므로
$P = kV^2 = k\left(\dfrac{6.6}{3.3}\right)^2 = 4K$, 즉 4배

여기서, k : 송전 용량 계수
       60[kV] → 600
       100[kV] → 800
       140[kV] → 1200

【정답】④

---

34. 송전선로에 근접한 통신선에 유도장해가 발생하였다. 전자유도의 주된 원인은?

① 영상전류   ② 정상전류

③ 정상전압   ④ 역상전압

|정|답|및|해|설|
① 정전유도 : 영상전압에 의해 발생(정상시)
② 전자유도 : 영상전류에 의해 발생(사고시)
③ 전자유도 전압은 통신선의 길이에 비례하나 정전유도 전압은 주파수 및 통신선 병행 길이와는 관계가 없다.

【정답】①

35. 기력발전소의 열사이클 과정 중 단열팽창 과정에서 물 또는 증기의 상태 변화로 옳은 것은?

① 습증기 → 포화액

② 포화액 → 압축액

③ 과열증기 → 습증기

④ 압축액 → 포화액 → 포화증기

|정|답|및|해|설|

·보일러 : 등압가열

·복수기 : 등압냉각

·터빈 : 단열 팽창(과열증기 → 습증기)

·급수펌프 : 단열 압축 【정답】③

36. 3상 배전선로의 전압강하율[%]을 나타내는 식이 아닌 것은? 단, V_s : 송전단 전압, V_r : 수전단 전압, I : 전부하전류, P : 부하전력, Q : 무효전력

① $\dfrac{PR+QX}{V^2}\times 100$

② $\dfrac{V_s - V_r}{V_r}\times 100$

③ $\dfrac{V_s(PR+QX)}{V_r}\times 100$

④ $\dfrac{\sqrt{3}\,I}{V_r}(R\cos\theta + X\sin\theta)\times 100$

|정|답|및|해|설|

[전압강하율]

$\epsilon = \dfrac{V_s - V_r}{V_r}\times 100 = \dfrac{\sqrt{3}\,I(R\cos\theta + X\sin\theta)}{V_r}\times 100[\%]$

$= \dfrac{\sqrt{3}\,V_r I(R\cos\theta + X\sin\theta)}{V_r^2}\times 100 = \dfrac{RP+QX}{V_r^2}\times 100[\%]$

【정답】③

37. 송전선로의 보호방식으로 지락에 대한 보호는 영상전류를 이용하여 어떤 계전기를 동작시키는가?

① 선택지락 계전기   ② 전류차동 계전기

③ 과전압 계전기   ④ 거리 계전기

|정|답|및|해|설|

·지락계전기(GR) : 1회전 송전선로의 지락 보호

·선택지락계전기(SGR) : 2회선 이상의 송전선로의 지락 시 선택 차단 【정답】①

38. 경수감속 냉각형 원자로에 속하는 것은?

① 고속증식로

② 열중성자로

③ 비등수형 원자로

④ 흑연감속 가스 냉각로

|정|답|및|해|설|

경수로는 경수냉각 경수 감속하는 원자로이다.

가압수형 원자로(PWR)과 비등수형 원자로(BWR)이 있다.

【정답】③

39. 장거리 송전선로의 특성을 표현한 회로로 옳은 것은?

① 분산부하회로   ② 분포정수회로

③ 집중정수회로   ④ 특성임피던스

|정|답|및|해|설|

구분	선로정수	회로
단거리	R, L	집중정수회로
중거리	R, L, C	T회로, π회로
장거리	R, L, C, G	분포정수 회로

단거리 송전선로나 중거리 송전선로는 집중정수회로로 해석하고 장거리 송전선로는 분포정수회로로 해석한다.

【정답】②

40. 배전선로에 3상 3선식 비접지방식을 채용할 경우 장점이 아닌 것은?

① 과도 안정도가 크다.

② 1선 지락고장 시 고장전류가 작다.

③ 1선 지락고장 시 인접 통신선의 유도장해가 작다.

④ 1선 지락고장 시 건전상의 대지전위 상승이 작다.

|정|답|및|해|설|

[비접지의 특징(직접 접지와 비교)]
① 지락 전류가 비교적 적다.(유도 장해 감소)
② 보호 계전기 동작이 불확실하다.
③ △결선 가능
④ V-V결선 가능
⑤ 1선 지락고장 시 건전상의 대지전위는 $\sqrt{3}$ 배까지 상승한다.
※ 직접접지 방식 : 대지 전압 상승이 거의 없다.

【정답】 ④

21. 전력계통에 과도안정도 향상 대책과 관련 없는 것은?

① 빠른 고장 제거

② 속응 여자시스템 사용

③ 큰 임피던스의 변압기 사용

④ 병렬 송전선로의 추가 건설

|정|답|및|해|설|

[안정도 향상 대책]
① 계통의 직렬 리액턴스 감소
② 전압변동률을 적게 한다.
 ·속응 여자 방식의 채용   ·계통의 연계
 ·중간 조상 방식
③ 계통에 주는 충격의 경감
 ·적당한 중성점 접지 방식   ·고속 차단 방식
 ·재폐로 방식
④ 고장 중의 발전기 입·출력의 불평형을 적게 한다.

【정답】 ③

22. 다음 중 페란티 현상의 방지대책으로 적합하지 않은 것은?

① 선로 전류를 지상이 되도록 한다.

② 수전단에 분로리액터를 설치한다.

③ 동기조상기를 부족여자로 운전한다.

④ 부하를 차단하여 무부하가 되도록 한다.

|정|답|및|해|설|

[페란티 현상] 선로의 정전용량으로 인하여 무부하시나 경부하시 진상전류가 흘러 수전단전압이 송전단전압보다 높아지는 현상을 말한다.
[방지책]
·선로에 흐르는 전류가 지상이 되도록 한다.
·수전단에 분로리액터를 설치한다.
·동기조상기의 부족여자 운전

【정답】 ④

23. 보호계전기의 구비 조건으로 틀린 것은?

① 고장 상태를 신속하게 선택할 것

② 조정 범위가 넓고 조정이 쉬울 것

③ 보호동작이 정확하고 감도가 예민할 것

④ 접점의 소모가 크고, 열적 기계적 강도가 클 것

|정|답|및|해|설|

[보호계전기의 구비조건]
① 고장 상태를 식별하여 정도를 파악할 수 있을 것
② 고장 개소와 고장 정도를 정확히 선택할 수 있을 것
③ 동작이 예민하고 오동작이 없을 것
④ 적절한 후비 보호 능력이 있을 것
⑤ 경제적일 것

【정답】 ④

24. 우리나라의 화력발전소에서 가장 많이 사용되고 있는 복수기는?

① 분사 복수기   ② 방사 복수기

③ 표면 복수기   ④ 증발 복수기

|정|답|및|해|설|

[복수기] 기력발전소의 증기터빈에서 배출되는 증기를 물로 냉각하여 증기터빈의 열효율을 높이기 위한 설비로 표면 복수기, 증발 복수기, 분사 복수기, 에젝터 복수기 등 이 있으며, 우리나라에서 가장 많이 사용하는 것은 표면 복수기이다.

【정답】 ③

25. 뒤진 역률 80[%], 1000[kW]의 3상 부하가 있다. 이것에 콘덴서를 설치하여 역률을 95[%]로 개선하려면 콘덴서의 용량은 약 몇 [kVA] 인가?

① 240[kVA] ② 420[kVA]

③ 630[kVA] ④ 950[kVA]

|정|답|및|해|설|

[역률 개선용 콘덴서 용량]

$$Q_c = P(\tan\theta_1 - \tan\theta_2) = P\left(\frac{\sin\theta_1}{\cos\theta_1} - \frac{\sin\theta_2}{\cos\theta_2}\right)$$

$$= P\left(\frac{\sqrt{1-\cos^2\theta_1}}{\cos\theta_1} - \frac{\sqrt{1-\cos^2\theta_2}}{\cos\theta_2}\right) \rightarrow (\sin\theta = \sqrt{1-\cos^2\theta})$$

여기서, $\cos\theta_1$: 개선 전 역률, $\cos\theta_2$: 개선 후 역률

$$Q = P\left(\frac{\sqrt{1-\cos^2\theta_1}}{\cos\theta_1} - \frac{\sqrt{1-\cos^2\theta_2}}{\cos\theta_2}\right)$$

$$Q = 1000\left(\frac{0.6}{0.8} - \frac{\sqrt{1-0.95^2}}{0.95}\right) = 421.32[kVA]$$

【정답】②

26. 154[kV] 송전선로에 10개의 현수애자가 연결되어 있다. 다음 중 전압부담이 가장 적은 것은? 단, 애자는 같은 간격으로 설치되어 있다.

① 철탑에 가장 가까운 것

② 철탑에서 3번째에 있는 것

③ 전선에서 가장 가까운 것

④ 전선에서 3번째에 있는 것

|정|답|및|해|설|

[애자의 전압부담]

·전압 부담 최대 : 전선에 가장 가까운 애자

·전압 부담 최소 : 전선에서 2/3 지점에 있는 애자

(철탑에서 1/3 지점에 있는 애자) 【정답】②

27. 교류송전에서는 송전거리가 멀어질수록 동일 전압에서의 송전 가능 전력이 적어진다. 그 이유로 가장 알맞은 것은?

① 표피효과가 커지기 때문이다.

② 코로나 손실이 증가하기 때문이다.

③ 선로의 어드미턴스가 커지기 때문이다.

④ 선로의 유도성 리액턴스가 커지기 때문이다.

|정|답|및|해|설|

교류 송전선로에서 송전거리가 멀어지면 동일 저압에서의 송전 가능 전력이 작아진다. 이는 선로의 유도성 리액턴스가 커지기 때문이다.

$$P = \frac{E_s E_r}{X}\sin\delta$$

즉, 선로의 유도성 리액턴스(X)가 커지므로 송전 가능 전력은 적어진다. 【정답】④

28. 충전된 콘덴서의 에너지에 의해 트립되는 방식으로 정류기, 콘덴서 등으로 구성되어 있는 차단기의 트립방식은?

① 과전류 트립방식 ② 콘덴서 트립방식

③ 직류전압 트립방식 ④ 부족전압 트립방식

|정|답|및|해|설|

[차단기 트립 방식]

·전압 트립방식 : 직류전원의 전압을 트립 코일에 인가하여 트립되는 방식

·콘덴서 트립방식 : 충전된 콘덴서의 에너지에 의해 트립되는 방식

·CT 트립방식 : CT의 2차 전류가 정해진 값보다 초과되었을 때 트립되는 방식

·부족전압 트립 방식 【정답】②

29. 어느 일정한 방향으로 일정한 크기 이상의 단락전류가 흘렀을 때 동작하는 보호계전기의 약어는?

① ZR ② UFR

③ OVR ④ DOCR

|정|답|및|해|설|

·ZR(거리계전기) : 계전기가 설치된 위치로부터 고장점까지의 전기적 거리에 비례하여 한시 동작하는 것

·UFR(저주파수 계전기) : 주파수가 일정값 보다 낮을 경우 동작

·OVR(과전압 계전기) : 일정값 이상의 전압이 걸렸을 때 동작

·DOCR(방향 과전류계전기) : 방향성을 가지는 과전류 계전기로서 단락사고에 동작

【정답】④

30. 전선의 자체 중량과 빙설의 종합하중을 W_1, 풍압 하중을 W_2라 할 때 합성하중은?

① $W_1 + W_2$ ② $W_2 - W_1$

③ $\sqrt{W_1 - W_2}$ ④ $\sqrt{W_1^2 + W_2^2}$

|정|답|및|해|설|
[합성 하중]
· 빙설이 많은 지역 : $W = \sqrt{(W_i + W_c)^2 + W_w^2}\,[\text{kg/m}]$
· 빙설이 적은 지역 : $W = \sqrt{W_c^2 + W_w^2}$
　여기서, W_i : 빙설하중, W_c : 전선중량, W_w : 풍압하중
【정답】④

31. 보호계전기 동작속도에 관한 사항으로 한시특성 중 반한시형을 바르게 설명한 것은?

① 입력 크기에 관계없이 정해진 한시에 동작하는 것
② 입력이 커질수록 짧은 한시에 동작하는 것
③ 일정 입력(200%)에서 0.2초 이내로 동작하는 것
④ 일정 입력(200%)에서 0.04초 이내로 동작하는 것

|정|답|및|해|설|
[보호 계전기의 특징]
① 순한시 특징 : 최초 동작 전류 이상의 전류가 흐르면 즉시 동작하는 특징
② 반한시 특징 : 동작 전류가 커질수록 동작 시간이 짧게 되는 특징
③ 정한시 특징 : 동작 전류의 크기에 관계없이 일정한 시간에 동작하는 특징
④ 반한시 정한시 특징 : 동작 전류가 적은 동안에는 동작 전류가 커질수록 동작 시간이 짧게 되고 어떤 전류 이상이면 동작 전류의 크기에 관계없이 일정한 시간에 동작하는 특성
【정답】②

32. 다음 중 배전선로의 부하율이 F일 때 손실계수 H와의 관계로 옳은 것은?

① $H = F$ ② $H = \dfrac{1}{F}$

③ $H = F^3$ ④ $0 \leq F^2 \leq H \leq F \leq 1$

|정|답|및|해|설|
[부하율 F와 손실계수 H와의 관계] 배전 선로의 부하율이 F일 때 손실계수는 F와 F^2의 중간 값이다.
즉, $0 \leq F^2 \leq H \leq F \leq 1$
$H = aF + (1-a)F^2$, a : 상수(0.1 ~ 0.4)　　【정답】④

33. 송전선에 낙뢰가 가해져서 애자에 섬락이 생기면 아크가 생겨 애자가 손상되는데 이것을 방지하기 위하여 사용하는 것은?

① 댐퍼(Damper)
② 아킹혼(Arcing horn)
③ 아머로드(Armour rod)
④ 가공지선(Overhead ground wire)

|정|답|및|해|설|
①댐퍼 : 전선의 진동 방지
② ·아킹혼 : 애자련 보호, 전압 분담 평준화
④가공지선 : 직격뇌, 유도뇌 등 차폐　　【정답】②

34. 154[kV] 3상 1회선 송전선로의 1선의 리액턴스가 10[Ω], 전류가 200[A]일 때 %리액턴스는?

① 1.84 ② 2.25

③ 3.17 ④ 4.19

|정|답|및|해|설|
[퍼센트 리액턴스(%Z)법] $\%X = \dfrac{I_n X}{E} \times 100 = \dfrac{I_n \cdot X}{\dfrac{V}{\sqrt{3}}}\,[\Omega]$

$\%X = \dfrac{I_n \cdot X}{\dfrac{V}{\sqrt{3}}}\,[\Omega] = \dfrac{200 \times 10}{\dfrac{154 \times 10^3}{\sqrt{3}}} \times 100 = 2.25\,[\%]$

【정답】②

35. 우리나라에서 현재 가장 많이 사용되고 있는 배전 방식은?

① 3상 3선식 ② 3상 4선식

③ 단상 2선식 ④ 단상 3선식

|정|답|및|해|설|

[우리나라 공급방식]

·송전 : 3상 3선식

·배전 : 3상 4선식　　　　　　　　　　【정답】②

---

36. 조상설비가 아닌 것은?

① 단권변압기　　　② 분로리액터

③ 동기조상기　　　④ 전력용 콘덴서

|정|답|및|해|설|

[조상 설비] 위상을 제거해서 역률을 개선함으로써 송전선을 일정한 전압으로 운전하기 위해 필요한 무효전력을 공급하는 장치로 조상기(동기 조상기, 비동기 조상기), 전력용 콘덴서, 분로 리액터 등이 있다.　　　　　　　　　　【정답】①

---

37. 단거리 송전선의 4단자 정수, A, B, C, D 중 그 값이 0인 정수는?

① A　　　　　② B

③ C　　　　　④ D

|정|답|및|해|설|

[단거리송전선로] 집중정수회로 취급, 따라서 임피던스만 존재하므로 어드미턴스는 없으므로 C는 존재하지 않는다.

【정답】③

---

38. 전원측과 송전선로의 합성 $\%Z_s$가 10[MVA] 기준용량으로 1[%]의 지점에 변전설비를 시설하고자 한다. 이 변전소에 정격용량 6[MVA]의 변압기를 설치할 때 변압기 2차측의 단락용량은 몇 [MVA]인가? 단, 변압기의 $\%Z_t$는 6.9[%]이다.

① 80　　　　　② 100

③ 120　　　　　④ 140

|정|답|및|해|설|

전원 및 선로 임피던스 Z_s=1[%]

변압기 임피던스 Z_t=6.9[%]

기준용량이 10[MVA]이므로

변압기 $\%Z_t' = 6.9 \times \dfrac{10}{6} = 11.5[\%]$

전체 합성 %임피던스 $\%Z = Z_s + Z_t' = 1 + 11.5 = 12.5[\%]$

그러므로 단락용량 $P_s = \dfrac{100}{\%Z} \times P_n = \dfrac{100}{12.5} \times 12 = 80[\text{MVA}]$

【정답】①

---

39. 그림과 같은 단상 2선식 배선에서 인입구, A점의 전압이 220[V]라면 C점의 전압[V]은? 단, 저항값은 1선의 값이며 AB 간은 $0.05[\Omega]$, BC 간은 $0.1[\Omega]$이다.

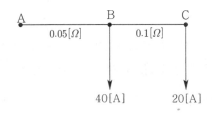

① 214　　　　　② 210

③ 196　　　　　④ 192

|정|답|및|해|설|

단상 2선식이므로 전압강하 $e = 2IR$

여기서, R : 1선당 저항

B점의 전압 $V_B = V_A - 2IR = 220 - 2 \times (40 + 20) \times 0.05 = 214[\text{V}]$

따라서 C점의 전압 $V_C = V_B - 2IR = 214 - 2 \times 20 \times 0.1 = 210[\text{V}]$

【정답】②

---

40. 파동임피던스가 $300[\Omega]$인 가공송전선 1[km]당의 인덕턴스는 몇 [mH/km]인가? 단, 저항과 누설콘덕턴스는 무시한다.

① 0.5　　　　　② 1

③ 1.5　　　　　④ 2

|정|답|및|해|설|

[파동 임피던스] $Z = \sqrt{\dfrac{L}{C}} = 138\log_{10}\dfrac{D}{r} = 300[\Omega]$

$\log_{10}\dfrac{D}{r} = \dfrac{300}{138}$

$\therefore L = 0.05 + 0.4605\log_{10}\dfrac{D}{r} = 0.05 + 0.4605 \times \dfrac{300}{138} \fallingdotseq 1.0[\text{mH/km}]$

【정답】②

2016 전기산업기사 기출문제

1회

21. 송전선로에서 연가를 하는 주된 목적은?

① 미관상 필요

② 직격뢰의 방지

③ 선로정수의 평형

④ 지지물의 높이를 낮추기 위하여

|정|답|및|해|설|

연가란 선로정수를 평형하게 하기 위하여 각 상이 선로의 길이를 3배수 등분하여 각 위치를 한 번씩 자리바꿈을 하는것으로 특징은 다음과 같다.

① 선로정수 평형

② 직렬공진 방지

③ 유도장해 감소　　　　　　　　　【정답】③

22. 어떤 발전소의 유효 낙차가 100[m]이고, 최대 사용 수량이 $10[m^3/s]$일 경우 이 발전소의 이론적인 출력은 몇 [kW]인가?

① 4900　　　　　② 9800

③ 10000　　　　 ④ 14700

|정|답|및|해|설|

[이론 출력] $P = 9.8QH = 9.8 \times 10 \times 100 = 9800[kW]$

【정답】②

23. 우리나라 22.9[kW] 배전선로에서 가장 많이 사용하는 배전 방식과 중성점 접지방식은?

① 3상 3선식 비접지

② 3상 4선식 비접지

③ 3상 3선식 다중접지

④ 3상 4선식 다중접지

|정|답|및|해|설|

3상 4선식은 배전효율이 높아서 우리나라는 배전계통을 3상4선식으로 모두 채택하였다

[전압별 중성점 접지방식]

·22.9[kV] : 중성점 다중접지

·154, 345[kV] : 직접 접지

·22[kV] : 비접지

·66[kV] : 소호 리액터 접지

【정답】④

24. 다음 송전선의 전압변동률 식에서 V_{R1}은 무엇을 의미하는가?

$$\epsilon = \frac{V_{R1} - V_{R2}}{V_{R2}} \times 100[\%]$$

① 부하시 송전단 전압

② 무부하시 송전단 전압

③ 전부하시 수전단 전압

④ 무부하시 수전단 전압

|정|답|및|해|설|

전압 변동률 (ϵ)

$$= \frac{\text{무부하시 수전단 전압}(V_{R1}) - \text{수전단 정격 전압}(V_{R2})}{\text{수전단 정격 전압}(V_{R2})} \times 100[\%]$$

【정답】④

25. 100[kVA] 단상변압기 3대를 △−△결선으로 사용하다가 1대의 고장으로 V−V결선으로 사용하면 약 몇 [kVA] 부하까지 사용할 수 있는가?

① 150 ② 173

③ 225 ④ 300

|정|답|및|해|설|
변압기 1대의 출력 P_1라면

V결선 시 출력 $P_V = \sqrt{3}\,P_1 = \sqrt{3} \times 100 = 173.2[kVA]$

【정답】②

26. 전원으로부터의 합성 임피던스가 0.5[%] (15000 [kVA] 기준)인 곳에 설치하는 차단기 용량은 몇 [MVA] 이상이어야 하는가?

① 2000 ② 2500

③ 3000 ④ 3500

|정|답|및|해|설|
[단락 용량] $P_s = \dfrac{100}{\%Z}P_n = \dfrac{100}{0.5} \times 15 = 3000[MVA]$

【정답】③

27. 우리나라 22.9[kV] 배전선로에 적용하는 피뢰기의 공칭방전전류[A]는?

① 1500 ② 2500

③ 5000 ④ 10000

|정|답|및|해|설|
[설치장소별 피뢰기 공칭 방전전류]

공칭 방전 전류	설치 장소	적용조건
10,000[A]	변전소	1. 154[kV] 이상의 계통 2. 66[kV] 및 그 이하 계통에서 뱅크 용량이 3,000 [kVA]를 초과하거나 특히 중요한 곳
5,000[A]	변전소	66[kV] 및 그 이하 계통에서 뱅크용량이 3,000[kVA] 이하인 곳
2,500[A]	선로	배전선로

[주] 전압 22.9[kV−Y] 이하 (22[kV] 비접지 제외)의 배전선로에서 수전하는 설비의 피뢰기 공칭 방전전류는 일반적으로 2,500[A]의 것을 적용한다.   【정답】②

28. 1선 지락 시에 전위상승이 가장 적은 접지방식은?

① 직접 접지 ② 저항 접지

③ 리액터 접지 ④ 소호리액터 접지

|정|답|및|해|설|
직접접지방식은 타 접지방식에 비해 지락사고시 건전상의 전위상승이 가장 낮으므로 유효접지라고하고 송전계통의 절연레벨을 저감시킬 수 있다.   【정답】①

29. 직렬 콘덴서를 선로에 삽입할 때의 장점이 아닌 것은?

① 역률을 개선한다.

② 정태안정도를 증가한다.

③ 선로의 인덕턴스를 보상한다.

④ 수전단의 전압변동률을 줄인다.

|정|답|및|해|설|
[직렬 콘덴서] 선로의 유도 리액턴스를 상쇄시키는 것이므로 선로의 정태 안정도를 증가시키고 선로의 전압 강하를 줄일 수는 있지만 계통의 역률을 개선시킬 정도의 큰 용량은 되지 못한다. 전압강하를 줄일 때 사용한다. 수전단 역률 개선은 병렬 콘덴서로 한다.
【정답】①

30. 부하에 따라 전압 변동이 심한 급전선을 가진 배전 변전소의 전압 조정 장치로서 적당한 것은?

① 단권 변압기

② 주변압기 탭

③ 전력용 콘덴서

④ 유도 전압 조정기

|정|답|및|해|설|
[전압 조정 장치] 보기의 4가지가 모두 전압조정방법이다 부하 변동이 심한 경우 유도 전압 조정기가 많이 사용된다.
【정답】④

31. 부하전류 및 단락전류를 모두 개폐할 수 있는 스위치는?

① 단로기　　　　② 차단기

③ 선로개폐기　　④ 전력퓨즈

[퓨즈와 각종 개폐기 및 차단기와의 기능비교]

능력 기능	회로 분리		사고 차단	
	무부하	부하	과부하	단락
퓨즈	O			O
차단기	O	O	O	O
개폐기	O	O	O	
단로기	O			
전자 접촉기	O	O		

【정답】②

32. 선로의 커패시턴스와 무관한 것은?

① 전자유도　　　　② 개폐서지

③ 중성점 잔류전압　④ 발전기 자기여자현상

선로의 커패시턴스(LC)는 정전유도 현상과 관계가 있으며, 전자 유도 현상에는 상호 인덕턴스 (M)와 관계가 있다. 발전기 자기 여자 현상은 무부하 또는 경부하시에 정전용량 때문에 수전단 전 압이 송전단 전압보다 높아져서 생기는 페란티 효과의 영향이며, 개폐서지도 전선간의 정전용량에 의해 걸리는 전압의 영향이다.
【정답】①

33. 배전선에서 균등하게 분포된 부하일 경우 배전선 말단의 전압강하는 모든 부하가 배전선의 어느 지점에 집중되어 있을 때의 전압강하와 같은가?

① $\frac{1}{2}$　　　　　② $\frac{1}{3}$

③ $\frac{2}{3}$　　　　　④ $\frac{1}{5}$

[집중 부하와 분산 부하]

구분	전력 손실	전압 강하
말단에 집중 부하	$I^2 rL$	IrL
균등 분포 부하	$\frac{1}{3}I^2 rL$	$\frac{1}{2}IrL$

여기서, I : 전선의 전류, r : 전선의 단위 길이당 저항
　　　　L : 전선의 길이

【정답】①

34. 송전거리, 전력, 손실률 및 역률이 일정하다면 전선의 굵기는?

① 전류에 비례한다.

② 전류에 반비례한다.

③ 전압의 제곱에 비례한다.

④ 전압의 제곱에 반비례한다.

관계	관계식	항목
전압의 자승에 비례	$\propto V^2$	송전전력(P)
전압에 반비례	$\propto \frac{1}{V}$	전압 강하(e)
전압의 자승에 반비례	$\propto \frac{1}{V^2}$	·전선의 단면적(A) ·전선의 총 중량(B) ·전력 손실(P_i) ·전압 강하율(ϵ)

선로 손실 $P_i = 3I^2 R = \dfrac{P^2 \rho l}{V^2 \cos\theta A}$

$A = \dfrac{P^2 \rho l}{P_i V^2 \cos^2\theta} \rightarrow (A \propto \dfrac{1}{V^2})$

【정답】④

35. 화력발전소에서 석탄 1[kg]으로 발생할 수 있는 전력량은 약 몇 [kWh]인가? (단, 석탄의 발열량은 5000[kcal/kg], 발전소의 효율은 40[%]이다.)

① 2.0　　　　　② 2.3

③ 4.7　　　　　④ 5.8

1[kWh]=860[kcal]

화력발전소 열효율 $\eta = \dfrac{860\,W}{mH} \times 100\,[\%]$

화력발전소의 전력량 $W = \dfrac{mH\eta}{860 \times 100}$

$W = \dfrac{1 \times 5000 \times 40}{860 \times 100} = 2.3\,[kWh]$ 　　　　【정답】②

36. 154[kV] 송전계통에서 3상 단락고장이 발생하였을 경우 고장점에서 본 등가 정상 임피던스가 100[MVA] 기준으로 25[%]라고 하면 단락용량은 몇 [MVA]인가?

① 250 　　　　② 300

③ 400 　　　　④ 500

단락용량 $P_s = \dfrac{100}{\%Z}P_n = \dfrac{100}{25} \times 100 = 400\,[MVA]$

　　　　【정답】③

37. 3상 1회선 송전 선로의 소호 리액터의 용량[kVA]은?

① 선로 충전 용량과 같다.

② 선간 충전 용량의 1/2이다.

③ 3선 일괄의 대지 충전 용량과 같다.

④ 1선과 중성점 사이의 충전 용량과 같다.

3상 1회선 소호 리액터 용량

$P = 3\omega CE^2 = 3\omega C\left(\dfrac{V}{\sqrt{3}}\right)^2 = \omega CV^2\,[kVA]$

여기서, C : 1선당의 대지 정전 용량

　　　　E : 대지전압, V : 선간전압

　　　　【정답】③

38. 감전방지 대책으로 적합하지 않은 것은?

① 외함 접지　　　　② 아크혼 설치

③ 2중 절연기기　　④ 누전 차단기 설치

[감전 방지 대책]

① 인체 보호용 누전 차단기 설치

② 기기의 이중 절연

③ 기계 기구류의 외함 접지

④ 절연 변압기의 사용

[아크혼의 역할]

① 선로의 섬락으로부터 애자련의 보호

② 애자련의 전압분포 개선 　　　　【정답】②

39. 총부하설비가 160[kW], 수용률이 60[%], 부하역률이 80[%]인 수용가에 공급하기 위한 변압기 용량[kVA]은?

① 40 　　　　② 80

③ 120 　　　　④ 160

변압기 용량 $\geq$ 합성 최대 수용 전력=

$\dfrac{\text{개별 최대 수용 전력의 합}}{\text{부동률} \times \text{역률}} = \dfrac{\text{설비 용량} \times \text{수용률}}{\text{부동률} \times \text{역률}}$

$= \dfrac{160 \times 0.6}{1 \times 0.8} = 120\,[kVA]$

　　　　【정답】③

40. 18~23개를 한 줄로 이어 단 표준현수애자를 사용하는 전압[kV]은?

① 23[kV] 　　　　② 154[kV]

③ 345[kV] 　　　　④ 765[kV]

[전압별 현수애자의 개수]

22.9[kV]	66[kV]	154[kV]	345[kV]
2~3	4	10~11	18~20

　　　　【정답】③

21. 인입되는 전압이 정정값 이하로 되었을 때 동작하는 것으로서 단락 고장검출 등에 사용되는 계전기는?

① 접지 계전기　　② 부족 전압 계전기

③ 역전력 계전기　　④ 과전압 계전기

|정|답|및|해|설|

[부족전압 계전기(UVR : undervoltage Relay)] 전압이 정정치 이하로 동작하는 계전기로 단락고장 검출 등에 사용된다.

【정답】②

22. 배전선로용 퓨즈(Power Fuse)는 주로 어떤 전류의 차단을 목적으로 사용하는가?

① 충전전류　　② 단락전류

③ 부하전류　　④ 과도전류

|정|답|및|해|설|

차단기나 전력용 퓨즈는 단락전류와 같은 대전류를 차단하는 장치이다.

【정답】②

23. 접촉자가 외기(外氣)로부터 격리되어 있어 아크에 의한 화재의 염려가 없으며 소형, 경량으로 구조가 간단하고 보수가 용이하며 진공 중의 아크 소호 능력을 이용하는 차단기는?

① 유입차단기　　② 진공차단기

③ 공기차단기　　④ 가스차단기

|정|답|및|해|설|

[차단기의 종류 및 소호 작용]

① 유입차단기 : 절연유 이용 소호

② 자기차단기 : 자기력으로 소호

③ 공기차단기 : 압축 공기를 이용해 소호

④ 가스차단기 : SF_6 가스 이용

※진공차단기 : 진공 상태에서 아크 확산 작용을 이용하여 소호한다.

【정답】②

24. 유효낙차 75[m], 최대사용수량 200[m^3/s], 수차 및 발전기의 합성효율은 70[%]인 수력발전소의 최대출력은 약 몇 [MW] 인가?

① 102.9　　① 157.3

③ 167.5　　④ 177.8

|정|답|및|해|설|

[발전출력] $P = 9.8HQ\eta_t\eta_g\,[kW]$

$= 9.8 \times 200 \times 75 \times 0.7 \times 10^{-3} = 102.9[MW]$

【정답】①

25. 어떤 가공선의 인덕턴스가 1.6[mH/km]이고, 정전 용량이 0.008[$\mu F/km$]일 때 특성 임피던스는 약 몇 [Ω]인가?

① 128　　② 224

③ 345　　④ 447

|정|답|및|해|설|

[무손실 선로에서 특성 임피던스]

$$Z_0 = \sqrt{\frac{Z}{Y}} = \sqrt{\frac{R+j\omega L}{G+j\omega C}} = \sqrt{\frac{L}{C}} = \sqrt{\frac{1.6 \times 10^{-3}}{0.008 \times 10^{-6}}} \fallingdotseq 447[\Omega]$$

【정답】④

26. 서울과 같이 부하밀도가 큰 지역에서는 일반적으로 변전소의 수와 배전거리를 어떻게 결정하는 것이 좋은가?

① 변전소의 수를 감소하고 배전거리를 증가한다.

② 변전소의 수를 증가하고 배전거리를 감소한다.

③ 변전소의 수를 감소하고 배전거리도 감소한다.

④ 변전소의 수를 증가하고 배전거리도 증가한다.

|정|답|및|해|설|

부하 밀도가 큰 지역에서는 변전소의 수를 증가해서 부담 용량을 줄이고 배전거리를 작게 해야 전력 손실도 줄어든다.

【정답】②

27. 중성점 접지방식에서 직접 접지방식을 다른 접지 방식과 비교하였을 때 그 설명으로 틀린 것은?

① 변압기의 저감 절연이 가능하다.
② 지락고장시의 이상전압이 낮다.
③ 다중접지사고로의 확대 가능성이 대단히 크다.
④ 보호계전기의 동작이 확실하여 신뢰도가 높다.

|정|답|및|해|설|
[직접 접지 방식의 장점]
① 1선 지락시에 건전성의 대지 전압이 거의 상승하지 않는다.
② 피뢰기의 효과를 증진시킬 수 있다.
③ 단절연이 가능하다.
④ 계전기의 동작이 확실해 진다.

[직접 접지 방식의 단점]
① 송전계통의 과도 안정도가 나빠진다.
② 통신선에 유도 장해가 크다.
③ 기기에 큰 영향을 주어 손상을 준다.
④ 대용량 차단기가 필요하다. 【정답】③

28. 송전방식에서 선간전압, 선로전류, 역률이 일정 할 때(3상 3선식/단상 2선식)의 전선 1선당의 전 력비는 약 몇 [%]인가?

① 87.5 ② 94.7
③ 115.5 ④ 141.4

|정|답|및|해|설|
·단상2선식 1선당 전력 $P_2 = VI\cos\theta/2$
·3상3선식 1선당 전력 $P_3 = \sqrt{3}\,VI\cos\theta/3$

$\therefore$ 전력비 $= \dfrac{3상3선식}{단상2선식} \times 100$

$= \dfrac{\sqrt{3}\,VI\cos\theta/3}{VI\cos\theta/2} \times 100 = \dfrac{2\sqrt{3}}{3} \times 100 = 115.5$

【정답】③

29. 단선식 전력선과 단선식 통신선이 그림과 같이 근접되었을 때, 통신선의 정전유도전압 E_0는?

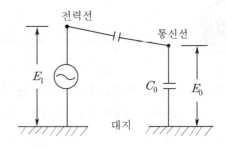

① $\dfrac{C_m}{C_0 + C_m} E_1$ ② $\dfrac{C_0 + C_m}{C_m} E_1$

③ $\dfrac{C_0}{C_0 + C_m} E_1$ ④ $\dfrac{C_0 + C_m}{C_0} E_1$

|정|답|및|해|설|
[정전 유도 전압] $E_0 = \dfrac{C_m}{C_m + C_0} E_1\,[\mathrm{V}]$

여기서, C_m : 전력선과 통신선 간의 정전용량
　　　 C_0 : 통신선의 대지 정전용량
　　　 E_1 : 전력선의 전위 　　　【정답】①

30. 3상 3선식 복도체 방식의 송전선로를 3상 3선식 단도체 방식 송전선로와 비교한 것으로 알맞은 것은?(단. 단도체의 단면적은 복도체 방식 소선 의 단면적 합과 같은 것으로 한다.)

① 전선의 인덕턴스와 정전용량은 모두 감소한다.
② 전선의 인덕턴스와 정전용량은 모두 증가한다.
③ 전선의 인덕턴스는 증가하고, 정전용량은 감소 한다.
④ 전선의 인덕턴스는 감소하고, 정전용량은 증가 한다.

|정|답|및|해|설|
[복도체 방식의 장점]
① 전선의 인덕턴스가 감소하고 정전용량이 증가되어 선로의 송전용량 이 증가하고 계통의 안정도를 증진시킨다.
② 전선표면의 전위경도가 저감되므로 코로나 임계전압을 높일 수 있고 코로나손, 코로나 잡음 등의 장해가 저감된다.
【정답】④

31. 터빈 발전기의 냉각방식에 있어서 수소냉각방식을 채택하는 이유가 아닌 것은?

① 코로나에 의한 손실이 적다.

② 수소 압력의 변화로 출력을 변화시킬 수 있다.

③ 수소의 열전도율이 커서 발전기 내 온도상승이 저하한다.

④ 수소 부족시 공기와 혼합사용이 가능하므로 경제적이다.

32. 그림과 같은 열사이클은?

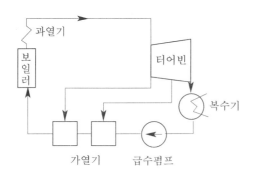

① 재생 사이클   ② 재열 사이클

③ 카르노사이클   ④ 재생재열사이클

33. 그림과 같이 지지점 A, B, C에는 고저차가 없으며, 경간 AB와 BC 사이에 전선이 가설되어, 그 이도가 12[cm]이었다. 지금 경간 AC의 중점인 지지점 B에서 전선이 떨어져서 전선의 이도가 D로 되었다면 D는 몇 [cm]인가?

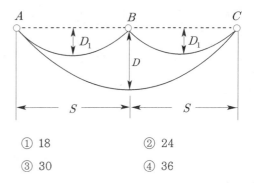

① 18   ② 24

③ 30   ④ 36

34. 송배전 선로에서 내부 이상전압에 속하지 않는 것은?

① 개폐 이상전압

② 유도뢰에 의한 이상전압

③ 사고시의 과도 이상전압

④ 계통 조작과 고장시의 지속 이상전압

35. 고압 배전선로의 선간전압을 3300[V]에서 5700[V]로 승압하는 경우, 같은 전선으로 전력손실을 같게 한다면 약 몇 배의 전력을 공급할 수 있는가?

① 1 　　　　② 2

③ 3 　　　　④ 4

|정|답|및|해|설|

$$\frac{P_2}{P_1} = \left(\frac{V_2}{V_1}\right)^2 \rightarrow P \propto V^2$$

$$P_2 = \left(\frac{V_2}{V_1}\right)^2 P_1 = \left(\frac{5700}{3300}\right)^2 P_1 ≒ 3P_1$$

【정답】③

36. 설비용량 800[kW], 부등률 1.2, 수용률 60[%]일 때, 변전시설 용량은 최저 몇 [kVA] 이상 이어야 하는가? (단, 역률은 90[%] 이상 유지되어야 한다고 한다.)

① 450 　　　　② 500

③ 550 　　　　④ 600

|정|답|및|해|설|

$$변전설비용량[kVA] = \frac{설비용량 \times 수용률}{부등률 \times 역률}[kVA]$$

$$= \frac{800 \times 0.6}{1.2 \times 0.9} ≒ 444[kVA]$$

【정답】①

37. 소호리액터 접지방식에 대하여 틀린 것은?

① 지락전류가 적다.

② 전자유도장해를 경감할 수 있다.

③ 지락 중에도 계속 송전이 가능하다.

④ 선택지락계전기의 동작이 용이하다.

|정|답|및|해|설|

소호리액터 접지 방식은 지락전류가 작아서 전자유도 장해가 작고 지락 중에도 송전할 수 있는 장점이 있으나 <u>지락전류가 작아서 지락계전기의 동작이 용이하지 않다.</u>

【정답】④

38. 전력 원선도에서 알 수 없는 것은?

① 조상용량 　　　　② 선로손실

③ 송전단의 역률 　　　　④ 정태안정 극한전력

|정|답|및|해|설|

[전력 원선도에서 알 수 있는 사항]

·정태 안정 극한 전력(최대 전력)

·송수전단 전압간의 상차각

·조상 용량

·수전단 역률

·선로 손실과 효율 　　　　　　　　　【정답】③

39. 200[kVA] 단상 변압기 3대를 △결선에 의하여 급전하고 있는 경우 1대의 변압기가 소손되어 V결선으로 사용하였다. 이때의 부하가 516[kVA]라고 하면 변압기는 약 몇 [%]의 과부하가 되는가?

① 119 　　　　② 129

③ 139 　　　　④ 149

|정|답|및|해|설|

200[kVA] 단상 변압기 2대로 V 운전시의 출력

$$P_v = \sqrt{3} P_1 = \sqrt{3} \times 200[kVA]$$

$$과부하율 = \frac{P}{P_v} \times 100 = \frac{516}{\sqrt{3} \times 200} \times 100 = 149[\%]$$

【정답】④

40. 피뢰기의 제한전압이란?

① 피뢰기의 정격전압

② 상용주파수의 방전개시전압

③ 피뢰기 동작 중 단자전압의 파고치

④ 속류의 차단이 되는 최고의 교류전압

|정|답|및|해|설|

① 제한 전압 : 피뢰기 동작 중의 단자 전압의 파고값

② 피뢰기의 정격전압 : 속류의 차단이 되는 최고의 교류전압

③ 상용주파 방전 개시전압 : 상용주파수의 방전개시 전압

④ 충격 방전 개시전압 : 피뢰기 단자간에 충격전압을 인가하였을 때 방전을 개시하는 전압

【정답】③

21. 송전선로에 충전전류가 흐르면 수전단 전압이 송전단 전압보다 높아지는 현상과 이 현상의 발생 원인으로 가장 옳은 것은?

① 페란티효과, 선로의 인덕턴스 때문

② 페란티효과, 선로의 정전용량 때문

③ 근접효과, 선로의 인덕턴스 때문

④ 근접효과, 선로의 정전용량 때문

|정|답|및|해|설|

[페란티현상] <u>선로의 정전용량</u>으로 인하여 무부하시나 경부하시 진상전류가 흘러 수전단 전압이 송전단 전압보다 높아지는 현상이다. 그의 대책으로는 분로 리액터(병렬 리액터)나 동기 조상기의 지상 운전으로 방지할 수 있다.　　　　　　　【정답】②

22. 전력선에 의한 통신선로의 전자 유도 장해의 발생 요인은 주로 무엇 때문인가?

① 영상전류가 흘러서

② 부하전류가 크므로

③ 전력선의 교차가 불충분하여

④ 상호 정전 용량이 크므로

|정|답|및|해|설|

전자 유도전압 : $E_m = -j\omega M l 3I_0$　(I_0 : 영상전류)

　　　　　　　　　　　　　　　　　　【정답】①

23. 취수구에 제수문을 설치하는 목적은?

① 유량을 조절한다.　② 모래를 배체한다.

③ 낙차를 높인다.　　④ 홍수위를 낮춘다.

|정|답|및|해|설|

취수구에 제수문을 설치하는 주된 목적은 취수량을 조절하고, 수압관 수리시 <u>물의 유입을 단절</u>하기 위함이다.

　　　　　　　　　　　　　　　　　　【정답】①

24. 양수량 $Q[\mathrm{m^3/s}]$, 총양정 $H[\mathrm{m}]$, 펌프효율 η인 경우 양수펌프용 전동기의 출력 $P[\mathrm{kW}]$는? (단, k는 상수이다.)

① $k\dfrac{Q^2H^2}{\eta}$　　　　② $k\dfrac{Q^2H}{\eta}$

③ $k\dfrac{QH^2}{\eta}$　　　　④ $k\dfrac{QH}{\eta}$

|정|답|및|해|설|

[양수펌프용 전동기의 출력] $P = \dfrac{9.8QH}{\eta} = k\dfrac{QH}{\eta}[\mathrm{kW}]$

　　　　　　　　　　　　　　　　　　【정답】④

25. 고압 수전설비를 구성하는 기기로 볼 수 없는 것은?

① 변압기　　　　② 변류기

③ 복수기　　　　④ 과전류 계전기

|정|답|및|해|설|

[복수기] 기력발전소의 증기터빈에서 배출되는 증기를 물로 냉각하여 증기터빈의 열효율을 높이기 위한 설비

　　　　　　　　　　　　　　　　　　【정답】③

26. 공통중성선 다중접지 3상 4선식 배전선로에서 고압측(1차측) 중성선과 저압측(2차측) 중성선을 전기적으로 연결하는 목적은?

① 저압측의 단락사고를 검출하기 위함

② 저압측의 접지사고를 검출하기 위함

③ 주상변압기의 중성선측 부싱(bushing)을 생략하기 위함

④ 고저압 혼촉 시 수용가에 침입하는 상승전압을 억제하기 위함

|정|답|및|해|설|

중성선끼리 연결되지 않으면 고·저압 혼촉시 고압측의 큰 전압이 저압측을 통해서 수용가에 침입할 우려가 있다.

　　　　　　　　　　　　　　　　　　【정답】④

27. 차단기의 정격 차단시간에 대한 정의로써 옳은 것은?

① 고장 발생부터 소호까지의 시간

② 트립 코일 여자부터 소호까지의 시간

③ 가동접촉자 개극부터 소호까지의 시간

④ 가동접촉자 시동부터 소호까지의 시간

|정|답|및|해|설|

[차단기의 차단 시간] 트립코일 여자부터 차단기의 가동 전극이 고정 전극으로부터 이동을 개시하여 개극할 때까지의 개극시간과 접점이 충분히 떨어져 아크가 완전히 소호할 때까지의 아크시간의 합으로 3~8[Hz] 이다. 　　　　　　　　　【정답】②

28. 154/22.9[kV], 40[MVA], 3상 변압기의 %리액턴스가 14[%]라면 고압측으로 환산한 리액턴스는 약 몇 [Ω]인가?

① 95 　　　　　　② 83

③ 75 　　　　　　④ 61

|정|답|및|해|설|

[퍼센트 리액턴스] $\%Z = \dfrac{ZP}{10V^2}$

여기서, V : 선간전압[kV], P : 기준용량[kVA])

$Z = \dfrac{\%Z \times 10 \times V^2}{P} = \dfrac{14 \times 10 \times 154^2}{40000} = 83[\Omega]$

【정답】②

29. 보호계전기의 기본 기능이 아닌 것은?

① 확실성 　　　　② 선택성

③ 유동성 　　　　④ 신속성

|정|답|및|해|설|

[보호 계전기의 기본 기능] 확실성, 선택성, 신속성, 경제성, 취급의 용이성 　　　　　　　　　　【정답】③

30. 6[kV]급의 소내 전력공급용 차단기로서 현재 가장 많이 채택하는 것은?

① OCB 　　　　　② GCB

③ VCB 　　　　　④ ABB

|정|답|및|해|설|

[VCB(진공차단기)]

·진공 상태에서 아크 확산 작용을 이용하여 소호한다.

·공칭 전압 30[kV] 이하의 소내 공급용 차단기로서 현재 가장 많이 사용된다. 　　　　　　　　　　【정답】③

31. 수용가군 총합의 부하율은 각 수용가의 수용률 및 수용가 사이의 부등률이 변화할 때 옳은 것은?

① 부등률과 수용률에 비례한다.

② 부등률에 비례하고 수용률에 반비례한다.

③ 수용률에 비례하고 부등률에 반비례한다.

④ 부등률과 수용률에 반비례한다.

|정|답|및|해|설|

부하율 $= \dfrac{\text{부등률}}{\text{수용률}} \times \dfrac{\text{평균전력}}{\text{설비용량}}$

∴부하율 $\propto$ 부등률 $\propto \dfrac{1}{\text{수용률}}$

【정답】②

32. 3상 3선식 3각형 배치의 송전선로가 있다. 선로가 연가되어 각 선간의 정전용량은 $0.007[\mu F/km]$, 각 선의 대지정전용량은 $0.002[\mu F/km]$라고 하면 1선의 작용정전용량은 몇 $[\mu F/km]$인가?

① 0.03 　　　　　② 0.023

③ 0.012 　　　　　④ 0.006

|정|답|및|해|설|

작용정전용 $C_a = C_s + 3C_m = 0.002 + 3 \times 0.007 = 0.023[\mu F/km]$

여기서, C_a : 작용정전용량, C_s : 대지정전용량

C_m : 선간정전용량 　　　　　　　　　【정답】②

33. 전선로에 댐퍼(damper)를 사용하는 목적은?

① 전선의 진동방지

② 전력손실 격감

③ 낙뢰의 내습방지

④ 많은 전력을 보내기 위하여

|정|답|및|해|설|

[댐퍼(damper)]

· 전선의 진동을 억제하기 위해 설치한다.

· 지지점 가까운 곳에 설치한다.

【정답】①

34. 3상 Y결선된 발전기가 무부하 상태로 운전 중 b상 및 c상에서 동시에 직접접지 고장이 발생하였을 때 나타나는 현상으로 틀린 것은?

① a상의 전류는 항상 0이다.

② 건전상의 a상 전압은 영상분 전압의 3배와 같다.

③ a상의 정상분 전압과 역상분 전압은 항상 같다.

④ 영상분 전류와 역상분 전류는 대칭성분 임피던스에 관계없이 항상 같다.

|정|답|및|해|설|

2선 지락 고장 (a, b, c상 지락 시)

조건 : $V_b = V_c = 0$, $I_a = 0$

① 대칭분 전류

$$I_0 = \frac{-Z_2 E_a}{Z_0 Z_1 + Z_1 Z_2 + Z_2 Z_0}$$

$$I_1 = \frac{(Z_0 + Z_2) E_a}{Z_0 Z_1 + Z_1 Z_2 + Z_2 Z_0}$$

$$I_2 = \frac{-Z_0 E_a}{Z_0 Z_1 + Z_1 Z_2 + Z_2 Z_0}$$

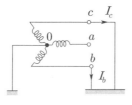

② 대칭분 전압

$$V_0 = V_1 = V_2 = \frac{Z_0 Z_2}{Z_1 Z_2 + Z_0 (Z_1 + Z_2)} E_a$$

③ 건전상 전압

$$V_a = V_0 + V_1 + V_2 = 3V_0 = \frac{3 Z_0 Z_2}{Z_1 Z_2 + Z_0 (Z_1 + Z_2)} E_a$$

④ b, c상 전류

$$I_b = I_0 + a^2 I_1 + a I_2 = \frac{(a^2 - a) Z_0 + (a^2 - 1) Z_2}{Z_0 Z_1 + Z_1 Z_2 + Z_2 Z_0} E_a$$

$$I_c = I_0 + a I_1 + a^2 I_2 = \frac{(a - a^2) Z_0 + (a - 1) Z_2}{Z_0 Z_1 + Z_1 Z_2 + Z_2 Z_0} E_a$$

【정답】④

35. 배전선로의 손실을 경감시키는 방법이 아닌 것은?

① 전압조정

② 역률 개선

③ 다중접지방식 채용

④ 부하의 불평형 방지

|정|답|및|해|설|

[배전선로의 전력 손실] $P_L = 3I^2 r = \frac{\rho W^2 L}{A V^2 \cos^2 \theta}$

여기서, ρ : 고유저항, W : 부하 전력, L : 배전 거리
A : 전선의 단면적, V : 수전 전압, $\cos\theta$: 부하 역률
승압을 하면 전력손실이 감소하고 역률 개선을 해도 전력손실이 감소하며 부하의 불평형을 줄여도 손실이 감소한다. 반면, 다중 접지 방식을 채용하는 것은 배전선로의 손실과는 아무런 관련이 없다.

【정답】③

36. 전압과 역률이 일정할 때 전력을 몇 [%] 증가시키면 전력 손실이 2배로 되는가?

① 31   ② 41

③ 51   ④ 61

|정|답|및|해|설|

[전력손실] $P_l = \frac{R \cdot P^2}{V^2 \cos^2 \theta}$

$P_l \propto P^2 \rightarrow P \propto \sqrt{P_l}$

전력 손실을 2배로 한 경우의 전력을 P'

$\frac{P'}{P} = \frac{\sqrt{2 P_l}}{\sqrt{P_l}} = \sqrt{2}$, $P' = \sqrt{2} P$

∴ 전력 증가율 $= \frac{P' - P}{P} \times 100 = \frac{\sqrt{2} P - P}{P} \times 100$

$= \frac{\sqrt{2} - 1}{1} \times 100 = 41 [\%]$

【정답】②

37. 최대 출력 350[MW], 평균부하율 80[%]로 운전 되고 있는 화력 발전소의 10일간 중유 소비량이 1.6×10^7 [L]라고 하면 발전단에서의 열효율은 몇 [%]인가? (단, 중유의 열량은 10000[kcal/L] 이다.)

① 35.3   ② 36.1

③ 37.8   ④ 39.2

|정|답|및|해|설|

[열효율] $\eta = \dfrac{860\,W}{mH}$

$= \dfrac{860 \times 350 \times 10^6 \times 0.8 \times 24}{\dfrac{1.6 \times 10^7}{10} \times 10000 \times 10^3} \times 100 = 36.1[\%]$

【정답】②

38. 어느 발전소에서 합성 임피던스가 0.4[%] (10[MVA] 기준)인 장소에 설치하는 차단기의 차 단용량은 몇 [MVA]인가?

① 10   ② 250

③ 1000   ④ 2500

|정|답|및|해|설|

[단락용량] $P_s = \dfrac{100}{\%Z} P_n = \dfrac{100}{0.4} \times 10 = 2500[\text{MVA}]$

※ 차단기의 차단용량 〉 차단기의 단락용량

【정답】④

39. 주상변압기의 1차측 전압이 일정할 경우, 2차측 부하가 변하면, 주상변압기의 동손과 철손은 어 떻게 되는가?

① 동손과 철손이 모두 변한다.

② 동손은 일정하고 철손이 변한다.

③ 동손은 변하고 철손은 일정하다.

④ 동손과 철손은 모두 변하지 않는다.

|정|답|및|해|설|

부하가 변하면 동손은 변한다.
철손은 항상 일정하다.   【정답】③

40. 3상 3선식 변압기 결선 방식이 아닌 것은?

① △ 결선   ② V 결선

③ T 결선   ④ Y 결선

|정|답|및|해|설|

[스코트 결선 (T결선)] 3상 전원에서 2상 전압을 얻는 결선 방식

【정답】③

(통합)

21. 중성점 직접 접지 방식의 발전기가 있다. 1선 지락 사고 시 지락전류는? (단, Z_1, Z_2, Z_0는 각각 정상, 역상, 영상 임피던스이며, E_a는 지락된 상의 무부하 기전력이다.)

① $\dfrac{E_a}{Z_0 + Z_1 + Z_2}$ ② $\dfrac{Z_1 E_a}{Z_0 + Z_1 + Z_2}$

② $\dfrac{3E_a}{Z_0 + Z_1 + Z_2}$ ④ $\dfrac{Z_0 E_a}{Z_0 + Z_1 + Z_2}$

|정|답|및|해|설|

[지락전류(중성점 직접접지)] $I_g = 3 \times I_0$

영상전류 $I_0 = \dfrac{E_a}{Z_0 + Z_1 + Z_2}$

$I_g = 3 \times \dfrac{E_a}{Z_0 + Z_1 + Z_2}$ 【정답】③

22. 송전계통의 절연협조에 있어 절연레벨을 가장 낮게 잡고 있는 기기는? [15/3 06/2 산 08/3 산 04/1]

① 차단기 ② 피뢰기
③ 단로기 ④ 변압기

|정|답|및|해|설|

[절연 협조] 절연 협조는 피뢰기의 제한 전압을 기본으로 하여 어떤 여유를 준 기준 충격 절연 강도를 설정한다. 따라서 피뢰기의 절연 레벨이 제일 낮다. 【정답】②

23. 보일러에서 절탄기의 용도는? [14/2 13/3 산 19/2]

① 증기를 과열한다.
② 공기를 예열한다.
③ 보일러 급수를 데운다.
④ 석탄을 건조한다.

|정|답|및|해|설|

[절탄기] 보일러 급수를 예열하여 연료를 절감할 수가 있다.
【정답】③

24. 3상 배전선로의 말단에 역률 60[%](늦음), 60[kW]의 평형 3상 부하가 있다. 부하점에 부하와 병렬로 전력용 콘덴서를 접속하여 선로 손실을 최소로 하고자 할 때 콘덴서 용량[kVA]은? (단, 부하단의 전압은 일정하다.) [14/3 09/3 07/2]

① 40 ② 60
③ 80 ④ 100

|정|답|및|해|설|

[콘덴서 용량] 선로 손실을 최소로 하기 위해서는 역률을 1.0으로 개선해야 하므로 문제에서의 전 무효 전력만큼의 콘덴서 용량이 필요하다.

$Q_c = P(\tan\theta_1 - \tan\theta_2) = P \times \left(\dfrac{\sin\theta_1}{\cos\theta_1} - \dfrac{\sin\theta_2}{\cos\theta_2}\right)$

$Q_c = 60 \times \left(\dfrac{0.8}{0.6} - \dfrac{0}{1}\right) = 80[kVA]$

$\rightarrow (\sin\theta = \sqrt{1 - \cos^2\theta},\ \cos : 0.6 \rightarrow \sin : 0.8))$
【정답】③

25. 송배전 선로에서 선택지락계전기(SGR)의 용도를 옳게 설명한 것은? [17/1]

① 다회선에서 접지고장 회선의 선택

② 단일 회선에서 접지전류의 대소 선택

③ 단일 회선에서 접지전류의 방향 선택

④ 단일 회선에서 접지 사고의 지속 시간 선택

|정|답|및|해|설|

[SGR(선택 지락 계전기)] SGR(선택 지락 계전기)은 병행 2회선 이상 송전 선로에서 한쪽의 1회선에 지락 사고가 일어났을 경우 이것을 검출하여 고장 회선만을 선택 차단할 수 있는 계전기

【정답】①

26. 정격전압 7.2[kV], 차단용량 100[MVA]인 3상 차단기의 정격 차단전류는 약 몇 [kA]인가? [10/1 산 05/1]

① 4[kV]　　　　② 6[kV]

③ 7[kV]　　　　④ 8[kV]

|정|답|및|해|설|

[차단기의 정격 차단 전류] $I_s = \dfrac{P_s}{\sqrt{3}\,V}[A]$

→ (차단 용량 $P_s = VI_s\sqrt{3}$)

정격차단전류 $I_s = \dfrac{P_s}{\sqrt{3}\,V} = \dfrac{100 \times 10^6}{\sqrt{3} \times 7.2 \times 10^3} \times 10^{-3} = 8[kA]$

【정답】④

27. 고장 즉시 동작하는 특성을 갖는 계전기는? [15/2]

① 순한시 계전기

② 정한시 계전기

③ 반한시 계전기

④ 반한시성 정한시 계전기

|정|답|및|해|설|

[보호 계전기의 특징]

① 순한시 특징 : 최초 동작 전류 이상의 전류가 흐르면 즉시 동작

② 정한시 특징 : 동작 전류의 크기에 관계없이 일정한 시간에 동작하는 특징

③ 반한시 특징 : 동작 전류가 커질수록 동작 시간이 짧게 되는 특징

④ 반한시 정한시 특징 : 동작 전류가 적은 동안에는 동작 전류가 커질수록 동작 시간이 짧게 되고 어떤 전류 이상이면 동작 전류의 크기에 관계없이 일정한 시간에 동작하는 특성

【정답】①

28. 30000[kW]의 전력을 50[km] 떨어진 지점에 송전하는데 필요한 전압은 약 몇 [kV] 정도인가? (단, Still의 식에 의하여 산정한다.) [11/2]

① 22　　　　② 33

③ 66　　　　④ 100

|정|답|및|해|설|

[경제적인 송전전압(V_s) (스틸(still) 식)]

$V_s = 5.5\sqrt{0.6 \times 송전거리[km] + \dfrac{송전전력[kw]}{100}}$ [kW]

$V_s = 5.5\sqrt{0.6l + \dfrac{P}{100}}$

$= 5.5\sqrt{0.6 \times 50 + \dfrac{30000}{100}} ≒ 100[kV]$

【정답】④

29. 댐의 부속설비가 아닌 것은? [16/3]

① 수로　　　　② 수조

③ 취수구　　　　④ 흡출관

|정|답|및|해|설|

[흡출관] 흡출관은 반동 수차의 출구에서부터 방수로 수면까지 연결하는 관으로 낙차를 유용하게 이용(손실수두회수)하기 위해 사용한다.

【정답】④

30. 3상 3선식에서 전선 한 가닥에 흐르는 전류는 단상 2선식의 경우의 몇 배가 되는가? (단, 송전전력, 부하역률, 송전거리, 전력 손실 및 선간전압이 같다.)

① $\dfrac{1}{\sqrt{3}}$　　　　② $\dfrac{2}{3}$

③ $\dfrac{3}{4}$　　　　④ $\dfrac{4}{9}$

|정|답|및|해|설|

[송전전력] 문제에서 단상 2선식과 3상 3선식이 같다.

즉, $P_1 = P_3$

$P_1 = VI_1\cos\theta$, $P_3 = \sqrt{3}\,VI_3\cos\theta$

$\therefore I_3 = \dfrac{1}{\sqrt{3}}I_1$ 　　　　　　　　【정답】①

---

31. 사고, 정전 등의 중대한 영향을 받는 지역에서 정전과 동시에 자동적으로 예비 전원용 배전선로로 전환하는 장치는? [15/3 08/2 산 10/2 06/1]

① 차단기

② 리클로저(Recloser)

③ 섹셔널라이저(Sectionalizer)

④ 자동 부하 전환 개폐기(Auto Load Transfer Switch)

|정|답|및|해|설|

[자동 부하 전환 개폐기(ALTS)] 정전시에 큰 피해가 예상되는 수용가에 이중 전원을 확보하여 주전원 정전시나 정격 전압 이하로 전압이 감소하는 등의 정전 사고시 예비 전원으로 자동으로 전환되어 무정전 전원 공급을 수행하는 개폐기이다.

【정답】④

---

32. 전선의 표피 효과에 관한 설명으로 옳은 것은? [07/1 05/1]

① 전선이 굵을수록, 주파수가 낮을수록 커진다.

② 전선이 굵을수록, 주파수가 높을수록 커진다.

③ 전선이 가늘수록, 주파수가 낮을수록 커진다.

④ 전선이 가늘수록, 주파수가 높을수록 커진다.

|정|답|및|해|설|

[표피효과($wk\mu a = 2\pi fk\mu a$)] 주파수 f와 단면적 a에 비례하므로 전선의 굵을수록, 주파수가 높을수록 커진다.

표피효과 ↑ 침투깊이 δ ↓ $\delta = \sqrt{\dfrac{1}{\pi f \sigma \mu}}$ 이므로

도전율 σ나 투자율 μ가 클수록 δ가 작아져 표피 효과가 심해진다.

【정답】②

---

33. 일반 회로 정수가 같은 평행 2회선에서 A, B, C, D는 각각 1회선 경우의 몇 배로 되는가?

① A : 2배, B : 2배, C : $\dfrac{1}{2}$배, D : 1배

② A : 1배, B : 2배, C : $\dfrac{1}{2}$배, D : 1배

③ A : 2배, B : $\dfrac{1}{2}$배, C : 2배, D : 1배

④ A : 1배, B : $\dfrac{1}{2}$배, C : 2배, D : 2배

|정|답|및|해|설|

[일반 회로 정수]

1회선	2회선
A	A
B	$\dfrac{1}{2}$B
C	2C
D	D

【정답】③

---

34. 변전소에서 비접지 선로의 접지보호용으로 사용되는 계전기에 영상전류를 공급하는 것은? [12/1 07/1 05/2 04/1]

① CT 　　　　② GPT

③ ZCT 　　　④ PT

|정|답|및|해|설|

[접지형 계기용 변압기(GPT)] GPT는 지락 사고시 영상 전압을 검출하고, 영상 전류는 영상 변류기(ZCT)가 검출한다. 　【정답】③

---

35. 단로기에 대한 설명으로 적합하지 않은 것은? [14/3 11/3 10/1 06/1]

① 소호장치가 있어 아크를 소멸시킨다.

② 무부하 및 여자전류의 개폐에 사용된다.

③ 배전용 단로기는 보통 디스컨넥팅바로 개폐한다.

④ 회로의 분리 또는 계통의 접속 변경 시 사용한다.

여기서, W : 전력량, m : 연료량, H : 발열량

터빈의 효율 $\eta = \dfrac{860P}{W \times (i_0 - i_1) \times 10^3} \times 100$

【정답】③

|정|답|및|해|설|
[단로기] 단로기에는 소호 장치가 없어서 아크를 소멸시킬 수 없다. 따라서 무부하 회로 또는 여자전류 등의 개폐에만 사용된다.
【정답】①

---

36. 4단자 정수 $A = 0.9918 + j0.0042$, $B = 34.17 + j50.38$, $C = (-0.006 + j3247) \times 10^{-4}$인 송전 선로의 송전단에 66[kV]를 인가하고 수전단을 개방하였을 때 수전단 선간전압은 약 몇 [kV]인가?

① $\dfrac{66.55}{\sqrt{3}}$　　② 62.5

③ $\dfrac{62.5}{\sqrt{3}}$　　④ 66.55

|정|답|및|해|설|
[선로의 인덕턴스]
전파방정식 $E_s = AE_r + BI_r$, $I_s = CE_r + DI_r$
수전단 개방(=무부하) $I_r = 0$이다.
$E_s = AE_r$에서
수전단 전압 $E_r = \dfrac{E_s}{A} = \dfrac{66}{\sqrt{0.9918^2 + 0.0042^2}} \fallingdotseq 66.55$
【정답】④

---

37. 증기 터빈 출력을 $P[kW]$, 증기량을 $W[t/h]$, 초압 및 배기의 증기 엔탈피를 각각 i_0, $i_1[\text{kcal/kg}]$이라 하면 터빈의 효율 $\eta_T[\%]$는?

① $\dfrac{860P \times 10^3}{W(i_0 - i_1)} \times 100$

② $\dfrac{860P \times 10^3}{W(i_1 - i_0)} \times 100$

③ $\dfrac{860P}{W(i_0 - i_1) \times 10^3} \times 100$

④ $\dfrac{860P}{W(i_1 - i_0) \times 10^3} \times 100$

|정|답|및|해|설|
[터빈의 효율]
발전기의 효율 $\eta = \dfrac{860W}{mH} \times 100$에서

---

38. 송전선로에서 가공지선을 설치하는 목적이 아닌 것은?

[12/3 06/3]

① 뇌(雷)의 직격을 받을 경우 송전선 보호
② 유도에 의한 송전선의 고전위 방지
③ 통신선에 대한 차폐 효과 증진
④ 철탑의 접지 저항 경감

|정|답|및|해|설|
[가공지선의 설치 목적]
·직격 뇌에 대한 차폐 효과
·유도 뇌에 대한 정전 차폐 효과
·통신선에 대한 전자 유도 장해 경감 효과

※철탑의 접지저항 경감은 가공지선이 아니고 매설지선이다.
【정답】④

---

39. 수전단의 전력원 방정식이 $P_r^2 + (Q_r + 400)^2 = 250000$으로 표현되는 전력계통에서 조상설비 없이 전압을 일정하게 유지하면서 공급할 수 있는 부하전력은? 단, 부하는 무유성이다.

① 200　　② 250
③ 300　　④ 350

|정|답|및|해|설|
[피상전력]
조상설비가 없다는 것은 무효전력을 조정하지 않겠다는 것
문제에서 무효전력은 $Q_r + 400$이다. 즉, $Q_r = 0$
$P_r^2 + (400)^2 = 250000$ → $P_r = 300$
【정답】③

40. 전력설비의 수용률을 나타낸 것으로 옳은 것은?

[14/2]

① 수용률 $= \dfrac{평균전력}{부하설비용량} \times 100[\%]$

② 수용률 $= \dfrac{부하설비용량}{평균전력} \times 100[\%]$

③ 수용률 $= \dfrac{최대수용전력}{부하설비용량} \times 100[\%]$

④ 수용률 $= \dfrac{부하설비용량}{최대수용전력} \times 100[\%]$

|정|답|및|해|설|

[수용률] 수용률$= \dfrac{최대 전력}{설비용량} \times 100$

※수용률은 낮을수록 경제적이다.　　　　【정답】③

21. 송전계통의 안정도 향상 대책이 아닌 것은?

[18/3 17/1 16/1 15/1 15/3 14/3 13/1 13/2 12/3 11/3 07/3 04/3 산 19/2 18/1 15/2 09/1 09/2 07/1 07/2 04/1 04/2 04/3]

① 계통의 직렬 리액턴스를 감소시킨다.

② 선로의 병행회선수를 감소시킨다.

③ 중간 조상 방식을 채용한다.

④ 고속도 재폐로 방식을 채용한다.

|정|답|및|해|설|

[안정도 향상 대책]

① 계통의 직렬 리액턴스(X)를 작게
　·발전기나 변압기의 리액턴스를 작게 한다.
　·선로의 병행회선수를 늘리거나 복도체 또는 다도체 방식을 사용
　·직렬 콘덴서를 삽입하여 선로의 리액턴스를 보상한다.
② 계통의 전압 변동률을 작게(단락비를 크게)
　·속응 여자 방식 채용
　·계통의 연계
　·중간 조상 방식

③ 고장 전류를 줄이고 고장 구간을 신속 차단
　·적당한 중성점 접지 방식
　·고속 차단 방식
　·재폐로 방식
④ 고장 시 발전기 입·출력의 불평형을 작게

【정답】①

22. 3상 3선식 송전선에서 L을 작용 인덕턴스라 하고 L_e 및 L_m 는 대지를 귀로로 하는 1선의 자기 인덕턴스 및 상호 인덕턴스라고 할 때 이들 사이의 관계식은?

① $L = L_m - L_e$　　② $L = L_e - L_m$

③ $L = L_m + L_e$　　④ $L = \dfrac{L_m}{L_e}$

|정|답|및|해|설|

[작용 인덕턴스]
작용 인덕턴스=자기 인덕턴스(L_e)－상호 인덕턴스(L_m)

【정답】②

23. 1상의 대지 정전용량이 $0.5[\mu F]$이고 주파수 60[Hz]의 3상 송전선이 있다. 소호 리액터의 공진 리액턴스는 약 몇 [Ω]인가?

① 970　　　　　② 1370

③ 1770　　　　④ 3570

|정|답|및|해|설|

[3상 소호리액터의 공진리액턴스] $\omega L = X_L = \dfrac{1}{3\omega C}$

$\omega L = \dfrac{1}{3\omega C} = \dfrac{1}{3 \times 2 \times \pi \times 60 \times 0.5 \times 10^{-6}} = 17692.85$

【정답】③

24. 배전선로의 고장 또는 보수 점검 시 정전 구간을 축소하기 위하여 사용되는 것은?

① 단로기 ② 컷아웃스위치

③ 계자저항기 ④ 구분 개폐기

|정|답|및|해|설|

[배전선로의 사고 범위의 축소 또는 분리] 배전선로의 사고 범위의 축소 또는 분리를 위해서는 <u>구분 개폐기를 설치</u>하거나, 선택 접지 계전 방식을 채택한다.

① 단로기(DS) : 단로기(DS)는 소호 장치가 없고 아크 소멸 능력이 없으므로 부하전류나 사고전류의 개폐할 수 없다.

② 컷아웃스위치(COS) : 주된 용도로는 주상변압기의 고장의 배전 선로에 파급되는 것을 방지하고 변압기의 과부하 소손을 예방하고자 사용한다.

③ 계자저항기 : 계자권선에 직렬로 연결된 가감 저항기. 전압 제어 또는 속도 제어에 사용된다.

【정답】④

25. 수전단의 전력원 방정식이 $P_r^2 + (Q_r + 400)^2$ $= 250000$으로 표현되는 전력계통에서 가능한 최대로 공급할 수 있는 부하전력(P_r)과 이때 전압을 일정하게 유지하는데 필요한 무효전력(Q_r)은 각각 얼마인가? [16/3]

① $P_r = 500$, $Q_r = -400$

② $P_r = 400$, $Q_r = 500$

③ $P_r = 300$, $Q_r = 100$

④ $P_r = 200$, $Q_r = -300$

|정|답|및|해|설|

① 최대로 부하전력을 공급하려면 무효전력이 0이어야 한다.

$P_r^2 + 0 = 500^2$ $\therefore P_r = 500$

② 전압을 일정하게 유지하기 위해서는 피상전력의 크기가 일정 해야 한다.

$P_r^2 + (Q_r + 400)^2 = 250000$, $P_r = 500$ $\rightarrow (Q_r + 40 = 0)$

피상전력의 크기가 일정하기 위해서는 $Q_r + 400 = 0$

$\therefore Q_r = -400$ **【정답】①**

26. 송전선로에 뇌격에 대한 차폐등으로 가설하는 가공지선에 대한 설명 중 옳은 것은? [14/3]

① 차폐각은 보통 15~30도 정도로 하고 있다.

② 차폐각이 클수록 벼락에 대한 차폐효과가 크다.

③ 가공지선을 2선으로 하면 차폐각이 적어진다.

④ 가공지선으로는 연동선을 주로 사용한다.

|정|답|및|해|설|

[가공지선]

· <u>차폐각은 작을수록 효과적</u>이다.

· 일반적으로 <u>45°</u>에서 97[%] 정도 효율을 갖는다.

· 차폐각이 작으면 지지물이 높은 것이므로 건설비가 비싸다.

· 가공지선에는 인장강도 8.01[kN] 이상의 나선 또는 5[mm] 이상의 <u>나경동선을 사용할 것</u> **【정답】③**

27. 3상 전원에 접속된 △ 결선의 캐패시터를 Y결선으로 바꾸면 진상 용량 $Q_Y[kVA]$는 어떻게 되는가? (단, $Q_\triangle$는 △결선된 커패시터의 진상 용량이고 Q_Y는 Y결선된 커패시터의 진상 용량이다.) [11/2 05/3]

① $Q_Y = \sqrt{3}\, Q_\triangle$ ② $Q_Y = \frac{1}{3} Q_\triangle$

③ $Q_Y = 3 Q_\triangle$ ④ $Q_Y = \frac{1}{\sqrt{3}} Q_\triangle$

|정|답|및|해|설|

[진성용량(충전용량)] $Q_\triangle = 6\pi f C V^2$

△ 결선된 경우 진상용량

$Q_\triangle = 3 \times 2\pi f C V^2 = 6\pi f C V^2$[KVA] 이므로

△을 Y로 바꾸면 $Q_\triangle = 6\pi f C V^2$

$Q_Y = 6\pi f C \left(\frac{V}{\sqrt{3}}\right)^2 = 2\pi f C V^2$ $\therefore Q_Y = \frac{1}{3} Q_\triangle$

【정답】②

28. 송전선로에서 역섬락을 방지하는데 가장 유효한 방법은? [10/3 09/2 05/3 산15/1 15/2 13/3 06/3]

① 가공지선을 설치한다.

② 소호각을 설치한다.

③ 탑각 접지저항을 작게 한다.

④ 피뢰기를 설치한다.

| 정 | 답 | 및 | 해 | 설 |

[역섬락 방지] 역섬락은 철탑의 탑각 접지 저항이 커서 뇌서지를 대지로 방전하지 못하고 선로에 뇌격을 보내는 현상이다.
철탑의 탑각 접지 저항을 낮추기 위해서 매설지선을 시설하여 방지한다. 【정답】③

29. 배전 선로의 전압을 3[kV]에서 6[kV]로 승압하면 전압강하율(δ)은 어떻게 되는가? (단, δ_{3kV}는 전압 3[kV]일 때 전압강하율이고, δ_{6kV}는 전압이 6[kV]일 때 전압강하율이고, 부하는 일정하다고 한다.)

① $\delta_{6kV} = \frac{1}{2}\delta_{3kV}$ ② $\delta_{6kV} = \frac{1}{4}\delta_{3kV}$

② $\delta_{6kV} = 2\delta_{3kV}$ ④ $\delta_{6kV} = 4\delta_{3kV}$

| 정 | 답 | 및 | 해 | 설 |

[전압 강하율] $\delta = \frac{P}{V^2}(R + X\tan\theta)$ $\rightarrow (\delta \propto \frac{1}{V^2})$

전압이 2배 승압되었으므로 $\frac{1}{4}$ 배로 줄어든다.

【정답】②

30. 정격전압 6600[V], Y결선, 3상 발전기의 중성점을 1선 지락 시 지락전류를 100[A]로 제한하는 저항기로 접지하려고 한다. 저항기의 저항값은 약 몇 [Ω]인가? [14/2]

① 44   ② 41

③ 38   ④ 35

| 정 | 답 | 및 | 해 | 설 |

[지락전류] $I_g = \frac{E}{R_g}[A]$ → $R_g = \frac{E}{I_g} = \frac{\frac{V}{\sqrt{3}}}{I_g} = \frac{\frac{6600}{\sqrt{3}}}{100} = 38[\Omega]$

【정답】③

31. 배전선의 전력손실 경감대책이 아닌 것은? [14/2 04/2]

① 피더(Feeder) 수를 늘린다.

② 역률을 개선한다.

③ 배전전압을 높인다.

④ 부하의 불평형을 방지한다.

| 정 | 답 | 및 | 해 | 설 |

[배전선로의 전력 손실] $P_l = 3I^2r = \frac{\rho W^2 L}{A V^2\cos^2\theta}$

여기서, ρ : 고유저항, W : 부하전력, L : 배전거리
　　　　A : 전선의 단면적, V : 수전전압, $\cos\theta$: 부하역률)
　역률 개선과 승압은 전력손실을 대폭 경감시킨다.

【정답】①

32. 조속기의 폐쇄 시간이 짧을수록 옳은 것은? [17/3]

① 수격작용은 작아진다.

② 발전기의 전압 상승률은 커진다.

③ 수차의 속도 변동률은 작아진다.

④ 수압관 내의 수압 상승률은 작아진다.

| 정 | 답 | 및 | 해 | 설 |

[조속기] 조속기는 부하의 변화에 따라 증기와 유입량을 조절하여 터빈의 회전속도를 일정하게, 즉 주파수를 일정하게 유지시켜주는 장치로 폐쇄시간이 짧을수록 수차의 속도 변동률은 작아진다.

【정답】③

33. 교류 배전선로에서 전압강하가 계산식은 $V_d = k(R\cos\theta + X\sin\theta)I$로 표현된다. 3상 3선식 배전선로인 경우에 k값은 얼마인가?

① $\sqrt{3}$ ② $\sqrt{2}$

② 3   ④ 2

34. 수전용 변전설비의 1차측 차단기의 용량은 주로 어느 것에 의하여 정해지는가? [12/3 05/3]

① 수전 계약 용량

② 부하 설비의 용량

③ 공급측 전원의 단락 용량

④ 수전 전력의 역률과 부하율

35. 표피효과에 대한 설명으로 옳은 것은? [16/2 13/2]

① 주파수가 높을수록 침투깊이가 얕아진다.

② 투자율이 크면 표피효과가 적게 나타난다.

③ 표피효과에 따른 표피저항은 단면적에 비례한다.

④ 도전율이 큰 도체에는 표피효과가 적게 나타난다.

36. 그림과 같은 이상 변압기에서 2차 측에 5[Ω]의 저항부하를 연결하였을 때 1차 측에 흐르는 전류 I[A]는 약 몇 [A]인가? [05/2]

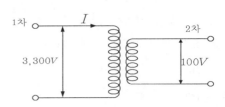

① 0.6

② 1.8

③ 20

④ 660

37. 복도체에서 2본의 전선이 서로 충돌하는 것을 방지하기 위하여 2본의 전선 사이에 적당한 간격을 두어 설치하는 것은?

① 아모로도

② 댐퍼

② 아킹혼

④ 스페이서

38. 전압과 유효전력이 일정한 경우 부하 역률이 70[%]인 선로에서의 저항 손실($P_{70\%}$)은 역률이 90[%]인 선로에서의 저항 손실($P_{90\%}$)과 비교하면 약 얼마인가?

① $P_{70\%} = 0.6 P_{90\%}$

② $P_{70\%} = 1.7 P_{90\%}$

② $P_{70\%} = 0.3 P_{90\%}$

④ $P_{70\%} = 2.7 P_{90\%}$

|정|답|및|해|설|

[손실] $P_l \propto \dfrac{1}{\cos^2\theta}$

$\dfrac{0.9^2}{0.7^2} = 1.7$ 【정답】②

39. 주변압기 등에서 발생하는 제5고조파를 줄이는 방법은? [13/3 09/3]

① 전력용 콘덴서에 직렬 리액터를 접속한다.
② 변압기 2차측에 분로 리액터 연결한다.
③ 모선에 방전 코일 연결한다.
④ 모선에 공심 리액터 연결한다.

|정|답|및|해|설|

[고조파] 변압기 등의 전력변환장치에서는 자속의 변화가 비선형이기 때문에 많은 고조파가 발생하게 된다. <u>전력용 콘덴서 용량의 약 5[%] 크기의 리액터를 직렬로 접속해서 제5고조파를 줄일 수가 있다.</u> 【정답】①

40. 프란시스 수차의 특유속도[m·kW]의 한계를 나타내는 식은? (단, H[m]는 유효낙차이다.)

① $\dfrac{13000}{H+50}+10$ ② $\dfrac{13000}{H+50}+30$

③ $\dfrac{20000}{H+20}+10$ ④ $\dfrac{20000}{H+20}+30$

|정|답|및|해|설|

[프란시스 수차 특유속도의 한계] $\dfrac{20000}{H+20}+30$

【정답】④

21. 전력원선도에서 알 수 없는 것은? (04/3 12/2 13/2 19/3 산 04/1 11/2 16/2)

① 조상 용량
② 선로 손실과 송전 효율
③ 과도 극한 전력
④ 정태 안정 극한 전력

|정|답|및|해|설|

[전력원선도에서 알 수 있는 사항]
·조상 용량
·수전단 역률
·선로 손실과 효율
·정태 안정 극한 전력(최대 전력)
·필요한 전력을 보내기위한 송수전단 전압 간의 상차각
【정답】③

22. 다음 중 그 값이 항상 1 이상인 것은?

① 부등률   ② 부하율
② 수용률   ④ 전압강하율

|정|답|및|해|설|

[부등률]

부등률$=\dfrac{\text{각각의 수용전력의 합}}{\text{합성최대전력}}=\dfrac{\sum(\text{설비용량}\times\text{수용률})}{\text{합성최대수용전력}}$

※부하율, 수용률 〈 1, 부등률 〉 1 【정답】①

23. 송전전력, 송전거리, 전선로의 전력손실이 일정하고 같은 재료의 전선을 사용한 경우 단상2선식에 대한 3상3선식의 1선당의 전력비는 얼마인가? (단, 중성선은 외선과 같은 굵기이다.)

① 0.7   ② 0.87
③ 0.94   ④ 1.15

|정|답|및|해|설|

[송전전력]

·단상 2선식 : $P = VI\cos\theta$

$\rightarrow$ (한가닥의 송전전력 $P = \dfrac{1}{2}VI\cos\theta$)

·3상 4선식 : $P = \sqrt{3}\,VI\cos\theta$

$\rightarrow$ (한가닥의 송전전력 $P = \dfrac{\sqrt{3}}{4}VI\cos\theta$)

$\therefore$ 전력비 $= \dfrac{3상4선식}{단상2선식} = \dfrac{\sqrt{3}\,VI\cos\theta/4}{VI\cos\theta/2} = \dfrac{2\sqrt{3}}{4} = 0.87$

【정답】②

---

24. 3상용 차단기의 정격차단용량은?

[13/1 04/2 산 18/2 13/2 08/2 06/1]

① $\sqrt{3} \times$ 정격전압 $\times$ 정격차단전류

② $\sqrt{3} \times$ 정격전압 $\times$ 정격전류

③ $3 \times$ 정격전압 $\times$ 정격차단전류

④ $3 \times$ 정격전압 $\times$ 정격전류

|정|답|및|해|설|

[3상용 정격 차단 용량]

$P_s = \sqrt{3} \times$ 정격 전압(V) $\times$ 정격 차단 전류(I_s)

※단상용 정격 차단 용량 $P_s =$ 정격 전압(V) $\times$ 정격 차단 전류(I_s)

【정답】①

---

25. 개폐 서지의 이상 전압을 감쇄 할 목적으로 설치하는 것은?

[17/3 12/1]

① 단로기   ② 차단기

③ 리액터   ④ 개폐저항기

|정|답|및|해|설|

[개폐저항기] 차단기의 개폐시에 개폐 서지 이상 전압이 발생된다. 이것을 낮추고 절연 내력을 높일 수 있게 하기 위해 차단기 접촉자간에 병렬 임피던스로서 개폐저항기를 삽입한다.

【정답】④

---

26. 부하의 역률을 개선할 경우 배전선로에 대한 설명으로 틀린 것은? (단, 조건은 동일하다.)

① 설비용량의 여유 증가

② 전압강하의 감소

③ 선로전류의 증가

④ 전력손실의 감소

|정|답|및|해|설|

[역률 개선의 효과]

·선로, 변압기 등의 저항손 감소
·변압기, 개폐기 등의 소요 용량 감소
·송전 용량이 증대
·전압 강하 감소
·설비 용량의 여유 증가
·전기요금이 감소한다.
·전력 손실의 감소

즉, 전력손실 $P_l = 3I^2 R = 3 \times \left(\dfrac{P}{\sqrt{3}\,V\cos\theta}\right)^2 \times R$

※역률이 개선되면 선로전류가 감소된다.

【정답】③

---

27. 수력발전소의 취수 방법에 따른 분류로 틀린 것은?

[산 18/3]

① 댐식   ② 수로식

③ 역조정지식   ④ 유역변경식

|정|답|및|해|설|

[취수 방식에 따른 분류]

·수로식 : 하천 하류의 구배를 이용할 수 있도록 수로를 설치하여 낙차를 얻는 발전방식
·댐식 : 댐을 설치하여 낙차를 얻는 발전 방식
·댐수로식 : 수로식+댐
·유역변경식 : 유량이 풍부한 하천과 낙차가 큰 하천을 연결하여 발전하는 방식

※역조정지식은 유량을 취하는 방법

【정답】③

28. 한류리액터를 사용하는 가장 큰 목적은?

[18/1 15/3 14/2 08/2 06/1]

① 충전전류의 제한

② 접지전류의 제한

③ 누설전류의 제한

④ 단락전류의 제한

|정|답|및|해|설|

[한류 리액터] 한류 리액터는 <u>단락전류를 경감</u>시켜서 차단기 용량을 저감시킨다.

·소호리액터 : 지락 시 지락전류 제한

·분로리액터 : 페란티 현상 방지

·직렬래액터 : 제5고조파 방지　　　　　　　【정답】④

29. 66/22[kV], 2000[kVA] 단상변압기 3대를 1뱅크로 운전하는 변전소로부터 전력을 공급받는 어떤 수전점에서의 3상단락전류는 약 몇 [A]인가? (단, 변압기의 %리액턴스는 7이고 선로의 임피던스는 0이다.)

① 750

② 1570

③ 1900

④ 2250

|정|답|및|해|설|

[단락전류] $I_s = \dfrac{100}{\%Z} I_n = \dfrac{100}{\%Z} \times \dfrac{P_n}{\sqrt{3} \times V_n}$

$I_s = \dfrac{100}{\%Z} I_n = \dfrac{100}{7} \times \dfrac{P}{\sqrt{3} \times V} = \dfrac{100}{7} \times \dfrac{3 \times 2000}{\sqrt{3} \times 22} \fallingdotseq 2250[A]$

【정답】④

30. 반지름 0.6[cm]인 경동선을 사용하는 3상 1회선 송전선에서 선간 거리를 2[m]로 정삼각형 배치할 경우, 각 선의 인덕턴스는 약 몇 [mH/km]인가?

[07/1]

① 0.81

② 1.21

③ 1.51

④ 1.81

|정|답|및|해|설|

[인덕턴스] $L = 0.05 + 0.4605 \ \log \dfrac{D}{r} (mh/km)$

$D = 2[m]$

$\therefore L = 0.05 + 0.4605 \log_{10} \dfrac{D}{r}$

$= 0.05 + 0.4605 \log \dfrac{2}{0.6 \times 10^{-2}} = 1.21[mH/km]$

【정답】②

31. 파동임피던스 $Z_1 = 500[\Omega]$인 선로에 파동임피던스 $Z_2 = 1500[\Omega]$인 변압기가 접속되어 있다. 선로로부터 600[kV]의 전압파가 들어왔을 때, 접속점에서의 투과파 전압[kV]은?

① 300

② 600

③ 900

④ 1200

|정|답|및|해|설|

[투과파] $e_2 = \dfrac{2Z_2}{Z_2 + Z_1} e_1 [V]$

$e_2 = \dfrac{2Z_2}{Z_2 + Z_1} e_1 = \dfrac{2 \times 1500}{500 + 1500} \times 600 = 900[V]$

【정답】③

32. 원자력발전소에서 비등수형 원자로에 대한 설명으로 틀린 것은?

[14/1 07/3 05/2]

① 연료로 농축 우라늄을 사용한다.

② 가압수형 원자로에 비해 노심의 출력밀도가 높다.

③ 냉각재로 경수를 사용한다.

④ 물을 노내에서 직접 비등시킨다.

|정|답|및|해|설|

[비등수형 원자로] 비등수형 원자로는 저농축 우라늄을 연료로 사용하고 감속재 및 냉각재로서는 경수를 사용한다.

※가압수형 원자로에 비해 노심의 출력밀도가 낮다.

【정답】②

33. 송배전선로의 고장전류 계산에서 영상 임피던스가 필요한 경우는? [13/2]

① 3상 단락 계산   ② 선간 단락 계산

③ 1선 지락 계산   ④ 3선 단선 계산

|정|답|및|해|설|
[송배전선로의 고장전류 계산] 영상임피던스가 필요한 것은 지락 상태이다. 단락 고장이나 단선 사고에는 영상분이 나타나지 않는다. 【정답】③

34. 증기 사이클에 대한 설명 중 틀린 것은?

① 랭킨 사이클의 열효율은 초기 온도 및 초기 압력이 높을수록 효율이 높다.

② 재열 사이클은 저압 터빈에서 증기가 포화 상태에 가까워졌을 때 증기를 다시 가열하여 고압 터빈으로 보낸다.

③ 재생 사이클은 증기 원동기 내에서 증기의 팽창 도중에서 증기를 추출하여 급수를 예열한다.

④ 재열재생 사이클은 재생 사이클과 재열 사이클을 조합하여 병용하는 방식이다.

|정|답|및|해|설|
[재열 사이클] 어느 압력까지 <u>고압 터빈</u>에서 팽창한 증기를 보일러에 되돌려 재열기로 적당한 온도까지 재 과열시킨 다음 다시 <u>고압 터빈</u>에 보내서 팽창한 열 사이클 【정답】②

35. 다음 중 송전선로의 역섬락을 방지하기 위한 대책으로 가장 알맞은 방법은? [09/2]

① 가공 지선을 설치함

② 피뢰기를 설치함

③ 탑각 저항을 낮게 함

④ 소호각을 설치함

|정|답|및|해|설|
[역섬락] 뇌서지가 철탑에 가격시 철탑의 탑각 접지 저항이 충분히 낮지 않으면 철탑의 전위가 상승하여 철탑에서 선로로 섬락을

일으키는 현상이다.
역섬락의 방지 대책으로 <u>매설 지선</u>을 설치하여 <u>탑각 접지 저항</u>을 낮추어야 한다. 【정답】③

36. 전원이 양단에 있는 환상선로의 단락보호에 사용되는 계전기는? [12/1 09/2 07/1 05/1]

① 방향거리계전기   ② 부족전압계전기

③ 선택접지계전기   ④ 부족전류계전기

|정|답|및|해|설|
[방향 거리 계전기(DZ)] 전원이 2군데 이상 환상 선로의 단락 보호
※전원이 2군데 이상 방사 선로의 단락 보호 : 방향 단락 계전기(DS)와 과전류 계전기(DC)를 조합 【정답】①

37. 전력 계통을 연계시켜서 얻는 이득이 아닌 것은? [91/3 16/2 14/1 06/1]

① 배후 전력이 커져서 단락 용량이 작아진다.

② 부하의 부등성에서 오는 종합 첨두부하가 저감된다.

③ 공급 예비력이 절감된다.

④ 공급 신뢰도가 향상된다.

|정|답|및|해|설|
[전력 계통의 연계 방식의 장점]
・전력의 융통으로 설비 용량이 절감된다.
・건설비 및 운전 경비를 절감하므로 경제 급전이 용이하다.
・계통 전체로서의 신뢰도가 증가한다.
・부하 변동의 영향이 작아져서 안정된 주파수 유지가 가능하다.

[전력 계통의 연계 방식의 단점]
・연계 설비를 신설해야 한다.
・사고시 타 계통으로 사고가 파급 확대될 우려가 있다.
・병렬 회로수가 많아지므로 단락전류가 증대하고 통신선의 전자 유도 장해도 커진다.
※병렬 회로수가 많아지면 종합 %Z가 작아지므로 <u>단락 용량이 커진다</u>. 【정답】①

38. 배전선로에 3상 3선식 비접지방식을 채용할 경우 나타나는 현상은?

① 1선 지락 고장 시 고장 전류가 크다.

② 고저압 혼촉고장 시 저압선의 전위상승이 크다.

③ 1선 지락고장 시 인접 통신선의 유도장해가 크다.

④ 1선 지락고장 시 건전상의 대지전위 상승이 크다.

|정|답|및|해|설|
[비접지의 특징(직접 접지와 비교)]
① 지락 전류가 비교적 적다. (유도 장해 감소)
② 보호 계전기 동작이 불확실하다.
③ △결선 가능
④ V-V결선 가능
⑤ 1선 지락고장 시 건전상의 대지전위는 $\sqrt{3}$ 배까지 상승한다.
※ 직접접지 방식 : 대지 전압 상승이 거의 없다.　　　【정답】④

39. 선간전압이 $V[kV]$이고 3상 정격용량이 $P[kVA]$인 전력계통에서 리액턴스가 $X[\Omega]$이라고 할 때, 이 리액턴스를 %리액턴스로 나타내면?

① $\dfrac{XP}{10V}$　　　　② $\dfrac{XP}{10V^2}$

② $\dfrac{XP}{V^2}$　　　　④ $\dfrac{10V^2}{XP}$

|정|답|및|해|설|
[%임피던스] $\%Z = \%X_0$

$\%Z = \dfrac{I_n X}{E(상)} \times 100 = \dfrac{PX}{10V^2(선간)}$　　　【정답】②

40. 전력용 콘덴서를 변전소에 설치할 때 직렬 리액터를 설치코자 한다. 직렬 리액터의 용량을 결정하는 식은? (단, f_o는 전원의 기본 주파수, C는 역률 개선용 콘덴서의 용량, L은 직렬 리액터의 용량이다.) [04/2 06/1 10/1 15/2]

① $L = \dfrac{1}{(2\pi f_o)^2 C}$　　② $L = \dfrac{1}{(6\pi f_o)^2 C}$

③ $L = \dfrac{1}{(10\pi f_o)^2 C}$　　④ $L = \dfrac{1}{(14\pi f_o)^2 C}$

|정|답|및|해|설|
[직렬 리액터] 직렬 리액터(SR)의 목적은 제5 고조파 제거이다.

$5\omega L = \dfrac{1}{5\omega C}$ → $2\pi 5 f_0 L = \dfrac{1}{2\pi 5 f_0 C}$에서

$L = \dfrac{1}{(2\pi 5 f_0)^2 C} = \dfrac{1}{(10\pi f_0)^2 C}$　　　【정답】③

2019 전기기사 기출문제

21. 송배전선로에서 도체의 굵기는 같게 하고 도체간의 간격을 크게 하면 도체의 인덕턴스는? [기 04/1]

① 커진다.

② 작아진다.

③ 변함이 없다.

④ 도체의 굵기 및 경간과는 무관하다.

|정|답|및|해|설|

[선로의 인덕턴스] $L = 0.05 + 0.4605 \log_{10} \frac{D}{r} [mH/km]$

($r[m]$: 전선의 반지름을, $D[m]$: 선간거리)

【정답】①

22. 동일 전력을 동일 선간전압, 동일 역률로 동일 거리에 보낼 때 사용하는 전선의 총중량이 같으면, 단상 2선식과 3상 3선식의 전력손실비(3상 3선식/단상 2선식)는? [산 08/3 15/1]

① $\frac{1}{3}$ ② $\frac{1}{2}$ ③ $\frac{3}{4}$ ④ 1

|정|답|및|해|설|

[선로의 전력손실] $P_l = 3I^2 R[W] \rightarrow (I = \frac{P \times 10^3}{\sqrt{3} V \cos\theta})$

전력손실 $P_l = \frac{P^2 R}{V^2 \cos^2\theta} \times 10^3 [kW]$

· 전력이 동일하므로

$VI_1 \cos\theta = \sqrt{3} VI_3 \cos\theta$, $I_1 = \sqrt{3} I_3$, $\frac{I_3}{I_1} = \frac{1}{\sqrt{3}}$

· 중량이 동일하므로

$2\sigma A_1 l = 3\sigma A_3 l$, $\frac{A_1}{A_3} = \frac{3}{2} = \frac{R_3}{R_1}$ $\rightarrow (R = \sigma \times \frac{l}{A})$

∴전력손실비 $= \frac{3상3선식(P_{l3})}{단상2선식(P_{l2})} = \frac{3I_3^2 R_3}{2I_1^2 R_1}$

$= \frac{3}{2} \times \left(\frac{1}{\sqrt{3}}\right)^2 \times \frac{3}{2} = \frac{3}{4}$

【정답】③

23. 배전반에 접속되어 운전 중인 계기용변압기(PT)와 계기용변류기(CT)의 2차측 회로를 점검할 때의 조치사항으로 옳은 것은? [기 06/3]

① CT는 단락시킨다.

② PT는 단락시킨다.

③ CT와 PT 모두를 단락시킨다.

④ CT와 PT 모두를 개방시킨다.

|정|답|및|해|설|

[2차측 회로 점검] PT는 전원과 병렬로 연결하고 CT는 회로와 직렬로 연결시키므로, PT는 개방 상태로 되어야 하나 CT는 개방이 되면 부하전류에 의하여 소손이 되므로 CT의 점검시에는 반드시 2차측을 단락시켜야 한다. 【정답】①

24. 배전선로의 역률 개선에 따른 효과로 적합하지 않은 것은? [산 15/1]

① 전원측 설비의 이용률 향상

② 선로 절연에 요하는 비용 절감

③ 전압강하 감소

④ 선로의 전력손실 경감

|정|답|및|해|설|

[역률개선의 효과]

① 전력 손실 경감   ② 전압강하 감소

③ 설비 용량의 여유 증가   ④ 전력요금 절약

【정답】②

25. 총낙차 300[m], 사용수량 20[m³/s]인 수력 발전소의 발전기출력은 약 몇 [kW]인가? (단, 수차 및 발전기 효율을 각각 90[%], 98[%]이고, 손실 낙차는 총낙차의 6[%]라 한다.)   [산 17/2]

① 49   ② 52

③ 77   ④ 87

|정|답|및|해|설|

[수력 발전기의 출력] $P = 9.8 QH\eta_t \eta_g$

(Q : 유량$[m^3/s]$, H : 낙차[m], η_g : 발전기 효율

η_t : 수차의 효율)

$P = 9.8 \times 20 \times (300 - 300 \times 0.06) \times 0.9 \times 0.98 \times 10^{-3}$
$\quad = 48.75 [\text{kW}]$ 【정답】①

26. 수전단을 단락한 경우 송전단에서 본 임피던스가 330[Ω]이고, 수전단을 개방한 경우 송전단에서 본 어드미턴스가 1.875×10^{-3}[℧]일 때 송전선의 특성임피던스는 약 몇 [Ω] 인가?   [기 11/2]

① 200   ② 300

③ 420   ④ 500

|정|답|및|해|설|

[특성임피던스] $Z_0 = \sqrt{\dfrac{Z}{Y}}$ [Ω]

$Z = 300[\Omega], \quad Y = 1.875 \times 10^{-3}$

$Z_0 = \sqrt{\dfrac{330}{1.875 \times 10^{-3}}} = 420[\Omega]$ 【정답】③

27. 다중접지 계통에 사용되는 재폐로 기능을 갖는 일종의 차단기로서 과부하 또는 고장전류가 흐르면 순시동작하고, 일정시간 후에는 자동적으로 재폐로 하는 보호기기는?   [기 11/1]

① 리클로저

② 라인 퓨즈

③ 섹셔널라이저

④ 고장구간 자동개폐기

|정|답|및|해|설|

[재폐로 보호기] 재폐로 기능을 갖는 일종의 차단기는 리클로저(Recloser), 순간 고장을 자동으로 제거, 섹셔널라이저는 고장구간 분리, R-S-F 로 구성 (R : 리클로저, S : 섹셔널라이저, F : 라인퓨즈)

【정답】①

28. 송전선 중간에 전원이 없을 경우에 송전단의 전압 $E_S = AE_R + BI_R$이 된다. 수전단의 전압 E_R의 식으로 옳은 것은? (단, I_S, I_R는 송전단 및 수전단의 전류이다.)

① $E_r = AE_s + CI_s$ ② $E_r = BE_r + AI_r$

③ $E_r = DE_s \quad BI_s$ ④ $E_r = CE_s - DI_s$

|정|답|및|해|설|

[4단자 정수의 송전전압, 송전전류]

① $E_s = AE_r + BI_r [\text{V}]$

② $I_s = CE_s + DI_r [A]$

①$\times D -$②$\times B$

$\rightarrow (DE_s = DAE_r + DBI_r) - (BI_s = BCE_r + BDI_r)$

$\rightarrow DE_s - BI_s = (AD - BC)E_r \quad \rightarrow (AD - BC = 1)$

$\therefore E_r = DE_s - BI_s$ 【정답】③

29. 비접지식 3상 송배전계통에서 1선 지락고장 시 고장전류를 계산하는데 사용되는 정전용량은?

① 작용정전용량   ② 대지정전용량

③ 합성정전용량   ④ 선간정전용량

|정|답|및|해|설|
[비접지식 지락전류] $I_g = \sqrt{3}\, W C_s V[A] \rightarrow (C_s : 대지정전용량)$

【정답】②

30. 비접지 계통의 지락사고 시 계전기에 영상전류를 공급하기 위하여 설치하는 기기는? [기 14/2]

① CT 　　　　② GPT
③ ZCT 　　　　④ PT

|정|답|및|해|설|
[영상변류기(ZCT)]
·지락사고시 지락전류(영상전류)를 검출
·지락 과전류 계전기(OCGR)에는 영상 전류를 검출하도록 되어있고, 지락사고를 방지한다.
※GPT(접지형 계기용 변압기) : 비접지 계통에서 지락사고시의 영상 전압 검출

【정답】③

31. 이상전압의 파고값을 저감시켜 전력 사용을 보호하기 위하여 설치하는 것은?

① 초호환 　　　　② 피뢰기
③ 계저기 　　　　④ 접지봉

|정|답|및|해|설|
[피뢰기] 이상 전압의 파고치를 저감시켜 기계 기구 보호
① 초호환 : 낙뢰 등으로 인한 역섬락 시 애자련을 보호
③ 계전기 : 고장을 감지하고 차단기가 동작하도록 제어한다.
④ 접지봉 : 사고전력을 대지로 방류시킨다.

【정답】②

32. 임피던스 Z_1, Z_2 및 Z_3을 그림과 같이 접속한 선로의 A쪽에서 전압파 E가 진행해 왔을 때 접속한 B에서 무반사로 되기 위한 조건은? [산 09/2]

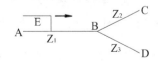

① $Z_1 = Z_2 + Z_3$ 　　　② $\dfrac{1}{Z_1} = \dfrac{1}{Z_3} - \dfrac{1}{Z_2}$
③ $\dfrac{1}{Z_1} = \dfrac{1}{Z_2} + \dfrac{1}{Z_3}$ 　　　④ $\dfrac{1}{Z_1} = \dfrac{1}{Z_2} - \dfrac{1}{Z_3}$

|정|답|및|해|설|
[무반사 조건] $Z_A = Z_B \rightarrow (Z_A, Z_B : 특정임피던스)$
$Z_A = Z_1$, $Z_B = \dfrac{1}{\dfrac{1}{Z_2} + \dfrac{1}{Z_3}}$ 라면 반사계수 $= \dfrac{Z_B - Z_A}{Z_A + Z_B}$
무반사 조건 $Z_A = Z_B$이므로
$Z_1 = \dfrac{1}{\dfrac{1}{Z_2} + \dfrac{1}{Z_3}}$ 　　$\therefore \dfrac{1}{Z_1} = \dfrac{1}{Z_2} + \dfrac{1}{Z_3}$

【정답】③

33. 저압뱅킹방식에서 저전압의 고장에 의하여 건전한 변압기의 일부 또는 전부가 차단되는 현상은?

① 아킹(Arcing)
② 플리커(Flicker)
③ 밸런스(Balance)
④ 케스케이딩(Cascading)

|정|답|및|해|설|
[캐스케이딩(cascading)] 변압기 또는 선로의 사고에 의해서 뱅킹 내의 건전한 변압기의 일부 또는 전부가 연쇄적으로 회로로부터 차단되는 현상으로 저압뱅킹 방식의 단점으로 지적된다. 방지대책으로는 구분 퓨즈를 설치

【정답】④

34. 변전소의 가스 차단기에 대한 설명으로 옳지 않은 것은?

① 근거리 차단에 유리하지 못하다.
② 불연성이므로 화재의 위험성이 적다.
③ 특고압 계통의 차단기로 많이 사용된다.
④ 이상전압 발생이 적고 절연회복이 우수하다.

|정|답|및|해|설|
[가스차단기(GCB)]
·고성능 절연 특성을 가진 특수 가스(SF_6)를 이용해서 차단
·SF_6 가스를 이용하므로 화재의 위험성이 적다.
·밀폐 구조이므로 소음이 없다.

· 특고압 계통의 차단기로 많이 사용된다.
· 절연내력이 공기의 2~3배, 소호능력은 공기의 100~200배
· 근거리 고장 등 가혹한 재기전압에 대해서도 성능이 우수하다.
【정답】①

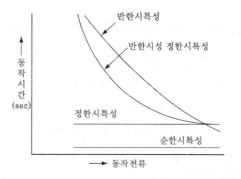

【정답】④

35. 다음 중 켈빈(Kelvin)의 법칙이 적용되는 경우는?
(기사 06/3 11/2 19/1)

① 전력 손실량을 축소시키고자 하는 경우

② 전압강하를 감소시키고자 하는 경우

③ 부하 배분의 균형을 얻고자 하는 경우

④ 경제적인 전선의 굵기를 선정하고자 하는 경우

|정|답|및|해|설|
[[캘빈의 법칙] 가장 경제적인 전선의 굵기 결정에 사용

$$C = \sqrt{\frac{\omega M P}{\sigma \cdot N}} \, [\text{A/mm}^2]$$
【정답】④

36. 보호계전기의 반한시·정한시 특성은?
(기사 15/3)

① 동작전류가 커질수록 동작시간이 짧게 되는 특성

② 최소 동작전류 이상의 전류가 흐르면 즉시 동작하는 특성

③ 동작전류의 크기에 관계없이 일정한 시간에 동작하는 특성

④ 동작전류가 적은 동안에는 동작전류가 커질수록 동작시간이 짧아지고 어떤 전류 이상이 되면 동작전류의 크기에 관계없이 일정한 시간에서 동작하는 특성

|정|답|및|해|설|
[반한시정한시 계전기] 동작전류가 적은 동안에는 반한시로, 어떤 전류 이상이면 정한시로 동작하는 것

순한시계전기	이상의 전류가 흐르면 즉시 동작
반한시계전기	고장 전류의 크기에 반비례, 즉 동작 전류가 커질수록 동작시간이 짧게 되는 것
정한시계전기	이상 전류가 흐르면 동작전류의 크기에 관계없이 일정한 시간에 동작

37. 단도체 방식과 비교하여 복도체 방식의 송전선로를 설명한 것으로 옳지 않은 것은?
(기사 13/3)

① 전선의 인덕턴스는 감소되고 정전용량은 증가된다.

② 선로의 송전용량이 증가된다.

③ 계통의 안정도를 증진시킨다.

④ 전선 표면의 전위경도가 저감되어 코로나 임계전압을 낮출 수 있다.

|정|답|및|해|설|
[복도체 방식의 특징]
· 전선의 인덕턴스가 감소하고 정전용량이 증가되어 선로의 송전용량이 증가하고 계통의 안정도를 증진시킨다.
· 전선 표면의 전위경도가 저감되므로 코로나 임계전압을 높일 수 있고 코로나 손실이 저감된다.
【정답】④

38. 송전선로에서 1선지락의 경우 지락전류가 가장 작은 중성점 접지방식은?
(기사 12/1)

① 비접지방식

② 직접접지방식

③ 저항접지방식

④ 소호리액터접지방식

|정|답|및|해|설|
[지락 전류의 크기]
직접 접지 〉 고저항 접지 〉 비접지 〉 소호 리액터 접지 순이다.
【정답】④

39. 수차의 캐비테이션 방지책으로 틀린 것은?

① 흡출수두를 증대시킨다.

② 과부하 운전을 가능한 한 피한다.

③ 수차의 비속도를 너무 크게 잡지 않는다.

④ 침식에 강한 금속재료로 러너를 제작한다.

|정|답|및|해|설|

[캐비테이션(cavitation) : 공동 현상] 수차를 돌리고 나온 물이 흡출관을 통과할 때 흡출관의 중심부에 진공상태를 형성하는 현상

① 캐비테이션의 결과
·수차의 효율, 출력, 낙차의 저하
·유수에 접한 러너나 버킷 등에 침식 발생
·수차의 진동으로 소음이 발생
·흡출관 입구에서 수압의 변동이 현저해 짐
② 방지책
·흡출고를 낮게 한다.
·수차의 특유속도(비속도)를 작게 한다.
·침식에 강한 금속 재료를 사용할 것
·러너의 표면이 매끄러워야 한다.
·수차의 경부하 운전을 피할 것
·캐비테이션 발생 부분에 공기를 넣어서 진공이 발생하지 않도록 할 것   【정답】①

40. 선간전압이 154[kV]이고, 1상당의 임피던스가 $j8[\Omega]$인 기기가 있을 때, 기준용량을 100[MVA]로 하면 %임피던스는 약 몇 [%]인가?

① 2.75 ② 3.15

③ 3.37 ④ 4.25

|정|답|및|해|설|

[퍼센트 임피던스] $\%Z = \dfrac{P[kVA] \cdot Z[\Omega]}{10 V^2[kV]}[\%] \rightarrow$ (단상)

(V : 정격전압[kV], P : 기준용량[kVA])

$\%Z = \dfrac{100 \times 10^3 \times 8}{10 \times 154^2}[\%] = 3.37[\%]$

※ V 및 P의 단위가 각각 [kV], [kVA]가 되어야 한다.
          【정답】③

21. 직류 송전 방식에 관한 설명 중 잘못된 것은?

(기사 14/2)

① 교류보다 실효값이 적어 절연 계급을 낮출 수 있다.

② 교류 방식보다는 안정도가 떨어진다.

③ 직류 계통과 연계시 교류계통의 차단용량이 작아진다.

④ 교류방식처럼 송전손실이 없어 송전효율이 좋아진다.

|정|답|및|해|설|

[직류 송전 방식의 장점]
① 선로의 리액턴스가 없으므로 안정도가 높다.
② 유전체손 및 충전 용량이 없고 절연 내력이 강하다.
③ 비동기 연계가 가능하다.
④ 단락전류가 적고 임의 크기의 교류 계통을 연계시킬 수 있다.
⑤ 코로나손 및 전력 손실이 적다.
⑥ 표피 효과나 근접 효과가 없으므로 실효 저항의 증대가 없다.
※직류는 역률이 항상 1이므로 무효전력이 없다.

[직류 송전 방식의 단점]
① 직·교류 변환 장치가 필요하다.
② 전압의 승압 및 강압이 불리하다.
③ 고조파나 고주파 억제 대책이 필요하다.
④ 직류 차단기가 개발되어 있지 않다.
          【정답】②

22. 유효낙차 100[m], 최대사용수량 20[㎥/sec], 수차효율 70[%]인 수력발전소의 연간 발전전력량은 약 몇 [kWh] 정도 되는가? (단, 발전기의 효율은 85[%]라고 한다)

(기사 11/3)

① 2.5×10^7 ② 5×10^7

③ 10×10^7 ④ 20×10^7

[발전 전력량] $W = P \times t[kWh]$

전력 $P = 9.8 HQ\eta[kW]$

일년 $t = 365 \times 24 = 8760[h]$ 이므로

$W = 9.8 HQ\eta \times 8760[kWh]$ → (효율 $\eta = 0.7 + 0.85$)

$\quad = 9.8 \times 100 \times 20 \times 0.7 \times 0.85 \times 8760[kWh]$

$\quad \fallingdotseq 10 \times 10^7$

【정답】③

---

23. 일반 회로정수가 A, B, C, D이고 송전단전압이 E_s 인 경우 무부하시 수전단전압은?

① $\dfrac{E_s}{A}$ 　　　② $\dfrac{E_s}{B}$

③ $\dfrac{A}{C} E_s$ 　　　④ $\dfrac{C}{A} E_s$

|정|답|및|해|설|

[송전선로 4단자 정수] $E_s = AE_r + BI_r$, $I_s = CE_r + DI_r$

무부하시 $I_r = 0$ 이므로

$E_s = AE_r \quad \therefore E_r = \dfrac{E_s}{A}$ 　　　【정답】①

---

24. 1대의 주상 변압기에 역률(늦음) $\cos\theta_1$, 유효전력 $P_1[kW]$의 부하와 역률(늦음) $\cos\theta_2$, 유효전력 P_2 [kW]의 부하가 병렬로 접속되어 있을 경우 주상 변압기 2차 측에서 본 부하의 종합 역률은 어떻게 되는가? 　　　(기사 06/3)

① $\dfrac{P_1 + P_2}{\sqrt{(P_1 + P_2)^2 + (P_1\tan\theta_1 + P_2\tan\theta_2)^2}}$

② $\dfrac{P_1 + P_2}{\sqrt{(P_1 + P_2)^2 + (P_1\sin\theta_1 + P_2\sin\theta_2)^2}}$

③ $\dfrac{P_1 + P_2}{\dfrac{P_1}{\cos\theta_1} + \dfrac{P_2}{\cos\theta_2}}$

④ $\dfrac{P_1 + P_2}{\dfrac{P_1}{\sin\theta_1} + \dfrac{P_2}{\sin\theta_2}}$

|정|답|및|해|설|

[역률] $\cos\theta = \dfrac{\text{유효전력}}{\text{피상전력}} = \dfrac{P}{K}$

$Q_1 = \dfrac{P_1}{\cos\theta_1} \cdot \sin\theta_1 = P_1\tan\theta_1$

$Q_2 = \dfrac{P_2}{\cos\theta_2} \cdot \sin\theta_2 = P_2\tan\theta_2$

합성피상전력 $K = \sqrt{(P_1 + P_2)^2 + (P_1\tan\theta_1 + P_2\tan\theta_2)^2}$

합성 유효 전력 $P = P_1 + P_2$

역률 $\cos\theta = \dfrac{P}{K} = \dfrac{P_1 + P_2}{\sqrt{(P_1 + P_2)^2 + (P_1\tan\theta_1 + P_2\tan\theta_2)^2}}$

【정답】①

---

25. 옥내배전의 전선 굵기를 결정하는 주요 요소가 아닌 것은? 　　　(기사 18/3)

① 전압강하 　　　② 허용전류

③ 기계적 강도 　　　④ 배선방식

|정|답|및|해|설|

[캘빈의 법칙] 가장 경제적인 전선의 굵기 결정에 사용. 전선 굵기를 결정하는 주요 요소로는 허용전류, 기계적 강도, 전압강하 등이 있다. 　　　【정답】④

---

26. 선택 접지(지락) 계전기의 용도를 옳게 설명한 것은? 　　　(기사 08/3 15/2 17/1)

① 단일 회선에서 접지고장 회선의 선택 차단

② 단일 회선에서 접지전류의 방향 선택 차단

③ 병행 2회선에서 접지고장 회선의 선택 차단

④ 병행 2회선에서 접지사고의 지속시간 선택 차단

|정|답|및|해|설|

[SGR(선택 지락 계전기)] SGR(선택 지락 계전기)은 병행 2회선 이상 송전 선로에서 한쪽의 1회선에 지락 사고가 일어났을 경우 이것을 검출하여 고장 회선만을 선택 차단할 수 있는 계전기 　　　【정답】③

27. 33[kV] 이하의 단거리 송배전선로에 작용하는 비접지 방식에서 지락전류는 다음 중 어느 것을 말하는가?

① 누설전류   ② 충전전류

③ 뒤진전류   ④ 단락전류

|정|답|및|해|설|
[비접지 방식의 지락전류]
· 33[kV] 이하 계통에 적용
· 저전압, 단거리(33[kV] 이하) 중성점을 접지하지 않는 방식
· 중성점이 없는 $\triangle - \triangle$ 결선 방식이 가장 많이 사용된다.
· 지락전류 $I_g = \sqrt{3}\,\omega C_s V[A] \rightarrow (C_s$: 대지정전용량, 진상)
· 충전전류 $I_c = \omega CE[A]$
· 지락전류는 진상전류, 즉 <u>충전전류</u>를 의미한다.
【정답】②

28. 터빈(turbine)의 임계속도란?

① 비상조속기를 동작시키는 회전수

② 회전자의 고유 진동수와 일치하는 위험 회전수

③ 부하를 급히 차단하였을 때의 순간 최대 회전수

④ 부하 차단 후 자동적으로 정정된 회전수

|정|답|및|해|설|
[터빈의 임계속도] 회전날개를 포함한 로터 전체의 <u>고유진동수와 회전속도에 따른 진동수가 일치하여 공진이 발생되는 지점</u>의 회전속도를 임계속도라 한다.
【정답】②

29. 공통 중성선 다중 접지 방식의 배전선로에 있어서 Recloser(R), Sectionalizer(S), Line fuse(F)의 보호협조에서 보호협조가 가장 적합한 배열은? (단, 왼쪽은 후비보호 역할이다.)   (기사 13/3)

① S - F - R   ② S - R

③ F - S - R   ④ R - S - F

|정|답|및|해|설|
[재폐로 보호기] 재폐로 기능을 갖는 차단기 리클로저(Recloser) 고장발생시에 바로 분리를 시키는 섹셔널라이저(Sectional izer)와 퓨즈는 전원측에 항상 리클로저를 설치하고 부하측에 섹셔널라이저를 설치하는 순서(R-S-F)로 해야 한다.
(R : 리클로저, S : 섹셔널라이저, F : 라인퓨즈)
【정답】④

30. 송전선이 특성임피던스와 전파정수는 어떤 시험으로 구할 수 있는가?

① 뇌파시험

② 정격부하시험

③ 절연강도 측정시험

④ 무부하시험과 단락시험

|정|답|및|해|설|
[특성임피던스, 전파정수] 특성임피던스나 전파정수를 알기 위해서는 임피던스와 어드미턴스를 알아야 한다.
· 전파정수 $\gamma = \sqrt{ZY}$
· 특성임피던스 $Z_0 = \sqrt{\dfrac{Z}{Y}}$

[개방회로시험(무부하시험)의 측정 항목]
· 무부하 전류   · 히스테리시스손
· 와류손   · <u>여자어드미턴스</u>
· 철손
[단락시험으로 측정할 수 있는 항목]
· 동손   · 임피던스와트
· <u>임피던스전압</u>
【정답】④

31. 단도체 방식과 비교하여 복도체 방식의 송전선로를 설명한 것으로 옳지 않은 것은?   (기사 13/3)

① 전선의 인덕턴스는 감소되고 정전용량은 증가된다.

② 선로의 송전용량이 증가된다.

③ 계통의 안정도를 증진시킨다.

④ 전선 표면의 전위경도가 저감되어 코로나 임계전압을 낮출 수 있다.

|정|답|및|해|설|
[복도체 방식의 특징]
· 전선의 인덕턴스가 감소하고 정전용량이 증가되어 선로의 송전용량이 증가하고 계통의 안정도를 증진시킨다.
· 전선 표면의 전위경도가 저감되므로 코로나 <u>임계전압을 높일 수 있고</u> <u>코로나 손실이 저감</u>된다.
【정답】④

32. 10000[kVA] 기준으로 등가 임피던스가 0.4[%]인 발전소에 설치될 차단기의 차단용량은 몇 [MVA]인가?

① 1000   ② 1500

③ 2000   ④ 2500

|정|답|및|해|설|

[차단기의 차단용량] $P_s = \dfrac{100}{\%Z} P_n [kVA] \rightarrow (P_n : 정격용량)$

$P_s = \dfrac{100}{0.4} 10000 \times 10^{-3} = 2500 [MVA]$

【정답】④

33. 고압 배전선로 구성방식 중, 고장 시 자동적으로 고장 개소의 분리 및 전선로에 폐로하여 전력을 공급하는 개폐기를 가지며, 수요 분포에 따라 임의의 분기선으로부터 전력을 공급하는 방식은?

① 환상식   ② 망상식

③ 뱅킹식   ④ 가지식(수지식)

|정|답|및|해|설|

[배전방식]
① 환상식
·고장 구간의 <u>분리조작이 용이</u>하다.
·공급 신뢰도가 높다.   ·전력손실이 적다.
·전압강하가 적다.   ·변전소수를 줄일 수 있다.
·고장 시에만 자동적으로 폐로해서 전력을 공급하는 결합 개폐기가 있다.
② 망상식
·무정전 공급이 가능해 공급 신뢰도가 높다.
·플리커, 전압변동률이 적다.
·기기의 이용률이 향상된다.
·전력손실이 적다.
·전압강하가 적다.
·부하 증가에 대해 융통성이 좋다.
·변전소 수를 줄일 수 있다.
③ 저압 뱅킹 방식 : 고압선(모선)에 접속된 2대 이상의 변압기의 저압측을 병렬 접속하는 방식으로 부하가 밀집된 시가지에 적합, 캐스케이딩(cascading)
④ 수지식(수지식) : 수요 변동에 쉽게 대응할 수 있다. 시설비가 싸다.

【정답】①

34. 중거리 송전선로의 T형 회로에서 송전단 전류 I_s 는? (단, Z, Y는 선로의 직렬 임피던스와 병렬 어드미턴스이고, E_r 은 수전단전압, I_r 은 수전단전류이다.)

① $I_r (1 + \dfrac{ZY}{2}) + E_r Y$

② $E_r (1 + \dfrac{ZY}{2}) + Z I_r (1 + \dfrac{ZY}{4})$

③ $E_r (1 + \dfrac{ZY}{2}) + Z_r$

④ $I_r (1 + \dfrac{ZY}{2}) + E_r Y (1 + \dfrac{ZY}{4})$

|정|답|및|해|설|

[중거리 송전선로의 송전단전류]

·T회로 : $I_s = YE_r + I_r (1 + \dfrac{ZY}{2})$

·π회로 : $I_s = Y(1 + \dfrac{ZY}{4}) E_r + (1 + \dfrac{ZY}{2}) I_r$

【정답】①

35. 전력계통 연계 시의 특징으로 틀린 것은?

① 단락전류가 감소

② 경제급전이 용이하다.

③ 공급신뢰도가 향상된다.

④ 사고 시 다른 계통으로의 영향이 파급될 수 있다.

|정|답|및|해|설|

[전력계통 연계] 전력계통 연계는 배후전력이 커져서 <u>단락용량이 커지며 영향의 범위가 넓어진다.</u>   【정답】①

36. 아킹혼(Arcing Horn)의 설치목적은?   (산15/2)

① 코로나손의 방지

② 이상전압 제한

③ 지지물의 보호

④ 섬락사고 시 애자의 보호

|정|답|및|해|설|

[아킹혼] <u>애자련 보호</u>, 전압 분담 평준화

【정답】④

37. 변전소에서 접지를 하는 목적으로 적절하지 않은 것은?

① 기기의 보호
② 근무자의 안전
③ 차단 시 아크의 소호
④ 송전시스템의 중성점 접지

|정|답|및|해|설|
[접지의 목적]
·지락고장 시 건전상의 대지 전위상승을 억제
·지락고장 시 접지계전기의 확실한 동작
·혼촉, 누전, 접촉에 의한 위험 방지
·고장전류를 대지로 방전하기 위함

【정답】③

38. 그림과 같은 2기 계통에 있어서 발전기에서 전동기로 전달되는 전력 P는? (단, $X = X_G + X_L + X_M$이고 E_G, E_M은 각각 발전기 및 전동기의 유기기전력, δ는 E_G와 E_M간의 상차각이다.)

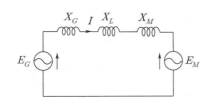

① $P = \dfrac{E_G}{XE_M} \sin\delta$ ② $P = \dfrac{E_G E_M}{X} \sin\delta$

③ $P = \dfrac{E_G E_M}{X} \cos\delta$ ④ $P = XE_G E_M \cos\delta$

|정|답|및|해|설|

[송전전력] $P = \dfrac{V_s V_r}{X} \sin\delta$ [MW]

(V_s, V_r : 송·수전단 전압[kV], X : 선로의 리액턴스[Ω]
δ : 송전단 전압(V_s)과 수전단 전압(V_r)의 상차각)

【정답】②

39. 변전소, 발전소 등에 설치하는 피뢰기에 대한 설명 중 틀린 것은? (기사 14/2)

① 정격전압은 상용주파 정현파 전압의 최고 한도를 규정한 순시값이다.
② 피뢰기의 직렬갭은 일반적으로 저항으로 되어 있다.
③ 방전전류는 뇌충격전류의 파고값으로 표시한다.
④ 속류란 방전현상이 실질적으로 끝난 후에도 전력계통에서 피뢰기에 공급되어 흐르는 전류를 말한다.

|정|답|및|해|설|
[피뢰기]
·피뢰기의 정격전압 : 속류가 차단되는 최고 교류전압
·피뢰기의 제한전압 : 방전중 단락전압의 파고치

【정답】①

40. 부하역률이 $\cos\theta$인 경우의 배전선로의 전력손실은 같은 크기의 부하전력으로 역률이 1인 경우의 전력손실에 비하여 몇 배인가? (기사 04/1 09/2 11/3)

① $\dfrac{1}{\cos^2\theta}$ ② $\dfrac{1}{\cos\theta}$

③ $\cos\theta$ ④ $\cos^2\theta$

|정|답|및|해|설|

[전력손실] $P_l = 3I^2 R = 3\left(\dfrac{P}{\sqrt{3}\,V\cos\theta}\right)^2 R = \dfrac{P^2 R}{V^2 \cos^2\theta}$ [W]

$\therefore P_l \propto \dfrac{1}{\cos^2\theta}$

전력 손실은 역률의 자승에 역비례하므로

$\dfrac{P_{l\cos\theta}}{P_{l1.0}} = \dfrac{\dfrac{1}{\cos^2\theta}}{1} = \dfrac{1}{\cos^2\theta}$

【정답】①

21. 다음 중 플리커 경감을 위한 전력 공급 측의 방안이 아닌 것은? (기사 07/3 16/1)

① 단락 용량이 큰 계통에서 공급한다.
② 공급 전압을 낮춘다.
③ 전용 변압기로 공급한다.
④ 단독 공급 계통을 구성한다.

|정|답|및|해|설|

[플리커] 플리커란 전압 변동이 빈번하게 반복되어서 사람 눈에 깜박거림을 느끼는 현상으로 다음과 같은 대책이 있다.
[전력 공급측에서 실시하는 플리커 경감 대책]
① 단락 용량이 큰 계통에서 공급한다.
② <u>공급 전압을 높인다.</u>
③ 전용 변압기로 공급한다.
④ 단독 공급 계통을 구성한다.
[수용가 측에서 실시하는 플리커 경감 대책]
① 전용 계통에 리액터 분을 보상
② 전압강하를 보상
③ 부하의 무효 전력 변동 분을 흡수
④ 플리커 부하전류의 변동 분을 억제
【정답】②

22. 수력 발전 설비에서 흡출관을 사용하는 목적은? (기사 07/3 16/2)

① 압력을 줄이기 위하여
② 물의 유선을 일정하게 하기 위하여
③ 속도변동률을 적게 하기 위하여
④ 유효낙차를 늘리기 위하여

|정|답|및|해|설|

[흡출관] 흡출관은 반동 수차의 출구에서부터 방수로 수면까지 연결하는 관으로 낙차를 유용하게 이용(<u>낙차를 늘리기 위해</u>)하기 위해 사용한다. 【정답】④

23. 원자로에서 중성자가 원자로 외부로 유출되어 인체에 영향을 주는 것을 방지하고 방열의 효과를 주기 위한 것은?

① 제어제　　　② 차폐재
③ 반사체　　　④ 구조재

|정|답|및|해|설|

[차폐재] 원자로 내의 방사선이 외부로 빠져 나가는 것을 방지하는 것으로 차폐재에는 열차폐와 생체차폐가 있다.

※ 반사체
·중성자를 반사시켜 외부에 누설되지 않도록 노심의 주위에 반사체를 설치한다.
·반사체로는 베릴륨 혹은 흑연과 같이 중성자를 잘 산란시키는 재료가 좋다.

※ 감속재
·원자로 안에서 핵분열의 연쇄 반응이 계속되도록 연료체의 핵분열에서 방출되는 고속 중성자를 열중성자의 단계까지 감속시키는 데 쓰는 물질
·흑연(C), 경수(H_2O), 중수(D_2O), 베릴륨(Be), 흑연 등
【정답】②

24. 역률 80[%], 500[kVA]의 부하설비에 100[kVA]의 진상용 콘덴서를 설치하여 역률을 개선하면 수전점에서의 부하는 약 몇 [kVA]가 되는가?

① 400　　　② 425
③ 450　　　④ 475

|정|답|및|해|설|

[피상전력] $P_a = \sqrt{P^2 + P_r^2}\,[kVA]$
지상무효전력 $P_r = P_a \sin\theta = 500 \times 0.6 = 300[kVA]$
$\qquad\qquad\qquad \rightarrow \ (\cos\theta = 0.8,\ \sin = 0.6)$
$P_r' = 300 - 100 = 200[kVA]$
$\therefore P_a' = \sqrt{P^2 + P_r'^2} = \sqrt{(500 \times 0.8)^2 + 200^2} = 447.21[kVA]$
【정답】③

25. 변성기의 정격부담을 표시하는 것은?

① [W]　　　② [S]
③ [dyne]　　④ [VA]

|정|답|및|해|설|
[정격부담] 변성기(PT, CT)의 2차측 단자간에 접속되는 부하의 한도를 말하며 [VA]로 표시 【정답】④

---

④ 차단기와 단로기를 별도로 닫고, 열 수 있어야 한다.

|정|답|및|해|설|
[인터록(Interlock)] 인터록은 기계적 잠금 장치로서 안전을 위해서 <u>차단기(CB)가 열려있지 않은 상황에서 단로기(DS)의 개방 조작을 할 수 없도록 하는 것이다.</u> 【정답】②

---

26. 같은 선로와 같은 부하에서 교류 단상 3선식은 단상 2선식에 비하여 전압강하와 배전효율은 어떻게 되는가? <small>(기사 15/2)</small>

① 전압강하는 적고, 배전효율은 높다.
② 전압강하는 크고, 배전효율은 낮다.
③ 전압강하는 적고, 배전효율은 낮다.
④ 전압강하는 크고, 배전효율은 높다.

|정|답|및|해|설|
[단상 3선식의 전압강하와 배전효율] 단상 3선식은 단상 2선식에 비하여 전압이 2배로 승압되는 효과가 있다. 따라서 단상 3선식의 경우 단상 2선식에 비해 <u>전압강하 및 전력 손실은 감소</u>하고, 손실이 감소하므로 <u>배전 효율은 상승</u>한다.

【정답】①

---

27. 다음 중 부하전류의 차단에 사용되지 않는 것은? <small>(기사 08/3 13/3)</small>

① NFB 　　　② OCB
③ VCB 　　　④ DS

|정|답|및|해|설|
[단로기(DS)] 단로기(DS)는 소호 장치가 없고 아크 소멸 능력이 없으므로 부하전류나 사고전류의 개폐할 수 없다.

【정답】④

---

29. 각 전력계통을 연계선으로 상호연결하면 여러 가지 장점이 있다. 틀린 것은? <small>(기사 16/2)</small>

① 건설비 및 운전경비를 절감하므로 정제급전이 용이하다.
② 주파수의 변화가 작아진다.
③ 각 전력계통의 신뢰도가 증가한다.
④ 선로 임피던스가 증가되어 단락전류가 감소된다.

|정|답|및|해|설|
[전력계통의 연계방식의 장단점
[장점]
① 전력의 융통으로 설비용량 절감
② 건설비 및 운전 경비를 절감하므로 경제 급전이 용이
③ 계통 전체로서의 신뢰도 증가
④ 부하 변동의 영향이 작아져서 안정된 주파수 유지 가능
[단점]
① 연계설비를 신설해야 한다.
② 사고시 타계통에의 파급 확대될 우려가 있다.
③ 단락전류가 증대하고 통신선의 전자유도장해도 커진다.
※④ 선로 임피던스가 <u>감소</u>되어 <u>단락전류가 증가</u>된다.

【정답】④

---

28. 인터록(interlock)의 기능에 대한 설명으로 맞은 것은? <small>(기사 13/1 10/3 14/2 16/1 산 09/2 11/2)</small>

① 조작자의 의중에 따라 개폐되어야 한다.
② 차단기가 열려 있어야 단로기를 닫을 수 있다.
③ 차단기가 닫혀 있어야 단로기를 닫을 수 있다.

---

30. 연가에 의한 효과가 아닌 것은? <small>(기사 13/1 16/2 산 04/1 09/3 12/1)</small>

① 직렬 공진의 방지
② 통신선의 유도장해 감소
③ 대지 정전용량의 감소
④ 선로 정수의 평형

[연가의 효과] 연가는 선로 정수를 평형시키기 위하여 송전선로의 길이를 3의 정수배 구간으로 등분하여 실시한다.

① 선로정수(L, C)의 평형

② 임피던스 및 대지정전용량 평형

③ 잔류전압을 억제하여 통신선 유도장해 감소

④ 소호리액터 접지 시 직렬공진에 의한 이상전압 억제

【정답】③

31. 가공 지선에 대한 설명 중 틀린 것은? (기사06/1 산04/1)

① 직격뇌에 대하여 특히 유효하며 탑 상부에 시설하므로 뇌는 주로 가공지선에 내습한다.

② 가공지선 때문에 송전선로의 대지 정전용량이 감소하므로 대지 사이에 방전할 때 유도전압이 특히 커서 차폐효과가 좋다.

③ 송전선의 지락 시 지락전류의 일부가 가공지선에 흘러 차폐작용을 하므로 전자유도장해를 적게 할 수도 있다.

④ 유도뢰 서지에 대하여도 그 가설 구간 전체에 사고 방지의 효과가 있다.

[가공지선] 가공지선은 뇌해 방지, 전자 차폐 효과를 위해 설치한다. 따라서 가공지선이 없을 때 보다 가공지선이 있는 쪽이 전자유도전압은 낮아진다.

① 직격뇌 차폐

② 유도뇌 차폐

③ 통신선의 유도장해 차폐

【정답】②

32. 케이블의 전력 손실과 관계가 없는 것은? (산06/1)

① 도체의 저항손 　　② 유전체손

③ 연피손 　　④ 철손

[케이블의 손실] ① 저항손　② 유전체손　③ 연피손

연피손은 다른 표현으로 맴돌이 손이라고도 한다.

※④ 철손 : 고정손

【정답】④

33. 전압요소가 필요한 계전기가 아닌 것은?

① 주파수 계전기

② 동기탈조 계전기

③ 지락 과전류 계전기

④ 방향성 지락 과전류 계전기

[지락 과전류 계전기(OCGR)] 영상전류만으로 지락사고를 검출하는 방식 (ZCT+GR)

※방향성 지락 과전류 계전기 : 영상전압과 영상전류로 동작 (ZCT+GPT+DGR)

【정답】③

34. 다음 중 송전선로의 코로나 임계전압이 높아지는 경우가 아닌 것은? (기사08/1)

① 상대공기밀도가 적다.

② 전선의 반지름과 선간거리가 크다.

③ 날씨가 맑다.

④ 낡은 전선을 새 전선으로 교체하였다.

[코로나 임계전압] 코로나 발생의 관계를 결정하는 임계전압

$$E_0 = 24.3 m_0 m_1 \delta r \log_{10} \frac{2D}{r}$$

(m_0 : 전선의 표면계수, m_1 : 기후 계수

δ : 상대공기밀도, r : 전선이 지름, D : 선간거리)

※상대 공기 밀도 δ는 임계전압과 비례한다.

【정답】①

35. 가공선 계통은 지중선 계통보다 인덕턴스 및 정전용량이 어떠한가?

① 인덕턴스, 정전용량이 모두 크다.

② 인덕턴스, 정전용량이 모두 적다.

③ 인덕턴스는 적고, 정전용량은 크다.

④ 인덕턴스는 크고, 정전용량은 적다.

[지중선 계통] 지중선 계통은 가공선 계통에 비해서 인덕턴스는 크고 정전 용량은 작다.

· 인덕턴스 $L = 0.05 + 0.4605 \log_{10} \frac{D}{r} [\text{mH/km}]$

· 정전용량 $C = \dfrac{0.02413}{\log_{10} \dfrac{D}{r}} [\mu\text{F/km}]$

【정답】④

36. 3상 무부하 발전기의 1선 지락 고장 시에 흐르는 지락전류는? (단, E는 접지된 상의 무부하 기전력이고, Z_0, Z_1, Z_2는 발전기의 영상, 정상, 역상 임피던스이다.)

① $\dfrac{E}{Z_0 + Z_1 + Z_2}$ ② $\dfrac{\sqrt{3}\,E}{Z_0 + Z_1 + Z_2}$

③ $\dfrac{3E}{Z_0 + Z_1 + Z_2}$ ④ $\dfrac{E^2}{Z_0 + Z_1 + Z_2}$

|정|답|및|해|설|
[지락전류] $I_g = 3I_0 \rightarrow$ (I_0 : 영상전류)

$I_0 = I_1 = I_2 = \dfrac{E}{Z_0 + Z_1 + Z_2}$ 이므로

$\therefore I_g = 3I_0 = 3 \times \dfrac{E}{Z_0 + Z_1 + Z_2}$ 【정답】③

37. 송전선의 특성 임피던스는 저항과 누설 콘덕턴스를 무시하면 어떻게 표시되는가? (단, L은 선로의 인덕턴스, C는 선로의 정전용량이다) *(기사 07/3)*

① $\sqrt{\dfrac{L}{C}}$ ② $\sqrt{\dfrac{C}{L}}$

③ $\dfrac{L}{C}$ ④ $\dfrac{C}{L}$

|정|답|및|해|설|
[특성 임피던스] $Z_0 = \sqrt{\dfrac{Z}{Y}} = \sqrt{\dfrac{R+jwL}{G+jwC}} \fallingdotseq \sqrt{\dfrac{L}{C}}\,[\Omega]$ 【정답】①

38. 전력원선도에서 알 수 없는 것은? *(기사 04/3 12/2 13/2 산 04/1 11/2 16/2)*

① 조상용량   ② 선로손실

③ 코로나 손   ④ 정태안정 극한전력

|정|답|및|해|설|
[전력원선도에서 알 수 있는 사항]

• 정태 안정 극한 전력(최대 전력)
• 송수전단 전압간의 상차각
• 조상 용량
• 수전단 역률
• 선로 손실과 효율   【정답】③

39. 수력발전소에서 낙차를 취하기 위한 방식이 아닌 것은? *(기사 06/2 15/2)*

① 댐식   ② 수로식

③ 양수식   ④ 유역 변경식

|정|답|및|해|설|
[낙차를 얻는 방법의 분류]
① 수로식 발전소   ② 댐식 발전소
③ 댐 수로식 발전소   ④ 유역 변경식 발전소

[하천 유량의 사용 방법에 따른 발전 방식 분류]
① 유입식   ② 조정지식
③ 저수지식   ④ 양수식
⑤ 조력식   【정답】③

40. 어느 수용가의 부하설비는 전등설비가 500[W], 전열설비가 600[W], 전동기설비가 400[W], 기타 설비가 100[W]이다. 이 수용가의 최대수용전력이 1200[W]이면 수용률은?

① 55[%]   ② 65[%]

③ 75[%]   ④ 85[%]

|정|답|및|해|설|
[수용률] 수용률 $= \dfrac{\text{최대수용 전력[kW]}}{\text{부하 설비 용량 합계[kW]}} \times 100\,[\%]$

수용률 $= \dfrac{1200}{500+600+400+100} \times 100 = 75\,[\%]$

【정답】③

2018 전기기사 기출문제

1회

21. 송전선에서 재폐로 방식을 사용하는 목적은?

① 역률개선   ② 안정도 증진

③ 유도장해의 경감   ④ 코로나 발생 방지

|정|답|및|해|설|

[안정도 향상 대책]

① 계통의 직렬 리액턴스(X)를 작게
 - 발전기나 변압기의 리액턴스를 작게 한다.
 - 선로의 병행회선수를 늘리거나 복도체 또는 다도체 방식을 사용
 - 직렬 콘덴서를 삽입하여 선로의 리액턴스를 보상한다.

② 계통의 전압 변동률을 작게(단락비를 크게)
 - 속응 여자 방식 채용
 - 계통의 연계
 - 중간 조상 방식

③ 고장 전류를 줄이고 고장 구간을 신속 차단
 - 적당한 중성점 접지 방식
 - 고속 차단 방식
 - 고속도 재폐로 방식

④ 고장 시 발전기 입·출력의 불평형을 작게

【정답】②

22. 설비 용량 360[kW], 수용률 0.8, 부등률 1.2일 때 최대 수용전력은 몇 [kW]인가?

① 120   ② 240

③ 320   ④ 480

|정|답|및|해|설|

· 부등률 = $\dfrac{\text{개별 최대 수용 전력의 합}}{\text{합성 최대 수용 전력}}$

· 최대 수용 전력은 = 설비 용량 × 수용률
 $= 360 \times 0.8 = 288[kW]$

· 합성 최대 수용 전력 = $\dfrac{\text{수용율} \times \text{설비용량}}{\text{부등률}} = \dfrac{\text{최대 수용 전력}}{\text{부등률}}$

 $= \dfrac{288}{1.2} = 240[kW]$

【정답】②

23. 배전계통에서 사용하는 고압용 차단기의 종류가 아닌 것은?

① 기중차단기(ACB)   ② 공기차단기(ABB)

③ 진공차단기(VCB)   ④ 유입차단기(OCB)

|정|답|및|해|설|

[차단기의 종류 및 소호원리]

종류	소호원리
유입차단기 (OCB)	소호실에서 아크에 의한 절연유 분해 가스의 열전도 및 압력에 의한 blast를 이용해서 차단
기중차단기 (ACB)	대기 중에서 아크를 길게 해서 소호실에서 냉각 차단
자기차단기 (MBB)	대기중에서 전자력을 이용하여 아크를 소호실 내로 유도해서 냉각 차단
공기차단기 (ABB)	압축된 공기(15~30[kg/㎠])를 아크에 불어 넣어서 차단
진공차단기 (VCB)	고진공 중에서 전자의 고속도 확산에 의해 차단
가스차단기 (GCB)	고성능 절연 특성을 가진 특수 가스(SF_6)를 이용해서 차단

【정답】①

24. SF$_6$ 가스차단기에 대한 설명으로 옳지 않은 것은?

① SF$_6$ 가스 자체는 불활성기체이다.

② SF$_6$ 가스 자체는 공기에 비하여 소호능력이 약 100배 정도이다.

③ 절연거리를 적게 할 수 있어 차단기 전체를 소형, 경량화 할 수 있다.

④ SF$_6$ 가스를 이용한 것으로서 독성이 있으므로 취급에 유의하여야 한다.

|정|답|및|해|설|

[SF$_6$(육불화유황) 가스]

·무색, 무취, 독성이 없다.

·난연성, 불활성 기체

·소호누적이 공기의 100~200배

·절연누적이 공기의 3~4배

·압축공기를 사용하지만 밀폐식이므로 소음이 없다.

【정답】④

25. 송전선로의 일반회로 정수가 $A = 0.7, B = j190$ $D = 0.9$라 하면 C의 값은?

① $-j1.95 \times 10^{-3}$ ② $j1.95 \times 10^{-3}$

③ $-j1.95 \times 10^{-4}$ ④ $j1.95 \times 10^{-4}$

|정|답|및|해|설|

[일반 회로 정수] $AD - BC = 1$

$$C = \frac{AD-1}{B} = \frac{0.7 \times 0.9 - 1}{j190} = j1.95 \times 10^{-3}$$

【정답】②

26. 부하역률이 0.8인 선로의 저항 손실은 0.9인 선로의 저항 손실에 비해서 약 몇 배 정도 되는가?

① 0.97 ② 1.1

③ 1.27 ④ 1.5

|정|답|및|해|설|

[선로의 손실] $P_l = 3I^2R = 3\left(\frac{P}{\sqrt{3} V\cos\theta}\right)^2 R = \frac{P^2 R}{V^2 \cos^2\theta}$ 이므로

$$P_l \propto \frac{1}{\cos^2\theta} \rightarrow \therefore \frac{P_{l\,0.8}}{P_{l\,0.9}} = \frac{\left(\frac{1}{0.8}\right)^2}{\left(\frac{1}{0.9}\right)^2} = 1.27$$

【정답】③

27. 단상 변압기 3대에 의한 △ 결선에서 1대를 제거하고 동일 전력을 V결선으로 보낸다면 동손은 약 몇 배가 되는가?

① 0.67 ② 2.0

③ 2.7 ④ 3.0

|정|답|및|해|설|

[변압기 출력] $P_\triangle = 3VI[W]$, $P_V = \sqrt{3}\,VI[W]$

여기서, V : 전압, I : 전류

동일 전력이 되려면 두 결선의 전압이 동일하므로 V결선의 전류가 △결선의 전류에 비해 $\sqrt{3}$ 배 더 흘려야 한다.

동손 $P_c = I^2R$에서

△결선의 동손 $P_c = 3I^2R$

V결선의 동손 $P_c = 2I^2R$

그러므로 $\dfrac{V결선의 동손}{△결선의 동손} = \dfrac{2(\sqrt{3}\,I)^2 R}{3I^2R} = 2$

【정답】②

28. 피뢰기의 충격방전 개시전압은 무엇으로 표시하는가?

① 잔류전압의 크기 ② 충격파의 평균치

③ 충격파의 최대치 ④ 충격파의 실효치

|정|답|및|해|설|

[피뢰기의 충격방전 개시전압] 피뢰기 단자에 충격전압을 인가하였을 경우 방전을 개시하는 전압을 충격방전 개시전압이라 하며, 충격파의 최대치로 나타낸다. 【정답】③

29. 단상 2선식 배전선로의 선로 임피던스가 $2+j5[\Omega]$ 무유도성 부하전류 10[A]일 때 송전단 역률은? 단, 수전단 전압의 크기는 100[V]이고, 위상각은 $0°$ 이다.

① $\dfrac{5}{12}$ ② $\dfrac{5}{13}$

③ $\dfrac{11}{12}$ ④ $\dfrac{12}{13}$

|정|답|및|해|설|

부하단(수전단)은 무유도성이므로 저항부하이며

$$R = \frac{V}{I} = \frac{100}{10} = 10[\Omega]$$

전체 선로와 부하의 임피던스는
$Z = 2+j5+10 = 12+j5$ 이므로

역률 $\cos\theta = \dfrac{R}{Z} = \dfrac{12}{\sqrt{12^2+5^2}} = \dfrac{12}{13}$ → $(|Z| = \sqrt{R^2+X^2})$

【정답】④

30. 그림과 같이 전력선과 통신선 사이에 차폐선을 설치하였다. 이 경우에 통신선의 차폐계수(K)를 구하는 관계식은? (단, 차폐선을 통신선에 근접하여 설치한다.)

① $K = 1 + \dfrac{Z_{31}}{Z_{12}}$ ② $K = 1 - \dfrac{Z_{31}}{Z_{33}}$

③ $K = 1 - \dfrac{Z_{23}}{Z_{33}}$ ④ $K = 1 + \dfrac{Z_{23}}{Z_{33}}$

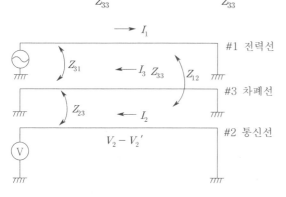

|정|답|및|해|설|

[차폐계수] $\lambda = 1 - \dfrac{Z_{23}}{Z_{33}}$

$$V_2 = -Z_{12}I_0 + Z_{2s}I_s = -Z_{12}I_0 + Z_{2s}\frac{Z_{1s}I_0}{Z_s} = -Z_{12}I_0\left(1 - \frac{Z_{1s}Z_{2s}}{Z_s Z_{12}}\right)$$

차폐계수 $\lambda = 1 - \dfrac{Z_{1s}Z_{2s}}{Z_s Z_{12}} = 1 - \dfrac{Z_{31}Z_{23}}{Z_{33}Z_{12}}$

차폐선을 통신선에 근접하여 설치, $Z_{12} ≒ Z_{31}$

차폐계수 $\lambda = 1 - \dfrac{Z_{23}}{Z_{33}}$

【정답】③

31. 모선 보호에 사용되는 계전방식이 아닌 것은?

① 위상 비교방식

② 선택접지 계전방식

③ 방향거리 계전방식

④ 전류차동 보호방식

|정|답|및|해|설|

[모선 보호 계전 방식]

·전류 차동 보호 방식   ·전압 차동 보호 방식

·방향거리 계전방식   ·위상 비교방식

※ 선택접지계전기(SGR)은 지락회선을 선택적으로 차단하기 위해서 사용한다.   【정답】②

32. %임피던스와 관련된 설명으로 틀린 것은?

① 정격전류가 증가하면 %임피던스는 감소한다.

② 직렬 리엑터가 감소하면 %임피던스도 감소한다.

③ 전기기계의 %임피던스가 크면 차단기의 용량은 작아진다.

④ 송전계통에서는 임피던스의 크기를 옴 값 대신에 %값으로 나타내는 경우가 많다.

|정|답|및|해|설|

[%임피던스] 기준 전압(상전압)에 대한 임피던스 전압강하의 비를 백분율로 나타낸 것

$$\%Z = \frac{IZ}{E} \times 100 = \frac{\frac{P}{\sqrt{3}\,V}Z}{\frac{V}{\sqrt{3}}} \times 100 = \frac{PZ}{V^2} \times 100[\%]$$

여기서, I : 정격전류, Z : 임피던스, P : 전력, V : 전압
        E : 상전압

·정격전류가 증가 : %임피던스는 증가

·정격전류가 감소 : %임피던스는 감소

· 차단용량 $P_s = \dfrac{100}{\%Z} P_n$ 에서 전기기계의 %임피던스가 크면 차단기의 용량은 작아진다. (여기서, P_n : 정격용량)

· 송전계통에서는 임피던스의 크기를 옴 값 대신에 %값으로 나타내는 경우가 있다. 【정답】①

33. A, B 및 C상전류를 각각 I_a, I_b 및 I_c라 할 때 $I_x = \dfrac{1}{3}(I_a + a^2 I_b + a I_c)$, $a = -\dfrac{1}{2} + j\dfrac{\sqrt{3}}{2}$ 으로 표시되는 I_x는 어떤 전류인가?

① 정상전류

② 역상전류

③ 영상전류

④ 역상전류와 영상전류의 합

|정|답|및|해|설|

[대칭좌표법] $\begin{bmatrix} I_0 \\ I_1 \\ I_2 \end{bmatrix} = \dfrac{1}{3} \begin{bmatrix} 1 & 1 & 1 \\ 1 & a & a^2 \\ 1 & a^2 & a \end{bmatrix} \begin{bmatrix} I_a \\ I_b \\ I_c \end{bmatrix}$

· 영상분 : $I_0 = \dfrac{1}{3}(I_a + I_b + I_c)$

· 정상분 : $I_1 = \dfrac{1}{3}(I_a + aI_b + a^2 I_c)$

· 역상분 : $I_2 = \dfrac{1}{3}(I_a + a^2 I_b + a I_c)$ 【정답】②

34. 그림과 같이 "수류가 고체에 둘러싸여 있고 A로부터 유입되는 수량과 B로부터 유출되는 수량이 같다." 라고 하는 이론은?

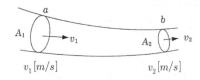

① 수두이론 ② 연속의 원리

③ 베르누이 정리 ④ 토리첼리의 정리

|정|답|및|해|설|

[연속의 정리] 임의의 점에서의 유량은 항상 일정하다.

유량 $Q[m^2/\sec] = A[m^2] \times v[m/\sec]$

$Q = v_1 A_1 = v_2 A_2 [m^2/\sec] = $ 일정

여기서, A_1, A_2 : a, b점의 단면적$[m^2]$
v_1, v_2 : a, b점의 유속$[m/s]$

③ 베르누이 정리 : 흐르는 물의 어느 곳에서도 위치에너지, 압력에너지, 속도에너지의 합은 일정하다.

· 손실을 무시할 때

$H_a + \dfrac{P_a}{w} + \dfrac{{v_a}^2}{2g} = H_b + \dfrac{P_b}{w} + \dfrac{{v_b}^2}{2g} = k (\text{일정})$

· 손실 수두(h_{12})를 고려할 때

$H_1 + \dfrac{P_1}{w} + \dfrac{{v_1}^2}{2g} = H_2 + \dfrac{P_2}{w} + \dfrac{{v_2}^2}{2g} + h_{12}$

【정답】②

35. 4단자 정수가 A, B, C, D인 선로에 임피던스가 $\dfrac{1}{Z_T}$인 변압기가 수전단에 접속된 경우 계통의 4단자 정수 중 D_o는?

① $D_o = \dfrac{C + DZ_T}{Z_T}$ ② $D_o = \dfrac{C + AZ_T}{Z_T}$

③ $D_o = \dfrac{D + CZ_T}{Z_T}$ ④ $D_o = \dfrac{B + AZ_T}{Z_T}$

|정|답|및|해|설|

[4단자 정수] $\begin{bmatrix} A_0 & B_0 \\ C_0 & D_0 \end{bmatrix} = \begin{bmatrix} A & B \\ C & D \end{bmatrix} \begin{bmatrix} 1 & \dfrac{1}{Z_T} \\ 0 & 1 \end{bmatrix} = \begin{bmatrix} A & \dfrac{A}{Z_T} + B \\ C & \dfrac{C}{Z_T} + D \end{bmatrix}$

$D_0 = \dfrac{C + DZ_T}{Z_T}$ 【정답】①

36. 대용량 고전압의 안정권선(△ 권선)이 있다. 이 권선의 설치 목적과 관계가 먼 것은?

① 고장전류 저감 ② 제3고조파 제거

③ 조상설비 설치 ④ 소내용 전원 공급

|정|답|및|해|설|
[변압기 결선]

△-△ 결선	① 제3고조파 순환, V-V 결선, 저전압 단거리
Y-Y 결선	① 제3고조파 발생, ② 접지가능 , 이상 전압의 억제
Y-Y-△ 결선	① 3권선변압기 사용, ② △권선(안정권선) : 제3고조파 제거, 소내용, 전원의 공급, 조상설비의 설치를 목적으로 함. ③ 우리나라 154[kW], 345[kW] 주변전소에 채택

【정답】①

37. 한류리액터를 사용하는 가장 큰 목적은?

① 충전전류의 제한   ② 접지전류의 제한

③ 누설전류의 제한   ④ 단락전류의 제한

|정|답|및|해|설|
[한류 리액터] 한류 리액터는 단락전류를 경감시켜서 차단기 용량을 저감시킨다.
·소호리액터 : 지락 시 지락전류 제한
·분로리액터 : 패란티 현상 방지
·직렬래액터 : 제5고조파 방지   【정답】④

38. 변압기 등 전력설비 내부 고장 시 변류기에 유입하는 전류와 유출하는 전류의 차로 동작하는 보호계전기는?

① 차동계전기   ② 지락계전기

③ 과전류계전기   ④ 역상전류계전기

|정|답|및|해|설|
[비율차동계전기] 보호 구간에 유입하는 전류와 유출하는 전류의 벡터 차와 출입하는 전류의 관계비로 동작, 발전기, 변압기 보호, 외부 단락 시 오동작을 방지하고 내부 고장 시에만 예민하게 동작
② 지락계전기 : 영상변전류(ZCT)에 의해 검출된 영상전류에 의해 동작
③ 과전류계전기 : 일정한 전류 이상이 흐르면 동작
                                              【정답】①

39. 3상 결선 변압기의 단상 운전에 의한 소손방지 목적으로 설치하는 계전기는?

① 차동계전기   ② 역상계전기

③ 단락계전기   ④ 과전류계전기

|정|답|및|해|설|
[역상계전기] 3상 전기회로에서 단선사고시 전압 불평형에 의한 사고방지를 목적으로 설치
·발전기(변압기) 내부 단락 검출용 : 비율차동계전기
·발전기(변압기) 부하 불평형(단상 운전) : 역상과전류계전기
·과부하 단락사고 : 과전류계전기   【정답】②

40. 송전선로의 정전용량은 등기 선간거리 D가 증가하면 어떻게 되는가?

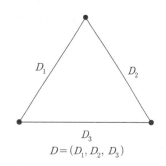

$$D = (D_1, D_2, D_3)$$

① 증가한다.

② 감소한다.

③ 변하지 않는다.

④ D^2에 반비례하여 감소한다.

|정|답|및|해|설|
[정전용양] $C = \dfrac{0.02413}{\log_{10}\dfrac{D}{r}}[\mu F/km]$

여기서, D : 선간거리, r : 반지름
선간거리 D가 커지면 정전용량은 적어진다.
                                              【정답】②

21. 1[kWh]를 열량으로 환산하면 약 몇 [kcal]인가?

① 80   ② 256

③ 539   ④ 860

|정|답|및|해|설|
[열과 에너지]
· 1[J]=0.24[cal]
· 1[cal]=4.2[J]
· 1[B.T.U]=0.252[kcal]
· 1[kWh]=1000[Wh]=1000×3600[W·sec]
　　　 =3.6×10⁶[J/sec·sec]=3.6×10⁶[J]=864[kcal]

【정답】④

22. 22.9[kV], Y결선된 자가용 수전설비의 계기용변압기의 2차측 정격전압은 몇 [V]인가?

① 110   ② 220

③ $110\sqrt{3}$ ④ $220\sqrt{3}$

|정|답|및|해|설|
[계기용 변압기(PT)] 고전압을 저전압으로 변성하여 계기나 계전기에 공급하기 위한 목적으로 사용
· 2차측 정격전압 : 110[V]
· 점검시 : 2차측 개방(2차측 과전류 보호)

[계기용 변류기(CT)] 대전류를 소전류로 변성하여 계기나계전기에 공급하기 위한 목적으로 사용되며 2차측 정격전류는 5[A]이다.

【정답】①

23. 순저항 부하의 부하전력 P[kW], 전압 E[V], 선로의 길이 l[m], 고유저항 $\rho[\Omega \cdot mm^2/m]$인 단상 2선식 선로에서 선로 손실을 q[W]라 하면, 전선의 단면적$[mm^2]$은 어떻게 표현되는가?

① $\dfrac{\rho l P^2}{qE^2} \times 10^5$ ② $\dfrac{2\rho l P^2}{qE^2} \times 10^6$

③ $\dfrac{\rho l P^2}{2qE^2} \times 10^5$ ④ $\dfrac{2\rho l P^2}{q^2 E} \times 10^6$

|정|답|및|해|설|
[선로 손실] $P_l = 2I^2 R = 2\left(\dfrac{P}{V\cos\theta}\right)^2 = \dfrac{2P^2 R}{V^2 \cos^2\theta}$

순저항 부하이므로 역률($\cos\theta=1$) 1이다.

$P_l = \dfrac{2P^2 R}{V^2} = \dfrac{2(P \times 10^3)^2}{E^2} \times \rho \dfrac{l}{A}$

단면적 $A = \dfrac{2(P \times 10^3)^2}{E^2} \times \rho \dfrac{l}{P_l} = \dfrac{2\rho\, l P^2}{qE^2} \times 10^6 [mm^2]$

【정답】②

24. 동작전류의 크기가 커질수록 동작시간이 짧게 되는 특성을 가진 계전기는?

① 순한시 계전기   ② 정한시 계전기

③ 반한시 계전기   ④ 반한시 정한시 계전기

|정|답|및|해|설|
[반한시 계전기] 고장 전류의 크기에 반비례, 즉 동작 전류가 커질수록 동작시간이 짧게 되는 것
① 순한시 계전기 : 이상의 전류가 흐르면 즉시 동작
② 정한시 계전기 : 이상 전류가 흐르면 동작전류의 크기에 관계없이 일정한 시간에 동작
④ 반한시 정한시 계전기 : 동작전류가 적은 동안에는 반한 시로, 어떤 전류 이상이면 정한 시로 동작하는 것 (반한시와 정한시 특성을 겸함)

【정답】③

25. 소호리액터를 송전계통에 사용하면 리액터의 인덕턴스와 선로의 정전용량이 어떤 상태로 되어 지락전류를 소멸시키는가?

① 병렬공진   ② 직렬공진

③ 고임피던스   ④ 저임피던스

|정|답|및|해|설|
[소호리액터 접지] 1선 지락의 경우 지락전류가 가장 작고 고장상의 전압 회복이 완만하기 때문에 지락 아크를 자연 소멸시켜서 정전없이 송전을 계속할 수 있다.

- $L-C$ 병렬공진(지락전류가 최소)
- 1선 지락 시 전압 상승 최대
- 보호계전기 동작 불확실
- 통신유도장해 최소
- 과도안정도 우수 　　　　　　　　　　　　【정답】①

26. 동기조상기에 대한 설명으로 틀린 것은?

① 시충전이 불가능하다.

② 전압 조정이 연속적이다.

③ 중부하 시에는 과여자로 운전하여 앞선 전류를 취한다.

④ 경부하 시에는 부족여자로 운전하여 뒤진 전류를 취한다.

|정|답|및|해|설|
[동기조상기] 무부하 운전중인 동기전동기를 과여자 운전하면 콘덴서로 작용하며, 부족여자로 운전하면 리액터로 작용한다.
- 과여자 운전 : 콘덴서로 작용, 진상
- 부족여자 운전 : 리액터로 작용, 지상
- 연속적인 조정(진상·지상) 및 시송전(시충전)이 가능하다.
- 증설이 어렵다. 손실 최대(회전기)

[조상설비의 비교]

항목	동기조상기	전력용 콘덴서	분로리액터
전력손실	많다 (1.5~2.5[%])	적다 (0.3[%] 이하)	적다 (0.6[%] 이하)
무효전력	진상, 지상 양용	진상 전용	지상 전용
조정	연속적	계단적 (불연속)	계단적 (불연속)
시송전 (시충전)	가능	불가능	불가능
가격	비싸다	저렴	저렴
보수	손질필요	용이	용이

　　　　　　　　　　　　　　　　　　【정답】①

27. 화력발전소에서 가장 큰 손실은?

① 소내용 동력

② 송풍기 손실

③ 복수기에서의 손실

④ 연도 배출가스 손실

|정|답|및|해|설|
[복수기]
- 터빈 중의 열 강하를 크게 함으로써 증기의 보유 열량을 가능한 많이 이용하려고 하는 장치
- 열손실이 가장 크다(약 50[%]).
- 부속 설비로 냉각수 순환 펌프, 복수펌프 및 추기 펌프 등이 있다.
　　　　　　　　　　　　　　　　　　【정답】③

28. 정전용량 0.01$[\mu F/km]$, 길이 173.2$[km]$, 선간전압 60$[kV]$, 주파수 60[Hz]인 3상 송전선로의 충전전류는 약 몇 [A]인가?

① 6.3　　　　　　　② 12.5

③ 22.6　　　　　　④ 37.2

|정|답|및|해|설|
[전선의 충전 전류] $I_c = 2\pi f C l \times \dfrac{V}{\sqrt{3}} = 2\pi f C l E [A]$

여기서, f : 주파수[Hz], C : 정전용량[F], l : 길이[km]
　　　　　　V : 선간전압[V]

※선로의 충전전류 계산 시 전압은 변압기 결선과 관계없이 상전압($\dfrac{V}{\sqrt{3}}$)을 적용하여야 한다.

정전용량(C) : 0.01$[\mu F/km]$, 길이(l) : 173.2$[km]$
선간전압 60$[kV]$(=6000[V]), 주파수 : 60[Hz]

$I_c = 2\pi f C l \left(\dfrac{V}{\sqrt{3}}\right) = 2\pi \times 60 \times 0.01 \times 10^{-6} \times 173.2 \times \dfrac{60000}{\sqrt{3}}$

$= 22.6[A]$　　　　　　　　　　　　【정답】③

29. 발전용량 9,800[kW]의 수력발전소 최대 사용 수량이 10[m³/s]일 때, 유효낙차는 몇 [m]인가?

① 100　　　　　　② 125

③ 150　　　　　　④ 175

|정|답|및|해|설|
[수력발전소 출력] $P_g = 9.8 Q H \eta_t \eta_g [\text{kW}]$

Q : 유량$[m^3/s]$, H : 낙차[m], η_g : 발전기 효율, η_t : 수차의 효율

$P_g = 9.8 Q H \eta_t \eta_g$에서

낙차 $H = \dfrac{P_g}{9.8 Q \eta} = \dfrac{9800}{9.8 \times 10} = 100[m]$　　【정답】①

30. 차단기의 정격 차단시간은?

① 고장 발생부터 소호까지의 시간

② 트립코일 여자부터 소호까지의 시간

③ 가동 접촉자의 개극부터 소호까지의 시간

④ 가동 접촉자의 동작시간부터 소호까지의 시간

|정|답|및|해|설|

[차단기의 정격 차단시간] 트립 코일 여자부터 차단기의 가동 전극이 고정 전극으로부터 이동을 개시하여 개극할 때까지의 개극 시간과 접점이 충분히 떨어져 아크가 완전히 소호할 때까지의 아크 시간의 합으로 3~8[Hz] 이다.　　　　　　　【정답】②

31. 부하전류의 차단 능력이 없는 것은?

① DS　　　　　　② NFB

③ OCB　　　　　④ VCB

|정|답|및|해|설|

[단로기(DS)] 단로기(DS)는 소호 장치가 없고 아크 소멸 능력이 없으므로 부하 전류나 사고 전류의 개폐는 할 수 없으며 기기를 전로에서 개방할 때 또는 모선의 접촉 변경시 사용한다.

·개폐기 : 부하전류 개폐
·차단기 : 부하전류 개폐 및 고장전류 차단
　　　　　　　　　　　　　　　　　【정답】①

32. 전선의 굵기가 균일하고 부하가 송전단에서 말단까지 균일하게 분포되어 있을 때 배전선 말단에서 전압강하는? 단, 배전선 전체 저항 R, 송전단의 부하전류는 I이다.

① $\frac{1}{2}RI$　　　　　② $\frac{1}{\sqrt{2}}RI$

③ $\frac{1}{\sqrt{3}}RI$　　　　　④ $\frac{1}{3}RI$

|정|답|및|해|설|

	전압 강하 $(e = IR)$	전력 손실 $(P_l = I^2 R)$
말단 집중 부하	e	P_l
균등 분상 부하	$\frac{1}{2}e$	$\frac{1}{3}P_l$

　　　　　　　　　　　　　　　　　【정답】①

33. 역률 개선용 콘덴서를 부하와 병렬로 연결하고자 한다. △결선 방식과 Y결선 방식을 비교하면 콘덴서의 정전용량(단위 : μF)의 크기는 어떠한가?

① △결선 방식과 Y결선 방식은 동일하다.

② Y결선 방식이 △결선 방식의 $\frac{1}{2}$ 용량이다.

③ △결선 방식이 Y결선 방식의 $\frac{1}{3}$ 용량이다.

④ Y결선 방식이 △결선 방식의 $\frac{1}{\sqrt{3}}$ 용량이다.

|정|답|및|해|설|

[콘덴서의 정전용량] $C_\triangle = 3C_Y$,　$C_Y = \frac{1}{3}C_\triangle$

　　　　　　　　　　　　　　　　　【정답】③

34. 송전선로에서 고조파 제거 방법이 아닌 것은?

① 변압기를 △결선한다.

② 능동형 필터를 설치한다.

③ 유도전압 조정장치를 설치한다.

④ 무효전력 보상장치를 설치한다.

|정|답|및|해|설|

[고조파 제거]
·변압기를 △결선(제3고조파 제거)
·직렬리액터 시설(제5고조파 제거)
·무효전력 보상장치를 설치한다.
·능동형 필터를 설치한다.
※유도 전압 조정장치는 배전선로의 모선 전압 조정장치로 고조파 제거와는 무관하다.　　　　　　　　　【정답】③

35. 송전선에 댐퍼(damper)를 설치하는 주된 목적은?

① 전선의 진동방지

② 전선의 이탈 방지

③ 코로나의 방지

④ 현수애자의 경사 방지

|정|답|및|해|설|
[댐퍼, 아마로드] 전선의 진동 방지
·아킹혼. 아킹링 : 섬락 시 애자련 보호
·스페이서 : 복도체에서 두 전선 간의 간격 유지

【정답】①

---

36. 400[kVA] 단상변압기 3대를 △ − △ 결선으로 사용하다가 1대의 고장으로 V−V결선을 하여 사용하면 약 몇 [kVA] 부하까지 걸 수 있겠는가?

① 400
② 566
③ 693
④ 800

|정|답|및|해|설|
[변압기 V결선 시의 출력] $P_V = \sqrt{3}\,P\,[kVA]$
여기서, P : 단상 변압기 1대 용량
$P_V = \sqrt{3}\,P = \sqrt{3} \times 400 = 693\,[kVA]$

【정답】③

---

37. 직격뢰에 대한 방호설비로 가장 적당한 것은?

① 복도체
② 가공지선
③ 서지흡수기
④ 정전 방전기

|정|답|및|해|설|
[이상 전압 방호 설비]
·피뢰기(LA) : 이상전압에 대한 기계기구 보호(변압기 보호)
·서지흡수기(SA) : 이상전압에 대한 발전기 보호
·가공지선 : 직격뢰, 유도뢰 차폐 효과

【정답】②

---

38. 선로정수를 전체적으로 평형 되게 하고 근접 통신선에 대한 유도장해를 줄일 수 있는 방법은?

① 연가를 시행한다.
② 전선으로 복도체를 사용한다.
③ 전선로의 이도를 충분하게 한다.
④ 소호리액터 접지를 하여 중성점 전위를 줄여준다.

|정|답|및|해|설|
[연가(transposition)] : 선로정수(L, C) 평형, 통신선 유도장해 감소, 소호리액터 접지 시의 직렬공진 방지

【정답】①

---

39. 직류 송전방식에 대한 설명으로 틀린 것은?

① 선로의 절연이 교류방식보다 용이하다.
② 리액턴스 또는 위상각에 대해서 고려할 필요가 없다.
③ 케이블 송전일 경우 유전손이 없기 때문에 교류방식보다 유리하다.
④ 비동기 연계가 불가능하므로 주파수가 다른 계통 간의 연계가 불가능하다.

|정|답|및|해|설|
[직류 송전 방식 장점]
① 선로의 리액턴스가 없으므로 안정도가 높다.
② 유전체손 및 충전 용량이 없고 절연 내력이 강하다.
③ 비동기 연계가 가능하다.
④ 단락전류가 적고 임의 크기의 교류 계통을 연계시킬 수 있다.
⑤ 코로나손 및 전력 손실이 적다.
⑥ 표피 효과나 근접 효과가 없으므로 실효 저항의 증대가 없다.
[단점]
① 직류, 교류 변환 장치가 필요하다.
② 전압의 승압 및 강압이 불리하다.
③ 직류 차단기가 개발되어 있지 않다.

【정답】④

---

40. 저압 배전계통을 구성하는 방식 중, 캐스케이딩(cascading)을 일으킬 우려가 있는 방식은?

① 방사상 방식
② 저압뱅킹 방식
③ 저압네트워크 방식
④ 스포트네트워크 방식

|정|답|및|해|설|
[저압 뱅킹 방식]
① 장점
　·변압기 용량을 저감할 수 있다.
　·전압변동 및 전력손실이 경감
　·변압기 용량 및 저압선 동량이 절감
　·부하 증가에 대한 탄력성이 향상
　·공급 신뢰도 향상
② 캐스케이딩(cascading)
　·변압기 또는 선로의 사고에 의해서 뱅킹 내의 건전한 변압
　기의 일부 또는 전부가 연쇄적으로 회로로부터 차단되는
　현상
　·방지대책 : 구분 퓨즈를 설치

【정답】②

21. 변류기 수리 시 2차 측을 단락시키는 이유는?

　① 1차측 과전류 방지
　② 2차측 과전류 방지
　③ 1차측 과전압 방지
　④ 2차측 과전압 방지

|정|답|및|해|설|
[변류기 점검 시]
·P.T는 개방 : 2차측 과전류 보호
·C.T는 단락 : 2차측 절연(과전압) 보호

【정답】④

22. 1년 365일 중 185일은 이 양 이하로 내려가지 않는
유량은?

　① 평수량　　　　② 풍수량
　③ 고수량　　　　④ 저수량

|정|답|및|해|설|
[유황 곡선] 횡축에 일수를,
에는 유량을 표시히고 유량
많은 일수를 역순으로 차례
배열하여 맺은 곡선으로 발
획수립에 이용

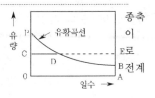

·풍수량 : 1년 95일 중 이보다 내려가지 않는 유량
·평수량 : 1년 185일 중 이보다 내려가지 않는 유량
·저수량 : 1년 275일 중 이보다 내려가지 않는 유량
·갈수량 : 1년 355일 중 이보다 내려가지 않는 유량

【정답】①

23. 배전선의 전압 조정 장치가 아닌 것은?

　① 승압기
　② 리클로저
　③ 유도전압 조정기
　④ 주상변압기 탭 절환장치

|정|답|및|해|설|
[배전선로 전압 조정 장치]
·승압기
·유도전압조정기(부하에 따라 전압 변동이 심한 경우)
·주상변압기 탭 조정
※리클로 : 리클로저는 회로의 차단과 투입을 자동적으로 반복하
　는 기구를 갖춘 차단기의 일종이다.　　　【정답】②

24. 발전기 또는 주변압기의 내부고장 보호용으로 가
장 널리 쓰이는 것은?

　① 과전류계전기　　② 비율차동계전기
　③ 방향단락계전기　④ 거리계전기

|정|답|및|해|설|
[변압기 내부고장 검출용 보호 계전기]
·차동계전기(비율차동 계전기)　·압력계전기
·부흐홀츠 계전기　　　　　　　·가스 검출 계전기
① 과전류계전기 : 일정한 전류 이상이 흐르면 동작
③ 방향단락계전기 : 환상 선로의 단락 사고 보호에 사용
④ 거리계전기 : 선로의 단락보호 및 사고의 검출용으로 사용

【정답】②

25. 그림과 같은 선로의 등가선간 거리는 몇 [m]인가?

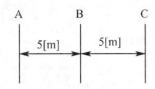

① 5   ② $5\sqrt{2}$

③ $5\sqrt[3]{2}$ ④ $10\sqrt[3]{2}$

|정|답|및|해|설|

[등가 선간거리] 등가 선간거리 D_e는 기하학적 평균으로 구한다.

$D_e = {}^{\text{총 거리의 수}}\sqrt{\text{각 거리간의 곱}} = \sqrt[3]{D_{ab} \cdot D_{bc} \cdot D_{ca}}$

AB=5[m], BC=5[m], AC=10[m], 총거리의 수 : 3

$D_e = \sqrt[3]{D_{ab} \cdot D_{bc} \cdot D_{ac}} = \sqrt[3]{5 \times 5 \times 10} = 5\sqrt[3]{2}\,[m]$

·수평 배열 : $D_e = \sqrt[3]{2} \cdot D$

  (D : AB, BC 사이의 간격)

·삼각 배열 : $D_e = \sqrt[3]{D_1 \cdot D_2 \cdot D_3}$

  (D_1, D_2, D_3 : 삼각형 세변의 길이)

·정4각 배열 : $D_e = \sqrt[6]{2} \cdot S$

  (S : 정사각형 한 변의 길이)

【정답】③

26. 서지파(진행파)가 서지 임피던스 Z_1의 선로측에서 서지 임피던스 Z_2의 선로측으로 입사할 때 투과계수(투과파 전압÷입사파 전압) b를 나타내는 식은?

① $b = \dfrac{Z_2 - Z_1}{Z_1 + Z_2}$ ② $b = \dfrac{2Z_2}{Z_1 + Z_2}$

③ $b = \dfrac{Z_1 - Z_2}{Z_1 + Z_2}$ ④ $b = \dfrac{2Z_1}{Z_1 + Z_2}$

|정|답|및|해|설|

[투과계수] $r = \dfrac{2Z_2}{Z_2 + Z_1}$

[반사계수] $\rho = \dfrac{Z_2 - Z_1}{Z_2 + Z_1}$

【정답】②

27. 3상 송전선로에서 선간단락이 발생하였을 때 다음 중 옳은 것은?

① 역상전류만 흐른다.

② 정상전류와 역상전류가 흐른다.

③ 역상전류와 영상전류가 흐른다.

④ 정상전류와 영상전류가 흐른다.

|정|답|및|해|설|

[단락고장] 영상(상이 없음), 정상(정상자계를 가지고 있음), 역상으로 나누어진다.

·1선지락 : 영상전류, 정상전류, 역상전류의 크기가 모두 같다.

  즉, $I_0 = I_1 = I_2$

·2선지락 : 영상전압, 정상전압, 역상전압의 크기가 모두 같다.

  즉, $V_0 = V_1 = V_2 \neq 0$

·선간단락 : 단락이 되면 영상이 없어지고 정상과 역상만 존재한다.

·3상단락 : 정상분만 존재한다.   【정답】②

28. 송전계통의 안정도 향상 대책이 아닌 것은?

① 계통의 직렬 리액턴스를 증가시킨다.

② 전압 변동을 적게 한다.

③ 고장 시간, 고장 전류를 적게 한다.

④ 계통 분리 방식을 적용한다.

|정|답|및|해|설|

[안정도 향상 대책]

① 계통의 직렬 리액턴스(X)를 작게

  ·발전기나 변압기의 리액턴스를 작게 한다.

  ·선로의 병행회선수를 늘리거나 복도체 또는 다도체 방식을 사용

  ·직렬 콘덴서를 삽입하여 선로의 리액턴스를 보상한다.

② 계통의 전압 변동률을 작게(단락비를 크게)

  ·속응 여자 방식 채용

  ·계통의 연계

  ·중간 조상 방식

③ 고장 전류를 줄이고 고장 구간을 신속 차단

  ·적당한 중성점 접지 방식

  ·고속 차단 방식

  ·재폐로 방식

④ 고장 시 발전기 입·출력의 불평형을 작게

【정답】①

29. 배전선로에서 사고 범위를 확대를 방지하기 위한 대책으로 적당하지 않은 것은?

① 선택접지계전방식 채택
② 자동고장 검출장치 설치
③ 진상콘덴서 설치하여 전압보상
④ 특고압의 경우 자동구분계폐기 설치

|정|답|및|해|설|
[배전선로의 사고 범위의 축소 또는 분리] 배전선로의 사고 범위의 축소 또는 분리를 위해서 구분 개폐기를 설치하거나, 선택 접지 계전 방식을 채택한다.
배전 계통을 루프화 시키면 사고 대응의 신뢰도가 향상된다.

※ 선로용 콘덴서 : 선로용 콘덴서는 전압 강하 방지 목적으로 사용
· 직렬콘덴서 : 유도성 리액턴스에 의한 전압강하 보사용
· 병렬콘덴서 : 역률 개선　　　　　　　　**【정답】③**

30. 화력발전소에서 재열기의 목적은?

① 공기를 가열한다.　② 급수를 가열한다.
③ 증기를 가열한다.　④ 석탄을 건조한다.

|정|답|및|해|설|
[화력발전소의 재열기] 재열기는 고압 터빈에서 팽창하여 낮아진 증기를 다시 보일러에 보내어 재가열 하는 것이다.
· 과열기 : 포화증기를 가열하여 증기 터빈에 과열증기를 공급하는 장치
· 절탄기(가열기) : 보일러 급수를 보일러로부터 나오는 연도 폐기가스로 예열하는 장치, 연도 내에 설치
· 공기 예열기 : 연도에서 배출되는 연소가스가 갖는 열량을 회수하여 연소용 공기의 온도를 높인다.
· 집진기 : 연도로 배출되는 분진을 수거하기 위한 설비로 기계식과 전기식이 있다.
· 복수기 : 터빈 중의 열 강하를 크게 함으로써 증기의 보유 열량을 가능한 많이 이용하려고 하는 장치
· 급수 펌프 : 급수를 보일러에 보내기 위하여 사용된다.
　　　　　　　　　　　　　　　　　　　　【정답】③

31. 송전전력, 송전거리, 전선의 비중 및 전력 손실률이 일정하다고 할 때, 전선의 단면적 A[mm^2]와 송전 전압 V[kV]와 관계로 옳은 것은?

① $A \propto V$　　　　② $A \propto V^2$

③ $A \propto \dfrac{1}{V^2}$　　　④ $A \propto \dfrac{1}{\sqrt{V}}$

|정|답|및|해|설|
[전압과의 관계]

전압 강하	$e = \dfrac{P}{V_r}(R + X\tan\theta)$	$e \propto \dfrac{1}{V}$
전압 강하율	$\delta = \dfrac{P}{V_r^2}(R + X\tan\theta)$	$\delta \propto \dfrac{1}{V^2}$
전력 손실	$P_l = \dfrac{P^2 R}{V^2 \cos^2\theta}$	$P_l \propto \dfrac{1}{V^2}$
공급 전력		$P \propto \dfrac{1}{V^2}$
전선 단면적		$A \propto \dfrac{1}{V^2}$

　　　　　　　　　　　　　　　　　　　　【정답】③

32. 선로에 따라 균일하게 부하가 분포된 선로의 전력 손실은 이들 부하가 선로의 말단에 집중적으로 접속되어 있을 때 보다 어떻게 되는가?

① 2배로 된다.　　　② 3배로 된다.

③ $\dfrac{1}{2}$로 된다.　　　④ $\dfrac{1}{3}$로 된다.

|정|답|및|해|설|
[집중 부하와 분산 부하]

구분	전력손실	전압강하
말단에 집중부하	$I^2 R$	IR
균등 분포 부하	$\dfrac{1}{3}I^2 R$	$\dfrac{1}{2}IR$

여기서, I : 전선의 전류, R : 전선의 저항　　**【정답】④**

33. 반지름 r[m]이고 소도체 간격 S인 4 복도체 송전선로에서 전선 A, B, C가 수평으로 배열되어 있다. 등가 선간거리가 D[m]로 배치되고 완전 연가된 경우 송전선로의 인덕턴스는 몇 [mH/km]인가?

① $0.4605 \log_{10} \dfrac{D}{\sqrt{rs^2}} + 0.0125$

② $0.4605 \log_{10} \dfrac{D}{\sqrt[2]{rs}} + 0.025$

③ $0.4605\log_{10}\dfrac{D}{\sqrt[3]{rs^2}}+0.0167$

④ $0.4605\log_{10}\dfrac{D}{\sqrt[4]{rs^3}}+0.0125$

|정|답|및|해|설|

[단도체 인덕턴스] $L=0.05+0.4605\log_{10}\dfrac{D}{r}\,[mH/km]$

[다도체 인덕턴스] $L=\dfrac{0.05}{n}+0.4605\log_{10}\dfrac{D}{\sqrt[n]{rl^{n-1}}}$

여기서, n : 도체수

문제에서는 4도체이므로

$L=\dfrac{0.05}{4}+0.4605\log_{10}\dfrac{D}{\sqrt[4]{rl^3}}=0.4605\log_{10}\dfrac{D}{\sqrt[4]{rl^3}}+0.0125\,[mH/km]$

【정답】④

34. 최소 동작 전류 이상의 전류가 흐르면 한도를 넘은 양과는 상관없이 즉시 동작하는 계전기는?

① 반한시 계전기
② 정한시 계전기
③ 순한시 계전기
④ 반한시정한시계전기

|정|답|및|해|설|

[계전기의 시한 특징]

① 순환시 계전기 : <u>최소 동작 전류 이상의 전류가 흐르면 즉시 동작하는 특성</u>

② 반한시 계전기 : 동작 전류가 커질수록 동작 시간이 짧게 되는 특성

③ 정한시 계전기 : 동작 전류의 크기에 관계없이 일정한 시간에 동작하는 특성

④ 반한시 정한시 계전기 : 동작 전류가 적은 동안에는 동작 전류가 커질수록 동작 시간이 짧게 되고 어떤 전류 이상이면 동작 전류의 크기에 관계없이 일정한 시간에 동작하는 특성

【정답】③

35. 최근에 우리나라에서 많이 채용되고 있는 가스절 연개폐설비(GIS)의 특징으로 틀린 것은?

① 대기 절연을 이용한 것에 비해 현저하게 소형화할 수 있으나 비교적 고가이다.

② 소음이 적고 충전부가 완전한 밀폐형으로 되어 있기 때문에 안전성이 높다.

③ 가스 압력에 대한 엄중 감시가 필요하며 내부 점검 및 부품 교환이 번거롭다.

④ 한랭지, 산악 지방에서도 액화 방지 및 산화 방지 대책이 필요 없다.

|정|답|및|해|설|

[가스 절연 개폐기(GIS)의 특징]

·안정성, 신뢰성이 우수하다.

·감전사고 위험이 적다.

·밀폐형이므로 배기 소음이 적다.

·소형화가 가능하다.

·SF_6 가스는 무취, 무미, 무색, 무독가스 발생

·보수, 점검이 용이하다. 【정답】④

36. 송전선로에 복도체를 사용하는 주된 목적은?

① 인덕턴스를 증가시키기 위하여

② 정전용량을 감소시키기 위하여

③ 코로나 발생을 감소시키기 위하여

④ 전선 표면의 전위 경도를 증가시키기 위하여

|정|답|및|해|설|

[복도체] 도체가 1가닥인 것은 2가닥으로 나누어 도체의 등가반지름을 키우겠다는 것. 이럴 경우 <u>L(인덕턴스)값은 감소하고, C(정전용량)의 값은 증가한다.</u> 따라서 <u>안정도를 증가시키고, 코로나 발생을 억제한다.</u> 【정답】③

37. 송배전 선로의 전선 굵기를 결정하는 주요 요소가 아닌 것은?

① 전압강하
② 허용전류
③ 기계적 강도
④ 부하의 종류

|정|답|및|해|설|

[캘빈의 법칙] 가장 경제적인 전선의 굵기 결정에 사용. 전선 굵기를 결정하는 주요 요소로는 <u>허용전류, 기계적 강도, 전압강하</u> 등이 있다. 【정답】④

38. 기준 선간전압 23[kV], 기준 3상 용량 5,000 [kVA], 1선의 유도 리액턴스가 15[Ω]일 때 %리액턴스는?

① 28.36[%]　　　② 14.18[%]

③ 7.09[%]　　　④ 3.55[%]

|정|답|및|해|설|

[%리액턴스] $\%X = \dfrac{PX}{10V^2}$ [%]

여기서, P : 전력[kVA], V : 선간전압[kV], X : 리액턴스

선간전압(V) : 23[kV], 기준 3상 용량(P) : 5,000 [kVA]

유도 리액턴스 : 15[Ω]

$\%X = \dfrac{PX}{10V^2} = \dfrac{5000 \times 15}{10 \times 23^2} = 14.18[\%]$ 　　【정답】②

39. 망상(Network) 배전방식에 대한 설명으로 옳은 것은?

① 부하 증가에 대한 융통성이 적다.

② 전압 변동이 대체로 크다.

③ 인축에 대한 감전 사고가 적어서 농촌에 적합하다.

④ 환상식보다 무정전 공급의 신뢰도가 더 높다.

|정|답|및|해|설|

[네트워크 배전 방식의 장·단점]

[장점]

· 정전이 적으며 <u>배전 신뢰도가 높다</u>.

· 기기 이용률 향상된다.

· <u>전압 변동이 적다</u>.

· <u>부하 증가에 대한 융통성이 좋다</u>.

· 전력 손실이 감소한다.

· 변전소수를 줄일 수 있다.

[단점]

· 건설비가 비싸다.

· <u>인축의 접촉 사고가 증가한다</u>.

· 특별한 보호 장치를 필요로 한다.

　　　　　　　　　　　　　　【정답】④

40. 3상용 차단기의 정격전압은 170[kV]이고 정격차단전류가 50[kV]일 때 차단기의 정격차단용량은 약 몇 [MVA]인가?

① 5,000　　　② 10,000

③ 15,000　　　④ 20,000

|정|답|및|해|설|

[3상용 차단기의 정격용량]

$P_s = \sqrt{3} \times$ 정격전압 $\times$ 정격차단전류$[MVA]$

$= \sqrt{3} \times 170 \times 50 = 14,722.34[MVA]$ 　　【정답】③

2017 전기기사 기출문제

1회

21. 초고압 송전계통에서 단권 변압기가 사용되고 있는데 그 이유로 볼 수 없는 것은?

① 효율이 높다.

② 단락전류가 적다.

③ 전압변동률이 적다.

④ 자로가 단축되어 재료를 절약할 수 있다.

|정|답|및|해|설|

[단권 변압기의 특징]
· 중량이 가볍다.
· 전압 변동률이 작다.
· 동손의 감소에 따른 효율이 높다.
· 변압비가 1에 가까우면 용량이 커진다.
· 1차측의 이상 전압이 2차측에 미친다.
· 누설 임피던스가 작으므로 <u>단락전류가 증가한다.</u>

【정답】②

22. 피뢰기의 구비조건이 아닌 것은?

① 상용주파 방전 개시전압이 낮을 것

② 충격방전 개시전압이 낮을 것

③ 속류의 차단 능력이 클 것

④ 제한전압이 낮을 것

|정|답|및|해|설|

[피뢰기의 구비 조건]
① 충격방전 개시전압이 낮을 것
② 상용 주파 방전 개시 전압이 높을 것
③ 방전내량이 크면서 제한 전압이 낮을 것
④ 속류 차단 능력이 충분할 것
⑤ 내구성이 있을 것

【정답】①

23. 어떤 화력 발전소의 증기조건이 고온원 540[℃], 저온원 30[℃]일 때 이 온도 간에서 움직이는 카르노 사이클의 이론 열효율[%]은?

① 85.2

② 80.5

③ 75.3

④ 62.7

|정|답|및|해|설|

[카르노사이클의 열효율] $\eta = \left(1 - \frac{Q_2}{Q_1}\right) \times 100 = \left(1 - \frac{T_2}{T_1}\right) \times 100 [\%]$

여기서, T_1(고온원)$=273+540=813[K]$

T_2(저온원)$=273+30=303$

$\eta = \left(1 - \frac{T_2}{T_1}\right) \times 100 = \left(1 - \frac{303}{813}\right) \times 100 = 62.73[\%]$

【정답】④

24. 그림과 같은 회로의 영상, 정상, 역상 임피던스 Z_0, Z_1, Z_2는?

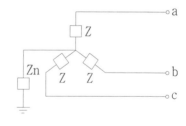

① $Z_0 = Z + 3Z_n$, $Z_1 = Z_2 = Z$

② $Z_0 = 3Z_n$, $Z_1 = Z$, $Z_2 = 3Z$

③ $Z_0 = 3Z + Z_n$, $Z_1 = 3Z$, $Z_2 = Z$

④ $Z_0 = Z + Z_n$, $Z_1 = Z_2 = Z + 3Z_n$

|정|답|및|해|설|
[영상 임피던스(Z_0)] $Z_0 = Z + 3Z_n$
변압기는 정지기 이므로 정상 임피던스와
역상 임피던스는 서로 같다.
$\therefore Z_1 = Z_2 = Z$

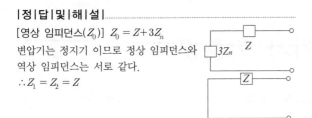

【정답】①

---

25. 비접지식 송전선로에 있어서 1선 지락고장이 생겼을 경우 지락점에 흐르는 전류는?

① 직류 전류

② 고장상의 영상전압과 동상의 전류

③ 고장상의 영상전압보다 90도 빠른 전류

④ 고장상의 영상전압보다 90도 늦은 전류

|정|답|및|해|설|
지락 고장 시 진상전류 (90° 앞선 전류)
단락 고장 시 지상전류 (90° 늦은 전류)가 흐른다.

【정답】③

---

26. 가공전선로에 사용하는 전선의 굵기를 결정할 때 고려할 사항이 아닌 것은?

① 절연저항   ② 전압저항

③ 허용전류   ④ 기계적 강도

|정|답|및|해|설|
[전선의 굵기] 전선의 굵기를 결정하는 요인으로는 허용 전류, 기계적 강도, 전압 강하이다.

【정답】①

---

27. 조상설비가 아닌 것은?

① 정지형무효전력 보상장치

② 자동고장구분계폐기

③ 전력용콘덴서

④ 분로 리액터

|정|답|및|해|설|
[조상 설비] 조상기(동기 조상기, 비동기 조상기), 전력용 콘덴서, 분로 리액터 정지형무효전력 보상장치가 있다.

【정답】②

---

28. 코로나 현상에 대한 설명이 아닌 것은?

① 전선을 부식시킨다.

② 코로나 현상은 전력의 손실을 일으킨다.

③ 코로나 방전에 의하여 전파 장해가 일어난다.

④ 코로나 손실은 전원 주파수의 2/3 제곱에 비례한다.

|정|답|및|해|설|
[코로나(Corona)] 전선 주위의 공기 절연이 국부적으로 파괴되어 낮은 소리나 엷은 빛을 내면서 방전하게 되는 현상
[코로나의 영향]
-통신선에 유도장해, 전파장해
-전력 손실(코로나 손실)

$$P_e = \frac{241}{\delta}(f+25)\sqrt{\frac{d}{2D}}(E - E_0)^2 \times 10^{-5} [\text{kW/km/Line}]$$

여기서, E : 전선의 대지전압[kV]

E_0 : 코로나 임계전압[kV]

d : 전선의 지름[cm]

f : 주파수[Hz], D : 선간거리[cm]

δ : 상대공기밀도

※ 코로나 손실은 전원 주파수 f에 비례한다.

-코로나 잡음

-전선의 부식(원인 : 오존(O_3))

-진행파의 파고 값은 감소

【정답】④

---

29. 다음 (㉮), (㉯), (㉰)에 알맞은 것은?

> 원자력이란 일반적으로 무거운 원자핵이 핵분열하여 가벼운 핵으로 바뀌면서 발생하는 핵분열 에너지를 이용하는 것이고, (㉮)발전은 가벼운 원자핵을(과) (㉯)하여 무거운 핵으로 바꾸면서 (㉰) 전후의 질량결손에 해당하는 방출에너지를 이용하는 방식이다.

① ㉮ 원자핵 융합   ㉯ 융합   ㉰ 결합

② ㉮ 핵결합   ㉯ 반응   ㉰ 융합

③ ㉮ 핵융합   ㉯ 융합   ㉰ 핵반응

④ ㉮ 핵반응   ㉯ 반응   ㉰ 결합

|정|답|및|해|설|
[핵분열 에너지] 질량수가 큰 원자핵(가령 $_{92}U^{35}$)이 핵분열을 일으킬 때 방출하는 에너지

[핵융합 에너지] 질량수가 작은 원자핵 2개가 1개의 원자핵으로 융합될 때 방출하는 에너지

【정답】③

---

30. 경간 200[m], 장력 1,000[kg], 하중 2[kg/m]인 가공전선의 이도(dip)는 몇 [m]인가?

① 10　　　　② 11
③ 12　　　　④ 13

|정|답|및|해|설|

[이도] $D = \dfrac{WS^2}{8T}[m]$

여기서, W : 전선의 중량[kg/m], T : 전선의 수평 장력 [kg]
　　　　S : 경간 [m]

$D = \dfrac{WS^2}{8T}[m] = \dfrac{2 \times 200^2}{8 \times 1000} = 10[m]$ 　　【정답】①

31. 다음 중 영상변류기를 사용하는 계전기는?

① 과전류계전기　　② 과전압계전기
③ 부족전압계전기　④ 선택지락계전기

|정|답|및|해|설|

[영상 변류기(ZCT)] 영상 변류기(ZCT)는 영상 전류를 검출한다. 따라서 지락 과전류 계전기에는 영상 전류를 검출하도록 되어있고, 지락 사고를 방지한다. 　　【정답】④

32. 전력계통의 안정도 향상 방법이 아닌 것은?

① 선로 및 기기의 리액턴스를 낮게 한다.
② 고속도 재폐로 차단기를 채용한다.
③ 중성점 직접접지방식을 채용한다.
④ 고속도 AVR을 채용한다.

|정|답|및|해|설|

[안정도 향상대책]
① 계통의 직렬 리액턴스 감소
② 전압변동률을 적게 한다(속응여자 방식 채용, 계통의 연계, 중간조상방식).
③ 계통에 주는 충격을 적게 한다(적당한 중성점 접지 방식, 고속 차단 방식, 재폐로 방식).
④ 고장 중의 발전기 돌입 출력의 불평형을 적게 한다.
　　【정답】③

33. 증식비가 1보다 큰 원자로는?

① 경수로　　　② 흑연로
③ 중수로　　　④ 고속증식로

|정|답|및|해|설|

[증식비] 증식로에서 소비되는 핵분열성 원자수에 대한 원자로에서 산출된 핵분열성 원자수의 비. 1이상일 때만 증식비라고 함. 증식률. 고속 증식로의 증식비는 1.1~1.4 정도로 추정된다.
　　【정답】④

34. 송전용량이 증가함에 따라 송전선의 단락 및 지락전류도 증가하여 계통에 여러 가지 장해요인이 되고 있는데 이들의 경감대책으로 적합하지 않은 것은?

① 계통의 전압을 높인다.
② 고장 시 모선 분리 방식을 채용한다.
③ 발전기와 변압기의 임피던스를 작게 한다.
④ 송전선 또는 모선간에 한류리액터를 삽입한다.

|정|답|및|해|설|

[단락전류] $I_s = \dfrac{V}{Z}[A]$

여기서, V : 단락점의 선간전압[kV], Z : 계통임피던스
임피던스가 작아지면, 단락전류는 더 증가하게 된다.

[단락전류 억제대책]
·임피던스를 크게 　　　·한류리액터 설치
·계통분리 　　　　　　　　　　　　　　　　【정답】③

35. 송배전 선로에서 선택지락계전기의 용도를 옳게 설명한 것은?

① 다회선에서 접지고장 회선의 선택
② 단일 회선에서 접지전류의 대소 선택
③ 단일 회선에서 접지전류의 방향 선택
④ 단일 회선에서 접지 사고의 지속 시간 선택

|정|답|및|해|설|

[SGR(선택 지락 계전기)] SGR(선택 지락 계전기)은 병행 2회선 이상 송전 선로에서 한쪽의 1회선에 지락 사고가 일어났을 경우 이것을 검출하여 고장 회선만을 선택 차단할 수 있는 계전기
　　【정답】①

36. 그림과 같은 회로의 일반 회로정수가 아닌 것은?

$$E_s \quad\quad Z \quad\quad E_T$$

① $B = Z + 1$ ② $A = 1$

③ $C = 0$ ④ $D = 1$

|정|답|및|해|설|
[일반 정수회로]

$$\begin{bmatrix} A & B \\ C & D \end{bmatrix} = \begin{bmatrix} 1 & Z \\ 0 & 1 \end{bmatrix}$$

【정답】①

37. 송전선로의 중성점을 접지하는 목적이 아닌 것은?

① 송전용량의 증가

② 과도 안정도의 증진

③ 이상 전압 발생의 억제

④ 보호 계전기의 신속, 확실한 동작

|정|답|및|해|설|
[중성점 접지의 목적]
① 이상전압의 방지
② 기기 보호
③ 과도 안정도의 증진
④ 보호계전기 동작확보 【정답】①

38. 부하전류가 흐르는 전로는 개폐할 수 없으나 기기의 점검이나 수리를 위하여 회로를 분리하거나 계통의 접속을 바꾸는데 사용하는 것은?

① 차단기   ② 단로기

③ 전력용 퓨즈   ④ 부하 개폐기

|정|답|및|해|설|
[단로기] 단로기는 소호장치가 없어 아크 소멸할 수가 없다.
·용도 : 무부하 회로 개폐 접속 변경 시에 사용
　　　　　　　　　　　　　　　　　　　　【정답】②

39. 보호계전기기와 그 사용 목적이 잘못된 것은?

① 비율차동계전기 : 발전기 내부 단락 검출용

② 전압평형계전기 : 발전기 출력 측 PT 퓨즈 단선에 의한 오작동 방지

③ 역상과전류계전기 : 발전기 부하 불평형 회전자 과열소손

④ 과전압계전기 : 과부하 단락사고

|정|답|및|해|설|
[보호 계전기의 주요 특징]
·비율차동계전기 : 발전기나 변압기 등이 내부고장에 의해 불평형 전류가 흐를 때 동작하는 계전기로 기기의 보호에 쓰인다.
·전압 평형 계전기 : 발전기 출력 측 PT 퓨즈 단선에 의한 오작동 방지
·역상과전류계전기 : 동기발전기의 부하가 불평형이 되어 발전기의 회전자가 과열 소손되는 것을 방지
·과전압 계전기 : 과전압 시 동작
　　　　　　　　　　　　　　　　　　　　【정답】④

40. 송전선로의 정상 임피던스를 Z_1, 역상임피던스를 Z_2, 영상임피던스 Z_0라 할 때 옳은 것은?

① $Z_1 = Z_2 = Z_0$ ② $Z_1 = Z_2 < Z_0$

③ $Z_1 > Z_2 = Z_3$ ④ $Z_1 < Z_2 = Z_0$

|정|답|및|해|설|
[대칭좌표법]
·송전선로 : $Z_0 > Z_1 = Z_2$
　(송전선로의 정상 임피던스와 역상 임피던스는 같고, 영상 임피던스는 정상분의 약 4배 정도이다.)
·변압기 : $Z_1 = Z_2 = Z_0$　　　　【정답】②

21. 동기조상기 (A)와 전력용 콘덴서 (B)를 비교한 것으로 옳은 것은?

① 시충전 : (A) 불가능, (B) 가능

② 전력손실 : (A) 작다, (B) 크다

③ 무효전력 조정 : (A) 계단적, (B) 연속적

④ 무효전력 : (A) 진상·지상용, (B) 진상용

|정|답|및|해|설|

[조상설비의 비교]

항목	동기조상기	전력용 콘덴서	분로리액터
전력손실	많다 (1.5~2.5[%])	적다 (0.3[%] 이하)	적다 (0.6[%] 이하)
무효전력	진상, 지상 양용	진상 전용	지상 전용
조정	연속적	계단적 (불연속)	계단적 (불연속)
시송전 (시충전)	가능	불가능	불가능
가격	비싸다	저렴	저렴
보수	손질필요	용이	용이

【정답】④

22. 어떤 공장의 소모 전력이 100[kW]이며, 이 부하의 역률이 0.6일 때, 역률을 0.9로 개선하기 위해 필요한 전력용 콘덴서의 용량은 몇 [kVA]인가?

① 30   ② 60

③ 85   ④ 90

|정|답|및|해|설|

[역률개선용 콘덴서 용량]

$Q_c = P(\tan\theta_1 - \tan\theta_2)$

$= P\left(\dfrac{\sin\theta_1}{\cos\theta_1} - \dfrac{\sin\theta_2}{\cos\theta_2}\right) = P\left(\dfrac{\sqrt{1-\cos^2\theta_1}}{\cos\theta_1} - \dfrac{\sqrt{1-\cos^2\theta_2}}{\cos\theta_2}\right)$

$Q_c = 100\left(\dfrac{\sqrt{1-0.6^2}}{0.6} - \dfrac{\sqrt{1-0.9^2}}{0.9}\right) = 85[\text{kVA}]$

【정답】③

23. 수력발전소에서 사용되는 수차 중 15[m] 이하의 저낙차에 적합하여 조력발전용으로 알맞은 수차는?

① 카플란수차   ② 펠톤수차

③ 프란시스수차   ④ 튜블러수차

|정|답|및|해|설|

[튜블러(사류)수차] 수력에서 15[m] 이하 저낙차용으로는 튜블러 수차가 적당하다.

② 펠톤수차 : 300[m] 이상 고낙차용

③ 프란시스수차 : 중낙차용

【정답】④

24. 어떤 화력발전소에서 과열기 출구의 증기압이 169 $[kg/cm^2]$이다. 이것은 약 몇 [atm]인가?

① 127.1   ② 163.6

③ 1.650   ④ 12.850

|정|답|및|해|설|

$1[\text{atm}] = 0.967841[\text{kg/cm}^2] \rightarrow 169 \times 0.967841 = 163.6[\text{atm}]$

【정답】②

25. 가공송전선로를 가선할 때에는 하중 조건과 온도 조건 등을 고려하여 적당한 이도(dip)를 주도록 하여야 한다. 다음 중 이도에 대한 설명으로 옳은 것은?

① 이도의 대소는 지지물의 높이를 좌우한다.

② 전선을 가선할 때 전선을 팽팽하게 가선하는 것을 이도를 크게 준다고 한다.

③ 이도가 작으며 전선이 좌우로 크게 흔들려서 다른 상의 전선에 접촉하여 위험하게 된다.

④ 이도를 작게 하면 이에 비례하여 전선의 장력이 증가되며, 심할 때는 전선 상호간이 꼬이게 된다.

|정|답|및|해|설|

[Dip(이도)] 전선의 지지점을 연결하는 수평선으로부터 최대 수직 길이를 말한다. 즉, 전선의 늘어지는 정도를 말한다.

이도 $D = \dfrac{WS^2}{8T}$

여기서, T : 수평장력, W : 합성하중, S : 경간

① 이도의 대소는 지지물의 높이를 좌우한다.

② 이도가 크면 전선은 좌우 진동이 커 다른 전선이나 수목에 접촉할 위험이 있다.

③ 이도가 너무 작으면 이에 전선의 장력이 증가하여 심할 경우에는 전선이 단선된다.

【정답】①

26. 승압기에 의하여 전압 V_e에서 V_h로 승압할 때, 2차 정격 전압 e, 자기 용량 W인 단상 승압기가 공급할 수 있는 부하 용량은 어떻게 표현되는가?

① $\dfrac{V_h}{e} \times W$ 　　② $\dfrac{V_e}{e} \times W$

③ $\dfrac{V_e}{V_h - V_e} \times W$ 　　④ $\dfrac{V_h - V_e}{V_e} \times W$

|정|답|및|해|설|

부하 전력(선로 용량) $= V_h \times I_2 = \dfrac{V_2}{e} \times W$

$\dfrac{\text{자기용량}}{\text{부하용량}} = \dfrac{V_h - V_L}{V_h}$

부하 용량 = 자기 용량 $\dfrac{V_h}{V_h - V_L} = W\dfrac{V_h}{e}$

【정답】①

27. 일반적으로 부하의 역률을 저하시키는 원인은?

① 전등의 과부하

② 선로의 충전전류

③ 유도전동기의 경부하 운전

④ 동기전동기의 중부하 운전

|정|답|및|해|설|

[역률 저하의 원인]

·유도전동기의 역률이 낮고 경부하 운전

·형광방전등

【정답】③

28. 송전단 전압을 V_s, 수전단전압을 V_r, 선로의 직렬 리액턴스를 X라 할 때 이 선로에서 최대 송전전력은? (단, 선로저항은 무시한다.)

① $\dfrac{V_s - V_r}{X}$ 　　② $\dfrac{V_s^2 - V_r^2}{X}$

③ $\dfrac{V_s(V_s - V_r)}{X}$ 　　④ $\dfrac{V_s V_r}{X}$

|정|답|및|해|설|

[송전전력] $P = \dfrac{V_s V_r}{X}\sin\theta$, 최대 송전전력은 $\theta = 90°$ 일 때

따라서 최대 송전전력은 $P_m = \dfrac{V_s V_r}{X}$

【정답】④

29. 가공지선의 설치 목적이 아닌 것은?

① 전압강하의 방지

② 직격뢰에 대한 차폐

③ 유도뢰에 대한 정전차폐

④ 통신선에 대한 전자유도장해 경감

|정|답|및|해|설|

[가공 지선의 설치 목적]

① 직격뢰에 대한 차폐 효과

② 유도체에 대한 정전 차폐 효과

③ 통신법에 대한 전자 유도장해 경감 효과

【정답】①

30. 피뢰기가 방전을 개시할 때의 단자전압의 순시값을 방전개시전압이라 한다. 방전 중의 단자전압의 파고값은 무슨 전압이라고 하는가?

① 속류

② 제한전압

③ 기준충격 절연강도

④ 상용주파 허용단자전압

|정|답|및|해|설|

[제한전압] 제한전압이란 방전 중 단자에 걸리는 전압을 의미한다.

【정답】②

31. 송전계통의 한 부분이 그림에서와 같이 3상변압기로 1차측은 Δ로, 2차측은 Y로 중성점이 접지되어 있을 경우, 1차측에 흐르는 영상전류는?

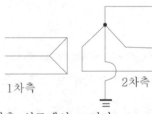

① 1차측 선로에서 ∞이다.

② 1차측 선로에서 반드시 0 이다.

③ 1차측 변압기 내부에서는 반드시 0 이다.

④ 1차측 변압기 내부와 1차측 선로에서 반드시 0이다.

|정|답|및|해|설|

[영상전류] 그림과 같이 영상 전류는 중성점을 통하여 대지로 흐르며 1차 변압기의 △ 권선 내에서는 순환 전류가 흐르나 각 상의 동상이면 △ 권선 외부로 유출하지 못한다. 따라서 1차측 선로에서는 전류가 0이다.　　　　　　　　　　　【정답】②

32. 배전선로에 대한 설명으로 틀린 것은?

① 밸런서는 단상 2선식에 필요하다.

② 저압 뱅킹 방식은 전압 변동을 경감할 수 있다.

③ 배전 선로의 부하율이 F일 때 손실계수는 F와 F^2의 중간 값이다.

④ 수용률이란 최대수용전력을 설비용량으로 나눈 값을 퍼센트로 나타낸 것이다.

|정|답|및|해|설|

[저압 밸런서] 단상 3선식에서 부하가 불평형이 생기면 양 외선간의 전압이 불평형이 되므로 이를 방지하기 위해 저압 밸런서를 설치한다.　　　　　　　　　　　　　　　　【정답】①

33. 수차 발전기에 제동권선을 설치하는 주된 목적은?

① 정지시간 단축

② 회전력의 증가

③ 과부하 내량의 증대

④ 발전기 안정도의 증진

|정|답|및|해|설|

[제동권선의 역할]

① 난조의 방지 (발전기 안정도 증진)

② 기동 토크의 발생

③ 불평형 부하시의 전류, 전압 파형 개선

④ 송전선의 불평형 단락시의 이상 전압 방지

　　　　　　　　　　　　　　　　　　　【정답】④

34. 3상 3선식 가공송전선로에서 한 선의 저항은 15[Ω], 리액턴스는 20[Ω]이고, 수전단 선간전압은 30[kV], 부하역률은 0.8(뒤짐)이다. 전압강하율은 10[%]라 하면, 이 송전선로는 몇 [kW]까지 수전할 수 있는가?

① 2,500　　　　　② 3,000

③ 3,500　　　　　④ 4,000

|정|답|및|해|설|

[전압강하율(δ)]

$$\delta = \frac{V_s - V_r}{V_r} \times 100 = \frac{e}{V_r} \times 100 = \frac{\frac{P}{V_r}(R + X\tan\theta)}{V_r} \times 100$$

$$= \frac{P}{V_r^2}(R + X\tan\theta) \times 100$$

여기서, V_s : 송전단 전압, V_r : 수전단 전압, P : 전력
　　　　R : 저항, X : 리액턴스

[송전전력(P)]

$$P = \frac{\delta \times V_r^2}{(R + X\tan\theta) \times 100} \times 10^{-3} = \frac{10 \times (30 \times 10^3)^2}{\left(15 + 20 \times \frac{0.6}{0.8}\right) \times 100} \times 10^{-3}$$

$$= 3,000[\text{kW}]$$

$$\left(\tan\theta = \frac{\sin\theta}{\cos\theta} = \frac{0.6}{0.8}\right)$$

$\cos\theta = \sqrt{1 - \sin^2\theta}$ 에서
$0.8^2 = 1 - \sin^2\theta \rightarrow \sin\theta = 0.6$

　　　　　　　　　　　　　　　　　　　【정답】②

35. 송전선로에서 사용하는 변압기 결선에 △결선이 포함되어 있는 이유는?

① 직류분의 제거　　　② 제3고조파의 제거

③ 제5고조파의 제거　　④ 제7고조파의 제거

|정|답|및|해|설|

[고조파 제거]

·제3고조파 제거 : 변압기를 △결선

·제5고조파 제거 : 직렬리액터 시설　　　　　【정답】②

36. 교류송전방식과 비교하여 직류송전방식의 설명이 아닌 것은?

① 전압변동률이 양호하고 무효전력에 기인하는 전력손실이 생기지 않는다.

② 안정도의 한계가 없으므로 송전용량을 높일 수 있다.

③ 전력변환기에서 고조파가 발생한다.

④ 고전압, 대전류의 차단이 용이하다.

[직·교류 송전의 특징]
(1) 직류송전의 특징
  · 차단 및 전압의 변성이 어렵다.
  · 리액턴스 손실이 적다
  · 안정도가 좋다.
  · 절연 레벨을 낮출 수 있다.
(2) 교류송전의 특징
  · 승압, 강압이 용이하다.
  · 회전자계를 얻기가 용이하다.
  · 통신선 유도장해가 크다. 【정답】 ④

37. 전압 66,000[V], 주파수 60[Hz], 길이 15[km], 심선 1선당 작용 정전용량 $0.3578[\mu F/km]$인 한 선당 지중전선로의 3상 무부하 충전전류는 약 몇 [A]인가? 단, 정전용량 이외의 선로정수는 무시한다.

① 62.5 　　　② 68.2
③ 73.6 　　　④ 77.3

| 정 | 답 | 및 | 해 | 설 |

[전선의 충전전류] $I_c = 2\pi f Cl \dfrac{V}{\sqrt{3}}[A]$

여기서, C : 전선 1선당 정전용량[F], V : 선간전압[V]
　　　l : 선로의 길이[km], f : 주파수[Hz]

$$I_c = 2\pi f Cl \dfrac{V}{\sqrt{3}}$$
$$= 2\pi \times 60 \times 0.3587 \times 10^{-6} \times 15 \times \dfrac{66,000}{\sqrt{3}} \fallingdotseq 77.3[A]$$

（$\mu = 10^{-6}$）

【정답】 ④

38. 전력계통에서 사용되고 있는 GCB(Gas Circuit Breaker)용 가스는?

① N_2가스 　　　② SF_6가스
③ 알곤 가스 　　　④ 네온 가스

| 정 | 답 | 및 | 해 | 설 |

[SF_6] SF_6 가스는 안정도가 높고 무색, 무독, 불활성 기체이며 절연 내력은 공기의 약 3배이고, 10기압 정도로 압축하면 공기의 10배 정도 절연내력을 가지므로 실용화 된 가스로서 널리 쓰인다.
【정답】 ②

39. 차단기와 아크 소호원리가 바르지 않은 것은?

① OCB : 절연유에 분해가스 흡부력 이용
② VCB : 공기 중 냉각에 의한 아크 소호
③ ABB : 압축공기를 아크에 불어 넣어서 차단
④ MBB : 전자력을 이용하여 아크를 소호실 내로 유도하여 냉각

| 정 | 답 | 및 | 해 | 설 |

[차단기의 종류 및 소호 작용]
① 유입 차단기(OCB) : 절연유 이용 소호
② 자기 차단기(MBB) : 자기력으로 소호
③ 공기 차단기(ABB) : 압축 공기를 이용해 소호
④ 가스 차단기(GCB) : SF_6 가스 이용
⑤ 진공 차단기(VCB) : 진공 상태에서 아크 확산 작용을 이용
【정답】 ②

40. 네트워크 배전방식의 설명으로 옳지 않은 것은?

① 전압 변동이 적다.
② 배전 신뢰도가 높다.
③ 전력손실이 감소한다.
④ 인축의 접촉사고가 적어진다.

| 정 | 답 | 및 | 해 | 설 |

[네트워크 배전 방식의 장·단점]
① 장점
  · 정전이 적으며 배전 신뢰도가 높다.
  · 기기 이용률이 향상된다.
  · 전압 변동이 적다.
  · 적응성이 양호하다.
  · 전력 손실이 감소한다.
  · 변전소 수를 줄일 수 있다.
② 단점
  · 건설비가 비싸다.
  · 인축의 접촉 사고가 증가한다.
  · 특별한 보호 장치를 필요로 한다. 【정답】 ④

21. 전력용 콘덴서에 의하여 얻을 수 있는 전류는?

① 지상전류　　　② 진상전류

③ 동상전류　　　④ 영상전류

|정|답|및|해|설|

[전력용 콘덴서]

·전력용 콘덴서 : 진상전류

·리액터 : 지상전류　　　　　　　　　【정답】②

22. 부하 역률이 현저히 낮은 경우 발생하는 현상이 아닌 것은?

① 전기요금의 증가

② 유효전력의 증가

③ 전력 손실의 증가

④ 선로의 전압강하 증가

|정|답|및|해|설|

[유효전력] $P = \sqrt{3}\,VI\cos\theta\,[W]$

역률($\cos\theta$)이 낮으면 유효전력(P)은 감소한다.

【정답】②

23. 배전소용 변전소의 주변압기로 주로 사용되는 것은?

① 강압 변압기　　　② 체승 변압기

③ 단권 변압기　　　④ 3권선 변압기

|정|답|및|해|설|

·3권선 변압기 : 조상설비

·단권 변압기 : 승압기

·체승 변압기 : 승압용(송전변전소) → (저전압 → 고전압)

·강압 변압기 : 감압용(배선변전소) → (고전압 → 저전압)

【정답】①

24. 초호각(acring horn)의 역할은?

① 풍압을 조절한다.

② 송전 효율을 높인다.

③ 애자의 파손을 방지한다.

④ 고주파수의 섬락전압을 높인다.

|정|답|및|해|설|

[초호각(arciing horn)의 목적]

·애자련의 전압분포 개선

·선로의 섬락으로부터 애자련의 보호

【정답】③

25. △ − △ 결선된 3상 변압기를 사용한 비접지 방식의 선로가 있다. 이때 1선 지락 고장이 발생하면 다른 건전한 2선의 대지전압은 지락 전의 몇 배까지 상승하는가?

① $\dfrac{\sqrt{3}}{2}$　　　　② $\sqrt{3}$

③ $\sqrt{2}$　　　　　④ 1

|정|답|및|해|설|

[비접지의 특징]

① 지락 전류가 비교적 적다.(유도장해 감소)

② 보호 계전기 동작이 불확실하다.

③ △결선 가능

④ V–V결선 가능

⑤ 저전압 단거리 적합

⑥ 1선 지락 시 건전상의 대지 전위상승이 $\sqrt{3}$ 배로 크다.

【정답】②

26. 22[kV], 60[Hz] 1회선의 3상 송전선에서 무부하 충전 전류를 구하면 약 몇 [A]인가? (단, 송전선의 길이는 20[km]이고, 1선 1[km]당 정전용량은 0.5[μF]이다)

① 12　　　　② 24

③ 36　　　　④ 48

|정|답|및|해|설|

[전선의 충전 전류] $I_c = wCEl = 2\pi f Cl \dfrac{V}{\sqrt{3}}$

C : 전선 1선당 정전용량[F], ω : 각속도(=$2\pi f$), E : 대지전압[V], V : 선간전압[V], l : 선로의 길이[km], f : 주파수[Hz]

$I_c = 2\pi f Cl \dfrac{V}{\sqrt{3}}$

$\quad = 2\pi \times 60 \times 0.5 \times 10^{-6} \times 20 \times \dfrac{22000}{\sqrt{3}} = 47.86[A]$

【정답】④

---

27. 개폐 서지의 이상 전압을 감쇄 할 목적으로 설치하는 것은?

① 단로기   ② 차단기

③ 리액터   ④ 개폐저항기

|정|답|및|해|설|

[개폐저항기] 차단기의 개폐시에 개폐 서지 이상 전압이 발생된다. 이것을 낮추고 절연 내력을 높일 수 있게 하기 위해 차단기 접촉자간에 병렬 임피던스로서 개폐저항기를 삽입한다.

【정답】④

---

28. 다음 중 모선보호용 계전기로 사용하면 가장 유리한 것은?

① 거리방향계전기   ② 역상계전기

③ 재폐로계전기   ④ 과전류계전기

|정|답|및|해|설|

[모선보호용 계전기] 전압 및 전류 차동 계전기가 많이 쓰인다. 모선 보호용 계전기의 종류는 다음과 같다.
① 전류차동계전 방식   ② 전압차동계전 방식
③ 위상비교계전 방식   ④ 거리계전 방식

【정답】①

---

29. 현수 애자에 대한 설명이 잘못된 것은?

① 애자를 연결하는 방법에 따라 클래비스형과 볼소켓형이 있다.

② 큰 하중에 대하여는 2연, 또는 3연으로 하여 사용할 수 있다.

③ 애자의 연결 개수를 가감함으로써 임의의 송전전압에 사용할 수 있다.

④ 2~4층의 갓 모양의 자기편을 시멘트로 접착하고 그 자리를 주철제 베이스로 지지한다.

|정|답|및|해|설|

[현수애자] 지지부 하층에 전선이 위치하며, 일반적으로 66[kV] 이상에서 사용

④는 핀 애자에 대한 설명이다.

【정답】④

---

30. 송전선로의 고장전류의 계산에 영상 임피던스가 필요한 경우는?

① 1선 지락   ② 3상 단락

③ 3선 단선   ④ 선간 단락

|정|답|및|해|설|

[임피던스] 임피던스는 전류가 흐를 경우에만 존재한다. 1선 접지 고장에는 영상, 역상, 정상전류가 다 같이 크게 흐르므로 임피던스는 모두 존재한다.

영상임피던스가 필요한 것은 지락상태이다. 단락고장에는 영상분이 나타나지 않는다. 　【정답】①

---

31. 그림과 같은 3상 송전계통에서 송전단 전압은 3,300[V]이다. 점 P에서 3상 단락사고가 발생했다면 발전기에 흐르는 단락전류는 약 몇 [A]가 되는가?

① 320   ② 330

③ 380   ④ 410

|정|답|및|해|설|

[단락전류] $I_s = \dfrac{E}{Z} = \dfrac{E}{\sqrt{R^2 + X^2}}[A]$

여기서, E : 전압, Z : 임피던스, R : 저항, X : 리액턴스
임피던스 $Z = 0.32 + j(2 + 1.25 + 1.75) = 0.32 + j5$

$$I_s = \frac{E}{\sqrt{R^2 + X^2}} = \frac{\frac{3300}{\sqrt{3}}}{\sqrt{0.32^2 + 5^2}} = 380.27[A]$$

【정답】③

32. 조속기의 폐쇄시간이 짧을수록 옳은 것은?

① 수격작용은 작아진다.

② 발전기의 전압 상승률은 커진다.

③ 수차의 속도 변동률은 작아진다.

④ 수압관 내의 수압 상승률은 작아진다.

|정|답|및|해|설|

[조속기] 조속기는 부하의 변화에 따라 증기와 유입량을 조절하여 터빈의 회전속도를 일정하게, 즉 주파수를 일정하게 유지시켜주는 장치로 폐쇄시간이 짧을수록 수차의 속도 변동률은 작아진다.

【정답】③

33. 그림과 같은 수전단전압 3.3[kV], 역률 0.85(뒤짐)인 부하 300[kW]에 공급하는 선로가 있다. 이때 송전단전압[V]은?

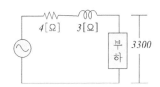

① 2930   ② 3230

③ 3530   ④ 3830

|정|답|및|해|설|

[전력] $P = VI\cos\theta$

[송전단 전압] $V_s = V_r + I(R\cos\theta + X\sin\theta)$

여기서, V : 전압, I : 전류, $\cos\theta$: 역률, V_s : 송전단 전압

$\quad\quad V_r$: 수전단 전압

$I = \dfrac{P}{V\cos\theta} = \dfrac{300 \times 10^3}{3300 \times 0.85} \fallingdotseq 107[A]$

$V_s = V_r + I(R\cos\theta + X\sin\theta)$

$\quad = 3300 + 107(4 \times 0.85 + 3 \times \sqrt{1 - 0.85^2}) \fallingdotseq 3830[V]$

$\quad\quad\quad\quad \rightarrow (\sin\theta = \sqrt{1 - \cos\theta^2})$

【정답】④

34. 증기의 엔탈피란?

① 증기 1[kg]의 잠열

② 증기 1[kg]의 현열

③ 증기 1[kg]의 보유열량

④ 증기 1[kg]의 증발열을 그 온도로 나눈 것

|정|답|및|해|설|

[엔탈피] 온도에 있어서 물 또는 증기 1[kg]이 보유한 열량 [kcal/kg](액체열과 증발열의 합)   【정답】③

35. 장거리 송전선로는 일반적으로 어떤 회로로 취급하여 회로를 해석하는가?

① 분포정수회로   ② 분산부하회로

③ 집중정수회   ④ 특성임피던스회로

|정|답|및|해|설|

[송전 선로의 구분]

구 분	선로정수	거리	회로
단거리 송전선로	R, L	10[km] 이내	집중정수회로
중거리 송전선로	R, L, C	40[km]~60[km]	T회로, π회로
장거리 송전선로	R, L, C, g	100[km] 이상	분포정수회로

【정답】①

36. 4단자 정수 $A = D = 0.8$, $B = j1.0$인 3상 송전선로에 송전단전압 160[kV]를 인가할 때 무부하 시 수전단 전압은 몇 [kV]인가?

① 154   ② 164

③ 180   ④ 200

|정|답|및|해|설|

[전송파라미터의 4단자 정수] $\begin{bmatrix} E_s \\ I_s \end{bmatrix} = \begin{bmatrix} A & B \\ C & D \end{bmatrix} \begin{bmatrix} E_r \\ I_r \end{bmatrix}$

무부하 시 이므로 $I_r = 0$

4단자정수 $E_s = AE_r + BI_r$, $E_s = AE_r$ $\therefore E_r = \dfrac{1}{A}E_s$

수전단 전압 $E_r = \dfrac{1}{A}E_s = \dfrac{160}{0.8} = 200[kV]$

【정답】④

37. 유도장해를 방지하기 위한 전력선측의 대책으로 틀린 것은?

① 차폐선을 설치한다.

② 고속도 차단기를 사용한다.

③ 중성점 전압을 가능한 높게 한다.

④ 중성점 접지에 고저항을 넣어서 지락전류를 줄인다.

|정|답|및|해|설|

[유도장해 방지 대책]

① 전력선측 대책
  · 차폐선 설치(유도장해를 30~50[%] 감소)
  · 고속도 차단기 설치
  · 연가를 충분히 한다.
  · 케이블을 사용(전자유도 50[%] 정도 감소)
  · 소호 리액터의 채택 (지락전류 소멸)
  · 이격거리를 크게 한다.
② 통신선측 대책
  · 통신선의 도중에 배류코일(절연 변압기)을 넣어서 구간을 분할한다(병행길이의 단축).
  · 연피 통신 케이블 사용(상호 인덕턴스 M의 저감)
  · 성능이 우수한 피뢰기의 사용(유도 전압의 저감)

【정답】③

38. 원자로의 감속재에 대한 설명으로 틀린 것은?

① 감속 능력이 클 것

② 원자 질량이 클 것

③ 사용 재료로 경수를 사용

④ 소속 중성자를 열중성자로 바꾸는 작용

|정|답|및|해|설|

[감속재] 원자로 안에서 핵분열의 연쇄 반응이 계속되도록 연료체의 핵분열에서 방출되는 고속 중성자를 열중성자의 단계까지 감속시키는 데 쓰는 물질이다.

감속재로서는 중성자 흡수가 적고 탄성 산란에 의해 감속 되는 정도가 큰 것이 좋으며 중수, 경수, 산화베릴륨, 흑연 등이 사용된다. 감속재의 성질인 감속능(slowing down power)과 감속비(moderation ratio)의 값이 클수록 감속재로서 우수하다.

【정답】②

39. 송전선로에 매설 지선을 설치하는 목적으로 알맞은 것은?

① 철탑 기초의 강도를 보강하기 위하여

② 직격뇌로부터 송전선을 차폐 보호하기 위하여

③ 현수애자 1연의 전압 분담을 균일화하기 위하여

④ 철탑으로부터 송전선로의 역섬락을 방지하기 위하여

|정|답|및|해|설|

[매설 지선] 매설 지선은 뇌해 방지 및 역섬락 방지를 위해 탑각 접지 저항을 감소시킬 목적으로 설치한다.

【정답】④

40. 송전전력, 부하역률, 송전거리, 전력손실, 선간전압을 동일하게 하였을 때 3상3선식에 의한 소요 전선량은 단상 2선식인 경우의 몇 [%]인가?

① 50[%]

② 67[%]

③ 75[%]

④ 87[%]

|정|답|및|해|설|

[소요 전선량]

· $1\phi 2W$ 100% 경우

· $1\phi 3W$ 37.5%

· $3\phi 3W$ 75%

· $3\phi 4W$ 33.3%

【정답】③

2016 전기기사 기출문제

21. 150[kVA] 단상 변압기 3대를 △-△ 결선으로 사용하다가 1대의 고장으로 V-V 결선하여 사용하면 약 몇 [kVA] 부하까지 걸 수 있겠는가?

① 200
② 220
③ 240
④ 260

|정|답|및|해|설|

[V결선 시의 3상출력] $P_V = \sqrt{3} \times P_1$

여기서, P_1 : 단상 변압기 한 대의 출력

$P_V = \sqrt{3} P_1 = \sqrt{3} \times 150 = 260[kVA]$

【정답】④

22. 송전계통의 안정도를 향상시키는 방법이 아닌 것은?

① 전압변동을 적게 한다.
② 제동저항기를 설치한다.
③ 직렬리액턴스를 크게 한다.
④ 중간조상기방식을 채용한다.

|정|답|및|해|설|

[안정도 향상 대책]
① 직렬 리액턴스를 작게한다(복도체, 직렬콘덴서채택).
② 전압 변동률을 작게 한다(속응 여자 방식 채용, 계통의 연계, 중간 조상 방식).
③ 계통에 주는 충격을 적게 한다(고속 차단 방식, 재폐로 방식).
④ 발전기 입출력의 불평형을 작게 한다.

【정답】③

23. 연간 전력량이 E[kWh]이고, 연간 최대전력이 W[kW]인 연부하율은 몇 [%]인가?

① $\frac{E}{W} \times 100$
② $\frac{\sqrt{3}\,W}{E} \times 100$
③ $\frac{8760\,W}{E} \times 100$
④ $\frac{E}{8760\,W} \times 100$

|정|답|및|해|설|

연부하율 $= \dfrac{\text{연평균 전력}}{\text{연 최대 수용 전력}} \times 100[\%]$

$= \dfrac{E}{W \times 365 \times 2.4} \times 100[\%] = \dfrac{E}{8760 \times W} \times 100[\%]$

【정답】④

24. 차단기의 정격 차단시간은?

① 고장 발생부터 소호까지의 시간
② 가동접촉자의 시동부터 소호까지의 시간
③ 트립코일 여자부터 소호까지의 시간
④ 가동접촉자의 개구부터 소호까지의 시간

|정|답|및|해|설|

[정격차단시간] 트립 코일 여자부터 차단기의 가동 전극이 고정 전극으로부터 이동을 개시하여 개극할 때까지의 개극 시간과 접점이 충분히 떨어져 아크가 완전히 소호할 때까지의 아크 시간의 합으로 3~8[Hz] 이다. 【정답】③

25. 3상 결선 변압기의 단상 운전에 의한 소손방지 목적으로 설치하는 계전기는?

① 단락 계전기
② 결상 계전기
③ 지락 계전기
④ 과전압 계전기

|정|답|및|해|설|

[결상계전기] 3상 전기 회로에서 단선사고 시 전압 불평형에 의한 사고방지를 목적으로 설치 【정답】②

---

26. 인터록(interlock)의 기능에 대한 설명으로 맞은 것은?

① 조작자의 의중에 따라 개폐되어야 한다.
② 차단기가 열려 있어야 단로기를 닫을 수 있다.
③ 차단기가 닫혀 있어야 단로기를 닫을 수 있다.
④ 차단기와 단로기를 별도로 닫고, 열 수 있어야 한다.

|정|답|및|해|설|

[인터록] 인터록은 기계적 잠금 장치로서 안전을 위해서 차단기가 열려있지 않은 상황에서 단로기의 개방 조작을 할 수 없도록 하는 것이다. 【정답】②

---

27. 그림과 같은 22[kV] 3상 3선식 전선로의 P점에 단락이 발생하였다면 3상 단락전류는 약 몇 [A]인가? (단, %리액턴스는 8[%]이며 저항분은 무시한다.)

22[kV]
20000[kVA]

① 6561　　② 8560
③ 11364　　④ 12684

|정|답|및|해|설|

[단락전류] $I_s = \frac{100}{\%Z}I_n = \frac{100}{\%Z} \times \frac{P_n}{\sqrt{3} \times V_n}$

$= \frac{100}{8} \times \frac{20000}{\sqrt{3} \times 22} ≒ 6561[A]$

【정답】①

---

28. 전력계통에서 내부 이상전압의 크기가 가장 큰 경우는?

① 유도성 소전류 차단시
② 수차발전기의 부하 차단시
③ 무부하 선로 충전전류 차단시
④ 송전선로의 부하 차단기 투입시

|정|답|및|해|설|

[내부 이상전압] 내부 이상전압이 가장 큰 경우는 무부하 송전선로의 충전 전류를 차단할 경우이다. 【정답】③

---

29. 화력발전소에서 재열기의 목적은?

① 급수 예열　　② 석탄 건조
③ 공기 예열　　④ 증기 가열

|정|답|및|해|설|

[재열기] 재열기는 고압 터빈에서 팽창하여 낮아진 증기를 다시 보일러에 보내어 재가열 하는 것으로서 열효율을 향상시킬 수가 있다. 【정답】④

---

30. 송전선로의 각 상전압이 평형되어 있을 때 3상 1회선 송전선의 작용정전용량[$\mu F/km$]을 옳게 나타낸 것은? (단, r은 도체의 반지름[m], D는 도체의 등가선간거리[m]이다.)

① $\dfrac{0.02413}{\log_{10}\dfrac{D}{r}}$　　② $\dfrac{0.2413}{\log_{10}\dfrac{D}{r}}$

③ $\dfrac{0.02413}{\log_{10}\dfrac{D^2}{r}}$　　④ $\dfrac{0.2413}{\log_{10}\dfrac{D^2}{r}}$

|정|답|및|해|설|

[송전선의 작용 정전용량] $C = \dfrac{0.02413}{\log_{10}\dfrac{D}{r}}[\mu F/km]$

여기서, D : 도체의 등가선간거리, r : 도체의 반지름
【정답】①

31. 플리커 경감을 위한 전력 공급 측의 방안이 아닌 것은?

① 공급 전압을 낮춘다.

② 전용 변압기로 공급한다.

③ 단독 공급 계통을 구성한다.

④ 단락 용량이 큰 계통에서 공급한다.

32. 송전선로에서 송전전력, 거리. 전력손실률과 전선의 밀도가 일정하다고 할 때, 전선 단면적 $A[mm^2]$는 전압 $V[V]$와 어떤 관계에 있는가?

① V에 비례한다.   ② V^2에 비례한다.

③ $\frac{1}{V}$에 비례한다.   ④ $\frac{1}{V^2}$에 비례한다.

33. 동기조상기에 관한 설명으로 틀린 것은?

① 동기전동기의 V특성을 이용하는 설비이다.

② 동기전동기를 부족여자로 하여 컨덕터로 사용한다.

③ 동기전동기를 과여자로 하여 콘덴서로 사용한다.

④ 송전계통의 전압을 일정하게 유지하기 위한 설비이다.

34. 비등수형 원자로의 특색에 대한 설명이 틀린 것은?

① 열교환기가 필요하다.

② 기포에 의한 자기 제어성이 있다.

③ 방사능 때문에 증기는 완전히 기수분리를 해야 한다.

④ 순환펌프로서는 급수펌프뿐이므로 펌프동력이 작다.

35. 피뢰기의 제한전압이란?

① 충격파의 방전개시전압

② 상용주파수의 방전개시전압

③ 전류가 흐르고 있을 때의 단자전압

④ 피뢰기 동작 중 단자전압의 파고값

36. 그림과 같은 단거리 배전선로의 송전단 전압 6600[V], 역률은 0.9이고, 수전단 전압 6100[V], 역률 0.8일 때 회로에 흐르는 전류 $I[A]$는? (단, E_s 및 E_r은 송·수전단 대지전압이며, $r = 20[\Omega]$, $x = 10[\Omega]$ 이다.)

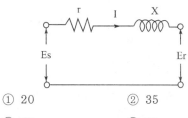

① 20

② 35

③ 53

④ 65

|정|답|및|해|설|

[송전단 전력] $P_s = V_s I \cos\theta_s = 6600 \times I \times 0.9 = 5940I[W]$

[수전단 전력] $P_r = V_r I \cos\theta_r = 6100 \times I \times 0.8 = 4880I[W]$

[전력손실] $P_l = P_s - P_r = 5940I - 4880I = 1060I = I^2 R[W]$

$P_l = P_s - P_r = 5940I - 4880I = 1060I \rightarrow P_l = I^2 R[W]$

$1060I = I^2 R$ $\therefore I = \dfrac{1060}{R} = \dfrac{1060}{20} = 53[A]$

【정답】③

37. 단락 용량 5000[MVA]인 모선의 전압이 154[kV]라면 등가 모선임피던스는 약 몇 $[\Omega]$인가?

① 2.54

② 4.74

③ 6.34

④ 8.24

|정|답|및|해|설|

[단락용량] $P_s = \dfrac{V^2}{Z}$ 에서

등가 모선임피던스 $Z = \dfrac{V^2}{P_s} = \dfrac{(154 \times 10^3)^2}{5000 \times 10^6} = 4.74[\Omega]$

【정답】②

38. 그림과 같은 전력계통의 154[kV] 송전선로에서 고장 지락 임피던스 Z_{gf}를 통해서 1선 지락고장이 발생되었을 때 고장점에서 본 영상 임피던스[%]는? (단, 그림에 표시한 임피던스는 모두 동일용량, 100[MVA] 기준으로 환산한 %임피던스임)

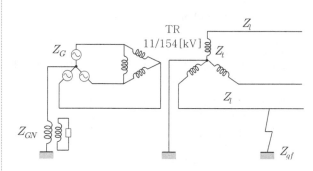

① $Z_0 = Z_l + Z_t + Z_G$

② $Z_0 = Z_l + Z_t + Z_{gf}$

③ $Z_0 = Z_l + Z_t + 3Z_{gf}$

④ $Z_0 = Z_l + Z_t + Z_{gf} + Z_G + Z_{GN}$

|정|답|및|해|설|

$V = 3I_0 \cdot Z_{gf} = I_0 \cdot 3Z_{gf}$

$Z_0 = Z_l + Z_t + 3Z_{gf}$
【정답】③

39. 피뢰기가 그 역할을 잘 하기 위하여 구비되어야 할 조건으로 틀린 것은?

① 속류를 차단할 것

② 내구력이 높을 것

③ 충격방전 개시전압이 낮을 것

④ 제한전압은 피뢰기의 정격전압과 같게 할 것

|정|답|및|해|설|
[피뢰기의 구비 조건]
① 충격 방전 개시 전압이 낮을 것
② 상용 주파 방전 개시 전압이 높을 것
③ 방전내량이 크면서 제한 전압이 낮을 것
④ 속류 차단 능력이 충분할 것
【정답】④

40. 저압 배전선로에 대한 설명으로 틀린 것은?

① 저압 뱅킹 방식은 전압 변동을 경감할 수 있다.

② 밸런서(balancer)는 단상 2선식에 필요하다.

③ 배전 선로의 부하율이 F일 때 손실계수는 F와 F^2의 중간 값이다.

④ 수용률이란 최대수용전력을 설비용량으로 나눈 값을 퍼센트로 나타낸 것이다.

|정|답|및|해|설|

[저압 밸런서] 단상 3선식에서 부하가 불평형이 생기면 양 외선간의 전압이 불평형이 되므로 이를 방지하기 위해 저압 밸런서를 설치한다. 【정답】②

21. 송전계통에서 자동재폐로 방식의 장점이 아닌 것은?

① 신뢰도 향상

② 공급 지장시간의 단축

③ 보호계전방식의 단순화

④ 고장상의 고속도 차단, 고속도 재투입

|정|답|및|해|설|

[재폐로 방식의 장점]

① 1회선 구간에서는 신뢰도를 향상시켜 2회선에 맞먹는 능력을 보유 할 수 있다.

② 정전시 공급지장시간을 단축시켜 안정된 전력공급을 기할 수 있다.

③ 송전용량을 2회선 용량한도까지 증대시켜서 사용 가능하다.

④ 고장 상을 고속도 차단 후 고속도 재투입함으로써 계통의 과도 안정도가 향상된다. 【정답】③

22. 3상3선식 송전선로의 선간거리가 각각 50[cm], 60[cm], 70[cm]인 경우 기하학적 평균 선간거리는 약 몇 [cm]인가?

① 50.4 ② 59.4

③ 62.8 ④ 64.8

|정|답|및|해|설|

[평균 선간거리] $D_e = \sqrt[\text{총 거리의 수}]{\text{각 거리간의 곱}}$

$D_e = \sqrt[3]{D_{12} \cdot D_{23} \cdot D_{31}} = \sqrt[3]{50 \times 60 \times 70} = 59.4$

【정답】②

23. 수력발전소에서 흡출관을 사용하는 목적은?

① 압력을 줄인다.

② 유효낙차를 늘린다.

③ 속도 변동률을 작게 한다.

④ 물의 유선을 일정하게 한다.

|정|답|및|해|설|

[흡출관] 흡출관은 반동 수차의 출구에서부터 방수로 수면까지 연결하는 관으로 낙차를 유용하게 이용(손실수두회수)하기 위해 사용한다. 프로펠러수차, 카플란수차, 프란시스수차 등은 흡출관이 필요하나, 펠턴수차는 충동수차이므로 흡출관이 필요 없다.

【정답】②

24. 초고압용 차단기에 개폐저항기를 사용하는 주된 이유는?

① 차단속도 증진 ② 차단전류 감소

③ 이상전압 억제 ④ 부하설비 증대

|정|답|및|해|설|

[차단기] 차단기의 개폐시에 재점호로 인하여 개폐 서지 이상 전압이 발생된다. 이것을 억제할 목적으로 사용하는 것이 개폐저항기이다. 【정답】③

25. 송전단 전압이 66[kV]이고, 수전단 전압이 62[kV]로 송전 중이던 선로에서 부하가 급격히 감소하여 수전단 전압이 63.5[kV]가 되었다. 전압 강하율은 약 몇 [%]인가?

① 2.28 ② 3.94

③ 6.06 ④ 6.45

|정|답|및|해|설|

[전압 강하율]
$$\delta = \frac{V_s - V_r}{V_r} \times 100 = \frac{66 - 62}{62} \times 100 = 6.45[\%]$$

[전압변동률]
$$\epsilon = \frac{V_{r0} - V_r}{V_r} \times 100 = \frac{63.5 - 62}{62} \times 100 = 2.41[\%]$$

여기서, V_{ro} : 무부하시의 수전단 전압

V_r : 정격부하시의 수전단 전압

【정답】④

---

26. 이상전압에 대한 방호장치가 아닌 것은?

① 피뢰기　　　　② 가공지선

③ 방전코일　　　④ 서지흡수기

|정|답|및|해|설|

[이상전압에 대한 방호] 피뢰기[LA], 서지흡수기[SA], 가공지선

※방전코일 : 콘덴서 개방 시에 잔류전하를 방전하여 인체를 감전
　사고로부터 보호하는 것이 목적

【정답】③

---

27. 154[kV] 송전선로의 전압을 345[kV]로 승압하고
같은 손실률로 송전한다고 가정하면 송전전력은
승압 전의 약 몇 배 정도인가?

① 2　　　　　　② 3

③ 4　　　　　　④ 5

|정|답|및|해|설|

[송전전력] 송전전력은 전압의 제곱에 비례하므로
$$P = kV^2 = k\left(\frac{345}{154}\right)^2 = 5K, \quad 즉\ 5배$$

여기서, k : 송전 용량 계수

$\quad\quad\quad 60[kV] \rightarrow 600$

$\quad\quad\quad 100[kV] \rightarrow 800$

$\quad\quad\quad 140[kV] \rightarrow 1200$

【정답】④

---

28. 초고압 송전선로에 단도체 대신 복도체를 사용할
경우 틀린 것은?

① 전선의 작용인덕턴스를 감소시킨다.

② 선로의 작용정전용량을 증가시킨다.

③ 전선 표면의 전위경도를 저감시킨다.

④ 전선의 코로나 임계전압을 저감시킨다.

|정|답|및|해|설|

[복도체] 3상 송전선의 한 상당 전선을 2가닥 이상으로 한 것을
다도체라 하고, 2가닥으로 한 것을 보통 복도체라 한다.

[복도체의 특징]

① 코로나 임계전압이 15~20[%] 상승하여 코로나 발생을 억제

② 인덕턴스 20~30[%] 감소

③ 정전용량 20[%] 증가

④ 안정도가 증대된다.

【정답】④

---

29. 그림과 같이 선로정수가 서로 같은 평행 2회선
송전선로의 4단자 정수 중 B에 해당되는 것은?

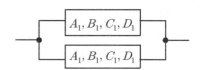

① $4B_1$　　　　　② $2B_1$

③ $\frac{1}{2}B_1$　　　　　④ $\frac{1}{4}B_1$

|정|답|및|해|설|

[1회선 송전선로에 대해서]
$$E_s = A_1 E_r + B_1 \cdot \frac{1}{2}I_r \quad\quad \frac{1}{2}I_s = C_1 E_r + D_1 \cdot \frac{1}{2}I_r$$
$$I_s = 2C_1 E_r + D_1 \cdot I_r$$

[2회선 송전선로의 경우] B는 임피턴스 차원이므로
$$E_s = AE_r + BI_r, \quad I_s = CE_r + DI_r$$
$$A = A_1, \quad B = \frac{1}{2}B_1, \quad C = 2C_1, \quad D = D_1 \text{이 된다.}$$

【정답】③

---

30. 송전계통에서 1선 지락 시 유도장해가 가장 적은 중성점 접지방식은?

① 비접지방식　　② 저항접지방식

③ 직접접지방식　　④ 소호리액터접지방식

|정|답|및|해|설|

[유도장해]

· 소호 리액터 접지방식은 1선 지락의 경우 <u>지락전류가 가장 작고</u> 고장상의 전압 회복이 완만하기 때문에 지락 아크를 자연 소멸시켜서 정전 없이 송전을 계속할 수 있다.

· 직접접지 : 송전계통에서 <u>1선 지락고장시 인접통신선의 유도장해가 가장 큰 중성점 접지방식</u>이다.

【정답】④

---

31. 송전전압 154[kV], 2회선 선로가 있다. 선로 길이가 240[km]이고 선로의 작용 정전용량이 0.02[μF/km]라고 한다. 이것을 자기여자를 일으키지 않고 충전하기 위해서는 최소한 몇 [MVA] 이상의 발전기를 이용하여야 하는가? (단, 주파수는 60[Hz]이다.)

① 78　　② 86

③ 89　　④ 95

|정|답|및|해|설|

① 선로의 충전 용량을 구하기 위해 1선을 흐르는 충전 전류 I_c를 계산

$$I_c = 2\pi f Cl \frac{V}{\sqrt{3}}$$
$$= 2\pi \times 60 \times 0.02 \times 10^{-6} \times 240 \times \frac{154000}{\sqrt{3}} = 160.89[A]$$

② 2회선 선로의 충전 용량은

$$Q = 2 \times \sqrt{3} \, V I_c$$
$$= 2 \times \sqrt{3} \times 154000 \times 160.89 \times 10^{-6} ≒ 86[MVA]$$

③ 발전기 용량이 선로의 충전 용량보다 커야하므로, 약 86[MVA] 이상의 발전기를 이용하여야 한다.

【정답】②

---

32. 방향성을 갖지 않는 계전기는?

① 전력계전기　　② 과전류계전기

③ 비율차동계전기　　④ 선택지락계전기

|정|답|및|해|설|

[방향성을 갖지 않는 계전기]
① 과전류계전기　② 과전압계전기
③ 부족전압계전기　④ 차동계전기
⑤ 거리계전기　⑥ 지락계전기

【정답】②

---

33. 22.9[kV-Y] 3상 4선식 중성선 다중접지계통의 특성에 대한 내용으로 틀린 것은?

① 1선 지락사고 시 1상 단락전류에 해당하는 큰 전류가 흐른다.

② 전원의 중성점과 주상변압기의 1차 및 2차를 공통의 중성선으로 연결하여 접지한다.

③ 각 상에 접속된 부하가 불평형일 때도 불완전 1선 지락고장의 검출감도가 상당히 예민하다.

④ 고저압 혼촉사고 시에는 중성선에 막대한 전위상승을 일으켜 수용가에 위험을 줄 우려가 있다.

|정|답|및|해|설|

[3상 4선식 중성선 다중 접지방식]
① 모든 지락사고는 중성선과의 단락사고로 되기 때문에 퓨즈 또는 과전류 계전기로 보호할 수 있다.
② 합성 접지저항이 매우 낮기 때문에 건전상의 전위상승과 고저압 혼촉 사고 시 저압선의 전위상승이 낮다.
③ 고장전류가 각 접지개소에 분류되기 때문에 고감도의 지락보호는 곤란하다.

【정답】④

---

34. 선로 전압강하 보상기(LDC)에 대한 설명으로 옳은 것은?

① 승압기로 저하된 전압을 보상하는 것

② 분로리액터로 전압 상승을 억제하는 것

③ 선로의 전압 강하를 고려하여 모선 전압을 조정하는 것

④ 직렬콘덴서로 선로의 리액턴스를 보상하는 것

|정|답|및|해|설|
[선로 전압강하 보상기(LDC)] 선로 전압강하 보상기는 전압 조정기의 부품으로서 선로 전압강하를 고려하여 모선 전압을 조정한다.
【정답】③

35. 각 전력계통을 연계선으로 상호연결하면 여러 가지 장점이 있다. 틀린 것은?

① 경제 급전이 용이하다.

② 주파수의 변화가 작아진다.

③ 각 전력계통의 신뢰도가 증가한다.

④ 배후전력(back power)이 크기 때문에 고장이 적으며 그 영향의 범위가 작아진다.

|정|답|및|해|설|
[전력계통의 연계방식의 장단점]
[장점]
① 전력의 융통으로 설비용량 절감
② 건설비 및 운전 경비를 절감하므로 경제 급전이 용이
③ 계통 전체로서의 신뢰도 증가
④ 부하 변동의 영향이 작아져서 안정된 주파수 유지 가능
[단점]
① 연계설비를 신설해야 한다.
② 사고시 타계통에의 파급 확대될 우려가 있다.
③ 단락전류가 증대하고 통신선의 전자유도장해도 커진다.
【정답】④

36. 송전선로의 현수 애자련 연면 섬락과 가장 관계가 먼 것은?

① 댐퍼

② 철탑 접지 저항

③ 현수 애자련의 개수

④ 현수 애자련의 소손

|정|답|및|해|설|
[현수 애자련 연면 섬락] 현수 애자의 연면 섬락은 애자면의 개수가 적정하지 않거나 소손되어 기능을 상실했거나 철탑 접지저항의 감소로 역섬락이 생기면 발생한다.
※ 댐퍼(damper)는 전선의 진동을 억제하기 위해 설치하는 것으로 지지점 가까운 곳에 설치한다.
【정답】①

37. 유효낙차 100[m], 최대사용수량 $20[m^3/s]$인 발전소의 최대 출력은 약 몇 [kW]인가? (단, 수차 및 발전기의 합성효율은 85[%]라 한다.)

① 14160

② 16660

③ 24990

④ 33320

|정|답|및|해|설|
[발전소 출력] $P_g = 9.8\,QH\eta_t\,\eta_g$ [kW]
여기서, Q : 유량$[m^3/s]$, H : 낙차[m]
　　　　η_g : 발전기 효율, η_t : 수차의 효율
　　　　η : 발전기 효율($\eta_g\eta_t$)
$P_g = 9.8\,QH\eta_t\,\eta_g$ [kW] $= 9.8\times20\times100\times0.85 = 16660$ [kW]
【정답】②

38. 각 수용가의 수용 설비 용량이 50[kW], 100[kW], 80[kW], 60[kW], 150[kW] 이며 각각의 수용률이 0.6, 0.6, 0.5, 0.5, 0.4일 때 부하의 부등률이 1.3 이라면 변압기 용량은 약 몇 [kVA]가 필요한가? (단, 평균 부하역률은 80[%]라고 한다.)

① 142

② 165

③ 183

④ 212

|정|답|및|해|설|
・부등률 $= \dfrac{\text{개개의 최대 전력의 합계}}{\text{합성 최대 전력}}$

・수용률 $= \dfrac{\text{최대 전력}}{\text{설비 용량}} \times 100$

・변압기 용량
$= \dfrac{\text{설비용량}\times\text{수용률}}{\text{부등률}\times\text{역률}}$
$= \dfrac{(50+100)\times0.6+(80+60)\times0.5+150\times0.4}{1.3\times0.8} = 212[kVA]$
【정답】④

39. 그림과 같은 주상변압기 2차측 접지공사의 목적은?

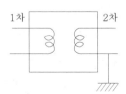

① 1차측 과전류 억제

② 2차측 과전류 억제

③ 1차측 전압상승 억제

④ 2차측 전압상승 억제

|정|답|및|해|설|

[주상변압기 2차측 접지공사의 목적]
주상변압기에는 1차측과 2차측의 혼촉에 의한 2차측 전압의 상승을 막기 위해서 2차측의 접지를 함으로써 고전압에 의한 사고를 막아준다. 【정답】④

40. 3상 3선식 송전선로에서 연가의 효과가 아닌 것은?

① 작용 정전용량의 감소

② 각 상의 임피던스 평형

③ 통신선의 유도장해 감소

④ 직렬공진의 방지

|정|답|및|해|설|

[연가] 연가는 선로 정수를 평형시키기 위하여 송전선로의 길이를 3의 정수배 구간으로 등분하여 실시한다.
[연가의 효과]
① 직렬 공진 방지   ② 유도장해 감소
③ 선로 정수 평형   ④ 임피던스 평형
【정답】①

21. 송전거리, 전력, 손실률 및 역률이 일정하다면 전선의 굵기는?

① 전류에 비례한다.

② 전류에 반비례한다.

③ 전압의 제곱에 비례한다.

④ 전압의 제곱에 반비례한다.

|정|답|및|해|설|

[송전전압과 송전전력의 관계]

관계	관계식	항목
전압의 자승에 비례	$\propto V^2$	송전전력(P)
전압에 반비례	$\propto \dfrac{1}{V}$	전압 강하(e)
전압의 자승에 반비례	$\propto \dfrac{1}{V^2}$	·전선의 단면적(A) ·전선의 총 중량(B) ·전력 손실(P_l) ·전압 강하률(ϵ)

$$\text{선로 손실 } P_i = 3I^2 R = \frac{P^2 \rho l}{V^2 \cos\theta A}$$

$$A = \frac{P^2 \rho l}{P_i V^2 \cos^2\theta} \ (\because A \propto \frac{1}{V^2})$$

【정답】④

22. 중성점 직접 접지방식에 대한 설명으로 틀린 것은?

① 계통의 과도 안정도가 나쁘다.

② 변압기의 단절연(段絶緣)이 가능하다.

③ 1선 지락 시 건전상의 전압은 거의 상승하지 않는다.

④ 1선 지락전류가 적어 차단기의 차단능력이 감소된다.

|정|답|및|해|설|

[직접접지방식의 장점]
① 1선 지락시에 건전성의 대지전압이 거의 상승하지 않는다.
② 피뢰기의 효과를 증진시킬 수 있다.
③ 단절연이 가능하다.
④ 계전기의 동작이 확실하다

[직접접지방식의 단점]
① 송전계통의 과도 안정도가 나빠진다.
② 통신선에 유도장해가 크다.
③ 지락시 대전류가 흘러 기기에 손실을 준다.
④ 대용량 차단기가 필요하다.
※ 직접접지방식은 1선지락 전류가 가장 많이 흐른다.
【정답】④

23. 보호계전기의 보호방식 중 표시선 계전방식이 아닌 것은?

① 방향 비교 방식　② 위상 비교 방식

③ 전압 반향 방식　④ 전류 순환 방식

|정|답|및|해|설|

[표시선 계전방식의 종류]
·방향 비교 방식 ·전압 반향 방식 ·전류 순환 방식
·전송 Trip 방식

전력선이용 반송방식에서는 전류순환방식이 어렵다

【정답】②

24. 단상 변압기 3대를 △ 결선으로 운전하던 중 1대의 고장으로 V결선 한 경우 V결선과 △ 결선의 출력비는 약 몇 [%]인가?

① 52.2　　② 57.7

③ 66.7　　④ 86.6

|정|답|및|해|설|

[단상 변압기의 출력비] 1대의 단상 변압기 용량을 K라하면 그 출력비는

$$출력비 = \frac{V결선의 출력}{\triangle 결선의 출력}$$
$$= \frac{\sqrt{3}K}{3K} = \frac{\sqrt{3}}{3} = 0.577 = 57.7[\%]$$

【정답】②

25. 전력선에 영상전류가 흐를 때 통신선로에 발생되는 유도장해는?

① 고조파유도장해　② 전력유도장해

③ 전자유도장해　④ 정전유도장해

|정|답|및|해|설|

[통신 선로의 유도장해]
·정전유도장해 : 영상 전압, 선로 길이에 무관
·전자유도장해 : <u>영상 전류</u>, 선로 길이에 비례

【정답】③

26. 변압기의 결선 중에서 1차에 제3고조파가 있을 때 2차에 제3고조파 전압이 외부로 나타나는 결선은?

① $Y-Y$　　② $Y-\triangle$

③ $\triangle - Y$　　④ $\triangle - \triangle$

|정|답|및|해|설|

[변압기의 Y결선] △결선이 포함된 변압기에서는 제3고조파가 순환전류가 되어 소멸되나, Y결선만 있는 변압기에서는 제3고조파가 나타난다.　　【정답】①

27. 3상 3선식의 전선 소요량에 대한 3상 4선식의 전선 소요량의 비는 얼마인가? (단, 배전거리, 배전전력 및 전력손실은 같고, 4선식의 중성선의 굵기는 외선의 굵기와 같으며, 외선과 중성선간의 전압은 3선식의 선간전압과 같다.)

① $\frac{4}{9}$　　② $\frac{2}{3}$

③ $\frac{3}{4}$　　④ $\frac{1}{3}$

|정|답|및|해|설|

공급 방식	단상 2선식	단상 3선식	3상 3선식	3산 4선식
소요 전선량 전력 손실비	1	3/8	3/4	1/3

표에 의해 $\frac{3상4선식}{3상3선식} = \frac{\frac{1}{3}}{\frac{3}{4}} = \frac{4}{9}$　　【정답】①

28. 그림에서와 같이 부하가 균일한 밀도로 도중에서 분기되어 선로전류가 송전단에 이를수록 직선적으로 증가할 경우 선로의 전압강하는 이 송전단 전류와 같은 전류의 부하가 선로의 말단에만 집중되어 있을 경우의 전압강하보다 대략 어떻게 되는가? (단, 부하역률은 모두 같다고 한다.)

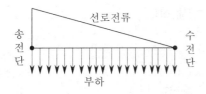

① $\dfrac{1}{3}$ 　　② $\dfrac{1}{2}$

③ 1 　　④ 2

|정|답|및|해|설|

[집중부하와 분산부하]

	전압강하	전력손실
말단집중부하	Irl	I^2rl
균등분포부하	$\dfrac{1}{2}Irl$	$\dfrac{1}{3}I^2rl$

여기서, I : 전선의 전류, r : 전선 단위 길이당 저항
　　　l : 전선의 길이 　　　　　　　　【정답】②

29. 수전단의 전력원 방정식이 $P_r^2+(Q_r+400)^2$ $=250000$으로 표현되는 전력계통에서 가능한 최대로 공급할 수 있는 부하전력(P_r)과 이때 전압을 일정하게 유지하는데 필요한 무효전력(Q_r)은 각각 얼마인가?

① $P_r=500,\ Q_r=-400$

② $P_r=400,\ Q_r=500$

③ $P_r=300,\ Q_r=100$

④ $P_r=200,\ Q_r=-300$

|정|답|및|해|설|

① 최대로 부하전력을 공급하려면 무효전력이 0이어야 한다.

　$P_r^2+0=500^2$　　$\therefore P_r=500$

② 전압을 일정하게 유지하기 위해서는 피상전력의 크기가 일정해야 한다.

　$P_r^2+(Q_r+400)^2=250000,\ P_r=500$　$\rightarrow (Q_r+40=0)$
　피상전력의 크기가 일정하기 위해서는 $Q_r+400=0$

　$\therefore Q_r=-400$ 　　　　　　　　【정답】①

30. 컴퓨터에 의한 전력조류 계산에서 슬랙(slack)모선의 지정값은? (단, 슬랙모선을 기준모선으로 한다.)

① 유효전력과 무효전력

② 모선 전압의 크기와 유효전력

③ 모선 전압의 크기와 무효전력

④ 모선 전압의 크기와 모선 전압의 위상각

|정|답|및|해|설|

[슬랙 모선] 슬랙 모선은 지정값으로서 모선 전압의 크기와 모선 전압의 위상각을 입력으로 하고 출력으로 유효전력, 무효전력 그리고 계통손실을 알 수가 있다. 　　　　　　【정답】④

31. 동일 모선에 2개 이상의 급전선(Feeder)을 가진 비접지 배전계통에서 지락사고에 대한 보호계전기는?

① OCR 　　　　② OVR

③ SGR 　　　　④ DFR

|정|답|및|해|설|

[보호 계전기]

· OCR (과전류 계전기) : 일정값 이상의 전류가 흘렀을 때 동작

· OVR (과전압 계전기) : 일정값 이상의 전압이 걸렸을 때 동작

· SGR (선택 지락 계전기) : 병행 2회선 송전 선로에서 한쪽의 1회선에 지락 사고가 일어났을 경우 이것을 검출하여 고장 회선만을 선택 차단할 수 있게끔 선택 단락 계전기의 동작 전류를 특별히 작게 한 것으로 비접지 계통의 지락 사고 검출에 사용

· DFR (차동계전기) : 보호 구간에 유입하는 전류와 유출하는 전류의 벡터차를 검출해서 동작

　　　　　　　　　　　　　　　　【정답】③

32. 한류리액터의 사용 목적은?

① 누설전류의 제한

② 단락전류의 제한

③ 접지전류의 제한

④ 이상전압 발생의 방지

|정|답|및|해|설|

[한류 리액터] 한류 리액터는 선로에 직렬로 설치한 리액터로 <u>단락 전류를 경감</u>시켜 차단기 용량을 저감시킨다.

　　　　　　　　　　　　　　　　【정답】②

33. 차단기의 차단책무가 가장 가벼운 것은?

① 중성점 직접접지계통의 지락전류 차단

② 중성점 저항접지계통의 지락전류 차단

③ 송전선로의 단락사고시의 단락사고 차단

④ 중성점을 소호리액터로 접지한 장거리 송전
　 선로의 지락전류 차단

|정|답|및|해|설|

소호리액터 접지 방식은 지락전류가 작아서 차단기의 차단책무가
가장 가볍다. 　　　　　　　　　　　　　　　　　【정답】④

34. 통신선과 평행인 주파수 60[Hz]의 3상 1회선 송전
선이 있다. 1선 지락 때문에 영상전류가 100[A]
흐르고 있다면 통신선에 유도되는 전자유도전압
은 약 몇 [V]인가? (단, 영상전류는 전 전선에 걸쳐
서 같으며, 송전선과 통신선과의 상호인덕턴스는
0.06 [mH/km], 그 평행 길이는 40[km]이다.)

① 156.6　　　　　② 162.8

③ 230.2　　　　　④ 271.4

|정|답|및|해|설|

[전자 유도 전압] $E_m = jwMl(3I_0)$

여기서, l : 전력선과 통신선의 병행 길이[km]

$\quad\quad 3I_0$: 3×영상전류(=기유도 전류=지락 전류)

$\quad\quad M$: 전력선과 통신선과의 상호 인덕턴스

$\quad\quad I_a,\ I_b,\ I_c$: 각 상의 불평형 전류

$E_m = jwMl(3I_0) = j2\pi f Ml(3I_0)$

$\quad\quad = 2\pi \times 60 \times 0.06 \times 10^{-3} \times 40 \times 3 \times 100 = 271.4[V]$

　　　　　　　　　　　　　　　　　【정답】④

35. 중거리 송전선로의 특성은 무슨 회로로 다루어야
하는가?

① RL 집중정수회로

② RLC 집중정수회로

③ 분포정수회로

④ 특성임피던스회로

|정|답|및|해|설|

[선로의 구분]

구 분	선로정수	회로
단거리 송전선로	$R,\ L$	집중 정수 회로
중거리 송전선로	$R,\ L,\ C$	T회로, π 회로
장거리 송전선로	$R,\ L,\ C,\ g$	분포 정수 회로

　　　　　　　　　　　　　　　　　【정답】②

36. 전력용 콘덴서의 사용전압을 2배로 증가시키고자
한다. 이때 정전용량을 변화시켜 동일 용량[kVar]
으로 유지하려면 승압전의 정전용량보다 어떻게
변화하면 되는가?

① 4배로 증가　　　② 2배로 증가

③ $\dfrac{1}{2}$ 로 감소　　　④ $\dfrac{1}{4}$ 로 감소

|정|답|및|해|설|

$Q = \omega C V^2$ 에서　$C = \dfrac{Q}{\omega V^2} \propto \dfrac{1}{V^2}$

C : 승압 전의 정전용량,　V : 승압 전 전압

C' : 승압 후의 정전용량,　V' : 승압 후의 전압

$\dfrac{C'}{C} = \dfrac{V^2}{V'^2} = \dfrac{V^2}{(2V)^2} = \dfrac{1}{4}$　$\therefore C' = \dfrac{1}{4}C$

　　　　　　　　　　　　　　　　　【정답】④

37. 발전기의 단락비가 작은 경우의 현상으로 옳은
것은?

① 단락전류가 커진다.

② 안정도가 높아진다.

③ 전압변동률이 커진다.

④ 선로를 충전할 수 있는 용량이 증가한다.

|정|답|및|해|설|

[단락비]

· 단락비가 작은 동기기 : 부피가 작고, 철손, 기계손 등의 고정손이
작아 효율은 좋아지나 전압변동률이 크고 안정도 및 선로충전용량
이 작아지는 단점이 있다.

· 단락비가 큰 동기기 : 기계의 중량과 부피가 크고, 고정손(철손,
기계손)이 커서 효율이 나쁘다. 반면 전압변동률이 작고 안정도가
높다. 　　　　　　　　　　　　　　　【정답】③

38. 송전선로에서 1선 지락 시에 건전상의 전압 상승이 가장 적은 접지방식은?

① 비접지방식

② 직접접지방식

③ 저항접지방식

④ 소호리액터접지 방식

|정|답|및|해|설|⋯⋯⋯⋯⋯⋯⋯⋯⋯⋯⋯⋯⋯⋯

[접지방식] 1선 접지 고장시 건전상의 상전압 상승은 비접지가 가장 많고 직접 접지가 가장 적다.

·유효 접지 : 1선 지락 사고시 건전상의 전압이 상규 대지전압의 1.3배 이하가 되도록 하는 접지 방식

　－중성점 직접 접지 방식

·비유효 접지 : 1선 지락시 건전상의 전압이 상규 대지전압의 1.3배를 넘는 접지 방식

　－ 저항 접지. 비접지, 소호 리액터 접지 방식

【정답】②

39. 배전선로의 손실을 경감하기 위한 대책으로 적절하지 않은 것은?

① 누전차단기 설치

② 배전전압의 승압

③ 전력용 콘덴서 설치

④ 전류밀도의 감소와 평형

|정|답|및|해|설|⋯⋯⋯⋯⋯⋯⋯⋯⋯⋯⋯⋯⋯⋯

[배전선로의 전력 손실] $P_l = 3I^2 r = \dfrac{\rho W^2 L}{A V^2 \cos^2\theta}$

여기서, ρ : 고유저항, W : 부하 전력, L : 배전 거리
　　　　A : 전선의 단면적, V : 수전 전압, $\cos\theta$: 부하 역률

누전 차단기는 저압의 간선이나 분기 회로 등에서 전로에 지락이 발생할 경우 감전 사고를 막기 위한 안전 장치이다.

【정답】①

40. 댐의 부속설비가 아닌 것은?

① 수로　　　　　　② 수조

③ 취수구　　　　　④ 흡출관

|정|답|및|해|설|⋯⋯⋯⋯⋯⋯⋯⋯⋯⋯⋯⋯⋯⋯

[흡출관] 흡출관은 반동 수차의 출구에서부터 방수로 수면까지 연결하는 관으로 낙차를 유용하게 이용(손실수두회수)하기 위해 사용한다.

【정답】④

Memo

독자의 1초를 아껴주는 정성!

세상이 아무리 바쁘게 돌아가더라도
책까지 아무렇게나 빨리 만들 수는 없습니다.
인스턴트 식품 같은 책보다는
오래 익힌 술이나 장맛이 밴 책을 만들고 싶습니다.

길벗이지톡은 독자 여러분이
우리를 믿는다고 할 때 가장 행복합니다.
나를 아껴주는 어학도서,
길벗이지톡의 책을 만나보십시오.

독자의 1초를 아껴주는
정성을 만나보십시오.

미리 책을 읽고 따라해본 2만 베타테스터 여러분과
무따기 체험단, 길벗스쿨 엄마 2% 기획단,
시나공 평가단, 토익 배틀, 대학생 기자단까지!
믿을 수 있는 책을 함께 만들어주신 독자 여러분께 감사드립니다.

홈페이지의 '독자마당'에 오시면
책을 함께 만들 수 있습니다.

(주)도서출판 길벗 www.gilbut.co.kr
길벗이지톡 www.gilbut.co.kr
길벗스쿨 www.gilbutschool.co.kr

mp3 파일 구성과 활용법

1 〈첫째 마당 듣기 완벽 대비〉 폴더

▶ 듣기 영역 시나공법에 나오는 예제, 내공쌓기 받아쓰기, 확인문제가 수록되어 있습니다. 각 코너와 예제별로 파일이 나누어져 있어 선택하여 들을 수 있습니다.

> **예시**　듣기 1-01-1 예제1.mp3
> 　　　　듣기 1-01-4 확인문제.mp3
> 　　　　듣기 2-02-3 내공쌓기1.mp3

2 〈실전문제-듣기〉 폴더

▶ 듣기 한 영역이 끝날 때마다 문제를 풀어 보며 학습 내용을 중간 점검할 수 있습니다. 〈실전 듣기용〉 폴더와 필요한 부분을 찾아 들을 수 있는 〈반복 훈련용〉 폴더로 구성되어 있습니다.

> **예시**　〈실전 듣기용〉　　　듣기 1-07 실전문제.mp3
> 　　　　〈반복 훈련용〉　　　실전문제01.mp3

3 〈실전모의고사〉 폴더

▶ 실제 시험과 같이 시험을 칠 수 있는 〈실전 듣기용〉 폴더와 필요한 부분을 찾아 들을 수 있는 〈반복 훈련용〉 폴더로 구성되어 있습니다.

> **예시**　〈실전 듣기용〉　　　실전모의고사 듣기.mp3
> 　　　　〈반복 훈련용〉　　　실전모의고사 01.mp3

4 〈HSK5급 비법노트〉 폴더

▶ 휴대용 소책자의 필수 어휘들이 수록되어 있습니다. 자주 들으면서 귀에 익히도록 합시다.

> **예시**　5급필수어휘700.mp3

mp3 파일 무료 다운로드

길벗 홈페이지(www.gilbut.co.kr)로 오시면 mp3 파일 및 관련 자료를 다양하게 이용할 수 있습니다.

1단계   도서명   검색   에 찾고자 하는 책 이름을 입력하세요.

2단계   검색한 도서로 이동하여 〈자료실〉 탭을 클릭하세요.

3단계   mp3 및 다양한 자료를 받으세요.

★ 목표하는 HSK 급수

1 시험 예정 시기: ☐ 년 ☐ 월

2 목표 점수: HSK 5급 ☐ 점

듣기 ☐ 점 | 독해 ☐ 점 | 쓰기 ☐ 점

★ 중국어 공부의 최종 목표

(예: HSK 0급, 교수, 학원 강사, 동시통역사, 번역가, 뉴스청취, 일상회화, 古文, 무역회사 등)

➜ ☐

★ 중국어 공부 세부 목표

(예: 이 책을 매일 세 장씩 공부하기, 하루 한 문장 암기하기, 지하철에서 mp3 파일 듣기, 단어 20개씩 외우기 등)

1 _____

2 _____

3 _____

4 _____

5 _____

> ### 마법의 네 마디!
>
> 아래 네 문장을 매일 공부하기 전에 큰 소리로 읽어 주세요.
>
> - 나는 날마다 중국어 실력이 늘고 있다!
> - 나는 중국어 공부하는 것이 미치도록 재미있다!
> - 남과 비교하지 말고, 나 자신의 어제와 오늘을 비교하자!
> - 나는 꼭 HSK 5급 ( ) 점을 딸 수 있다!